农田杂草与防控

Weeds and Management

张朝贤 主编

中国农业科学技术出版社

图书在版编目（CIP）数据

农田杂草与防控/张朝贤主编．—北京：中国农业科学技术出版社，2011.8
ISBN 978-7-5116-0623-5

Ⅰ．①农… Ⅱ．①张… Ⅲ．①农田—杂草—学术会议—文集 ②农田—除草—学术会议—文集 Ⅳ．①S451-53

中国版本图书馆 CIP 数据核字（2011）第 159820 号

责任编辑 冯凌云 姚 欢
责任校对 贾晓红

出 版 者 中国农业科学技术出版社
北京市中关村南大街 12 号 邮编：100081
电 话 (010)82109701(编辑室) (010)82109704(发行部)
(010)82109709(读者服务部)
传 真 (010)82106624
网 址 http://www.castp.cn
经 销 者 各地新华书店
印 刷 者 北京富泰印刷有限责任公司
开 本 787 mm×1 092 mm 1/16
印 张 29.375
字 数 709 千字
版 次 2011 年 8 月第 1 版 2013 年 3 月第 2 次印刷
定 价 98.00 元

编辑委员会

前　言

农田杂草与农作物争肥、争水、争光，传播病虫害，分泌有毒物质，是严重威胁农作物产量和品质的一大类生物灾害。在现有防治水平下，我国农田每年杂草危害造成的直接经济损失高达900多亿元。近年来，由于农村劳动力向城镇转移、耕作制度变化、种植结构调整及除草剂的不合理使用等原因，我国农田杂草种类及群落结构发生了较大变化，杂草防控难度逐年增加，突出表现为以下三个方面。

一、难治杂草呈快速扩散和严重危害态势

过去出现频度较小的杂草稻、千金子等在全国水稻种植区普遍发生；以前局部危害的节节麦、日本看麦娘和雀麦等已蔓延至冀、晋、鲁、豫、陕、皖、苏等省的1340万公顷麦田；刺儿菜、苣荬菜、鸭跖草等在东北地区玉米、大豆田危害逐年加重；阔叶杂草、多年生杂草成为棉田的优势杂草。

二、多种杂草对除草剂产生了抗药性

抗药性杂草包括水稻田稗草、雨久花、矮慈姑，小麦田播娘蒿、荠菜、看麦娘、菵草，油菜田日本看麦娘，非耕地小飞蓬等。局部地区播娘蒿对苯磺隆、日本看麦娘对高效氟吡甲禾灵的抗药性指数分别高达1700倍和1200倍。

三、除草剂药害成为粮食增产的制约因素

我国化学除草面积超过1.02亿公顷，但是，由于我国地域辽阔、杂草群落较为复杂、地域发展不平衡，加之除草剂应用技术不成熟，农民用药水平低，产品质量不过关等原因导致除草剂药害发生频繁，受害作物种类多、面积大，除草剂药害损失严重。

在国家和地方政府的支持下，我国杂草科研和除草剂应用推广工作者针对农业生产中存在的难治杂草及其防控，积极开展农田杂草发生规律、杂草生物学、生态学、化学除草技术、生态抑草技术、生物控草技术、抗除草剂作物和杂草及综合治理技术的研究与推广应用，有效地控制了杂草危害，取得了一批有代表性的科研成果，为我国粮食丰收和经济发展做出了贡献。同时，我们以项目为依托，培养了一批技术骨干，造就了一支杂草科学研究、推广和服务队伍。

本书是在中国植物保护学会杂草学分会组织全国杂草科学同行踊跃投稿的基础上，经编委会审阅，按农田杂草生物学、生态学，农田杂草抗药性，杂草防控方法与技术等内容进行了分类和编排。由于编辑工作量大，时间仓促，本着文责自负的原则，编者仅对文章的体例和个别文字稍做改动，不妥之处，敬请读者和论文作者谅解。

编　者

2011年8月

目　　录

第一部分　中文论文

杂草生物学、种群动态和生态学

外来入侵杂草的扩散与防控

抗药性杂草与作物

除草剂应用技术

杂草生物防治

杂草综合治理

第二部分 英文论文

第一部分
中 文 论 文

杂草生物学、种群动态和生态学

不同密度杂草稻对栽培稻生长发育的影响

李 贵[1] 朱展飞[2] 王晓芸[2] 王一专[1] 刘丽萍[1] 吴竞仑[1]

（1. 江苏省农业科学院植物保护研究所，南京 210014；

2. 扬州大学园艺与植物保护学院，扬州 225009）

摘要：通过不同密度杂草稻对栽培稻株高、茎高、叶片数以及剑叶叶面积影响的测定，表明杂草稻与栽培稻共生 3 周左右即对栽培稻株高、茎高、叶片数产生不同程度的抑制作用，共生 1 周甚至就对栽培稻的剑叶叶面积产生明显的抑制作用，并且有随着杂草稻密度以及杂草稻—栽培稻共同生长时间的延长，抑制作用有逐渐增加的趋势。杂草稻对栽培稻播后早期的竞争抑制作用再次强调了早期杂草稻控制的必要性以及苗床准备和苗后早期杂草稻控制的重要性。同时表明剑叶叶面积作为功能叶片的重要指标可更加快速显示栽培稻播种后杂草稻对栽培稻的抑制作用，该指标在栽培稻—杂草稻竞争关系中具有更加重要的意义。

关键词：密度；杂草稻；栽培稻；生长发育

Influence of weey rice in different density on cultivated rice growth and development

LI gui[1]，ZHU zhan-fei[2]，WANG xiao-yun[2]，WANG yi-zhuan[1]，LIU Li-ping[1]，WU Jing-lun[1]

(1. *Institute of Plant Protection, Jiangsu Academy of Agricultural Sciences, Nanjing* 210014,*China; 2. School of Horticulture and Plant Protection, Yangzhou University, Yangzhou* 225009, *China*)

Abstract: Pot experiments were employed to examine influence of different density weedy rice on cultivated rice growth and development. The results showed that weedy rice could inhibit the plant height, stem height and leaf number of cultivated rice after 2～3 weeks when they co-existed, and even after 1 week when they co-existed the weedy rice could remarkably inhibit the flag leaf area of cultivated rice. In addition, inhibition of weedy rice on cultivated rice became more and more serious with the increase of weedy rice density and the prolongation of co-existence. The competitive advantage of weedy rice at the early stage after cultivated rice emergence also indicated that it was necessary to control the weedy rice as early as possible. Moreover, it was more sensitive that the inhibition on the flag leaf area of cultivated rice than the plant height and stem height. So, flag leaf area of cultivated rice maybe have more distinct indication in the relation of the rice and weed.

Key words: weed rice; density; cultivated rice; growth and development

杂草稻（Weedy rice）通常伴生在栽培稻中，又名杂草型稻，由于其红褐色的果皮外壳也被称为红稻（Red rice）。杂草稻是与栽培稻亲缘关系非常接近的野生种，兼有野生稻和栽培稻的特性。由于长期处于恶劣的野生状态中，对环境的适应性和变异性较强，因此杂草稻生物型多、抗逆性强，尤其是明显表现出一些特异性状如抗病、耐寒、耐旱、耐盐碱等。同时杂草稻分布极为广泛，全世界几乎所有栽培稻产地都有发现，目前已在全球 50 多个国家给栽培稻生产造成危害，欧洲、拉丁美洲和美国的一些栽培稻田，杂草稻已发展成为一种恶性杂草[1]。在我国，自许聪等[2]对海南岛杂草稻和亚洲栽培稻及其近缘野生种的形态特征和生长习性对比研究报道以来，相关研究指出杂草稻分布范围正逐渐由南往北扩散，已遍及我国所有栽培稻产区，其适应性也在逐渐增强。

由于杂草稻的生态型差异较大，杂草稻的变型丰富，和栽培稻遗传相近，以及我国多样化的栽培稻种植方式造成我国杂草稻虽早有发现，但研究更多关注其起源、分类、遗传多样性、抗逆特性及其利用等方面，对栽培稻的危害一直没有引起足够的重视[3]。近年来杂草稻危害在江苏栽培稻田也呈逐年加重的趋势，据统计，2007年全省杂草稻发生面积200万亩，2008年达300万亩，给江苏栽培稻生产造成较大的负面影响[4]，同时我国稻田杂草防治主要依赖化学除草剂，杂草稻的防治还缺乏有效的化学除草剂和配套技术，目前生产上主要依靠控制杂草稻混杂和田间人工拔除来预防和降低杂草稻的发生，花费了大量人力和物力。近年来，杨庆、宋冬明等[5-6]对辽宁杂草稻对栽培稻群体形态特征及产量的影响进行了部分研究，但杂草稻的生态型、杂草稻与栽培稻的竞争时间、栽培稻种植方式及栽培稻品种均会影响杂草稻和栽培稻的竞争关系，因此，对江苏杂草稻和栽培稻的竞争关系进行研究，通过明确不同密度杂草稻对栽培稻生长发育的影响，进而从生态学角度明确江苏杂草稻的防治技术条件将有助于根据江苏栽培稻实际生产情况提出相应的杂草稻防控措施。

1 材料与方法

1.1 供试材料

供试栽培稻品种：武育粳 7 号，江苏省武进市农业科学研究所提供。

供试草种：杂草稻（*Oryza sativa* f. *spontanea*），江苏省农业科学院粮食作物研究所提供。

1.2 试验设计

参照李博《植物竞争—作物与杂草相互作用的实验研究》中添加系列实验方法，2009 年 6 月 7 日栽培稻浸种，6 月 8 日杂草稻浸种，6 月 10 日将栽培稻和杂草稻同时播于直径 20cm 的盆钵中，并覆盖 0.2cm 细土。栽培稻 1 叶 1 心期人工定苗，密度为 250 株/m^2（8 株/盆），同时设定杂草稻密度分别为 0 株/盆（CK），1 株/盆，2 株/盆，3 株/盆，4 株/盆，5 株/盆，6 株/盆，7 株/盆。试验按要求配置相应的栽培稻杂草稻群落，拔除其他杂草。整个生育期杂草稻与栽培稻共同生长。共 8 个处理，4 次重复。

1.3 试验概况

试验于 2009 年在江苏省农业科学院植物保护研究所实验农场进行，试验盆钵直径 20cm，高 30cm，土壤为马肝土，pH 值为 7.5，主要营养指标：有机质含量 11.0g/kg，有效性氮（N）5.1g/kg，全磷（P_2O_5）1.3g/kg，全钾（K_2O）6.6g/kg。水浆管理、肥料使用和病虫防治同常规栽培稻栽培技术。

1.4 调查方法

栽培稻播后每周测定栽培稻和杂草稻的株高、茎高度、剑叶长和宽、倒 2 叶长和宽、倒 3 叶长和宽。所有测定数据均采用 DPS 统计软件[7]进行统计分析。

2 结果与分析

2.1 不同密度杂草稻对栽培稻株高、茎高的影响

由表1可以看出，不同密度杂草稻伴生条件下栽培稻株高增长动态基本一致，其中栽培稻播后3周内杂草稻对栽培稻株高影响差异不明显，在7株杂草稻/盆处理中，第3周栽培稻株高为33.17cm，而对照为34.83cm，差异不显著。但栽培稻播种3周后，各处理栽培稻株高变化出现差异，基本趋势为随着杂草稻密度的增加，栽培稻株高增加幅度逐渐缓慢，第4周，4株杂草稻/盆栽培稻株高与对照有显著差异；第5周，3株杂草稻/盆栽培稻株高与对照有显著差异；第6、7周，2株杂草稻/盆栽培稻株高与对照有显著差异；第8周，对照栽培稻株高70.75cm，除1株杂草稻/盆外，其他条件下栽培稻株高与对照均存在显著差异。可见杂草稻的竞争对前期栽培稻群体株高影响不大，但随着共同生长时间的延长，杂草稻对栽培稻的株高的抑制作用越来越明显。

栽培稻茎高的变化动态和株高的变化基本一致（表2），播后4周内杂草稻对栽培稻茎高影响不显著，4周后随着杂草稻密度的增加，栽培稻茎高增加缓慢，其中第5、6周，4株杂草稻/盆条件下栽培稻茎高与对照存在明显差异；到第8周，1～7杂草稻每盆条件下栽培稻茎高为33.25～41.92cm，与对照44.00cm存在显著差异。同样说明随着共同生长时间的延长，杂草稻对栽培稻的茎高的抑制作用越来越明显。

2.2 不同密度杂草稻对栽培稻叶片特征的影响

栽培稻叶片数的变化动态同样表明播后3周内各处理中栽培稻叶片数差异不明显，3周后不同密度杂草稻伴生状态下栽培稻叶片数出现明显差异，且随着共同生长时间的延长，杂草稻对栽培稻叶片数的影响越来越明显。第4周，5株杂草稻/盆以上密度栽培稻叶片数与对照差异显著；第5、6周，2株杂草稻/盆以上密度栽培稻叶片数与对照差异显著；第7、8周，所有密度杂草稻栽培稻叶片数与对照差异显著（表3）。

表 1 不同密度杂草稻对栽培稻株高的影响

栽培稻：杂草稻	栽培稻株高（cm）							
	播后1周	播后2周	播后3周	播后4周	播后5周	播后6周	播后7周	播后8周
8：7	6.75a	17.81b	33.17ab	38.50c	41.25de	41.25e	45.58d	57.50f
8：6	7.00a	19.96b	32.50b	36.25d	41.25de	43.25e	49.25c	62.42e
8：5	7.56a	20.42ab	32.58b	36.33d	39.58e	43.08e	49.25c	63.83de
8：4	7.56a	20.33ab	33.00ab	38.83bc	42.08cd	45.25d	50.42c	64.83d
8：3	7.44a	21.46ab	32.92ab	39.75abc	43.33bc	46.83cd	53.08b	67.83c
8：2	7.38a	22.46a	34.42ab	40.08abc	44.75ab	48.67bc	53.67b	68.33bc
8：1	7.75a	22.25a	32.75ab	40.75ab	45.42a	50.17ab	54.17b	70.00ab
8：0	8.00a	21.00ab	34.83a	41.33a	46.33a	51.50a	56.83a	70.75a

表 2 不同密度杂草稻对栽培稻茎高的影响

栽培稻：杂草稻	栽培稻茎高（cm）							
	播后1周	播后2周	播后3周	播后4周	播后5周	播后6周	播后7周	播后8周
8：7	3.06a	6.63a	14.00a	14.88a	17.25bc	17.42e	22.00b	33.25d
8：6	3.31a	7.38a	13.25a	14.67a	16.25c	18.50cde	26.00a	37.17c
8：5	3.69a	7.42a	13.00a	14.75a	16.08c	18.08de	23.83b	36.50c
8：4	3.88a	7.29a	14.08a	15.42a	17.67bc	19.67bcd	26.33a	40.67b
8：3	3.69a	7.71a	13.75a	15.75a	17.75abc	20.42abc	26.67a	40.67b
8：2	3.63a	8.38a	14.75a	16.08a	18.92ab	20.42abc	25.75ab	41.50b
8：1	4.13a	8.00a	14.50a	16.42a	19.17ab	21.42ab	26.58a	41.92b
8：0	4.06a	7.71a	14.58a	16.50a	19.67a	21.75a	27.00a	44.00a

表 3 不同密度杂草稻对栽培稻叶片数的影响

栽培稻：杂草稻	栽培稻叶片数（个）							
	播后1周	播后2周	播后3周	播后4周	播后5周	播后6周	播后7周	播后8周
8：7	2.50c	3.75a	6.33a	6.13b	6.08c	6.17d	6.50f	7.42bc
8：6	2.50c	4.00a	6.42a	5.58c	5.92c	6.08d	7.25d	7.33c
8：5	2.75abc	4.00a	6.25ab	5.67c	6.08c	6.17d	6.92e	7.33c
8：4	2.63bc	3.92a	6.25ab	6.25ab	6.17c	6.67c	7.67c	7.42bc
8：3	2.75abc	4.00a	6.00bc	6.50a	6.17c	6.50c	7.75c	7.67ab
8：2	2.75abc	4.00a	6.33a	6.50a	6.50b	7.08b	8.08b	7.50bc
8：1	2.88ab	4.00a	5.92c	6.25ab	6.83a	7.42a	8.33b	7.33c
8：0	3.00a	4.00a	6.42a	6.50a	7.00a	7.58a	8.67a	7.92a

与株高、茎高和叶片数相比，栽培稻剑叶叶面积的变化动态更加敏锐地显示了不同密度杂草稻伴生条件下栽培稻的生长状况，从第1周开始，7株、6株杂草稻/盆中栽培稻剑叶叶面积即明显低于其他处理，比对照分别下降近40%和50%，从第2周开始几乎所有密度杂草稻下栽培稻剑叶叶面积均和对照存在显著差异，其中第2周栽培稻剑叶叶面积比对照下降3%～36%，至第8周，栽培稻剑叶叶面积比对照下降近1%～35%。可见本试验条件下，杂草稻的竞争使栽培稻剑叶叶面积显著降低（表4）。

表4 不同密度杂草稻对栽培稻剑叶叶面积的影响

栽培稻：杂草稻	栽培稻剑叶叶面积（cm^2）							
	播后1周	播后2周	播后3周	播后4周	播后5周	播后6周	播后7周	播后8周
8：7	0.29bc	3.14f	9.99e	11.63f	13.80f	13.19h	13.64f	19.32h
8：6	0.24c	3.85e	10.05e	10.79g	13.83f	13.43g	13.43g	20.92g
8：5	0.41abc	4.23d	10.53cd	10.32h	12.85g	14.09f	13.20h	24.79e
8：4	0.34abc	4.12d	10.39d	12.66e	14.27e	16.10e	15.13e	24.25f
8：3	0.42abc	4.64bc	10.42d	13.73d	15.35d	16.35d	15.73d	28.35c
8：2	0.43ab	4.80ab	11.98b	14.03c	17.20c	18.48c	18.26c	27.84d
8：1	0.43ab	4.49c	10.66c	14.83b	18.60b	20.57b	19.63b	29.70b
8：0	0.48a	4.94a	13.23a	16.22a	20.33a	22.87a	20.57a	30.01a

3 讨论

杂草稻与水稻亲缘关系较近，因此对光照、空间、营养和水的竞争特别激烈，本试验结果表明：杂草稻对栽培稻株高、茎高、叶片数和剑叶叶面积等生长发育特性可产生不同程度的抑制作用，并且有随着杂草稻密度以及杂草稻—栽培稻共同生长时间的增加，上述抑制作用逐渐增加的趋势，虽然上述结果是通过室内盆钵试验取得，还需要在田间做进一步探索，但杂草稻和栽培稻的竞争过程发生在栽培稻播后的早期，再次强调了早期杂草稻控制的必要性，也同样突出了苗床准备和苗后早期杂草稻控制的重要性。研究结果同时表明剑叶叶面积作为功能叶片的重要指标可更加快速显示栽培稻播种后杂草稻对栽培稻的抑制作用，该指标对于杂草与水稻竞争关系的研究可能具有更为重要的意义。当然，该研究还需要继续对栽培稻地上、地下部分干物质的积累、栽培稻产量及构成因子做定量考察。

杂草稻作为一个兼有野生稻和栽培稻特性的水稻类型，与栽培稻亲缘关系极其相近，目前还没有能够有效地防除杂草稻的水稻除草剂，只能靠人工拔除，这给防治杂草稻带来极大的困难。所以从生态学角度明确杂草稻的防治技术条件将有助于为杂草稻区域性防治的方法选择提供基础。

参考文献

[1] Rao A. N., Johnson D. E., Sivaprasad B.，et al. Weed Management in Direct-Seeded Rice[J]. *Advance in Agronomy*, 2007, 93: 212-214.

[2] 许聪，吴万春. 杂草稻的分类地位和利用途径探讨[J]. 海南大学学报（自然科学版）， 1996，14（2）：146-151.

[3] 梁帝允，强胜，张绍明等. 稻田杂草稻发生趋重水稻生产受到威胁[J]. 中国植保导刊，2009，29（2）：38-39.

[4] 戴伟民，宋小玲，吴川等. 江苏省杂草稻危害情况的调研[J]. 江苏农业学报，2009，25（3）：712-714.

[5] 杨庆，马殿荣，宋冬明等. 不同密度杂草稻对栽培稻群体形态特征及产量的影响[J]. 北方水稻，2008，38（5）：28-31.

[6] 宋冬明，马殿荣，杨庆等. 杂草稻密度对栽培稻生长发育和产量的影响[J]. 沈阳农业大学学报，2008，39（3）：270- 273.

寒冷稻区杂草稻种子越冬死亡机理的探讨

杨杰[1] 李美子[2] 傅民杰[1] 吴明根[1]

（1. 延边大学农学院农学系，延吉 133000；

2. 龙井市农业推广中心，龙井 133400）

摘要：对不同杂草稻种子分别在两种纬度地区进行室外越冬处理试验，结果表明，水分饱和土壤环境中越冬种子的成活率为 0%，干燥态土壤环境中越冬种子的发芽率均为 50%以上。两地杂草稻种子越冬死亡的原因与其休眠特性、含水量和低温条件有关。

关键词：杂草稻；种子；休眠；越冬；死亡

Study on Overwintering Mechanism of Weedy Rice Seed in Cold Rice Production Area

Yang Jie[1] Li Meizi[2] Fu Minjie[1] Wu Minggen[1]

(1 *Yan Bian University, Agriculture College, Department of Agriculture, Yanji,* 133000, *China*)

Abstract: The outdoor trails were carried out to investigate overwriting of different weedy rice seeds on two latitude areas. The results shows that the all survival rates of weedy rice seeds which went through the winter are about 0% under the condition of saturated soil. The germination rates of overwintering weedy rice seeds in dry soil are in more than 50%. The death of overwintering weedy rice seeds in the two production areas is related to its dormancy characteristic, soil water content and low temperature.

Key words: Weedy rice; Seeds; Dormancy; Overwintering; Death

杂草稻分布极为广泛，全球几乎所有稻作生产地都有发现，作为栽培稻的伴生杂草而存在[1~3]。杂草稻的发生受稻作方式的影响，一般节水栽培方式的旱直播、麦田套播稻等发生较为严重[4,5]。稻田杂草稻处于优势竞争位，不仅影响水稻产量，而且严重影响大米商品品质，也成为有害生物寄生的寄主植物及转基因漂移的桥梁[6]，将会影响转基因水稻品种的大规模推广。但由于很多生物生态、生理生化以及对除草剂的反应特征与栽培稻相似，至今为止无法采取化控技术有效遏制稻田杂草稻蔓延[1]。

从形态、生理以及同工酶的结果将杂草稻分为籼型和粳型两大类，每一大类分为拟栽培籼型，主要分布于温带国家，拟野生籼型，主要分布于热带地区，拟栽培粳型，主要分布在韩国、中国、不丹，野生粳型，主要分布在中国和韩国[8~11]。杂草稻种子因遗传背景、生境的不同而休眠的强弱及其长短不同，一般高纬度粳稻型杂草稻的休眠强度普遍弱于栽培稻或低纬度杂草稻类型[12,13]。杂草稻种子虽然抗冻性、耐低温发芽能力强于栽培稻[14~16]，且有些落粒种子安全越冬翌年自生，成为稻田问题“杂草”，但近几年，吉林和黑龙江两省稻田杂草稻种群消涨虽有较大年幅度，但总体表现出越来越少的趋势，特别是秋冬多雨雪年份，安全越冬的个体数量大幅度减少。说明寒冷稻区杂草稻种子能否安全越冬、翌年自生取决于其休眠强弱、休眠期长短和种子含水量。

1 材料与方法

1.1 供试材料

当地扩繁的黑龙江、吉林、辽宁、内蒙古、江苏、韩国杂草稻资源。

1.2 试验方法

1.2.1 种子休眠特性调查

供试材料盆栽抽穗后 30 天、50 天、70 天分别取样，选取饱满种子 100 粒放置于25℃自动控温光照培养箱内培养皿浸泡，定期调查发芽率（发芽标准为种子露白 2mm 以上）。各处理重复 3 次。

1.2.2 种子越冬发芽调查

2010年选择吉林龙井和辽宁东港两地，分别于10月17日和10月30日室外定量盆种，播种至冷冻之前采取有水层状态、湿润状态、自然状态和室内低温状态 4 种处理，各处理重复3次。室外盆种后相隔30天取回放置于25℃自动控温光照培养箱内，定期调查出苗率。

2 结果与分析

2.1 种子休眠特性

供试杂草稻种子因其遗传背景、生境不同表现出不同的成熟进程和发芽能力。与栽培稻相比供试杂草稻成熟快，其中东北杂草稻抽穗后经 30 天发芽率达 40%以上，而南方杂草稻因来源不同而成熟进程、发芽能力上表现出较大差异（表 1）；抽穗后经 50 天，除了来之于黑龙江佳木斯和江苏南京的杂草稻种子发芽率 70%左右外，其余发芽率均超90%以上；经 70 天后所有供试材料发芽率均超 90%以上。说明本试验供试的杂草稻种子完全成熟后，与栽培粳稻一样没有休眠特性。实际，东北稻田秋季杂草稻成熟落粒种子遇到其适宜萌发水温条件，可当年发芽。因此，利用杂草稻种子耐低温发芽及成熟早、易落粒的特点，秋季北方稻区可采取晚保水（推迟断水）或补水措施，能冻死无休眠特性的落地杂草稻种子，达到有效控制的目的。

2.2 不同水分条件处理下不同来源杂草稻种子的安全越冬能力

播种至冷冻之前维持不同水分条件越冬结果，随利于提高种子含水量的水分环境，种子发芽率明显降低（表 2），土壤表面保水层进入冷冻状态处理的种子在龙井经 3 个月、在东港经 1 个月发芽率为 0%，而无控温措施的室内干燥态越冬种子经 3 个月后仍保持 50%。

表 1 不同来源杂草稻种子不同成熟期的发芽能力

抽穗至浸种间隔（天）	不同来源杂草稻种子不同成熟期的发芽率（%）							
	辽宁东港	黑龙江佳木斯	黑龙江八五零	内蒙古扎兰屯	吉林安图	江苏南京	韩国密阳	吉粳 81 栽培稻
30	23.6 e	46.5 cd	54.8 bc	56.9 b	38.2 d	18.4 e	100 a	6.0 f
50	93.4 a	73.9 b	95.1 a	95.5 a	93.3 a	67.6 b	99.8 a	97.8 a
70	95.3 a	92.1 a	96.6 a	98.3 a	100 a	95.4 a	99.4 a	97.3 a

以上发芽率为对龙井地区没发芽的种子进行种子活力检测（TTC 法）结果，胚部没有正常活力。另外，2010 年度两地气象资料比较，从越冬处理开始到日最高气温下降至0℃期间，龙井和东港降雨量分别为 17.2mm、60.2mm，同期经历的最低气温分别为-22.9℃（12 月 24 日）、-13.0℃（11 月 28 日），日平均气温东港高于龙井 2℃。由此认为，辽宁 东港秋季雨水相对多、温度也达到冻死低温条件，冻死杂草稻种子效果好于高纬度的吉林龙井地区。

3 讨论

本试验供试的遗传背景不同的杂草稻种子，没有强的休眠特性，种子进入完全成熟期与栽培稻一样发芽能力很强。至于个别不发芽的种子是否有休眠性，需有待于通过种子活力检测、镜检等方法进一步验证。寒冷稻区冻死杂草稻落粒种子除了种子休眠特性内因有关外，还与内、外因交互的种子含水量相关、还与吸水后的温度变化相关。室内模拟实验结果，杂草稻种子冻死率与种子含水量、吸水期温度呈负相关、与冷冻期低温（绝对值）呈正相关，且缺一不可；3 个自变量要素之间表现出负相关的互作作用。

没有休眠特性种子通过越冬能够低温致死，要通过胚吸水—胚生理活动—胚低温伤害 3 个基本过程。首先胚（种子）的含水量达到生理活动水分阈值，故要确保种子所处的环境水分；同时要确保种子能够有效吸水的水温阈值和胚生理活动所需的活动积温阈值；要确保能够冻死已处于生理活动态胚的致死低温阈值。但上述阈值之间存在交互作用，因此要冻死杂草稻种子的单因素绝对阈值实际不可能存在。陈惠哲等人[17]把 25℃浸种 2h（种子含水量 18.61%）和 4h（种子含水量 21.09%）的丹东自生杂草稻种子冷冻处理于-20℃冷冻 7 天结果，发芽率分别降到 15.67%和 0%。说明冬季低温稻区，利用杂草稻种子耐低温、耐低水分发芽特性，采用秋季适期、适量稻田保水或补水措施，可有效冻死落粒杂草稻种子。

表 2　龙井、东港两地不同水分条件下杂草稻种子不同越冬期的发芽率

越冬条件	试验地点	品种来源	不同越冬持续期种子发芽率（%）		
			1 个月	2 个月	3 个月
水层	吉林龙井	吉粳 81（栽培稻）	12.9	0	0
		吉林杂草稻	51.3	0	0
		黑龙江杂草稻	63.0	2.7	0
		丹东杂草稻	31.0	3.0	0
		杂交后代	51.0	11.0	0
	辽宁东港	吉粳 81（栽培稻）	0	0	0
		丹东杂草稻	0	0	0
湿润	吉林龙井	吉粳 81（栽培稻）	34.3	0	0
		吉林杂草稻	76.1	8.7	0
		黑龙江杂草稻	68.0	17.4	0
		丹东杂草稻	50.3	18.1	0
		杂交后代	56.6	14.5	0
	辽宁东港	吉粳 81（栽培稻）	0	0	0
		丹东杂草稻	0	0	0
自然	吉林龙井	吉粳 81（栽培稻）	82.0	15.6	0
		吉林杂草稻	94.0	52.0	0
		黑龙江杂草稻	87.0	47.9	0
		丹东杂草稻	84.3	54.2	0
		杂交后代	86	41.8	0
	辽宁东港	吉粳 81（栽培稻）	0	0	0
		丹东杂草稻	0	0	0
干燥态	吉林龙井	吉粳 81（栽培稻）	92.3	63．0	51.3
		吉林杂草稻	98.0	79.0	78.0
		黑龙江杂草稻	94.0	90.3	83.6
		丹东杂草稻	93.7	76.7	63.2
		杂交后代	89.8	88.5	67.1
	辽宁东港	吉粳 81（栽培稻）	95.0	89.0	69.3
		丹东杂草稻	92.5	93.0	89.1

参考文献

[1] 许聪，吴万春. 海南岛杂草稻的生态考察和鉴定[J]. 中国水稻科学，1996，10（4）：247-249.

[2] 徐世林，陈德辉，李群，等.稻田杂草稻发生规律及控制技术探讨[J].作物研究，2007（1）:35-37.

[3] 王渭霞，朱廷恒，邵国胜，等.杂草稻的分类起源及利用研究进展[J].杂草科学，2005（2）:1-5.

[4] 潘学彪，陈宗祥，左示敏，等.江苏省杂草稻成因及防控策略[J].江苏农业科学，2007（4）:52-54.

[5] 许美刚，范仁春，郭恒龙等. 麦套稻大田杂草稻的特征特性及防除技术[J].农技服务，2008，25（2）:100-101.

[6] 程林，韩飞，袁潜华.转基因稻向栽培稻及其稻属植物的基因漂流研究进展[J].贵州科学，2007，25（4）: 42-46.

[7] Chen L J, Lee D S, Song Z P, et a1. Gene flow from cultivated rice(*Oryza sativa*) to its weedy and wild relatives[J]. *Annals of Botany*(Lond), 2004, 93(1): 67.

[8] Tang LH, Morishima H. Genetic characterization of weedy rices and the inference on their origins[J]. *Breeding Science*, 1997, 47(2): l53-160.

[9] Maria Teresa Federici. Analysis of Urugnayan weedy rice genetic diverity using AFLP molecular markers[J]. *Electronic Joumal of Biotechnology*, 2001, 4(3): 130-145.

[10] Suh H S, Sato YI, Morishima H. Genetic characterization of weedy riee(*Oryza sativa* L.)based on morpho physiology, isozymes and RAPD markers[J]. *Theoretical Applied Genetics*, 1997, 94: 316-321.

[11] Gu Xingyou, Chen Zongxiang. Foley M E. Inheritance of seed dormancy in weedy rice[J]. *Crop Science*, 2003，43(3): 835-843.

[12] 杨琳，戴伟民，强胜，等. 杂草稻穗部形态及休眠特性的初步研究[J]. 江苏农业科学，2009，4：121-123.

[13] 余柳青，Mortifner AM，玄松南，等.杂草稻落粒粳的抗逆境特性研究[J]. 中国应用生态学报，2005，16（4）：717-720.

[14] 赵培培，马殿荣，陈温福. 北方杂草稻种子抗冻性的初步研究[J]. 北方水稻，2008，28（3）：28-31.

[15] 邹德堂 黑龙江省杂草稻的特征特性及耐冷性分析[J]. 农业现代化研究，2008，29（2）：238-238.

[16] 陈惠哲，玄松南，王渭霞，等. 丹东杂草稻种子的耐冻能力和低温发芽特性研究. 中国水稻科学，2001，8（2）：109-112.

农田土壤养分如何调节杂草群落结构及其生物多样性

———以长期施肥下的砂姜黑土田冬小麦杂草群落为例

万开元[1]　汤雷雷[1]　潘俊峰[1]　李儒海[2]　陶勇[1]　陈防[1*]

(1. 中国科学院水生植物与流域生态重点实验室，中国科学院武汉植物园，武汉 430074;

2. 湖北省农业科学院植保土肥研究所，武汉 430064)

摘要：以往的研究表明长期施肥能明显改变农田杂草群落结构，但土壤养分对杂草群落结构与生物多样性的调节作用缺乏深入探讨。为此，我们对安徽蒙城一个持续 15 年的砂姜黑土田长期定位施肥试验点冬小麦杂草群落进行了研究。结果表明，在本研究的土壤类型及耕作制度下，大量养分元素对冬小麦杂草群落结构的调节能力大小依次为 N>P>K，且 N、P 在影响群落内物种组成的同时，也影响着物种的个体发生量，而 K 则只影响着物种的个体发生量。具体结果为：土壤全 N 含量（0.69±0.02）～(0.94±0.01） g/kg 与杂草群落生物多样性指数呈直线相关，随着土壤全 N 的增加，杂草群落物种丰富度和群落优势度逐渐增大，而物种多样性和群落均匀度逐渐降低。土壤有效 P 含量（6.35±0.22）～(26.74±0.46） mg/kg 与杂草群落生物多样性呈二元线性关系，随着土壤有效 P 的增加，杂草群落物种丰富度和群落优势度呈倒 U 形抛物线变化，先下降随后上升，而物种多样性指数（Shannon-Wiener 指数）及群落均匀度指数（Pielou 指数）则呈正 U 形抛物线变化，先上升随后下降。土壤有效 K 含量（89.24±2.57）～(194.21±3.79） mg/kg 的增加，直接增加了群落优势度和群落均匀度，而对物种丰富度和物种多样性的影响未能体现。这一结果同时表明，砂姜黑土小麦田长期的 N、P、K 肥的平衡施用，在保证小麦获得高产的前提下，也通过保护非优势的杂草种类和抑制优势杂草种类，维持杂草群落的生物多样性与稳定性，达到控制杂草为害的目的。从一定意义上说，砂姜黑土田冬小麦的平衡施肥恰好站在了兼顾杂草控制与杂草多样性保护的平衡点上，几乎完美地实现了平衡施肥的经济效应与生态效应的统一。不幸的是，平衡施肥的生态效应往往被人所忽视。

关键词：砂姜黑土; 长期施肥; 大量元素; 冬小麦; 生物多样性; 生态效应

Abstract The precious studies have indicated that weed community in farmland could be remarkably changed by long-term fertilization, but further exploration was relatively absent. Therefore, we studied weed community of winter wheat crops in an experimental station, which has been lasted for 15 years, of long-term located fertilization in Shajiang Black Soil areas in Mengchen, Anhui province, China. Results demonstrated that, under the soil type and cropping system of this paper, the regulation ability of macro-elements to weed community structure of winter wheat crops is in the order in turn N>P>K. N impacted not only on species composition but also on population size of species in weed community, while K only on species individuals. Concretely, soil total nitrogen contents (0.69±0.02)~(0.94±0.01) g/kg was linearly correlated with biodiversity index of weed community. With increment of the total nitrogen, species richness and community dominance gradually rose, whereas, species diversity and community evenness gradually descended. Soil available phosphate content (6.35±0.22) ~(26.74±0.46) mg/kg was dualistically linearly correlated with the biodiversity of weed community. With increment of the available phosphate, the species richness and community dominance changed following a parabola, namely declined at first and then increased, whereas, species diversity index (Shannon-Wiener index) and community evenness index (Pielou index) increased at first and then declined. Furthermore, the increment of community dominance and evenness could be resulted in by available K content increment (89.24±2.57) ~(194.21±3.79) mg/kg, but species richness and diversity was impacted fewer. The results suggested that, long-term balanced fertilization of N, P, K to wheat crops in Shajiang Black Soil could maintain high yield of the crop as well as control weed penalty by protecting non dominant weed species and constrain dominant ones, thereby maintaining biodiversity and stability of weed community. In this sense, the balanced fertilization to winter wheat crops in Shajiang Black Soil area has just reconciled the two facts i.e. weed control and weed diversity conservation, and perfectly realized the unification of economic and ecologic benefits.

Key words Shangjiang Black Soil; Long-term fertilization; Macro-element; Winter wheat crops;

Biodiversity; Ecological benefits

随着现代农业的发展，农田生态系统越来越受到重视，维持农田生态系统的平衡与稳定对于作物高产优质和农田可持续利用有着重要的意义[1,2,3]。农田杂草是农田生态系统中的重要组成部分，杂草与作物竞争光照、养分和水分等资源而成为作物减产的主要因素之一[4,5]，以致造成全球每年 95 亿美元的损失[6]；同时杂草多样性有利于维持或调节土壤微生物、动物、昆虫多样性和降低某些优势杂草的群落优势地位，有利于减少土壤养分流失，因而在维持农田生态平衡以及保持农田可持续利用方面起着不可或缺的作用[7,8,9,10,11,12,13,14]。因此如何对农田杂草进行有效管理，既避免杂草恶性化，又最大限度地保护杂草生物多样性，已成为人们关注的重要课题[14-19]。

施肥是一项很重要的农业管理措施，施肥在提高作物产量与品质的同时也影响到田间各种杂草的生长，从而对农田杂草群落的多样性产生影响[20,21,22, 23]。国内外的众多研究表明，由于长期施肥改变了土壤肥力水平，土壤肥力的变化对杂草带来新的选择压力、以及其他物种随之变化后重建的种间竞争关系，从而使得田间杂草及杂草种子库的发生频率、群落组成、群落多样性等都有显著变化[12, 14, 24]。如在英国 Rothamsted 于 1843 年开始的肥料定位试验中发现，随着氮肥施用量的加大，杂草的发生频率变化各异[21]。Davis 等[25]的研究表明，长期施全量氮肥的田间以洋野黍（*Panicum dichotomiflorum*）等禾本科杂草为优势种，而施减量氮肥的田间以藜（*Chenopodium album*）为优势种。

作为最主要的矿质生命元素，N、P、K 无疑对群落的结构有着重要影响[26]。有学者认为土壤 N 素养分是影响田间杂草种群组成最重要的影响因子[21,25,27,28,29,30]，也有学者认为土壤中的 P 素是影响田间杂草群落的最主要养分因子[31,32]。所有这些研究均肯定农田土壤养分对杂草群落的多样性产生了影响，且认为某一养分起了主要作用，但在杂草群落结构及其生物多样性的改变过程中，N、P、K 养分到底如何发挥调节杂草群落结构及其生物多样性的功能？

另外，有学者报道随着土壤养分状况的改善，杂草群落的多样性指数逐渐减小[30,32]。这是否是一种普遍现象？如果这是一个普遍规律，那么出于优质高产目的的土壤肥力培育措施，将无法兼顾农田杂草生物多样性的保护，农田边界生物多样性保护的重要性就显得更为突出[33,34]。

带着这些问题，我们通过对安徽蒙城农业部砂姜黑土生态环境重点野外科学观察试验站一个持续15年的肥料试验定位监测点的砂姜黑土田冬小麦杂草群落进行研究，期望能够为该地区农田生态系统中杂草综合管理与杂草生物多样性的保护提供更科学的思路。

1 材料和方法

1.1 研究地区概况和试验管理

试验田设在中国农业部蒙城县砂姜黑土生态环境野外科学观测试验站（安徽省蒙城县）内的一个长期肥料试验定位监测点。试验站地处安徽省北部平原中部，属于暖温带半湿润季风气候，常年平均气温 14.8℃，年平均降水量 872.4 mm，年蒸发量 1026.3 mm。供试土壤为暖温带南部半湿润区草甸潜育土上发育而成的具有脱潜特征的砂姜黑土（类），普通砂姜黑土亚类，此类土壤占中国砂姜黑土类近 400 万 hm^2 面积的 99%以上，试验地所处的淮北平原是我国最大的砂姜黑土分布区[35]，因此具有广泛的代表性[36]。砂姜黑土是重要的低产土壤之一，质地黏重，有机质含量仅在 1%上下，中性至微碱性，缺磷少氮，严重制约着农业的生产。近年来，化学肥料大量投入，一方面农作物的产量大幅度提高[37]，但另一方面由于肥料的单一和施肥的不合理，造成了该地区农田生态环境的破坏，比如土壤板结、养分失衡、杂草生物多样性降低等[37]。

定位施肥试验于 1994 年开始进行，1994～1998 年为小麦—玉米轮作，1998 年以后至今为小麦—大豆轮作。试验共设 6 个处理：不施肥（简称 CK），施磷钾肥（简称 PK），施氮磷肥（简称 NP），施氮钾肥（简称 NK），施半量的磷以及全量的氮钾肥（简

称 $NP_{1/2}K$），施氮磷钾肥（简称 NPK）。氮处理施纯 N 187.5 kg/hm^2，磷处理施 P_2O_5 90kg/hm^2，钾处理施 K_2O 135 kg/hm^2。氮肥为尿素（含氮 46%），磷肥为普通过磷酸钙（含 P_2O_5 12%），钾肥为氯化钾（含 K_2O 60%）。小麦播种时所有肥料一次性底施，后茬作物不施肥。小区面积 20 m^2，3 次重复，随机区组排列。

1.2 杂草调查与数据处理

调查工作于 2009 年 4 月下旬进行（杂草处于花果期，小麦处于灌浆期）。每小区按对角线 5 点取样法设 5 个样方[18, 19]，每个样方面积为 0.25 m^2，计数各样方内的杂草种类与数量。采用 Illuminance Meter T-1H 测定小麦植株上部的光照强度以及地表的光照强度，用地表的光照强度/小麦植株上部的光照强度来表示透光率[30]。2009 年 6 月上旬对小麦进行收割计产。

杂草的生物多样性采用如下指数测度：物种丰富度S即样方中包含的所有杂草种类数；物种多样性用Shannon-Wiener指数测度，$H' = -\sum P_i \cdot \ln P_i$，其中$P_i=N_i/N$，$N_i$为样方中第$i$物种的个体数，$N$为样方总个体数；群落优势度用Simpson指数测度，$D=\sum P_i^2$；群落均匀度用Pielou均匀度指数测度，$J=H'/lnS$；群落结构组成的差异用Whittaker指数测度，$\beta w=S/ma-1$, ma为各样方的平均物种数[38]；群落相似性用Sørensen指数测度，定性测度$C_s=2j/(a+b)$ [39]，定量测度（又称Bray-Curtis指数）$C_N=2jN/(aN+bN)$，其中j为群落A与B所共有的物种数，a为群落A含有的全部物种数，b为群落B含有的全部物种数，aN为群落A所有物种的个体数目，bN为群落B所有物种的个体数目，jN为群落A（jNa）和B（jNb）共有种中个体数目较小者之和[40]。

除去只在一个小区或者在两个小区出现但是密度非常小的偶见种，以 18 个处理小区中的 10 种常见杂草的密度构成原始数据矩阵，进行（x+1）$^{1/2}$ 转换[41]，然后应用 SPSS16.0 软件进行主成分分析。以主成分分析所得前两个主分量及其特征值计算 18 个小区的前两个主向量，以此作 18 个小区的散点图。同时也由每种杂草的前两个主分量作杂草的二维散点图，并在图上标出 6 个施肥处理的中心位置；连接原点与杂草坐标点成一直线，用这些直线来表示各种杂草与施肥处理之间的关系：如果某直线与某施肥处理的中心点越靠近，且长度越长，则表示这种杂草越适宜在这种施肥处理下生长[41]。

研究数据使用 Excel 2003 和 MVSP 3.1 进行处理、绘图；并使用 SPSS 16.0 进行统计分析。

2 结果与分析

2.1 土壤养分、田间光照条件

在长期不同施肥处理下，田间的土壤养分发生了改变，并由此带来田间透光率与小麦产量的不同，各处理之间的土壤全氮（0.69±0.02）～（0.94±0.01）g/kg、土壤速效磷（6.35±0.22）～（26.74±0.46）mg/kg、土壤速效钾（89.24±2.57）～（194.21±3.79)mg/kg、地面透光率（34.42±2.92）%～（80.41±1.36）%及小麦产量（2520±145）～（6214±116）kg/hm^2 均存在不同程度差异（表 1）。不施肥处理的土壤养分含量总体水平最低；缺 N 处理区的土壤全 N 显著小于其他施肥处理，NP、NK、$NP_{1/2}K$、NPK 四者间差异不显著；6 个施肥处理的速效 P 含量均达到差异显著水平，缺 P 处理的土壤速效 P 显著小于其他施肥处理；缺 K 处理的土壤速效 K 显著小于其他施肥处理，是 6 个施肥处理最低的；$NP_{1/2}K$ 与 NPK 两者养分状况是 6 种施肥处理中较好的。在对照处理（CK）区，由于长期不施肥料，土壤的 N、P、K 养分极度贫瘠，小麦的生长发育受到抑制，产量也最低，导致地面透光最好；不施 N 处理（PK）区，由于土壤缺少 N，小麦的生长发育也受到很大的抑制，产量低，地面透光较好；长期不施 P 肥处理（NK）和长期不施 K 肥处理（NP）区，小麦的生长发育受到一定的抑制，地面透光相对较差；在长期施用 $NP_{1/2}K$ 和 NPK 处理区，小麦的生长发育最好，地面透光最差。

表 1 长期不同施肥处理表层（0～15cm）土壤的基本性状、地面透光率及小麦产量

处理	全氮（g/kg）	有效磷（mg/kg）	有效钾（mg/kg）	光照度（%）	小麦产量（kg/hm^2）
CK	0.79±0.03 b	6.91±0.16 e	97.61±3.23 d	80.41±1.36 a	2520±145e
PK	0.69±0.02 c	26.74±0.46 a	194.21±3.79 a	58.24±3.19 b	2826±108d
NP	0.92±0.04 a	15.38±0.39 c	89.24±2.57 e	44.82±4.28 cd	5397±107b
NK	0.92±0.04 a	6.35±0.22 f	153.68±3.75 b	55.38±7.53 c	3117±133c
$NP_{1/2}K$	0.94±0.01 a	14.31±0.53 d	115.73±3.89 c	36.49±5.72 d	6000±117a
NPK	0.90±0.02 a	17.09±0.43 b	110.85±3.17 c	34.42±2.92 d	6214±116a

注：同一行平均数后字母相同的表示在 0.05 水平上差异不显著。

2.2 田间杂草的密度

在 18 个试验小区中共发现 17 种杂草（表 2），其中泥胡菜（*Hemistepta lyrata*）、野燕麦（*Avena fatua*）、通泉草（*Mazus japonicus*）、小飞蓬（*Conyza canadensis*）以及一年蓬（*Erigeron annuus*）只在个别小区出现，泽漆（*Euphorbia helioscopia*）与萹蓄（*Polygonum zviculare*）在两个小区出现但是密度非常小，而麦家公（*Lithospermum arvense*），毛车前（*Plantago virginica*），野老鹳草（*Geranium carolinianum*），猪殃殃（*Galium aparine* var. *tenerum*），大巢菜（*Vicia sativa*）5 个物种在 6 个处理均出现。

表 2 长期不同施肥处理杂草群落的组成和密度（株、分蘖/m^2）

	CK	PK	NP	NK	$NP_{1/2}K$	NPK
小飞蓬 *Conyza canadensis*	/	/	/	/	/	4.80
一年蓬 *Erigeron annuus*	/	/	/	/	/	2.40
泥胡菜 *Hemistepta lyrata*	/	/	0.80	/	/	/
通泉草 *Mazus japonicus*	/	1.07±0.92	/	/	/	/
野燕麦 *Avena fatua*	/	1.33±0.46	/	/	/	/
萹蓄 *Polygonum zviculare*	/	/	1.60±0.00 a	/	1.60±0 .00a	/
泽漆 *Euphorbia helioscopia*	1.07±0.46 b	/	/	/	2.40±1.39 a	/
荠菜 *Caspella bursa-pastoris*	/	1.87±1.85 a	/	/	0.53±0.46 ab	0.80±0.00 b
波斯婆婆纳 *Veronica persica*	2.67±2.01 b	31.47±27.3 a	0.53±0.46 b	/	/	/
刺儿菜 *Cephalanoplos segetum*	11.4±7.26 a	0.53±0.46 b	/	4.00±3.49 b	2.40±0.00 b	/
雀麦 *Bromus japonicus*	/	/	8.00±0.00 a	4.80±0 ab	3.20±0 bc	8.53±5.08 a
打碗花 *Calystegia hederacea*	1.60±2.12 ab	/	2.67±2.31 a	1.33±0.46 ab	0.8±0.8 ab	/
麦家公 *Lithospermum arvense*	2.13±1.22 c	23.47±5.87 a	4.13±1.15 bc	2.13±2.31 c	9.33±8.85 b	0.80±0.00 d
毛车前 *Plantago virginica*	1.33±0.92 c	0.80±0.80 c	4.00±0 ab	4.27±0.92 a	1.60±1.39 bc	2.40±2.12 abc
野老鹳草 *Geranium carolinianum*	9.07±2.31 bc	9.33±0.46 bc	21.87±8.21 ab	3.60±0.80 c	14.93±2.01 bc	31.20±16.53 a
猪殃殃 *Galium aparine var. tenerum*	24.53±9.54 c	102.40±20.69bc	196.40±66.42 a	71.47±26.1 c	164.53±75.79ab	169.60±44.06ab
大巢菜 *Vicia sativa*	99.47±23.60 b	40.00±14.69 c	9.33±4.41 cd	153.07±40.61a	22.40±8.47 cd	5.47±1.62 d
Total weeds	153.33±40.81a	212.27±15.89a	249.33±60.58a	244.67±70.16a	223.73±77.59a	226.00±65.05a

注：同一行平均数后字母相同的表示在 0.05 水平上差异不显著。

在 CK 处理区发现 9 个种，其中优势种为大巢菜（密度为 99.47 株/m^2）与猪殃殃（密度为 24.53 株/m^2）；在 PK 处理区发现 10 个种，其中优势种为猪殃殃（密度为 102.40 株/m^2）、大巢菜（密度为 40.00 株/m^2）、波斯婆婆纳（*Veronica persica*）（密度为 31.47 株/m^2）、麦家公（密度为 23.47 株/m^2）；在 NP 处理区发现 11 个种，其中优势种为猪殃殃（密度为 196.4 株/m^2）与野老鹳草（密度为 21.87 株/m^2）；在 NK 处理区发现 8 个种，其中优势种为大巢菜（密度为 153.07 株/m^2）与猪殃殃（密度为 71.47 株/m^2）；在 $NP_{1/2}K$ 处理区发现 11 个种，其中优势种为猪殃殃（密度为 164.53 株/m^2）与大巢菜（密度为 22.40 株/m^2）；在 NPK 处理区发现 9 个种，其中优势种为猪殃殃（密度为 169.60 株/m^2）与野老鹳草（密度为 31.20 株/m^2）。从整个试验田看杂草优势种组成为猪殃殃—大巢菜—野老鹳草。

6 个处理间总草密度没有显著差异，但同一物种往往在不同处理中的发生量存在较大差别。如波斯婆婆纳在 PK 处理区，刺儿菜在 CK 处理区，大巢菜在 NK 处理区，麦家公在 PK 处理区，野老鹳在 NPK 处理区，猪殃殃在 NP 处理区分别大于与之对应的其他施肥处理区。

主成分分析结果（图 1）表明，在长期不同施肥处理下田间杂草群落的组成发生了改变。其中 NP、NPK、$NP_{1/2}K$ 三者分布在 factor 2 的右侧，CK 与 NK 分布在 factor 1 的左上方，PK 分布在 factor 1 的左下方，即在不同施肥处理后，18 个施肥处理小区的杂草群落组成可以分为三类：第一类是集中分布在 factor 2 右侧的 N 与 P 配合施用的 NP、NPK、$NP_{1/2}K$ 处理区，第二类是集中分布在 factor1 左上方的不施肥或者缺 P 的 CK 与 NK 处理区，第三类是集中分布在 factor1 的左下方的缺 N 的 PK 处理区。

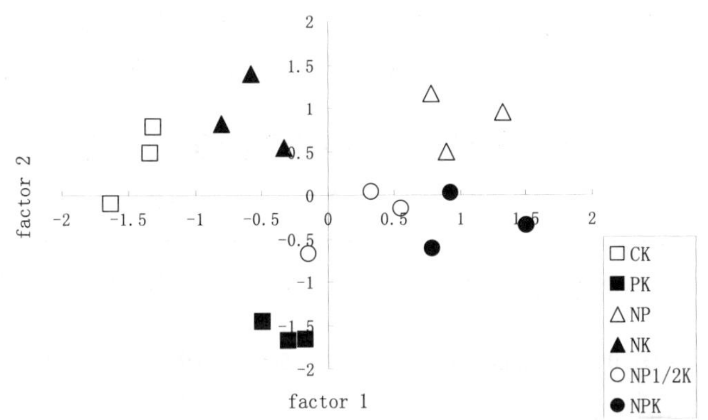

图1 18个长期不同施肥小区杂草群落的主成分分析

PCA 结果表明（图 2），土壤中的 N、P、K 能显著改变杂草的群落结构，分别不施用 N、P、K 以及平衡施肥这 4 个处理独立分布在 4 个象限；不同种类的杂草在不同施肥处理中发生状况有着明显差别，刺儿菜在不施肥处理中发生量最大，麦家公在不施 N 肥处理中发生最大，而毛车前在不施 K 肥处理中表现最为优异，大巢菜在不施 P 肥处理中发生量最大，猪殃殃则在平衡施肥处理中表现十分突出。

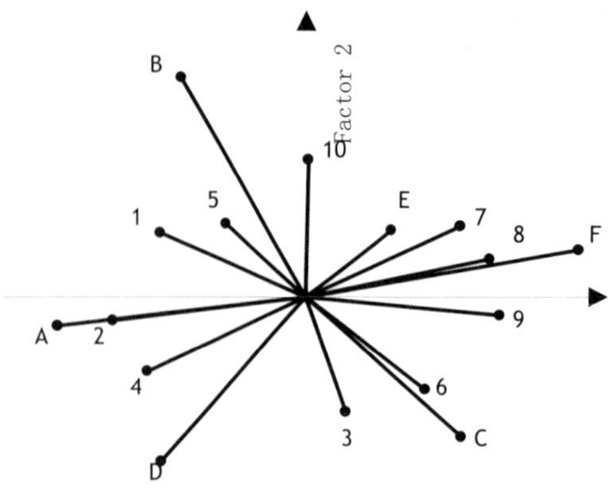

图 2 长期不同施肥处理及主要杂草的主成分分析

1. 波斯婆婆纳 *Veronica persica*；2. 刺儿菜 *Cephalanoplos segetum*；3. 打碗花 *Calystegia hederacea*；4. 大巢菜 *Vicia sativa*；5. 麦家公 *Lithospermum arvense*；6. 毛车前；7. 野老鹳 *Geranium carolinianum*；8. 猪殃殃 *Galium aparine* var. *tenerum*；9. 雀麦 *Bromus japonicus*；10. 荠菜 *Caspella bursa-pastoris*；A：CK；B：PK；C：NP；D：NK；E：$NP_{1/2}K$；F：NPK

2.3 长期不同施肥对田间杂草群落生物多样性的影响

长期不同施肥处理下杂草群落各个生物多样性指数均表现出一定的差异性（表3）。NP 、$NP_{1/2}K$和NPK三个施肥处理的物种丰富度较高。从物种多样性指数（Shannon-Wiener指数）看，PK处理区显著高于其他处理，但群落优势度指数（Simpson指数）显著小于其他处理；从群落均匀度指数（Pielou指数）看，PK处理区最高，且显著高于其他处理区。

表 3 长期不同施肥处理杂草群落的生物多样性指数

Fertilization treatment	CK	PK	NP	NK	$NP_{1/2}K$	NPK
Species richness	8.67±0.58 b	8.33±0.58 b	10±1 a	8.33±1.53 b	10±0 a	9.33±0.58 ab
Shannon-Wiener index	1.19±0.04 ab	1.43±0.15 a	0.94±0.25 b	0.99±0 b	1.05±0.24 b	0.9±0.06 b
Pielou index	0.55±0.04 ab	0.67±0.05 a	0.41±0.1 c	0.47±0.04 bc	0.46±0.1 bc	0.4±0.04 c
Simpson index	0.45±0.02 b	0.31±0.05 c	0.61±0.12 a	0.48±0.01 ab	0.54±0.13 ab	0.59±0.05 ab

注：同一行平均数后字母相同的表示在 0.05 水平上差异不显著。

综合来看，不施肥处理的生物多样指数均处于中等水平；缺N处理物种丰富度与群落优势度指数最低，物种多样性指数与群落均匀度指数最高；缺K处理物种丰富度和群落优势度指数最高，物种多样性指数与群落均匀度指数较高；缺P处理物种丰富度最低，群落优势度指数最高、物种多样性指数与群落均匀度指数均较低；$NP_{1/2}K$处理物种丰富度高于其他施肥处理，群落优势度指数最高、物种多样性指数与群落均匀度指数均处于中等水平；平衡施肥的NPK处理物种丰富度与群落优势度指数处于较高水平，物种多样性指数与群落均匀度指数均低于其他施肥处理。

生物多样性指数与土壤养分及田间光照条件的相关性分析结果表明，物种丰富度（Species richness）和群落优势度指数（Simpson 指数）与土壤全氮显著正相关（$P\leq 0.05$）（图 3），物种多样性指数（Shannon-Wiener 指数）和群落均匀度指数（Pielou 指数）与土壤全氮显著负相关（$P\leq 0.05$）（图 3）；物种丰富度及群落优势度指数

（Simpson 指数）与土壤速效磷呈倒 U 形抛物线关系，而物种多样性指数（Shannon-Wiener 指数）及群落均匀度指数（Pielou 指数）与土壤速效磷呈正 U 形抛物线关系（图 4）；群落均匀度指数（Pielou 指数）与速效钾显著正相关（$P\leq0.05$）（图 5），群落优势度指数（Simpson 指数）与土壤速效钾显著（$P\leq0.05$）负相关（图 5）；群落优势度指数（Simpson 指数）与光照条件显著正相关（$P\leq0.05$）（图 6）；田间光照条件与土壤全氮显著负相关（$P\leq0.05$），与土壤速效磷呈倒 U 形抛物线≤关系（图 7）。

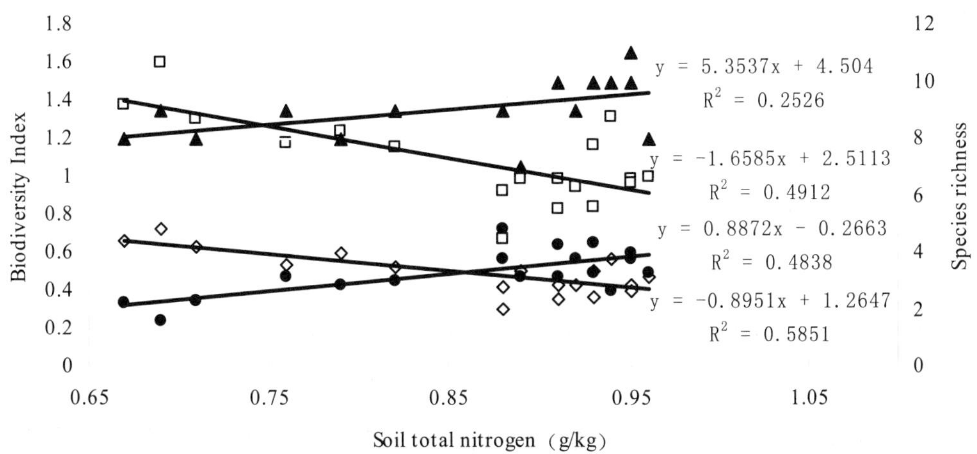

图 3 长期不同施肥处理的杂草群落生物多样性指数与土壤总氮的相关性

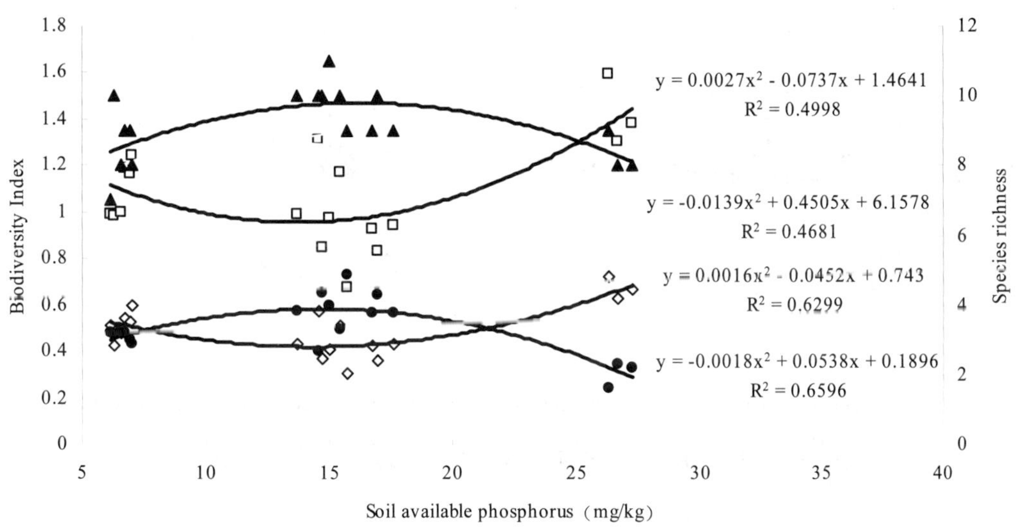

图 4 长期不同施肥处理的杂草群落生物多样性指数与土壤速效磷的相关性

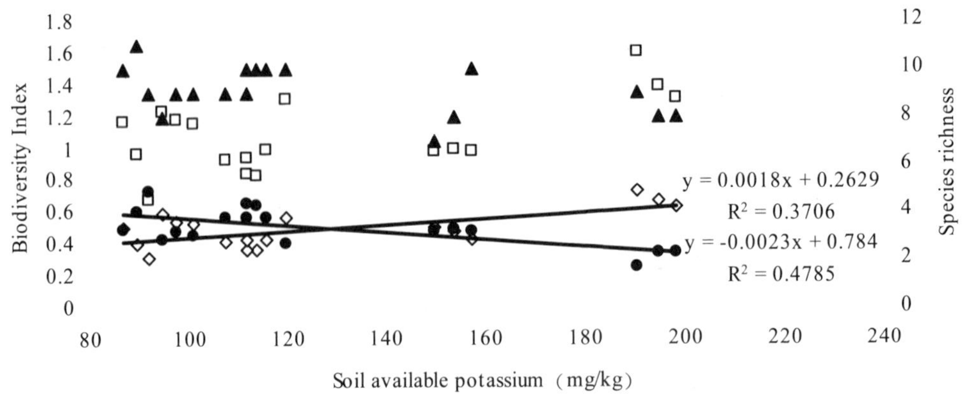

图 5 长期不同施肥处理的杂草群落生物多样性指数与土壤速效钾的相关性

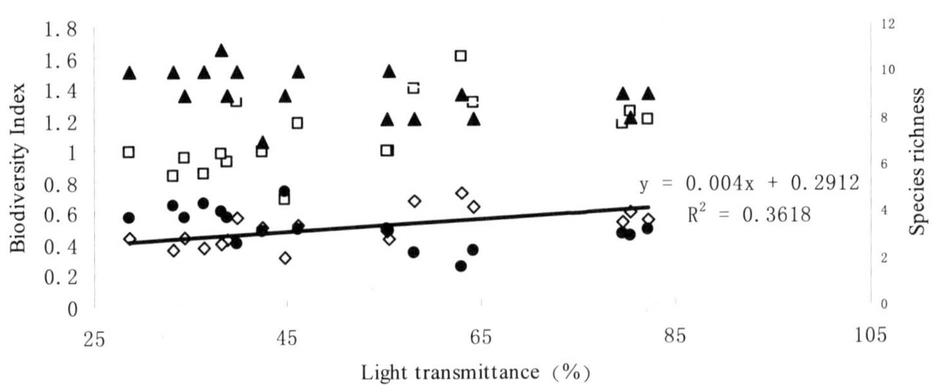

图 6 长期不同施肥处理的杂草群落生物多样性指数与透光率的相关性

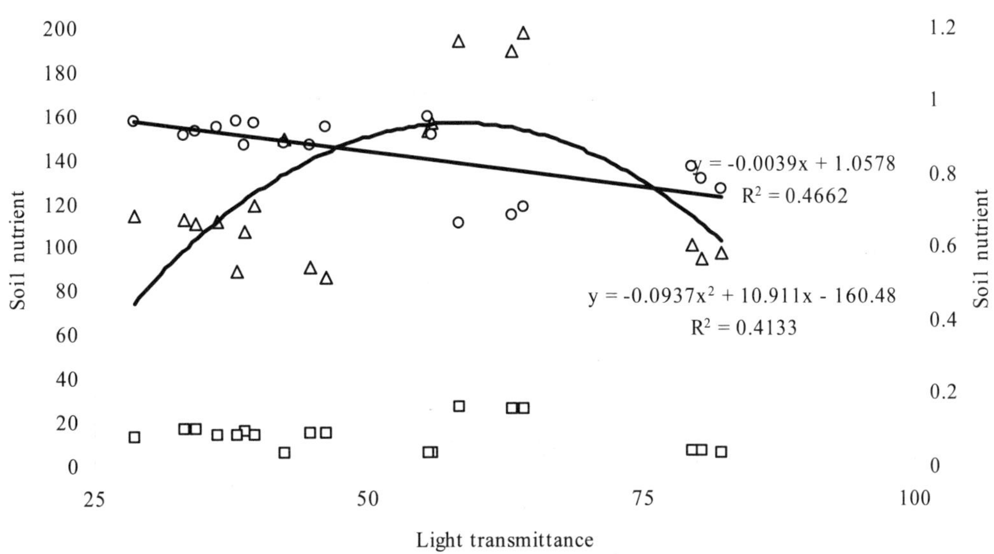

图 7 长期不同施肥处理的杂草群落杂草田间光照条件与土壤养分的相关性

2.4 长期不同施肥对杂草群落结构的影响

Whittaker 指数（βw 多样性指数）可以反映杂草群落在不同环境选择压力下结构的变化，数值越高，表明 β 多样性越高，即生境异质性越高[38]。CK、PK、NP、NK、$NP_{1/2}K$、NPK 处理区杂草群落的 βw 多样性指数分别为 0.96, 1.04, 0.70, 1.04, 0.70, 0.82。这一结果表明，N、P 同时施用的处理（NP、$NP_{1/2}K$、NPK）群落 β 多样性相对较低，涵盖着较强的生物多样性，而不施 N 或不施 P 处理（PK、NK）群落 β 多样性相对较高，生物多样性相对较低。

从 Sørensen 群落相似性指数看(表 4)，不施肥处理区（CK）与 PK、NP、NK、$NP_{1/2}K$ 的相似性较高，而与 NPK 区的相似性较低；$NP_{1/2}K$ 与 CK、NP 以及 NPK 三者的相似性较高，而与 PK 相似性较低；NPK 与 NK、$NP_{1/2}K$ 相似性较高，而与其他的施肥处理相似性较低。Bray-Curtis 指数却表明，不施肥区、不施 N 及不施 P 三者相似性较高，而 N、P 同时施用的处理（NP、$NP_{1/2}K$、NPK）三者相似性较高。

表 4 长期不同施肥处理杂草群落间的相似性指数及 βw 多样性指数
（括弧内为 Sørensen 指数，最后一列为 βw 多样性指数）

Fertilization treatment	CK	PK	NP	NK	$NP_{1/2}K$	NPK	βw
CK		0.72	0.25	0.68	0.34	0.22	0.96
PK	(0.80)		0.39	0.67	0.51	0.37	1.04
NP	(0.80)	(0.64)		0.39	0.84	0.87	0.70
NK	(0.82)	(0.53)	(0.74)		0.46	0.38	1.04
$NP_{1/2}K$	(0.80)	(0.73)	(0.82)	(0.80)		0.85	0.70
NPK	(0.56)	(0.60)	(0.60)	(0.71)	(0.70)		0.82

根据 Bray-Curtis 指数采用 UPGMA 距离进行聚类分析，可得图 8 所示的树状图。N、

P 同时施用的处理（NP、$NP_{1/2}K$、NPK）群落聚在一起，而缺 P 或缺 N 处理（PK、NK）与不施肥处理（CK）群落聚在一起。

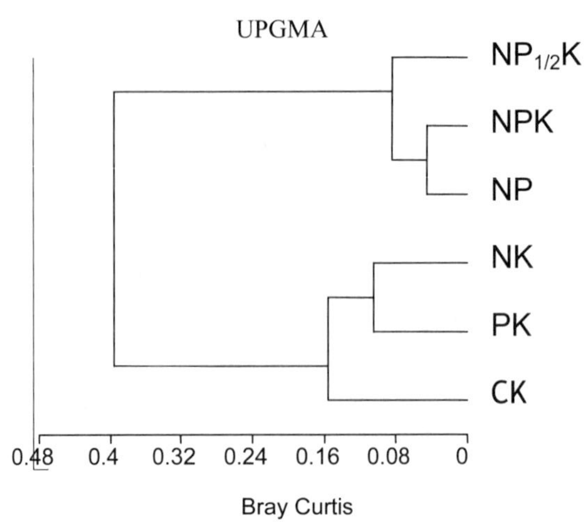

图 8　长期不同施肥处理小麦田杂草群落的聚类分析

3　讨论

首先需要指出的是，本研究的土壤养分数据及杂草群落的结构只是代表调查时的现状，长期施肥的土壤养分是变化着的，而土壤养分的变化又影响着杂草群落的演替[7, 21]，因此本文结果展示的是基于土壤肥力演变下杂草群落演替过程中的某一个节点。必须指出的另外一点是，由于 N、P、K 之间不同配比的施用，直接影响着作物生长及产量[42]，而由于作物生长状况不同带来的地表光照条件（表 1）的改变[43,44]，影响着杂草的发生，对杂草群落结构也起到了调节作用，但归根结底，光照条件的改变是由土壤养分状况所决定的。最后，虽然各个处理间的总草密度在数值上还是存在一定的大小差别，但它们之间并无显著差异。由于我们目前对整个群落的调查只是基于杂草密度水平，如果我们对其生物量做进一步统计，可以预料其差别会更大。因为土壤养分状况的差异会导致同一物种在不同处理间的生物量上存在差异，而且群落的杂草物种组成不同，物种间个体的生物量也会存在差异。

某些物种偏好某类环境，是个公认的事实，比如酸性指示植物（acidity indicator plant）[45]，喜氮植物（nitrophile）[46]，喜钙植物[47]，也正是因为作物与杂草以及各杂草之间对养分获取能力的差异，才形成了不同土壤养分条件下杂草群落结构与生物多样性的差异[48,49]，但某些杂草在一定养分条件下占据优势地位或发生量相对较大，研究者就归结为是这一杂草对某类养分偏好造成的结果[30,32,50]，我们认为这一说法至少是不全面的。以本研究中的刺儿菜为例，相对其他施肥处理而言，小麦在不施肥小区失去了绝对优势的地位，刺儿菜在此环境下发生规模要明显大于其他施肥处理，表面上看，刺儿菜似乎偏好贫养环境，但刺儿菜在富养环境中无论是个体生物量、种子数量均要明显高于贫养环境。这一杂草由于对贫养环境的适应性强于其他杂草，从而获得一定的竞争优势，因此，只能说这一现状是在该土壤养分环境下杂草与小麦、杂草与杂草之间竞争的结果，而不能说是这一类杂草对此环境偏好。一个物种是否对某一环境偏好或者只单一缘于种间竞争，展开杂草在不同养分条件下土壤养分吸收和利用规律以及作物与杂草、杂草与杂草种间竞争的研究可得出令人信服的结论。

本研究比较清晰地揭示了大量养分元素对农田杂草群落结构的调节作用，其能力大小依次为 N>P>K，且 N、P 在影响群落内物种组成的同时，也影响着物种的个体发生量，而 K 则只影响着物种的个体发生量。N、P 同时施用的处理（NP、$NP_{1/2}K$、NPK）的群落聚在一起，而缺 P 或缺 N 处理（PK、NK）与不施肥处理（CK）的群落聚在一起

（图 8），表明土壤中的 N、P 是影响砂姜黑土小麦田杂草群落的主要因子。βw 多样性指数表明缺乏 N 素或 P 素都能显著改变砂姜黑土小麦田杂草群落，说明 N、P 两种养分同时充分供应才能保证较高的物种多样性。物种丰富度与土壤全氮显著（$P \le 0.05$）正相关（图 4），物种多样性指数（Shannon-Wiener 指数）与土壤全氮显著（$P \le 0.05$）负相关（图 4），群落均匀度指数（Pielou 指数）与土壤全氮显著（$P \le 0.05$）负相关（图 4），说明 N 素提高杂草群落的物种丰富度的同时，由于增加了某些优势杂草的发生量，从而降低了群落均匀度。杂草群落生物多样性指数与土壤速效磷呈现二元相关性（图 5），表明 P 素对杂草群落的物种丰富度和物种多样性也具有一定的影响，但其影响力可能还受其他因子的干扰。群落均匀度指数（Pielou 指数）与速效钾显著（$P \le 0.05$）正相关（图 6），群落优势度指数（Simpson 指数）与土壤速效钾显著（$P \le 0.05$）负相关（图 6），群落丰富度与物种多样性则与 K 素均无直接的相关性，说明 K 素通过抑制杂草群落中某些杂草的大量发生，起到降低群落优势度的作用。当然，这些规律的总结是土壤全氮含量在 0.69±0.02 g/kg 至 0.94±0.01 g/kg，土壤速效磷含量在 6.35±0.22 mg/kg 至 26.74±0.46 mg/kg，土壤速效钾含量在 89.24±2.57 mg/kg 至 194.21±3.79 mg/kg 得出的，如果将土壤中某些养分浓度范围增大，那些对杂草群落发生影响较小的养分因素，也有可能影响杂草群落的发生和形成，而且深层土壤养分也有可能影响具有深根杂草种类的发生和产生，改变杂草种群[12]。本文尚只得到 N、P、K 对杂草群落结构影响力大小的定性分析结果，它们的影响机制如何？这些影响机制预示着生命元素在生态系统中的作用又会有哪些新的发现？非常值得我们做更深入的研究与探讨。

依据这一结论能对本研究所展示的结果作出清晰的解释。将 6 个施肥处理土壤养分状况（表 1）与杂草群落生物多样性指数（表 3）相对照进行分析可以发现：不施 N 的 PK 区土壤 N 素含量最低，土壤速效 P 最高，均导致物种丰富度的降低；土壤速效 K 含量最高，起到了调整群落内不同物种个体数目的作用，从而提高杂草群落的均匀度，降低杂草群落的优势度。因此，该处理在 6 个处理中生物多样性指数总体表现为物种丰富度、群落优势度处于低位，而群落物种多样性与群落均匀度指数处于最高位。不施 P 的 NK 区土壤 N 素含量相对较高，对物种丰富度有一定的提高作用，而 P 素含量最低，起到降低物种丰富度的作用，与此同时，由于不施 P 的 NK 处理内作物具有偏向营养生长的趋势[51]，小麦虽然产量水平不高，但生物量相对较大，从而增强了小麦与杂草竞争的能力，这三方面因素的综合影响，致使物种丰富度处于较低水平；K 素含量相对较高，发挥了提高物种均匀度的功能，因此，该处理在 6 个处理中生物多样性整体表现为物种丰富度偏低，物种多样性、群落优势度及群落均匀度均处于中等位置。不施 K 的 N P 区土壤中 N 含量较高，增加物种丰富度的同时，也加大了某类杂草的发生量，致使群落优势度上升；土壤速效 P 居中，能轻微提高物种丰富度；土壤速效 K 含量最低，无法发挥降低群落优势度，提高群落均匀度的作用。因此，该处理在 6 个处理中生物多样性指数整体表现为物种丰富度与群落优势度均最高，而群落均匀度最低。不施肥的 CK 处理区，单个养分指标均处于偏低的水平，而土壤养分整体水平最低，导致小麦生长量及产量最低，透光率最大，在此小麦对其他杂草的抑制作用最弱，因此这一处理杂草群落的各项生物多样性指数均处于中等水平。对于均衡施用 N、P、K 的 $NP_{1/2}K$、NPK 处理而言，土壤肥力较高且养分均衡，因此 N、P、K 分别发挥了各自对杂草群落结构的调节功能，使得杂草群落保持着较高物种丰富度、物种多样性，也保持着较高的群落均匀度和较低的群落优势度，即在保证杂草群落生物多样性的同时，避免了单优的恶性杂草的出现。

因此，本研究认为砂姜黑土小麦田长期的 N、P、K 肥的平衡施用，在获得小麦高产的同时，也通过保护非优势的杂草种类和抑制优势杂草种类，维持了杂草群落的生物多样性与稳定性，达到控制杂草为害的目的。从一定意义上说，砂姜黑土田冬小麦的平衡施肥恰好站在了兼顾杂草控制与杂草多样性保护的平衡点上，几乎完美地实现了平衡施肥的经济效应与生态效应的统一[52]。不幸的是，平衡施肥的生态效应往往被人所忽视。

参考文献

[1] Sepplet R. Applications of optimum control theory to agroecosystem modeling. *Operations Research*, 1999, 121(2): 161-183 .

[2] Belcher KW, Boehm MM, Fulton ME. Agroecosystem sustainability: a system simulation model approach. *Agricultural Systems*, 2004, 79(2): 225-241.

[3] Vandermeer J, Perfecto I, Stacy M. Philpott Clusters of ant colonies and robust criticality in a tropical agroecosystem. *Nature*, 2008, 451: 457-459.

[4] Jørnsgård B, Rasmussen K, Hill J, Christiansen JL. Influence of nitrogen on competition between cereals and their natural weed population. *Weed Research*. 1996, 36: 461–470.

[5] Ryan MR, Mortensen DA, Bastiaans L, Teasdale J R, Mirsky SB, Curran WS, Seidel R, Wilson DO, Hepperly PR. Elucidating the apparent maize tolerance to weed competition in long-term organically managed systems. *Weed Research,* 2010, 50: 25-36.

[6]FAO.http://www.inform.com/article/Weed%20growth%20complicating%20efforts%20to%20fight%20hunger:%20 FAO, 2010-01-08.

[7] Tilman D, Downing JA. Biodiversity and stability in grasslands. *Nature*, 1994, 367: 363–365.

[8] Johnson KH, Vogt KA, Clark HJ, Schmitz OJ, Vogt DJ. Biodiversity and the productivity and stability of ecosystems. *Trends in Ecology & Evolution*, 1996, 11: 372-377.

[9] Chen X, Tang JJ, Fang ZG, Shimizu K. Effects of weed communities with various species numbers on soil features in a subtropical orchard ecosystem. *Agriculture, Ecosystemsand Environment*, 2004a, 102, 377–388.

[10] Chen X, Yang YS, Tang JJ. Species-diversified plant cover enhances orchard ecosystem resistance to climatic stress and soil erosion in subtropical hillside. *Journal of Zhejiang University SCI*, 2004b, 5, 1191–1198.

[11] Yang YS, Wang H, Tang JJ, Chen X. Effects of weed management practices on orchard soil biological and fertility properties in southern China. *Soil and Tillage Research*, 2007, 93, 179–185.

[12] Andreasen, C., Skovgaard, I.M. Crop and soil factors of importance for the distribution of plant species on arable fields in Denmark. *Agriculture, Ecosystems and Environment*. 2009, 133: 61-67.

[13] Fried G, Sandrine Petit, Fabrice Dessaint, Xavier Reboud. Arable weed decline in Northern France: Crop edges as refugia for weed conservation? *Biological Conservation*, 2009, 142(1): 238-243.

[14] Smith RG, Mortensen DA, Ryan MR. A new hypothesis for the functional role of diversity in mediating resource pools and weed–crop competition in agroecosystems. *Weed Research*, 2010, 50:37-48.

[15] Tilman D, Knops J, Wedin D, Reich P, Ritchie M, Siemann E. The influence of functional diversity and composition on ecosystem processes. *Science*, 1997, 277: 1300–1302.

[16] Tilman D, Reich PB, Knops JMH. Biodiversity and ecosystem stability in a decade-long grassland experiment. *Nature*, 2006, 441(7093): 629–632.

[17] Buhler DD, Liebman M, Obrycki JJ. Theoretical and practical challenges to an IPM approach to weed management. *Weed Science,* 2000, 48: 274-280.

[18]Li RH, Qiang S, Qiu DS, Chu QH, Pan GX. Effects of long-term different fertilization regimes on the diversity of weed communities in oilseed rape fields under rice–oilseed rape cropping system. *Biodiversity Science*, 2008a, 16(2): 118–125. (in Chinese with English abstract).

[19] Li RH, Qiang S, Qiu DS, Chu QH, Pan GX. Effects of long-term fertilization regimes on weed communities in paddy fields under rice-oilseed rape cropping system. *Acta Ecologica Sinica*, 2008b, 28 (7): 3236–3243. (in Chinese with English abstract).

[20] Theaker AJ, Boatman ND, Froud-Williams RJ. The effect of nitrogen fertilizer on the growth of Bromus sterilis in field boundary vegetation. *Agriculture Ecosystems & Environment*, 1995, 53: 185–192.

[21] Moss SR, Storkey J, Cussans JW, Perryman SAM, Hewitt MV. The Broadbalk long-term experiment at Rothamsted: what has it told us about weeds? *Weed Science*, 2004, 52(5): 864–873.

[22] Yin LC, Cai ZC, and Zhong WH. Changes in weed community diversity of maize crops due to long-term fertilization，*Crop Protection*, 2006, 25(9): 910-914.

[23] Storkey J, Moss SR, Cussans JW. Using Assembly Theory to Explain Changes in a Weed Flora in Response to Agricultural Intensification. *Weed Science*, 2010, 58: 39–46.

[24] O'Donovan JT, Blackshaw RE, Harker KN, Clayton GW, Moyer JR, Dosdall LM, Maurice DC, Turkington TK. Integrated approaches to managing weeds in spring-sown crops in western Canada. *Crop Protection*, 2007, 26(3): 390-398.

[25] Davis AS, Renner KA, Gross KL. Weed seedbank and community shifts in a long-term cropping systems experiment. *Weed Science*, 2005, 53(3): 296–306.

[26] Vitousek P M.Nutrient cycling and nutrient use efficiency.*The American Naturalist*,1982,119： 553-572.

[27] Pysek P and Leps J. Response of a weed community to nitrogen fertilization: a multivariate analysis. *Journal of Vegetation Science*, 1991, 2: 237–244.

[28] Blackshaw, R. E., G. Semach, and H. H. Janzen. Fertilizer application method affects nitrogen uptake in weeds and wheat. *Weed Science*, 2002,50:634–641.

[29] Davis AS. Nitrogen fertilizer and crop residue effects on seed mortality and germination of eight annual weed species. *Weed Science*, 2007, 55:123–128.
[30] Nie J, Yin LC, Liao YL, Zheng SX, Xie J. Weed community composition after 26 years of fertilization of late rice. *Weed Science*, 2009, 57:256–260.
[31] Santos BM, Dusky J, Stall WM, Gilreath JP. Effects of phosphorus fertilization on the area of influence of common lambsquarters (Chenopodium album) in lettuce. *Weed Technology*, 2004, 18: 1013–1017.
[32] Yin LC, Cai ZC, Zhong WH. Changes in weed composition of winter wheat crops due to long-term fertilization. *Agriculture, ecosystems & environment*, 2005, 107:181–186.
[33] Wilson P. J. , Aebischer N. J. The distribution of dicotyledonous arable weeds in relation to distance from the field edge. *Journal of Applied Ecology*, 1995, 32: 295-310.
[34] Moonen A. C., Marshall E. J. P. The influence of sownmargin strips, management and boundary structure on herbaceous field margin vegetation in two neighboring farms in southern England. *Agriculture, Ecosystems and Environment*, 2001, 86: 187 – 202.
[35] Li LJ，Guo XSet al. State and Spatial Variability of Nutrient of Lime Coneretion Black Soll In Huaibei Plain. *Journal of Anhui Agricultural Sciences* . 2006，34(4)：722-723 (in Chinese with English abstract)
[36] Wang DZ and Guo XS. Effects of Long-Term Fertilization on Organic Phosphorus Fractions and Availability in Shajiang Black Soil. *Soil*.2009, 41(1)：79-83(in Chinese with English abstract).
[37] Wang DZ and Yan XM. The Study of long-term located experiment about N, P, K on Black Soll In Huaibei Plain. *Journal of Anhui Agricultural Sciences*. 2002，30(1)：87，97(in Chinese with English abstract).
[38] Whittaker, R.H. Vegetation of the Siskiyou mountains, Oregon and California. *Ecological Monographs*, 1960, 30: 279–338.
[39] Sørensen T. A method of establishing groups of equal amplitude in plant sociology based on similarity of species contents and its application to analysis of the vegetation on Danish commons. *Biologiska Skrifter* (Copenhagen), 1948, 5: 1–34.
[40] Bray JR & Curtis JT. An ordination of the upland forest communities of southern Wisconsin. *Ecological Monographs*, 1957, 27, 325–349.
[41] Barberi P, Silvestri N, Bonari E. Weed communities of winter wheat as influenced by input level and rotation. *Weed Research*, 1997, 37: 301–313.
[42] Cai, Z.C. & Qin S.W. (2006) Dynamics of crop yields and soil organic carbon in a long-term fertilization experiment in the Huang-Huai-Hai Plain of China. *Geoderma*, 136: 708–715.
[43] Kandasamy, O.S., Bayan, H.C., Santhy, P., Selvi, D. Long-term effects of fertilizers application and three crop rotations on changes in the wed species in the 68th cropping (after 26 years). *Acta Agronomica Hungarica*. 2000. 48, 149-154.
[44] Ballaré CL., Casal JJ. Light signals perceived by crop and weed plants. *Field Crops Research*. 2000, 67: 149-160.
[45] Schmidtlein S.; Ewald J. Landscape patterns of indicator plants for soil acidity in the Bavarian Alps. *Journal of biogeography*, 2003,30(10):1493-1503.
[46] Sarah Jovan, Bruce McCune. Air-quality bioindication in the greater Central Valley of California, with epiphytic macrolichen communities. *Ecological Applications*, 2005, 15: 1712-1726.
[47] Tyler G. 1996. Mineral nutrient limitations of calcifuge plants in phosphate sufficient limestone soil. *Annals of Botany*, 77: 649–656.
[48] Hashem A., Radosevich SR. Richard Dick. Competition effects on yield, tissue nitrogen, and germination of winter wheat (Triticum aestivum) and Italian Ryegrass (Lolium multiflorum). *Weed Technology*. 2000, 14(4): 718-725.
[49] Martínez-Ghersa, M.A., Ghersa, C.M., Satorre, E.H., Coevolution of agricultural systems and their weed companions: implications for research. *Field Crops Research*. 2000, 67: 181-190.
[50] Ciuberkis S, Bernotas S, Raudonius S. Long-term manuring effect on weed flora in acid and limed soils. *Acta Agriculturae Scandinavica: Section B, Soil & Plant Science*, 2006, 56(2): 96–100.
[51] Brenchley, W E. The phosphate requirement of barley at different periods of growth. *Annals of Botany*, 1929,43: 89-112.
[52] Blackshaw, R.E., Molnar, L.J., Larney, F.J. Fertilizer, manure and compost effects on weed growth and competition with winter wheat in western Canada. *Crop Protection*. 2005,24: 971-980.

采后时间及温度对上海地区杂草稻种子萌发影响的研究

温广月　沈国辉　钱振官　李 涛　田志慧

（上海市农业科学院生态环境保护研究所，上海 201403）

摘要： 采用平皿滤纸法测定了采后不同时间及温度条件下杂草稻种子的萌发特性。结果表明，只有5.56%的供试杂草稻样本采后 28 天之内萌发率低于 50%；不同地区杂草稻种子萌发起点温度在 6.06～13.22℃，萌发所需有效积温 43.97～89.43℃；杂草稻种子最适萌发温度在 30～35℃，20～30℃变温对杂草稻种子萌发具有促进作用。

关键词： 杂草稻；萌发特性；采后时间；温度；上海

Effect of time after harvest and temperature on weedy rice germination in Shanghai

Wen Guangyue, Shen Guohui*, Qian Zhen-guan, LiTao，Tian Zhihui

(Eco-Environment and Plant Protection Research Institute,SAAS, Shanghai 201403,China)

Abstract: The germination characteristics of weedy rice were determined at different time after weedy rice harvest and different temperature using petri dish-filter paper methods in lab. The results showed that the weedy rice germination percent was under 50% in 5.56% of samples within 28 days after weedy rice harvest; Weedy rice's developmental threshold temperature was between 6.06～13.22℃; the effective accumulated temperature required for its germination was between 43.97～89.43℃; The optimum temperature for weedy rice to germinate was between 30～35℃; It was improving weedy rice germination using 20~30℃ fluctuating temperatures.

Key words: weedy rice; characteristics of germination; time of harvest; temperature; Shanghai

杂草稻(*Oryza sativa* f.*spontanea*)又称野稻、穞生稻、杂稻、红稻等，包括中国在内的世界大多数水稻产区均有发生[1]，它与水稻竞争各种生长资源从而降低水稻的产量和品质。在美国，杂草稻已成为仅次于稗草和千金子的第三大杂草，全季度干扰使水稻严重减产[2]。我国杂草稻的危害正在呈上升趋势，主要水稻产区黑龙江、辽宁、江苏、广东等省均出现了不同程度的杂草稻危害，上海也不例外。杂草稻种子的休眠是对不良环境的适应，它可以给杂草稻种子提供长期稳定的保护，而温度则是影响杂草稻种子萌发和休眠的最主要因素。据报道，杂草稻种子休眠能力强[3]，但上海地区杂草稻种子休眠情况如何至今还未有相关报道，为此开展了本研究。

1 材料与方法

1.1 采后不同时间对杂草稻种子萌发的影响

选取上年度在上海不同区县采集的杂草稻种子共计 36 份，统一与水稻移栽种植，田间管理方式与水稻相同。杂草稻种子成熟后收获，收获后 1 天、3 天、5 天、7 天、14 天、21 天、28 天、180 天分别测定杂草稻种子萌发率，并进行相关性分析。

1.2 不同温度对杂草稻种子萌发的影响

上述收获的杂草稻种子中，在每一个区县的供试样本中选择一个萌发率较高的杂草稻品种，测定不同温度对其萌发的影响，恒温温度设置为 15℃、20℃、25℃、30℃、35℃、40℃、45℃，变温温度设定为 15～20℃、15～25℃、15～30℃、20～25℃、20～30℃。测定杂草稻种子萌发率、平均萌发时间和萌发指数，并计算杂草稻萌发所需的最低温度、最适温度和有效积温[4]。

1.3 统计分析

萌发率（%）=（发芽种子总数/供试种子总数）×100%

数据采用 SAS9.0 进行统计分析。

2 结果与分析

2.1 采后不同时间对上海地区杂草稻种子萌发的影响

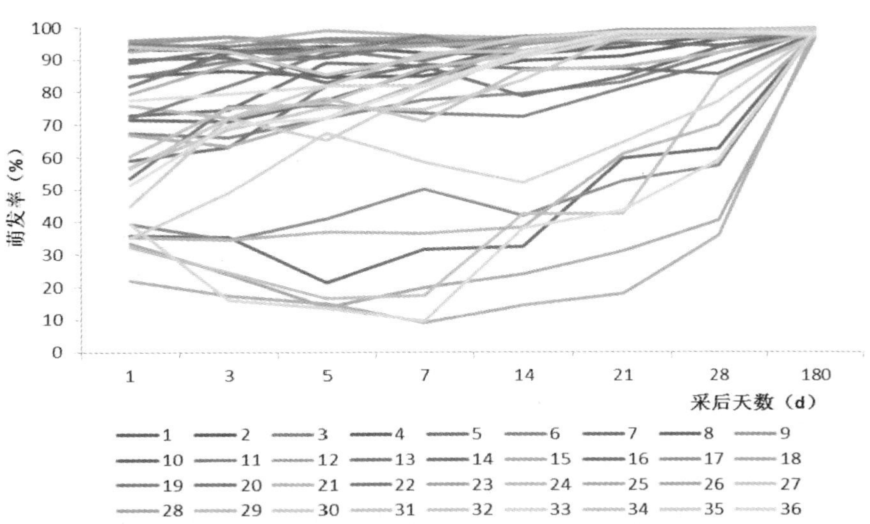

图 1 上海不同地区杂草稻种子采后不同时间萌发率

从图 1 可以得出，只有 25 号和 30 号杂草稻样本在采后 28 天之内的萌发率低于 50%，占供试样本的 5.56%；26 号和 37 号杂草稻样本在采后 21 天之内的萌发率低于 50%，占供试样本的 5.56%；12 号、13 号和 27 号杂草稻样本在采后 14 天之内的萌发率低于 50%，占供试样本的 8.33%；其他地点采集的杂草稻在采后 1～28 天的萌发率均在 50%以上，占供试样本的 80.56%；而采后 180 天供试杂草稻萌发率均接近 100%，说明上海地区杂草稻种子的休眠性较弱。

2.2 上海地区杂草稻种子采后不同时间萌发率等相关分析

采集地点只与采后1天杂草稻种子的萌发率呈现一定的相关性（R= -0.40331，p=0.0133），说明杂草稻的萌发特性与采集地点相关性不大。而采后不同时间的萌发率之间均呈现一定的相关性（表1）。

2.3 上海不同地区杂草稻种子萌发起点温度和有效积温等分析

本试验采用的杂草稻种子最低萌发温度在 6.06～13.22℃，除嘉定华亭采集杂草稻种子最低萌发温度为 13.22℃外，其余地点采集的杂草稻种子的最低萌发温度均低于 10.00℃，杂草稻萌发所需的有效积温在 43.97～89.43℃。本试验采用杂草稻种子的最低萌发温度均低于水稻收获期间田间的最低温度，因此在其他条件适宜的情况下，短休眠期的杂草稻种子就可萌发，这与水稻收割后在田间可见杂草稻出苗的现象相吻合（表 2）。

2.4 不同温度对上海地区杂草稻种子萌发的影响

温度对杂草稻种子的萌发有一定的影响，随着温度的升高，杂草稻种子的萌发率逐渐升高（图 2），杂草稻种子最适萌发温度在 30～35℃，45℃以上杂草稻种子萌发率为 0。15～20℃的变温对部分杂草稻种子的萌发具有抑制作用，除嘉定华亭、浦东塘镇采集的杂草稻外，其余杂草稻种子的萌发率与 15℃相比显著降低，方差分析差异显著。15～30℃、20～25℃、20～30℃的变温处理的杂草稻种子萌发率均与 30℃的萌发率相当，差异均不显著；15～25℃变温处理除崇明竖新、金山、浦东塘镇采集的杂草稻外，其余杂草稻种子萌发率与 30℃时萌发率相当，差异不显著。

表 1 上海地区杂草稻种子采后不同时间萌发率、不同采集点之间相关分析

	采集地点	采后 1 天	采后 3 天	采后 5 天	采后 7 天	采后 14 天	采后 21 天	采后 28 天
采集地点	1							
采后 1 天	-0.40331	1						
	0.0133							
采后 3 天	-0.3072	0.92372	1					
	0.0644	<.0001						
采后 5 天	-0.30736	0.86153	0.95782	1				
	0.0642	<.0001	<.0001					
采后 7 天	-0.31538	0.83826	0.9519	0.97769	1			
	0.0573	<.0001	<.0001	<.0001				
采后 14 天	-0.22445	0.82065	0.91536	0.92888	0.95375	1		
	0.1817	<.0001	<.0001	<.0001	<.0001			
采后 21 天	-0.21603	0.76521	0.89137	0.91209	0.94698	0.97277	1	
	0.1991	<.0001	<.0001	<.0001	<.0001	<.0001		
采后 28 天	-0.21071	0.71677	0.83875	0.8681	0.88468	0.94822	0.94414	1
	0.2106	<.0001	<.0001	<.0001	<.0001	<.0001	<.0001	

表 2 上海不同地区杂草稻种子萌发起点温度和有效积温

	线性方程	R^2	萌发起点温度（℃）	萌发所需有效积温（℃）
青浦香花桥	y = 43.97x + 9.735	0.894	9.74	43.97
宝山罗泾	y = 58.33x + 7.834	0.980	7.83	58.33
崇明竖新	y = 89.43x + 6.061	0.909	6.06	89.43
嘉定华亭	y = 88.19x + 13.22	0.848	13.22	88.19
金山	y = 53.15x + 8.957	0.988	8.96	53.15
南汇惠南	y = 66.24x + 8.803	0.947	8.80	66.24
奉贤奉城	--	--	--	--
浦东唐镇	y = 81.44x + 8.331	0.916	8.33	81.44

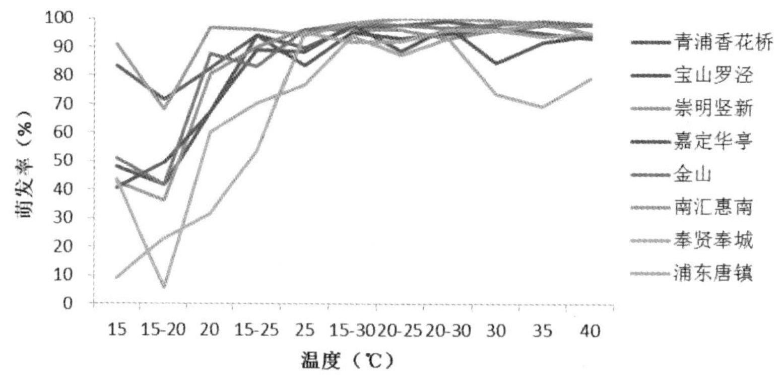

图 2 上海不同地区杂草稻种子在不同温度条件下的萌发率

从图 3 可以得出，随着温度的升高，杂草稻种子平均萌发时间逐渐缩短。在恒温条件下杂草稻种子在 30℃和 35℃时平均萌发时间最短；在变温条件下，20～30℃变温时杂草稻种子的平均萌发时间最短，与 30℃时平均萌发时间之间差异不显著。

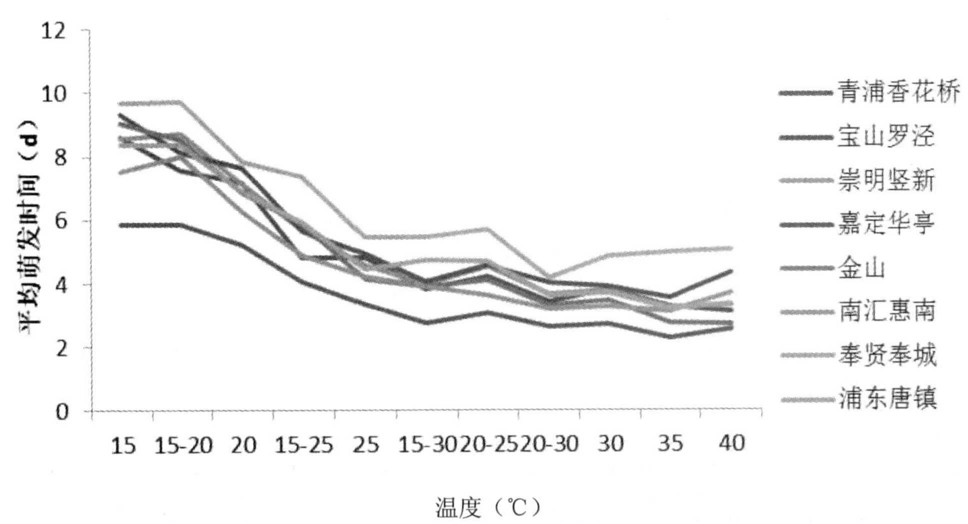

图 3 上海不同地区杂草稻种子在不同温度条件下的平均萌发时间

从图 4 可以得出，随着温度的升高，杂草稻种子萌发指数呈上升趋势。在恒温条件下，35℃时杂草稻种子萌发指数最高，在变温条件下，20～30℃时杂草稻种子萌发指数最高，与 30℃时萌发指数之间差异不显著。

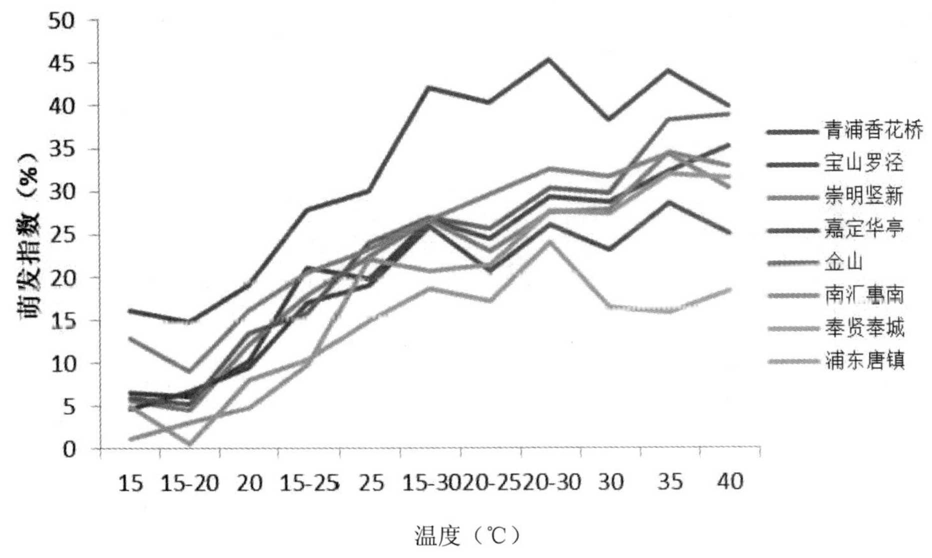

图 4 上海不同地区杂草稻种子在不同温度条件下的萌发指数

3 讨论

本研究结果初步表明，上海地区杂草稻种子萌发特性具有多样性，在采后 1 个月内的萌发率、萌发所需的最低温度、有效积温等均存在一定的差异，说明上海地区杂草稻种子可能有多渠道来源。

种子在适宜的萌发条件（温度、水分和氧气等）下仍不能发芽的现象称为种子休眠，种子休眠是植物重要的适应特性之一。根据种子休眠产生的时间可分为初生休眠和次生休眠[5]，初生休眠是指收获时即已具有的休眠现象，胚本身的因素造成的，包括胚发育未完成、生理上未成熟、缺少必需的激素或存在抑制萌发的物质；次生休眠即原来无休眠或解除休眠后的种子由于高湿、低氧、高二氧化碳、低水势或缺乏光照等不适宜环境条件的影响诱发的休眠。温度是影响种子休眠的最主要的因素之一，从本研究结果来看，上海地区多数杂草稻种子不存在初生休眠，在水稻收获后田间条件适宜的情况下，部分杂草稻种子即可萌发，但是这些杂草稻种子是否存在次生休眠，如何度过这些环境条件在下季水稻造成危害还有待进一步研究。

李全胜等研究结果表明[6]，由于气候变化，特别是温度条件的变化，使得长三角地区早稻移栽分蘖期和灌浆成熟期、晚稻抽穗开花期和灌浆成熟期的温度条件有了很大改善，从温度适宜性评价的平均值变化来看，1981～1997 年分别比 1951～1980 年提高了 11.1%，5.2%，13.4%和 13.2%，说明水稻在栽培过程中逐渐在适应环境条件的变化。从我们对上海地区杂草稻的相关研究结果来看，上海地区杂草稻来源可能是随着农事操作或者异地调种等途径传入，而传入的杂草稻对上海地区的环境条件的适应还在不断进化中。从本研究结果来看，部分杂草稻种子可能已经适应了上海地区的环境条件和栽培模式，而大部分杂草稻种子还在不断进化中，当然，这一现象还有待进一步研究。

参考文献

[1] The Secretariat of the International Rice Commission, Crop and Grassland Service, Plant Production and Protection Division, Agriculture Department. FAO Rice Information [M]. 2002, Vol.3,Chapter Ⅱ.

[2] Kwon SL, Smith RJ. Interference and duration of red rice (*Oryza sativa L.*) in rice (*Oryza sativa*) [J], Weed Science, 1991, 39: 363- 368.

[3] Alberto Gianinetti, Marc Alan Cohn. Seed dormancy in red rice. XIII: Interaction of dry-afterripening and hydration temperature[J], Seed Science Research，2008,18(3): 151- 159.

[4] 温广月，沈国辉，钱振官，等.上海地区杂草稻生物学特性初步研究.上海农业学报，2011，27（1）：14-18.

[5] Michael E. Foley. Seed dormancy: an update on terminology, physiological genetics, and quantitative trait loci regulating germinability[J], Weed Science，2001, (49): 305-317.

[6] 李全胜，叶旭君，杨忠恩.气候条件及其变化对长江三角洲水稻温度适宜性和生产潜力的影响[J].浙江大学学报(农业与生命科学版)，2000，26（1）：41-47.

水层深度对两种杂草稻生长的影响

周勇军[1]　陆永良[1]　孙兴强[1,2]　谢晓东[1,2]　张建萍[1]　余柳青[1]

（1. 中国水稻研究所 水稻生物学国家重点实验室，杭州 310006；

2. 云南农业大学农学与生物技术学院，昆明 650201）

摘要：在盆栽条件下，对两个杂草稻品种（系）江苏泰州杂草稻 WJ06-05-3 和辽宁丹东杂草稻 DDC-08-D4-na 进行了不同深度水层的淹水处理，实验结果显示，在无水层（土壤湿润）时，两个杂草稻品种在播种后 7 天的出苗百分率均达到 71%以上，在播种后 21 天的活苗百分率均达到 87.7%以上；有 3cm 以上水层淹水时，播种后 7 天的出苗百分率和播种后 21 天的活苗百分率均显著降低；但不同水层深度对杂草稻的生长影响变化不大。浅水层 3cm 处理下杂草稻植株鲜重和干重都要显著低于无水层处理下的杂草稻植株鲜重和干重，不同水层深度对杂草稻的生长影响变化不大。

关键词：杂草稻；水层深度；盆栽

The Effection of Water Depth on The Growth of Two Kinds of Weedy Rice

Zhou Yongjun[1], Lu Yongliang[1], Sun Xingqiang[1,2],
Xie xiaodong[1,2], Zhang Jianping[1], Yu Liuqing[1]

(1. State Laboratory of Rice Biology, China National Rice Research Institute, Hangzhou 310006,China; 2. College of Agronomy and Biotechnology, Yunnan Agricultural University, Kunming 650201, China）

Abstract: Two kinds of weedy rice WJ06-05-3 and DDC-08-D4-na planted in pots are treated with different depth of water. The results show that the emergence rates of the two weedy rice are both beyond 71% 7 days after sowing and that the livability rates of the two weedy rice are both beyond 87.7% 21days after sowing when the depth of water is 0 cm with wet soil. But the emergence rates7 days after sowing and the livability rates 21 days after sowing of the two weedy rice are both reduced significantly when the depth of water is 3cm. When the water is deeper, there is no significant difference. The dry weights and the fresh weights of the two weedy rice plants are both significantly lower when the depth of water is 3cm than when it is 0 cm. There is no significant difference when the depth of water is more than 3 cm.

Key words: Weedy rice; The depth of water; Potted plant

世界上最早发现杂草稻（weedy rice）是 1846 年在美国南、北卡罗来纳，因种皮红色被当地人称为红稻（red rice）[1,2]。杂草稻又被称作杂草型稻，多表现为与野生稻相似的特性，如颖壳黑色、种皮红色、种子休眠期长、落粒性强且能田间自生[3]。目前，世界上许多种植水稻的国家和地区广泛分布着与栽培稻伴生的杂草稻，在亚洲、非洲、欧洲、南美洲、北美洲以及大洋洲的 50 多个国家和地区都有关于杂草稻分布的报道[3~6]。杂草稻在美国稻区各省为害成为仅次于稗草和千金子的第三大杂草，全美由于红稻为害造成的经济损失每年约 5000 万美元[2~7]。杂草稻产量低、食口性差，特别是成熟时落粒性很强，能在田间自然越冬，第 2 年自然萌发。它与水稻植株竞争各种资源从而降低水稻的产量，带有红色果皮的杂草稻米粒混入稻米中降低稻米的商品价值[8]。

我国也有杂草稻的记载，早在 20 世纪 50～60 年代就发现有野生特性的“稆稻”，有人认为它是杂草稻[9]。丁颖[10]认为安徽省巢湖的粳型野生稻是野性化的栽培稻；他还指出在广东省吴川地区将 *Oryza sativa* f. *spontanea* 视之为与稗草差不多的有害杂草。近年来，我国水稻生产中很多地区也出现了这种杂草稻，并正成为一种严重影响水稻生产的有害植物[2, 4, 11~20]。

研究中发现杂草稻为害程度一般是直播稻>麦套稻>抛秧>移栽稻[15~18]。我们发现这 4 种稻作方式下水的差异很大，于是我们对不同水层深度条件下杂草稻的生长情况做了探讨。

1　材料与方法

1.1　材料

供试种子为 2006 年采集的江苏泰州杂草稻 WJ06-05-3 和 2008 年采集的辽宁丹东杂草稻 DDC-08-D4-na。

1.2 方法

在黑色塑料桶中装土约 3cm，共 40 盆；每盆中按 10kg/667m^2 施基肥复合肥，约 0.43g/盆，加水至土壤湿润状态，将土壤整细、土表面整平；江苏杂草稻 WJ06-05-3 和辽宁杂草稻 DDC-08-D4-na 种子均预先浸种 24h，然后播种，30 粒/盆，每个品种播种 20 盆；播种后第二天，对播有两种不同杂草稻的塑料盆灌上不同深度的水层：0cm、3cm、5cm、8cm 和 10cm，即 5 个不同的处理，重复 4 次，以杆状物插入桶内做水层记号，每天检查并加水保持水层不变；在播种后 7 天调查分别调查江苏杂草稻 WJ06-05-3 和辽宁杂草稻 DDC-08-D4-na 的出苗数；在播种后 21 天调查两种杂草稻的活苗数、株高、植株鲜重和干重（108℃杀青 10min，然后 80℃下烘干）。

1.3 数据处理

数据分析与处理在 DPS 上进行 Duncan 氏方差分析[23]。

2 结果与分析

2.1 不同水层深度对杂草稻出苗或活苗数的影响

从表 1 中可以看出，在无水层（土壤湿润）时，江苏泰州杂草稻 WJ06-05-3 和辽宁杂草稻 DDC-08-D4-na 在播种后 7 天的出苗百分率均达到 71%以上，但有水层的情况下，两个杂草稻品种的出苗数均显著降低。特别是辽宁杂草稻 DDC-08-D4-na 在有水层的情况下出苗百分率均在 8%以下；而江苏泰州杂草稻 WJ06-05-3 在有水层的情况下出苗百分率则在 20%左右。江苏泰州杂草稻 WJ06-05-3 和辽宁杂草稻 DDC-08-D4-na 在不同深度水层处理下出苗数没有显著差异。

表 1 播种后 7 天不同水层深度对杂草稻出苗的影响

水层深度（cm）	WJ06-05-3		DDC-08-D4-na	
	出苗数（株）	出苗百分率（%）	出苗数（株）	出苗百分率（%）
0	22.0±2.2 a	73.3±7.3 a	21.3±3.4 a	71.0±11.3 a
3	4.8±3.8 b	16±12.7 b	2.3±1.3 b	7.7±4.3 b
5	7.8±6.7 b	26±22.3 b	1.3±0.5 b	4.3±1.7 b
8	7.0±3.6 b	23.3±12 b	1.5±2.4 b	5.0±8 .0 b
10	5.8±1.7 b	19.3±5.7 b	2.0±1.2 b	6.7±4.0 b

注：同列中不同字母代表存在差异显著。

从表 2 中可以看出，在无水层（土壤湿润）时，在播种后 21 天，江苏泰州杂草稻 WJ06-05-3 的活苗百分率达到 87.7%，而辽宁杂草稻 DDC-08-D4-na 的活苗百分率达到 94.3%。但有水层的情况下，两个杂草稻品种的活苗百分率均低于无水层的活苗百分率。两个杂草稻品种在有水层不同深度处理下活苗数没有显著差异。

表 2 播种后 21 天不同水层深度对杂草稻活苗的影响

水层深度（cm）	WJ06-05-3		DDC-08-D4-na	
	活苗数（株）	活苗百分率（%）	活苗数（株）	活苗百分率（%）
0	26.3±2.6 a	87.7±8.7 a	28.3±1.0 a	94.3±3.3 a
3	7.3±5.7 c	24.3±19 c	15.3±8.6 b	51.0±28.7 b
5	11.8±9.2 bc	39.3±30.7 bc	16.5±8.7 b	55.0±29.0 b
8	16.3±6.8 ab	54.3±22.7 ab	16.0±7.1 b	53.3±23.7 b
10	12.0±4.8 bc	40±16 bc	23.5±3.9 ab	78.3±13.0 ab

注：同列中不同字母代表存在差异显著。

说明 3cm 以上水层对两个杂草稻的出苗和活苗都存在显著的抑制作用，但水层深度的不同对它们的影响差异不显著。

2.2 不同水层深度对杂草稻植株高度的影响

对播种后 21 天杂草稻株高的调查结果（图 3）显示：只有 3cm 水层深度下，江苏泰州杂草稻 WJ06-05-3 的株高要显著低于无水层的杂草稻株高。其他更深水层的杂草稻株高相对于无水层的杂草稻株高没有显著差异。而辽宁杂草稻 DDC-08-D4-na 在有水层的情况下株高要显著低于无水层的株高，但有水层的情况下，随着深水层深度的增加，株高有增高的趋势，当水层深度达到 10cm 时，株高与无水层的株高已无显著差异。

2.3 不同水层深度对杂草稻植株生物量的影响

对播种后 21 天杂草稻植株鲜重（图 4）和植株干重（图 5）的调查结果显示：浅水层 3cm 处理下杂草稻植株鲜重和干重都要显著低于无水层处理下的杂草稻植株鲜重和干重。但随着水层深度的增加，杂草稻植株鲜重和干重有增加的趋势。从图上我们可以看出：深水层 8cm 和 10cm 两个处理的植株鲜重要高于浅水层 3cm 和 5cm 两个处理的植株鲜重；但深水层 8cm 和 10cm 两个处理的植株干重却跟浅水层 3cm 和 5cm 两个处理的植株干重相差不大。这说明水层会对杂草稻生物量的合成有显著的抑制作用，但水层深度的差异对杂草稻生物量的合成没有显著的差异。

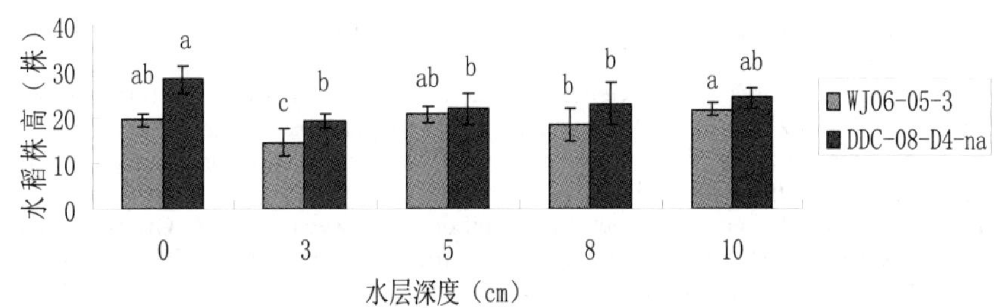

图 3 播后 21 天水层深度对杂草稻株高的影响

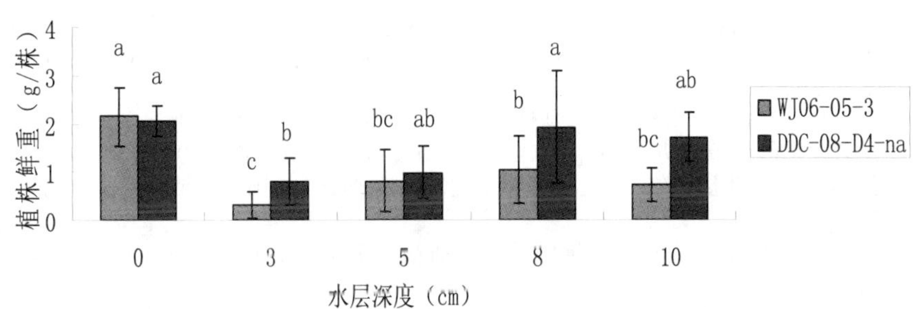

图 4 播后 21 天水层深度对杂草稻鲜重的影响

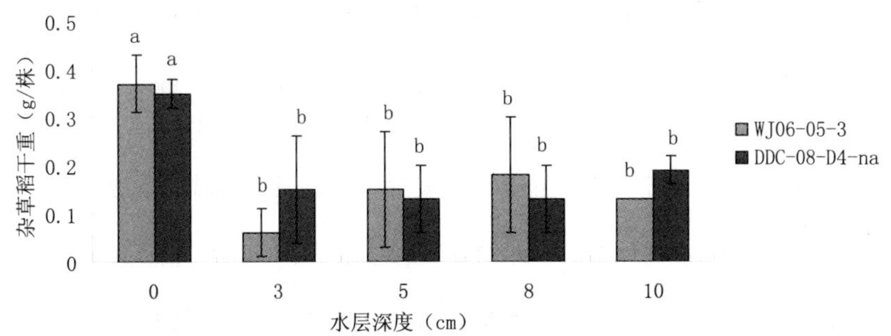

图 5 播后 21 天水层深度对杂草稻干重的影响

3 讨论

我们的研究结果显示，杂草稻在无水层条件下具有很强的生长发生能力，但在淹3cm 以上水层下，杂草稻的生长会受到很大的抑制作用。在播种后 21 天，无水层情况下，江苏泰州杂草稻 WJ06-05-3 的活苗百分率达到 87.7%，辽宁杂草稻 DDC-08-D4-na 的活苗百分率达到 94.3%；而有 3cm 以上水层的情况下，两个杂草稻品种的活苗百分率在24.3%～78.3%，均低于无水层的活苗百分率；这一研究结果与刘延等[17]的研究结果有一致性：1cm 水层下杂草稻出苗率为 85%，3cm 以上水层下杂草稻出苗率低于 10%。只是我们的研究结果显示 3cm 以上水层虽然对杂草稻的出苗率有很好的抑制作用，但还是有24.3%～78.3%的出苗率，要远远高于刘延等[17]的 3cm 以上水层下杂草稻的出苗率：3cm水层下杂草稻出苗率为 10%，5cm 水层下出苗率为 4%，7cm 水层下出苗率为 0%。在有3cm 以上水层下，对杂草稻生物量的影响也显著低于无水层下杂草稻的生物量，但 3cm以上不同水层深度之间杂草稻生物量无显著差异。

因此，研究怎样在保证水稻正常生长情况下，保持稻田中有一定水层对杂草稻的发生具有很强的控制作用。

参考文献

[1] Vaughan L K, Ottis B V, Prazak-Havey A M, *et al*. Is all red rice fond in commercial rice really *Oryza sativa* [J]. *Weed Science*, 2001, 49: 468-476.

[2] 余柳青，A. Martin Mortimer, 玄松南，等．杂草稻落粒粳的抗逆境特性研究[J]．应用生态学报，2005，16（4）：717-720.

[3] Suh H S, Sato Y I, Morishima H. Genetic characterization of weedy reice (oryza sativa L.) based on morphophysiology, isozymes and RAPD makers [J]. *Theoretical and Applied Genetics*, 1997, 94: 316-321.

[4] Karim S M R, Ismail B S, Azmi M. A short review of the impact and management of weedy rice[J]. *Plant Protection Quarterly*, 2006, 21(1):13-19.

[5] Tang L H, Morishima H. Genetic characteristics and origin of weedy rice. In: Origin and Differentiation of Chinese Cultivated Rice [M]. Beijing: *China Agricultural University Press,* 1996:211-218.

[6] Olofsdotter M, Vakverde B E, Madsen K H. Herbicide resistant rice (*Oryza sativa* L.): Global implications for weedy rice and weed management[J]. *Ann Appl Biol*, 2000, 1379(3):279-295.

[7] Khodayari K, Smith Jr R J, Black H L. Red rice (*Oryza sativa*) control with herbicide treatment in soybeans (*Glycine max*) [J]. *Weed Science*, 1987, 35:127-129.

[8] Arrieta-Espinoza G, Sanchez E, Vargas S, et al. The weedy rice complex in Costa Rica. I. Morphological study of relationships between commercial rice varieties, wild Oryza relatives and weedy types [J]. *Genetic Resources and Crop Evolution*, 2005, 52(5):575-587..

[9] 罗利军，应存山，汤圣祥．水稻种质资源[M]. 武汉：湖北科技出版社，2002.

[10] 丁颖．中国栽培稻的起源与动力学[J]．农业学报，1957，8（3）：243-260.

[11] 冯成玉，沈宝祥，孟国宝，等．稻田杂草稻发生情况调查[J]．中国野生植物资源，2009，28（2）：36-37.

[12]朱凤生，陈海新，谢加飞，等．麦茬套播和直播稻田杂草稻的发生与防治[J]．江苏农业科学，2009，5：153-154.

[13] 陈德辉，李 群，等．稻田杂草稻发生规律及控制技术探讨[J]．耕作与栽培，2006（6）：16-17.

[14] 曹前进．辽宁杂草稻的遗传多样性及其对水稻的影响[D]．上海：复旦大学，2006.

[15] 徐世林，陈德辉，李群，等．稻田杂草稻发生规律及控制技术探讨[J]．作物研究，2007，1：35-37.

[16] 戴伟明，宋小玲，吴川，等．江苏省杂草稻危害情况的调查[J]．江苏农业学报，2009，25（3）：712-714.

[17] 刘延，沈国生，刘华招．黑龙江垦区杂草稻分布与发生[J]．杂草科学，2009，4：44-46.

[18] 吴宝龙，颜皆曙．水稻田杂草稻的发生与防治对策[J]．安徽农学通报，2009，15（16）：153，256.

[19] 贾东升，查联群，缪文华，等．泰州地区杂草稻发生特点及防控技术[J]．安徽农学通报，2009，15（14）：149-150.

[20] 陈雨生，曹珠平．粤西直播稻作区杂草稻的发生危害与防治对策[J]．粮食作物，2009，10：117-118.

[21] 孟英，魏永海，栾浩文，等．寒地穞生稻发生原因及防御对策[J]．黑龙江农业科学，2005（2）：55-56.

[22] 许聪，吴万春．海南岛杂草稻的生态考察和鉴定[J]．中国水稻科学，1996，10（4）：247-249.

退火温度对牛筋草 ISSR-PCR 反应体系的影响

张杨[1,2]　张朝贤[1]　黄红娟[1*]　王金信[2]　魏守辉[1]　张少逸[1,2]　陈景超[1]

（1.　中国农业科学院植物保护研究所、杂草鼠害生物学与治理重点开放实验室，北京 100193；2.山东农业大学植物保护学院，泰安 271018）

摘要：退火温度是 PCR 反应过程的一个重要的组成部分。本文以牛筋草地上组织 DNA 为模板，选取适合牛筋草的 6 个 ISSR 引物，分别对其退火温度进行温度梯度试验。结果表明，同一引物，对于不同的物种，退火温度不同；同一物种不同引物之间退火温度也有差别。

关键词：牛筋草；ISSR；退火温度

Effects of Annealing Temperature on ISSR Reaction System of *Eleusine indica* (L.) Gaertn

Zhang Yang[1, 2], Zhang Chaoxian[1], Huang Hongjuan[1*], Wang Jinxin[2], Wei Shouhui[1], Zhang Shaoyi[2], Chen Jingchao[1]

(1. *Institute of Plant Protection, Chinese Academy of Agricultural Sciences, Key Laboratory of Weed and Rodent Biology and Management, CAAS, Beijing 100193, China;*
2. *College of Plant Protection, Shandong Agricultural University, Tai'an 271018,, China*)

Abstract: Annealing temperature is one of the most important parts of polymerase chain reaction (PCR) process. We make annealing temperature experiments on six ISSR primers used *Eleusine indica* tissue DNA as template, respectively. The results show that we have different annealing temperatures in the case of the same primers for different species, and the same species between different primers, the annealing temperatures are vary widely.

Key words: *Eleusine indica*; ISSR; Annealing temperature

ISSR 是由 Ziekiewicz 等[1]在 SSR 的基础上于 1994 年提出的一种简单重复区间扩增多态性的分子标记技术。ISSR 技术的原理和操作与 SSR、RAPD 非常相似，只是引物设计要求不同，但其产物多态性远比 RFLP、SSR、RAPD 更加丰富，可以提供更多的关于基因组的信息，而且 ISSR 引物比 RAPD 引物长，退火温度更高，因此 ISSR 具有比 RAPD 更高的可重复性和稳定性[2-4]。

PCR 反应程序由变性、退火和延伸 3 个基本的步骤组成，其中又以退火温度对反应的影响最大。在 ISSR 实验中，引物退火温度也极大地影响着 ISSR 反应的进行。ISSR 引物长度一般在 15～24 bp，且退火温度较高（一般在 50℃以上），姜静等[5]认为 50～52℃的退火温度适用于所有不同序列的 ISSR 引物，但更多研究者认为对不同的引物设定不同的退火温度能够得到更好的结果。本试验在已筛选出的牛筋草 ISSR-PCR 反应体系的基础上，对适合牛筋草体系的 6 个 ISSR 引物的最佳退火温度进行摸索，以优化 ISSR 标记技术在牛筋草遗传多样性方面的应用。

1　材料与方法

1.1　材料

1.1.1　试验材料

供试材料种子于 2009 年采自广东，浙江，安徽，山东，河南及北京。温室盆栽育苗，将饱满的不同种群的牛筋草种子播种在 9.5cm×11cm 花盆中，内含草木炭和表层过筛土壤，比例约为 1:3，室内白天温度为 28±5℃，晚上温度为 23±5℃，每天光照 11 h，相对湿度为 75%±5%，正常水肥管理。取用长至 3～4 叶期幼苗。

基金项目：转基因生物新品种培育重大专项（2009ZX08012-025B）

作者简介：张杨（1985-），女，山东青岛人，硕士研究生，研究方向为杂草治理。
E-mail：zhangyang4281@163.com

* 通信作者：黄红娟，Tel：010-62815937; E-mail：E-mail: hjhuang@wssc.org.cn

1.1.2 主要试剂及仪器

DNA 提取试剂盒购自百泰克生物技术有限公司；用于 ISSR-PCR 反应的 dNTP、*Taq* DNA 聚合酶、Mg^{2+}、10×PCR Buffer、分子量标准 DL2000，均购自宝生物（TaKaRa）工程公司。引物根据哥伦比亚大学(University of Columbia)公布的 ISSR 引物序列，由北京奥科生物技术有限责任公司合成。PCR 扩增仪购自 Bio-RAD 公司，紫外透射凝胶成像系统购自美国 UVP 公司，高速冷冻离心机购自德国 Eppenddorf。

1.2 方法

1.2.1 基因组 DNA 提取及引物的筛选

采用北京百泰克生物技术有限公司新型快速植物基因组 DNA 提取试剂盒（离心柱型）提取新鲜牛筋草地上组织 DNA，方法按照说明书进行。1%琼脂糖凝胶电泳检测 DNA 质量，紫外分光光度计检测 DNA 浓度，并稀释至 30ng/μl，-20℃冰箱中保存备用。

引物参照加拿大哥伦比亚大学所设计的 ISSR 引物序列，选取已筛选出适合牛筋草的 6 条引物（表 1），由北京奥科生物技术有限责任公司合成。并选取 4 个材料的 DNA 样品混合后用于全部引物温度梯度的筛选。

表 1 引物名称及序列

引物	序列（5'→3'）
UBC807	AGAGAGAGAGAGAGAGT
UBC811	GAGAGAGAGAGAGAGAC
UBC835	ACACACACACACACACCG
UBC845	CTCTCTCTCTCTCTCTRG
UBC856	ACACACACACACACACYA
UBC873	GACAGACAGACAGACA

Y = (C, T) R = (A, G) V = (A, C, G) H = (A, C, T)

1.2.2 ISSR 扩增

试验采用 25 μl 体系，在反应体系中各成分为：模板 DNA 80 ng，Mg^{2+} 1.75mmol/L，dNTP 0.4 mmol/L，引物 0.3 μmol/L，*Taq* DNA 聚合酶 1U，10×PCR Buffer 2.5 μl，最后用 ddH_2O 补足至 25 μl。

PCR 仪上进行扩增，扩增程序为 94℃预变性 5 min；94℃变性 30 s，设定退火温度下 30 s，72℃延伸 1 min，35 循环；72℃延伸 10 min；4℃保存备用。

扩增产物检测采用 1.8%琼脂糖凝胶电泳，1×TAE 缓冲液，电压 120 V，电泳 1.5 h，UVP 凝胶成像系统上观察照相并对结果进行直观分析。

1.2.3 退火温度的确定

以牛筋草地上组织 DNA 为模板，根据前人的经验以及 Tm=4（G+C）+2(A+T)[5]引物退火温度的计算公式设计退火温度范围，按照 PCR 扩增程序和扩增体系，在 PCR 仪上对各引物进行 PCR 温度梯度试验，PCR 仪根据各引物温度范围自动生成 10 个温度。试验结束后，1.8%琼脂糖凝胶电泳检测，UVP 凝胶成像系统上观察照相，根据结果选取各引物最佳退火温度（表 2）。

2 结果与分析

2.1 各引物的退火温度的确定

根据扩增条带是否清晰和检测的位点数的多少，来确定最佳退火温度。以引物 UBC807（图 1）为例，46.2℃，46.8℃和 47.5℃条件下条带较清晰、稳定、数目多，随着退火温度的升高，条带数量减少，可能是因为在较高的退火温度下，由于扩增的特异性增强，抑制引物与模板的结合[6]，致使条带逐渐减少。退火温度不同，产生错配的程度也不同。较低的退火温度在保证引物与模板结合的稳定性的同时，也会使引物与模板之间未完全配对的一些位点间得到扩增，即产生一定的错误扩增。在扩增结果相近的情况下，选择较高的退火温度可减少引物和模板之间的非特异性结合，提高 PCR 反应的特异性[7]，因此引物 UBC807 对牛筋草 ISSR 的最佳退火温度定为 47.5℃。其他各引物的最佳退火温度见表 2。

表 2 各引物温度梯度及退火温度

引物名称	温度梯度/℃	*Tm*/℃	退火温度/℃
UBC807	46.2，46.8，47.5，48.5，49.9，51.4，52.7，53.7，54.3，54.8	50.0	47.5
UBC811	48.3，48.9，49.7，50.8，52.3，54.0，55.4，56.5，57.3，57.8	52.0	50.8
UBC835	44.6，45.4，46.6，48.2，49.7，50.9，52.3，53.8，54.8，55.5	56.0	52.3
UBC845	50.3，50.9，51.7，52.8，54.3，56.0，57.4，58.5，59.3，59.8	55.0	56.0
UBC856	48.5，49.2，50.1，51.5，52.7，53.6，54.9，56.1，57.1，57.7	53.0	54.9
UBC873	44.6，45.4，46.6，48.2，49.7，50.9，52.3，53.8，54.8，55.5	48.0	53.8

2.2 最佳退火温度与理论退火温度的差异分析

根据理论退火温度与试验所得最佳退火温度的比较可以看出，理论推算与试验所得结果存在一定的差距。例如，引物 UBC873，理论 *Tm* 值 48.0℃在试验中并不是最优的结果，而且与试验所得最佳退火温度 53.8℃相差甚远。有此可见，牛筋草各 ISSR 引物的理论与试验测得的最佳退火温度间存在差异，两者之间不存在明显的相关性。因此，在具体的试验中，每一引物最佳退火温度的确立需要通过实际的试验所得，而不能仅靠理论推算或在推算的基础上进行某种校正而获得。

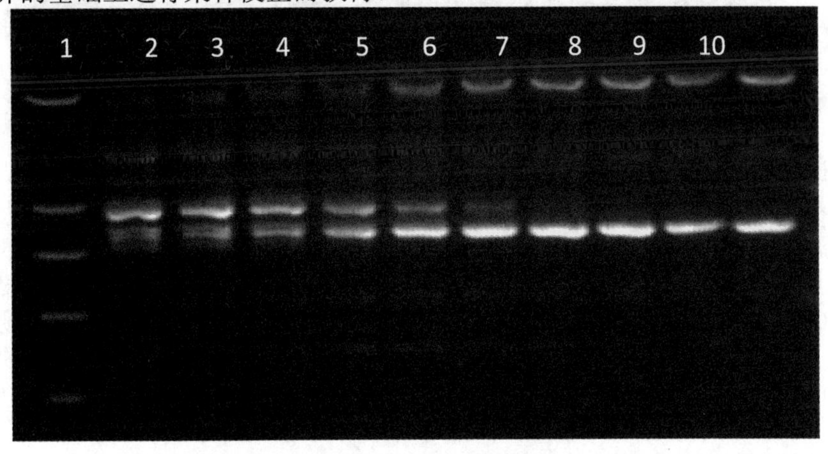

图 1 退火温度对 ISSR-PCR 结果的影响（引物为 UBC807）

M：DL2000 标准分量对照；1～10 依次为 46.2℃，46.8℃，47.5℃，48.5℃，49.9℃，51.4℃，52.7℃，53.7℃，54.3℃和 54.8℃

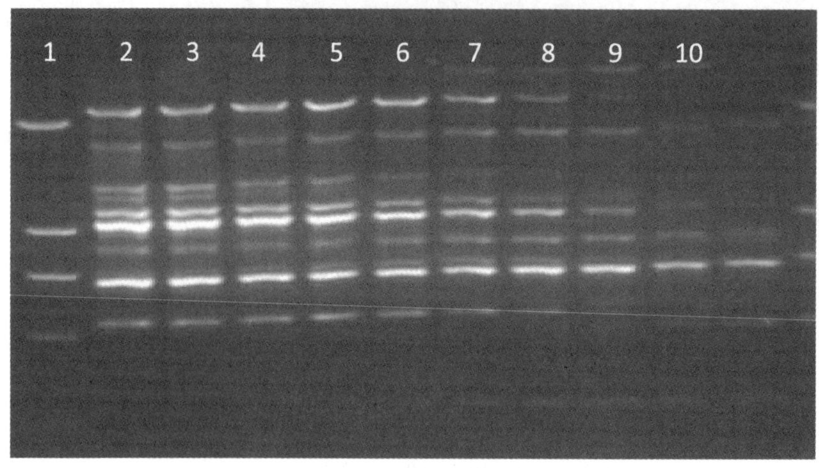

图 2 退火温度对 ISSR-PCR 结果的影响（引物为 UBC873）

M：DL2000 标准分量对照；1～10 依次为 44.6℃，45.4℃，46.6℃，48.2℃，49.7℃，50.9℃，52.3℃，53.8℃，54.8℃和 55.5℃

2.3 同一引物不同物种间的退火温度差异分析

在本试验中引物 UBC811（图 3）对牛筋草的 ISSR-PCR 体系的最佳退火温度为 52℃。由此可见，物种亲缘关系的远近与退火温度相关性不大，ISSR 反应的退火温度没有一定的规律可循。

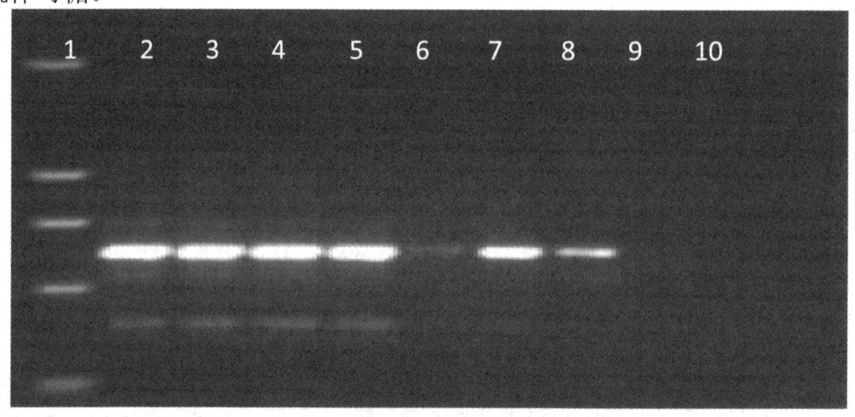

图 3 退火温度对 ISSR-PCR 结果的影响（引物为 UBC811）

M：DL2000 标准分量对照；1～10 依次为 48.3℃，48.9℃，49.7℃，50.8℃，52.3℃，54.0℃，55.4℃，56.5℃，57.3℃和 57.8℃

3 讨论

退火温度取决于引物的碱基组成、长度和浓度。一般来说，较低的退火温度可提高 PCR 反应的敏感性，但其特异性较差；较高的退火温度则可提高 PCR 反应的特异性但却降低了其扩增效率。合适的退火温度应低于引物 *Tm* 值 5℃左右，实际试验时应根据所要求的 PCR 反应的特异性和灵敏性做出相应的调整。同一引物，对于不同的物种，退火温度可能不同，如 Huang and Sun[8]用 ISSR 技术检测番薯时引物 UBC811 的退火温度为 53℃；Herrera R[9]在运用 ISSR 技术检测葡萄时此引物所采用的退火温度为 55℃；张忠廉[10]运用 ISSR 技术检测砂仁遗传多样性时所采用的退火温度为 52℃；尽管有很多公式可以用于计算引物的 *Tm* 值，然而这些公式并不是对所有长度的引物都适用。对于特定引物并不能精确地计算出其 *Tm* 值。因此，优化退火温度的最理想方法是设置一系列温度梯度来确定最佳退火温度。

参考文献

[1] Zietkiewicz E, Rafalski A, Labuda D. Genome fingerprinting by simple sequence repeat(SSR)-anchored

polymerase chain reaction amplification[J]. *Genomics*, 1994, 20:176-183.

[2] B. BORNET, M. BRANCHARD. Nonanchored Inter Simple Sequence Repeat(ISSR) Markers: Reproducible and Specific Tools for Genome Fingerprinting[J]. *Plant Molecular Biology Reporter*, 2001, 19:209-210.

[3] 周延清. DNA 分子标记技术在植物研究中的应用[M]. 北京:化学工业出版社, 2005:146-161.

[4] Nagaoka T, Ogihara Y. Applicability of inter-simple sequence repeat polymorphisms in wheat for use as DNA markers in comparison to RFLP and RAPD markers[J]. *Theoretical and Applied Genetics*, 1997, 94(5):597-602.

[5] 姜静, 杨传平, 刘桂丰, 等. 桦树 ISSR-PCR 反应体系的优化[J]. 生态学杂志, 2003, 22(3): 91-93.

[6] 王建波. ISSR 分子标记及其在植物遗传学研究中的应用[J]. 遗传, 2002, 24(5): 613-616.

[7] Lu S D. Current Protocols for Molecular Biology[M]. Beijing: Peking Union Medical College Press, 1999，458-463.

[8] Huang J C, Sun M. Genetic diversity and relationships of sweetpotato and its wild relative in *Ipomoea* series *Batatas* (Convolvulaceae) as revealed by inter-simple sequence repeat (ISSR) and restriction analysis of chloroplast DNA[J]. *Theoretical and Applied Genetics,* 2000, 100: 1050-1060.

[9] Herrera R, Cares V, Wilkinson M J, et al. Characterization of genetic variation between *Vitis vinifera* cultivars from central Chile using RAPD and inter simple sequence repeat markers[J]. *Euphytica*, 2002, 124: 139-145.

咪唑乙烟酸对大豆根瘤生长、固氮酶活性及氮代谢关键酶的影响

丁伟[1] 曹丽娟[1] 程茁[2]

（1. 东北农业大学农学院，哈尔滨 150030；
2. 东北农业大学资源与环境学院，哈尔滨 150030）

摘要：采用田间试验方法，研究咪唑乙烟酸对大豆根瘤生长、固氮酶活性及氮代谢关键酶的影响。结果表明：低剂量咪唑乙烟酸 62.5ga.i./hm^2 土壤和茎叶处理后，分别在大豆根瘤形成后的短时间内显著抑制大豆根瘤数和根瘤鲜重。咪唑乙烟酸 125g a.i./hm^2、250g a.i./hm^2 土壤处理和 125ga.i./hm^2 茎叶处理对大豆根瘤数、根瘤鲜重具有较长时间的抑制作用；咪唑乙烟酸土壤处理后随着时间的延长，对根瘤固氮酶活性的抑制作用增强，至 75 天咪唑乙烟酸 62.5 g a.i./hm^2，125 g a.i./hm^2 和 250 g a.i./hm^2 用量下，根瘤固氮酶活性分别降低 0.2186 mmolC_2H_4/g·h，0.2198 mmolC_2H_4/g·h 和 0.2471 mmolC_2H_4/g·h。茎叶处理后随着时间的延长对固氮酶活性的抑制作用减小，至 38 天咪唑乙烟酸 62.5 和 125 ga.i./hm^2 用量下，根瘤固氮酶活性分别降低 0.1778 mmolC_2H_4/g·h 和 0.2177 mmolC_2H_4/g·h；根系硝酸还原酶活性在咪唑乙烟酸土壤和茎叶处理后受到显著的抑制作用，表现为先增高后降低。叶片硝酸还原酶活性在咪唑乙烟酸茎叶处理后 30 天内受到较强的抑制作用，而土壤处理后的 75 天，叶片硝酸还原酶只有在咪唑乙烟酸 250 g a.i./hm^2 时酶活性才受到显著抑制；根系谷氨酰胺合成酶活性在咪唑乙烟酸土壤处理后 47～61 天，酶活性均显著降低，以后酶活性恢复正常。咪唑乙烟酸茎叶处理后 10～24 天，根系谷氨酰胺合成酶活性均显著降低，30 天后酶活性恢复正常状态。咪唑乙烟酸 62.5g a.i./hm^2 土壤处理对叶片谷氨酰胺合成酶活性无显著影响，而 125g a.i./hm^2 和 250g a.i./hm^2 土壤处理后 61 天内大豆叶片中谷氨酰胺合成酶活性显著降低，以后酶活性恢复正常。茎叶处理后 30 天内，叶片谷氨酰胺合成酶活性受到显著的抑制作用，以后酶活性恢复正常。

关键词：大豆；咪唑乙烟酸；根瘤固氮酶；硝酸还原酶；谷氨酰胺合成酶

Effect of Imazethapyr on Nodule Growth, Nitrogenase and Key Enzyme of Nitrogen Metabolism in Soybean

DING Wei[1], CAO Li-juan[1], CHENG Zhuo[2]

(1.*Agronomy College, Northeast Agricultural University, Harbin 150030; China;2.College of Resource and Environment, Northeast Agricultural University, Harbin 150030 ,China*)

Abstract: Field experiment was conducted to study effects of imazethapyr on nodule number and fresh weight, nitrogenase, nitrate reductase activity (NRA) and glutamine synthetase activity (GSA) after imazethapyr pre-emergence and post-emergence applied. At 62.5ga.i./hm^2 use rate after pre-emergence and post-emergence applied, nodule number and fresh weight were significant inhibited in short time after nodule appeared. Imazethapyr pre-emergence applied at 125g a.i./hm^2 and 250ga.i./hm^2 use rate and post-emergence applied at 125ga.i./hm^2 inhibited nodule number and nodule fresh weight in longer time. Nitrogenase was significantly reduced by imazethapyr in both preemergence and postemergence applied treatment. Although the reduction of nitrogenase activity was increased with time prolonging after imazethapyr preemergence applied the nitrogenase activity was still reduced 0.2186, 0.2198 and 0.2471 mmol$C_2H_4 \cdot g^{-1} \cdot h^{-1}$ at imazethapyr 62.5, 125 and 250 g a.i.·hm^{-2} use rate at 75 days after treatment. The reduction of nitrogenase activity was gradually decreased as time goes on after imazethapyr postemergence applied and at 38 days after treatment the nitrogenase activity was reduced 0.1778 and 0.2177 mmol$C_2H_4 \cdot g^{-1} \cdot h^{-1}$ at 62.5 and 125 ga.i.·hm^{-2} use rate. Root NRA was significantly decreased after imazethapyr preemergence and postemergence applied and the reduced NRA gradually increased overtime regardless imazethapyr use rate and application methods. Leaf NRA was strongly reduced within 30 days after imazethapyr postemergence applied. Leaf NRA was significantly reduced only at 250 ga.i.·hm^{-2} use rate at 75 days after preemergence application. Root GSA significantly decreased within 47d-61d after imazethapyr pre-emergence applied and then recovered. Root GSA also significantly decreased within 10d-24d and recovered in 30d after after imazethapyr post-emergence application. Although imazethapyr preemergence application at 62.5ga.i./hm^2 has no effect on leaf GSA in soybean but at 125ga.i./hm^2 and 250ga.i./hm^2 use rate leaf GSA decreased significantly within 61d and then recovered. Leaf GSA was inhibited significantly within 30d after imazethapyr postemergence applied and then recovered.

Key words: soybean; imazethapyr; nodule nitrogenase; nitrate reductase; glutamine synthetase

大豆是中国重要的粮食作物，其发育过程中根与根瘤菌形成根瘤固氮体，根瘤的共生固氮作用为大豆生长提供了重要的氮素来源，对大豆产量和品质的提高具有重要作用[1]。大豆体内氮代谢的状况和水平对其生长发育、产量和品质都有明显的影响[2]。根瘤固

氮酶活性的高低反映了根瘤固氮能力的大小，硝酸还原酶是硝态氮还原并为植物利用的第一个关键酶[3]，其活性高低常用于表示氮代谢水平。硝态氮还原后可在谷氨酰胺合成酶催化下进一步合成氨基酸。咪唑乙烟酸是大豆生产广泛应用的除草剂品种之一，其作用靶标是乙酰乳酸合成酶（ALS）。目前仅黑龙江省和内蒙古自治区初步统计，大豆田咪唑乙烟酸用量就达 5000t 左右。咪唑乙烟酸长期大量应用下对大豆根瘤固氮酶和硝酸还原酶活性影响的相关报道较少[4]。因此，研究施用咪唑乙烟酸后大豆瘤固氮、氮代谢关键酶硝酸还原酶和谷氨酰胺合成酶活性的变化，可为正确评价咪唑乙烟酸对大豆氮代谢的影响提供理论依据。除草剂可以通过直接影响根瘤类菌体或间接影响寄主生理活动而影响氮代谢[5]。Moorman 等[6]研究认为，草甘膦对根瘤固氮的影响是草甘膦对大豆与固氮菌共生生物化学过程的直接影响。Kremer 等[7]研究发现，草甘膦处理后的大豆根际镰刀霉占绝对优势，且抑制大豆根瘤形成。目前关于咪唑乙烟酸对大豆根瘤固氮影响的研究较少[4]，而草甘膦对转基因抗草甘膦大豆和其他豆科作物根瘤固氮作用影响的相关报道较多，且已经证实草甘膦对转基因抗草甘膦大豆根瘤固氮和硝酸还原酶活性具有抑制作用[8~11]。目前中国没有转基因抗草甘膦大豆的种植，咪唑乙烟酸仍然是大豆生产中最常见的除草剂之一。本文旨在通过田间试验研究咪唑乙烟酸对大豆根瘤生长、固氮酶活性及氮代谢两个关键酶硝酸还原酶和谷氨酰胺合成酶活性的影响。

1 材料与方法

1.1 试验材料与设计

试验在东北农业大学香坊实验实习基地进行。供试大豆品种为东农 9602。咪唑乙烟酸施用方法为土壤和茎叶处理，施药器械为 Knapsack Hydraulic Sprayer 背负式喷雾器，四喷头，喷嘴型号为 TEEJET80015VS，喷液量为 150L/hm^2。咪唑乙烟酸土壤处理在播种后 3 天内施药，茎叶处理在大豆第三片复叶展开时施药，施药剂量见表 1。

采用随机区组试验设计，5 个施药处理并设清水对照，3 次重复，每小区 39 m^2。2009 年 5 月 7 日播种，咪唑乙烟酸土壤处理分别在施药后 47 天，55 天，61 天，67 天和 75 天取样，茎叶处理分别在施药后 10 天，18 天，24 天，30 天和 38 天取样，每次取样均在小区中间 2 行随机取大豆 8～10 株并保持根系及根瘤完好无损，样品装入保温箱中立即送回实验室测定根瘤固氮酶活性、叶片及根系硝酸还原酶及谷氨酰胺合成酶活性，每个处理 3 次重复测定。

表 1 咪唑乙烟酸施用剂量

处理 Treatment	施药方法 Methods of application	有效剂量 Active ingredient (g a.i./hm^2)
1	土壤处理 Preemergence applied	62.5
2	土壤处理 Pre-emergence applied	125
3	土壤处理 Pre-emergence applied	250
4	茎叶处理 Post-emergence applied	62.5
5	茎叶处理 Post-emergence applied	125
6	清水对照 Water sprayed	0

1.2 固氮酶活性的测定

参照 Zablotowicz 等[12]的方法。利用日本岛津 GC-14C 气相色谱分析仪，采用乙炔还原法活体测定固氮酶活性。选取两个大豆根系小心去掉泥土，保持根系上根瘤完好无损，装入体积为 50 ml 的具塞瓶中后密闭。用注射器从瓶中抽出 2.5 ml 空气，再向瓶中回注入 2.5 ml 乙炔气体，室温下培育 1 h。当乙炔还原反应结束时，用微量进样器抽取反应瓶中的混合气体 0.2 ml，然后将微量进样器插在橡胶塞上备用。

气相色谱柱为长 1m 的不锈钢填充柱；固定相为 GDX-502；检测器为氢火焰离子检测器（FID）；柱温为 65℃，检测室温度为 110℃，气化室温度为 110℃；用 N_2 做载气，流量为 35ml/min；燃气（H_2）压力为 0.8 kg/cm^2，空气压力为 1.6 kg/cm^2。

1.3 硝酸还原酶活性的测定

参照张宪政等[13]的方法。分别取 0.5 g 左右大豆叶片和根系样品共 4 份，剪成碎片置于 4 个 50 ml 的三角瓶中，分别加入 5 ml， pH 值为 7.5 的磷酸缓冲液，抽真空后在其中 2 个三角瓶中分别加 5 ml 蒸馏水作对照，在另外 2 个三角瓶中分别加 5 ml 0.2 mol/L 的硝酸钾溶液。将三角瓶置于 30℃温箱中，使酶在黑暗中反应 30 min。充分振荡三角瓶 2 min，分别吸取反应液 2 ml 于 4 支试管中，然后各加入磺胺试剂 4 ml 及 α-萘胺试剂 4 ml，混匀后放入 30℃温箱中保温 30min。冷却后采用 SP-1900UVPC 紫外可见分光光度计在波长 520 nm 下测定光密度值。

1.4 谷氨酰胺合成酶活性的测定

参照郝再彬等人[14]的方法进行。取 1g 大豆样品，置于冷冻后研钵中，分别加入 3ml pH 值为 8.0 的 Tris-HCl 缓冲溶液研磨匀浆，静止 30min 转移于离心管中，在 4℃下 12000r/min 离心 20min，上清液为粗酶液。取粗酶液 0.5ml 于 100ml 容量瓶中，用蒸馏水定容至 100ml，混匀后从容量瓶中取 2ml 溶液置于 3 个试管中，加入 5ml 考马斯亮蓝 G-250，充分混匀，放置 2min 后，在 595nm 波长下测定 OD 值。

1.5 数据统计分析

采用 Excel 进行数据整理，DPS2003 对数据平均值进行 5%水平 LSD 差异显著性分析。

2 结果与分析

2.1 咪唑乙烟酸对大豆根瘤数的影响

不同剂量咪唑乙烟酸土壤处理后 61 天内均显著抑制大豆根瘤数，以后除咪唑乙烟酸 62.5g a.i./hm^2 处理根瘤数恢复正常外，咪唑乙烟酸其他剂量土壤处理下的大豆根瘤数与对照相比仍然显著减少（表 2）。

不同剂量的咪唑乙烟酸茎叶处理后 24 天内均显著抑制大豆根瘤数，以后咪唑乙烟酸 62.5g a.i./hm^2 用量下根瘤数恢复正常，但咪唑乙烟酸 125g a.i./hm^2 用量下根瘤数于对照相比仍显著减少（表 2）。

2.2 咪唑乙烟酸对大豆根瘤鲜重的影响

咪唑乙烟酸土壤处理后的 55 天内，大豆根瘤鲜重受到显著抑制，以后咪唑乙烟酸 62.5ga.i./hm^2 对根瘤鲜重无显著影响，但咪唑乙烟酸 125g a.i./hm^2 和 250g a.i./hm^2 对大豆根瘤鲜重仍具有显著的抑制作用（表 3）。

表 2　咪唑乙烟酸对大豆根瘤数的影响

咪唑乙烟酸用量 Imazethapyr use rate （g a.i./hm^2）	大豆根瘤数 Soybean nodule number （个/株）				
土壤处理（天） Pre-emergence applied	47	55	61	67	75
0	22.8a	34.2a	73.8a	63.8a	106.5a
62.5	20.7b	33.3b	54.3b	63.3a	105.2a
125.0	16.3c	32.2c	44.8c	57.7b	87.0b
250.0	14.8c	31.7c	44.0c	46.0c	83.2c
茎叶处理 （天） Post-emergence applied	10	18	24	30	38
0	22.8a	34.2a	73.8a	63.8a	106.5a
62.5	19.3b	28.2b	57.5b	63.5a	105.7a
125.0	17.2c	25.3c	52.8c	58.5b	81.2b

注：同一列含相同小写字母表示在 5%水平差异不显著，下同。

表 3　咪唑乙烟酸对大豆根瘤鲜重的影响

咪唑乙烟酸用量 Imazethapyr use rate （g a.i./hm^2）	大豆根瘤鲜重 Soybean nodule fresh weight （g/株）				
土壤处理（天） Pre-emergence applied	47	55	61	67	75
0	0.31a	0.55a	0.56a	0.59a	1.43a
62.5	0.31a	0.42b	0.55a	0.60a	1.42a
125.0	0.22b	0.39c	0.48b	0.57b	1.18b
250.0	0.20b	0.32d	0.44c	0.53c	1.05c
茎叶处理 （天） Post-emergence applied	10	18	24	30	38
0	0.26a	0.49a	0.56a	0.59a	1.43a
62.5	0.21b	0.42b	0.55a	0.60a	1.41a
125.0	0.20b	0.39c	0.52b	0.58a	1.40a

2.3　咪唑乙烟酸对大豆根瘤固氮酶活性的影响

在试验测定时间范围内，咪唑乙烟酸土壤处理对大豆根瘤固氮酶活性具有显著的抑制作用，并且随着咪唑乙烟酸施用后时间的延长对根瘤固氮酶活性的抑制作用增强。至土壤处理后的 75 天，咪唑乙烟酸 62.5g a.i./hm^2、125g a.i./hm^2 和 250 ga.i./hm^2 用量下根瘤固氮酶活性与对照相比仍分别降低 0.2186mmol C_2H_4/g·h、0.2198mmolC_2H_4/g·h 和 0.2471 mmolC_2H_4/g·h。咪唑乙烟酸茎叶处理后根瘤固氮酶活性随着咪唑乙烟酸施用量的增加而显著降低，且随时间的延长对固氮酶活性的抑制作用减小。咪唑乙烟酸 62.5g a.i./hm^2 和 125g a.i./hm^2 茎叶处理后 10 天，根瘤固氮酶活性分别降低 0.2187mmolC_2H_4/g·h 和 0.5696

mmolC_2H_4/g·h，至茎叶处理后 38 天，根瘤固氮酶活性与对照相比分别降低 0.1778mmolC_2H_4/g·h 和 0.2177 mmolC_2H_4/g·h（表 4）。咪唑乙烟酸无论是在大豆苗前土壤处理还是苗后茎叶处理都会对大豆根瘤固氮酶活性造成较长时间的抑制作用。

表 4 咪唑乙烟酸不同处理对固氮酶活性的影响

咪唑乙烟酸用量 Imazethapyr use rate (g a.i./hm^2)	根瘤固氮酶活性 Nitrogenase activity (mmolC_2H_4/g·h)				
土壤处理（天） Pre-emergence applied	47	55	61	67	75
0	1.1744a	0.8552a	0.7499a	0.4881a	0.3192a
62.5	1.1516b	0.757b	0.7402a	0.3147b	0.1006b
125.0	1.0687c	0.5607c	0.6461b	0.2268c	0.0994b
250.0	0.4812d	0.5277d	0.6111c	0.1642d	0.0721c
茎叶处理（天） Post-emergence applied	10	18	24	30	38
0	1.1744a	0.8552a	0.7499a	0.4881a	0.3192a
62.5	0.9557b	0.6483b	0.5261b	0.2509b	0.1414b
125.0	0.6048c	0.4654c	0.4118c	0.1424c	0.1015c

2.4 咪唑乙烟酸对大豆硝酸还原酶活性的影响

2.4.1 咪唑乙烟酸不同处理对大豆根系硝酸还原酶活性的影响

咪唑乙烟酸土壤处理后 47 天，62.5g a.i./hm^2、125g a.i./hm^2 和 250 g a.i./hm^2 用量下大豆根系硝酸还原酶活性分别降低 0.9774 μg/g·h，6.2828 μg/g·h 和 6.9575μg/g·h，之后对根系硝酸还原酶活性的抑制作用先增后降。至 75 天，根系硝酸还原酶活性仍分别降低 2.7413μg/g·h，3.9163μg/g·h 和 3.2457 μg/g·h；咪唑乙烟酸茎叶处理后 10 天，62.5g a.i./hm^2 和 125 g a.i./hm^2 用量下大豆根系硝酸还原酶活性分别降低 6.3413μg/g·h 和 6.5989 μg/g·h，随着茎叶处理后时间的延长对根系硝酸还原酶活性的抑制作用表现为先增高后降低的规律。在咪唑乙烟酸茎叶处理后 38 天，硝酸还原酶活性分别降低 3.5286μg/g·h 和 3.9429μg/g·h（表 5）。

表 5 咪唑乙烟酸不同处理对大豆根系硝酸还原酶活性的影响

咪唑乙烟酸用量 Imazethapyr use rate (g a.i./hm^2)	根系硝酸还原酶活性 Root nitrate reductase activity (KNO_2 μg/g·h)				
土壤处理(天) Pre-emergence applied	47	55	61	67	75
0	8.4236a	6.9013a	5.745a	3.5803a	6.0943a
62.5	7.4462b	6.8473b	3.081c	2.9349b	3.3533b
125.0	2.1408c	1.3865c	2.656d	2.9522b	2.178d
250.0	1.4661d	1.1328d	4.579b	2.494c	2.8486c
茎叶处理（天） Post-emergence applied	10	18	24	30	38
0	8.4236a	6.9013a	5.745a	3.5803a	6.0943a
62.5	2.0823b	1.6467b	1.2815c	2.8406b	2.5657b
125.0	1.8247c	1.0061c	1.9124b	2.2629c	2.1514c

由此可见，咪唑乙烟酸土壤处理或苗后茎叶处理都会对大豆根系硝酸还原酶活性造成长时间的严重抑制作用。咪唑乙烟酸对大豆根系硝酸还原酶活性的显著抑制作用势必造成根系硝态氮的代谢障碍而影响氮素营养的吸收和运输，从而间接抑制大豆根瘤固氮作用。

2.4.2 咪唑乙烟酸不同处理对大豆叶片硝酸还原酶活性的影响

咪唑乙烟酸土壤处理后 61 天内大豆叶片硝酸还原酶活性显著降低（表 6），且咪唑乙烟酸 62.5g a.i./hm^2，125g a.i./hm^2 和 250 g a.i./hm^2 用量下叶片硝酸还原酶活性分别降低 4.25%～44.13%，20.32%～50.11%和-0.35%～55.93%。在咪唑乙烟酸土壤处理后的 75 天，咪唑乙烟酸 62.5g a.i./hm^2 和 125g a.i./hm^2 用量下大豆叶片硝酸还原酶活性显著高于对照，咪唑乙烟酸对大豆叶片硝酸还原酶的抑制作用得到解除，然而咪唑乙烟酸 250g a.i./hm^2 处理叶片硝酸还原酶活性仍显著低于对照（表 6）。结果表明，咪唑乙烟酸土壤处理过量施用条件下将长时间严重抑制大豆叶片硝酸还原酶活性，从而造成大豆氮代谢的严重伤害；咪唑乙烟酸茎叶处理后大豆叶片硝酸还原酶活性在试验测定的 38 天时间范围内均显著降低，并且随着咪唑乙烟酸用量的增加叶片硝酸还原酶活性显著降低（表 6）。咪唑乙烟酸 62.5g a.i./hm^2 和 125g a.i./hm^2 用量下，大豆叶片硝酸还原酶活性在 38 天内分别降低 14.08%～81.73%和 39.71%～93.23%，且表现为在咪唑乙烟酸施用后 30 天内对叶片硝酸还原酶活性抑制作用较强，至第 38 天抑制作用开始降低。

表 6 咪唑乙烟酸不同处理对大豆叶片硝酸还原酶活性的影响

咪唑乙烟酸用量 Imazethapyr use rate (g a.i./hm^2)	硝酸还原酶活性 Nitrate reductase activity (KNO_2 μg./g. h)				
土壤处理(天) Pre-emergence applied	47	55	61	67	75
0	26.0558a	10.5923a	11.6653a	15.9004a	7.0571c
62.5	14.5578b	10.1421b	9.7105b	15.5432b	8.8765a
125.0	13.0863c	8.4396c	5.8194d	16.0531a	7.421b
250.0	11.4834d	10.6295a	7.1262c	9.3386c	6.4223d
茎叶处理（天） Post-emergence applied	10	18	24	30	38
0	26.0558a	10.5923a	13.6653a	15.9004a	7.0571a
62.5	7.7795b	3.7131b	11.6653b	2.9057b	5.2722b
125.0	4.3347c	0.7171c	8.239c	2.2258c	3.6135c

2.5 咪唑乙烟酸对大豆谷氨酰胺合成酶活性的影响

2.5.1 咪唑乙烟酸对大豆根系谷氨酰胺合成酶活性的影响

大豆根系谷氨酰胺合成酶活性在咪唑乙烟酸土壤处理后 47 天与对照相比差异不显著，以后至 61 天，各处理谷氨酰胺合成酶活性均显著降低，61 天后酶活性恢复正常（表 7）。咪唑乙烟酸茎叶处理后 10 天内，对根系谷氨酰胺合成酶活性无显著影响。10 天以后至 24 天，咪唑乙烟酸各处理谷氨酰胺合成酶活性均显著降低，30 天后酶活性恢复正常状态（表 7）。

2.5.2 咪唑乙烟酸对大豆叶片谷氨酰胺合成酶活性的影响

咪唑乙烟酸 62.5g a.i./hm^2 土壤处理后，对大豆叶片谷氨酰胺合成酶活性无显著影响；125g a.i./hm^2 和 250g a.i./hm^2 用量下，施药后 61 天内对大豆叶片中谷氨酰胺合成酶活性具有显著的抑制作用，以后酶活性恢复正常（表 8）。

表 7 咪唑乙烟酸对大豆根系谷氨酰胺合成酶活性的影响

咪唑乙烟酸用量 Imazethapyr use rate（g a.i./hm²）	谷氨酰胺合成酶活性 Glutamine synthetase activity（A/mg protein·h ）				
土壤处理(天) Pre-emergence applied	47	55	61	67	75
0	0.910a	0.787a	0.877a	0.664a	0.845a
62.5	0.906a	0.704b	0.637c	0.660a	0.836a
125.0	0.904a	0.709b	0.631c	0.648a	0.838a
250.0	0.894a	0.702b	0.664b	0.649a	0.842a
茎叶处理(天) Post-emergence applied	10	18	24	30	38
0	0.910a	0.788a	0.877a	0.664a	0.845a
62.5	0.892a	0.699b	0.604b	0.669a	0.840a
125.0	0.898a	0.677c	0.580c	0.662a	0.835a

表 8 咪唑乙烟酸对大豆叶片谷氨酰胺合成酶活性的影响

咪唑乙烟酸用量 Imazethapyr use rate （g a.i./hm²）	谷氨酰胺合成酶活性 Glutamine synthetase activity（A/mg protein·h ）				
土壤处理(天) Pre-emergence applied	47	55	61	67	75
0	0.8859a	0.8454a	0.9392a	0.7988a	1.0491a
62.5	0.8009a	0.8282ab	0.9314a	0.7975a	0.9983a
125.0	0.6993b	0.8187b	0.898b	0.7954a	1.0843a
250.0	0.7032b	0.8397a	0.7449c	0.7809a	0.9755a
茎叶处理(天) Post-emergence applied	10	18	24	30	38
0	0.8859a	0.8454a	0.9392a	0.7988a	1.0491a
62.5	0.6934b	0.5393b	0.8471c	0.7518b	0.9967a
125.0	0.6992b	0.5075b	0.8816b	0.7366b	1.0596a

3 讨论

大豆根系及其根瘤具有吸收土壤中无机氮和生物固氮的功能，从而可为大豆形成最佳产量和蛋白质提供充足的氮源[1]。除草剂可以通过直接影响根瘤类菌体或间接影响寄主生理活动而影响氮代谢[6]。草甘膦既对大豆共生固氮的生物化学过程具有直接影响，也可通过抑制大豆光合速率及碳代谢相关酶的活性而间接影响根瘤固氮[7,15]。目前关于除草剂对大豆根瘤固氮影响的研究多集中在除草剂对大豆与固氮菌共生固氮的直接影响上[12,16,17]，除草剂通过对寄主生理活动的影响而间接伤害根瘤生物固氮的相关报道较少[18-19]。咪唑乙烟酸的作用靶酶为乙酰乳酸合成酶（ALS），ALS 活性受到抑制导致杂草体内支链氨基酸的生物合成受阻而具有除草活性[20]。目前关于咪唑乙烟酸对根瘤类菌体生物固氮作用的影响鲜见报道。本文在咪唑乙烟酸土壤和茎叶处理条件下，大豆根瘤类菌体中固氮酶活性显著降低是咪唑乙烟酸对根瘤固氮的直接抑制作用。

硝酸还原酶和谷氨酰胺合成酶是硝态氮代谢和氨基酸合成的关键酶[3]，在植物的根系、茎和叶片中都有硝酸还原酶和谷氨酰胺合成酶，硝态氮吸收后在植物的这些部位被还原[21-23]，并进一步转化为氨基酸。空气中的 N_2 则可在根瘤中被固氮酶还原为 NH_4^+[24]。硝酸还原酶和固氮酶同时存在于大豆根瘤中，两种还原酶间存在互作[21,25]，根瘤中 N_2 还原为 NH_3 和 NH_3 转化为氨基酸分别在根瘤类菌体和根瘤细胞浆中完成。根瘤类菌体中在固氮酶催化下，N_2 被还原为 NH_3 并被迅速转移至根瘤细胞浆中，NH_3 在谷氨酰胺合成酶（GS）作用下转化为氨基酸。只有当根瘤细胞浆内固氮产物 NH_3 立即转化为氨基酸进而合成蛋白质，固氮作用才能不断进行[24]。关于不同除草剂对硝酸还原酶的影响的研究结果不尽相同，咪唑乙烟酸和 2,4-D 丁酯对硝酸还原酶具有抑制作用，而莠谷隆对硝酸还原酶活性则具有促进作用[4,26,27]。草甘膦对硝酸还原酶的抑制作用造成了对草甘膦敏感大豆早期根瘤固氮和氮代谢的显著降低[28]。Zabalza 等[4]认为：咪唑乙烟酸施用后导致大豆根系对硝态氮吸收的显著降低，这种硝态氮吸收的减少降低了硝态氮向大豆地上部的运输从而造成叶片硝酸还原酶活性的显著降低。本文在咪唑乙烟酸土壤和茎叶处理后，大豆叶片硝酸还原酶活性显著降低与 Zabalza 等人的研究结果相一致。咪唑乙烟酸施用后根系和叶片硝酸还原酶活性的显著降低会造成硝态氮在大豆根系中的积累和降低其向地上部的运输，这可能导致大豆根瘤固定的氮素向根中的输出障碍，从而会间接抑制大豆的根瘤固氮作用。咪唑乙烟酸土壤和茎叶处理后根系和叶片中谷氨酰胺合成酶活性的降低，将导致根瘤固氮过程中 NH_3 的转化受到抑制，对大豆根瘤固氮产生毒害而降低根瘤固氮酶活性。咪唑乙烟酸对根瘤固氮的不利影响在大豆生长发育过程中难以通过外部表现进行观察，因此往往容易忽视其对大豆氮代谢造成的这种隐性伤害。

4 结论

低剂量咪唑乙烟酸对根瘤数和鲜重的抑制作用在短时间内即可恢复正常状态，高剂量咪唑乙烟酸对根瘤数和鲜重抑制时间长。较高剂量的咪唑乙烟酸对大豆根瘤固氮酶、硝酸还原酶和谷氨酰胺合成酶活性均具有显著抑制作用。咪唑乙烟酸对大豆硝酸还原酶和谷氨酰胺合成酶活性的抑制可间接对大豆根瘤固氮酶活性造成伤害，对大豆氮代谢具有不利的影响。

参考文献

[1] Harper J E. Soil and symbiotic nitrogen requirements for optimum soybean production. *Crop Science*, 1974, 14: 255-260.

[2] 刘鹏，杨玉爱. 钼、硼对大豆氮代谢的影响. 植物营养与肥料学报，1999，5(4): 347-351.

[3] Beevers L, Schrader L E, Flesher D, Hageman R H. The role of light and nitrate in the induction of nitrate reductase in radish cotyledons and maize seedlings. *Plant Physiology*, 1965, 40: 691-698.

[4] Zabalza A, Gaston S, Ribas-Carbó M, Orcaray L, Igal M, Royuela M. Nitrogen assimilation studies using ^{15}N in soybean plants treated with imazethapyr, an inhibitor of branched-chain amino acid biosynthesis. *Journal of Agricultural and Food Chemistry*, 2006, 54: 8818-8823.

[5] Moorman T B. A review of pesticides effects on microorganisms and microbial processes related to soil fertility. *Journal of Production Agriculture*, 1989, 2: 14-23.

[6] Moorman T B, Becerril J M, Lydon J, Duke S O. Production ofhydroxybenzoic acids by *Bradyrhizobium japonicum* strains after treatment with glyphosate. *Journal of Agricultural and Food Chemistry*, 1992, 40: 289-293.

[7] Kremer R J, Means N E. Glyphosate and glyphosate-resistant crop interactions with rhizosphere microorganisms. *European Journal of Agronomy*, 2009, 31: 153-161.

[8] De María N, Becerril J M, García-Plazaola J I, Hernández A, De Felipe M R, Fernández-Pascual M. New insights on glyphosate mode of action in nodular metabolism: role of shikimate accumulation. *Journal of Agricultural and Food Chemistry*, 2006, 54: 2621-2628.

[9] King C A, Purcell L C, Vories E D. Plant growth and nitrogenase activity of glyphosate-tolerant soybean in response to foliar glyphosate applications. *Agronomy Journal*, 2001, 93: 179-186.

[10] Reddy K N, Hoagland R E, Zablotowicz R M. Effect of glyphosate on growth, chlorophyll, and nodulation in glyphosate-resistant and susceptible soybean (*Glycine max*) varieties. *Journal of New Seeds*, 2000, 2(3): 37-52.

[11] Reddy K N, Whiting K. Weed control and economic comparisons of glyphosate-resistant, sulfonylurea-tolerant, and conventional soybean (*Glycine max*) systems. *Weed Technology*, 2000, 14: 204-211.
[12] Zablotowicz R M, Reddy K N. Impact of glyphosate on the *Bradyrhizobium japonicum* symbiosis with glyphosate-resistant transgenic soybean: A minireview. *Journal of Environment Quaility*, 2004, 33: 825-831.
[13] 张宪政，谭桂茹，黄元极，宋玉华.植物生理学实验技术.沈阳:科学技术出版社，1989:77-82.
[14] 郝再彬，苍晶，徐仲，张达.植物生理实验[M].哈尔滨：哈尔滨工业大学出版社，2004,11:67-68.
[15] Hernandez A, Garcia-Plazzola J I, Becerril J M. Glyphosate effects on phenolic metabolism of nodulated soybean (*Glycine max* L. Merr.). *Journal of Agricultural and Food Chemistry*, 1999, 47: 2920-2925.
[16]马艳军. 三种抗除草剂大豆根瘤菌的培育及其根瘤固氮酶活性的研究[D]. 哈尔滨: 东北农业大学, 2009.
[17] Reddy K N, Zablotowicz R M. Glyphosate-resistant soybean response to various salts of glyphosate and glyphosate accumulation in soybean nodules. *Weed Science*, 2003, 51: 496-502.
[18] Zobiole L H S, Oliveira Jr R S, Kremer R J, Constantin J, Yamada T, Castro C, Oliveira F A, Oliveira Jr A. Effect of glyphosate on symbiotic N_2 fixation and nickel concentration in glyphosate-resistant soybeans. *Applied Soil Ecology*, 2010, 44: 176-180.
[19] Bellaloui N, Zablotowicz R M, Reddy K N, Abel C A. Nitrogen metabolism and seed composition as influenced by glyphosate application in glyphosate-resistant soybean. *Journal of Agricultural and Food Chemistry*, 2008, 56: 2765-2772.
[20] Senseman S A. *Herbicide Handbook* (9th ed.). Lawrence: Weed Science Society of America.
[21] Streeter J G. Nitrogen nutrition of field-grown soybean plants: II. seasonal variation in nitrate reductase, glutamate dehydrogenase and nitrogen constituents of plant parts. *Agronomy Journal*, 1972, 64: 315-319.
[22] Kirkby E A, Mengel K. Ionic balance in different tissues of tomato plant in relation to nitrate, urea or ammonia nutrition. *Plant Physiology*, 1967, 42: 6-14.
[23] Klepper L, Hageman R H. The occurrence of nitrate reductase in apple leaves. *Plant Physiology*, 1969, 44: 110-114.
[24] 陈华癸， 樊庆笙. 微生物学. 北京: 中国农业出版社， 1986.
[25] Kanayama Y, Kimura K, Nakamura Y, Ike T. Purification and characterization of nitrate reductase from nodule cytosol of soybean plants. *Physiologia Plantarum*, 1999, 105: 396-401.
[26] Singh P, Prakash S, Grover H L. Effect of 2, 4-D on the nitrate assimilation process in cowpea shoot. *Pesticide Biochemistry and Physiology*, 1998, 61: 15-20.
[27] Omokaro D N, Ajakaiye C O. Effects of soil applied herbicides on leaf nitrate reductase and crude protein in the leaf and seed of two cowpea cultivars. *Plant and Soil*, 1989, 116: 141-146.
[28] Bellaloui N, Reddy K N, Zablotowicz R M, Mengistu A. Simulated glyphosate drift influences nitrate assimilation and nitrogen fixation in non-glyphosate-resistant soybean. *Journal of Agricultural and Food Chemistry*, 2006, 54: 3357-3364.

2010年宜兴市稻田杂草生态特点和综合治理技术研究

储寅芳　石　磊　周益民
(宜兴市植物保护植物检疫站)

摘要： 针对近年水稻田栽培措施不断改革和长期使用单一品种的除草剂，致使田间杂草优势种和优势种组成的群落发生明显变化。研究杂草的生态特点及根据不同栽培方式采取农业防除和化学防治相结合的综合治理措施。通过大面积应用，防除效果达 95%左右，基本控制水稻田杂草为害，经济效益和社会效应突出，深受农户欢迎。

关键词： 稻田杂草；生态特点；综合治理

近年来，水稻生产围绕高产优质、省工节本，提高效益的总目标，选用高产优质水稻，发展名特优品种，大面积推广应用机插秧和小苗直栽，进一步扩大秸秆还田面积，随着栽培措施不断改变，田间杂草优势种和优势种组成的群落发生了明显变化，虽然在生产中通过化学除草的措施得到有效控制，但目前草害对水稻产量的影响仍然比较严重，同时超量化学药剂施用带来了对产品品质和环境的负面影响。为此，认真研究稻田杂草生态特点与综合治理技术是今后确保粮食安全与环境协调发展的重要课题。

1　稻田杂草生态特点

1.1　杂草发生情况

2010 年水稻田草害仍达中等偏重到大发生程度，其发生特点是出草迟，自然发生量大。夏种以后，雨水偏少（6 月份、7 月份降雨量分别为 68.8mm、23.5mm），使直播田、小苗机插田、肥床旱育移栽田和常规单晚移栽田出草高峰时间比常年推迟 3～5 天；田间自然发生量大，据田间系统调查，直播田（包括旱直播、水直播）一般杂草自然密度每平方米 500～1000 株，小苗田（包括机插田、抛秧田、肥床旱育移栽田）200～300 株，常规单晚移栽田 100～200 株。全市直播稻面积（包括旱直播、水直播）12.5 万亩，化除面积 35.5 万亩次；小苗田面积 28 万亩，化除面积 36.5 万次；常规单晚移栽田面积 9.7 万亩，化除 10.5 万亩次。通过大面积化学除草，防除效果一般可达 90%以上，基本上控制了杂草为害。但仍有 1%左右的田块弃管、失管、草害严重，这些重草田产量损失达 10%～30%，草荒田甚至达 50%以上。

1.2　田间主要杂草种类

通过杂草调查，初步摸清了宜兴市水稻田杂草发生种类。据统计全市直播田杂草有 17 种，分属 12 个科，发生频率最高的禾本科杂草千金子、稗草、马唐、游草，分别为 95.7%、88.3%、85.4%、19.5%，阔叶杂草以鸭舌草、含萌、野荸荠为主分别为 93.5%、65.4%、13.5%，其次是陌上菜、节节菜、瓜皮草、丁香蓼、鳢肠、球花碱草、女菀、水莎草等发生面也比较广，局部地区为害严重的有鸭跖草。小苗机插田和常规单晚移栽田有 9 个科 13 种，其中水稻前期杂草有 9 个科 10 种，发生优势种杂草有稗草、千金子、水莎草、丁香蓼、鸭舌草、鸭跖草、节节菜、鳢肠、陌上菜、瓜皮草，以稗草、千金子、鸭舌草为主的杂草发生面积达 80%以上。杂草平均每平方米密度分别为 6.5 株、5.9 株、17.5 株，相对频率(RF)分别为 6.15、7.25、30.7，相对多度(RA)为 15.5、12.8、16.5；其次是陌上菜、节节菜、丁香蓼、鸭跖草、水莎草杂草平均每平方米密度分别为 2.37 株、3.5 株、4.6 株、2.7 株、1.5 株，相对频率(RF)分别为 5.51、4.70、2.39、3.51、4.32，相对多度(RA)为 7.8、5.6、9.5、6.7、4.5。到水稻中后期稗草、千金子、丁香蓼、鳢肠、含萌上升为主要杂草，与水稻竞争严重、为害最大，发展趋势严重，已成为当前生产中的突出问题。

1.3　杂草群落演变情况

近年水稻田(特别是直播田)杂草优势种和优势种组成的群落发生了显著的变化，群落中的优势种群由单一性向多元化发展，禾本科杂草由原来稗草占绝对优势种群，变为千金子、马唐、稗草并重；阔叶杂草在原有丁香蓼、瓜皮草、节节草为优势种群的基础上，鸭舌草、鸭跖草、野荸荠、鳢肠、佰上菜、含萌等迅速上升。杂草种群演变的主要原因：一是水稻栽培管理制度的改革，如小苗扩行稀植、扩种直播稻、浅水灌溉、二次搁田等，对杂草的萌发和生长均较有利，部分杂草发生量迅速上升，如千金子、马唐、鸭舌草等。从杂草的种类来看，直播田与小苗机插田没有大的差异，但直播田的杂草发生量大，为小苗机插田杂草发生量的 5～10 倍，其中千金子、马唐分别增加 10.5 倍、15.3 倍，鸭舌草增加 3.8 倍，野荸荠增加 23.5%，其他阔叶杂草增加 67.3%；二是沟渠、田埂等杂草清除工作差，种源充足，原先只在沟渠边生长的杂草如马唐、鸭跖草已向田间蔓延扩展，在少数田块已成为优势种群，并已造成了一定的为害；三是长期单一使用一种或两种除草剂，使某些杂草产生了抗药性，由原来的次要杂草上升为优势种，就宜兴市而言，水稻田 20 世纪 90 年代前除草醚的大量应用，禾本科稗草、眼子菜、牛毛草的发生得到有效控制；90 年代开始，除草醚逐步被丁草胺、乙草胺、苯噻草胺、环庚草醚等取代，与苄嘧磺隆复配成为主体配方，提高了除草活性，扩大了杀草谱，提高了大面积化除效果，水稻田杂草密度进一步下降，原来优势种如稗草、丁香蓼、水莎草、野荸荠等为害已被控制在经济阈值水平之下，瓜皮草、眼子菜、牛毛草等在田间已极难查见，而近年千金子、马唐、鸭舌草、含萌等迅速上升，已成为优势种群，为害逐渐加重。

2　综合治理技术

草害是作物与杂草相互竞争及人为干预的结果，由于杂草的野生的特性，生长快、繁殖和再生能力强，不仅造成作物产量损失而使其品质下降。今年我们全面推进农业防治和化学防治相结合的综合治理措施，同时侧重抓好水稻田周边环境杂草的防除，把杂草基数控制在最低限度，为水稻生长发育创造良好的生态环境。为此，2010 年在综防措施中重点抓了以下几方面工作，使其进一步完善提高。

2.1　农业防除措施

2.1.1 精细整地

水稻田（包括直播田、小苗机插田、肥床旱育移栽田和常规单晚移栽田）播（栽）前一定要精细整地，以浅耕或旋耕 10cm 左右，敲碎大垡块，使田面平整、湖烂，这样既保证水稻秧苗薄水棵棵到，又有利于土壤处理剂药效的发挥，杂草种子能够集中迅速萌发，从而达到一举消灭杂草的目的。

2.1.2 净化田园环境

稻田周边环境（田埂、沟渠、道路）的杂草已成为稻田杂草多元化和再猖獗的种源基地，清除稻田周边杂草，既美化了田园环境又有利于农事作业，既清除了多种病虫兹生繁殖的场所，又减少了田间杂草种源，确保沟渠畅通，控制了田埂杂草向田间蔓延，有利发挥水稻的边际优势。具体做法是麦收后水稻播（栽）前和 9 月上中旬对田埂、渠道、道路的杂草用灭生性除草剂进行茎叶处理，适当扩大防除范围，提高防除质量，净化田园环境，把杂草消灭在苗期或结籽前。

2.1.3 防止杂草种子侵入稻田和切断草籽传播途径

主要从 3 个方面入手，首先，对杂草稻发生比较严重的田块，改变稻作方式，对直播农户宣传改种移栽稻或机插稻等栽培方式，控制杂草稻的发生。若仍进行直播，应及时采用先耕翻后播种的方式，控制杂草稻发生；第二，将全部稻种坚持风扬、筛选和药剂浸种，彻底清除混杂的草种；第三，9 月上中旬抓紧在稗草和其他杂草未成熟前采用人工拔除，防止草籽脱落田间，从而减轻翌年水稻田杂草的为害，创造良性循环的生态环境。

2.1.4 实行高产栽培的配套技术，提高水稻自身的竞争能力

在水稻播（栽）到整个生长发育阶段，贯彻实施一系列的高产栽培技术，如水稻适时播（栽），科学施肥，及时防治病虫害等一系列管理措施，促进水稻健壮的生长发育，抑制杂草发生，增强对水稻的竞争能力。

2.2 合理施用化学除草剂

化学除草是当前及今后水稻田草害防除的一项不可缺少的关键措施，但要坚持合理施用，否则过度超量使用除草剂会对田间环境造成污染。

2.2.1 直播稻田化除技术

2.2.1.1 旱直播稻田化除技术 旱直播稻田杂草发生早，种类多，密度高，出草时间长，所以一定要遵循旱直播稻田化学除草的操作程序，善始善终搞好除草工作。第一，在播种前 3～5 天用草甘膦杀灭田间田埂老草；第二，播种操作程序：整地—播种—盖籽—灌溉—排水—施药—保湿；用药量：每亩用 90%杀草丹乳油 100ml+10%吡嘧磺隆可湿性粉剂 20g 或用 37.5%丁·恶可湿性粉剂 150～200g 对水 40kg 喷雾；用药后 5 天内注意保持田间湿润，不积水；第三，到秧苗 3～4 叶期（播种后 20 天左右）进行第二次用药，每亩用 10%苄·环庚可湿性粉剂 50～60g 或 60g/L 五氟·氰氟草悬浮剂 150ml 对水 30kg 均匀喷雾，用药前排干水层，用药后隔 1 天上水，以后保水 5～7 天；第四，中期除草可根据不同草情针对性用药，以禾本科千金、稗草为主田块可选用噁唑酰草胺或氰氟·二氯喹等除草剂，阔叶杂草严重的田块可选用灭草松、2 甲 4 氯、苄嘧磺隆、氯氟吡氧乙酸等除草剂；第五，在水稻生长后期，采取人工拔除上层杂草，杜绝杂草来源。

2.2.1.2 水直播稻田化除技术 在水稻播种后 3～4 天（稻根下扎，稻芽立起）每亩用 30g 丙草胺乳油 150～200ml 对水 30kg 均匀喷雾。注意事项：第一，稻种必须浸种催芽后播种；第二，水直播稻田化除要求仓面平整，沟系配套，用药后保持仓面湿润不积水；第三，均匀喷雾、不重喷、不漏喷；第四，播前用药和稻苗 3～4 叶期用量参照旱直播稻田。

2.2.2 肥床旱育移栽稻田、小苗机插稻田化除技术

（1）首先在苗床上，按常规方法，肥床旱育秧一般用丁·噁封杀，或者到水稻秧苗 3～4 叶期用二氯·苄茎叶处理；小苗机插和塑盘育秧一般在苗床上不用药。大田化除，每亩用 10%苄·环庚可湿性粉剂 40～50g 或亩用 37.5%苄·丁可湿性粉剂 100～120g 加 10%苄磺隆可湿性粉剂 10g，于水稻小苗移栽后 4～7 天，拌尿素均匀撒施，用药后保持 3cm 左右的浅水层 5～7 天；（2）注意事项：小苗机插田必须在秧苗活棵后用药，用药量要准确，漏水田应及时补水，确保药效正常发挥；（3）中后期除草同直播稻田。

2.2.3 常规移栽田化除技术

常规水育秧田主要采用丙草胺封杀。移栽到大田以后 4～7 天每亩用 18%乙·苄可湿性粉剂 30g 加 10%苄磺隆可湿性粉剂 15g 或 37.5%丁·苄可湿性粉剂 100g 加 10%苄磺隆可湿性粉剂 10g 拌尿素均匀撒施，用药后保水 5 天左右。中后期除草同直播稻田。

2.2.4 密切关注杂草的抗药性

长期单一连续使用某种或某类型的除草剂，水稻田杂草种群演替加速，多年生杂草、恶性杂草为害加重，杂草易对除草剂产生抗药性。今年在我市极少数田块发生比较严重。部分 5 叶以上的千金子、稗草用 10%氢氟草酯防除过后逐步返青，常规用药量 60～80ml 已不能对它构成致死作用。结果从周边引进滥用氰氟.精噁唑禾草灵混剂带来了安全隐患，即对水稻产生伤害，今年我市极少部分田块出现了稻苗发黄不能分蘖等现象，即为噁唑禾草灵药害，在群众中产生一定的反响。

保山油菜田奇异虉草的分布与危害

李向东[1]　符明联[2]　杨明英[1]

（1.云南省农业科学院农业环境资源研究所；

2.经济作物研究所，昆明 650205）

摘要：项目组对外来危险性杂草——奇异虉草（英文名：Canarygrass bood，拉丁名：*Phararis paradoxa* L.）的生态生物学特性、分布危害、在云南保山市油菜田中发生的特点及控制方法进行调查，结果表明：奇异虉草在保山市主要为害大麦、小麦、油菜等。大麦地中危害最严重。危害面积达到 4.5 万亩，在云南农田均为冬季越年生杂草，种子繁殖，在稻后作及旱作物地均可发生。在隆阳、施甸、昌宁、腾冲区（县）坝区田油菜发生频度（F）、田间均度（U）、密度（MD）、相对频度（RF）、相对均度（RU）、密度（RD）、多度（RA）分别是 62.4%、54.8%、39.1%、11.2%、14.2%、12.0%、41.6%，在半山区地油菜发生分别为 27.4%、25.4%、27.8%、6.8%、7.7%、10.5%、26.1%。油菜田采取中耕铲除，一般中耕两次的控制效果可达 91.8%，当油菜封行后，就能抑制其生长。

关键词：奇异虉草; 分布; 生物学特性; 控制方法

云南发现的奇异虉草（英文名：Canarygrass bood，拉丁名：*P. paradoxa* L.）属禾本科虉草属，越年生蔟生草本须根植物。直立不具根茎。原产地中海地区，广泛分布于墨西哥、加拿大、美国、中美洲、哥伦比亚、玻利维亚、巴西、阿根廷、南非、北非、伊比利亚半岛、澳大利亚、新西兰、丹麦、印度及在太平洋岛等 40 多个国家和地区。分布于我国东北、华北、内蒙古、华中、华东等地。奇异虉草从 20 世纪 70 年代从进口墨西哥小麦种传入云南，在云南玉溪地区蔓延危害，本文在云南保山油菜主产区对外来危险性杂草----奇异虉草的生态生物学特性、分布危害、控制方法进行调查研究，为该种杂草的防除提供依据。

1　生态生物学特性

奇异虉草植株高 20～50cm。穗长 3～8cm，粗 1～1.5cm，略呈纺锤形，下部紧密，上部稍松散。小穗常由 7 朵具长柄的原始小花组成，孕花常为 1 枚，偶有 2 枚；第一护颖长约 7mm，略长于第二护颖，均具极狭的翼；内外颖较柔软，外颖长于内颖，具 4 脉，内颖 2 脉，包于颖果，疏生柔毛，种子淡黄褐色，长 2.5～2.8mm，宽 1～1.1mm，无毛，喙褐黑色，千粒重 1.1g；种子成熟后易散落，但小穗不易脱落，圆锥花序具 200～300 个小穗。

2　发生特点

奇异虉草在云南农田均为冬季越年生杂草，种子繁殖，在稻后作及旱作物地均可发生。根据作物种植的时间与农田生态条件的不同于 12 月至翌年 1 月发生，幼苗植株黄绿色，三叶期开始产生分穗，冬前以根蘖为主，开春后产生大量茎蘖，单株分蘖可达 40～50 个。植株高于大麦而形成上层群落，随土壤条件的不同差异极大，旱地一般成株高 30～50cm，同一植株的同一花序，开花参差不齐，主茎及先分蘖的先开花，多在 3～4 月。成熟的种子连小穗整体脱落于田间，最后留下直立的穗轴。种子落于土壤后，在夏季水稻或旱地中，主要由于高温和种子生理导致休眠。常规条件下，休眠期为 150～180 天。种子近距离传播由重力自然散落，也可由小穗随风吹、水流、机械等交替作用传播，远距离主要是人为生产活动及随繁殖材料的调运夹带传播。目前以玉溪、保山地区发生面积最大，大麦地中危害最严重。

3　危害与分布

昆明、大理、曲靖、楚雄等地州分布。危害小麦、大麦、冬绿肥、油菜、蔬菜等 20 多种农作物，发生严重的田间，频度 20%～40%，多者可达 80%，导致作物减产 20%～50%，且正在蔓延。特别是大麦田中的危害面积达到 4.5 万亩，奇异虉草的生育期与大麦的生长期一致，叶色也很相似，只是叶色稍淡，在苗期很多人都分不清楚，拔除很困难。

通过对保山隆阳、施甸、昌宁、腾冲各县油菜田（地）的奇异虉草主要分布调查结果见表 1。根据原始记载样本内杂草的种类、株数，禾本科杂草以分蘖数计算，植株高度计算，统计出杂草的田间频度（F）、田间均度（U）、田间密度（MD）、相对频率（RF）、相对均度（RU）、相对密度（RD）、相对多度（RA）等，并进行统计数分析和评价危害程度。统计结果见表1。

表1 保山的奇异虉草的为害情况调查结果

地名	坝区大麦田							半山区大麦地						
	F	U	MD	RF	RU	RD	RA	F	U	MD	RF	RU	RD	RA
隆阳	75.2	65.5	42.1	12.4	16.1	15.8	44.3	30.6	27.2	29.6	7.4	8.1	12.4	27.9
施甸	77.8	61.2	44.7	10.8	18.6	14.4	46.4	28.7	26.8	30.6	7.7	9.0	13.1	28.8
昌宁	46.5	40.8	32.9	8.9	11.3	8.7	35.7	22.3	20.8	24.4	5.9	6.6	8.7	25.5
腾冲	50.6	51.6	36.5	12.8	10.8	9.7	39.8	27.9	26.6	26.5	6.3	7.1	7.9	22.3
平均	62.4	54.8	39.1	11.2	14.2	12.0	41.6	27.4	25.4	27.8	6.8	7.7	10.5	26.1

4 主要的群落

保山奇异虉草群落结构类型主要有：大麦—奇异虉草＋早熟禾＋荠菜；小麦—奇异虉草＋荠菜＋棒头草；油菜—奇异虉草＋弯曲碎米荠；蔬菜—奇异虉草＋繁蒌＋棒头草＋早熟禾。

5 控制建议

5.1 加强内检

国内调运、交换农作物种子、苗木的情况很频繁，为了防范恶性杂草的传播为害，需要健全对内植物检疫制度。

5.2 控制为害

组织人力多次拔除，并认真销毁，切忌乱丢置于田间。留种田更应抓好田间、收获、脱粒、贮藏等各个环节的选种去杂工作，不使草籽混杂在麦种中。

5.3 采取中耕铲除

在油菜田中发生危害的，曾用对禾本科杂草有选择作用的除草剂精喹禾灵等作叶面喷雾，控制效果也只有 36.4%。只有采取中耕铲除，一般中耕两次的控制效果可达91.8%，当油菜封行后，就能抑制其生长。

参考文献

[1] 徐高峰，张付斗，等. 奇异虉草和小子虉草生物学特性及其对小麦生长的影响和经济阈值研究[J] .中国农业科学，2010，21.

[2] 杜江江，张树兴. 云南省外来生物入侵现状及对策研究[J]. 中国地质大学学报(社会科学版)，2005，3.

[3] 刘苏，王祥荣. 生态入侵及其对植被生态系统服务功能的影响研究[J]. 复旦学报(自然科学版)，2002，4.

[4] 齐艳红，赵映慧，殷秀琴. 中国生物入侵的生态分布[J]. 生态环境，2004，3.

[5] 张玉娟，张乃明，高阳俊. 云南省生物入侵现状分析[J]. 云南环境科学，2004，1.

[6] 范继辉，蒋莉，程根伟. 我国南方生物入侵的问题与对策[J]. 应用生态学报，2005，3.

[7] 朱文达.，菵草与油菜的竞争及防除阈值[J]. 植物保护学报，2004，1.

不同物理方法解除苍耳种子休眠试验研究

张 勇　孔繁华　路兴涛　刘 震　张成玲　张田田　马 冲

（山东省泰安市农业科学研究院植物保护研究所，泰安 271000）

摘要：研究了挫伤种皮及流水浸泡等不同物理方法处理下，对苍耳种子解除休眠效果，结果表明，苍耳种子的休眠主要受种皮质地坚硬而形成的对种子机械束缚力及种皮内封闭的薄膜质层影响。采取流水浸泡+挫伤种皮使发芽率达到86.47%，流水浸泡发芽率达到80.14%，挫伤种皮法对解除苍耳种子休眠发芽相对较低，为68.97%。物理解除避免了化学解除休眠处理中强酸、强碱及氧化剂对种子内部有效成分的破坏，适用于多种研究领域。

关键词：苍耳; 解除休眠; 种子; 萌发

苍耳（*Xanthium sibiricum* Patrin)属菊科苍耳属草本植物，主要生长于荒地、丘陵及田边，为常见的阔叶杂草，我国各省都有分布。种子化学成分复杂，可榨油及药用[1]，化学成分主要包括挥发油、倍半萜内酯、糖苷类、脂肪油和酚酸类化合物等[2]；全株不同提取物对菜粉蝶幼虫具有一定的触杀及毒杀作用，有可能成为新的植物源杀虫剂[3]。

近年来，非耕地中苍耳的发生呈上升趋势，对苍耳的生物学特性及化学防除技术研究日益受到重视，但常规处理苍耳种子发芽率低，不易培养。在室内杂草培养中，解除种子休眠是杂草培养的重要环节，杂草种子的发芽受外部温度、湿度、光照、种子自身种子成熟度及休眠的影响，破除杂草休眠的常规方法有：冷水或温水浸种、挫伤种皮、酸或碱处理、赤霉素溶液处理、超声波处理、低温层积法等[4]。国内尚无对苍耳种子物理解除作系统研究报道。因此本文旨在通过挫伤种皮、冷水浸种等物理方法研究苍耳种子休眠解除方法，明确其种子适宜萌发条件，为其培养、防除及在更多领域研究提供依据。

1　材料与方法

1.1　供试材料

供试材料苍耳（*Xanthium sibiricum* Patrin）于2010年10月采自山东省泰安市农业科学研究院试验农场田埂，种粒均匀饱满，成熟度好，采集后置于阴凉通风处备用。

1.2　试验方法

1.2.1 流水浸泡法

将20粒苍耳种子置于烧杯内，外用纱网封口，浸入流水中浸泡12h后取出，均匀排列于铺有滤纸的培养皿中培养，培养温度30℃/28℃（d/n），湿度75%±10%，光照强度15000 lx，4次重复，日常观察并保持滤纸的湿润。

1.2.2 挫伤种皮法

选择大小均匀、种粒饱满的苍耳种子20粒，用剪刀将果柄处小心剪去（0.5～1mm），不能伤害种仁，在培养皿底部铺上滤纸，将种子整齐排列后上层再铺上一层滤纸，用小型喷壶喷施蒸馏水，盖上培养皿盖后置于人工气候箱内培养，培养条件同1.2.1。

1.2.3 流水浸泡+挫伤种皮

将20粒苍耳种子置于烧杯内，外用纱网封口，浸入流水中浸泡12h后取出种子，用剪刀将果柄处小心剪去（0.5～1mm），不能伤害种仁，均匀排列于铺有滤纸的培养皿中培养，培养条件同1.2.1。

空白对照苍耳种子未进行任何处理，直接置于培养皿中，在培养皿底部铺上滤纸，将种子整齐排列后上层再铺上一层滤纸，用小型喷壶喷施蒸馏水，置于人工气候箱内培养，培养条件同1.2.1。

1.3 数据处理及统计分析

$$\text{发芽率}(\%)=\frac{\text{发芽种子数}}{\text{供试种子数}}\times 100$$

试验结果应用DPS数据处理系统处理，差异性分析采用邓肯氏新复极差法。

2 结果与分析

处理后3天，流水浸泡+挫伤种皮处理苍耳开始发芽，从表1可以看出，苍耳种子在经过处理后发芽率均有不同程度提高，其中以挫伤种皮+流水浸泡处理对种子发芽的解除最为显著，发芽率达到86.47%，其次为流水浸泡处理80.14%，挫伤种皮对解除种子休眠发芽率较低，仅为68.97%。

表1 不同处理对苍耳种子萌发影响

处理	发芽率 (%)	显著差异性
流水浸泡	80.14	bB
挫伤种皮	68.97	cC
流水浸泡+挫伤种皮	86.47	aA
对照	43.66	dE

由试验结果看出，苍耳种子在流水浸泡后种皮软化，经外力挫伤后发芽率明显提高，并发芽时间相对较早，在人工气候箱内3天即可发芽，6天发芽率达到86.47%。流水浸泡处理发芽率也有显著增加，为80.14，挫伤种皮方法对种子萌发的提高相对较低，仅为68.97%，表明苍耳种子萌发受种皮的机械束缚力的影响因子较大，苍耳种子质坚而硬，并在种皮内有薄膜质层包裹，种子无法进行呼吸，导致其不能萌发。在自然生长条件下，受土壤湿度影响，种皮逐渐湿润并腐化，种仁吸水膨胀，薄膜质层受到破坏，开始进行呼吸并进行复杂的生理生化反应，种子开始萌发，这也是在自然条件下苍耳种子休眠达到2～3年甚至更长时间的原因之一。

3 小结

苍耳种子的休眠主要与种皮坚硬及种皮内的薄膜质层有关，在种皮浸泡软化后挫伤种皮，休眠即可解除，发芽率可达到86.47%、充分浸泡后发芽率可达到80.14%，使用这两种方法避免了化学解除休眠中强酸、强碱及其他强氧化剂对种子内部组织及成分的破坏，适用于多种研究领域。

参考文献

[1] 张泽浦，广田伸七 [M]. 北京：中国农业出版社，2000.
[2] 杨小录，王瀚，何九军，等.有毒植物苍耳的研究进展[J]. 绵阳师范学院学报，2010，（5）：76-79.
[3] 王国夫，钟俊燕，胡春霞. 苍耳有效成分的提取及其杀虫活性的研究[J]. 北方园艺，2010，(3)：155-15.
[4] 杨彩宏，冯莉，岳茂峰等. 牛筋草种子萌发特性的研究[J]. 杂草科学，2009,（3）:21-24.
[5] 农业部农药检定所. 农药室内生物测定试验标准除草剂(第 1 部分)[M]. 北京: 中国农业出版社，2006.

湖北省油菜田杂草发生规律和防控技术研究

朱文达

（湖北省农业科学院植保土肥所， 武汉 430064）

摘要： 综述了湖北省油菜田杂草的发生规律和高效生态防除和化学防除技术。探讨了建立生态调控与化学除草相结合的农田杂草可持续治理技术体系的前景。

关键词： 油菜；杂草；发生规律；化学防除；生态防除

Research Progress on Control Technology and Occurrence Disciplinarian of Disastrous Weeds in Rape Field in Hubei Province

Zhu Wenda

(Institute of Plant Protection and Soil Science, Hubei Academy of Agricultural Sciences, Wuhan 430064, China)

Abstract:Research progress of occurrence disciplinarian and high-efficient chemical and ecological control technology of disastrous weeds in rape field in Hubei province were reviewed. And The prospects of developing the sustainable management technology system of weed controls by the means of ecological regulation and chemical control were also discussed.

Key words :rape; weed; occurrence disciplinarian; chemical control; ecological control

油菜是我国最重要的油料作物，同时也是重要的工业原料，常年种植面积在 700 万 hm^2 左右，年产油菜籽超过 1250 万 t。湖北省是我国油菜的主产区，常年种植面积在 100 万 hm^2 左右，年产油菜籽超过 200 万 t，均位居全国第 1 位[1]。杂草为害是影响油菜产量的主要因素之一，通常可以造成油菜减产 10%～20%，草害严重时减产达 50%以上，甚至颗粒无收[2]。

湖北省油菜田杂草有 135 种（含变种），隶属于 26 科、74 属[3]，其中优势杂草种类主要有看麦娘 *Alopecurus aequalis*、波斯婆婆纳 *Veronica persica*、棒头草 *Polypogon fugax*、牛繁缕 *Malachium aquaticum*、菵草 *Beckmannia syzigachne*、猪殃殃 *Galium aparine* var. *tenerum*、早熟禾 *Poa annua*、日本看麦娘 *Alopecurus japonicus* 等。由于农田生态条件、耕作栽培制度的不同，油菜田的杂草种类和群落组成差别较大。湖北省的油菜种植主要有稻油（水旱）轮作和旱旱连作两大类型[3]，水旱轮作油菜田杂草群落的重要建群种是喜湿性的杂草，如看麦娘、菵草、棒头草、牛繁缕等；旱旱连作田杂草群落以旱生性杂草为主，如波斯婆婆纳、野燕麦、棒头草、猪殃殃等。

目前油菜田杂草以化学防除为主，随着除草剂的大量、长期使用，会对环境产生日益严重的污染，并且破坏农田生物多样性、导致杂草产生抗药性[4~7]。在油菜生产中，迫切要求对杂草进行综合管理，提倡根据油菜田灾害性杂草的发生为害规律，合理利用植物检疫、农业防治、物理防治、生物防治及化学防治等措施，创造有利于天敌繁衍而不利于杂草发生、为害的生态环境，保持农田生物多样性和生态平衡，把杂草的为害控制在经济允许水平以下，实现环境无害化，油菜生产安全化和规范化。为了实现对油菜田杂草的可持续治理，须先掌握杂草在油菜田中的发生为害规律[8~10]，才能建立相应的杂草防除技术体系。因此，本文作者就湖北省油菜田主要灾害性杂草的发生规律和防控技术进行了综述，为油菜田杂草的科学防控提供技术支持和奠定理论基础。

1 油菜田灾害性杂草的发生规律

1.1 油菜田杂草的发生特点

一是轮作制度不同，形成两种差别明显的杂草群落。旱—油连作田，以旱生杂草猪殃殃、大巢菜、野燕麦构成优势群；稻—油连作田以喜湿性杂草看麦娘、牛繁缕、菵草等构成优势群[5]；二是油菜田杂草的发生受耕作制度变化而变化。据研究表明，浅耕移栽比免耕直播的油菜田杂草数量减少 2 成以上[5]。

1.2 油菜田杂草为害高峰时期

冬油菜田的杂草发生高峰主要在冬前，一般于 10 月初至 11 月 20 日，这对油菜苗期为害较大，常导致成苗株数少和形成瘦苗、弱苗、高脚苗，抽薹后分枝结角少，对油菜生长和产量影响较大[5]。

1.3 环境条件对杂草发生的影响

油菜移栽后雨水多，喜湿性杂草发生量加大，如看麦娘、碎米荠、菵草、牛繁缕等，而喜旱性杂草发生量下降，如野燕麦、婆婆纳等。冬季降水量少，喜湿性杂草发生量下降，且发生时间推迟，而喜旱性杂草发生增大。实行稻—油连作，油菜田的看麦娘、菵草、牛繁缕等发生加重。实行旱—油连作，油菜田大巢菜、野燕麦、婆婆纳、猪殃殃等发生加重。研究土壤肥力的影响表明土壤氮肥、磷肥充足有利于杂草的萌发和生长，钾肥对杂草发生影响较小。

2 湖北省油菜田杂草的防除技术措施

2.1 生态防控研究

在农田杂草的治理策略上，许多学者提倡进行综合管理，尽量使用对环境友好的生物、生态措施来治理杂草，以替代化学除草剂的使用[11~13]。稻草覆盖、移栽密度及田间开沟深度对移栽油菜田杂草的控草效果显著，为替代或减少化学除草的生态控草措施，为进一步推广无公害生态控草体系提供科学依据[14]。

2.1.1 稻草覆盖的控草效果

稻草覆盖对油菜田杂草具有较好的控制作用，总体控草效果可达 85%以上。随着盖草量的增加，覆盖物对杂草的控制效果逐渐提高，盖草量为 900g/m^2 时，防效达到最佳。油菜田覆盖稻草后，有效控制了杂草的发生为害，使得地表 10 cm 左右的光照强度提高了 64.16%～76.37%，从而提高了油菜植株间的光照条件，促进光合作用的进行。覆盖稻草不但可以控制杂草的为害，也可促进油菜增产[14]。

2.1.2 不同种植密度对杂草的控制作用

作物种植密度的增加，可以较早形成作物覆盖层，提高田间郁闭度，从而改变田间光照条件，影响某些喜光性杂草的发生为害，并且可以在一定程度上提高作物的整体竞争能力，加剧作物与杂草间的竞争。随着油菜种植密度的增加，其控草效果逐步提高。朱文达等[14]研究不同油菜种植密度对看麦娘、牛繁缕、菵草的综合控草效果来看，种植密度为 20.0cm×33.3cm 时，综合控草效果达 36.18%，密度为 23.3cm×23.3cm 时，综合控草效果达 49.75%以上，当密度增加到 16.7cm×26.7cm 时，综合控草效果达 66.44%。同一种植密度对油菜田 3 种主要杂草的控草效果间存在差异，种植株行距为 20.0cm×33.3cm 时，对看麦娘效果较好，牛繁缕、菵草次之；株行距为 23.3cm×23.3cm 或 16.7cm×26.7cm 时，对牛繁缕、看麦娘效果相对较好。

2.1.3 开沟深度对杂草的控制作用

在稻油轮作的种植制度下，田间土壤湿度较大，并且长江中下游地区冬季常常有一定降水，在排水不畅的情况下田间容易形成水湿环境，这样的条件特别有利于喜湿性杂草牛繁缕、看麦娘及菵草等的萌发生长。开掘沟渠的深度不同，会影响田间排水和土壤的水分状况，从而间接影响杂草的发生为害[14,15]。深沟条件下田间杂草牛繁缕、看麦娘及菵草的发生数量较浅沟显著降低，开深沟对上述 3 种主要油菜田杂草的综合控草效果达到 80%以上。

2.2 化学防除

虽然来自各方面的压力使得人们越来越趋向于减少除草剂的使用，以防止杂草抗药性的产生和减轻除草剂对生态环境造成的不利影响，但除草剂仍是目前防除杂草的最有效手段。因此筛选具有安全、高效、低用量、经济的、有应用前景的新除草剂品种（包括新剂型）迫在眉睫，通过多年的田间试验，共筛选出适合湖北省油菜田间杂草防除的化学除草剂新品种及新剂型 26 个（表 1）[16,17]。

表 1 适用油菜田化学防除的除草剂品种

品种 Variety	用量 Dosage	用法 Usage	防效 Control effects
90%圣农施 EC	750～1000ml/hm^2	土壤处理：于油菜播后苗前或移栽前土壤处理	94.44%～98.72%
500 g/L 吡草胺 SC	450～750ml/hm^2		96.31%～99.61%
52%油草清 SC	3000～6000ml/hm^2		87.04%～96.1%
72%异丙草胺 EC	1500～3000ml/hm^2		91.51%～96.26%
50%高渗异丙隆 WP	1500～1875 g/hm^2		99.32%～100%
36%恶草酮·乙草胺 EC	1875～3000ml/hm^2		92.34%～100%
5%精喹禾灵 EC	750～900ml/hm^2	禾本科茎叶处理剂：于禾本科杂草出齐后 1～4 叶期茎叶喷雾处理	87.06%～96.94%
10.8%高效氟吡甲禾灵 EC	300～450ml/hm^2		90.90%～100%
6.9%威霸浓乳剂	600～750ml/hm^2		91.84%～99.75%
12%烯草酮 EC	150～300ml/hm^2		92.56%～99.40%
15%顶尖 WP	300～400 g/hm^2		93.51%～100%
10.8%高效盖草能 EC	450ml/hm^2		93.88%～99.13%
15%精稳杀得 EC	450～750ml/hm^2		90.37%～98.96%
50%草除灵 SC	450～750ml/hm^2	阔叶杂草茎叶处理剂：出齐后 1～4 叶期茎叶喷雾处理	91.67%～99.08%
75%龙拳水溶液	100～200ml/hm^2		91.61%～100%
17.5%草除·精喹 EC	1500～2100ml/hm^2	单双子叶杂草茎叶处理剂：于杂草出齐后 1～4 叶期茎叶喷雾处理	96.23%～100%
41%二氯·草·胺 WP	450～1500 g/hm^2		89.0%～99.76%
14.5%精氟·胺苯·草除灵 WP	750～900 g/hm^2		86.53%～92.24%
12%烯草酮·草除 EC	2250～3750ml/hm^2		94.49%～99.49%
75% 乙 · 异恶松 EC	600～900 ml/hm^2		95.28%～99.46%
17.5%快刀 EC	1350～1650ml/hm^2		90.74%～97.41%
14%双锄 EC	1350～2250ml/hm^2		91.85%～100%
14.5%丰山阔禾净 EC	1350～2250ml/hm^2		92.17%～100%
20%百草枯水剂	2250～3000ml/hm^2	免耕处理：播后苗前（或移栽前）杂草 1.5 叶至分蘖期用药	93.85%～98.93%
41%农达水剂	1200～1500ml/hm^2		90.53%～99.66%
15%克利多水剂	2000～5000ml/hm^2		95.53%～98.49%

冬前杂草占油菜整个生育期杂草总量的 70%～80%，对油菜的生长和产量影响极大，是杂草防除的关键时期。此时，可根据油菜田杂草种群和特点，选用相应的除草剂，在恰当的时间进行防除。综合油菜田除草技术，可分为播后苗前或移栽前土壤处理、苗后茎叶处理和免耕油菜田处理 3 种情况[5]。

2.2.1 播后苗前或移栽前土壤处理

直播田在油菜播种盖土后发芽前喷施，而翻耕移栽田，在移栽前 3 天喷施。主要除草剂有 90%圣农施 EC、500 g/L 吡草胺悬浮剂、52%油草清 SC、72%异丙草胺 EC、50%高渗异丙隆 WP、36%恶草酮·乙草胺乳油。对牛繁缕、看麦娘、茵草和水苦荬等有显著防效[18~20]。

2.2.2 苗后茎叶处理

在杂草 1～4 叶期施药。用 5%精喹禾灵乳油 750～900ml/hm^{2}或 10.8%高效盖草能乳油 450ml/hm^2 或 15%精稳杀得乳油 450～750ml/hm^2 或 10.8%高效氟吡甲禾灵 300～450ml/hm^{2}或 24%烯草酮 150～300ml/hm^{2}或 15%顶尖 300～400ml/hm^{2}或 6.9%威霸 600～750ml/hm^2，均匀喷雾，对油菜田看麦娘和茵草等禾本科杂草的防效可达 90%以上[21]。而 15%顶尖和 6.9%威霸对野燕麦效果更好。用 50%草除灵悬浮剂 450～750ml/hm^2，对牛繁缕、繁缕、雀舌草、碎米荠等阔叶杂草的防效显著[22]。用 75%龙拳[27]水溶液 100～200ml/hm^2，对菊科的稻槎菜、阔叶杂草大巢菜的防效分别为 95.59%～100%、91.61%～95.87%。用草除·精喹禾灵、快刀、双锄、丰山阔禾净等[23~25]，对油菜田禾本科杂草和阔叶杂草的综合防效达到 90%以上。

2.2.3 免耕油菜田除草剂使用技术

应在播后苗前（或移栽前）、禾本科杂草 1.5～3.5 叶、阔叶杂草 2.5 叶至分蘖期用药。用灭生性的 20%百草枯水剂 2250～3000ml/hm^2，对油菜田禾本科杂草和阔叶杂草的综合密度防效达到 93.85%～98.93%，但对通泉草效果较差[26]。用 15%克利多 2000～5000ml/hm^2，对油菜田禾本科杂草和阔叶杂草的综合密度防效达到 95.53%～98.49%。

2.2.4 “一封一杀”除草法

前茬收获后油菜移栽前，用化学除草剂杀灭已出土的杂草或残茬。油菜移栽前喷施前面列出的播后苗前或移栽前的土壤处理剂进行土壤封闭，以防除未出土杂草；也可以将“杀封”同时进行，即在油菜移栽前，选用

上述除草剂，按规定剂量直接混用，现配现用。“一杀一封”或“杀封”后 3～5 天，移栽油菜。

3 展望

化学防除大大减轻了劳动强度，提高了劳动效率，但是化学防除又不可避免地带来以下问题：

（1）恶性杂草呈上升趋势。多年来，由于选用除草剂品种单一，如茎叶处理剂选用高效盖草能、精喹禾灵、草除灵等，土壤处理剂选用乙草胺等，致使恶 性杂草增多，稻槎菜、早熟禾等成为优势杂草。

（2）部分杂草对常用除草剂的敏感性下降。看麦娘对精喹禾灵、高效盖草能的耐药性明显增强，若要达到理想的防除效果，则使用剂量要比推荐剂量提高 30%～50%；部分阔叶杂草对乙草胺的敏感性也呈下降的趋势。

（3）药害现象时有发生。导致药害的主要原因：①由于一些主要杂草对常用除草剂的敏感性下降，常规推荐剂量已很难奏效，所以农户常自行加大剂量和重复施药，从而引起油菜药害；②农户乱用药，如小苗田、弱苗田按照正常油菜田用药，白菜型油菜施用草除灵等，常造成药害；③除草剂本身质量问题；④除草剂引起的积累性药害有加重趋势。

生态控草通过采取各种农业生态措施来控制杂草的发生，创造不利于杂草生长而有利于作物生长的环境。农作控草措施，对农用化学品的依赖性不强，不会对环境造成污染，是杂草可持续管理体系中替代化学除草的主要措施。并且，这些措施的选择压力较化学除草低，作用点多而分散，不会诱导杂草抗药性的产生，它们一般通过提供多样化的选择压力来限制杂草的发生为害。但是生态防除需要相对大量的劳动力，增加了农民的劳动强度。

为了达到除草剂减量、作物增产和保护生态环境的目的，根据油菜田间杂草的发

生、生长、分布及对作物产量的损失程度，建立以秸秆覆盖、适当密植、深沟窄厢等措施为主，科学施肥、合理轮作、加强田间管理等措施为辅的油菜田生态控草体系，才能发展与环境相容的油菜田综合控草措施，实现对杂草的可持续治理。

参考文献

[1] 中国农业年鉴编辑委员会. 中国农业年鉴[M]. 北京: 中国农业出版社，2006.

[2] 李扬汉. 中国杂草志[M]. 北京: 中国农业出版社，1998.

[3] 朱文达，魏守辉，张朝贤. 湖北省油菜田杂草种类组成及群落特征[J]. 中国油料作物学报，2008，30(1): 100-105.

[4] 张朝贤，胡祥恩，钱益新. 国外除草剂应用趋势及我国杂草科学研究现状和发展方向[J]. 植物保护学报，1997，24(3): 278-282.

[5] 朱文达，魏守辉，刘学，等. 油菜田杂草发生规律及化学防除技术[J]. 湖北农业科学，2007，46(6): 936-938.

[6] 张朝贤，钱益新，胡祥恩. 农田化学除草与可持续发展农业[J]. 农药，1998，37(4): 8-12.

[7] 吴春华，陈欣. 农药对农区生物多样性的影响[J]. 应用生态学报，2004，15(2): 341-344.

[8] 杜相革，李克江. 我国绿色食品生产发展的理论与实践[J]. 中国农学通报，2000，16(2): 43-44，47.

[9] Zimdahl R L. Weed science in sustainable agriculture. American Journal of Alternative Agriculture [J], 1995, 10(3): 138-142.

[10] Grundy A C. Predicting weed emergence: a review of approaches and future challenges [J]. Weed Research, 2003, 43(1): 1-11.

[11] 何锦豪，孙裕建. 稻茬油菜田阔叶杂草的发生及其防除[J]. 浙江农业科学，1997，38 (2): 87-89.

[12] 强胜. 杂草学. 北京: 中国农业出版社，2001.

[13] 尤民生，刘雨芳，侯有明. 农田生物多样性与害虫综合治理[J]. 生态学报，2004，24(1): 117-122.

[14] 朱文达，张朝贤，魏守辉. 农作措施对油菜田杂草的生态控制作用[J]. 华中农业大学学报，2005，24(2): 125-128.

[15] 朱文达，何燕红，张佳，等. 炔草酯的控草效果和对油菜田间光照、养分、水分及产量的影响[J]. 中国油料作物学报，2008，30(4): 476-482.

[16]张宏军，刘学，张佳，等. 我国油菜田除草剂登记和使用情况[J]. 科技创新导报，2008，(15): 252-253.

[17] 张宏军，张佳，刘学，等. 我国油菜田农药的登记及应用概况[J]. 湖北农业科学，2008，47(7): 846-851.

[18] 朱文达，何燕红，杨俊，等. 杂草防除对油菜田间透光率、养分和水分的影响[J]. 植物保护学报，2008，35(6): 557-562.

[19] 刘学，张佳，孙亚林，等. 吡草胺悬浮剂和乙草胺水乳剂防除油菜田杂草试验[J]. 湖北农业科学，2008，47(3): 422-423.

[20] 刘学，吴新平，朱文达，等. 湖北移栽油菜田牛繁缕的发生规律及防除策略[J].植物保护学报，2006，33(1): 104-108.

[21] 朱文达. 茎叶处理剂防除油菜田禾本科杂草的效果[J]. 湖北农业科学，2004，(4): 72-73.

[22] 张宏军，朱文达，喻大昭，等.烯草酮·草除灵防除油菜田杂草的效果[J]. 湖北农业科学，2008，47(4) : 424-426.

[23] 朱文达，郭嗣斌. 17.5%草除·精喹和灵乳油对油菜田杂草的控制作用[J]. 华中农业大学学报，2007，26(1): 52-54.

[24] 何燕红，喻大昭，朱文达，等. 精氟·胺苯·草除灵 WP 防除油菜田杂草试验[J]. 湖北农业科学，2008，47(3): 300-302.

[25] 龚伏廷，涂爱萍，张海军，等. 75%乙·异恶松 EC 防除油菜田杂草试验[J]. 湖北农业科学，2005，44(2): 54-56.

[26] 朱文达，魏守辉，张朝贤. 百草枯的控草效果及对光照和油菜产量的影响[J].中国油料作物学报，2005，27(4): 76-79.

华中水稻生产与杂草防控

余柳青[1*] 刘都才[2] 陆永良[1] 张建萍[1] 周勇军[1] 玄松南[1]

（1. 中国水稻研究所，杭州 310006；2. 湖南省植物保护研究所，长沙 410125）

摘要： 湖北省水稻种植面积 210.7 万 hm^2，以移栽为主，抛秧 7 万 hm^2，水（湿润）直播 13.3 万 hm^2。湖南省水稻种植面积 366.7 万 hm^2，产量早稻 375～425kg/667m^2、晚稻 600kg/667m^2、中稻 600～700kg/667m^2。江西省水稻种植面积 333.3 万 hm^2，以移栽为主，早稻抛秧 120 万 hm^2，早稻直播 20 万 hm^2，产量早稻 360～365kg/667m^2、二季晚稻 375kg/667m^2、单季晚稻 440kg/667m^2。杂草种群发生了变化，直播和抛秧田的杂草发生量增加，干旱和粗放的栽培方式使田埂上的杂草向田里蔓延，如双穗雀稗、空心莲子草、假稻、李氏禾、千金子等，多年生杂草发生情况日趋严重。稗草对二氯喹啉酸的抗药性显现。

关键词： 湖北；湖南；江西；水稻；杂草；防控技术

Rice production and Weed Control in Central China

Yu Liuqing[1*], Liu Ducai[2], Lu Yongliang[1], Zhang Jianping[1], Zhou Yongjun[1], Xuan Songnan[1]

(1. *China National Rice Research Institute, Hangzhou 310006, China;*

2. *Hunan Research Institute of Plant Protection, Changsha 410125, China*)

Abstract: The area of rice planting in Hubei Province is 2107 thousand hm^2, with the major cultivation form of transplanting, rice seedling throwing form of 70 thousand hm^2, and water (moisture) direct seeding of 133 thousand hm^2. The area of rice planting in Hunan Province is 3667 thousand hm^2, with the grain yield of 375～425kg/667m^2 for the early season rice, 600kg/667m^2 for the later season rice, and 600～700kg/667m^2 for the middle-single season rice. The area of rice planting in Jiangxi Province is 3333 thousand hm^2, with the major cultivation form of transplanting, the area of rice seedling throwing of 1200 thousand hm^2 and direct seeding of 200 thousand hm^2 for the early season rice, with the grain yield of 360～365kg/667m^2 for the early season rice, 375kg/667m^2 for the later season rice, and 440kg/667m^2 for the middle-single season rice. The population of weeds had changed in this region. The umber of weeds increased in rice seedling throwing and direct seeding field. There are more and more weed species turned from rand into paddy because of drought and rough cultivation form, just like *Paspalum paspaeoides, Alternanthera philoxeroides* (Mart.) Griseb, *Leersia hexandra* Swartz var. *japonica* (Makino) Keng f., *Leersia oryzoides (L.)* Swartz var. *japonica* Hack and *Leptochloa chinensis* (L.) Nees. The interference of perennial weeds is seriously day by day. The resistance of barnyardgrass on quinclorac is appeared in this region.

Key words: Weed control; rice; Hubei; human and Jiangxi Provinces of Central China

2009 年 3 月 22～24 日我们访问了湖北省农业厅植保总站张凯雄和康家树先生、湖北省农业科学院植保土肥所张舒先生，2009 年 3 月 25 日访问了湖南省植物保护研究所刘都才研究员，2009 年 3 月 26～27 日访问了江西省农业科学院植物保护研究所李湘民博士、黄悦荣、马辉刚和杨春如先生，2009 年 7 月 4～5 日访问了江西恒湖垦殖场童金炳和王修慧先生，开展了对湖北、湖南和江西水稻生产及其杂草防控技术发展情况的调研。

1 湖北省水稻生产与杂草防控

1.1 水稻生产现状

湖北省水稻种植面积 3160 万亩，早稻面积 560 万亩，一季中稻面积 1900 万亩，晚稻面积 1700 万亩，再生稻在蕲春有 1 万～2 万亩。江汉平原以双季稻为主。水稻栽培方式以移栽为主，抛秧面积 100 多万亩，水（湿润）直播面积 200 万亩，旱直播面积几千亩。育秧方式主要为水（湿润）育秧和盘育秧，少量旱育秧。

1.2 稻田杂草种群

主要杂草，移栽田和抛秧田主要有稗草、异型莎草、鸭舌草，野慈姑、空心莲子草、眼子菜、野荸荠、浮萍等；直播田主要有稗草，千金子，双穗雀稗，李氏禾（或假稻）、矮慈姑、空心莲子草、野荸荠、萤蔺、泽泻、野慈姑、丁香蓼、四叶萍、水苋等，局部发现有杂草稻。各县均发现稗草对二氯喹啉酸已经产生抗药性。

1.3 除草剂使用情况

在 20 世纪 80 年代以前推广使用除草醚，之后推广禾大壮，1984 年农得时，之后有扫茀特。在秧田使用禾大壮、扫茀特、杀草丹；在移栽田，使用丁草胺，90 年代开始推广二氯喹啉酸和乙草胺·苄嘧磺隆；并普遍使用草甘膦防除田埂上的杂草。目前，秧田常用丙草胺（含安全剂）、二氯喹啉酸、千金，旱育秧田常用丁草胺·噁草灵；移栽田常用乙草胺·苄嘧磺隆；抛秧田常用丁草胺·苄嘧磺隆、苯噻酰草胺·苄嘧磺隆；直播田在水稻出苗前使用丙草胺·苄嘧磺隆（由于丙草胺含量偏低，对稗草和千金子防效低）；在水稻 2.5～3 叶期使用二氯喹啉酸防除稗草，用千金（氰氟草酯）防除千金子，用稻杰（五氟磺草胺）防除抗二氯喹啉酸的稗草和其他杂草；在水稻 4～5 叶期，在籼稻种植区可使用农美利（双草醚）。针对野荸荠可用快灭灵+吡嘧磺隆。

1.4 机械使用

收割整地普遍使用拖拉机实现了机械化。但移栽还难实现机械化，机插造成“僵苗”，须人工补苗。

2 湖南省水稻生产与杂草防控

2.1 水稻栽培

湖南省水稻种植面积 5300 万～5500 万亩。早稻面积不稳定，2008 年早稻面积只有往年的 50%，2009 年政府采取一些稳定双季稻种植的政策，但效果不明显。主要原因是受种植水稻效益偏低的制约。水稻产量早稻 375～425kg/667m^2，晚稻 600kg/667m^2，中稻 600～700kg/667m^2。稻谷除了用作人类的食物，还大量用作猪饲料和工业酿酒。

水稻品种：以杂交水稻为主，杂交稻总产量达到 4000 万～5000 万 kg。其中早稻 80%为常规稻品种，晚稻 80%、中稻 100%为杂交稻品种。超级稻（高产杂交稻）800 万亩，亩产量 900kg。但在洞庭湖商品粮地区，杂交水稻面积急剧下降，而优质米品种种植面积迅速增加。优质米的市场价格 120 元/50kg 稻谷（保底），高一些的为 140 元/50kg 稻谷。

栽培方式：抛秧全省 1000 万亩，在湘北、长沙，早稻 70%、中晚 30%采用抛秧，有的双季采用抛秧。发展较快的是直播水稻，植保与土肥技术部门联合推广直播稻技术，连续 10 多年在安乡等 4 个县推广，面积 100 万亩左右。近 5 年，直播稻种植面积直线上升，已经达到 800 万亩。预计直播稻种植面积将发展到 1/3，即 1500 万亩。免耕种植面积 400 万亩，晚稻直接插秧或抛秧。

耕作制度。稻—油 500 万亩，以前那种稻—稻—油基本上没有了。

机械化：翻地 70%、收割 80%采用机械，价格收割 80 元/亩（早晚稻）、翻地 150 元/667m^2（早晚稻）。购买机械可享受到政府补贴。机插技术还不过关，目前观望江、浙机插技术如何发展。

2.2 病虫草害及其防治

全省每年使用 12 亿元的农药，其中 70%用于水稻，10%用于棉花，20%用于柑橘。农药成本早稻 30 元/667m^2，中稻 30～40 元/667m^2，晚稻 50～70 元/667m^2，全年 100～120 元/667m^2，低于肥料（200 元/667m^2）。农药使用比例，杀虫剂 70%，除草剂 10%，杀菌剂 20%。

水稻主要害虫有二化螟、稻纵卷叶螟，稻飞虱。水稻主要病害有纹枯病、稻瘟病，稻曲病。每年使用锐劲特 470t，用于控制螟虫。每年使用爱苗销售额 1 亿元以上，用于防治纹枯病和稻瘟病。稻曲病在杂交稻上发生严重，掌握用药时间第一重要，在破口期用药最佳。

杂草种群变化较大。直播和抛秧使杂草发生量增加，干旱环境和粗放的栽培方式使田埂上的杂草向田里蔓延，如千金子。不同的栽培田里都有双穗雀稗、丁香蓼、空心莲子草、李氏禾等。多年生杂草发生日趋严重，如水莎草、扁秆藨草、萤蔺、野慈姑、矮慈姑等。水田的稗草种类可能发生变化，出现一种茎秆和穗呈红颜色，从苗到成熟均呈红色的稗草。

杂草稻问题。在杂交稻秧田里出现了“三层楼”现象，由于播种后早期田里保持无水层，有利于杂草稻萌发和出苗，杂草稻植株有的比栽培稻高，有的比栽培稻低。杂草稻密度最高达到 65 株/m^2。在直播田杂草稻的发生还不是很严重，因为湖南以早稻直播为主。除草剂使用情况，移栽田乙草胺复配剂，在湖南杂草对该除草剂的抗性问题并不是很不突出。

2.3 除草剂与杂草防控技术

目前最普遍使用的是乙草胺·苄嘧磺隆，价格 1～1.5 元/（包·亩），每年有 3000 万亩用该药，来自浙江和江苏的生产厂家。移栽田常用该药。

抛秧田常用丁草胺·苄嘧磺隆，占 60%，还用丁草胺·吡嘧磺隆，丁草胺·乙草胺·苄嘧磺隆，苯噻酰草胺·苄嘧磺隆，苯噻酰草胺·乙草胺·苄嘧磺隆。抛秧田需第二次除草防治千金子，如使用千金（氰氟草酯）。

直播田草相较复杂，有千金子、稗草、多年生杂草。一次性用药，曾使用禾大壮、扫茀特（丙草胺+安全剂）、杀草丹、丁草胺，后来 70%的直播稻面积使用二氯喹啉酸。但遇低温为害时二氯喹啉酸导致水稻出现葱管状药害。现在稗草对二氯喹啉酸的抗药性严重，所以湖南目前已经不推荐使用二氯喹啉酸。使用杀草丹和丁草胺在稻田水层过深时水稻苗会出现药害。二次用药，第一次苗前处理，第二次茎叶处理。丙草胺（含安全剂）·苄嘧磺隆、扫茀特（丙草胺+安全剂）作为苗前处理，稻杰（五氟磺草胺）、千金（氰氟草酯）作茎叶处理。稻杰（五氟磺草胺）可有效地防除禾本科杂草，且用药时间很长。

3 江西省水稻生产与杂草防控

3.1 水稻生产情况

江西省水稻种植面积 4500 万～5000 万亩，其中早稻 2100 万亩，中稻 600 万亩，二季晚稻 2200 万～2500 万亩。在全国水稻种植面积排名第二，总产排名第三。栽培方式，以移栽为主，晚稻大多为移栽；早稻抛秧 1500 万～1800 万亩，晚稻抛秧少，主要原因是育秧期难以确定；早稻直播 200 万～300 万亩。早、晚稻均为籼稻，杂交籼稻面积占 85%。江西无粳稻，因为寒露风危害，不宜种植粳稻。旱育秧在 20 世纪 90 年代达到高峰，生长季节性强，由于劳动力外流，现在旱育秧很少了。有少部分免耕抛秧，大约几万亩。水稻产量，早稻 360～365kg/667m^2，二季晚稻 375kg/667m^2，单季晚稻 440kg/667m^2。闽中低产田多，而鄱阳湖环区和平乡的水稻产量高。

3.2 杂草及其防控技术

1997 年全省调查杂草 578 种，88 科 310 属。其中旱作物田杂草 313 种，占 54.1%，稻田 120 种，占 20.7%，湿、旱地兼有的杂草 145 种，占 25.2%。水田杂草主要有稗草、千金子、日照飘拂草、矮慈姑、鸭舌草、假稻、陌上菜、节节菜、异型莎草、碎米莎草、丁香蓼等。

化学除草剂的推广，在移栽田主要使用丁草胺、二氯喹啉酸、杀草丹、禾大壮、2 甲 4 氯、乙草胺•苄嘧磺隆等，在抛秧田主要使用丁草胺、二氯喹啉酸、丁草胺•苄嘧磺隆、苯噻酰草胺•苄嘧磺隆等，在直播田主要使用优克稗•苄嘧磺隆、丙草胺（含安全剂）•苄嘧磺隆、二氯喹啉酸、千金（氰氟草酯）、稻杰（五氟磺草胺）等。

3.3 江西恒湖垦殖场的水稻生产与杂草防控

江西恒湖垦殖场位于南昌北郊，在赣江的尾端、鄱阳湖边上，属于冲击壤土，有机质含量高，生产的稻米口感好。该地区平均气温 17.6℃，年降水量 1700mm，无霜期 279 天。常年种植水稻面积 6 万亩，其中早稻 3 万多亩，单季晚稻 2 万多亩。水稻单产，早稻 400～425kg/667m^2，晚稻 450～500 kg/667m^2。江西省共有此类规模的垦殖场 13 个。种植的主要品种，早稻嘉优 98，二季晚稻岳优 9113，单季晚稻外引 7 号。栽培方式，早稻直播，晚稻机插。机械收割实现 100%，机械插秧 3 年内可达到 80%。

杂草防控技术。在直播田，目前主要使用稻杰（五氟磺草胺）防治抗二氯喹啉酸的稗草、及多种杂草，在水稻 2～4 叶期均可使用。若稻田莎草科杂草较多，则须结合使用苄嘧磺隆或吡嘧磺隆。局部有千金子，可使用千金（氰氟草酯）定向喷雾。零星有杂草稻，可人工拔除。由于土地不平整，在高处无水层，导致千金子出苗为害。农民自己留种子，由于种子纯度不够，可导致杂草稻出现频率增加。而统一供种，可减少杂草稻发生和为害。

4 存在的问题和对策

4.1 存在的问题

在湖北存在的问题有：（1）抗药性杂草问题日趋突出，二氯喹啉酸使用有效量25g/667m^2（二倍常用量）不能够有效防除该抗性杂草；千金子和空心莲子草已成为稻田恶性杂草；（2）由于草甘膦用量大，在局部地区如恩施水稻秧苗出现草甘膦残留药害；由于棉花根系被草甘膦残留损伤导致棉花枯萎病严重。

在湖南存在的问题有：（1）干旱威胁，每年都有些地方因干旱种不下水稻，主要是塘、库保水性差，水塘大多数被破坏了，导致抵御自然灾害的能力下降；（2）灌溉沟渠被杂草阻塞，在洞庭湖地区共有 2000km 长的沟渠，杂草发生量达到 4200t/667m^2，主要是空心莲子草、双穗雀稗和水葫芦等。

在江西存在的问题有：（1）杂草研究工作较为薄弱，目前对是否存在杂草抗药性、杂草稻、除草剂残留药害等信息掌握很少；（2）中部地区的水稻低产田还有待改造。

4.2 建议

针对稗草对二氯喹啉酸的抗药性问题，应采用多种耕作制度替换、多品种除草剂轮换使用的策略，有效控制抗药性稗草和其他抗药性杂草等。

针对除草剂残留对作物的药害问题，建议开展农田除草剂残留监测、除草剂残留对作物的药害、预防除草剂残留药害的有效措施等方面的研究，最有效的方法是减少在休闲田和田埂上使用草甘膦，改用机械整地和机械割草的方式防除杂草，大量杂草植株还田培肥了土壤、避免了除草剂残留药害、提高了作物产量。

非常重视农田和农村生态环境，开展小型河流、水库、水塘对作物生产的效应研究，保护和维修建设好这些水系，提高农村抵御自然灾害的能力。

改造低产田，引进适合江西中部地区种植的高产多抗水稻品种、采用冬季种植绿肥和秸秆还田等培肥土壤的措施、采用高效益的耕作制度等，大幅提高单产。

基于ITS序列的曼陀罗属植物分类学研究

魏莎莎[1]　易建平[2]　傅怡宁[2]　印丽萍[2*]

（1.上海大学生命科学学院，上海 200444；

2.上海出入境检验检疫局，上海 200135）

摘要：根据曼陀罗属核糖体基因转录间隔区（ITS）序列设计通用引物，得到 33 个不同来源的曼陀罗属植物的 ITS 序列，并以小天仙子（*Hyoscyamus bohemicus*）为外类群，应用遗传距离与系统树分析法对曼陀罗属植物之间的分类进行了初步探讨。结果表明：*Datura ferox*、*D. quercifolia* 和 *D. stramonium* 之间的亲缘关系很近；*D. ceratocaula* 在 ITS 序列上与 *D. stramonium* 没有差异；传统分类法中曼陀罗属的 *Dutra* 亚属内除 *D. leichhardtii* 和 *D. discolor* 在 ITS 序列表现为比较独立的两个种外，其他各种间的亲缘关系也较近。

关键词：曼陀罗属；ITS 序列；亲缘关系

Taxonomic Study of *Datura*: Inferences from ITS Sequences of Nuclear Ribosomal DNA

Abstract: rDNA ITS (Internal Transcribed Spacer) sequences of 33 different resource species from *Datura* were amplified with primers deriving from ITS of *Datura* genus. In order to evaluate the relationships among species in *Datura,* ITS sequences were used to analyze their sequence divergence and the phylogenetic tree was constructed in this paper. As the results of this study: the relationship between *D. ferox, D. quercifolia* and *D. stramonium* was very close; in our study, *D. ceratocaula* and *D. stramonium* shared the same ITS sequence; relationships between species of the section *Dutra* were relatively close; the exception of *D. leichhardtii* and *D.discolor* were comparatively isolated on the phylogenetic tree and with larger genetic distance with both section *Stramonium* and section *Dutra*.

Key words: *Datura* genus; ITS region sequences; genetic relationship

曼陀罗属（*Datura* L.）包括 12～15 个一年生植物种和数个带有争议的多年生木本植物种，自然分布于中南美洲、亚洲和北非等地区。Haegi[1]认为曼陀罗属共包括 10 个种，而 Jiao 等[2]认为曼陀罗属共有 14 个种。传统的分类学将曼陀罗属分成了 3 个亚属，*Datura* 亚属、*Ceratocaulis* 亚属和 *Dutra* 亚属。

基于传统的分类学方法，利用各种新型的分析手段，国内外对曼陀罗属分类的研究一直都在进行中。1935 年，Buchheolz[3]等对曼陀罗属的 10 个种进行了花粉管培养实验，通过不同种间授粉的花粉管发育情况，对曼陀罗属进行了分类；1976 年，Haegi[1]对澳大利亚的曼陀罗及木曼陀罗属在形态上进行了分类概述；1999 年，Mace[4]等用 AFLP 对曼陀罗属的遗传关系进行了分析；2000 年，Luna-Cavazos[5]对墨西哥的曼陀罗属植物进行了数量分类学的研究；2002 年，Jiao 等[2]在同工酶的层次上对于墨西哥的曼陀罗属进行了分类研究；2009 年，Luna-Cavazos [6]又对 *D.metel* 进行了分子生物学层次上的溯源。曼陀罗属的分类在不断地调整中，其中尚存在很大争议。

目前，还未发现有基于 ITS 序列对曼陀罗属各个种进行分类的相关报道。核基因组的 ITS 区具有长度的高度保守性，使得这些间隔区的 DNA 序列较为容易排序，而相对于其他常用的片段（如 matK、rbcL 等）具有的高度变异性，又使得该序列较适合于属内及属间的分类研究[7,8]。因此，本文拟对 33 个具有代表性的曼陀罗属植物的 ITS 区进行测序，并以小天仙子（*Hyoscyamus bohemicus*）为外类群，基于 ITS 序列探讨曼陀罗属植物间的分类关系。

1 材料和方法

1.1 材料

进行实验分析的 33 个曼陀罗属的 17 个种的种子样品均由上海出入境检验检疫局食品中心粮谷杂草实验室提供，它们来源于不同的国家和地区，地理型丰富，具有代表性，详见表 1。

表 1 曼陀罗属的 17 个种的种子样品来源分析

编号	拉丁名	中文名	来源	Genbank 登录号
Dber1	*D.bernhardii*	柏哈地曼陀罗（拟）	中国北京植物园	HQ658574
Dcer1	*D.ceratocaula*	湿地曼陀罗（拟）	德国	HQ658575
Dcer2	*D.ceratocaula*	湿地曼陀罗（拟）	匈牙利	HQ658576
Ddis1	*D.discolor*	异色曼陀罗（拟）	德国	HQ658577
Dfas1	*D.fastuosa*	重瓣曼陀罗	印尼	HQ658578
Dfer1	*D.ferox*	多刺曼陀罗	法国	HQ658579
Dfer2	*D.ferox*	多刺曼陀罗	阿根廷	HQ658580
Dfer3	*D.ferox*	多刺曼陀罗	西班牙	HQ658581
Dfer4	*D.ferox*	多刺曼陀罗	德国	HQ658582
Dfer5	*D.ferox*	多刺曼陀罗	阿根廷	HQ658583
Dfer6	*D.ferox*	多刺曼陀罗	阿根廷	HQ658584
Dine1	*D.inermis*	无刺曼陀罗	北京植物园	HQ658585
Dine2	*D.inermis*	无刺曼陀罗	中国沈阳	HQ658586
Dinn1	*D.innoxia*	毛曼陀罗	中国沈阳	HQ658587
Dinn2	*D.innoxia*	毛曼陀罗	英国	HQ658588
Dinn3	*D.innoxia*	毛曼陀罗	德国	HQ658589
Dinn4	*D.innoxia*	毛曼陀罗	德国	HQ658590
Dinn5	*D.innoxia*	毛曼陀罗	南农	HQ658591
Dlae1	*D.laevis*	光滑曼陀罗（拟）	德国	HQ658592
Dlei1	*D.leichhardtii*	光曼陀罗（拟）	不详	HQ658593
Dmet1	*D.metel*	洋金花	捷克	HQ658594
Dmet2	*D.metel*	洋金花	中国山西	HQ658595
Dmet3	*D.metel*	洋金花	原南斯拉夫	HQ658596
Dmlo1	*D.meteloides*	神圣曼陀罗（拟）	德国	HQ658597
Dque1	*D.quercifolia*	栎叶曼陀罗（拟）	法国	HQ658598
Dros1	*D.Rosei*	罗氏曼陀罗（拟）	意大利	HQ658599
Dstr1	*D.stramonium*	曼陀罗	中国北京植物园	HQ658600
Dstr2	*D.stramonium*	曼陀罗	英国	HQ658601
Dstr3	*D.stramonium*	曼陀罗	德国	HQ658602
str4	*D.stramonium*	曼陀罗	波兰	HQ658603
Dsin1	*D.stramonium* var.*inermis*	无刺曼陀罗	德国	HQ658604
Dsta1	*D.stramoinum* var.*tatula*	紫花曼陀罗	波兰	HQ658605
Dtat1	*D.tatula*	紫花曼陀罗	法国	HQ658606

1.2 实验方法

1.2.1 曼陀罗属种子材料基因组 DNA 的提取

参考天根生物公司植物基因组 DNA 提取试剂盒的方法，提取曼陀罗属单粒种子的基因组 DNA。使用 Eppendoff 紫外分光光度计，测定 DNA 的浓度及纯度。

1.2.2 曼陀罗属 ITS 区域序列扩增及测序

参考 Genbank 中原有的 ITS 序列，设计了 1 对通用引物 D31：5'-AAGTCGTAACAAGGTTTC -3'和 D35：5'- AGGGTCTAGGAGCACAAAC-3'，进行 ITS 序列的 PCR 扩增。PCR 反应体系为：总体积为 50 μl，包含 10×PCR buffer 5μl，Mg^{2+}（25mmol/L）5μl，dNTP (2.5mmol/L)5μl，引物（100 μmol/L）各 2μl，Taq DNA 酶（5U/μl）0.2μl，2μl（50ng）DNA 模板，加双蒸水至终体积 50 μl，混匀离心，置于 PCR 仪进行扩增。PCR 反应条件：95 ℃ 3min；94 ℃ 30s，50 ℃ 40s，72℃ 80s，35 个循环，72 ℃再延伸 10min。扩增产物经 1.0%琼脂糖电泳分离，可得到约 600 bp 左右的扩增片段。此片段为曼陀罗属 ITS 区域部分 DNA 序列的扩增片段。将扩增产物送至上海生工测序。测序结果拼接校准后上传至 NCBI 网站，得到 HQ658574～HQ658606 共 33 个 Genbank 登录号。

1.2.3 数据分析

所得序列用 Clustal X 软件进行比对，并进行手工校正，采用 MEGA3.1 软件对序列进行分析，得到各种间的遗传距离。

用 PAUP4.0 软件对序列进行统计和分析，并用最大简约法（MP 法）构建系统发育树，Bootstrap 重复 1000 次，以检验树拓扑结构的可靠性。

2 结果与分析

2.1 基于 ITS 序列分析曼陀罗属各物种间的遗传距离

所有曼陀罗属植物材料的 ITS 序列测序结果经比对校正后总长度为 598bp（含缺失位点）。基于该序列分析各种间的遗传距离，结果显示，33 个材料可分为两个大组和两个相对独立的过渡种。第一组包括：*D.ferox*、*D.quercifolia*、*D.tatula*、*D.stramonium*、*D.bernharditii*、*D.ceratocaula*、*D.inermis* 和 *D.laevis*，第二组包括：*D.fastuosa*、*D.metel*、*D.innoxia* 和 *D.meteloides*，两个过渡种为 *D.leichhardtii* 和 *D.discolor*。外组 *H.bohemicus* 与曼陀罗属各个种之间都存在 0.8 左右的遗传距离。

在第一组内，*D.stramonium*、*D.inermis* 和 *D.laevis* 在该 598bp 的长度上表现出高度的一致性，遗传距离为 0，说明有很近的亲缘关系；*D.stramonium* 和 *D.tatula*、*D.ceratocaula* 之间遗传距离也为 0，ITS 序列上不存在碱基差异；所有的 *D.ferox* 之间也没有遗传距离；*D.quercifolia* 与 *D.ferox* 之间仅有 0.004 的遗传距离，表明 *D.ferox* 和 *D.stramonium* 的亲缘关系也很近。*D.stramoniumhe*、*D.ceratocaula*、*D.inermis*、*D.laevis* 这 4 个种与 *D.ferox* 之间的遗传距离在 0.013～0.017。

在第二组内，除德国来源的 *D.innoxia*、原西德的 *D.meteloides*、印尼的 *D.fastuosa* 和山西的 *D.metel* 四个种相互之间有 0.026 的遗传距离以外，其他各种间都只存在 0～0.017 的遗传距离，可推测 *D.fastuosa*、*D.metel*、*D.innoxia* 和 *D.meteloides* 这 4 个种的亲缘关系很近。

2.2 系统发育树的比较和分析

基于 ITS 序列以 *H.bohemicus* 为外类群，通过最大简约法构建 MP 树（图 1）。由系统发育树的结构看，所分析的 33 个曼陀罗属植物也被分为了两个大类及两个较为独立的种。第一类包括：*D.ferox*、*D.quercifolia*、*D.tatula*、*D.stramonium*、*D.bernharditii*、*D.ceratocaula*、*D.inermis*、*D.laevis*，在第一大类中，又包含了两个分支，第一个分支包含 *D.ferox* 和 *D.quercifolia* 两个种，第二个分支中为 *D.tatula*、*D.stramonium*、*D.bernharditii*、*D.ceratocaula*、*D.inermis*、*D.laevis* 六个种。第二类包括：*D.fastuosa*、*D.metel*、*D.innoxia*、*D.meteloides*，第二大类里 4 个种在相似度很高的情况下出现了多个接近的小分支。*D.leichhardtii* 和 *D.discolor* 在发育树上归于两个相对比较独立的分支。

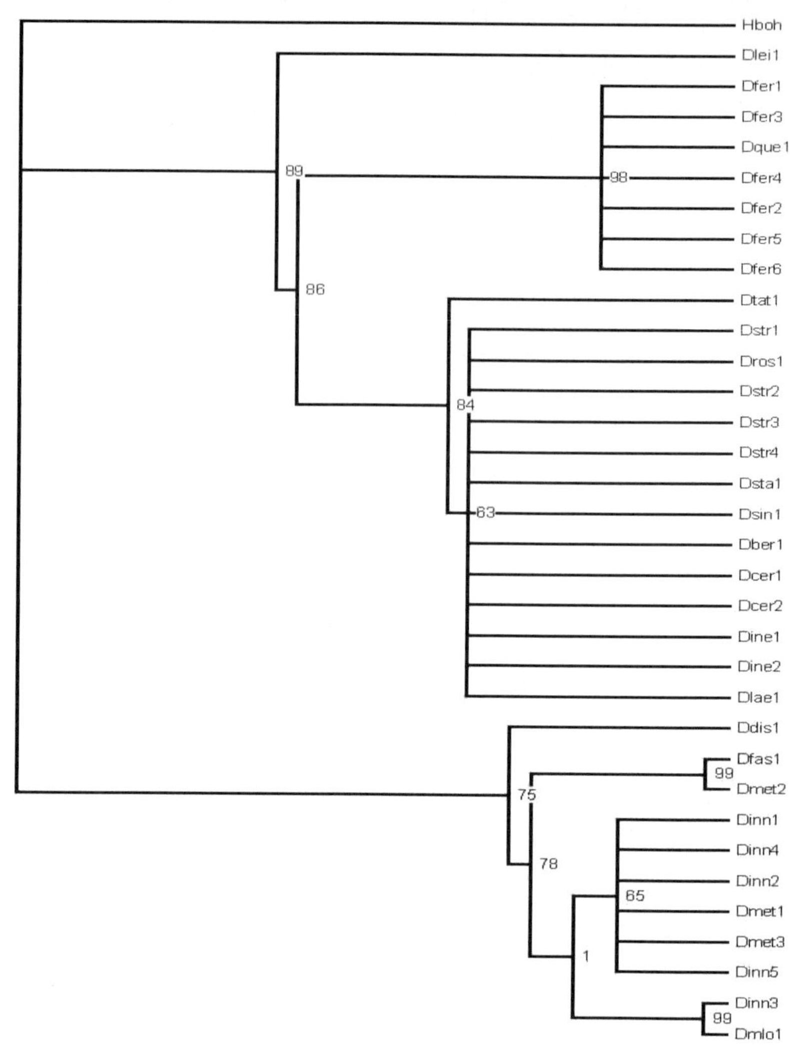

图1 用最大简约法构建的 ITS（包括 ITS 1 和 ITS 2 ）系统树

3 讨论

根据 ITS 序列，对曼陀罗属不同地区来源的 33 份种子样品的各个种间的遗传距离及其系统发育关系进行分析，并与前人的研究进行比较讨论如下：

3.1 关于曼陀罗属几个种的同物异名

中国植物志上记载 *D.tatula* 是 *D.stramonium* 的同物异名，*D.tatula* 和 *D.stramonium* 的主要区别在于花的颜色不同，Mino 等[4]经实验证实曼陀罗花色是由一对等位基因控制的。我们的实验结果发现 *D.tatula* 和 *D.stramonium* 的 ITS 序列完全相同，不存在任何碱基差异，这一结果支持两者为同物异名的说法。

USDA 报道 *D.quercifolia* 是 *D.ferox* 的同物异名[9]，在基于 ITS 序列的系统发育树中也发现 *D.quercifolia* 和 *D.ferox* 在末端聚为一支，本研究的分析结果与这一同物异名的报道也相符。

3.2 关于近缘变种

D.tatula、*D.stramonium* 和 *D.inermis*、*D.laevis* 的区别在于果实的有刺和无刺，而曼陀罗果实的有刺和无刺也是由一对等位基因控制的[4]，USDA[9]记载 *D.laevis* 是 *D.inermis* 的一个变种。在本研究的结果中，这 4 个种间不存在遗传距离，这也进一步验证了这些报道。

Species2000[10]把 *D.fastuosa* 归为 *D.metel* 的重瓣变种，而重瓣和单瓣是由一对等位基因控制[5]；USDA[9]认为 *D.metel* 和 *D.innoxia* 互为同物异名，并认为 *D.meteloides* 有另外两个同物异名是 *Datura inoxia* Mill. ssp. *quinquecuspida* (Torr.) *Barcl.* 和 *Datura metel* L. var. *quinquecuspida* Torr.，说明这 4 个种之间具有很高的同源性，这与我们基于 ITS 序列的分析结果一致。

3.3 过渡种

AFLP 的分析结果[4]显示 *D.discolor* 是位于 *Dutra* 亚属和 *Datura* 亚属中间的一个过渡种。在我们的分析结果中 *D.discolor* 无论是在遗传距离表或是在发育树上都是比较独立的一个种，这个结果支持了这一报道。

Conklin 和 Smith[11]用过氧化氢同工酶谱法分析曼陀罗属的 6 个种，将它们分成了两组：*D.pruinosa* 和 *D.leichhardtii* 在一组，*D.metel*、*D.meteloidesl*、*D.discolor* 和 *D.inoxia* 在另一组。可推测 *D.leichhardtii* 和 *D.metel*、*D.meteloidesl*、*D.discolor*、*D.inoxia* 的亲缘关系是较远的，这与我们的讨论结果相符，*D.leichhardtii* 是一个与其他种的亲缘关系上较为独立的种。

Luna-Cavazos 等[5]用同工酶的方法对 *Dutra* 亚属的 8 个种进行了研究，认为 *Dutra* 亚属的 8 个种中 *D.discolor*、*D.reburra*、*D.kymatocarpa* 和 *D.pruinosa* 的遗传距离较近，*D.inoxia*、*D.metel*、*D.lanosa* 和 *D.wrightii* 的遗传距离也较近，而这两组之间有一定的遗传距离；在我们的分析结果中出现了两个较为独立的种 *D.leichhardtii* 和 *D.discolor*，这两个种在遗传距离上处于第一组和第二组之间，支持以上两个种为过渡种的论点。

3.4 关于 *D.ceratocaula*

两个不同来源的 *D.ceratocaula* 与 *D.tatula*、*D.stramonium*、*D.bernharditii*、*D.inermis*、*D.laevis* 在系统发育树的末端聚为一支，和 *D.tatula*、*D.stramonium*、*D.bernharditii*、*D.inermis*、*D.laevis* 的序列完全一致，遗传距离为 0。但有研究表明[2]，*D.ceratocaula* 在同工酶层次上与 *D.stramonium* 存在较大差异，与我们的实验结果有较大的分歧。分析原因：据记载，*D.ceratocaula* 是唯一一种可以生长在湿热沼泽环境的曼陀罗，可能是后期因环境等外界因素导致了其蛋白表达的差异，而这些差异并未体现在研究对象 ITS 序列上。

参考文献

[1] Haegi L. Taxonomic account of *Datura* L.(Solanaceae) in Australia with a Note on Brugmansia Pers. Aust. J. Bot., 1976，24: 415-435.

[2] Jiao M., Luna-Cavazos M., Bye R. Allozyme variation in Mexican species and classification of *Datura* (Solanaceae). Plant Systematics and Evolution, 2002，232:155-166.

[3] Buchholz J.T., Williams L.F., Blakeslee A.F. Pollen-tube growth of ten species of *Datura* in interspecific pollinations. Genetics, 1935，21:651-656,

[4] Mace E.S., Gebhardt C.G., Lester R.N. AFLP analysis of genetic relationships in the tribe *Datureae*(Solanaceae). Theor Appl Genet, 1999，99:634-641.

[5] Luna-Cavazos M. Phenetic analysis of *Datura* section *Dutra*(Solanaceae) in Mexico. Botanical Journal of the Linnean Society, 2000，133: 493-507.

[6] Luna-Cavazos M. The Oringin of *Datura metel*(Solanaceae): genetic and phylogenetic evidence. Genet Resour Crop Evol.，2009，56:263-275.

[7] 印丽萍，邓晟，等. 假高粱及其近似种 rDNA ITS 序列同源性分析[J]. 植物检疫，2004，18（5）: 262-265.

[8] 薛华杰, 闫茂华，等. 基于 ITS 序列的东亚当归属植物的分类学研究. 植物分类学报, 2007，45(6): 783-795.

[9] United States Department of Agriculture. The Plants Database. http://plants.usda.gov/, 2010.

[10] Species 2000. Catalogue of Life: 2010 Annual Checklist. http://www.catalogueoflife.org/, 2010.

[11] Conklin M.E., Smith H.H. Peroxidase isozymes: a measure of molecular variation in ten herbaceous species of *Datura*. Am J Bot, 1971，58: 688-696.

看麦娘对小麦产量影响的研究

杨贵成

（江苏省东海县石湖乡农业技术推广服务站，东海 222300）

摘要： 采用人工拔除控制看麦娘密度的方法，对看麦娘不同密度对小麦产量的影响进行了研究。结果表明：看麦娘主要影响小麦的分蘖和穗粒结构，使分蘖减少，成穗率、结实率下降，千粒重降低，最终导致减产。

关键词： 看麦娘；小麦；产量；影响；研究

看麦娘(*Alopecurus aequalis*)是一年生或二年生恶性禾本科杂草，喜生于潮湿地及路旁沟边，广布于中国、日本、土耳其等亚洲国家，为害大而又难以防除，为我国农田十大害草之一，东部沿海和长江中下游地区发生尤为严重，主要危害麦类、油菜等夏收作物[1~4]。

日本看麦娘萌发适宜温度为 15～20℃。通过地下沉积 10 天，即可解除休眠，萌发率达 87.5%～90%，且萌发时间也较一致。本文以稻茬小麦田恶性禾本科杂草看麦娘为研究对象[5,6]。

由于杂草总是间生于作物之间，一旦从农业生态系统中清除，在遗传学上必然造成基因库缺失。在生态学上则可能因食物链的断裂和缺失而造成生态平衡失调，在农田生态系统中，杂草既是影响农作物生长的主要因素，也是农田生态系统的重要组成部分。从生态学和遗传学的角度看，维持一定数量的农田杂草，对保护农业生态系统生物多样性进而保护全球生态系统生物多样性具有一定的作用[7,8]。

看麦娘是麦田重要恶性杂草，是影响小麦高产的主要限制因子。为了探索不同密度对小麦产量的影响程度，找出最佳防除指标，进行了本试验。

1 材料与方法

1.1 处理设置

试验设处理 A_1，无看麦娘，0 株；A_2，33.3cm^2 看麦娘 10 株；A_3，33.3 cm^2 看麦娘 30 株；A_4，33.3 cm^2 看麦娘 50 株；A_5，33.3 cm^2 看麦娘 100 株；A_6，33.3 cm^2 看麦娘 200 株；A_7，33.3 cm^2 看麦娘 500 株。小区面积 2 m^2，随机排列，3 次重复，共 21 个小区。

1.2 实施方法与调查

试验田设在江苏省东海县平明镇农业科学试验站稻茬麦田中，小麦品种烟农 19，水稻收割后 10 月 25 日用手扶拖拉机旋耕播种，小区与小区间开沟隔开。小麦基本苗 28 万 / 667 ㎡人工控制，11 月 20 日看麦娘出草高峰后，田内基本不出草，按试验要求的不同密度进行人工拔除控制。小麦分蘖高峰期（4 月 3 日）调查各处理的小麦总茎蘖数，成熟前（6 月 2 日）对各小区考种测产。

2 试验结果

2.1 对小麦分蘖和穗粒结构的影响

经试验分析，看麦娘主要影响小麦的分蘖和穗粒结构，使分蘖减少，成穗率、结实率下降，千粒重降低，最终导致减产。

2.1.1 影响小麦分蘖

试验小区基本苗为 28 万/667 ㎡，分蘖高峰期调查，无草区总茎蘖数为 47.4 万/667 m^2，单株茎蘖 0.69 个，而有草区的几个处理小麦最高茎蘖数分别为 44.1 万/667 m^2、42.1 万/667 m^2、43.4 万/667 m^2、38.4 万/667 m^2、36.7 万/667 m^2 和 32.0 万/667m^2，单株分蘖分别为 0.58 个、0.5 个、0.55 个、0.37 个、0.31 个和 0.14 个，单株分蘖随着看麦娘密度加大而下降（表 1）。

表 1 看麦娘不同密度对小麦产量影响结果

处理	基本苗（万/667 m^2）	最高茎蘖数（万/667 m^2）	单株分蘖（个）	成穗数（万/667 m^2）	成穗率（%）	每穗粒数（粒）	千粒重（g）	产量（kg/667 m^2）	比无草区减产（%）
A_1	28	47.4	0.69	28.9	60.97	19.1	42.8	471.3	
A_2	28	44.1	0.58	27.5	62.36	17.7	42.5	410.2	12.97
A_3	28	42.1	0.50	26.1	62.0	16.6	42.1	364.1	22.75
A_4	28	43.4	0.55	25.2	58.1	16.1	41.5	338.6	28.17
A_5	28	38.4	0.37	24.2	63.0	15.0	41.0	298.7	36.66
A_6	28	36.7	0.31	22.6	61.6	13.8	40.3	252.1	46.51
A_7	28	32.0	0.14	20.3	63.4	13.8	39.9	233.2	52.64

2.1.2 影响穗粒结构

由于看麦娘影响小麦分蘖，相应的亦影响成穗数，单位面积茎蘖数高，成穗数就多，茎蘖数少，成穗数亦少。如无草区最高茎蘖达 47.4 万/667 ㎡，成穗数为 28.9 万/667 ㎡，而有草区每 667 ㎡成穗数分别为 27.5 万、26.1 万、25.2 万、24.2 万、22.6 万和 20.3 万，成穗数随茎蘖数的降低而下降，并且有草区处理的单位面积成穗数均低于基本苗数，这说明在小麦达到最高茎蘖数时，虽然总茎蘖数超过基本苗数由于春季看麦娘密度大，生长快，而抑制小麦生长，致使部分小麦主茎和分蘖不能成穗而死亡。这是导致小麦减产的主要因素。另外，从试验还可以看出，小麦的每穗粒数亦随着看麦娘的密度增加而减少，无草区每穗 19.07 粒，而有草区分别为 17.67 粒、16.55 粒、16.1 粒、14.91 粒、13.83 粒和 13.77 粒。看麦娘对小麦千粒重影响十分明显，如无草区千粒重为 42.77g，有草区的基本都在 40 g 左右，变幅不大。其主要原因首先可能是小麦进入抽穗灌浆期，植株高于看麦娘；其次是 5 月中下旬看麦娘已陆续成熟死亡，小麦受看麦娘的影响较小，所以千粒重变幅小。

2.1.3 影响小麦产量

各有草区处理与无草区处理相比较，均不同程度影响小麦产量，并随着杂草密度上升而产量下降。见看麦娘密度与产量关系曲线图；从小区处理分析，无草区产量最高，每 667 m^2 达到 471.33kg，居首位，每 667$m^2$$A_2$ 产量为 410.22 kg，居第二位；A_3 、A_4、A_5 、 A_6 、A_7 每 667 m^2 产量分别为 364.11 kg、338.56 kg、298.67 kg、252.11 kg 和 223.22 kg，以 A_7 产量最低，比无草区减产 52.64%。经统计分析，无草区与 A_2 处理小区产量差异达到显著水平；无草区与 A_3 、A_4、 A_5、 A_6 、A_7 的小区产量差异达到极显著水平，说明看麦娘的数量在 A_3 以上均严重影响小麦产量。

3 结论与讨论

经分析得出，麦田看麦娘防除指标应在 33.3 cm^2 看麦娘 10 株为宜，因为对产量影响较大。

参考文献

[1] 管丽琴，张颂函. 日本看麦娘大巢菜对小麦产量的影响[J].上海农业学报，1997(2)：81-84.

[2] 涂修亮,胡秉民. 看麦娘和小麦竞争效应模型研究[J]. 浙江大学学报(农业与生命科学版)，1999 (1) .

[3] 李宜慰,陈永康, 刘宁政. 日本看麦娘对小麦产量的损失和经济阈值研究[J]. 杂草科学，1992 (2) .

[4] 于金凤,王金信, 等 .麦田混生杂草生态经济阈值的研究[J]. 植物保护, 2002(5) .

[5] 杨彩宏. 油菜田日本看麦娘对高效氟吡甲禾灵抗药性的初步研究[D]. 南京农业大学, 2007 .

[6] 黄世霞. 油菜田看麦娘的生物学特性及其对三种除草剂抗药性的研究[D]. 南京农业大学, 2004.

[7] 黄世霞 , 王庆亚 , 等. 看麦娘生物学特性研究. 江苏农业科学, 2006, (4) .

[8] 朱文达, 涂书新. 湖北省麦田看麦娘的危害及经济阈值的初步研究[J]. 华中农业大学学报，1997(3):268-271.

水苠苣在云南的分布及为害

李向东　杨明英

（云南省农业科学院农业环境资源研究所，昆明　650205）

摘要： 水苠苣（*Pistia stratiotes* L.）英文名 water lettuce，俗称水白菜、水莲、水芙蓉等。属天南星科大萍属多年生浮水植物，原产南美洲，原作园林水生观赏植物肆意引种后流放，现已在昆明滇池大观河，玉溪星云湖、腾冲县何顺乡的河流之中出现，水苠苣的入侵，会使云南的湖泊、湿地等小生态系统受到严重的影响。建议组织人员对水苠苣的生物特性、繁殖特性、分布为害进行调研，作出评价分析，研究防控技术措施。组织稳定的研究防控队伍，根据不同区域的发生特点，紧急处理、持续控制。

关键词： 水苠苣；分布；为害

水苠苣（*Pistia straiotes* L.）英文名 water lettuce，俗称水白菜、水莲、水芙蓉等。属天南星科大萍属多年生浮水植物，原产南美洲，由于作观赏植物肆意引种后流放，现已出现在全球热带及亚热带地区，因繁殖迅速，在水域中常形成大片群落。我国在明朝末期有人将它带入中国作观赏植物栽培，并于 20 世纪 50 年代作为猪饲料在全国大面积推广种植。在很短的时间里，这种植物几乎传遍了全国各地，并在一些气候温和的地区安家落户。在云南的大部分水域一年四季都可快速繁殖生长，水苠苣因跟白菜有几分相似，特别是植株基部，不仅宽大而肥厚，又因其生长在水中，民间通称水白菜。

1　生物学特性

植株由叶片簇生于肉质茎基部，形成莲座状；叶片组织疏松，有气室，浮水性好，叶片成扇形或倒卵形，波状叶缘，平行叶脉，叶面被白色绒毛，具有极好的疏水性，叶片呈浅灰绿色；茎基着生须根，须根发达，成纤维状聚集成团悬垂于水中，吸附能力较强。植株茎基生长游走繁殖茎，游走茎顶芽萌发生长成新的植株，周而复始，很快就长成密密麻麻的一大片。繁殖力非常惊人，繁殖系数平均达 3.5；夏天开出黄色小花，佛焰花着生于茎基叶腋，佛焰苞黄色细小，长白色茸毛；花序上部成葫芦形，下部成筒形。雄花着生于花序轴上部，雄蕊五枚、无花丝；雌花着生于花序轴下部，单一雌蕊，子房卵球形成圆锥状，花柱短，柱头盘状。果实、种子败育，植株以无性繁殖为主，所以繁殖得特别快，很快就会蔓延整片水面。植株会随水漂流到处传播，在野外常串连成庞大的群落，往往造成河道阻塞等环境问题。水苠苣的侵入并没有把天敌也带入，因此，想利用天敌来控制，必须经历一段漫长的时期，但那时水苠苣早已蔓延成灾了。并且强大的根系能吸附富集水体中的重金属元素，使得植株的重金属含量严重超标，使其失去了饲用和做肥料的价值。仅作观赏付出的代价确是十分巨大的。

2　分布

昆明滇池大观河，玉溪星云湖、腾冲县何顺乡的河流之中有发现。

3　为害

云南的湖泊、湿地的面积小，容量也小，抵抑外来生物入侵的能力弱。外来水生杂草水苠苣的入侵，会使云南的湖泊、湿地等小生态系统受到了严重的影响。水苠苣的入侵不仅直接为害渔业生产，造成重大的经济损失，而且损害湖泊、湿地生物多样性，破坏原生态环境，造成严重的生态环境问题。滇池，由于水葫芦、绿藻等孳生，很多水生生物已处于灭绝的边缘，20 世纪 60 年代以前滇池主要水生动物有 48 种，到了 80 年代末，水生动物仅存 30 余种。生物入侵造成的生态问题是有目共睹的，治理也是刻不容缓的。水苠苣(水白菜)在大观河入湖口及草海已安营扎寨，快速蔓延。

4　原因分析

外来物种的入侵，无论是有意识还是无意识，都是人为活动造成的，水苠苣入侵云南的主要原因。是人为盲目的以园林水体绿化观赏植物而引进，又被私人引种鱼缸、水塘景观等，由于雨水泛滥，人为丢弃等原因逃逸到自然水域——河流、湖泊中，自由繁殖蔓延，覆盖水体，造成的为害不容忽视。云南最典型的例子是水葫芦（凤眼莲）。20世纪 70 年代，我国将产于南美洲的水葫芦作为猪饲料引进，如今水葫芦已遍布云南的河湖水塘，使著名的滇池水质变差，每年要花费上百万元用于打捞水葫芦。水莴苣比水葫芦更难控制，造成的生态问题会更加严重。

5 建议

对入侵云南的水莴苣在它建立起自己的优势种群之前实施严格的、科学的监测、评估和有效的控制，治早治少是最有效的减灾和抗灾的手段。水莴苣入侵云南因生态系统中没有相抗衡或制约它的生物而成功入侵，从而在新的环境中大肆繁殖、扩散并造成为害，改变或破坏原有生态系统的平衡和功能。为实现对水莴苣的有效防控，建议一是组织科技人员对水莴苣的生物特性、繁殖特性、分布进行调研，作出评价分析。以及基础理论研究、防控技术开发、基础性调查等科学研究。二是形成稳定的研究防控队伍建设与人才培养，根据不同区域的特点，紧急处理、持续控制。三是政府重视，开展相关研究，无论在理论上还是技术上都要采取相应的措施。农业部外来入侵生物预防与控制研究中心常务副主任万方浩研究员说："外来生物入侵的生态代价是造成本地物种多样性不可弥补的消失以及种类的灭绝，构成对生物多样性保护与持续利用及人类生存环境的重要威胁因素，其经济代价是农林牧渔业产量与质量的惨重损失与高额的防治费用"。

杂草稻落粒粳苗期的耐冷性研究

余柳青[1*]　孙兴强[1,2]　陈丽娟[2]　陆永良[1]　周勇军[1]

(1. 中国水稻研究所，杭州　310006；

2. 云南农业大学 农学与生物技术学院，昆明 650201)

摘要: 采用低温处理方法评价了杂草稻无芒落粒粳和长芒落粒粳苗期的耐冷潜力。在苗期，普通野生稻的耐低温冷害能力最高，其次为栽培粳稻越光，杂草稻无芒落粒粳和长芒落粒粳的耐低温冷害能力最低。

关键词: 杂草稻；无芒落粒粳(*Oryza sativa* L.)；长芒落粒粳(*Oryza sativa* L.)；苗期；耐冷性

Study on the Cold Tolerance of Weedy Rice Seedlings of Luolijing (*Oryza sativa* L.)

Yu Liuqing[1,*] ,Sun Xingqiang[1,2], Chen Lijuan[2], Lu Yongliang[1], Zhou Yongjun[1]

(1. *China National Rice Research Institute, Hangzhou* 310006,*China*；

2. *College of Agronomy and Biotechnology, Yunnan Agricultural University, Kunming* 650201, *China*)

Abstract: The cold tolerance potential of two biotypes weedy rice Luolijing (Oryza sativa L.) with long awn and no-awn at the seedling growth term was evaluated with low temperature treatment. At the seedling growth term Oryza.rufipogon provided the highest cold tolerance among the two biotypes weedy rice, the wild rice and cultivar Yue-guang. However, two biotypes weedy rice Luolijing with long awn and Luolijing with no-awn gave the lowest cold tolerance.

Key words: weedy rice; Luolijing (*Oryza sativa* L.) with no-awn; Luolijing (*Oryza sativa* L.) with long awn; seedling growth term; cold tolerance

美国的杂草稻由于种皮红色被称为红稻，红稻在美国南方稻区为害成为仅次于稗草和千金子的第三大杂草，全季度干扰使水稻减产 61%。红稻密度为 2～40 株/m^2 时使水稻 Lemont 减产 19%～89%。全美由于红稻为害造成的经济损失每年约 5000 万美元[1]。

近年在我国辽宁丹东发现了杂草稻落粒粳，在未防治条件下密度可达 100～110 株/m^2，对当地水稻生产构成潜在危险。其植株明显高于当地大多数栽培品种，颖果呈中长型，成熟后容易掉粒；果壳稻草色或黄间黑灰色，小穗无芒或有芒，芒长 4～12cm；颖果千粒重 23.5g，种皮橘红色，其形态类似于美国杂草稻红稻[2]。

落粒粳的抗逆境生物学特性已有初步研究和报道。采用稗草根长法测得的它的化感作用很弱，其耐盐碱水平与常规粳稻品种春江 11 相当[2]。落粒粳种子可以度过东北严寒的冬季，来年春季萌发出苗。但它是否具有耐冷特性？陈惠哲等研究了落粒粳种子的耐冻能力和低温发芽特性，研究结果描述了在抗冻和低温发芽方面，落粒粳种子与常规栽培粳稻越光相比有较明显的差异[3]。但并未说明出现这种差异的原因，也未研究确定落粒粳苗期是否具有耐冷特性。

水稻芽期冷害是我国长江中下游早稻种植区和东北、西北及云贵高原一季稻区水稻生产中的重要限制因素之一，产量损失严重。发掘水稻耐冷资源，为抗冷害水稻新品种的培育提供遗传材料，具有重要理论意义和生产应用价值。本试验的目的是：评价杂草稻无芒落粒粳和有芒落粒粳苗期的耐冷水平，确定它们作为资源的应用潜力。

1　材料与方法

供试水稻材料有杂草稻无芒落粒粳和长芒落粒粳、东乡普通野生稻和栽培粳稻越光。无芒落粒粳和长芒落粒粳由作者采集自辽宁丹东东港，-20℃保存备用；东乡普通野生稻种子由本所水稻种质资源库提供；栽培粳稻越光由辽宁省丹东市东港镇五四农庄提供。

---

*基金项目：现代水稻产业技术体系（CARS-01）、国家科技支撑计划（2006BAD08A09）

通讯作者：余柳青，E-mail:　liuqyu53@yahoo.com.cn

无芒落粒粳和长芒落粒粳的苗期耐冷性试验在中国水稻研究所进行，试验用生长箱型号为 ZRX-300D 智能人工气候培养箱，杭州钱江仪器设备有限公司制造。将预先消毒、浸种、催芽至露白的水稻种子播于塑料方盆（长 20cm×宽 10cm×高 6cm）中，每盆 20 粒， 重复 3 次。移入培养箱中，温度昼/夜为（30±1）℃/（20±1）℃，光照强度 10000lx，光照时间 12h/天。培养至水稻苗 2 叶 1 心期，在 8±1℃低温（光照强度 10000lx，光照时间 12h/天）条件下分别处理 1 天、3 天、7 天和 14 天。在低温（8±1）℃处理 1 天、3 天和 7 天的分别移入常温，昼/夜为（28±1）℃/（20±1）℃条件的培养箱继续分别培养 13 天、11 天和 7 天，而在低温（8±1）℃处理 14 天的，不再继续培养。测定所有处理和对照的水稻苗的活苗数，计算水稻幼苗的成活率。

全部数据用 DPS 软件作方差分析和差异显著性测验，差异显著性测验采用 Tukey 法分析[5]。

2 结果与分析

试验结果显示，对 2 叶 1 心期的稻苗进行低温（8±1）℃处理，随着低温处理时间的延长，杂草稻无芒落粒粳、长芒落粒粳和栽培粳稻越光的稻苗成活率显著下降。然而，普通野生稻在低温（8±1）℃处理，随着处理时间的延长稻苗成活率差异不显著（表 1）。表明杂草稻无芒落粒粳、长芒落粒粳和栽培粳稻越光对低温（8±1）℃处理时间长短（1～14 天）的反应敏感，而普通野生稻对低温（8±1）℃处理时间长短（1～14 天）的反应迟钝。

在稻苗 2 叶 1 心期低温（8±1）℃处理 1 天，随后常温（28±1）℃培养 13 天，杂草稻长芒落粒粳、普通野生稻和栽培粳稻越光的稻苗成活率较高，且无显著差异，而无芒落粒粳的稻苗成活率明显低于栽培粳稻越光（表 2）。

在稻苗 2 叶 1 心期低温（8±1）℃处理 3 天，随后常温（28±1）℃培养 11 天，杂草稻无芒落粒粳和长芒落粒粳的稻苗成活率显著低于普通野生稻和栽培粳稻越光（表 2）。

在稻苗 2 叶 1 心期低温（8±1）℃处理 7 天，随后常温（28±1）℃培养 7 天，以及低温（8±1）℃处理 14 天的对照，普通野生稻的稻苗成活率分别达到 38%和 50%，显著高于杂草稻无芒落粒粳、长芒落粒粳和栽培粳稻越光（表 2）。

以上数据表明，普通野生稻在苗期（2 叶 1 心期）的耐低温冷害的能力最高，其次为栽培粳稻越光，杂草稻长芒落粒粳和无芒落粒粳苗期的耐低温冷害能力最低。

3 讨论

我国杂草稻虽然早期有零星报道[6]，但均未造成大规模蔓延和重要的经济损失。而近几年来辽宁丹东的杂草稻已成蔓延之势，对水稻产量和质量均构成了潜在的危险。

辽宁杂草稻的传入途径还难以定论，只能分析它的一些可能性。复旦大学 Cao Qian-jin 和 Lu Bao-Rong 等采用微卫星标记（SSR）和非加权平均数（UPGMA）进行的聚类分析等，分析了 30 份采自辽宁的杂草稻和 30 份栽培稻及野生稻的遗传多样性，结果认为辽宁杂草稻的遗传多样性相对较高，其遗传距离与栽培粳稻最近，故其可能来源为栽培粳稻[8]。沈阳农业大学马殿荣等于 2008 年报道，他们于 2003～2005 年对辽宁杂草稻进行了初步考察、收集和整理，利用杂草稻 46 份、栽培稻 20 份和野生稻 5 份，采用 SSR 和 UPGMA 聚类分析，研究了辽宁杂草稻的遗传多样性。结果显示，辽宁杂草稻植物学特性变异较大，且具有较高的遗传多样性，其群体间的遗传分化较大，遗传差异明显。发现辽宁杂草稻与当地粳型栽培稻血缘关系很近，与籼稻和野生稻的遗传关系较远。认为有可能起源于当地栽培稻品种，是栽培稻种个体间自然杂交、回复突变等产生的退化类型，远距离种子调运促进了它的进一步扩散[9]。

试验发现，在 2 叶 1 心期，虽然在低温（8±1）℃处理 1 天后杂草稻长芒落粒粳的耐冷水平与栽培粳稻及普通野生稻的差异不显著，但随着低温（8±1）℃处理时间的延长，普通野生稻的耐冷害能力最高，其次为栽培粳稻越光，而杂草稻长芒落粒粳和无芒落粒粳的耐低温冷害能力最低。

不同品种粳稻的耐冷能力存在差异，韩龙植等采用 5℃低温处理芽期水稻种子，从

879 份水稻种质中鉴定出 39 份具强耐冷特性（Ⅰ级）的粳稻品种， 占 4.4%，而中等耐冷特性（III级）的粳稻品种占 61% [10]。本试验也证实栽培粳稻越光具有较高的耐低温冷害潜力。在苗期，两种生物型的有芒落粒粳和无芒落粒粳的耐低温能力显著低于普通野生稻和栽培粳稻越光。因此，这两种杂草稻不能作为耐低温冷害的水稻种质资源。

表 1 不同低温处理时间对杂草稻、野生稻和栽培稻苗期成活率的影响

处理		低温处理前活苗数	低温处理后活苗数	稻苗成活率（%）
无芒落粒粳，2 叶 1 心期 Luolijing with no-awn, 2-leaf and 1-heart	8℃±1℃ 1 天， 28℃±1℃13 天	20	8	40 ab
无芒落粒粳， 2 叶 1 心期 Luolijing with no-awn , 2-leaf and 1-heart	8℃±1℃ 3 天， 28℃±1℃ 11 天	19	3	16 bc
无芒落粒粳，2 叶 1 心期 Luolijing with no-awn , 2-leaf and 1-heart	8℃±1℃ 7 天， 28℃±1℃ 7 天	20	3	15 bc
无芒落粒粳，2 叶 1 心期 Luolijing with no-awn , 2-leaf and 1-heart	8℃±1℃ 14 天， 28℃±1℃ 0 天	20	0	0 c
无芒落粒粳，2 叶 1 心期 Luolijing with no-awn , 2-leaf and 1-heart	28℃±1℃ 14 天	20	15	85 a
长芒落粒粳，2 叶 1 心期 Luolijing with long awn , 2-leaf and 1-heart	8℃±1℃ 1 天， 28℃±1℃ 13 天	17	13	76 a
长芒落粒粳，2 叶 1 心期 Luolijing with long awn , 2-leaf and 1-heart	8℃±1℃ 3 天， 28℃±1℃ 11 天	16	5	31 b
长芒落粒粳，2 叶 1 心期 Luolijing with long awn , 2-leaf and 1-heart	8℃±1℃ 7 天， 28℃±1℃ 7 天	19	0	0 c
长芒落粒粳，2 叶 1 心期 Luolijing with long awn , 2-leaf and 1-heart	8℃±1℃ 14 天， 28℃±1℃ 0 天	18	0	0 c
长芒落粒粳，2 叶 1 心期 Luolijing with long awn , 2-leaf and 1-heart	28℃±1℃ 14 天	18	16	89 a
普通野生稻，2 叶 1 心期 *O. rufipogon*, 2-leaf and 1-heart	8℃±1℃ 1 天， 28℃±1℃ 13 天	13	8	62 ab
普通野生稻，2 叶 1 心期 *O. rufipogon*，2-leaf and 1-heart	8℃±1℃ 3 天， 28℃±1℃ 11 天	13	8	62 ab
普通野生稻，2 叶 1 心期 *O. rufipogon*, 2-leaf and 1-heart	8℃±1℃ 7 天， 28℃±1℃ 7 天	8	3	38 bc
普通野生稻，2 叶 1 心期 *O. rufipogon*, 2-leaf and 1-heart	8℃±1℃ 14 天， 28℃±1℃ 0 天	8	4	50 ab
普通野生稻，2 叶 1 心期 *O. rufipogon*, 2-leaf and 1-heart	28℃±1℃ 14 天	7	7	100 a
越光，2 叶 1 心期 Yue-guang, 2-leaf and 1-heart	8℃±1℃ 1 天， 28℃±1℃ 13 天	20	17	85 a
越光，2 叶 1 心期 Yue-guang, 2-leaf and 1-heart	8℃±1℃ 3 天， 28℃±1℃ 11 天	20	12	60 ab
越光，2 叶 1 心期 Yue-guang, 2-leaf and 1-heart	8℃±1℃ 7 天， 28℃±1℃ 7 天	19	1	5 bc
越光，2 叶 1 心期 Yue-guang, 2-leaf and 1-heart	8℃±1℃ 14 天， 28℃±1℃ 0 天	19	0	0 c
越光，2 叶 1 心期 Yue-guang, 2-leaf and 1-heart	28±1℃ 14 天	19	11	57 abc

注：表中相同水稻材料的各列相同字母表示在 5%水平差异不显著。

Values within each column followed by the same letter among the same rice species are not significantly different at the 5% level by Tukey's

表 2 在相同低温处理时间条件下的杂草稻、野生稻和栽培稻的苗期成活率

处理		低温处理前活苗数	低温处理后活苗数	稻苗成活率（%）
无芒落粒粳，2 叶 1 心期 Luolijing with no-awn , 2-leaf and 1-heart	8℃±1℃ 1 天, 28℃±1℃ 13 天	20	8	40 b
长芒落粒粳，2 叶 1 心期 Luolijing with long awn , 2-leaf and 1-heart	8℃±1℃ 1 天, 28℃±1℃ 13 天	17	13	76 ab
普通野生稻，2 叶 1 心期 O. rufipogon, 2-leaf and 1-heart	8℃±1℃ 1 天, 28℃±1℃ 13 天	13	8	62 ab
越光，2 叶 1 心期 Yue-guang, 2-leaf and 1-heart	8℃±1℃ 1 天, 28℃±1℃ 13 天	20	17	85 a
无芒落粒粳，2 叶 1 心期 Luolijing with no-awn , 2-leaf and 1-heart	8℃±1℃ 3 天, 28℃±1℃ 11 天	19	3	16 bc
长芒落粒粳，2 叶 1 心期 Luolijing with long awn , 2-leaf and 1-heart	8℃±1℃ 3 天, 28℃±1℃ 11 天	16	5	31 b
普通野生稻，2 叶 1 心期 O. *rufipogon*, 2-leaf and 1-heart	8℃±1℃ 3 天, 28℃±1℃ 11 天	13	8	62 a
越光，2 叶 1 心期 Yue-guang, 2-leaf and 1-heart	8℃±1℃ 3 天, 28℃±1℃ 11 天	20	12	60 a
无芒落粒粳，2 叶 1 心期 Luolijing with no-awn, 2-leaf and 1-heart	8℃±1℃ 7 天, 28℃±1℃ 7 天	20	3	15 b
长芒落粒粳，2 叶 1 心期 Luolijing with long awn , 2-leaf and 1-heart	8℃±1℃ 7 天, 28℃±1℃ 7 天	19	0	0 bc
普通野生稻，2 叶 1 心期 O. *rufipogon*, 2-leaf and 1-heart	8℃±1℃ 7 天, 28℃±1℃ 7 天	8	3	38 a
越光，2 叶 1 心期 Yue-guang, 2-leaf and 1-heart	8℃±1℃ 7 天, 28℃±1℃ 7 天	19	1	5 b
无芒落粒粳，2 叶 1 心期 Luolijing with no-awn , 2-leaf and 1-heart	8℃±1℃ 14 天, 28℃±1℃ 0 天	20	0	0 b
长芒落粒粳，2 叶 1 心期 Luolijing with long awn , 2-leaf and 1-heart	8℃±1℃ 14 天, 28℃±1℃ 0 天	18	0	0 b
普通野生稻，2 叶 1 心期 O. *rufipogon*, 2-leaf and 1-heart	8℃±1℃ 14 天, 28℃±1℃ 0 天	8	4	50 a
越光，2 叶 1 心期 Yue-guang, 2-leaf and 1-heart	8℃±1℃ 14 天, 28℃±1℃ 0 天	19	0	0 b
无芒落粒粳，2 叶 1 心期 Luolijing with no-awn , 2-leaf and 1-heart	28℃±1℃ 14 天	20	15	85 a
长芒落粒粳，2 叶 1 心期 Luolijing with long awn , 2-leaf and 1-heart	28℃±1℃ 14 天	18	16	89 a

续表

处理		低温处理前活苗数	低温处理后活苗数	稻苗成活率（%）
普通野生稻，2 叶 1 心期 *O. rufipogon*, 2-leaf and 1-heart	28℃±1℃ 14 天	7	7	100 a
越光，2 叶 1 心期 Yue-guang, 2-leaf and 1-heart	28℃±1℃ 14 天	19	14	74 a

注：表中在相同低温处理时间条件下各列相同字母表示在 5%水平差异不显著。

参考文献

[1] Khodayari K， Smith Jr R J and Black H L. Red rice (*Oryza sativa*) control with herbicide treatment in soybeans (*Glycine max*). *Weed Science*, 1987, 35: 127-129.

[2] 余柳青， A. M. Mortimer， 玄松南， 陆永良， 周勇军. 杂草稻落粒粳的抗逆境特性研究[J]. 应用生态学报，2005， 16（4）：717-720.

[3] 陈惠哲，等. 丹东杂草稻种子的耐冻能力和低温发芽特性研究[J]. 中国水稻科学，2004，18(2)：109-112.

[4] 唐启义，冯明光.实用统计分析及其 DPS 数据处理系统. 北京：科学出版社，2002.

[5] 丁颖. 中国栽培稻种的起源及其演变[J]. 农业学报，1957，8（3）：243-260.

[6] Qian-jin Cao, Bao-Rong Lu,Hui Xia,JunRong,Francesco Sala,Alberto Spada, Fabrizio Grassi.Genetic Diversity and origin of weedy rice (*Oryza sativa* f.*spontanea*) populations found in North-eastern China revealed by simple sequence repeat (SSR) markers. Annals of Botany, 2006, 98: 1241-1252.

[7] 马殿荣，等. 中国辽宁省杂草稻遗传多样性及群体分化研究.作物学报，2008，34(3)：403-411.

[8] 韩龙植，等. 水稻种质资源芽期耐冷性的鉴定与评价，植物遗传资源学报，2004，5(4)：346-350.

杂草稻研究现状及其发展趋势

方 越

(华南农业大学农学院，广州 510642)

摘要：杂草稻是属于栽培稻和野生稻的中间类型，在长期的进化过程中，其对环境具有很强的适应性并积累了大量抗性遗传因子。近年来，由于水稻耕作制度的改变，杂草稻的为害逐年加重。本文主要对杂草稻的生物学特性、分类地位及起源、发生规律、防治方法进行了研究概述，并对其利用前景进行了展望。

关键词：杂草稻；抗性基因；起源；利用前景

Research Status and Application Prospects of the Weedy Rice

Fang Yue

(*College of Agronomy*，*South China Agricultural University*，*Guangzhou* 510642，*China*)

Abstract: The weedy rice is a type of rice between the wild rice and cultural rice. In the long-term evolution process, it had the very strong compatibility to the environment and accumulated the massive resistance gene. With the development of direct-seeded rice in recent years, the weedy rice more seriously affect the yield and quality of cultivated rice. The researches in the biological characteristics, distribution, origin, classification and control of weedy rice were reviewed in this paper，and the prospects for its future utilization were discussed.

Key words: weedy rice; resistant gene; origin; application prospects

杂草稻(*Oryza sativa* L.)是普通野生稻和栽培稻经自然选择和人工干预而产生的兼有野生稻和栽培稻特性的中间型水稻类型[1]，又被称做杂草型稻或杂草种系，多表现与野生稻相似的特性[2]，其行为通常相似于稻属中的各种类型[3]。杂草稻最早发现于美国，因种皮红色而被当地人称为“红稻”(red rice)[4]。不同地区的农民则依据其特殊的特征给予不同的称呼，如在我国海南岛农民称之为“鬼禾”，广东的徐闻、阳江等地称“落鹤”，东兴、合浦称“野术”、“飞术”，江苏的东海则称“稆稻”[5]。

杂草稻的为害表现在其竞争性强，在稻田与栽培稻争夺阳光、养分和水分，严重影响水稻产量，且自身早熟，落粒，部分未落粒的杂草稻，与栽培稻一起收获，又因其粒形小，果皮有色素沉淀，影响稻米加工及外观品质[6]。有研究表明，10～20株杂草稻／m^2可导致水稻产量降低50%，24株杂草稻／m^2。可导致水稻产量下降75%，稻田杂草稻的比例为35%时可使产量降低约40%～50%[7]。

随着稻麦免、少耕技术的推广应用，土壤耕翻次数明显减少，使得杂草稻大面积爆发。由于杂草稻形态上和生理上都和栽培稻比较相似，限制了选择性化学除草剂的有效性[8]，更进一步加深了杂草稻的为害。广东雷州市1990年发现直播稻田发生杂草稻，1995～1999年在该市南兴镇、松竹、杨家等镇的南渡河沿岸稻区大面积发生。发生面积达0.8万hm^2，一般减产20%～30%，严重的减产70%～80%，个别田失收[9]。

而另一方面，杂草稻对环境具有很强的适应性，并在长期的自然选择中积累了大量抗性遗传因子。因此在水稻改良特别是在抗性育种上是优良的稻种资源库[10]。本文就主要从国内外杂草稻研究现状和发展方向来进行综述。

1 杂草稻的生物学特性

杂草稻是一年生草本，水生或陆生，苗期一般具有很强的耐低温特性和深水出苗的能力，须根系发达。分蘖期后与栽培稻相比，杂草稻植株偏高、分蘖数明显多且细长、叶片上下面多毛且在植株不同部位有色素沉积，如叶鞘、叶舌、颖壳、柱头、种皮以及芒等部位表现为红色或褐色[11]。穗型较大，每穗粒数较多，稻粒细长，外形像杂交籼稻。其种子的表型特征多样性也较高，芒长可以从无芒、短芒到像野生稻一样的长芒。杂草稻的生物学性状差异比较大，种质资源各具特点，类型广泛[12]。

杂草稻对环境具有很强的适应性，从普通野生稻中继承且在长期的野生环境中积累了众多非生物胁迫抗性的遗传因子，因此在水稻改良特别是在抗性育种上是一个优良的稻种资源库，如抗稻瘟病[13]、耐镉性[14]、种子休眠性、耐低温性[15]、耐盐碱性等。张忠林等的研究表明，许多杂草稻品种对稻瘟病具有极强的抗性，其研究中甚至有5份材料对稻瘟病表现出免疫；邵国胜等[16]在镉胁迫条件下杂草稻与常规栽培稻一些氮素代谢酶的表现开展了研究，发现杂草稻通过缓解镉对谷草转氨酶(GOT)和谷丙转氨酶(GPT)活性的抑制作用来保持正常氮代谢，从而变异出对镉的耐性；CARRIE S THURBER等人研究了杂草稻上的落粒基因，发现杂草稻基因组上都含有*sh4*的落粒基因；袁晓丹等[17]从1999年开始收集杂草稻资源，遍及东北三省，发现在辽宁省东港和黑龙江省西部收集的杂草稻部分资源表现出抗盐、碱性。

2 杂草稻的分类地位及起源

杂草稻自从1846年在美国南、北卡罗来纳州被发现以来，其起源问题一直未确定，近些年来随着分子生物学技术的发展，对这方面的研究也越来越多。目前，虽然对这个问题的探索还没有结束，但也取得了部分进展，主要可以归纳成以下几方面的起源理论：（1）栽培稻个体间杂交、基因重组或回复突变等产生野生性状即返祖遗传[18]；（2）栽培稻的一年生近缘祖先靠种子繁衍、异交和伴生遗留下来[19]；（3）野生稻与栽培稻种间自然异交产生的后代[20]，还存在与伴生栽培稻等多重异交。

杂草稻和栽培稻一样同属于AA基因组型，形态上几乎与亚洲栽培稻相似。故通常将杂草稻和亚洲栽培稻(*Oryza sativa* L.)归属于同一个拉丁名下[21]。由于杂草稻变异非常丰富，已有不少学者对其进行了收集和分类，其中包括从生理形态、遗传特性、核型分析等方面的研究。但最具说服力的是利用分子标记的手段来区分和研究杂草稻、栽培稻和野生稻之间亲缘关系和分类。

Gross通过对156份杂草稻材料的研究，发现美国北部地区的杂草稻的起源是来自于并不是栽培稻的返祖现象，而是直接由野生稻进化而来的[22-26]。陆宝龙等[27]采用SSR分子标记方法对辽宁地区杂草稻遗传多样性和群体分化进行了初步研究，发现杂草稻植物学特性变异较大。中国辽宁杂草稻与当地粳型栽培稻血缘关系很近，与籼稻和野生稻的遗传关系较远，很可能起源于当地栽培稻品种，是栽培稻种个体间自然杂交、回复突变等产生的退化类型，远距离种子调运促进了它的进一步扩散。

Gross[22]提出不同地区的杂草稻的起源可能不同，这与其所处环境密切相关。杂草稻在稻田里主要作为栽培稻的伴生杂草存在，在自然环境中很难长期单独繁衍。这与野生种不同，尼瓦拉野稻在印度形成自然群落，主要特征与普通野稻近似，如粒形细长[28]。因为在世界各地，各个杂草稻种群有着不一样的环境条件，所以，各地的杂草稻起源有可能不一致。1997年Suh等[29]收集了100份韩国以及52份来自其他9个不同国家和地区的杂草稻材料，检测了6个形态、生理特征以及l4个同工酶位点。从形态、生理以及同工酶的结果将杂草稻分为籼型和粳型两大类，每一大类又根据类似野生或栽培进一步分为4组：I组拟栽培籼型，主要分布于温带国家；II组拟野生籼型，主要分布于热带地区；III组拟栽培粳型，主要分布在韩国和不丹；IV组拟野生粳型，主要分布在中国和韩国。由此推测I组杂草稻部分源于籼粳稻间的基因漂流。Ⅱ组则极有可能是由野生稻与栽培籼稻间基因漂流而来。Ⅲ组杂草稻推测是古代栽培稻进化的杂草型。Ⅳ组为拥有粳稻背景的野生稻与粳稻间基因漂流的结果。

3 杂草稻的分布规律及为害

目前在亚洲、非洲、欧洲、南美洲、北美洲以及大洋洲的50多个国家和地区都有关于杂草稻分布的报道，杂草稻对栽培稻的产量和质量有很大的影响[30]。近年来，随着免少耕直播稻田种植面积不断扩大，杂草稻发生为害逐年加重，特别是在世界上温热带地区一些种植水稻国家[31]。在美国，红稻已成为仅次于稗草和千金子的第三大杂草，有资料显示，美国每年因杂草稻大约要损失5000万美元[32]；意大利红稻的蔓延使个别地块最高减产可达22％[33]；杂草稻也已成为限制拉丁美洲国家水稻产量提高的最主要的杂草因素，导致水稻减产最高可达60％[34]。在我国，黑龙江、吉林、辽宁、内蒙古、河北、江苏、安徽、浙江、湖北、湖南、江西、广东、广西、云南、四川和重庆等省(自治区、直辖市)稻田均有杂草稻发生。据统计，我国黑龙江省仅稆生稻一项因品质下降而造成的损失，每年至少3亿～4亿元人民币[35]。

杂草稻的发生受农业耕作方式的影响，并且还与种源、土壤类型密切相关。朱凤生等[36]对江苏省高邮市地区进行调查(水稻分蘖期)，其发生的总的趋势是：麦套稻(3360株/667m^2)>直播稻(3273株/667m^2)>水直播(618株/667m^2)>机插秧(28株/667m^2)>移栽稻（未查见）。冯成玉等[37]对江苏省海安县地区进行调查，发现不同稻种来源地田间杂草稻发生有着明显的差异。除水稻品种之间的差异外，统一供种稻田杂草稻的发生明显轻于非统一供种稻田杂草稻的发生。

宋冬明等[38]研究了不同杂草稻密度对栽培稻群体的产量影响，发现杂草稻消耗养分和水分使栽培稻群体分蘖数减少、叶面积指数减小、叶绿素含量下降加速和干物质积累降低，是造成栽培稻产量降低的主要因素。同时，杂草稻密度也会影响栽培稻群体通风透光条件。使群体质量低病虫害加重，对产量形成所产生的不利影响有待进一步研究。

4 杂草稻的防治

现阶段，稻田杂草主要是通过施用除草剂进行防除，但是杂草稻形态上和生理上都和栽培稻比较相似，限制了选择性化学除草剂的有效性。至今为止，还没有开发出来专门针对稻田杂草稻的除草剂。现阶段，我们主要是通过以下几种途径来防治杂草稻。

4.1 化学防治

由于专门针对稻田杂草稻的除草剂，我们主要是进行化学诱杀。即对已受杂草稻为害的稻田，播种前土壤灌水处理，促使土壤中杂草稻种子提早萌发，当杂草稻出苗2～3叶时用灭杀型或者选择性除草剂喷杀，然后播种。

在美国加利福尼亚州采用深水淹灌结合使用除草剂禾大壮有效地防治了红稻，而在南方采用水稻与大豆轮作，结合在大豆田使用杀禾本科杂草的选择性除草剂，显著降低了红稻的为害水平[39]。在我国丹东当地农民常使用恶草酮、丁草胺、苯噻酰草胺和二氯喹啉酸等，可防除土壤表层出苗的部分杂草稻，但是防效不到50%。

4.2 农业防治

采用合理的耕作方式，是彻底消除杂草稻为害的关键性措施。孙敬东等[40]的研究表明，连续3年实行麦套稻和直播稻栽培的田块，杂草稻发生率显著高于采用相同种植方式连作2年的田块和种植1年的田块，而连续3年实行抛栽和移栽方式栽培的稻田，杂草稻发生率明显低于采用相同种植方式连续种植2年的田块和种植1年的田块。Choi等[41]研究了不同的耕作方式与水稻生长和杂草稻发生之间的关系，结果表明，在未耕翻的稻田中杂草稻的发生率为8.4%，采取轮作的田块杂草稻的发生率仅为0.9%，翻耕后轮作的田块中杂草稻的发生率为0，而且深耕更有利于杂草稻的防治。王莹等[42]研究发现大部分杂草稻的中胚轴都是属于长胚轴类型或者中间类型，其顶土出苗能力明显强于普通栽培稻。所以，10cm的深耕能有效防治杂草稻的发生[43]。

4.3 种源控制

良种生产者和种子管理部门要加强种子生产、销售流程质量控制，从源头上控制杂草稻直接流向农田，杜绝杂草稻污染原种田、良种繁殖田。另外，在播种前依据常规粳稻为团粒结构，而杂草稻籽粒细长，粒形较小，且浸泡后颖壳发红等特点，人工剔除杂草稻，提高种子纯度[44]。

Vinod等[45]研究美国阿肯色州杂草稻杂草管理的多样性中提出，可以根据杂草稻不同的性质品行将其分类（比如株高、花期等），针对不同的杂草稻类别，进行不同的防治措施。比如，对于高竞争力型的杂草稻，我们就要用严格的控制措施去减少作物产量损失和土壤中杂草稻的种子库的数量。

5 杂草稻的利用前景

杂草稻虽然成为水稻种植上的问题杂草，但是它也有其可利用的一方面。目前国内外研究的重点就是杂草稻上所具有的各种抗性基因，并通过杂交或者转基因来改良栽培稻，或者来探讨其起源问题。

5.1 稻种起源的探索

杂草稻不仅在亚洲栽培稻中存在，而且在非洲栽培稻（*O.glaberrima* Steud.）中也存在，以至其他一些栽培植物都有野生杂草种系共存。杂草稻的分布对栽培稻的起源探索有启发性[46]。

5.2 种质资源的利用

杂草稻对环境具有很强的适应性，从普通野生稻中继承且在长期的野生环境中积累了众多非生物胁迫抗性的遗传因子，如抗稻瘟病[19]、耐镉性[20]、种子休眠性、耐低温性、耐盐碱性等[21]。而且杂草稻和栽培稻都是AA基因型，它们之间不存在生殖隔离[47]，能利用杂草稻与现有粳稻恢复系杂交，改良恢复系，进一步扩大杂交亲本的遗传背景。或者可直接利用杂草稻探测恢复基因，即新恢复源。此外，还可利用优良杂草稻与不育系杂交转育不育系或与粳稻保持系杂交选育优良后代，转育成新的具有优良农艺性状的不育系。Michael E Foley等[47]在发表的"杂草稻种子休眠的遗传性"中指出了杂草稻是提供理想的基因资源，并解释了种子休眠机制，改进其收获前发芽时所受到的障碍，能有效防止穗发芽。赵培培等[48]研究了北方杂草稻种子的抗冻性，并发现了杂草稻种子在萌发过程中a-淀粉酶活性较高，有较强的抗冻能力。

然而，由于杂草稻的遗传多样性及极强适应性，会使得其防治更加困难并为害到水稻生产。已有研究发现，杂草稻与栽培稻存在着广泛的基因交流，由水稻品系到杂草稻的流散率为0.011%～0.046％[49]。Kathrine H等[50]在拉丁美洲以水稻为模式植物进行了10年的模拟实验来评估抗除草剂转基因作物的安全性，指出对于与转基因抗除草剂水稻共存的杂草稻，一旦发生基因飘移，在长期除草剂存在的选择压力下，外源基因就可以通过多代自交和回交发生基因渗透而稳定下来使杂草稻成为更难治理、严重影响水稻产量的"超级杂草"。

6 总结

杂草稻虽然成为为害水稻产量的问题杂草，但也有其可利用的一面。由于对生长环境的强适应性和抗逆性，存在很多有益基因有待于研究者去挖掘。积极开采杂草稻资源，转育抗性基因，并应用于新品种、恢复系和不育系的选育实践中可为我国乃至世界水稻产业作出巨大贡献。

所以，在对杂草稻的利用方面，我们还应有更进一步的研究，争取做到对其有利性状的最大化利用。但是在对于转基因水稻的风险性评估上，需要特别考虑基因漂移的问题，防止"超级杂草"的产生。

参考文献

[1]王渭霞，朱廷恒，邵国胜，等．杂草稻的分类起源及利用研究进展[J]．杂草科学，2005(2)：1-5．

[2]Suh H S，Sato Y I，Morishima H．Genetic characterization of weedy rice (*Oryza sativa L*．)based on morpho-physiology，isozymes and RAPD makers[J]．*Theor Appl Genet*，1997，94：316-321．

[3]Dian rong Ma,Mao bo Li. Genetic Diversity and population differentiation in weedy rice from Liaoning province [J].Crop Protection, 2008, 34(3): 403-411.

[4]余柳青，Mortimer A M，周勇军，等．杂草稻落粒粳的生物学特性与防治[J]．植物保护学报，2005，32(3)：319-323．

[5]王渭霞，朱廷恒，等.杂草稻的分类、起源及利用研究进展[J].杂草科学，2005，2: 1-5.

[6]潘学彪，陈宗祥，左示敏，等．江苏省杂草稻成因及防控策略[J]．江苏农业科学，2007(4)：52-54．

[7]Bao Long Lu,et al. Impact of weedy rice populations on the growth and yield of direct-seeded and transplanted rice[J]. *Weed Biology and Management*, 2007(7): 97-104.

[8]杨杰，仲维功，陈志德，等．江苏省扬中杂草稻生物学特性初步研究[J]．杂草科学，2007(3): 13-15.

[9]陈雨生，曹珠平.粤西直播稻作区杂草稻的发生为害与防治对策[J].粮食作物，2009(10)：117-119.

[10]袁晓丹，王亮，王丽丽，等．东北地区杂草稻的抗逆性及遗传特性[J]．延边大学农学学报，2006，28(4)：233-238．

[11]王渭霞，朱廷恒，等.杂草稻的分类、起源及利用研究进展[J].杂草科学，2005(2): 1-5.

[12]张忠林，彭桂峰，等.杂草稻种质资源农艺性状的主成分及聚类分析[J].西南农业学报，2004(17): 236-240.

[13]张忠林，谭亚玲，黄大军，等．杂草稻种质资源的鉴定及利用探索[J]. 中国农学通报，2003，19(6)：61-63．
[14]邵国胜，谢志奎，张国平. 杂草稻和栽培稻氮代谢对镉胁迫反应的差异[J]. 中国水稻科学， 2006，20（2）：189-193.
[15]赵培培，马殿荣，陈温福. 北方杂草稻种子抗冻性的初步研究[J]. 北方水稻，2008，38（3）：28-31.
[16]THURBER, C. S., REAGON, M., GROSS, B. L., OLSEN, K. M., JIA, Y. and CAICEDO, A. L. Molecular evolution of shattering loci in U.S. weedy rice. Molecular Ecology, 2010, 19: 3271-3284.
[17]袁晓丹，刘亮，曹凤秋，等．杂草稻的研究现状与展望[J].中国野生植物资源，2006，25（3）:5-7.
[18]中国农业科学院作物品种资源研究所编.作物品种资源研究[M]．北京：农业出版社，1984：35-44.
[19]蒋荷，吴竞仓，王报来，等.连云港稆稻研究[J]．作物品种资源，1985，（2）：4-7.
[20]International Rice Research Institute．Germplasm conservation and evalution．IRRI Program Report for，1990: 218-228.
[21]Tang LH，Morishima H．Genetic characterization of weedy rices and the inference on their origins[J]．*Breeding Science*, 1997, 47(2): 153-160．
[22]BRIANA L. GROSS, MICHAEL REAGON,SHIH-CHUNG HSU,ANA L. CAICEDO,YULIN JIAand KENNETH M. OLSEN，Seeing red: the origin of grain pigmentation in US weedy rice[J]. *Molecular Ecology*, 2010, 19: 3380 -3393.
[23]Sweeney MT, Thomson MJ, Cho YG et al. Global dissemination of a single mutation conferring white pericarp in rice[J]. PLoS Genetics, 2007, 3: 133.
[24]Sweeney MT, Thomson MJ, Pfeil BE, McCouch S .Caught red-handed: Rc encodes a basic helix-loop-helixprotein conditioning red pericarp in rice[J]. Plant Cell, 2006, 18, 283-294.
[25]Cho Y，Chung T，Suh HS，et a1．Genetic characteristics of Korean weedy riee(*Oryza sativa* L．)by RFLP analysis[J]．Euphytica, 1995, 86: 103-110．
[26]Maria Teresa Federici．Analysis of Urugnayan weedy rice genetic divemity using AFLP molecular markers[J]．*Electronic Joural of Biotechnology*, 2001, 4(3): 130-145．
[27]Bao Long Lu. Genetic Diversity and Origin of Weedy Rice (*Oryza sativa* f. *spontanea*)Populations Found in North-eastern China Revealed by Simple Sequence Repeat (SSR) Markers[J]. Annals of Botany, 2006, 98: 1241-1252.
[28]许聪，吴万春. 杂草稻的分类地位和利用途径探讨[J].海南大学学报自然科学版，1996，14（2）：146-151.
[29]Suh HS，Sato YI，Morishima H．Genetic characterization of weedy riee(Oryza sativa L．)based on morpho-physiology，isozymes and RAPD markers[J]. Theoretical Applied Genetics, 1997, 94: 316-321．
[30]Baki B B,Chin D V,Mortimer M. Wild and weedy rice in rice ecosystems in Asia-a review[M].*International Rice Research Institute.Los Banos*, 2000. 118.
[31]Hong chun Wang. Research progress in weedy rice [J].Agriculture Science, 2009, 6: 190-191.
[32]Khodayari K,Smith Jr R J,Black H L. Red rice(Oryza sativa)control with herbicide treatment in soybeans(Glycine max)[J]. Weed Science, 1987, 35: 127-129.
[33]A Ferrero,F Vidotto,P Balsari,et al. Mechanical and chemical control of red rice(Oryza sativa L.var.*sylvatica*)in rice(*Oryza sativa* L.)pre-planting[J]. Crop Protection, 1999, 18: 245-251.
[34]Ricardo Labrada Romero. International meetings: FAO Gobal Workship on Red Rice Control[J]. Varadero,Cuba , 1999: 1-8.
[35]孟英，魏永海，等．寒地稻生稻发生原因及防御对策 [J]. 黑龙江农业科学，2005(2)：55-56.
[36]朱风生等.麦茬套播和直播稻田杂草稻的发生与防治[J]. 江苏农业科学，2009，5: 153-154.
[37]冯成玉等.稻田杂草稻的发生特点及防治[J]. 庄稼医院，2008，11：44-45.
[38]宋冬明等.杂草稻密度对栽培稻生长发育和产量的影响[J]. 沈阳农业大学学报，2008，39(3)：270-273.
[39]Liu qing Yu．Weed management in direct-seeded rice of American [J]. *World Agriculture*, 1989(4): 47-49．
[40]孙敬东，肖跃成，黄秀芳，等．中粳稻田杂草稻发生特点及控制技术初探[J].杂草科学，2005（2）：21-23，56.
[41]Choi C D，Moon B C，Kim S C，et a1．Ecology and growth of weeds and weedy rice in direct—seeded rice fields[J]．Korean Journal of Weed Science，1995．15：39-45．
[42]王莹等. 北方杂草稻中胚轴伸长特性的初步研究[J].中国稻米，2008，3：47-50.
[43]钱卫红.水稻田杂草稻的发生与控制[J]. 农村百事通，2008，17: 8-13.
[44]王春胜等.杂草稻的研究进展[J]. 江苏农业科学，2009，6: 190-191.
[45]Vinod K. Shivrain, Nilda R. Burgos et al. Diversity of weedy red rice (*Oryza sativa* L.) in Arkansas, U.S.A. in relation to weed management. *Crop Protection*, 2010, 7(29): 721-730.
[46]Oka H I．Origin of Cultivated Rice(N)．Elsevier Japan Sci.Soc, 1988.
[47]Wang Feng，Yuan Qianhua，Shi Lei，et a1．A large-scale field study of transgene flow from cultivated

rice(*Oryza sativa*)to common wild rice(*Q rufpogon*) and barnyard grass(*Echinochloa crusgalli*)[J]. *Plant Biotechnology Journal*, 2006(4): 667-676.

[48]赵培培等.北方杂草稻种子抗冻性的初步研究[J]. 北方水稻，2008，3：28-31.

[49]Chen Lijuan，Lee Dongsun，Song Zhiping，et a1. Gene flow from cultivated rice(*Oryza sativa*)to its weedy and wild relatives[J]. *Annals of Botany,* 2004, 93: 67-73.

[50]Kathrine H，Madsen，Bemal E. Valverde，et a1. Risk assessment of herbicide—resistant crops：a Latin American perspective using rice(*Oryza sativa*)as a model[J]. *Weed Technology*, 2002, 16: 215-223.

外来入侵杂草的扩散与防控

两种外来入侵植物奇异虉草和小子虉草生物生态学特性及其防治

徐高峰[1]　申时才[1]　张付斗[11]　李天林[1]　张 云[2]

（1. 云南省农业科学院农业环境资源研究所，昆明 650205；
2. 云南省农业科学院粮食作物研究所，昆明 650205）

摘要：明确两种外来入侵植物奇异虉草和小子虉草的生物生态学特性并探索其防治技术。在野外和温室条件下，观察奇异虉草和小子虉草的生物生态学特性；并在室内生物测定了两种除草剂对奇异虉草和小子虉草的生物活性及其对小麦的安全性。结果表明，外来入侵植物奇异虉草和小子虉草与小麦在形态特征和物候期存在一定差异。在三叶期和拔节期，奇异虉草和小子虉草的平均株高矮于供试小麦且差异显著，但奇异虉草和小子虉草间株高无显著差异；在成熟期奇异虉草、小子虉草和云选 2 号三者间株高无显著差异。除草剂精恶唑禾草灵有效防控奇异虉草和小子虉草的鲜重 IC_{95} 值分别为 121.9 g a.i./hm^2 和 114.9ml a.i./hm^2，且对小麦安全；除草剂扑草净有效防控奇异虉草和小子虉草鲜重的鲜重 IC_{95} 值分别为 1432.4 和 2234.4 g a.i./hm^2，但对小麦安全性差。[结论]外来入侵植物奇异虉草和小子虉草的形态特征和物候期与小麦存在一定差异；除草剂精恶唑禾草灵和扑草净能对两种杂草进行有效防控，其中除草剂精恶唑禾草灵对小麦安全性高。

关键词：奇异虉草；小子虉草；精恶唑禾草灵；扑草净；生物学特性；生态学特性

Study on Biological Characteristics, Ecological Habit and of Control the Invasive Weeds *Phalaris paradoxa* L. and *Phalaris minor* Retz.

XU Gao-feng[1] ,SHEN Shi-cai[1], ZHANG Fu-dou[1*],LI Tian-lin[1], ZHANG Yun[2]

(1 *Agricultural Environment & Resource Research Institute, Yunnan Academy of Agricultural Sciences, Kunming* 650205,*China;* 2 *Food Crops Institute , Yunnan Academy of Agricultural Sciences, Kunming* 650205, *China)*

Abstract: [Objective] To acquaintance biological characteristics, ecological habit and control of invasive species *Phalaris paradoxa* L. and *Phalaris minor* Retz.. [Method] Biological characteristics and ecological habit of *Phalaris paradoxa* L. and *Phalaris minor* Retz. were researched in the wild and greenhouse condition, and investigation the bioactivity of herbicides fenoxaprop-ethyl and prometryn to two kinds of invasive weeds and safety to test wheat. [Result] Morphological characteristics and phenophase of *Phalaris paradoxa* L. and *Phalaris minor* Retz. were different. The plant height, length leaf, broad leaf and earlength on *Phalaris paradoxa* L. and *Phalaris minor Retz.* are shorter than test wheat when their at the same stage. Plant height, tiller number and yield of test wheat are reduced as the symbiotic density on *Phalaris paradoxa* L. and *Phalaris minor Retz*. increased, but the effects on Tiller number and yield are stronger than plant height. The values of IC_{95} on enoxaprop-ethyl were 121.9 and 114.9 mL a.i./hm^2 of biomass on *Phalaris paradoxa* L. and *Phalaris minor* Retz., and it is safety to test wheat. Control effects to invasive weeds on prometryn are *Phalaris paradoxa* L. > *Phalaris minor* Retz. but it's insecurity to test wheat. [Conclusion] Biological characteristics and phenophase of *Phalaris paradoxa* L. *Phalaris minor* Retz. and wheat were different at the same condition. The herbicide of fenoxaprop-ethyl and prometryn can effective control *Phalaris paradoxa* L. and *Phalaris minor* Retz., but prometryn is insecurity to test wheat.

Key words: *Phalaris paradoxa* L.; *Phalaris minor* Retz.; Fenoxaprop-ethyl; Prometryn; Biological characteristics;Ecological habit

外来入侵生物在入侵地肆虐，对入侵地的生态、环境和经济等方面造成极大的为害，受到国际社会的广泛关注，控制外来入侵生物的蔓延与为害已成为全球21 世纪人类面临的迫切任务[1~6]。云南地处我国西南边陲，具有独特的地理和生态环境条件。是我国

基金项目：云南省农业科学院所长青年基金(HZ2010001)
农业部公益性行业（农业）科研专项（200903004））

作者简介：徐高峰（1979－），男，安徽庐江人，助理研究员，硕士，从事杂草入侵生态学究。
E-mail：xugaofeng1059@163.com

通讯作者：张付斗（1971-），男，云南大理人，副研究员，从事杂草学和生态学研究。
Tel：（0871）5894429，E-mail：fdzh@vip.sina.com

遭受外来入侵生物最为严重的地区之一，也是外来入侵生物向我国内地扩散的重要集散地之一[7~10]。

外来入侵植物奇异虉草（*Phalaris paradoxa* L.）和小子虉草（*Phalaris minor* Retz.）为禾本科（Gramineae）虉草属（*Phalaris*）一年生杂草，原产于欧洲、非洲、美洲和亚洲泛热带地区[11]，20世纪70年代随麦类引种传入中国[12]。2008年，奇异虉草和小子虉草在云南省保山市麦区首次大规模暴发为害，随后相继在云南省的大理市、楚雄市、玉溪市和昆明市等温带地区暴发为害。奇异虉草和小子虉草在云南省温带地区具有极强的分蘖能力和竞争能力，生长习性及其形态特征与入侵地麦类作物相近，常对入侵地冬春农作物特别是麦类作物的产量和品种造成严重影响。研究表明，当麦田两种杂草幼苗的发生密度为160株/m^{2}时，小麦的产量损失超过了80%[13]，防控奇异虉草和小子虉草到了刻不容缓的地步。

目前大多数研究认为，掌握新入侵生物的生物学与生态学特性是制定防控外来有害生物对策和措施的首要关键科学问题，具有重要的科学地位和现实意义[14~16]。目前国内尚无对奇异虉草和小子虉草生物生态学特性及其防治技术进行深入研究的报道，给认识、了解和防控两种杂草带来困难。本文通过野外和室内试验研究了奇异虉草和小子虉草的生物生态学特性及其防治技术，旨在为下一步有效防控两种外来入侵植物的扩散与蔓延提供理论基础。

1 材料与方法

1.1 试验材料

供试奇异虉草和小子虉草种子于 2009 年 4 月采自云南省保山市隆阳区麦田，风干后室温保存至备用。小麦品种为“云选 2 号”，种子由云南省农业科学院粮食作物研究所麦类作物研究中心提供。10%精恶唑禾草灵 EC（fenoxaprop-ethyl）（骠马）购自拜耳（中国）作物科学公司，50%扑草净 WP（prometryn）购自昆明农药厂。

1.2 奇异虉草与小子虉草生物生态学特性研究

2009年9月～2010年10月，分别在云南省昆明市、楚雄州、大理白族自治州、保山市和玉溪市设立野外观测点（观测点地理信息见表1）。每观测点随机选取小麦、油菜和蚕豆3种作物地各3块作为调查样地，并在每个样地随机选择环境条件相对一致、面积为1m^{2}的样方5个，共设立45个样地和225个样方。每周观察一次，从种子萌芽直至种子脱落，详细观察研究样方内奇异虉草和小子虉草的生物学特性，记录其萌芽期、三叶期、分蘖期、拔节期、孕穗期、开花期、结实期、种子脱落期和植株枯死期。2009年11月在昆明云南省农业科学院日光温室将奇异虉草、小子虉草和小麦按80 株/m^{2}种植，观察比较三者在不同生育期的形态特征。

1.3 两种除草剂对奇异虉草和小子虉草室内生物活性测定

在 18cm×12cm（长×宽）塑料盒中放入 500 g 干燥并过 50 目筛的麦田土，润湿后每盒播入经催芽露白的奇异虉草和小麦、小子虉草和小麦的混合种子各 30 粒，后覆 5 mm 左右薄土，放入光照强度 12000 lx、光周期为 14h/10h（光照/黑暗）、温度 20℃/25℃、相对湿度白天 50%、夜晚 70%的人工气候室中培养。30 天后每盒保留生长基本一致的各供试植株 20 颗，后用 Potter 喷雾塔（工作压力：15bar，雾滴直径 40μm）按 50 ml/m^2 药液量和设计浓度分别喷施不同浓度的两种供试药剂，每处理重复 4 次，对照喷施蒸馏水。精恶唑禾草灵和扑草净的试验设计浓度分别为：精恶唑禾草灵 45ml a.i./hm^2、60 ml a.i./hm^2、75 ml a.i./hm^2、90 ml a.i./hm^2 和 105ml a.i./hm^2，扑草净 187.5 g a.i./hm^2、375 g a.i./hm^2、562.5 g a.i./hm^2、750 g a.i./hm^2 和 937.5 g a.i./hm^2。处理后放回人工气候室继续培养。药后 15 天分别将每盒中奇异虉草和小子虉草地上存活部分剪下并测量其株高和鲜重（完全死亡记为 0），后参照范志金[17]等农药毒力测定方法计算每种药剂的 IC_{50}、IC_{90} 和毒力回归方程。

1.4 两种除草剂对小麦安全性测定

供试小麦的播种时间、试验条件和试验设计同1.3。在施药后的7天、14天和45天分别记录供试小麦在各种测试条件下的株高，并按小麦药害分级标准计算其药害情况。

小麦叶片受害情况分级标准如下：0级：叶片正常；1级：总叶片1/4以下面积枯死；2级：总叶片1/4～1/2面积枯死；3级：总叶片1/2～3/4面积枯死；4级：总叶片3/4以上面积或整株枯死。

1.5 数据分析

试验中小麦叶片受害情况按下列公式计算：

$$受害指数（\%）=\frac{\sum（受害级数\times受害叶片数）}{调查总叶片数\times最高级别}\times100\%$$

受害指数越大说明小麦受到药害越严重，反之越轻。试验数据采用DPS软件进行统计分析[18]，利用随机区组设计结合新复极差法对各处理进行差异显著性检验。

2 调查及研究结果

2.1 形态特征

2.1.1 奇异虉草

奇异虉草为一年生草本植物。地上茎直立，基部屈曲，株高 30～160 cm，麦田其株高常为 90～120 cm。叶片线形，先端渐尖，长 10～20 cm，宽 3～9mm，叶面积 6～30cm^2，叶舌长 2～4 mm，膜质，截头形。圆锥花序紧密，长 2～9 cm，部分藏在上部叶鞘内；小穗有 7～12 个簇生，种子从顶部至端部逐渐成熟并和颖壳从上至下同时逐步脱落。无柄的中间的为孕性小穗，其余的 5～6 个为有柄不孕小穗，其余的 5～6 个为有柄不孕小穗；孕性小穗的颖长 5.5～8.2 mm，不孕小穗的颖长 6～15 mm，上部具翼，翼具齿状突起；孕花外稃长 2.5～3.5 mm。颖果椭圆形，深褐色，光滑，长 2～4 mm，千粒重 1.4～1.8 g。

2.1.2 小子虉草

小子虉草为一年生草本植物。地上茎直立，基部屈曲，株高 40～180 cm，麦田其株高。叶片线形，先端渐尖，长 10～30 cm，宽 4～20mm，叶面积 8～40 cm^2，叶舌长 2～5 mm，膜质，圆形。圆锥花序紧密，有时稍扩散，长 3～10 cm，部分藏在上部叶鞘内；小穗有 10～20 个簇生，成熟后从上至下种子从颖壳中逐步脱落，但颖壳留于穗上。无柄的中间的为孕性小穗，其余的 5～6 个为有柄不孕小穗，其余的 5～6 个为有柄不孕小穗；孕性小穗的颖长 6～9mm，不孕小穗的颖长 7～15 mm，上部具翼，翼具齿状突起；孕花外稃长 3～5 mm。颖果椭圆形，深褐色，光滑，长 3～10 mm，千粒重 2.3～2.7 g。

2.1.3 奇异虉草、小子虉草和小麦形态特征差异

在三叶期和拔节期，奇异虉草和小子虉草的平均株高矮于供试小麦且差异显著，但奇异虉草和小子虉草间株高无显著差异；在成熟期奇异虉草和小子虉草的平均株高虽矮于供试小麦，但三者间无显著差异。另外奇异虉草和小子虉草的主穗长明显短于供试小麦品种云选 2 号，差异显著，但三者的第一节间长无显著差异（表 2）。

2.2 生活史

在云南省昆明市和玉溪市，奇异虉草和小子虉草在 9 月下旬开始萌发出土，10 月上旬到下旬，日平均气温 18℃ 左右为出苗盛期，而在楚雄州、大理白族自治州和保山市奇异虉草和小子虉草的萌发日期稍晚于昆明市和玉溪市。后随着冬季到来，气温降低，出苗量明显下降，12 月份基本不出苗。当年的 10 月份到次年的 2 月份通常为奇异虉草和小子虉草的营养生长期。2 月上旬奇异虉草的株高通常在 80cm，分蘖 15～25 株；小子虉草的株高通常在 95cm，分蘖 25～35 株。奇异虉草和小子虉草常在 2 月下旬至 3 月份下旬抽穗，并由穗顶至穗端逐渐开花，4 月上旬至 5 月上旬其种子由穗顶至穗端逐渐成熟并脱落，种子成熟并脱落通常持续时间约为 40 天左右，种子脱落后植株逐渐枯死，在 6 月中旬后田间基本看不到奇异虉草和小子虉草存活的植株（表 3）。但调查也发现，少数种子也可在 1 月中下旬萌发，7 月份成熟，存在世代重叠现象。

2.3　两种除草剂对奇异虉草和小子虉草的生物活性

研究表明供试药剂精恶唑禾草灵对奇异虉草的株高和鲜重IC_{50}值分别为47.4 ml a.i./hm^2和60.5 ml a.i./hm^2，对小子虉草的株高和鲜重IC_{50}值分别为54.3和64.2ml a.i./hm^2，而10%精恶唑禾草[26]灵麦田常规推荐用量为60～90 ml a.i./hm^2，说明除草剂精恶唑禾草灵能有效防控麦田两种外来入侵杂草。除草剂的IC_{95}值常更能实际反映田间防治效果，精恶唑禾草灵对奇异虉草和小子虉草的IC_{95}虽大于田间推荐剂量90 ml a.i./hm^2，但并未达到最大推荐剂量的倍量，在经济承受范围内。除草剂扑草净对奇异虉草有较好的防治效果，供试条件下，对奇异虉草的株高和鲜重IC_{95}值均小于田间推荐的最大用量（扑草净[26]田间常规推荐用量800～1500g a.i./hm^2）（表4），对小子虉草具有一定的防控作用，但防效弱于奇异虉草。

2.4　两种除草剂对小麦的安全性

各处理小麦在施药后 7 天、14 天调查发现，精恶唑禾草灵处理组的在使用浓度≤60ml a.i./hm^2 时对小麦安全无药害，但随着使用浓度的增加，小麦叶片尖端出现枯死症状，药后 14 天小麦最高受害指数为 12.34%，药后 45 天各处理小麦植株株高与对照无显著差异，说明精恶唑禾草灵对小麦有较高的安全性，小麦受其药害后适当增强管理可恢复。扑草净处理组对供试小麦药害明显，在浓度为 187.5 g a.i./hm^2 时，植株即显著矮化，当浓度≥750 g a.i./hm^2 时，可将小麦完全致死，说明扑草净对小麦表现不安全性（表5）。

表 1　云南省奇异虉草和小子虉草观测点地理信息

观测点名称	纬度	经度	海拔（m）
昆明市云南省农业科学院温室	25°48.036	102°17.329	1964
昆明市宜良县玉龙村	24°50.277	103°18.329	1733
楚雄州鹿城镇麦家凹	25°02.222	101°28.610	1812
大理白族自治州弥渡县红岩乡福长村	25°27.992	100°25.368	1880
保山市隆阳区板桥镇赵旺村	25°11.502	99°13.232	1658
玉溪市红塔区北城镇大白井	24°24.815	102°32.716	1642

表2 温室条件下奇异虉草、小子虉草和小麦在不同生育阶段形态特征比较

处理	三叶期株高(cm)	拔节期株高(cm)	拔节期叶长(cm)	拔节期叶宽(mm)	开花期株高(cm)	开花期叶长(cm)	开花期叶宽(mm)	第一节间长(cm)	平均穗长(cm)
奇异虉草	15.71b	36.52b	14.61c	0.54b	80.85a	24.61c	10.5b	4.75a	5.11b
小子虉草	15.98b	37.11b	15.72b	0.51b	81.07a	26.64b	9.1c	4.56a	5.47b
小麦	18.15a	41.82a	17.41a	0.67a	81.85a	36.41a	18.1a	4.85a	8.32a

注：表中叶长和叶宽为倒2、倒3叶叶长和叶宽的平均值。

表 3 不同观测点小麦田奇异虉草和小子虉草的物候期

	昆明	楚雄	大理	保山	玉溪
萌芽期	9 月下旬至 11 月中旬	10 月上旬至 11 月下旬	10 月上旬至 11 月下旬	10 月上旬至 11 月下旬	9 月下旬至 11 月中旬
三叶期	10 月中旬至 12 月中旬	10 月下旬至 12 月下旬	10 月下旬至 12 月下旬	10 月下旬至 12 月下旬	10 月中旬至 12 月中旬
分蘖期	11 月上旬至 1 月中旬	11 月中旬至 1 月下旬	11 月上旬至 2 月上旬	11 月上旬至 2 月上旬	11 月上旬至 1 月中旬
拔节期	12 月中旬至 2 月中旬	12 月下旬至 2 月下旬	12 月中旬至 2 月下旬	12 月中旬至 3 月上旬	12 月中旬至 2 月中旬
孕穗期	1 月下旬至 3 月中旬	1 月下旬至 3 月下旬	2 月上旬至 4 月中旬	2 月中旬至 4 月中旬	1 月下旬至 3 月中旬
开花期	2 月中旬至 4 月上旬	2 月下旬至 4 月上旬	2 月下旬至 4 月中旬	3 月上旬至 4 月下旬	2 月中旬至 4 月上旬
结实期	3 月上旬至 4 月下旬	3 月中旬至 5 月上旬	3 月下旬至 5 月中旬	3 月下旬至 5 月中旬	3 月上旬至 4 月下旬
种子脱落期	3 月中旬至 5 月中旬	3 月下旬至 5 月中旬	4 月上旬至 5 月下旬	4 月中旬至 5 月下旬	3 月中旬至 5 月中旬
植株枯死期	4 月中旬至 5 月下旬	4 月中旬至 5 月下旬	4 月下旬至 6 月上旬	5 月上旬至 6 月上旬	4 月中旬至 5 月下旬

表 4 精恶唑禾草灵和扑草净对奇异虉草和小子虉草的生物活性分析

除草剂	测试靶标	检测指标	IC_{50}ml（g）a.i./hm^2	95%置信限	IC_{95}ml（g）a.i./hm^2	95%置信限	毒力回归方程	r^2
精恶唑+禾草灵	奇异虉草	株高	47.4	46.2～48.7	105.6	103.1～108.4	y=4.73x-2.92	0.96
		鲜重	60.5	56.9～64.3	121.9	109.6～135.5	y=5.41x-4.64	0.98
	小子虉草	株高	54.3	51.5～57.3	124.5	114.8～135.1	y=4.57x-2.93	0.99
		鲜重	64.2	61.5～67.1	114.9	106.6～123.9	y=5.06x-4.15	0.99
扑草净	奇异虉草	株高	184.9	129.2～264.7	949.3	718.5～1254.3	y=2.32x-0.25	0.96
		鲜重	259.3	195.6～343.7	1432.4	957.2～2143.6	y=2.22x-0.35	0.96
	小子虉草	株高	231.8	179.9～298.7	1585.5	1113.2～2258.1	y=1.97x+0.34	0.97
		鲜重	306.3	234.9～399.5	2234.4	1243.8～4013.9	y=1.91x+0.26	0.95

表 5 精恶唑禾草灵和扑草净对小麦的安全性比较研究

处理	浓度 ml（g）a.i./hm^2	药后 7 天小麦受害指数(%)	药后 7 天小麦株高 (cm)	药后 14 天小麦受害指数(%)	药后 14 天小麦株高(cm)	药后 45 天小麦株高(cm)
精恶唑禾草灵	45	0.00	37.61a	0.00	41.30a	82.29a
	60	0.00	36.92bc	0.00	40.51ab	82.32a
	75	3.11	37.13ab	4.02	40.92ab	83.02a
	90	6.27	36.80bc	7.14	40.21b	82.60a
	105	10.58	36.31cd	12.34	40.52ab	82.83a
扑草净	187.5	15.31	35.70d	19.12	36.63c	73.57b
	375	28.47	30.41e	32.47	35.70c	72.21b
	562.5	37.62	25.82f	57.35	28.41d	60.97c
	750	62.59	18.63g	85.63	13.70e	完全死亡
	937.5	78.06	12.71h	93.28	7.52f	完全死亡
对照	—	—	37.4ab	—	41.4a	83.16a

3 讨论

奇异虉草、小子虉草和麦类均为禾本科植物，二者在苗期形态特征与麦类作物较为相似，田间常难以识别，给人工拔除带来较大困难。本文在野外和室内研究了两种外来入侵杂草奇异虉草和小子虉草的生物生态学特性以及其在不同地点的物候期变化，并详细对比了其与小麦内在的差异。研究结果对田间识别两种杂草和下一步制定有效的综合治理方案奠定了基础。

长期以来，化学防治一直是控制外来有害生物的重要手段之一。本研究中的奇异虉草和小子虉草与麦类同为禾本科植物，田间外形与麦类作物相似且生育时期也较为接近，选用化学药剂对其进行防控时，对小麦安全的化学药剂通常对奇异虉草和小子虉草无效，对其有效的化学药剂通常也易使小麦产生药害，给化学防治带来很大困难。本文室内生物测定了两种除草剂精恶唑禾草灵和扑草净对奇异虉草和小子虉草的生物活性，研究表明除草剂精恶唑禾草灵对两种外来入侵杂草有较好的防治效果，且对小麦安全；除草剂扑草净虽也能防控两种杂草，但对小麦安全性较差，不宜在麦田使用，但本研究结果还需在野外进一步深入研究。

参考文献

[1] 万方浩."973"项目"农林危险生物入侵机理与控制基础研究"简介[J]. 昆虫知识，2007，44（6）：790-797.

[2] 万方浩， 郑小波，郭建英. 重要农林外来入侵物种的生物学与控制[M]. 北京：科学出版社， 2005，820.

[3] Christian C E. Consequences of a biological invasion reveal the importance of mutualism for plant communities[J]. *Journal of Ecol*, 2001, 88:528-534.

[4] Hawkes C V, Wren I F, Herman D J, Fireston M K. Plant invasion alters nitrogen cycling by modifying the soil nitrifuing community[J]. *Ecology Letters*, 2005, 8: 976-985.

[5] Traveset A , Richardson D M. Biological invasions as disruptors of plant reproductive mutualisms[J]. *Trends in Ecology and Evolution*, 2006, 21: 208-216.

[6] Ricciardi A. Assessing species invasions as a cause of extinction [J]. *Trends in Ecologyand Evolution,* 2004, 19: 619.

[7] 张玉娟，张乃明，高阳俊. 云南省生物入侵现状分析[J]. 云南环境科学，2004，23（1）：10-14.

[8] 杜江江，张树兴. 云南省外来生物入侵现状及对策研究. 中国地质大学学报（社会科学版）[J].2005，

5（3）：81-84.
[9] 胡发广，段春芳，刘光华. 云南怒江干热河谷区农田外来入侵杂草的调查[J]. 杂草科学，2007，（04）：20-23.
[10] 齐艳红，赵映慧，殷秀琴. 中国生物入侵的生态分布[J]. 生态环境，2004（03）:37-40.
[11] 中国外来入侵物种数据库，http://www.biodiv.org.cn/ias/index.htm，2009.
[12] 赵国晶. 中国农田新记录的两种禾本科杂草[J]. 云南农业科技，1988（1）：16-17.
[13] 徐高峰，张付斗，李天林，单芹丽，张云，张玉华. 奇异虉草和小子虉草生物学特性及其对小麦生长的影响和经济阈值研究[J]. 中国农业科学，2010，43（21）：4409-4417.
[14] 徐汝梅，叶万辉. 生物入侵理论与实践[J].北京：科学出版社，2004.
[15] 闫淑君，洪伟，吴承祯. 生物入侵的评价与预警研究.安全与环境学报[J]，2007.（03）：214-217.
[16] 刘苏，王祥荣. 生态入侵及其对植被生态系统服务功能的影响研究[J]. 复旦大学学报[J]，（自然科学版），2002，（04）：274-277.
[17] 范志金，钱传范，党宏斌等. 麦谷宁生测方法及其对玉米的安全性研究.农药学学报[J]，2000，2（1）：63-70.
[18] 唐启义，冯明光. 实用统计分析及其 DPS 数据处理系统[M]. 北京：科学出版社，2002.

外来入侵恶性杂草紫茎泽兰替代控制研究进展

卢向阳[1]　王秋霞[2]　刘冰[3]

（1. 北京市农林科学院植物保护环境保护研究所，北京 100097；
2. 中国农业科学院植物保护研究所，北京 100193；
3. 山东农业大学植物保护学院，泰安 271018）

摘要：紫茎泽兰入侵我国西南地区后，造成农林牧业的巨大损失。替代控制是一种有效防控紫茎泽兰的方法之一，具有持续控制紫茎泽兰的作用。本文概述了替代控制机制和替代物种的研究现状，并结合实地调查和试验研究阐述了我国替代控制中存在的问题和今后发展方向。

关键词：外来入侵杂草；紫茎泽兰；替代控制

Research Advances in Replacement Control on Alien Invasive Weed *Eupatorium Adenophorum*

Lu Xiang-yang[1]，Wang Qiu-xia[2]，Liu Bing[3]

（1. *Institute of Plant & Enviromental Protection, Beijing Academy of Agricultural and Forestry Science, Beijing* 100097, *China*; 2 . *Institute of Plant Protection*，*Chinese Academy of Agricultural Sciences*，*Beijing* 100193, *China*; 3. *College of Plant Protection*，*Shandong Agricultural University*，*Taian*，271018, *China*）

Abstract：*Eupatorium adenophorum* Spreng，as an important alien invasive organism, has spread many regions of south-west China. It has resulted in heavy economic losses to agriculture forest and husbandry. Replacement control is an effective and sustained method in control of *E. adenophorum*. This article summarizes the mechanisms of replacement control and research status of replacement plant varieties, and set forth the problems in replacement control and development directions in the future combined with the author's local investigation and field research.

Key words：Alien invasive weed; *Eupatorium Adenophorum* Spreng; Replacement control

紫茎泽兰入侵我国云南、贵州、四川、广西等西南地区，已泛滥成灾，导致林木幼苗死亡、土壤肥力下降、草场退化，牲畜误食导致腹泻、脱毛，甚至死亡。据农业部报道，我国紫茎泽兰发生面积已达1400多万hm^2[1]。目前，控制紫茎泽兰的方法主要有人工拔除、化学防除、生物防治、替代控制和利用5种方法，但至今尚未建立紫茎泽兰控制的良好模式。根据国外报道，生物防治是控制入侵生物行之有效的方式之一，但我国经过长期努力尚未收到显著成效，如泽兰实蝇的应用。而人工拔除、化学防除和利用的方法的持效期均较短。相反，替代控制具有持效期较长的特点[2]。由于紫茎泽兰具有先锋植物和长久土壤种库的特性，铲除后的生境会被再次入侵，因此采取替代控制来抑制紫茎泽兰是有效的控制方法[3]，目前该方法作为一种新的防除紫茎泽兰的途径越来越被关注。

1　替代控制机制研究的进展

替代控制是根据植物群落演替的自身规律，用有生态和经济价值的植物取代杂草群落，恢复和重建合理的生态系统的结构和功能，并使之具有自我维持能力和活力，建立起良性演替的生态群落[4]。对外来入侵植物的替代控制机制的研究，目前是国际上一个活跃的正蓬勃发展的研究领域，相关的理论正处于初级阶段[5]。替代控制的机制主要以生态学为基础，已经形成竞争作用、化感作用、郁闭作用、多样性阻抗、空生态位占据、生境干扰等理论或学说，这些理论即有自身的侧重，也有相互的交叉。

1.1　竞争作用

早在19世纪，Darwin就已认识到竞争在有机体自然选择过程中的中心地位。在资源有限的情况下，植物为其自身的生长和生存，会对光、水、营养等需要而发生植物间的竞争[6]。如果种间竞争激烈，按竞争排斥原理，将导致某一物种灭亡[7]。竞争是决定群落性质最主要的因素，其经典理论是Grime的最大资源捕获潜力理论和Tilman的最小资源需求理论[6]。

竞争力的研究已成为筛选替代植物品种的重要依据。用具有更强竞争力的植物替代控制紫茎泽兰再入侵，是有效治理紫茎泽兰为害的生态恢复途径之一[8]。而筛选和发现竞争力强的替代植物品种已成为替代控制紫茎泽兰的重要内容。

不同植物物种具有不同的竞争策略。紫茎泽兰氮素的分配机制可以增强自身竞争力，但竞争中其生物量偏向于向地下分配，而非洲狗尾草生物量偏向于向地上分配，后者竞争力更强[9,10]。拉巴豆（*Dolichos lablab*）和宽叶雀稗（*Paspalum wetsfeteini*）是通过抑制紫茎泽兰株高和生物量来获得竞争成功的[11]。植物对土壤有效养分的影响是植物竞争取胜的重要生态策略之一[12]。紫茎泽兰的入侵会对土壤肥力、微生物群落、土壤酶活性等产生影响，从而改变种间竞争关系[11,13]。

虽然物种的竞争力差异主要是遗传差异所造成的，植物的生长速度、个体大小和形状（如生物量、高度、叶片大小和植冠层直径等）是决定竞争力的主要因素，但竞争能力与环境条件也密不可分。氮肥和磷肥可以提高紫茎泽兰对黑麦草的相对竞争力[8]。氮响应力因物种不同而不同，如非洲狗尾草（*Setaria sphacelata*）的氮响应力大于紫茎泽兰，而拔毒散（*Sida szechuensis*）则小于紫茎泽兰[14]。

种群密度是影响物种竞争能力的最为重要的因素之一[15,16]。当非洲狗尾草密度分别为 20 株/m^2、45 株/m^2 和 175 株/m^2 时，密度越大对紫茎泽兰的竞争力越强[9]。但是任何植物均存在种内竞争和密度制约[6]，因此替代植物的种植密度应适当。

1.2 空余生态位占据

生态位理论是替代控制的重要理论基础。当本地植物进入休眠并出现生态位空缺时，紫茎泽兰仍能继续生长并在下一个生长季建立空间优势，将时间生态位成功地转换成空间生态位而排挤本地植物[17]。据调查，遭受过火灾的、林下植被稀少的山林紫茎泽兰有迅速入侵的现象，而植被茂盛的山林内部极少有紫茎泽兰生长。利用与紫茎泽兰生态位相近的、具有生长优势的替代植物充分占据紫茎泽兰原有的生态位，可以避免紫茎泽兰再度入侵。非洲狗尾草与紫茎泽兰都属于多年生草本植物，其生活史基本重叠，一旦种群建立将不会出现空余生态位，从而能够持续抵御紫茎泽兰的入侵[10]。完整而常绿的灌木层结构意味着群落在任何时间都不会出现明显的生态位空缺。常绿成分是否占优势，对于提高群落抵抗紫茎泽兰入侵的能力高度相关。

1.3 化感作用

一些研究表明紫茎泽兰有化感作用，如郑丽等研究表明，紫茎泽兰叶片水提液对 10 种受体植物种子萌发和幼苗生长均有化感作用[18]。朱正方等研究表明，紫茎泽兰水提物对小麦、玉米、蓝桉等植物种子胚根及胚芽的生长有抑制作用 [19]；宋启示等研究表明，紫茎泽兰地上部分的石油醚、乙醇和水提取物对豌豆的种子萌发和幼苗生长均有抑制作用[20]；杨挚明等研究表明，紫茎泽兰根系分泌物对玉米、大麦的幼苗和根伸长有抑制作用。潭仁祥报道，紫茎泽兰中含有芳樟醇、樟脑、香豆素类、伞形花酯等化学成分对其他植物种子萌发有抑制作用；Q-蒎烯、13-蒎烯、柠檬烯、芳樟醇、樟脑、阿魏酸等对其他植物的幼苗、幼根生长有抑制作用[21]。周政华研究表明，紫茎泽兰低浓度茎叶水提液对拉巴豆茎鲜重有显著抑制作用，对木豆根的伸长有显著抑制作用；紫茎泽兰高浓度茎叶水提液对多年生黑麦草根和茎伸长具有一定的抑制作用，对拉巴豆根的伸长具有显著抑制作用，对木豆（*Cajanus cajan*）根伸长和根鲜重具有极显著性抑制作用。由此有人提出在筛选替代植物时要避免使用易受紫茎泽兰化感影响的物种[22]。另一些研究表明，紫茎泽兰没有化感作用，如刘小燕等采用取土盆栽和水培分泌物添加法测定了紫茎泽兰对一年生黑麦草、多年生黑麦草、紫花苜蓿和光叶紫花苕没有化感作用[23]，周政华采用琼脂栽培法测定表明，5～6 叶期的紫茎泽兰对多年生黑麦草、宽叶雀稗和拉巴豆根和茎伸长的影响不显著[22]。还有一些研究发现，紫茎泽兰提取物对其他植物有促进生长作用，如朱正方等报道紫茎泽兰的倍半萜类化合物中的 9-羰基泽兰酮、9-β-羟基泽兰酮乙酸酯具有促进油菜、番茄幼苗生长的作用[19]。周政华研究表明，紫茎泽兰茎叶水提液对紫穗槐幼苗根的伸长具有显著促进作用[22]。由此可见，不同测试方法和不同受体，结果有所不同，因此一些学者也对紫茎泽兰化感的真实性提出了质疑。

利用对紫茎泽兰有化感作用的替代植物可以达到优异的防控紫茎泽兰的目的，但是这方面的研究，包括青冈树、银荆树对紫茎泽兰的化感研究，至今尚无获得进展。

1.4 郁闭作用

通过竞争作用也可以产生一种植物对另一种植物的郁闭作用，但在此所指的郁闭作用不是由竞争的结果产生的，而是由天然植被或人工建造的植被产生的。实践证明，当郁闭度达到0.7以上时，紫茎泽兰分布较少或没有。对此，作者已有详尽论述[2]，在此不再赘述。

1.5 多样性阻抗

生物的多样性有利于阻止外来生物的入侵[24]。多样性程度越高的群落，生态位越拥挤，紫茎泽兰越不容易入侵。相反，群落结构越简单、多样性程度越低，就越容易遭受紫茎泽兰的入侵。例如生物多样性程度高的西双版纳雨林、贵州荔波县小七孔国家自然保护区等紫茎泽兰发生数量很少。利用2种以上的植物进行替代，有利于提高生物多样性，达到更好控制紫茎泽兰的目的。

1.6 生境干扰

偶然或发生频率很少的生境干扰（如种植几年后撂荒地、森林火灾等）可诱发紫茎泽兰的严重入侵。当一个植物群落干扰受损时，在演替的早期阶段，群落各层次出现的大多都是一些落叶的和短命的先锋植物，而常绿的种类较少或者几乎没有，这就给紫茎泽兰幼苗提供了很好的发展机会。据此，选择与其相同或相近的植物种类加以替代治理，将能起到抑制紫茎泽兰入侵为害的效果。相反，干扰极度频繁的地块紫茎泽兰难以生存。据作者在四川西昌调查发现，在农田四周长满紫茎泽兰的荞麦地中没有紫茎泽兰发生。这是由于翻地、中耕等人为频繁的干扰活动对紫茎泽兰起到了良好控制作用。因此，在紫茎泽兰入侵地区扩大种植农作物，也能起到防控紫茎泽兰的作用。而草地放牧虽是一种频繁的干扰，但牲畜只选择性取食本地植物，反而促进了紫茎泽兰入侵。

2 替代控制研究的问题和对策

尽管有澳大利亚等少数国家也开展了紫茎泽兰替代控制的研究，并筛选出地毯草（*Axonopus affinis*）[25]、三叶豆（即木豆）[26]等良好替代植物，但我国是这方面研究最多的国家，这主要是因为我国是紫茎泽兰为害最严重的区域。近年来，我国诸多学者开展了替代植物的研究工作，提出了替代植物应具备的特性[5,17]，并筛选出一些良好的替代植物品种，例如有非洲狗尾草[5, 10]、皇竹草（*Pennisetum sinese*）[27]、王草（*Pennisetum purpureum*）[28,29]、宽叶雀稗（*Paspalum wetsfeteini*）[30]、绞股蓝（*Gynostemma* spp.）[17]等，在替代控制紫茎泽兰中初见成效。但是目前在替代控制中还存在物种选择、应用和管理等方面的问题：

2.1 替代植物品种的生态适应性

每一种植物对自身的生长环境条件都有一定的要求，不同的环境条件下植物生长状况可能截然不同。因此替代植物的研究必须经过实地试验的检验。据作者在贵州具有代表性的红黄壤上对30余个替代植物进行试验发现，多年生黑麦草、紫花苜蓿、三叶草、鸭茅等大部分供试品种均生长不良，不能适应当地的气候和土壤条件，而非洲狗尾草、宽叶雀稗等少数品种较好，尤其是它们能适应贫瘠而黏硬的土壤条件。木豆等速生植物在亚热带地区难以越冬，只能作一年生替代植物利用。

2.2 所用替代植物品种类型

草本、半木本（灌木）和木本植物均可作为替代植物，其中草本植物较半木本和木本植物见效更快，但以木本植物持续效果更好，因此草本和木本植物合理配置是一种良好的替代模式。采用马尾松等针叶树种及桉树等直立树种，替代效果较差。据作者多地考察，马尾松林是紫茎泽兰入侵最严重的林区，而桉树林中也不乏存在大量紫茎泽兰，桉树的化感作用并不明显。实践证明，选用一些常绿阔叶的、郁闭度高的树种具有较好控制紫茎泽兰的效果，如青冈树、银荆树等。但是，也不是所有阔叶树种都适合，如油桐树与紫茎泽兰共生则易死亡。一年生植物需每年种植一次，花费人力物力较大，因此选择以根茎、块根等方式越冬的多年生植物更好，但具有较强自繁能力的一年生替代植物如籽粒苋，也可考虑应用。合理选用速生的蔓生植物具有较大的应用前景。

2.3 替代植物的经济价值

采用替代控制防控紫茎泽兰的成本显著高于化学防治或机械防治，如果没有替代植物自身的经济回报，则难以在大范围实施并持续。据作者调查，前几年在贵州大面积种植的皇竹草，虽在短期内对紫茎泽兰起到一定防控效果，但由于利用工作未跟进，最终却以失败告终。因此，选择具有经济价值的替代物种也是十分必要的。

2.4 替代植物种植后的管理

替代后的管理关系到紫茎泽兰能够持续控制多长时间的问题。替代植物生育期的每一阶段都离不开管理，尤其是种植初期替代植物封垄前，这时替代植物极易受紫茎泽兰和杂草的为害，为害严重时甚至会被杂草吞没。另外，在春天植物返青前的管理也颇为重要，如果替代植物是牧草类，缺乏利用的替代区域会由于上一年度遗留的枯叶层妨碍新生植株的生长，严重时会引起替代植物过早衰亡。不合理的施肥方式会加速包括紫茎泽兰在内的杂草更疯狂地生长，对此有人不主张对替代植物施肥。但是大多紫茎泽兰的迹地较贫瘠，不施肥则会影响替代植物生长。对此解决的方法是：条播或穴播替代植物，集中施肥。

3 今后替代控制的研究方向和任务

虽然，我国从事替代控制研究起始于 20 世纪 80 年代，长达近 30 年，但至今仍缺乏良好的替代模式，成功的例子较少，因此作者建议从以下几个方向来加强替代控制的研究和应用。

3.1 建立替代控制的系统研究工程

从我国替代控制的历史来看，以往的研究和应用多为零星的和松散的，替代物种的选择和应用较为盲目，对替代物种与紫茎泽兰的相互作用关系及替代物种对生态的影响还模糊不清，以至控制紫茎泽兰的效果较差，有些不当的应用还对生态造成了负面影响。鉴于此况，笔者建议由国家农林业研究机构牵头，建立一个替代控制的系统研究工程，展开对适宜替代物种的广泛调查、紫茎泽兰抑制机制、实地替代控制、替代应用、持续替代控制及生态恢复等项研究，直到相应技术的推广等一系列工作，以期有效遏制紫茎泽兰的为害，逐步使受害区域得以生态恢复。

3.2 有计划地开展长期的替代控制研究

替代控制的最终目的是要恢复和重建合理的生态系统的结构和功能，并使之具有自我维持能力和活力，建立起良性演替的生态群落[8]。目前，我国多数替代控制研究的时间跨度较小，而且多在人为的干预下，缺乏自我维持能力和活力。怎样的替代控制能够实现“自我维持”，并进入良性演替，还需要进行长期而深入的研究。具体到替代物种，哪些物种具有自我维持能力？多物种替代是否较单一物种有利？多物种如何配置？速生的草本与生长缓慢的木本替代植物如何配置等。由于持续控制的研究需要较长的时间，国家对此应有一个长远的规划。

3.3 开展包括替代控制在内的综合防控技术的研究

由于各种紫茎泽兰防控技术的局限性以及大面积实施替代控制人力物力上的不足，替代控制应该与其他防控技术相结合。例如，替代前与化学防治相结合等，但目前这方面积累的经验还不足。

3.4 加强现有成熟替代技术的示范和推广

我国经过数年的研究，已经产生出一些优良草本植物的替代控制技术，但是由于经费的不足，多数尚停留在小试阶段。鉴于当前紫茎泽兰对我国西南地区草地的严重为害，应尽快采用良好的替代植物品种加以更新，其更新方式、管理方式及其效果尚有待深入研究。

参考文献

[1] 农业部. 力争使重点区域紫茎泽兰灭除率达到80%以上[J]. 植物医生，2010，23（4）：16.

[2] 卢向阳，张锦华, 左相兵，等. 恶性入侵植物紫茎泽兰替代控制的可持续性探讨[C].粮食安全与植保科技创新. 北京： 中国农业科学技术出版社， 2009： 53-58.

[3] 万方浩, 刘万学, 郭建英，等. 外来植物紫茎泽兰的入侵机理与控制策略研究进展[J].中国科学, 2011, 41（1）: 13-21.

[4] Piemeisel R L. Replacement control: changes in vegetation in relation to control of pests and diseases[J]. The Botanical Review, 1954, 20（1）: 1-28.

[5] 周泽建, 周美兰, 刘万学. 三种植物在不同肥力下对紫茎泽兰的生态控制效果[J]. 中国农学通报，2006， 22（6）：361-364.

[6] 李博. 植物竞争[M]. 北京： 高等教育出版社，2001.

[7] 孙儒泳, 李博, 诸葛阳, 等. 普通生态学[M]. 北京：高等教育出版社，2000.

[8] 赵林，李保平，孟玲，等. 不同氮、磷营养水平下紫茎泽兰和多年黑麦草苗期的相对竞争力[J]. 草业学报，17（1）：145-149.

[9] Feng Y L, Lei Y B,Wang R F,et a1． Evolutionary tradeoffs for nitrogen allocation to hotosynthesis versus cell walls in an invasive plant[C]. Proceedings of the National Academy of Sciences of the United States of America, 2009, 106: 1853-1856.

[10] 蒋智林, 刘万学, 万方浩， 等. 非洲狗尾草与紫茎泽兰的竞争效应[J]. 中国农业科学，2008，41（5）：1347-1350.

[11] 刘冰. 2种替代植物与紫茎泽兰竞争效应及相关指标适应性探讨（硕士论文）[D].泰安： 山东农业大学，2011.

[12] 李会娜, 刘万学, 戴莲，等. 紫茎泽兰入侵对土壤微生物、酶活性及肥力的影响[J]. 中国农业科学, 2009, 42（11）: 3964-3971.

[13] 蒋智林，刘万学，万方浩，等. 紫茎泽兰与非洲狗尾草单、混种群落土壤酶活性和土壤养分的比较[J]. 植物生态学报，2008，32（4）：900-907.

[14] 田耀华, 冯玉龙, 刘潮. 氮肥和种植密度对紫茎泽兰生长和竞争的影响[J]. 生态学杂志，2009，28（4）：577-588.

[15] Watldnson A R. Density dependence in single species populations of plants[J]． Journal of Theoretical Biology, 1980, 83: 354-357.

[16] Keddy P, Nielsen K, Weiher E, Lawson R. Relative competitive performance of 63 species of terrestrial herbaceous plants[J]. Vegetation Science, 2002, 13: 5-16.

[17] 高贤明，赵玉杰，唐和春. 入侵植物紫茎泽兰物候学特征及防控对策[J]. 中国森林病虫，2010，29（1）：26-29.

[18] 郑丽， 冯玉龙. 紫茎泽兰叶片化感作用对10种草本植物种子萌发和幼苗生长的影响[J]. 应用生态学报，2005（10）：2872-2876.

[19] 朱正方, 杨光忠, 栗国强. 从植物中寻找农药活性物质（IV）一紫茎泽兰素的结构修饰及生物活性研究[J]. 华中师范大学学报（自然科学版）, 1994，28（3）：361-364.

[20] 宋启示,付昀, 杨崇仁. 紫茎泽兰的化学互感潜力[J]. 植物生态学报， 2000，24（3）：362-365.

[21] 欧国腾，李吉松，徐德全，等. 紫茎泽兰入侵机理及治理对策[J]. 中国森林病虫，2009，28 （6）：33-36.

[22] 周政华. 外来入侵恶性杂草紫茎泽兰的化感作用研究（学士论文）[D]. 荆州：长江大学，2011.

[23] 刘晓燕，赵云，曹坳程，等.紫茎泽兰化感作用研究[J]. 杂草科学, 2009， （2）：13-18.

[24] Paynter Q, Fowler S W, Memmott J, et al. Factors affecting the establishment of Cytisus scoparius in Southern France: Implications for managing both native and exotic populations[J]. Journal of Applied Eeology, 1998, 35 （4）: 582-595.

[25] Auld B A, Martin P M． The autecology of Eupatorium adenophorum Spreng． in Australia[J]. Weed Research, 1975, 15: 27-31.

[26] Suwanketnikom R. Effect of surfaetants and temperature on trielopyr activity in Eupatorium adenophorum Kasetsart[J]. Journal of Natural Sciences, 1992, 26（2）: 195-202.

[27] 姚朝辉， 张无敌， 刘祖明. 恶性有毒杂草紫茎泽兰防治与利用[J]. 农业与技术，2003，23 （1）：23-28.

[28] 胡旭，胡生富，杨志德. 植被（牧草）替代防治紫茎泽兰试验[J]. 四川草原，2005， （2）：4-5.

基于 MaxEnt 的五爪金龙在中国的适生分布区预测

岳茂峰[1]　冯 莉[1]　田兴山[1*]　杨彩宏[1]　吕利华[1]　李伟华[2]

（1. 广东省农业科学院植物保护研究所，广州　510640；
2. 华南师范大学生命科学院，广州　510631）

摘要：本研究通过利用MaxEnt模型作为五爪金龙适生性预测模型，以温度和降水作为预测的环境因子，预测五爪金龙在我国的潜在分布。预测结果表明，五爪金龙的适生区包括福建、广东、广西、贵州、海南、湖南、江西、四川、台湾、西藏、云南、浙江12省区。海南的适生区比例最高（100%），广东次之（96.11%）。五爪金龙高度适生区主要分布在广东、广西、福建和台湾4省区。根据IPCC(政府间气候变化专门委员会)提供的三种能源利用方式，2050年五爪金龙的适生区与现在相比均有所北移。

关键词：五爪金龙；MaxEnt；适生区；预测

MaxEnt-Based Prediction of Suitable Distribution of *Ipomoea cairica* in China

Yue Maofeng[1] Feng Li[1] Tian Xingshan[1]* Yang Caihong[1] Lu Lihua[1] Li Weihua[2]

(1 .*Plant Protection Research Institute, Guangdong Academy of Agricultural Sciences, Guangzhou 510640,China; 2. Colleges of Life Sciences, South China Normal University, Guangzhou* 510631, *China*)

Abstract: Based on the sampled distribution data of *Ipomoea cairica* all over the world, research was carried out to predict potential distribution of *I. cairica* in China using MaxEnt model, temperature and precipitation as environment variables. Results show that suitable area of *I. cairica* includes Fujian, Guangdong, Guangxi, Guizhou, Hainan, Hunan, Jiangxi, Sichuan, Taiwan, Tibet, Yunnan, and Zhejiang 12 provinces. The proportion of suitable area of Hainan is the biggest (100%) and Guangdong takes the second place (96.11%). High suitable area mainly distributes in Guangdong, Guangxi, Fujian, and Taiwan 4 provinces. Suitable areas predicted with three energy utilization modes provided by IPCC will expand to the more northern area than that right now

Key words: MaxEnt; *Ipomoea cairica*; suitable distribution; prediction

五爪金龙[*Ipomoea cairica* (L.) Sweet]，为旋花科番薯属多年生藤本植物，原产热带美洲，现广泛分布在热带地区，在中国广泛分布于广东、广西、福建和云南等地[1]。五爪金龙喜阳光充足、温暖湿润气候，多生于低海拔地区向阳处[2]，在林缘、平地或山地路旁灌丛等地生长，可平面覆盖，也可顺枝干攀爬，使其覆盖的植物得不到充足的阳光或分泌出化感物质干扰植物正常生理活动而死亡，是可与植物杀手——微甘菊(*Mikania micrantha*) 相提并论的入侵杂草，对农林生产和生物多样性造成巨大为害，成为华南地区最有为害的入侵植物之一[3~5]。

目前，国内对五爪金龙分布及其扩散范围的相关文献较少[6]，其在我国可能发生为害的区域仍不明确。本研究通过MaxEnt生态位模型利用已有五爪金龙分布点的数据对其在我国潜在分布区进行预测，对明确五爪金龙在我国可能分布的范围，合理制定五爪金龙的防控策略，保护农林业生产及生物多样性等具有十分重要的意义。

1　材料与方法

1.1　五爪金龙分布数据的收集与处理

五爪金龙在全球的分布通过从世界生物多样性信息机构(GBIF)网站下载，共计下载到957条数据，去除错误、重复的数据，共计得到281条数据。此外，通过对中国广东地区五爪金龙调查，得到中国大陆48个数据，共计329条。记录按照MaxEnt软件的格式要求整理成物种分布数据文件。

1.2　环境数据

通过从Worldclim网站下载当前以及2050年的数据。其中IPCC（政府间气候变化专门委员会）提供了2050年三种能源利用方式下气象数据（A1b：各种能源之间的平衡；A2a：较高能源需求；B2a：较低能源需求）。以温度和降水作为预测的环境因子，主要使用的环境因子包括Bio1（年均温）、Bio4（温度季节变化方差）、Bio5（最热月最高温）、Bio6（最冷月最低温）、Bio7（年气温变化范围）、Bio10（最热季节平均温度）、Bio11（最冷季节平均温度）、Bio12（年均降水量）、Bio13（最湿月降水量）、Bio14（最干月降水量）、Bio15（降水季节变异系数）、Bio16（最湿季节降水量）、Bio17（最干季节降水量）、Tmin1～12（1～12月平均最低温）、Tmax1～12（1～12月平均最高温）、Prec1～12（1～12月平均降水量）。空间分辨率为2.5min，下载的ascii格式数据在MaxEnt软件中可以直接使用。

1.3 软件

MaxEnt软件在http://www.cs.princeton.edu/～schapire/maxent/网站上注册后可免费下载。采样及分析和制图软件采用ESRI公司开发的Arc Map 9.3。

1.4 方法

将物种分布数据和环境数据导入MaxEnt软件中进行运算预测，并利用ARCGIS把中国的预测结果从世界预测的结果中抽取出来，并利用ARCGIS对预测的阈值进行适生等级划分。等级划分参照雷军成和徐海根的对加拿大一枝黄花的划分适生等级[7]，最终设定：$P<0.05$ 为不适生区；$0.05\leq P<0.25$为低度适生区；$0.25\leq P<0.45$为中度适生区：$P\geq 0.45$为高度适生区。

2 结果与分析

2.1 当前分布预测

采用MaxEnt和ARCGIS对五爪金龙在我国进行适生区预测，预测结果表明，五爪金龙可能的分布区包括福建、广东、广西、贵州、海南、湖南、江西、四川、台湾、西藏、云南、浙江12个省区（图1）。

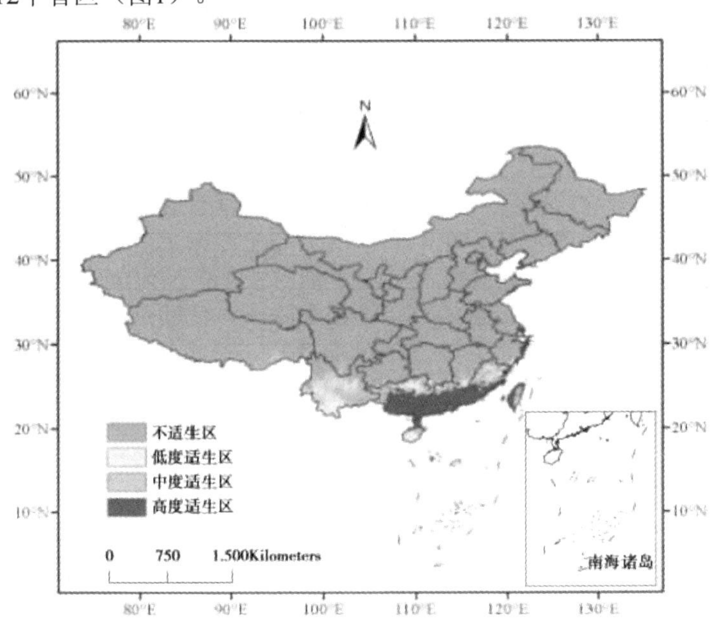

图1　五爪金龙在中国适生区预测示意图

五爪金龙高度适生区主要分布在广东、广西、福建和台湾四省区；五爪金龙的中度适生区主要集中在云南、海南、广西、西藏4个省区；低度适生区主要集中在云南、广西北部、福建北部以及海南南部。

从各省的适生区比例来看，海南的适生区域达到100.00%，广东的适生区域达到96.11%，为该种适生区比例最大的两个省。广东和台湾高度适生区比例最高，分别占该省面积的83.22%和62.08%。此外五爪金龙的适生区还包括江西、浙江、贵州、湖南、西藏、四川南部的局部地区，其适生区比例分别是10.34%、5.17%、4.61%、2.51%、1.88%、1.01%（表1）。

表1 各省区适生区比例

地区	低度适生区（%）	中度适生区（%）	高度适生区（%）	适生区累计比例（%）
福建	36.78	10.06	25.69	72.54
广东	7.93	4.96	83.22	96.11
广西	19.08	16.59	52.01	87.69
贵州	1.73	2.88	0.00	4.61
海南	56.81	40.35	2.84	100.00
湖南	2.51	0.00	0.00	2.51
江西	7.46	2.10	0.78	10.34
四川	0.95	0.06	0.00	1.01
台湾	6.88	13.53	62.08	82.49
西藏	0.30	1.49	0.09	1.88
云南	39.30	17.17	0.00	56.47
浙江	5.17	0.00	0.00	5.17

2.2 未来分布预测

在未来3种能源利用方式下到2050年时五爪金龙适生区有进一步北移的趋势，分布省市扩大到13个。主要表现在四川和重庆分布区有明显的扩大趋势。A1b、A2a、B2a三种能源利用方式的核心区与当前预测的结果相似，仅其边缘分布有较大差异，其中以B2a能源利用模式下五爪金龙适生区北移最大，但没有超过北纬30°。

2.3 精度检验

采用ROC曲线分析法对应用Maxent软件预测的五爪金龙适生性分布结果进行精度检验，得到Maxent软件计算结果的ROC曲线。Maxent模型的AUC（area under curve）值为0.973（非常接近1），比随机分布模型的AUC大（约为0.5），表明预测结果具有较高的精度。在2050年的三个预测中AUC值分别为0.974、0.971、0.974，比随机分布模型的AUC大（约为0.5），具有较高的可信度。

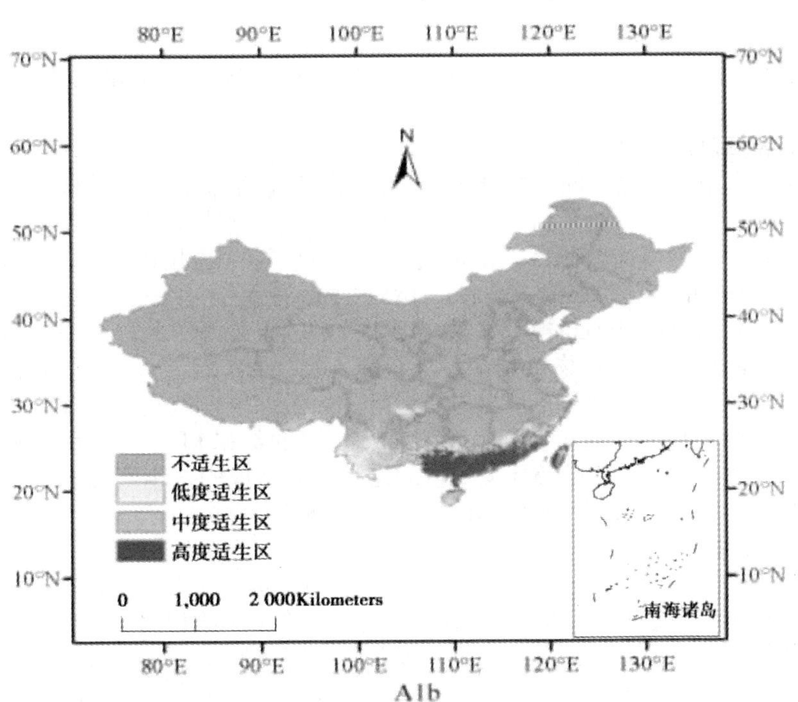

A1b

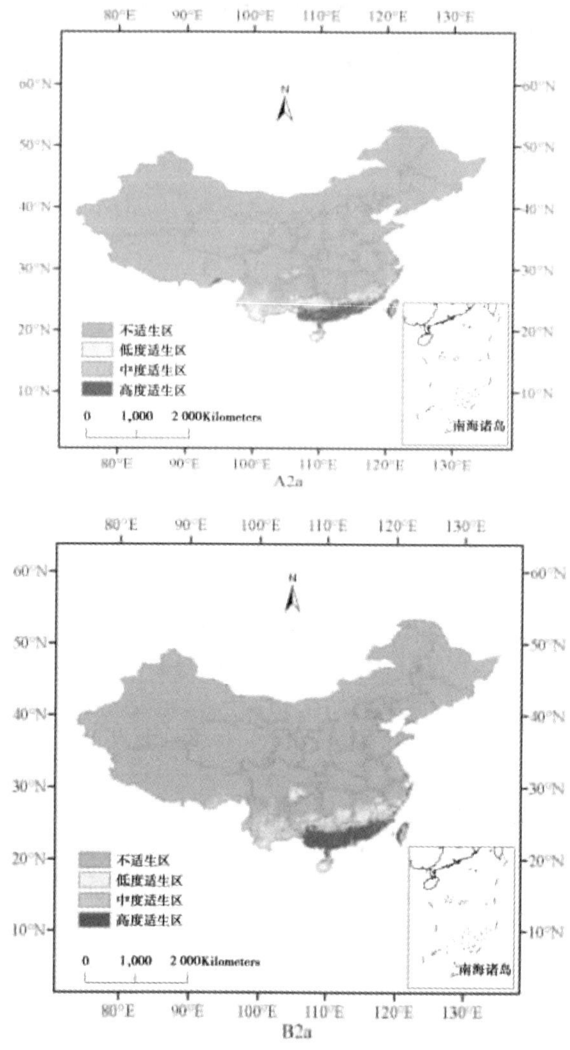

图2 2050年五爪金龙在中国适生区预测示意图

3 讨论

3.1 Maxent预测准确性

最大熵模型通过物种的已知样本分布数据和环境数据找出物种概率分布的最大熵，从而对物种的分布进行估计和预测。该软件于2006年创建并发布[8]，自推出之后，由于表现出良好的准确性而受到广泛的应用[9]。王运生等[10]应用ROC曲线分析法对5种模型(BIOCLIM， CLIMEX，DOMAIN，GARP，MAXENT)的预测结果进行了比较。5种模型的ROC曲线下面积AUC值以Maxent模型最大，表明预测效果最好。此外，在国内Maxent模型被广泛用来预测外来入侵植物黄顶菊、飞机草、薇甘菊等[11~12]，均表现出良好的预测效果。可见在外来入侵植物分布预测方面，Maxent生态位模型具有良好的预测能力。本研究与前人研究结果有一定差异。与钟良平[6]研究的结果相比，五爪金龙分布进一步北移。这可能是样点的数量以及环境变量的选择不同造成的，本研究采用了更多的样点数量和环境变量。2050年预测结果也验证了当前预测的可靠性。

3.2 五爪金龙扩散风险

通过本研究，对五爪金龙在全国的潜在适生分布区有了明确直观的了解，对于重点预防区的侵入和为害起着预警和应急的作用。与目前资料记载相比，五爪金龙的中高适生区主要集中在广东、广西、海南、云南、福建及台湾，基本反映了当前的分布情况。而四川、重庆、贵州、湖南、江西、浙江等省对于可能发生的地区，应该引起当地主管部门的高度重视，采取适当的检疫检验措施防止五爪金龙的入侵。本研究采用IPCC发布的三种能源利用模式下2050年五爪金龙的分布范围预测，发现三种能源利用方式下，五爪金龙的扩散范围均有一定的北移，虽然五爪金龙在中国的扩散范围为我国南方的主要省区，但由于其为藤本植物，拥有匍匐茎等因素，防除极为困难，应是我国未来重点防控的外来入侵植物之一。

参考文献

[1] 李伟华，冯航. 园林有害植物-五爪金龙[J].广东园林，2007，(6)：37-39.

[2] 廖宜英，林金哲，郑灿钟．农林业入侵杂草五爪金龙生活史特性研究[J].江西农业学报，2006，18(6)： 112-115.

[3] 杨宇．入侵植物五爪金龙研究和利用进展[J]．科技广场，2010(9)：171-173.

[4] 朱慧，马瑞君．农林业入侵杂草五爪金龙种子的萌发特性[J]．安徽农业科学，2007，35(1)：29-30.

[5] 胡玉佳，等．两种草质藤本杂草营养生长与生殖生长研究[J]．中山大学学报，2001，40(1)： 93-96.

[6] 钟艮平．几种外来入侵杂草在我国的潜在分布预测[D]．重庆:西南大学，2008.

[7] 雷军成，徐海根．基于MaxEnt的加拿大一枝黄花在中国的潜在分布区预测[J]．生态与农村环境学报，2010，26 (2)；137-141.

[8] PHILLIPS S J, ANDERSON R P, SCHAPIRE R E. Maximum entropy modeling of species geographic distributions. Ecological Modelling, 2006,，190(3/4)；231-259.

[9] ELITH J，GRAHAM H C，ANDERSON P R．Novel methods improve prediction of species’distributions from occurrence data [J]．Ecography，2006，29：129-151.

[10]王运生，谢丙炎，万方浩. ROC曲线分析在评价入侵物种分布模型中的应用[J].生物多样性，2007，15(4)：365-372.

[11]杨波，等.外来入侵植物飞机草在中国的适生区预测[J].植物保护，2009，35 (4): 70-73.

[12]曹向锋，钱国良，胡白石，等.采用生态位模型预测黄顶菊在中国的潜在适生区[J]．应用生态学报，2010，21(12)：3063-3069.

云南省农业外来杂草入侵现状

申时才　张付斗**　徐高峰　李天林　吴 迪　张玉华

（云南省农业科学院农业环境资源研究所，昆明 650205）

摘要： 通过对云南省农田外来入侵杂草调查，结果表明，目前已有41科，122属，共186种外来杂草入侵云南省不同生态区。其中以菊科和禾本科的入侵物种相对较多，分别为37种和35种；其次为豆科19种，苋科12种，茄科9种，大戟科8种。一年生杂草植物有79种，占外来杂草植物种数的42.5%；二年生和多年生杂草植物有85种，占外来杂草植物种数的45.7%。全省性广泛分布23种，滇南和滇中地区的分别有122种和102种，为云南省外来杂草入侵的主要地区。云南省外来入侵杂草表现种类繁多，为害严重与风险较高的特点。由于特殊的地理位置和生态条件，外来入侵杂草的防控，不仅关系粮食安全和生态安全，对我国阻击其入侵与扩散具有重要意义。

关键词： 云南省；生物入侵；杂草；种类；分布

Situation of Invasive Weed in Cropland of Yunnan Province

Shen Shicai, Zhang Fudou, Xu Gaofeng, Li Tianlin, Wu Di, Zhang Yuhua

（*Agricultural Environment and Resource Research Institute*, *Yunnan Academy of Agricultural Sciences*, *Kunming* 650205, *China*）

Abstract: 186 invasive weeds belonging to 41 families and 122 genera were identified and recorded in Yunnan province according to field investigation from 1996 to 2010. Among them, Compositae and Gramineae are the most consisting of 37 and 35 species respectively, then Leguminosae (19), Amaranthaceae (12), Solanaceae (9), and Euphorbiaceae (8). There were 172 species of herb amounting to 92.5 % of the total species, 79 annual weed species and 85 perennial weed species which accounted for 42.5% and 45.7% of the total species, respectively. Most of invasive weeds were distributed in South and Central Yunnan, and the major infested crops were vegetable, maize and orchard. Due to particular geographical location and ecological condition of Yunnan, the prevention and control of invasive weed adopted in Yunnan are very important and necessary to improve food and ecological safety and block invasion and diffusing of invasive plants in other regions of China.

Key words: Yunnan Province; biological invasion; weed; type; distribution

云南省地处中国西南边陲，是中国面向东南亚的桥头堡，边境线长达4060公里，有8个地州（市）、25个边境县（市）与邻国接壤，现有83个主要边境通道和边民互市点，有15个民族跨境而居。特殊的地理位置、生态环境和商贸结构，使云南省成为有害生物入侵种类最多、为害最为严重和入侵风险最高的地区之一[1-3]。若干外来物种的入侵成为了国内重大植物疫情源区。云南滇池中水葫芦的发生，导致本地土著鱼类灭绝38种；紫茎泽兰于20世纪40年代由中缅、中越边境传入云南，已在24.8万平方公里（占全省面积的67%）形成持久性的生物污染浪潮，并以每年80公里的速度向长江流域扩展蔓延；20世纪30年代，飞机草入侵我省西双版纳地区，严重威胁生物多样性；薇甘菊于20世纪60年代被马来西亚引种而引起东南亚国家泛滥，近年来在云南省德宏州等地严重发生为害和迅速扩展。外来入侵生物在云南已经造成了重大的生态灾难和巨大的经济损失，并将随着中国面向东南亚洲桥头堡建设的迅猛推进，外来有害生物入侵的风险日益增高[2,3]。

外来入侵有害生物的防控有别于本地有害生物。由于外来物种的入侵是一个包括传入、定植、适应、扩散和暴发的有序过程，各阶段相应的机制和对策也不尽相同。由于外来入侵生物类群的多样性、入侵途径的不确定性、入侵后的暴发性、生态与经济后果的严重性。全球入侵物种计划组织（GISP）主席Waage[4]于2001年在Science上发表文章《战胜入侵种的全球策略》表述的主要论点为：对于生物入侵，预防比控制其暴发更为

---

*基金项目：国家科技术部国际合作中国-东盟重大农业外来有害生物与防控平台（2011DFB30040）；农业部公益性行业（农业）科研专项（200903004）

第一作者：申时才（1979-），男（汉），云南镇雄，硕士，主要从事植物生态学、外来生物入侵和农村发展研究，E-mail：shenshicai2011@yahoo.com.cn

**通讯作者：张付斗，副研究员，E-mail：fdzh@vip.sina.com

可行，也更为经济。因此，对外来物种入实施严格且科学的监测并及时控制，是最有效防灾和减灾的手段。

为掌握云南省外来入侵杂草的情况，本项目对不同生态地理条件的农作物开展引入侵杂草种类、数量、分布以及为害等调查。通过对外来杂草建立档案信息，旨在为制定防控对策和研究治理技术奠定基础。

1 材料与研究方法

1.1 调查对象

外来入侵杂草，指非云南农田本地种，从原来的分布区域扩展到云南的一个新地区，并在新的区域里繁殖、扩散并维持下去。已引起或很可能引起对经济、环境或人类健康产生为害的杂草[5]。

1.2 调查范围和时间

云南省 13 个州市 27 个县（区）：潞西市、腾冲县、昭阳区、弥渡县、勐海县、广南县、楚雄市、红塔区、临沧县、玉龙县、宁洱县、隆阳区、富宁县、马关县、盐津县、镇雄县、镇康县、凤庆县、鲁甸县、宁蒗县、永胜县、苍洱县、福贡县、贡山县、香格里拉县、德庆县、维西县。其余县区的外来入侵农田植物通过当地合作伙伴对杂草资源标本的采集和相关文献收集进行调查。根据各地州在云南的地理位置进行统一划分为：滇中，包括昆明市、楚雄州、玉溪市和曲靖市；滇南，包括红河州、西双版纳州；滇西，包括保山市、德宏州；滇西北，包括大理白族自治州、丽江市、迪庆藏族自治州、怒江州；滇东北，包括昭通市；滇西南，包括临沧市和普洱市；滇东南，包括文山壮族自治州。

1.3 调查内容和指标

外来入侵农田杂草的种类、生活型、地理分布、为害作物类型等。具体指标参数：外来入侵杂草的中文名称，以《中国植物志》（相关各卷）[6]为准；外来入侵杂草的拉丁文，以《中国植物志》（相关各卷）[6]为准；分类地位，外来入侵杂草所属科属的中文名；分布区域，外来入侵杂草在云南各州、区、市、县的主要分布区，统一划分到其所在地理区域范围内（滇中、滇西、滇南、滇东北等）；农作物为害，被影响的主要农作物种类划分为玉米、麦类、水稻、大豆、蔬菜和果树等；入侵杂草参考资料来源于相关文献[2~20]。

1.4 调查方法

采用文献资料收集、野外系统调查与普查相结合、定点观测与定位调查相结合、植物标本、影像（图片）、鉴定以及专家咨询等相结合的方法。

2 结果与分析

2.1 云南农田外来入侵杂草种类构成

通过对入侵杂草的种类调查，结果见表 1。目前已有 186 种入侵性杂草在云南农田发生与为害，共有 41 科 122 属。其中种数最多的是菊科和禾本科，分别为 37 种和 35 种，分别占外来入侵植物种数的 19.9%和 18.8%；其次为豆科，有 19 种，苋科有 12 种，茄科有 9 种，大戟科有 8 种；十字花科、旋花科、伞形科各有 5 种；玄参科有 4 种；茜草科、石竹科、锦葵科、仙人掌科各有 3 种；其余 27 科只有 1～2 种。在菊科、禾本科、豆科、苋科、茄科、大戟科 6 个大科中，共有植物 120 种，占总外来入侵植物种数的 64.5%，而科数只占总科数的 3.2%。

表 1 云南主要入侵杂草种类

科	种名
菊科 Compositae	刺苞果 *Acanthospermum australe*，紫茎泽兰 *Ageratina adenophora*，藿香蓟 *Ageratum conyzoides*，熊耳草 *Ageratum houstonianum*，钻形紫菀 *Aster sublatus*，大狼把草 *Bidens frondosa*，三叶鬼针草 *Bidens pilosa*，白花鬼针草 *Bidens pilosa* var. *radiate*，刺儿菜 *Cephalanoplos segetum*，香丝草 *Conyza bonariensis*，小蓬草 *Conyza canadensis*，苏门白酒草 *Conyza sumatrensis*，大花金鸡菊 *Coreopsis grandiflora*，秋英 *Cosmos bipinnata*，硫黄菊 *Cosmos sulphurens*，野茼蒿 *Crassocephalum crepidioides*，蓝花野茼蒿 *Crassocephalum rubens*，一年蓬 *Erigeron annuus*，飞机草 *Eupatorium odoratum*，粗毛牛膝菊 *Galinsoga quadriradiala*，牛膝菊 *Galinsoga parviflora*，光冠水菊 *Gymnocoronis spilanthoides*，菊芋 *Halianthus tuberosus*，薇甘菊 *Mikania micrantha*，银胶菊 *Parthenium hysterophorus*，假臭草 *Praxelis clematidea*，伞房匹菊 *Pyrethrum parthenifolium*，欧洲千里光 *Senecio vulgaris*，加拿大一枝黄花 *Solidago Canadensis*，续断菊 *Sonchus asper*，苦苣菜 *Sonchus oleraceus*，金腰箭 *Synedrella nodiflora*，万寿菊 *Tagetes erecta*，孔雀草 *Tagetes patula*，肿柄菊 *Tithonia diversifolia*，羽芒菊 *Tridax procumbens*，多花百日菊 *Zinnia peruviana*
禾本科 Gramineae	日本看麦娘 *Alopecurus japonicus*，野燕麦 *Avena fatua*，地毯草 *Axonopus compressus*，臂形草 *Brachiaria eruciformis*，扁穗雀麦 *Bromus catharticus*，蒺藜草 *Cenchrus echinatus*，弯穗草 *Dinebra retroflexa*，稗 *Echinochloa crusgalli*，皱稃草 *Ehrharta erecta*，牛筋草 *Eleusine indica*，苇状羊茅 *Festuca arundinacea*，紫羊茅 *Festuca rubra*，白茅 *Imperata cylindrical*，多花黑麦草 *Lolium multiflorum*，黑麦草 *Lolium perenne*，欧毒麦 *Lolium persicum*，细穗毒麦 *Lolium remotum*，毒麦 *Lolium temulentum*，田毒麦 *Lolium temulentum* var. *arvense*，长芒毒麦 *Lolium temulentum* var. *longiaristatum*，大黍 *Panicum maximum*，铺地黍 *Panicum repens*，两耳草 *Paspalum conjugatum*，毛花雀稗 *Paspalum dilatatum*，双穗雀稗 *Paspalum distichum*，象草 *Pennisetum purpureum*，小子虉草 *Phalaris minor*，奇异虉草 *Phalaris paradoxa*，梯牧草 *Phleum pretense*，加拿大早熟禾 *Poa compressa*，红毛草 *Rhynchelytrum repens*，莠狗尾草 *Setaria geniculata*，棕叶狗尾草 *S. palmifolia*，假高粱 *Sorghum halepense*，香根草 *Vetiveria zizanioides*
豆科 Leguminosae	毛蔓豆 *Calopogonium mucunoides*，含羞草决明 *Cassia mimosoides*，望江南 *Cassia occidentalis*，决明 *Cassia tora*，光萼猪屎豆 *Crotalaria zanzibarica*，百脉根 *Lotus corniculatus*，南苜蓿 *Medicago hispida*，小苜蓿 *Medicago minima*，紫花苜蓿 *Medicago sativa*，白香草木樨 *Melilotus albus*，黄香草木犀 *Melilotus officinalis*，光荚含羞草 *Mimosa bimucronata*，无刺含羞草 *Mimosa invisa* var. *inermis*，含羞草 *Mimosa pudica*，三裂叶葛藤 *Pueraria phaseoloides*，田菁 *Sesbania cannabina*，白车轴草 *Trifolium repens*，红车轴草 *Trifolium pretense*，长柔毛野豌豆 *Vicia villosa*
苋科 Amaranthaceae	锦绣苋 *Alternanthera bettzickiana*，喜旱莲子草 *Alternanthera philoxeroides*，刺花莲子草 *Alternanthera pungens*，尾穗苋 *Amaranthus caudatus*，绿穗苋 *Amaranthus hybridus*，凹头苋 *Amaranthus lividus*，反枝苋 *Amaranthus retroflexus*，刺苋 *Amaranthus. spinosus*，苋 *Amaranthus tricolor*，皱果苋 *Amaranthus viridis*，青葙 *Celosia argentea*，千日红 *Gomphrena globosa*
茄科 Solanaceae	洋伞花 *Datura metel*，曼陀罗 *Datura stramonium*，假酸浆 *Nicandra physaloides*，灯笼草 *Physalis angulata*，毛酸浆 *Physalis pubescens*，牛茄子 *Solanum capsicoides*，喀西茄 *Solanum khasianum*，水茄 *Solanum torvum*，假烟叶树 *Solanum verbascifolium*
大戟科 Euphorbiaceae	猩猩草 *Euphorbia cyathophora*，泽漆 *Euphorbia helioscopia*，飞扬草 *Euphorbia hirta*，通奶草 *Euphorbia hypericifolia*，匍匐大戟 *Euphorbia prostrata*，美洲珠子草 *Phyllanthus amarus*，珠子草 *Phyllanthus niruri*，蓖麻 *Ricinus communis*

科	种名
旋花科 Convolvulaceae	日本菟丝子 *Cuscuta japonica*，月光花 *Ipomoea alba*，五爪金龙 *Ipomoea cairica*，裂叶牵牛 *Pharbitis nil*，圆叶牵牛 *Pharbitis purpurea*
十字花科 Cruciferae	田芥菜 *Brassica kaber*，野油菜 *Brassica juncea*，臭荠 *Coronopus didymus*，北美独行菜 *Lepidium virginicum*，西亚大蒜芥 *Sisymbrium orientale*
伞形科 Umbelliferae	芫荽 *Coriandrum sativum*，细叶旱芹 *Cyclospermum leptophyllum*，野胡萝卜 *Daucus carota*，刺芹 *Eryngium foetidum*，茴香 *Foeniculum vulgare*
玄参科 Scrophulariaceae	野甘草 *Scoparia dulcis*，直立婆婆纳 *Veronica arvensis*，婆婆纳 *Veronica didyma*，波斯婆婆纳 *Veronica persica*
仙人掌科 Cactaceae	梨果仙人掌 *Opuntia ficus-indica*，单刺仙人掌 *Opuntia monacantha*，仙人掌 *Opuntia stricta* var.*dillenii*
石竹科 Caryophyllaceae	大爪草 *Spergula arvensis*，小繁缕 *Stellaria apetala*，王不留行 *Vaccaria segetalis*
锦葵科 Malvaceae	秋葵 *Abelmoschus esculentus*，野西瓜苗 *Hibiscus trionum*，赛葵 *Malvastrum coromandelianum*
茜草科 Rubiaceae	丰花草 *Borreria stricta*，耳草 *Hedyotis auricularia*，阔叶丰花草 *Spermacoce latifolia*
石蒜科 Amaryllidaceae	假韭 *Nothoscordum gracile*，韭莲 *Zephyranthes grandiflora*
藜科 Chenopodiaceae	土荆芥 *Chenopodium ambrosioides*，杂配藜 *Chenopodium hybridum*
莎草科 Cyperaceae	黄香附 *Cyperus esculentus*，香附子 *Cyperus rotundus*
柳叶菜科 Onagraceae	粉花月见草 *Oenothera rosea*，月见草 Oe*nothera erythrosepala*
西番莲科 Passifloraceae	龙珠果 *Passiflora foetida*，西番莲 *Passiflora caerulea*
车前科 Plantaginaceae	长叶车前 *Plantago lanceolata*，北美车前 *Plantago virginica*
蓼科 Polygonaceae	荞麦 *Fagopirum esculeutum*，卷茎蓼 *Polygonum convolvulus*
马鞭草科 Verbenaceae	马缨丹 *Lantana camara*，假马鞭草 *Stachytarpheta jamaicensis*
天南星科 Araceae	大漂 *Pistia stratiotes*
萝藦科 Asclepiadaceae	马利筋 *Asclepias curassavica*
落葵科 Basellaceae	落葵薯 *Anredera cordifolia*
天科景 Crassulaceae	落地生根 *Bryophyllum pinnatum*
葫芦科 Cucurbitaceae	红瓜 *Coccinia grandis*
牻牛儿苗科 Geraniaceae	野老鹳草 *Geranium carolinianum*
唇形科 Labiatae	山香 *Hyptis suaveolens*
桑科 Moraceae	大麻 *Cannabis sativa*
紫茉莉科 Nyctaginaceae	紫茉莉 *Mirabilis jalapa*

续表

科	种名
酢浆草科 Oxalidaceae	红花酢浆草 *Oxalis corymbosa*
罂粟科 Papaveraceae	蓟罂粟 *Argemone Mexicana*
商陆科 Phytolaccaceae	垂序商陆 *Phytolacca americana*
胡椒科 Piperaceae	草胡椒 *Peperomia pellucida*
雨久花科 Pontederiaceae	凤眼莲 *Eichhornia crassipes*
马齿苋科 Portulacaceae	土人参 *Talinum portulacifolium*
毛茛科 Ranunculaceae	田野毛茛 *Ranunculus arvensis*
梧桐科 Sterculiaceae	蛇婆子 *Waltheria indica*
椴树科 Tliaceae	长蒴黄麻 *Corchorus olitorius*
荨麻科 Urticaceae	小叶冷水花 *Pilea microphylla*

2.2 云南农田外来入侵杂草生活型

从生活型分析结果可见，云南外来农田杂草绝大多数为草本 172 种，占外来杂草植物种数的 92.5%；其次，灌木和亚灌木有 8 种，占外来杂草植物种数的 4.3%；还有 6 种为草本或亚灌木。从生活史来看，二年和多年生杂草植物有 85 种，占外来杂草植物种数的 45.7%；一年生杂草植物有 79 种，占外来杂草植物种数的 42.5%；一年或二年生杂草植物和一年或多年生杂草植物各为 17 种和 5 种，分别占外来杂草植物种数的 9.1%和 2.7%。外来农田杂草植物这种多样化的生活型特征表明，外来杂草无论是在任何季节或任何作物上都会发生，而且发生和为害状况也是呈现多样性的。

2.2 云南农田外来入侵杂草分布

从分布区域可见，外来农田杂草分布区域为全省各地的有 23 种，占外来杂草植物种数的 12.4%；主要分布区域为滇南和滇中的各有 122 种和 102 种，分别占外来杂草种数的 65.6%和 54.8%；主要分布区域为滇西和滇西北的外来杂草种数为中等；分布区域最少的为滇西南、滇东北和滇东南（图 1）。外来杂草大多分布于云南滇南和滇中的主要原因：滇中和滇南是云南人为活动和交通运输最频繁的地区，也是云南连接东南亚的中心枢纽和这一地区的气候多数为热带和温带，非常有利于外来杂草的适应、传播和扩张。

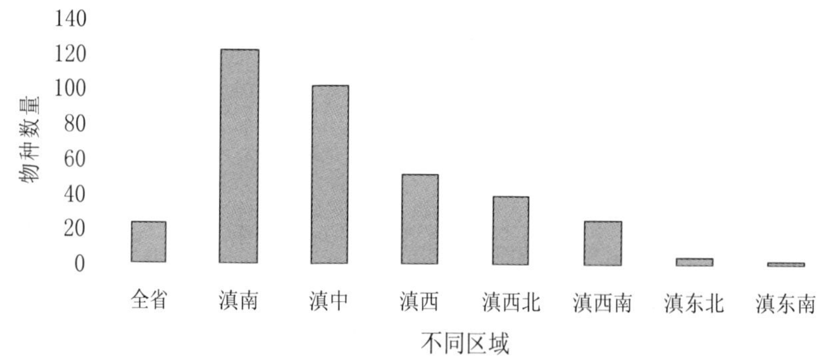

图 1 云南不同区域外来入侵杂草的分布

2.3 云南农田外来入侵杂草为害

在调查的186种外来农田杂草植物中，绝大多数为一般性杂草，有毒和恶性杂草的数量较少。有毒杂草4种，包括曼陀罗、毒麦、田毒麦和长芒毒麦，对人、畜、家禽均会发生中毒。属于恶性和区域恶性杂草有菊科的紫茎泽兰、飞机草、薇甘菊、牛膝菊、三叶鬼针草、霍香蓟、小蓬草和香丝草等；禾本科的稗、白茅、大爪草、小子藦草和野燕麦等；雨久花科的水葫芦。根据对农作物为害分析，云南省由于具有生物多样性和生态多样性的特点，一个外来杂草的入侵，可为害多种作物和生态系统。只有极少数对生态条件要求较高的外来杂草为害作物类型相对单一，如雨久花科的水葫芦为害水稻，而旋花科的日本菟丝子为害果园。随着农业产业结构的调整，蔬菜、玉米和果园中外来杂草的发生频率和程度迅速提高。

3 讨论

外来杂草的入侵不仅给农业、林业和畜牧业等造成了巨大的经济损失，甚至威胁着人类的健康。而且破坏了当地生态系统的结构和功能，导致生物多样性的严重丧失。云南是我国面向东南亚的桥头堡，有害生物的入侵风险极高，同时由于生态环境的多样性和作物种植业结构的复杂性，外来物种易于成功传入、定植和建立种群，如不能及早发现和及时治理，其扩散暴发将带来巨大为害和防治代价，对外来物种入侵的有利条件主要体现在以下三个方面：

（1）特殊的地理位置：云南东部与贵州、广西为邻，北部同四川省相连，西北隅紧倚西藏自治区，西部同缅甸接壤，南同老挝、越南毗连。云南自古就是中国连接东南亚各国的陆路通道，与邻国的边界线总长为4060km，全省有8个边境地（州）、27个边境县（市），出境公路20多条。特殊的区域位置，使得云南是全国外来入侵生物传播途径和频率最高的地区之一，通过自然扩散和人为的夹带，导致外来入侵生物类群的多样性、入侵途径的不确定性。

（2）多样化的生态系统：云南的地形地貌复杂，气候和生态系统类型多样性居全国之首。海拔差异巨大，在76～6740 m，由西北高向东南低呈阶梯式倾斜。气候有热带、亚热带、温带、寒带4种类型。生态系统几乎包括了地球上所有的陆地生态系统。复杂的自然环境和多样的生态系统一方面造就了云南丰富的生物多样性，另一方面也为外来杂草植物提供多种多样的生境条件。此外，云南丰富的农作物种类和耕作系统也为外来杂草植物的入侵和传播创造了更多机会。

（3）外来入侵有害生物防控相对滞后：由于缺乏源头预防、早期监测预警、快速反应、应急防控、持续控制的能力体系建设，尚未形成程序化、制度化的管理机制。未能在入侵物种早发现和早治理，错过最佳防控时期，造成多种有害生物的严重发生和为害。

为防范中国西南迅速开放过程中的外来有害生物入侵，确保国家生物安全和生态安全，把云南建设成为中国西南生物入侵的前沿阻击区和生态安全屏障，为桥头堡建设提供支撑保障体系。首先，通过持续监测和调查，开展预测预报和风险分析，建立预警体系；其次，加强对入侵物种的生物学、生态学研究，建立外来入侵杂草档案和信息数据库，制定防控对策和预案；最后，与东南亚国家和地区建立广泛的合作平台和机制，加强区域性综合防控体系建设。我国应跟踪周边地区疫情动态变化，建立西部阻击带和构建国家防御体系；同时，与周边国家相互支持与配合，实施跨境监测、预报和防治等，共同应对区域性有害生物，维护中国和东盟的共同利益。

参考文献

[1] 舒小林，明庆忠，滕卫霞，等. 云南生物多样性的保护和可持续利用[J]. 云南环境科学，2006，25（2）：14-16.

[2] 丁莉，杜凡，张大才. 云南外来入侵植物研究[J]. 西部林业科学，2006，35（4）：98-103.

[3] 李乡旺，胡志浩，胡晓立，等. 云南主要外来入侵植物初步研究[J]. 西南林学院学报， 2007, 6:5-10.

[4] Waage Jk， Reaser JK. A global strategy to defeat invasive specie[J].Science, 2001, 292（5521）：1486.

[5] 李振宇，解焱. 中国外来入侵种[M]. 北京：中国林业出版社，2002.
[6] 中国科学院中国植物志编辑委员会. 中国植物志（相关各卷）[M]. 北京：科学出版社，1977-2002.
[7] 徐海根，强胜. 中国外来入侵物种编目[M]. 北京：中国环境科学出版社，2004.
[8] 胡发广，段春芳，刘光华. 云南怒江干热河谷区农田外来入侵杂草的调查[J]. 杂草科学，2007， 4：20-23.
[9] 徐成东，董晓东，陆树刚. 红河流域的外来入侵植物[J]. 生态学杂志，2006，25（2）：194-200.
[10] 云南省畜牧局. 云南草地常见牧草[M]. 昆明：云南科技出版社，1991.
[11] 强胜，曹学章. 中国异域杂草的考察与分析[J]. 植物资源与环境学报，2000，9（4）：34-38.
[12] 玉芬，车伟光，顾垒. 德钦地区野生紫花苜蓿群落多样性特征和及其来源分析[J]. 草地学报，2007，15（4）：306-311.
[13] 周虹霞，刘恩德，刘振稳，等. 外来植物西亚大蒜芥在云南出现并定居[J]. 云南植物研究，2007，29（3）：333-336.
[14] 陈又生. 蓝花野茼蒿，中国菊科一新记录归化种[J]. 热带亚热带植物学报，2010，18（1）：47-48.
[15] 王焕冲，万玉华，王崇云，等. 云南种子植物中的新入侵和新分布种[J]. 云南植物研究，2010，32（3）：227-229.
[16] 管志斌. 西双版纳外来入侵植物初步调查[J]. 热带农业科技，2006，29（4）：35-38.
[17] 郭怡卿，赵国晶，陈勇，等. 云南农田外来杂草及其为害现状[J]. 西南农业学报，2010，23（4）：1352-1355.
[18] 闫小玲，马金双. 中国外来入侵植物的学名考证[J]. 植物分类与资源学报，2011，33（1）：132-142.
[19] 范志伟，沈奕德，刘丽珍. 海南外来入侵杂草名录[J]. 热带作物学报，2008，29（6）：781-792.
[20] Wu SH, Hsieh CF, Rejmánek M. Catalogue of the naturalized flora of Taiwan [J]. Taiwania, 2004, 49 (1): 16-31.

假臭草茎叶乙醇提取物化学成分的 GC/MS 研究

黄可辉[1]　陈峥[1,2]　郭琼霞[1*]

(1.福建出入境检验检疫局，福州 350001；2.福建农林大学，福州 350002)

摘要：用气相色谱质谱联用仪器对假臭草乙醇提取物进行定性定量分析。从假臭草全株提取物中鉴定出组分 40 种，其中倍半萜类成分含量最高，占总成分的 34.37%，包括大根香叶烯-D、反式-丁香烯、α-葎草烯、紫穗槐烯、δ-榄香烯、β-榄香烯、雪松烯、δ-杜松烯、1(5),6-愈创木二烯、β-蛇床烯；其次是酮类成分含量，占总成分的 26.25%，分别为 5-甲氧基-2-戊酮、6-十二酮、3-羟基-3-甲基-2-庚酮；醇类 14 种，占总成分的 24.91%，为 2,4-二甲基-3-戊醇、3-辛醇、1,3-二甲基-环戊醇、2,4-二甲基-3-己醇、2-丙烷基-1-庚醇、2,4-二甲基-1-癸醇、2-己基正癸醇、2-乙基正癸醇、2-丁基-1-辛醇、香榧醇、2-甲基斯巴醇、2-辛基十二烷醇、α-杜松醇。另烷 8 种，占总成分的 12.34%。

关键词：假臭草；乙醇提取物；气相质谱联用仪；化学成分

Chemical Components of Alcohol Extract from *Praxelis clematidea* by Gas Chromatography/Mass Spectrometry

HUANG Kehui[1]，CHEN Zheng[3]，GUO Qiongxia[1*]

(1. *Fujian Entry-Exit Inspection and Qurantine Bureau, Fuzhou, Fujian 350001, China;* 2. *Fujian Agriculture and Forestry University, Fuzhou, Fujian 350002, China*)

Abstract: The chemical components of Alcohol Extract from *Praxelis clematidea* were analyzed by GC/MS. Forty compounds were identified. Sesquiterpenes were major components, with relative amount of 34.37%, including GERMACRENE-D, trans-Caryophyllene, α-Humulene, α-Amorphene, δ-Elemene, β-elemene, Cedrene, delta-Cadinene, 1(5), 6-Guaiadiene, β-Selinene. There were three types of ketone, which relative amount of 26.25%, including 2-Pentanone, 5-methoxy-3-Pentanol, 2,4-dimethyl-2-Heptanone, 3-hydroxy-3-methyl-. Fourteen types of alcohol relative amount of 24.91%, including 3-Pentanol, 2,4-dimethyl-3-Octanol, 1,3-Dimethyl cyclopentanol, 3-Hexanol, 2,4-dimethyl-, 1-Heptanol, 2-propyl-1-Decene, 2,4-dimethyl-1-Decanol, 2-ethyl-1-Decanol, 2-hexyl-, 1-Octanol, 2-butyl- , Torreyol, Heptadecane,2-methyl-, 2-Octyldodecan-1-ol, α-Cadinol. In addition there were eight types of alkyl in the extract, amount of 12.34%.

Key words: *Praxelis clematidea*; alcohol extract; GC/MS, chemical components

假臭草[*Praxelis clematidea*(Grisebach)King et Robinson]或 *Eupatorium catarium* Veldkamp，又名猫腥菊，属于菊科（Compositae/Asteraceae），原产南美，为一年生草本，种子繁殖，繁殖率极高，且繁殖速度快，消耗大量土壤养分，对其他植物的生存造成严重的为害[1]。我国香港于 20 世纪 80 年代发现假臭草，90 年代在深圳出现。目前主要发生在华南的热带和亚热带地区，在广东、福建、澳门、台湾等地有分布。假臭草作为一种外来杂草[2-5]，要与其新生境中得各种因素相作用（包括植物，动物，微生物等）。外来杂草能够成功入侵，其对新环境中其他因素的化学防御作用也是非常重要的方面[6]。假臭草对新环境中因素的化学防御作用国内已有报道的包括以下两个方面：(1)在对植物的防御方面，李光义等研究表明假臭草水浸提液对小白菜和萝卜的发芽率、根生长、茎生长具有不同程度的化感作用[7]。马瑞君等证明假臭草对五爪金龙的 4 项生长指标均产生显著或极显著影响，在筛选的 17 种植物中，假臭草对五爪金龙幼苗生长的抑制强度最大[8]。（2）在昆虫的防御方面，岑伊静等通过实验证明对假臭草植物挥发油对柑橘木虱有显著的驱避作用[9]。目前国内关于假臭草化学成分的报道较少，本实验采用气相色谱质谱联用技术对假臭草乙醇提取物的化学成分进行初步分析，为进一步了解假臭草入侵的化学机制提供科学依据[10]。

1 材料与方法

1.1 样品制备

供试样品均由福建出入境检验检疫局植物检疫实验室提供，2007 年 6 月采自福建莆田，为花期。标本由郭琼霞研究员复核。将假臭草去杂，烘干，粉碎，用分析纯乙醇进行索氏提取，比例为 1∶5，提取液经旋转蒸发后得到膏状物，放于冰箱冷藏保存，进样前用分析纯乙醚配成溶液。

1.2 实验仪器与分析条件

1.2.1 GC-MS 分析条件

色谱条件：美国 Varian Saturn 3900/2100 气相联用仪(GC-MS)，采用 DB-5 色谱柱（柱长 30m，内径 0.25mm，液膜 0.25μm），进样口温度 250℃，起始柱温为 50℃，保持 2min，以每分钟 3℃升至 200℃，保持 3min，再以每分钟 10℃升至 280℃。载气为氦气，纯度>99.999%，流速 1 ml/min，分流比为 1∶30[11,12]。

质谱条件：电离方式 EI，电子能量 70Ev，阱温 180℃，阱外套温度 40℃，传输线温度 280℃。采用全谱扫描，扫描范围为 40～500m/z。

软件平台为 Saturn GC/MS Workstation Version5.52，数据库为 wiley7， nist98r，nist98m。辅助软件为：NIST/EPA/NIH MS Library (NIST02) and AMDIS。

1.2.2 定性和定量方法

假臭草成分根据 GC-MS 分析得到的总离子流图中的各峰经质谱扫描后得到质谱图，通过质谱计算机谱库检索（Wiley 库和 NIST 库）初步确定化合物，忽略未检出物质的峰面积。分别对各色谱峰加以确定。以面积归一化法测定加假臭草中不同物质的相对含量。并根据成分的峰面积值相对定量。

2 结果与分析

根据上述色谱质谱条件对样品进行分析[13]，得出假臭草提取物总离子流图（图 1）。

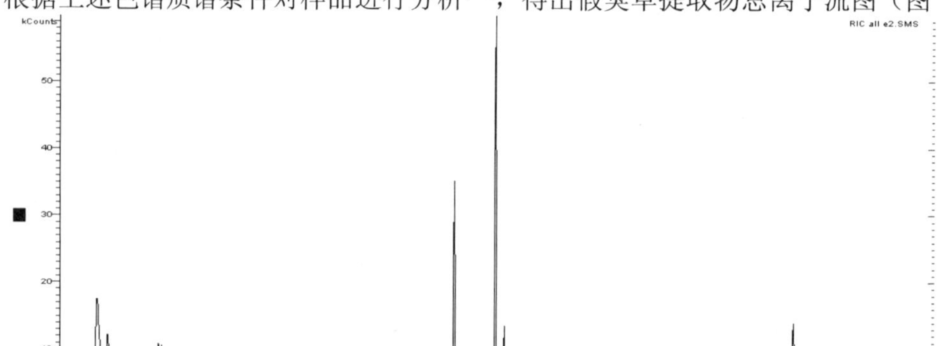

图 1 假臭草乙醇提取物 GC-MS 总离子流图

表 1 假臭草乙醇提取物组分含量分析结果

保留时间	化合物名称（中文）	分子式	相对分子量	相对含量(%)
5.576	3-羟基-3-甲基-2-庚酮 2-Heptanone, 3-hydroxy-3-methyl-	$C_8H_{16}O_2$	144	-
7.609	5-甲氧基-2-戊酮 2-Pentanone, 5-methoxy-	$C_6H_{12}O_2$	116	18.852
8.275	2,4-二甲基-3-戊醇 3-Pentanol, 2,4-dimethyl-	$C_7H_{16}O$	116	9.233
9.960	6-十二酮 6-Dodecanone	$C_{12}H_{18}O$	178	7.397
11.517	3-辛醇 3-Octanol	$C_8H_{18}O$	130	8.661
11.724	2,4-二甲基-3-己醇 3-Hexanol, 2,4-dimethyl-	$C_8H_{18}O$	130	-
12.169	1,3-二甲基-环戊醇 1,3-Dimethyl cyclopentanol	$C_7H_{14}O$	114	-
13.615	2-丙烷基-1-庚醇 1-Heptanol, 2-propyl-	$C_{10}H_{22}O$	158	0.918
14.600	7-十四烯 7-Tetradecene	$C_{14}H_{28}$	196	0.416
14.791	2,4-二甲基-1-癸醇 1-Decene, 2,4-dimethyl-	$C_{12}H_{24}$	168	-

续表

保留时间	化合物名称（中文）	分子式	相对分子量	相对含量(%)
15.331	4-甲基-1-癸烯　1-Undecene, 4-methyl-	$C_{12}H_{24}$	168	0.293
15.697	十六烷　Hexadecane	$C_{16}H_{34}$	226	1.014
23.697	2,3,5,8-四甲基-癸烷 Decane, 2,3,5,8-tetramethyl-	$C_{14}H_{30}$	198	0.685
24.857	2-己基正癸醇　1-Decanol, 2-hexyl-	$C_{16}H_{34}O$	242	0.472
25.794	2-乙基正癸醇　1-Decanol,2-ethyl-	$C_{12}H_{26}O$	186	1.423
26.446	δ-榄香烯　.delta.-Elemene	$C_{15}H_{24}$	204	0.892
28.817	β-榄香烯　.beta.-elemene	$C_{15}H_{24}$	204	0.608
29.278	2-丁基-1-辛醇　1-Octanol, 2-butyl-	$C_{12}H_{26}O$	186	1.160
30.073	反式-丁香烯　trans-Caryophyllene	$C_{15}H_{24}$	204	6.771
30.530	香榧醇　Torreyol	$C_{15}H_{26}O$	222	0.405
31.579	α-葎草烯　.alpha.-Humulene	$C_{15}H_{24}$	204	1.933
31.770	雪松烯　Cedrene	$C_{15}H_{24}$	204	-
32.406	紫穗槐烯　.alpha.-Amorphene	$C_{15}H_{24}$	204	1.397
32.646	大根香叶烯 D　GERMACRENE-D	$C_{15}H_{24}$	204	20.772
33.425	2,6,10-三甲基-十四烷 Tetradecane, 2,6,10-trimethyl-	$C_{17}H_{36}$	240	0.827
33.966	γ--杜松烯　.gamma.-Cadinene	$C_{14}H_{30}O$	214	0.641
34.172	δ-杜松烯　.delta.-Cadinene	$C_{15}H_{24}$	204	0.572
34.458	2-甲基斯巴醇　Heptadecane,2-methyl-	$C_{18}H_{38}$	254	0.433
34.665	十九烷　Nonadecane	$C_{19}H_{40}$	268	1.558
35.777	β-蛇床烯　.beta.-Selinene	$C_{15}H_{24}$	204	-
36.540	斯巴醇　Spathulenol	$C_{15}H_{24}O$	220	0.940
36.715	(-)-环氧石竹烯　(-)-Caryophyllene oxide	$C_{15}H_{24}O$	220	0.753
37.366	2-辛基十二烷醇　2-Octyldodecan-1-ol	$C_{20}H_{42}O$	298	0.867
39.051	1(5),6-愈创木二烯　1(5),6-Guaiadiene	$C_{15}H_{24}$	204	1.428
39.560	α-杜松醇　.alpha.-Cadinol	$C_{15}H_{26}O$	222	0.401
41.118	廿二烷　Docosane	$C_{22}H_{46}$	310	1.590
42.532	二十五烷　Pentacosane	$C_{25}H_{52}$	352	1.262
44.661	三十烷　Triacontane	$C_{30}H_{62}$	422	0.578
49.619	三十五烷　Pentatriacontane	$C_{35}H_{72}$	492	1.832
51.177	棕榈酸乙酯　Hexadecanoic acid, ethyl ester	$C_{18}H_{36}O_2$	284	2.989

“-”：存在该峰，但面积无法积出。

假臭草乙醇[14]提取物组分含量分析结果见表 1。假臭草全株提取物中鉴定出组分 40 种，其中倍半萜成分含量最高，占总成分的 34.373%，包括大根香叶烯 D、反式-丁香烯、α-葎草烯等。酮 3 种，占总成分的 26.25%，包括 5-甲氧基-2-戊酮、6-十二酮、3-羟基-3-甲基-2-庚酮；醇 14 种，占总成分的 24.913%，为 2,4-二甲基-3-戊醇、3-辛醇、1,3-二甲基-环戊醇等。另烷 8 种，占总成分的 12.34%。

3 讨论

在对假臭草提取物鉴定的 40 种成分中，发现倍半萜类物质（如倍半萜，倍半萜醇等）所占比重较大，而倍半萜类化合物多具有较强的香气和生物活性。本试验通过对假臭草乙醇提取物成分的初步分析，其化感活性成分和对抵御昆虫为害的活性成分有待进一步分离，生测，鉴定。另外，提取溶剂、生长时期、气候条件、地域环境等的差异，是否会对其提取物成分的种类和相对含量产生影响，需要进一步考察和研究。

在本实验研究分析过程中，数据与谱图的重复性较好，且前处理方便，本研究将为外来入侵杂草的提取物化学成分的GC/MS研究提供依据。

致谢：对福建农林大学应用生态研究所提供设备和技术的支持，在此表示衷心感谢!

参考文献

[1] 秦新生，严岳鸿，陈红峰，等.海南植物增补(Ⅷ).华南农业大学学报（自然科学版），2004，25(1):122-123.

[2] 吴世捷，高力行.不受欢迎的生物多样性：香港的外来植物物种.生物多样性，2002，10(1):109-119.

[3] 王真辉，安锋，陈秋波.外来入侵杂草—假臭草.热带农业科学，2006，26(6):33-37.

[4] 李振宇，解焱.中国外来入侵种[M].北京：中国林业出版社，2002，164.

[5] 陈伟，兰国玉，安锋等.海南外来杂草—假臭草群落生态位特征研究.西北林学院学报, 2007，22(2):24-27.

[6] 王朋，梁文举，孔垂华，等.外来杂草入侵的化学机制.应用生态学报, 2004，15（4）：707-711.

[7] 李光义，喻龙，邓晓.假臭草化感作用研究.杂草科学, 2006，4:19-20.

[9] 马瑞君，朱慧，陈丹生，等，入侵杂草五爪金龙的除草剂植物筛选.中国生态农业学报, 2008，16(2):391-395.

[9] 岑伊静，叶峻铭，徐长宝，等.柑橘木虱对几种非嗜食植物挥发油的趋性反应测定.华南农业大学学报, 2005，26(3):41-43.

[10]郭琼霞，陈颖，沈荔花，等.加拿大一枝黄花对豆类和蔬菜的化感作用研究.检验检疫科学, 2006，16(6):10-12.

[11]叶乃兴，杨广，郑乃辉，等.烘青茶香气成分的 SPME/GC-MS 分析.福建农林大学学报(自然科学版), 2006，35(3):165-168.

[12] 钱华，高智慧，王国英.大蕁麻根、茎叶乙醇提取物化学成分的ＧＣ/MS 研究.浙江林业科技，2006，26(3):31-33.

[13]周海梅，谢培山，李朴，等.不同栽培类型菊花挥发性成分的固相微萃取-气相色谱-质谱分析.解放军药学学报, 2008，24(1):33-36.

[14] 钱华，高智慧，王国英，等.不同栽培环境中大蕁麻根乙醇提取物化学成分的变化.中国现代中药，2006，8(5):10-12.

异株苋亚属（Subgen *Acnida* L.）有害生物风险研究

徐晗　范晓虹　何友元　陈克

（中国检验检疫科学研究院）

摘要：本文通过对苋属异株苋亚属三个代表性种类：长芒苋、糙果苋和西部苋的生物学特性、地理分布及经济为害进行分析，探讨该亚属杂草入侵我国的风险，为进一步研究外来苋属杂草入侵途径与扩散规律提供理论基础。

关键词：异株苋亚属；入侵；风险研究

Pest Risk Study of subgen. *Acnida* L.

Xu Han, Fan Xiao Hong

(*Chinese Academy of Inspection and Quarantine*)

Abstract: We studied the risk situation about subgen. *Acnida* invading to China, based on analysis of biological characters, geographical distributions and economic damages of three species in subgen. *Acnida* L.: *Amaranthus palmeri, Amaranthus tuberculatus* and *Amaranthus rudis*. This article provides theoretical basis for further studies concerning invasion pathways and dispersing modes of *Amaranthus* weeds.

Key words: subgen;*Acnida* L; invasion; risk study

苋属（*Amaranthus* L.）异株苋亚属（Subgen *Acnida* L.）植物是原产北美洲的特有苋种，共约 10 种，其中代表性种类长芒苋（*Amaranthus palmeri* S. Wats.）、西部苋（*Amaranthus rudis* J. D. Sauer）、糙果苋（*Amaranthus tuberculatus* （Moq.） Sauer）是美国农田最主要的为害性杂草[8][9]。除异株苋亚属外，雌雄同株种类植物分布广泛，适生温带、暖温带、亚热带及热带地区，是生物量最大分布最广泛的杂草群体之一[10][11]。雌雄异株种类（即异株苋亚属）主要分布于北美，19 世纪初随着人类贸易活动的频繁，陆续在欧洲出现[1][7]。其中，代表性杂草长芒苋为害着美国南部地区大面积的棉花、玉米和大豆种植基地。糙果苋和西部苋复合群则是美国中西部棉田和豆田的主要有害杂草。

近年，随着我国进口粮食量增加，以长芒苋为代表的苋属异株苋亚属种类杂草籽在口岸截获频率较高，且口岸外来杂草监测中也发现过个别定植的植株，因此异株苋亚属杂草随进口农产品携带传入我国风险巨大，潜在为害不容忽视。本文以长芒苋、糙果苋和西部苋三种异株苋亚属植物为例对苋属异株亚属进行有害生物风险评估。

1 生物学特性及分布

三种异株苋亚属代表性种类，属一年生草本植物，从种子发芽、生长、开花、结实至枯萎死亡，其寿命只有 1 至 2 年。种子具有休眠期 3 个月，最长在土壤中可存活数年。常适生于热带、亚热带和温带气候，多见于垃圾堆、河边、河床、港口、铁路、农田等生境。多数苋属植物环境适应性强，喜光照，喜肥沃疏松土壤、耐盐碱地。该属植物还普遍是 C4 高光效植物，在强光、高温、低温等逆境条件下有较好的防御反应，能保持较高的光合作用。在高温高湿的环境中，许多除草剂已失去效用，长芒苋长势依旧并且迅速超过棉花[4]。有人统计在棉田里，长芒苋在 3 天里就可长 5～13cm，几周就达 30～47cm，而同期的棉花仅有 13～20cm[4]。

长芒苋原产美国西南部至墨西哥北部，随出口棉花、大豆、粮食及家禽饲料带到东半球，1921 年在瑞士被发现，此后相继在瑞典（1925）、日本（1936）、奥地利（1951）、德国（1952）、法国（1954）、丹麦（1959）、挪威（1965）、芬兰（1965）被报道，常出现于港口、加工厂和仓库、垃圾场和家禽饲养场附近。近年来在英国、澳大利亚等地归化[1]。糙果苋原产美国密西西比河流域东部地区，从印第安那州东部至俄亥俄州，也已入侵北美（加拿大魁北克）、欧洲（英国）等地。西部苋与糙果苋形态类似，通过胞果是否开裂的特征进行区分，它原产美国密西西比河西部流域，从内布拉斯加州至坦克萨斯州，也分布于爱荷华州、伊利诺伊州和密苏里州，并入侵欧洲（英国）。

2 繁殖与传播

该属植物均为风媒传粉，雄株产生花粉，风携带花粉从雄株传到雌株，由雌株结出果实。长芒苋每株雌株可产生种子2万～6万粒，糙果苋雌株可产生种子近一百万（在全光照条件下）。其直立生长速度极快，在全光照时，生长速率可达 5cm/d，有效地与作物争夺阳光、水、营养和空间。植株较高，在作物收获过程中，易同作物一起收割，而混入农产品通过调运扩散，或通过国际贸易跨境传播。此外还可通过河流与风力扩散传播，或通过鸟粪扩散。糙果苋在作物收获过程中，也易同作物一起收割，混入农产品通过调运扩散，或通过国际贸易跨境传播。糙果苋与西部苋在作栽作物生长季其种子萌发和种苗生长还有延迟现象，与作物错开生长旺期，规避了除草剂的风险[13]。

3 抗除草剂特性

长芒苋不仅与作物竞争生长空间和资源，与苋属其他杂草相比也有优越的种子萌发率和快速生长力。另一个促使它们成为农田主要杂草的原因是在长期进化过程中，产生了具抗杂草剂特性的生物型群体。长芒苋已进化出对四种除草剂具抗性的生物型，除草剂分别是 ALS 抑制剂类除草剂（磺酰尿噻吩磺隆、咪唑啉酮、三唑并嘧啶磺酰胺和嘧啶基硫代苯甲酸酯）、光系统 II 抑制剂类除草剂（三氮苯类阿特拉津、脲类及酰胺类除草剂）、二硝基苯胺类（氟乐灵）和有机磷除草剂（草甘膦）四大类，其中噻吩磺隆、阿特拉津、苯磺隆、甲磺隆、氯磺隆等是我国大田常用除草剂，草甘膦等是我国果园苗圃及农田等系统常用除草剂[14][2]。美国 13 个州已有发现报道，而这些除草剂曾一度是大田作物里有效的除草剂类型。其抗除草剂特性还可与同属杂草杂交发生转移，扩大抗性物种范围[3]。

西部苋相对作物和其他杂草，具更强的生长力，并具抗除草剂特性。与长芒苋类似，西部苋进化出对五种除草剂具抗性的生物型。有报道表明，对除草剂具抗性的西部苋与除草剂敏感型的同株苋亚属（*Subgen amaranthus* L.）植物杂交，产生具除草剂抗性的杂种。这些杂种具有的除草剂抗性基因可通过花粉和种子传播，使除草剂敏感型苋属杂草演变成具除草剂抗性种类，增加了有害杂草的扩散风险和经济为害[6]。

糙果苋与西部苋复合群也是杂草抗除草剂生物型频繁发生的种类，与长芒苋类似，糙果苋的生长较其他杂草强势。除与长芒苋一样共同抗三类除草剂外，还具抗原卟啉原氧化酶抑制剂类除草剂（三氟羧草醚、氟磺胺草醚、克阔乐和三唑酮类等）、对羟苯基丙酮酸双氧化酶（HPPD）抑制剂除草剂的特性，在美国和加拿大共计 13 个州已有抗性生物型发现报道[6]。

在原产地北美，长芒苋、糙果苋和西部苋因其抗除草剂的特性已成为棉田、豆田等地难以防除的杂草。由于目前对该类苋没有有效的控制，除了人工除草，只有持续不断的加大剂量施用除草剂，或是增加耕地次数，而这些防治措施在美国已经导致作物的毒害和表层土壤的流失，许多棉田因此荒废。

4 在美国的为害情况

以长芒苋为代表的异株苋种类杂草为害热带、亚热带地区种植的几乎所有重要作物，与作物争夺生长空间和资源，导致作物严重减产。同时因其抗多种常用除草剂，目前已成为美国农业生产中（棉花和大豆）的主要问题，经济损失难以评估。据在美国堪萨斯州进行的实验表明，长芒苋在玉米田间每一米栽培垄的株数从 0.5～8 株，则玉米作为青饲的减产量为 1%～44%，作为谷物时的减产量为 11%～74%[5]。美国南部北卡罗来纳州番薯田内，每一米栽培垄间长芒苋发生植株从 0.5～6.5 株，则不同番薯品种的产量损失率分别是 56%～94%、30%～85%、36%～81%[12]。在阿肯色州，在大豆田内，每一米栽培垄间长芒苋发植株为 0.33 株、0.66 株、1 株、2 株、3.33 株、10 株，大豆减产量分别是 17%、27%、32%、48%、64%、68%[13]。在得克萨斯州棉田内，每 9.1 米栽培垄间长芒苋发生株数为 1～10 株时，棉花减产量为 13%～54%[4]。

糙果苋也为害热带、亚热带地区栽培的重要作物，与作物争夺生长空间和资源，导致作物严重减产。在美国，糙果苋复合群可导致玉米减产 13%～74%，与大豆同期生长时可致大豆减产 56%，在豆田晚期时可致大豆减产 10%。西部苋为害情况与糙果苋类似。有报道发现，每一米栽培垄间西部苋发生株数为 8 株时，大豆减产 56%，而反枝苋减产 38%。

此外，三类杂草为害作物的方式并不仅局限于使作物减产，长芒苋还是植物寄生虫的主要寄主，可传播虫害为害庄稼[16]。长芒苋粗壮的茎干也干扰作物的机械收割，造成的治理成本也较昂贵。它们抗多种除草剂特性也是其成为农田难以铲除的灾害性杂草之一。美国转基因大豆田、棉田常施用的除草剂草甘膦是这三种苋主要的抗性对象，常用除草剂的失效，也是导致杂草蔓延不能及时防治的主要原因。该属植物还含亚硝酸盐，其茎叶食用后对牲畜和人类有毒害作用。糙果苋还是花粉致敏病重要的过敏原。

5 异株苋亚属传入中国的风险评估

为预测其在国内的适生区域，本研究采用 Dymex 2.0 软件的 Climex Compare locations 模块计算 EI (Eco-climatic Index, 生态气候指数)值，根据三种苋已知相似的生物学特性[15]，设置其适生性参数（见表 A），将计算结果导入 ArcGIS 9.3 软件中进行插值，以 3 和 25 做为区划阈值，得出异株苋亚属在中国的适生区预测图（图 A）。

表 A　适生性参数部分数值

适生性参数	数值	适生性参数	数值
DV0 发育起点温度	5℃	LT1 生长限制性日长	0.1
DV1 适宜温度下限	15℃	LT0 生长日长上限	1
DV2 适宜温度上限	25℃	TTCS 冷胁迫温度限制	5
DV3 限制性高温	38℃	THCS 冷胁迫温度生长速率	-0.00035
SM0 限制性最低湿度	0	TTHS 热胁迫开始累积值	40℃
SM1 适宜温度下限	0.01	THHS 热胁迫温度生长速率	0.0045/周

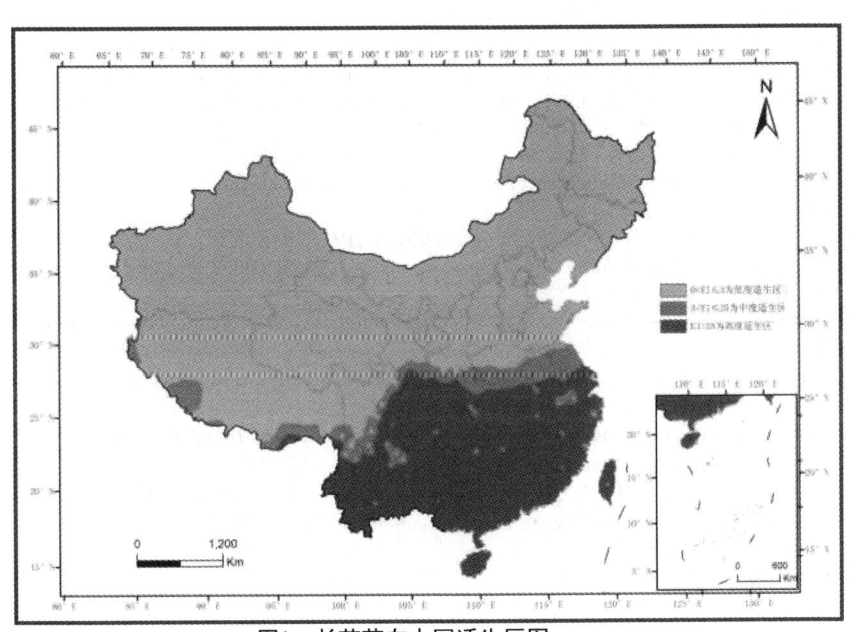

图A　长芒苋在中国适生区图

以气候作为影响异株苋亚属分布的主要因素, CLIMEX 预测了其在我国的潜在分布区。结果表明, 长江流域及以南地区、山东半岛南部等地为异株苋亚属中、高度适生区。异株苋亚属杂草主要分布北美地区，美国北部至墨西哥部分地区。我国与美国的纬度相近，美国大部分地区属温带与亚热带地区，但两国气候、地貌不尽相同，这也决定在同纬度区域异株苋亚属适生区分布有所差异。

苋属杂草通过种子扩散传播，一旦传入并定植，每株雌株可产生高达几万粒种子，通过风力或人类活动、粮谷调运扩散传播。传播风险大。三种苋为害热带、亚热带地区种植的几乎所有重要作物，导致作物严重减产。我国是农业大国，耕地面积有限，一旦污染将难以根除，会造成大豆、棉花、玉米等主要作物的减产和防除成本的巨大增加，严重为害国家的粮食安全和国民经济基础。此外，它们独特的抗除草剂性质，和其易于进行种间杂交的特性，具有将该抗除草剂基因转移扩散给国内现有近缘杂草的潜能，出现"超级杂草"的潜在风险巨大，不仅对农业也对环境产生巨大威胁[3]。

因此，以长芒苋为代表的苋属异株亚属杂草虽然目前在我国无分布或局部分布，但通过大豆、菜籽等作物贸易进入我国，并在我国大部分地区定植扩散的可能性极高。尤其该亚属几种杂草因其抗除草剂特性，已使原产国美国农业生产遭受重大损失。该类杂草一旦定植将严重影响我国的农业生产，并给生态环境带来难以预计的损失，总体风险为大。此外，该亚属杂草已列入我国《禁止进境检疫性有害生物名录》进行防范，应进一步加强官方管理措施，根除或控制其在国内的发生为害。

参考文献

[1] 李振宇. 长芒苋—中国苋属一新归化种， 植物学通报，2003：734-735.

[2] Aaron M. Wise, Timothy L. Grey, Eric P. Prostko, William K. Vencill, and Theodore M. Webster Establishing the Geographical Distribution and Level of Acetolactate Synthase Resistance of Palmer Amaranth (Amaranthus palmeri) Accessions in Georgia, Weed Technology, 2009, 23: 214-220.

[3] Federico Trucco, Danman Zheng, Andrew J. Woodyard, Jared R. Walter, Tatiana C. Tatum, A. Lane Rayburn, and Parrick J. Tranel Nonhybrid Progeny from Crosses of Dioecious Amaranths: Implications for Gene-Flow Research, *Weed Science,* 2007,*55*: 119-122.

[4] Gaylon D M, Paul A. B, James M. C. Competitive Impact of Palmer Amaranth (Amaranthus palmeri) on Cotton (Gossypium hirsutum) Development and Yield1. Weed Technology: July 2001, Vol. 15, No. 3, pp. 408-412.

[5] Massinga R A.; Currier R. S. Impact of Palmer amaranth (Amaranthus palmeri) on corn (Zea mays) grain yield and yield and quality of forage. Weed technology, 2002. vol.16, NO 3, pp. 532-536.

[6] Ryan M. Lee, Jyothi Thimmapuram, Kate A. Thinglum, George Gong, Alvaro G. Hernandez, Chris L. Wright, Ryan W. Kim, Mark A. Mikel, and Parrick J. Tranel Sampling the Waterhemp (*Amaranthus tuberculatus)* Genome Using Pyrosequencing Technology, *Weed Science,* 2009, *57*: 463-469.

[7] Sauer, J. D. Revision of the dioecious amaranths. Madrono,1955, 13:5-46.

[8] Sauer J D. The grain amaranths: A survey of their history and classification. Ann. Missouri Bot.,1950, 37: 561-619.

[9] Sauer J D. Revision of the dioecious amranths. Madrono.,1955,13: 5-46.

[10] Sauer J D. The grain amaranths and their relatives: a revised taxonomic and geographic survey. Ann. Missouri Bot.,1967,54: 103-137.

[11] Sauer J D. The dioecious amaranths: a new species name and major range extensions. Madrono.,1972,21: 426-434.

[12] Stephen L. Interference of Palmer Amaranth (*Amaranthus palmeri)* in Sweetpotato Weed Science ,2010,58(3):199-203.

[13] Tracy E Klingaman Lawrence R Oliver. Palmer Amaranth （*Amaranthus palmeri*） interference in soybeans（*Glycine max*）Weed Science Volume ,1994,42：523-527

[14] Wetzel, D. K., M. Horak J., D. Skinner Z., and P. Kulakow A. Transferal of herbicide resistance traits from *Amaranthus palmeri* to *Amaranthus rudis*. *Weed Scienc,* **1999**,**47**: 538-543.

[15] http://www.lifemapper.org/

[16] http://www.weedscience.org/in.asp

抗药性杂草与作物

日本看麦娘（*Alopecurus japonicus* Steud.）抗乙酰羟酸合酶抑制类除草剂的分子机制研究

杨 霞[1] 俞欣妍[1] 李顺鹏[2] 何 健[2] 李永丰[1] 李 贵[1]

（1.江苏省农业科学院植物保护研究所，南京 210014；
2.南京农业大学生命科学学院，南京 210095）

摘要：乙酰羟酸合酶（AHAS）是植物、真菌和细菌细胞内必需的支链氨基酸生物合成第一阶段的关键酶，是AHAS抑制剂类除草剂的作用靶标。本文筛选得到了抗磺酰脲类、咪唑啉酮类、三唑嘧啶磺酰胺类与嘧啶水杨酸类这四大类AHAS抑制剂类除草剂的日本看麦娘抗性生物型，利用PCR技术分别从日本看麦娘抗感品系中分离得到*AHAS*大亚基基因，经比对分析发现：其抗性生物型AHAS大亚基有2个氨基酸位点发生突变(Ser_{222}→Asn_{222}, Gly_{230}→Asp_{230})。将日本看麦娘抗感品系的*AHAS*大亚基基因分别转入酵母中进行表达，测得抗性转化子的表达产物对各类AHAS抑制剂类除草剂具有较强的抗性，并且抗性表达产物的纯化酶活性为7.3 U/mg，高于敏感1.9 U/mg，表明日本看麦娘AHAS大亚基氨基酸位点突变是杂草对乙酰羟酸合酶抑制剂类除草剂产生抗性的原因，同时也是新发现的AHAS突变位点。

关键词：日本看麦娘；乙酰羟酸合酶；AHAS抑制剂抗性；位点突变

The Molecular Mechanism of AHAS Inhibiting Herbicides Resistance in *Alopecurus japonicus* Steud.

Yang Xia[1], Yu Xin-Yan[1], Li Shun-Peng[2], He Jian[2] *, Li Yong-Feng[1] *, Li Gui[1]

(*1. Institute of Plant Protection, Jiangsu Academy of Agricultural Sciences, Nanjing 210014, China;*
2. College of Life Sciences, Nanjing Agriculture University, Nanjing 210095, China)

Abstract： Acetohydroxyacid synthase(AHAS) is the first key enzyme in branched-chain amino acid biosynthesis pathway in plants, fungi and bacteria, which is the target site of AHAS-inhibiting herbicides. This research has screened the resistant biotypes from *Alopecurus japonicus* Steud. endowing herbicidal resistance of sulfonylurea, imidazolinone, triazolopyrimidine and pyrimidinyl-thiobenzoate. *AHAS* large subunit genes were isolated from the resistant and sensitive biotypes of *Alopecurus japonicus* Steud. using PCR assay. Two putative amino acid mutations(Ser_{222}→Asn_{222}, Gly_{230}→Asp_{230}) were found in the resistant AHAS compared with the sensitive AHAS. The *AHAS* genes from resistant and sensitive biotypes were ligated into yeast expression vector and successfully expressed in *Pichia Pastoris* respectively. The results showed that AHAS large subunit from resistant biotype had stronger resistance to AHAS-inhibiting herbicides. The specific activity of resistant AHAS was 7.3 U/mg，which was 1.9 U/mg more than the sensitive AHAS specific activity. Therefore, amino acid site mutations of AHAS are the reasons of resistance to AHAS-inhibiting herbicides, which are also the new-found AHAS mutating sites.

Key words: *Alopecurus japonicus* Steud.; Acetohydroxyacid synthase; AHAS inhibiting resistance; site mutation

乙酰羟酸合酶（Acetolactate synthase AHAS；又称乙酰乳酸合Acetolactate synthase ALS，EC 2.2.1.6)是植物、真菌和细菌细胞内必需的支链氨基酸（缬氨酸、亮氨酸和异亮氨酸）生物合成第一阶段的关键酶，是乙酰羟酸合酶抑制剂类除草剂如磺酰脲类、咪唑啉酮类、三唑嘧啶磺酰胺、嘧啶水杨酸类和磺酰氨羧基三唑啉酮的作用靶标[1]。AHAS由大亚基（催化亚基）和小亚基（调控亚基）组成。自1987年美国首次发现抗AHAS类除草剂杂草刺莴苣（*Lactuca serriola* L.）以来，目前全球已发现110种杂草（包括单子叶与阔叶类杂草）对AHAS类除草剂产生了单抗或者复合抗性[2-3]。中国已报道的有单抗苯磺隆的播娘蒿（*Descurainia Sophia*）[4]，兼抗苄嘧磺隆与吡嘧磺隆的慈姑（*Sagittaria trifolia* L.），扁秆藨草（*Scirpus planiculmis* Fr. Schimidt）和雨久花（*Monochoria korsakowii Regelet* Maack）[5]及抗磺酰脲类的日本看麦娘[6]。AHAS类除草剂靶标蛋白乙酰羟酸合酶是一种高度保守的酶，在大多数情况下，杂草体内AHAS位点的改变常引起杂草对AHAS抑制剂类除草剂产生抗药性，现在已报道在农田选择压条件下杂草体AHAS存在6个易被替换的氨基酸位点（Ala_{122}，Pro_{197}，Ala_{205}，Asp_{376}，Trp_{574}和Ser_{653}）[7]。多数抗性杂草如野萝卜（*Raphanus raphanistrum* L.）、东方蒜芥(*Sisymbrium orientale* L.) 与*Lindernia*属物种抗性生物型AHAS位点（Pro_{197}）可被8种氨基酸（Ala, Arg, Gln, His, Ile, Leu, Ser和Thr）

中任何一种替换；有些抗性杂草种群如苍耳(*Xanthium strumarium* L.)存在两个突变位点（Trp_{574}→Leu_{574} 或 Ala_{205}→ Val_{205}）；少数抗性杂草种群如糙果苋[*Amaranthus tuberculatus*(Moq.) sauer]存在三个突变位点（Trp_{574}→Leu, Ser_{653}→Asp或Ser_{653}→Thr）[8]。AHAS 氨基酸突变的位点与替换的氨基酸种类影响着杂草对AHAS抑制剂的交互抗性模式： Pro_{197}位点的突变使杂草对磺酰脲类或者咪唑啉酮类产生抗性，Ala_{122}位点的突变增强杂草对咪唑啉酮类的抗性；Ser_{653}位点的突变导致杂草对咪唑啉酮与嘧啶水杨酸产生抗性；Trp_{574}位点的突变导致杂草对磺酰脲类、咪唑啉酮类、磺酰胺类与嘧啶水杨酸类存在抗性[9]。日本看麦娘(*Alopecurus japonicus* Steud.)是水稻与小麦或油菜轮作区危害最严重的优势禾本科杂草种群之一，在长江中下游地区发生尤为严重[6]。本研究利用抗磺酰脲类、咪唑啉酮类、三唑嘧啶磺酰胺类与嘧啶水杨酸类这四大类AHAS抑制剂类除草剂的日本看麦娘为供试材料，从日本看麦娘抗性生物型和敏感生物型材料中分别获得了*AHAS*大亚基基因，通过基因突变位点分析、表达产物酶学特性分析和除草剂的抑制剂试验，旨在阐述日本看麦娘对AHAS抑制类除草剂产生抗性的分子机理，为制定绿色环保的控草策略提供依据。

1　材料与方法

1.1　供试材料

日本看麦娘抗性生物型采集于江苏省常熟市连续10年以上施用氯甲磺隆混配剂、后茬稻季依次施用嘧啶水杨酸类3年、三唑嘧啶磺酰胺类除草剂5年的稻麦（油）轮作麦田，日本看麦娘敏感生物型采集于同一地点、农户房前屋后从未施用过除草剂的蔬菜地或者荒地，采集时间为2003年。

1.2　供试药剂及试剂

95%氯磺隆原药、85.1%甲黄隆原药和90.0%胺苯磺隆原药均由瑞禾农化公司提供，95.8%咪唑乙烟酸原药由沈阳化工研究院提供，2.5%五氟磺草胺油悬浮剂由美国陶氏益农公司提供，90%嘧啶肟草醚原药由江苏省金坛激素研究所提供，限制性内切酶等工具酶和DNA/Protein Marker购自TaKaRa 公司；酵母表达载体pPICZαA和酵母菌株SMD115购自Invitrogen公司。常规试剂均购自南京生兴生物技术公司。

1.3　植株抗性测定方法

用直径 12cm 小塑料盆装入 420 g 风干土，每盆播日本看麦娘种子 100 粒，重复 5 次，播深 0.5cm。种子萌发生长至 1.0～1.5 叶时，选择生长一致、苗数基本相同的小盆用于药剂处理。每种供试药剂各设 6 个浓度处理，有效剂量分别为：0.1 g/hm^2、1 g/hm^2、10 g/hm^2、100 g/hm^2、1000 g/hm^2 和 10000 g/hm^2。上述 6 种参试药剂共设 1 个不施药对照(0 g/hm^2)。1.0～1.5 叶期开始施药，施药时将各供试药剂分别配成设计处理剂量，用手提式喷雾器均匀喷雾，不施药对照喷自来水 600 kg/hm^2。试验在温室中进行，30 天后测定各浓度处理的日本看麦娘残存植株干重，求出干重抑制率，并以抑制率机率值(Y) 和浓度对数值(X) 建立回归方程(Y=A+BX)，求出日本看麦娘的干重抑制率 IC_{50} 值。数据用 SPSS 软件处理。抗性倍数等于日本看麦娘抗性种群(R) GR_{50} 与敏感种群(S)GR_{50}的比值。

1.4　乙酰羟酸合酶*AHAS*大亚基基因的克隆与同源性分析

根据已报道的与日本看麦娘亲缘关系相近的鼠氏看麦娘基因组序列和拟南芥*AHAS*大亚基基因序列同源性设计兼并引物，应用染色体步移法扩增*AHAS*基因全长，再设计正向引物为 5'-CCTTCCCGTTGAGATAT-3'，反向引物为 5'-CACCAGCATCATGCTGATCAG-3'。以日本看麦娘总DNA 为模板进行PCR扩增，扩增条件为95℃ 5 min；95℃ 1 min，58℃ 2 min，72℃ 2 min，33个循环；72℃ 10 min。PCR 产物经TA克隆后交由上海英俊公司测序。核酸序列分析和氨基酸序列分析采用DNAssist 2.2 和BioXM 2.6软件。

1.5　乙酰羟酸合酶AHAS大亚基酵母表达载体的构建及表达

根据测序结果设计酵母表达引物，正向引物 5'-GGTACCATGGCCACAGCCACGTCC-3'（*Kpn* I）和反向引物 5'-TCTAGATAATAAGAAATCCTCCC

ATCACCC-3'(*Xba* I) 扩增*AHAS*基因，PCR 反应条件同上。将扩增目的片段用相应的限制性内切酶酶切后与同样双酶切的pPICZαA酵母表达载体相连，连接产物转化大肠杆菌菌株TOP10，在含博莱霉素的LB固体平板上进行筛选。将构建好的酵母表达载体电穿孔法转化SMD115，在含0.1～2 mg/ml博莱霉素的YPD平板上逐步筛选高抗性重组菌株，将工程酵母菌接种到BMGY培养基，28℃培养至OD_{600}=5～6，菌体离心后重悬于BMMY培养基，1%（V/V）甲醇诱导培养，3天后浓缩上清液进行分析。以SDS-PAGE法检测表达产物，经DE-52纤维素柱色谱法和Mono-Q快速蛋白纯化系统分离纯化蛋白。

1.6 乙酰羟酸合酶AHAS大亚基粗酶液的提取和酶活测定

乙酰羟酸合酶粗酶液提取采用压力破碎法，酶活采用间接比色法测定[10]。

2 结果与分析

2.1 日本看麦娘对AHAS抑制剂类除草剂的抗性倍数

应用生物干重测定日本看麦娘抗性生物型对 AHAS 抑制剂类除草剂的抗性倍数，结果表明：抗性生物型对磺酰脲类除草剂的抗性倍数为 894.6～1220.7，抗性最高；对嘧啶水杨酸类的抗性倍数为 75.2；对咪唑啉酮类与三唑嘧啶磺酰胺类的抗性介于前面两大类除草剂之间（表 1）。提取 2～3 叶期日本看麦娘抗性与敏感生物型的叶片 AHAS，在离体 AHAS 水平进行抗性测定，结果发现其抗性倍数与生物测定的试验结果一致（表 2）。这些均表明了抗性日本看麦娘 AHAS 对磺酰脲类、咪唑啉酮类、三唑嘧啶磺酰胺类与嘧啶水杨酸类有很强的抗性。

表 1 日本看麦娘抗性生物型对不同 AHAS 抑制剂品种的抗性倍数（地上部分生物干重测定法）

Table 1 The inhibition effects of AHAS-inhibiting herbicides to the resistant biotype of *Alopecurus japonicus* Steud.(shoot dry weight measurement)

AHAS 抑制剂类型 AHAS inhibitor types	除草剂品种 herbicides	GR_{50}（g,ai/hm^2）		GR_R/GR_S
		S	R	
磺酰脲类 sulfonylurea	绿磺隆 chlorsulfuron	0.12	146.5	1220.7
	甲磺隆 metsulfuron-methyl	0.14	125.2	894.6
	胺苯磺隆 ethametsulfuron	0.18	194.1	1078.5
咪唑啉酮类 imidazolinone	咪唑乙烟酸 imazethapyr	0.09	49.8	553.7
三唑嘧啶磺酰胺类 triazolopyrimidine	五氟磺草胺 penoxsulam	0.17	47.3	278.4
嘧啶水杨酸类 pyrimidinyl-thiobenzoate	嘧啶肟草醚 pyribenzoxim	0.23	17.3	75.2

表 2 日本看麦娘抗性生物型离体 AHAS 对不同 AHAS 抑制剂品种的抗性倍数

Table 2 The inhibition effects of AHAS-inhibiting herbicides to the resistant AHAS isolation of *Alopecurus japonicus* Steud.

AHAS 抑制剂类型 AHAS inhibitor types	除草剂品种 herbicides	GR_{50}（g,ai/hm^2）		GR_R/GR_S
		S	R	
磺酰脲类 sulfonylurea	绿磺隆 chlorsulfuron	0.09	128.5	1427.7
	甲磺隆 metsulfuron-methyl	0.16	98.4	615.0
	胺苯磺隆 ethametsulfuron	0.12	124.2	1035.0
咪唑啉酮类 imidazolinone	咪唑乙烟酸 imazethapyr	0.06	46.7	778.3
三唑嘧啶磺酰胺类 triazolopyrimidine	五氟磺草胺 penoxsulam	0.14	40.8	102.0
嘧啶水杨酸类 pyrimidinyl-thiobenzoate	嘧啶肟草醚 pyribenzoxim	0.18	14.9	82.8

2.2 日本看麦娘AHAS大亚基基因的克隆和同源性分析

根据已报道的与日本看麦娘亲缘关系相近的鼠氏看麦娘的基因组序列和拟南芥乙酰羟酸合酶基因的大亚基序列同源性设计引物，成功地从抗性日本看麦娘（R）与敏感日本看麦娘（S）的总 DNA 中扩增到了 *AHAS* 大亚基基因（图 1）。测序和比对结果分析表明，日本看麦娘 *AHAS* 大亚基基因全长为 1917bp，编码 639 个氨基酸残基。与敏感日本看麦娘相比，抗性日本看麦娘 AHAS 大亚基基因的核酸序列有两个碱基位点发生突变：566 碱基位点 G→A，590 碱基位点 G→A（图 2）；与之相对应的氨基酸的两个位点也发生突变：Ser_{222}→Asn_{222}，Gly_{230}→Asp_{230}（图 3）。由此推断 AHAS 大亚基氨基酸位点的突变可能是导致 AHAS 抗性强度发生变化的原因。

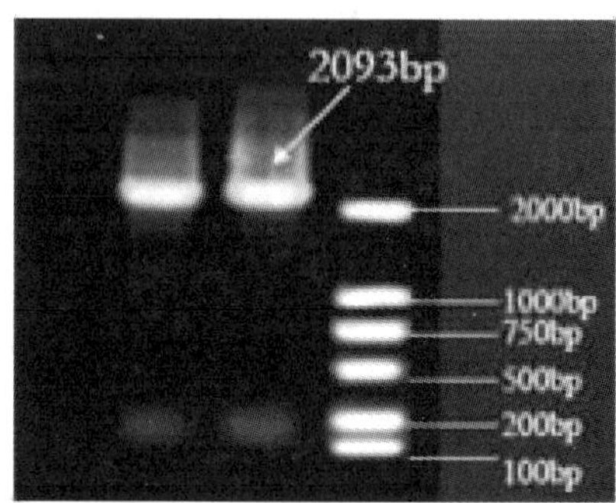

图 1 PC R 扩增日本看麦娘 *AHAS* 大亚基基因电泳图

Fig. 1 Electrophoresis of *AHAS* large subunit gene in *Alopecurus japonicus* Steud.

注：1. S, 敏感生物型，2. R, 抗性生物型，3. *Hind* III Marker

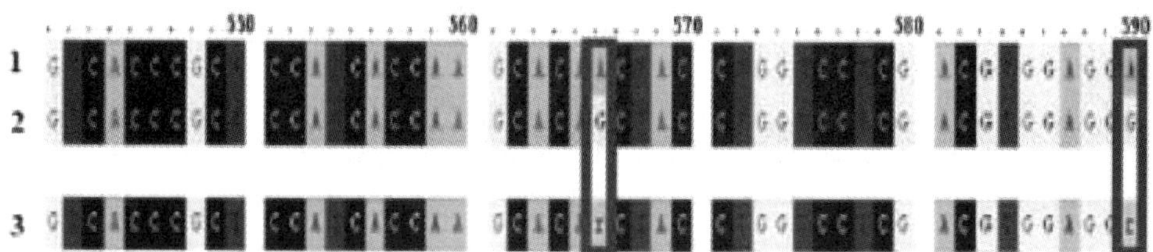

图 2 抗性日本看麦娘 *AHAS* 大亚基核酸序列位点突变片段的比对分析

Fig.2 Alignment analysis of nucleotide sequences of *AHAS* large subunit in *Alopecurus japonicus* Steud.

注：1. 日本看麦娘抗性生物型，2. 日本看麦娘敏感生物型，3. DNA 序列

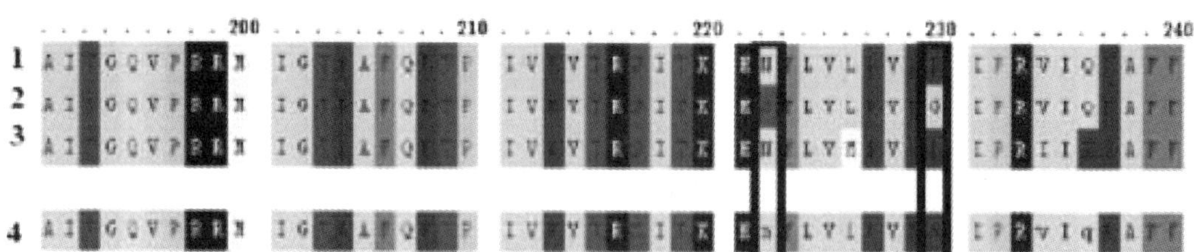

图 3 抗性日本看麦娘 AHAS 大亚基氨基酸位点突变序列片段的比对分析

Fig.3 Alignment analysis of amino acid sequences of AHAS large subunit in *Alopecurus japonicus* Steud.

注：1. 日本看麦娘抗性生物型，2. 日本看麦娘敏感生物型，

3. 拟南芥 AHAS 氨基酸序列，4. 氨基酸序列

2.3 日本看麦娘AHAS大亚基基因在酵母中的表达及表达产物对AHAS抑制剂类品种的抗性强度

构建 pPICZαA-AHAS 表达载体（图 4）后，电转化毕赤酵母。SDS-PAGE 蛋白质电泳分析结果发现，经过甲醇诱导后，含有重组质粒 pPICZαA-AHAS-R 和 pPICZαA-AHAS-S 转化子的毕赤酵母分别在 65kDa 附近出现很强的表达条带（图 5）。这和该酶的理论大小基本一致，说明分离得到的日本看麦娘 AHAS 大亚基基因在毕赤酵母中可成功表达。测定经纯化的各转化子细胞破碎液对不同除草剂的抗性强度，结果表明抗性 AHAS 大亚基转化子细胞破碎液对磺酰脲类除草剂的抗性倍数最高，达到 412.2～1569.3；对嘧啶水杨酸类的抗性倍数最低，为 65.2；对咪唑啉酮类与三唑嘧啶磺酰胺类的抗性介于前面两大类除草剂之间（表 3）。进一步分析抗性和敏感性 AHAS 大亚基转化子表达产物的酶学特性，如酶活、米氏常数和辅助因子活化常数（FAD、ThDP 和 Mg^{2+}），抗性和敏感 AHAS 存在明显差异（表 4）。这些结果表明了抗性日本看麦娘 AHAS 大亚基转化子在酵母中表达，表达产物对磺酰脲类、咪唑啉酮类、三唑嘧啶磺酰胺类与嘧啶水杨酸类均有很强的抗性，这与前面表 1 和表 2 中的试验测定结果相一致。

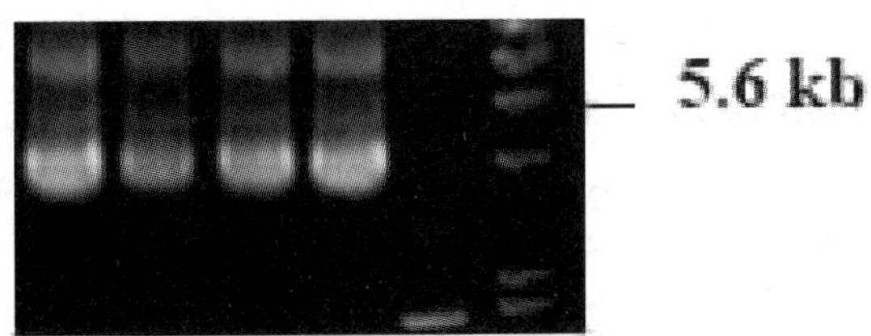

图 4 pPICZαA-AHAS 表达载体电泳图

Fig. 4 Electrophoresis of pPICZαA-AHAS recombinant constructs

注：R_1-R_3:日本看麦娘抗性生物型，S: 日本看麦娘敏感生物型。

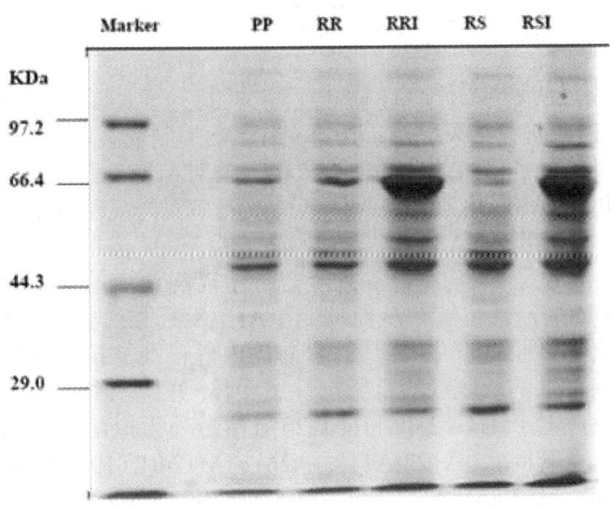

图 5 从日本看麦娘克隆的 AHAS 大亚基基因在毕赤酵母中诱导表达的 SDS-PAGE 蛋白质电泳图

Fig.5 SDS-PAGE gel analysis of AHAS large subunit from *Alopecurus japonicus* Steud. in *Pichia Pastoris*

注：PP: pPICZαA 载体， RR:未经甲醇诱导的 pPICZαA-AHAS-R, RRI:经甲醇诱导的 pPICZαA-AHAS-R, RS:未经甲醇诱导的 pPIC ZαA-AHAS-S, RSI: 经甲醇诱导的 pPICZαA-AHAS-S

表 3 日本看麦娘抗性 AHAS 大亚基基因表达产物对不同 AHAS 抑制剂品种的抗性倍数

Table 3 The inhibition effects of different AHAS-inhibiting herbicides to the resistant biotype AHAS large subunit isolation of *Alopecurus japonicus* Steud. in *Pichia Pastoris*.

AHAS 抑制剂类型 AHAS inhibitor types	除草剂品种 herbicides	GR_{50}（g a.i./hm^2）		GR_R/GR_S
		S	R	
磺酰脲类 sulfonylureas	绿磺隆 chlorsulfuron	0.14	219.7	1569.3
	甲磺隆 metsulfuron-methyl	0.23	94.8	412.2
	胺苯磺隆 ethametsulfuron	0.18	127.4	770.8
咪唑啉酮类 imidazolinone	咪唑乙烟酸 imazethapyr	0.16	58.5	364.4
三唑嘧啶磺酰胺类 triazolopyrimidine	五氟磺草胺 penoxsulam	0.27	44.6	165.2
嘧啶水杨酸类 pyrimidinyl-thiobenzoate	嘧啶肟草醚 pyribenzoxim	0.21	13.7	65.2

表 4 日本看麦娘抗性 AHAS 大亚基基因在酵母中表达产物的酶学特性分析

Table 4 Kinetic properties of AHAS large subunit of *Alopecurus japonicus* Steud. in *Pichia Pastoris*.

酶类型 Enzyme	酶活力 Specific activity (U/mg)	米氏常数 Michaelis constant (mM)	辅助因子活化常数 Cofactor activation constant		
			FAD (μM)	ThDP (μM)	Mg2+ (μM)
抗性 resistant	7.3	8.4 +0.6	0.82+0.07	23+2	92+8
敏感性 sensitive	5.4	11.6+0.7	1.06+0.09	29 +1	77+6

注: FAD: 黄素腺嘌呤二核苷酸， ThDP: 二磷酸硫胺素。

3 讨论

近年来，乙酰羟酸合酶对除草剂抗性产生机制一直是国内外杂草科学工作者的研究热点。 这些年的最新研究结果显示：杂草对AHAS抑制剂类除草剂产生抗性是由于AHAS基因位点的突变引起分子结构的改变，导靶标酶对AHAS抑制剂的敏感性降低[11]。 Pang等报道了酿酒酵母AHAS催化亚基的晶体结构，随后对与氯磺隆等除草剂共结晶也进行了解析[12~14]；同时，拟南芥AHAS与这些除草剂的共结晶结构也被解析和建模[15]。三维结构发现AHAS的反应中心呈“V”构型，氯磺隆等分子能与通道的氨基酸残基相结合，完全堵塞了底物进入AHAS的活性位置，从而抑制了AHAS活性；与除草剂分子结合的氨基酸残基发生点突变就会导致抗性产生 [12~15]；目前国内外已经从抗性植物、酵母和细菌中获得了多个抗磺酰脲除草剂的乙酰羟酸合酶抗性突变体, 在拟南芥、酵母和大肠杆菌中已经鉴定的除草剂抗性突变位点有G121(G116, G25) (括号外为拟南芥，括号内分别为酵母和大肠杆菌对应位置，下同)、A122(A117, A26)、M124(L119, M28)、V196(V191,V99)、K256(K251, K159)、M570(M582, M460)和F578(F590, F468)等, 这些位点的突变导致对磺酰脲类除草剂抗性提高10~40 倍不等[16,17]。本研究从AHAS类除草剂抗性日本看麦娘中分离得到*AHAS*大亚基基因，通过氨基酸比较发现有2个位点发生突变(Ser_{222}→Asn_{222}, Gly_{230}→Asp_{230})，经过克隆基因在酵母中的表达，表达产物的纯化、活力测定及除草剂的抑制性试验，这些研究结果显示日本看麦娘*AHAS*大亚基基因的两个位点突变是抗性产生的根本原因。至于是哪个位点突变在杂草产生抗性起更大贡献，还需要进行点突变研究进一步确定。

参考文献

[1] Duggleby R G, McCourt J A, Guddat L W. Structure and mechanism of inhibition of plant acetohydroxyacid synthase. Physiol Biochem, 2008, 46: 309-324.

[2] Park K W, Mallory C A. Physiological and molecular basis for ALS inhibitor resistance in Bromus Tectorum Biotypes. Weed Res, 2004, 44: 71-77.

[3] Heap I. International survey of herbicide resistant weeds. 2011-07. Available: Cui H L, Zhang C X, Zhang H J, et al. 2008.Confirmation of Flixweed (*Descurainia sophia*) resistance to tribenuron in China. *Weed Science*, 56: 775-779.

[4] 吴明根，曹凤秋，刘亮.磺酰脲类除草剂对抗、感性雨久花乙酰乳酸合成酶活性的影响．植物保护学报，2007，34(05)：545-548.

[5] 李永丰，吴竞仑，王庆亚，刘丽萍. 日本看麦娘对氯磺隆，异丙隆和骠马的抗药性．江苏农业学报，2005, 21(04)：283-287.

[6] Whaley C M, Wilson H P, Westwood J H. A new mutation in plant AHAS confers resistance to five classes of AHAS-inhibiting herbicides. Weed Science, 2007, 55: 83-90.

[7] Patzoldt W L and Tranel P J. Multiple ALS mutations confer herbicide resistance in waterhemp (Amaranthus tuberculatus). Weed Science, 2007, 55: 421-428.

[8] Mccourt J A, Pang S S, King-Scott J. et al. Herbicide-binding sites revealed in the structure of plant acetohydroxyacid synthase. Proc Natl Acad Sci USA, 2006, 103: 569-573.

[9] 范志金，钱传范，于维强，等. 氯磺隆和苯磺隆对玉米乙酰乳酸合成酶抑制作用的研究. 中国农业科学，2003，36(02): 173-178.

[10] 隋标峰，张朝贤，崔海兰，等．杂草对 AHAS 抑制剂的抗药性分子机理研究进展．农药学学报，2009，11(04)：309-406.

[11] Pang S S, Duggleby R G, Guddat L W. Crystal structure of yeast acetohydroxyacid synthase: a target for herbicidal inhibitors. J Mol Biol, 2002, 317(02): 249-262.

[12] Pang S S, Guddat L W, Duggleby R G. Molecular basis of sulfonylurea herbicide inhibition of acetohydroxyacid synthase. J Biol Chem, 2003, 278(09): 7639-7644.

[13] McCourt J A, Pang S S, Guddat L W, et al. Elucidating the specificity of binding of sulfonylurea herbicides to acetohydroxyacid synthase. Biochemistry, 2005, 44(07): 2330-2338.

荠菜对苯磺隆抗药性分子机理初探

崔海兰[1]　王贵启[2]　李香菊[1*]　王建平[2]　曹洪玉[1]　牛宏波[1]

（1.中国农业科学院植物保护研究所，北京 100193；

2.河北省农林科学院粮油作物研究所，石家庄 050031）

摘要:本研究以通过生物测定明确抗药性的 2 个生物型和 1 个敏感生物型为试验材料，根据与荠菜亲缘关系相近植物的 *AHAS* 基因编码区序列设计 4 对引物，通过 PCR 方法扩增荠菜敏感和抗药性生物型基因组 DNA，克隆获得荠菜 *AHAS* 基因编码区片段序列，进行比对分析。结果表明，4 对引物扩增总长度为 1 678bp，对 1 个敏感生物型和 2 个抗药性生物型荠菜 *AHAS* 基因片段进行比对分析，发现在相对于拟南芥的 197 位脯氨酸（Pro_{197}）发生突变，是荠菜对苯磺隆产生抗药性的分子基础。

关键词:荠菜；苯磺隆；抗药性；点突变

The Preliminary Study on Molecular Basis of Resistance in Shepherd's purse (*Capsella bursa-pastoris*) Populations to Tribenuron-methyl

CUI Hai-lan[1] WANG Gui-qi[2] LI Xiang-ju[1*] WANG Jianping[2] CAO Hong-yu[1] NIU Hong-bo[1]

（1. *Institute of Plant Protection, Chinese Academy of Agricultural Sciences, Beijing 100193*，*China*；2. *Institute of Food and Oil, Hebei Academy of Agriculture and Forestry Sciences, Shijiazhuang 050031*，*China*）

Abstract: Two resistant (R) and one susceptible (S) biotypes which were determined by whole-plant pot experiments in a greenhouse were used in this study to investigate the molecular basis of resistance of shepherd's purse to tribenuron-methyl, an acetohydroxyacid synthase (AHAS)-inhibiting herbicide. The *AHAS* genes of the one S biotype and two R biotypes were cloned by designed four pairs of primers and sequenced. The results showed that the coding sequence of the *AHAS* gene of shepherd's purse was 1,678 bp. Comparison of the *AHAS* gene sequences of the S and R biotypes with *Arabidopsis* revealed that proline at position 197 of the *AHAS* gene was substituted. The study confirmed tribenuron-methyl resistance in shepherd's purse, with the resistance mechanism being conferred by specific *AHAS* point mutations at amino acid position 197.

Keywords: Shepherd's purse; Tribenuron-methyl; Resistance; Point mutation

乙酰羟酸合酶(acetohydroxyacid synthase，简称 AHAS）也称乙酰乳酸合成酶（Acetolactate synthase, 简称 ALS），是诱导植物和微生物体内 3 种支链氨基酸生物合成过程中第一阶段的关键性酶[1,2,3]。AHAS 是一种重要的除草剂靶标，主要有磺酰脲类（Sulfonylureas, SU）、咪唑啉酮类（Imidazolinones, IMI）、嘧啶硫代苯甲酸酯类（Pyrimidinylthiobenzoates, PTB）、三唑并嘧啶类（Triazolopyrimidines, TP）、磺酰胺羰基三唑啉酮类（Sulfonylamino-carbonyltriazolinone, SCT）五大类。苯磺隆(tribenuron methyl)是磺酰脲类的一种，是小麦田高效、经济、安全的防除播娘蒿（*Descurainia sophia*）、荠菜（*Capsella bursa-pastoris*）麦瓶草（*Silene conoidea*）、猪殃殃（*Galium aparine*）等阔叶杂草的除草剂品种之一，在我国 1988 年取得登记，在华北地区小麦田推广和使用比较早，到目前已有 20 多年。但研究表明，由于其作用靶标单一，在连续使用时抗药性发生也较快，有的只需 3～5 年。随着苯磺隆在我国小麦田大面积连年使用，在部分地区，播娘蒿[4,5]、荠菜[6]、猪殃殃[7]等阔叶杂草的抗药性问题已经凸显。本研究以采自河北省的 2 个抗药性和 1 个敏感性荠菜为对象，初步研究其对苯磺隆产生抗药性机理，为抗药性检测与治理提供理论依据。

作者简介：崔海兰（1976-），副研究员，博士，主要从事杂草抗药性研究。

Tel./Fax.:010 62813309；E-mail：cuihailan413@163.com

通讯作者：李香菊（1963-），研究员，博士，主要从事农田杂草治理与除草剂应用研究。

Tel./Fax.:010 62813309；E-mail：xjli@ippcaas.cn

1 材料与方法

1.1 种子来源及植物材料制备

2 个抗药性生物型荠菜种子于 2009 年 5 月采自河北省石家庄的栾城县和深泽县，敏感生物型种子采自河北省石家庄市从未用过要的农田。前期通过生物测定已明确 2 个抗药性生物型对苯磺隆的抗药性水平，抗药性指数分别是 380.97 和 240.35。

选择直径 12cm 的盆钵，盛入等量的混有 1/3 比例有机肥的土壤。不同生物型荠菜种子用 0.05%GA_3 浸种 12～24h 打破休眠，用清水洗净后播种，均匀覆土，保持温度 15（夜）/20（昼）℃。子叶展开后即将苗搬至室外进行炼苗，其间间苗，每盆保留生长一致的 5 株植株。当荠菜生长至 3～4 叶期，以苯磺隆 10.0g a.i./hm^2 的剂量施药，喷液量为 400L/hm^2，喷雾压力为 0.275MPa。21 天后仍能正常生长的植株的叶片用来提取基因组 DNA。

1.2 荠菜 AHAS 基因片段克隆

荠菜 DNA 采用试剂盒提取（北京百泰克生物技术有限公司），经电泳检测后进行下一步试验。根据拟南芥（在 GenBank 上的登记号为 X51514）与播娘蒿（在 GenBank 上的登记号为 FJ715633）*AHAS* 序列设计引物，扩增保守区序列。PCR 产物片段经 TA 克隆（载体为 TaKaRa 生物公司的 pMD19-T）后测序（北京六合华大基因科技股份有限公司）。测序结果用 DNAMAN5.2.2 软件进行分析。

2 结果与分析

根据拟南芥和播娘蒿 *AHAS* 编码区序列共设计 4 对引物，4 对引物扩增序列总长度为 1678bp，包含目前已报道的与 AHAS 抑制剂抗药性相关的 8 个突变位点。通过比对敏感和 2 个抗药性生物型 *AHAS* 序列发现：在栾城县抗药性生物型相对于拟南芥的编码 Pro_{197} 的碱基发生了点突变，由 CCT 到 ACT 的突变导致苏氨酸取代脯氨酸；深泽县抗药性生物型相对于拟南芥的编码 Pro_{197} 的碱基由 CCT 到 TCT 的突变导致丝氨酸取代脯氨酸。

3 讨论

靶标位点突变是目前公认的会导致杂草对相应除草剂产生高水平抗药性的主要原因，以 AHAS 抑制剂的抗药性杂草为例，目前研究共发现了 8 个单核苷酸多态性位点，这 8 个位点的单核苷酸突变，导致原有氨基酸被其他氨基酸取代，使除草剂不能与靶标酶稳定结合，从而导致抗药性产生。8 个突变位点中报道最多且取代氨基酸种类最多的位点为 Pro_{197}，目前已经报道的有 His、Thr、Arg、Leu、Ser、Ala、Ile、Gln、Met、Lys、Trp11 种氨基酸取代[8、9、10、11、12]。Jin 等 2011 年报道在河南省发现抗药性荠菜，通过克隆和比对敏感和抗药性 *AHAS* 基因发现 Pro_{197} 到 Ser_{197} 的取代是其产生抗药性的原因[7]。本研究中在深泽县抗药性生物型中发现了同一类型的突变，而在栾城县的生物型中发现苏氨酸的取代，这些氨基酸的取代改变了靶标酶的三维结构，影响除草剂与靶标的结合，从而导致杂草对除草剂敏感性降低[13]。

参考文献

[1] Durner J V, Gailus, Boger P., New aspects on inhibition of plant acetolactate synthase by chlorsulfuron and imazaquin, Plant Physiology, 1991, 95:1144-1149.

[2] Saari L L, Cotterman J C, Thill D C. Resistance to acetolactate synthase inhibiting herbicides. Pages 83-140 in Powles S B and Holtum J.A.M, eds. Herbicide Resistance in Plants: Biology and Biochemistry. Boca Raton, FL: Lewis Publishers. 1994.

[3] Devine M D, Shukla A., Altered target sites as a mechanism of herbicide resistance, Crop Protection, 2000, 19:881-889.

[4] Heap I, International survey of herbicide resistant weeds. Annual Report Internet http:/www.weedscience.org/, 20011.

[5] Cui, H. L., Zhang C. X., Zhang H. J., Liu X., Y. Liu, Wang G. Q., Huang H. J., and Wei S. H., 2008. Confirmation of Flixweed (*Descurainia sophia*) Resistance to Tribenuron in China, Weed Science, 56: 775-779.

[6] Jin, T., J. Liu, Z. Huan, C. Wu, Y. Bi, and J. Wang, Molecular basis for resistance to tribenuron in shepherd's purse (*Capsella bursa-pastoris* (L.) Medik.) , Pesticide Biochemistry and Physiology, 2011.100:

160-164.
[7] 孙健，王金信，张宏军，刘君良，卞圣楠，抗苯磺隆猪殃殃乙酰乳酸合成酶的突变研究，中国农业科学，2010，43(5)：972-977.
[8] Yu Q, Zhang X Q, Hashem A, Walsh M J, Powles S B., ALS gene proline (197) mutations confer ALS herbicide resistance in eight separated wild radish (*Raphanus raphanistrum*) populations, Weed Science, 2003, 51 (6): 831-838.
[9] Guttieri, M. J., C. V. Eberlein, and D. C. Thill., Diverse mutations in the acetolactate synthase gene confer chlorsulfuron resistance in kochia (*Kochia scoparia*) biotypes, Weed Science, 1995, 43 (2) : 175-178.
[10] Cui, H. L., Zhang C. X., Wei S. H., Zhang H. J., Li X. J., Zhang Y. Q., and Wang.G. Q., Acetolactate Synthase Gene Proline (197) Mutations Confer Tribenuron-Methyl Resistance in Flixweed (*Descurainia sophia*) Populations from China, Weed Science , 2011,59 (3) : 376-379.
[11] Uchino, A., and H. Watanabe, Mutations in the acetolactate synthase genes of sulfonylurea-resistant biotypes of Lindernia spp. Weed Biology and Management, 2002, 2: 104-109.
[12] Beckie, H. J., L. M. Hall, F. J. Tardif, and G. Seguin-Swartz, Acetolactate synthase inhibitor-resistant stinkweed (*Thlaspi arvense* L.) in Alberta. Can. J. Plant Sci., 2007, 87: 965-972.
[13] McCourt J A, Pang S S, King-scott J. Herbicide-binding sites revealed in the structure of plant acetohydroxyacid synthase. Proceedings of The National Academy of Sciences, 2006, 103: 569-573.

转基因抗草甘膦大豆耐受性检测方法研究进展

曹洪玉[1]　李香菊[1*]　崔海兰[1]　牛宏波[1]　王晓菊[2]

（1. 中国农业科学院植物保护研究所，北京 100193；

2. 廊坊市农业局，廊坊 065000）

摘要：转基因抗草甘膦大豆在全球种植面积不断增加，我国也拥有了具自主知识产权的抗草甘膦基因，并已开展抗除草剂大豆的品种选育研究。对靶标除草剂草甘膦的耐受性检测是抗除草剂大豆品种选育的重要组成部分，也是其环境安全评价必不可少的程序，而选用合适的检测方法关系着评价的准确性和速效性。本文综述了目前常用的转基因抗草甘膦大豆对靶标除草剂草甘膦的耐受性检测及评价方法，包括分子生物学方法、试纸条法、生理生化法、PPM 法和生物测定方法，简要分析了上述方法的特点和适宜的育种阶段。

关键词：抗草甘膦大豆；耐受性；评价方法

A Review of Detection Methods in Glyphosate Tolerance of Soybean

CAO Hong-yu[1], LI Xiang-ju[1]*, CUI Hai-lan[1], NIU Hong-bo[1], WANG Xiao-ju[2]

(1.*Institute of Plant Protection, CAAS, Beijing* 100193, *China;*

2. *Agriculture Bureau of Langfang, Langfang* 065000, *China)*

Abstract: It is increasing that the acreage of glyphosate-tolerant soybean in the world, which allow for simplified weed control decisions compared with conventional cultivars. China has developed herbicide-tolerant genes with independent intellectual property rights and undertaking the breeding project on herbicide-resistant soybean. It is especially important that choosing appropriate detective and evaluating methods to determine the resistant level of glyphosate-tolerant soybean to the target herbicide. This paper is a review of the methods which have been used to test and evaluate the resistance of glyphosate-tolerant soybean including molecular analysis, test strip, physiological and biochemical method, plant photosynthesis meter measurement and bioassay in greenhouse and field.

Key words: Glyphosate-tolerant soybean; Tolerance; Detection

自 1996 年第一例抗草甘膦大豆在美国商业化以来，转基因大豆种植面积迅速增长，至 2010 年全球转基因大豆面积达 72 万 hm^2，占转基因作物的 50%以上，其中大部分为抗草甘膦大豆[1]。抗草甘膦大豆的种植降低了大豆田除草成本，有效延缓了抗性杂草的产生和发展，减少了除草剂药害的发生，节约了劳动力及农业操作成本，具有很高的经济社会效益[2~4]。

目前全球转基因抗草甘膦大豆品种有 1000 多个，如美国孟山都公司的 GTS 40-3-2、MON89788、87701 RR2Y 及美国杜邦公司的 356043 等，主要转入了 *cp4 epsps* 和 *gat* 两个抗草甘膦基因[5]。美国、阿根廷和巴西是抗草甘膦大豆种植面积最大的 3 个国家，其种植面积占大豆播种面积的 90%以上[6]。我国虽然无抗草甘膦大豆种植，但已拥有自主知识产权的抗除草剂基因，正在开展抗除草剂大豆的品种选育研究。明确抗草甘膦大豆对靶标除草剂的耐受水平，对我国抗草甘膦大豆材料的选育研究、推广及环境安全评价等均有重要意义。

作物对草甘膦耐受性检测是耐受性评价的基础。农作物的转基因技术不是同一物种间的杂交，而是不同物种之间的基因重组[7]，基因重组后是否对靶标除草剂具有理想的耐受性，还需要进行大量试验验证。转基因抗草甘膦大豆对草甘膦的耐受性检测方法目前主要有分子生物学方法、试纸条法、生理生化法、植物光合仪（PPM）测定法、室内和田间生物测定法，本文就这些检测方法进行综述。

1　分子生物学方法

分子生物学方法是检测供试大豆材料中是否插入抗草甘膦基因快速、准确的方法[8]，主要包括 PCR 分析方法、基因芯片检测方法、分子杂交检测方法等。

作者简介：曹洪玉（1985-），女，在读硕士，从事抗除草剂大豆环境安全研究；

E-mail：bzhongyu@163.com

*通讯作者：李香菊，电话：010-62813309，E-mail：xjli@ippcaas.cn

1.1 PCR分析方法

PCR方法主要是通过对特定DNA进行检测[9]，是检测转基因大豆应用最普遍的方法。PCR检测可以对抗草甘膦大豆进行定性鉴别，也可以对转基因成分进行定量分析。

传统PCR技术主要是利用适当的引物对待测大豆DNA进行扩增，定性的判别样品是否为抗草甘膦大豆或是在PCR反应中掺入荧光染料，通过对PCR终产物进行扫描，根据产物荧光信号的强弱，通过与标准人工曲线比较，相对判定转基因成分含量[10]。由于传统PCR技术中存在假阳性的污染和不能进行准确定量的缺点[11]。因此，人们在传统PCR技术基础上进行自身改进，在同一反应试管中同时针对多个靶标位点进行PCR检测或结合Southern杂交技术、DNA芯片技术等研究出了定量竞争PCR、实时定量PCR、多重PCR、巢式和半巢式PCR、RT-PCR及LAMP等检测方法[12,13]。

多重PCR较常规PCR技术更为简便、快速和准确，有很好的应用前景[14]。Zhou[15]等采用多重PCR与低密度DNA芯片技术联用对GTS 40-3-2进行检测，检测灵敏度为0.5%。兰青阔和刘彩霞[16,17]采用LAMP技术检测抗草甘膦大豆，检测灵敏度高达0.01%，并且比传统PCR检测技术耗时缩短1 h，扩增效果良好，操作简便，检测成本低。

1.2 基因芯片检测方法

基因芯片检测方法是在传统DNA杂交基础上，采用原位合成或显微打印手段，将数以万计的DNA探针固化于支持物表面上，产生二维DNA探针阵列，将从待检样品中提取的DNA扩增、标记后与芯片进行杂交，杂交信号由扫描仪扫描后再经计算机软件进行分析，通过检测杂交信号来实现对生物样品快速、并行、高效地检测。Germin等[18]利用肽核酸基因芯片对转基因大豆进行检测，结果表明基因芯片技术可以准确地识别所检测的目的基因。

1.3 分子杂交检测方法

分子杂交是将核酸或蛋白质与标记过的探针杂交检测转基因生物的方法，分为核酸分子杂交和蛋白质杂交两种。

核酸分子杂交包括点杂交、Southern杂交和Northern杂交技术。点杂交是将提取到DNA或RNA不经限制性内切酶酶切，直接点到固相膜上与探针进行杂交的技术，利用点杂交，可以初步鉴定植物基因组中是否含有外源基因。但点杂交的特异性差，阳性植株还需进一步作Southern杂交验证。Southern杂交是将经酶切的DNA由电泳凝胶转移到固相膜上与探针杂交的技术。利用Southern杂交不仅能够检测外源DNA，而且能够确定外源基因在植物基因组中的排列情况及拷贝数[19]。Northern杂交的主要原理是把变性RNA电泳后转移在固相膜上，用特定的DNA或RNA探针来确定目标基因在植物细胞内是否正常转录[20]。Western杂交技术属于蛋白质杂交技术，是将蛋白质从SDS-PAGE胶转移至固相膜上，然后对固定化蛋白质进行免疫学测定的方法[21]。

Southern、Northern、Western杂交分别从整合、转录、翻译水平检测外源基因的行为，但分子杂交技术操作繁琐，费用高，不适合大批量样品的检测，而且实际应用中阳性样品未必具有较高的草甘膦耐受性。

2 免疫试纸条法

免疫试纸条是以免疫层析技术为基础，将一对单克隆抗体中的一个在试纸条下游的硝酸纤维素膜上以带状固定，另一抗体（带有标记）涂在试纸条上游的玻璃纤维上，当试纸条浸入有抗原的溶液中，利用毛细血管张力原理，通过侧性流动技术运送反应物[22]。外源蛋白特异结合的抗体上偶联了显色剂，被固定在试纸条内，当试纸条一端被放入含有外源蛋白的植物组织提取液中，另一端吸水垫的毛细管作用使提取液向上流动，当特异抗体与外源蛋白相结合时，呈现颜色反应。由于试纸膜上具有两个捕获区段，一个捕获外源蛋白结合物，另一个捕获显色试剂。当夹心物和未反应的显色试剂被膜上的特异区段捕获时，捕获区段显示微红色。若膜上显示单一的一条线（控制线），表明样本是阴性的，若出现两条线，表明样本是阳性[23]。阳性结果表明该检测样品为抗草甘膦大豆、阴性结果代表检测样品为非转基因抗草甘膦大豆。该方法的样品处理简单，具有快速、简便、适合野外操作等优点。该方法主要在检验检疫及海关等部门使用。本实验室引入孟山都公司的试纸条检测抗草甘膦大豆样品，可信度达 99%以上。但该方法只能检测特异蛋白[24]。不能确定被检测大豆对草甘膦的耐受水平。

3 生理生化法

草甘膦的作用机理是特异性地抑制植物和细菌中莽草酸羟基乙烯转移酶（EPSPS）的活性，而转*epsps*基因抗草甘膦大豆耐受性途径主要是使植物表达更多的EPSP合成酶的基因，从而使植株能够忍受正常剂量或更高剂量的草甘膦而不被杀死，或是通过EPSPS的作用使活性位点变化对草甘膦产生抗性[25]。莽草酸含量水平是草甘膦处理后植物最早出现变化的生理指标，草甘膦处理后莽草酸的积累往往被作为检测被测植物受草甘膦药害程度的有效方法[25]。因此我们可以通过测定喷施草甘膦后大豆体内草甘膦对5-烯醇丙酮莽草酸-3-磷酸合成酶的抑制作用的响应产物莽草酸的积累来判断转基因抗草甘膦大豆对草甘膦的耐药性。莽草酸含量测定主要有两种方法：分光光度计法和液相色谱法（HPLC）法。

分光光度计法[26-29]：样品预处理可用液氮研磨或打取叶饼，然后加入HCl萃取，离心取上清液加HIO_4氧化3 h，加入NaOH摇匀后加甘氨酸稳定颜色在紫外/可见分光光度计380 nm下进行测定。

HPLC分析法[30-31]：样品用液氮研磨，加入H_2SO_4震荡，然后加入$NaHCO_3$ 4℃ 10000g离心0.5 h，取上清，稀释，加入高效液相色谱仪进行检测。

高效液相色谱法对莽草酸含量的测定结果更加精确，测定值基本上能达到实际含量的 100%，但对仪器设备及操作技术要求均较高，而分光光度测定方法测定莽草酸含量低于植物实际莽草酸含量，只有实际含量的 73%[32]，此方法操作较简单，技术要求较低。但二者均可较好的对喷施草甘膦后大豆体内莽草酸的积累量进行定性判定，并通过大豆体内莽草酸的积累量来推测大豆对草甘膦的耐受水平。

4 PPM 法

PPM 法是通过植物光合作用测定仪（Plant Photosynthesis Meter，简称 PPM）测量植物光合作用强弱来判断植物生长状态是否健康的一种方法。一般在较暗的环境下，健康植物的光合率为 70%～80%。植物在喷施某些除草剂后光合作用受到抑制，光合率值会显著降低，一般为 10%～40%[33]。目前，PPM 法大多被应用于确定光合作用抑制型除草剂对杂草的最低致死剂量（MLHD），一般除草剂施用后第 2～4 天测量的 PPM 值在 20～30，且与杂草的地上部分生物量具有较高的相关性，就可以认为该剂量可有效防除该植物[34,35]。

本实验室应用此方法评价转基因抗草甘膦大豆对草甘膦的耐受性水平，通过测定施药后 3 天大豆叶片的 PPM 值来判定其对草甘膦耐受程度。施药后非转基因大豆 PPM 值较空白对照显著降低，而在 4 倍草甘膦推荐量以下处理时，转基因抗草甘膦大豆 PPM 值无显著变化，这与药后 28 天地上部生物量测定结果具有较高的相关性。因此可以通过各剂量处理 PPM 值评价转基因抗草甘膦大豆对草甘膦的耐药性水平。此方法的优势在于可以在短期内预知转基因抗草甘膦大豆对草甘膦的耐受性结果。

5 室内生物测定法

转基因抗草甘膦大豆室内生物测定法是通过喷施靶标除草剂检测大豆抗性性状的存在或缺失来判断样品是否为转基因抗草甘膦大豆。室内生物测定法包括组织或器官生物测定法和整株生物测定法。整株生物测定是目前应用最为广泛的生物测定方法[36]，操作简单，结果可靠，但需要温室等配套设施且周期较长。与整株生物测定相比，组织或器官生物测定不需要较大的实验空间，且测定快速、成本较低。

组织或器官生物测定法：用种子测定时可以采用培养皿或小杯，加入除草剂的水溶液进行培养[37]。张庆贺等[38]采用器官生物测定法对转基因抗草甘膦大豆耐受性进行评价，结果显示通过系列浓度草甘膦药液处理 72 h 后的大豆下胚轴长度可以较好的反映大豆对草甘膦的耐药性水平。

整株生物测定：一般是在温室用盆钵、培养皿或小杯培养供试的植物，长至适用叶龄喷施供试除草剂处理，施药后观察是否出现药害症状，评价的指标包括株高、叶龄、地上部生物量等。采用测定株高或地上部生物量的方法对其对靶标除草剂的耐受性进行评价。曹洪玉等[39]在 356043 大豆 3 片羽状复叶期分别喷施草甘膦系列浓度，药后 28 天测定大豆复叶数、株高、地上部生物量等指标确定大豆对草甘膦的耐药性水平，发现 356043 具有较高的耐受程度，并且可以将大豆生物量作为耐草甘膦的指标，该指标与田间耐受性有显著正相关。

6 田间试验法

田间试验是在自然的土壤、气候和大田生产条件下，研究草甘膦对转基因抗草甘膦大豆的安全性的试验方法，田间试验是最基本、最直接的农业试验方法[40]，其结果更能指导生产实际。试验一般采用随机区组设计，条播方式播种，待大豆长至适宜叶龄喷施供试除草剂，施药后观察是否出现药害症状。评价的指标包括株高、叶龄及产量构成要素等。曹洪玉等[41]采用此方法对孟山都公司 RR2Y 等品种对草甘膦的耐受性进行了测定，通过分析药后 20 天大豆株高、复叶数及收获时各产量构成要素的差异评价其对草甘膦的耐药性，测定结果与室内整株生物测定结果相一致。

结语

室内生物测定法与田间试验法成本均较低，试验难度小，结果能准确反映抗性材料的实际表现，但检测周期较长，结果易受环境影响。PPM 法与生理生化法试验周期较短，但需要特定的仪器才能进行试验。试纸条法快速、简单，检测条件不受试验环境的影响，但只能针对特定蛋白进行检测。分子生物学方法检测过程快速、结果准确，但该方法只能明确基因的插入与否，不能明确大豆是否真实抗草甘膦。在实际的实验操作中可根据实验需求及实验条件选择合适的方法对转基因抗草甘膦大豆的草甘膦耐受性水平进行准确检测和评价。

参考文献

[1] James C. Highlights of Global Status of Commercialized Biotech/GM Crops in 2010 [M]. ISAAA Briefs No. 42. ISAAA, Ithaca, NY, 2010.

[2] Green JM, Hazel CB, Forney DR, Pugh LM. Review New Multiple-Herbicide Crop Resistance and Formulation Technology to Augment the Utility of Glyphosate [J]. Pest Management Science, 2008, 64:332-339.

[3] Green JM. Review of Glyphosate and ALS-Inhibiting Herbicide Crop Resistance and Resistant Weed Management [J]. Weed Technology, 2007, 21:547-558.

[4] Owen MDK. Review Weed Species Shifts in Glyphosate-Resistant Crops [J]. Pest Management Science, 2008, 64:377-387.

[5] Green JM. Evolution of Glyphosate-Resistant Crop Technology [J]. Weed Science, 2009, 57: 108-117.

[6] GMO Compass. Genetically Modified Plants: Global Cultivation Area[R/OL]. 2010-3-2 [2011-3-12]. http://www.gmo-compass.org/eng/agri_biotechnology/gmo_planting/342.genetically_modified_soybean_global_area_under_cultivation.html.

[7] 贾士荣. 转基因作物的环境风险分析研究进展[J]. 中国农业科学，2004，37（2）：175-187.

[8] Lipp M, Brodman P, Pietsch K, et al. IUPAC Collaborative Trial Study of a Method to Detect Genetically Modified Soybeans and Maize in Dried Powder [J]. Journal of AOAC International, 1999, 82(4):923-928.

[9] Caroln DH, Angusk, Bruce LJ. PCR Detection of Genetically Modified Soya and Maize in Foodstuffs [J]. Molecular Breeding, 1999(5):579-586.

[10] Alejandro C, Tozzini M, Carolina M, et a1. Semi-Quantitative Detection of Genetically Modified Grains Based on CaMV 35S Promoter Amplification Electronic [J]. Journal of Biotechnology, 2000, 3(2):546-551.

[11] 张立国，张据. 实时定量 PCR 技术的介绍[J]，生物技术，2003，13（2）：39-40.

[12] 黄昆仑，罗云波. 用巢式和半巢式 PCR 检测转基因大豆 Roundup ready 及其深加工食品[J]. 农业生物技术学报，2003，11（5）：461-466.

[13] 吕山花，常汝镇，陶波，等. 抗草甘膦转基因大豆PCR 检测方法的建立与应用[J]. 中国农业科学，2003，36（8）：883-887.

[14] 张洪瑞，朱其松，宋克勤，等. 转基因食品的安全性评价与检测技术[J]. 河北农业科学，2008，12（9）：101-103，105.

[15] Zhou PP, Zhang JZ, You YH, Wu YN. Detection of Genetically Modified Crops by Combination of

Multiplex PCR and Low-density DNA Microarray [J]. Biomedical and Environmental Sciences, 2008, 21:53-62.
[16] 兰青阔，王永，赵新，等. LAMP在检测转基因抗草甘膦大豆 *cp4 epsps* 基因上的应用[J]. 安徽农业科学，2008，36（24）：10377-10378，10390.
[17] 刘彩霞，梁成珠，徐彪，等. 抗草甘膦转基因大豆及加工品LAMP检测研究[J]. 大豆科学，2009，28（2）：304-309.
[18] Germini A, Rossi S, Zanetti A, et al. Development of a Peptide Nucleic Acid Array Platform for the Detection of Genetically Modified Organisms in Food [J]. Journal of Agricultural and Food Chemistry, 2005, 53 (10):3958-3962.
[19] Katia H, Terence AB. Transformation of Tomato Co-Cultivated with Agrobacterium Tume C58cl Rifr:pGSR 1161 in the Presence of Acetosyringone [J]. Plant Cell Report, 1993, 12:422-425.
[20] Morgan AJ, Cox PN, Turner DA, et a1. Transformation of Tomato Using and Riplasmid Vector [J]. Plant Science, 1987, 49:37-49.
[21] Nilgun ET, Keith M, Richard S, et a1. Expression of Alfalfa Mosaic Virus Coat Protein Gene Confers Cross Protection in Transgenic Tobacco and Tomato [J]. Embo Journal, 1987, 6(5):1181-1188.
[22] Cho YA，Kin YJ，Hammock BD，Lee YT et al. Development of a Microtiter Plate ELISA and a Dipstick ELISA for the Determination of the Organophosphorus Insecticide Fenthion [J]. Journal of Agricultural and Food Chemistry, 2003, 51(27):7854-7860.
[23] 阙贵珍，喻德跃. 试纸条法和 PCR 法检测抗草甘膦转基因大豆的外源基因[J]. 中国油料作物学报，2005，27（4）：18-2l.
[24] 丁耀魁，沈娟，马黎黎. 快速检测试纸条法在大豆转基因检测中的应用[J]. 粮油食品科技，2010，18（2）：45-48.
[25] 程焉平. 抗除草剂转基因作物的研究及其安全性[J]. 吉林农业科学，2003，28（4）：23-28.
[26] Henry WB, Shaner DL, West MS. Shikimate Accumulation in Sunflower, Wheat, and Proso Millet after Glyphosate Application [J]. Weed Science, 2007, 55:1-5.
[27] Henry WB, Koger CH, Shaner DL. Accumulation of Shikimate in Corn and Soybean Exposed to Various Rates of Glyphosate [J/OL]. Plant Management Network. 2005-10-17[2005-11-23]. http://www.plantmanagementnetwork.org/sub/cm/research/2005/shikimate/.
[28] Bijay KS, Dale LS. Rapid Determination of Glyphosate Injury to Plants and Identification of Glyphosate-Resistant Plants. Weed Technology, 1998, 12:527-530.
[29] 娄远来，邓渊钰，沈晋良，等. 甲磺隆和草甘膦对空心莲子草乙酰乳酸合酶活性和莽草酸含量的影响[J]. 植物保护学报，2005，32（2）：185-188.
[30] Harring T, Streibig JC, Husted S. Accumulation of Shikimic Acid: A Technique for Screening Glyphosate Efficacy [J]. Journal of Agricultural and Food Chemistry, 1998, 46: 4406-4412.
[31] Mueller TC, Massey JH, Hayes RM, Main CL, Neal Stewart C. Shikimate Accumulates in Both Glyphosate-Sensitive and Glyphosate-Resistant Horseweed (*Conyza canadensis* L. Cronq.) [J]. Journal of Agricultural and Food Chemistry, 2003, 51:680-684.
[32] Pline WA, Wllcut JW, Duke SO, Edmisten KL, Wells R. Tolerance and Accumulation of Shikimic Acid in Response to Glyphosate Applications in Glyphosate-Resistant and Nonglyphosate-Resistant Cotton (*Gossypium hirsutum* L.) [J]. Journal of Agricultural and Food Chemistry, 2002, 50:506-512.
[33] 王贵启，李香菊，崔海兰，等. PPM 法确定异丙隆对几种冬小麦田主要杂草的最低致死剂量[J]. 华北农学报，2008，23（增刊）：274-277.
[34] Zhang HJ, Liu X , Tao CJ, Zhou SR. The Determination of Minimum Lethal Dosage of Tank Mixture of Bentazone and Terbuthylazine by Plant Photosynthetic Meter Method [J]. Chinese Journal of Pesticide Science, 2006, 8(1): 36-40.
[35] 张宏军，刘 学，倪汉文，等. 硝磺草酮对玉米药害的早期诊断和缓解方法[J]. 杂草科学，2009，4：l9-22.
[36] Moss SR. Detecting Herbicide Resistance. http://www.Plantprotection.Org/
HRAC/Detecting html/, 1999.
[37] 宋小玲，马波，皇甫超河，等. 除草剂生物测定方法[J]. 杂草科学，2004，3：1-5.
[38] 张庆贺，王 斌，蒋凌雪，邱丽娟，等. 抗草甘膦转基因大豆生物测定方法的研究[J]. 作物杂志，2010，3：20-23.
[39] 曹洪玉，李香菊，刘士阳，等. 抗除草剂大豆 356043 对几种除草剂的耐受性评价[J]. 杂草科学，2011，2.
[40] 郭平毅，杨锦忠，陈茂学. 生物统计学[M]. 北京：中国林业出版社. 2006.
[41] 曹洪玉，李香菊，刘士阳，等. 农达在抗草甘膦大豆田除草效果及安全性研究[J]. 杂草科学，2011，3.

播娘蒿对苯磺隆抗药性生化机理研究

许 贤　王贵启　樊翠芹　李秉华

（河北省农林科学院粮油作物研究所，石家庄 050031）

摘要： 为了明确播娘蒿对苯磺隆抗药性产生的生化机理，从河北省辛集马庄村、深泽赵八乡、元氏宋曹镇、新乐邯邰镇、正定南牛乡、无极七汲镇小麦田采集6个生物型，各采集点使用苯磺隆年限均大于8年；敏感种子采自高邑西富村乡、无极里城道乡从未曾用药的小麦田，采集2个生物型。采用盆栽法测定了8个播娘蒿生物型对苯磺隆的反应，挑选抗性水平最高的材料和1个敏感材料对其体内乙酰乳酸合成酶（ALS）活性进行离体测定。试验结果表明，对辛集马庄村、深泽赵八乡、元氏宋曹镇、新乐邯邰镇、正定南牛乡、无极七汲镇6个生物型的鲜重抑制率达到50%时的苯磺隆用量分别为36.3 g a.i./hm^2, 3 g a.i./hm^2.4 g a.i./hm^2, 15.6 g a.i./hm^2, 1.3g a.i./hm^2, 12.5 g a.i./hm^2, 4.7 g a.i./hm^2，抗性倍数分别为121、11、52、4、42、16。对辛集马庄村抗性生物型和高邑西富村乡敏感生物型体内ALS酶离体活性测定结果表明，抗性播娘蒿体内ALS酶对苯磺隆敏感性降低是抗性产生的生化机理之一。

关键词： 播娘蒿；苯磺隆；抗药性；生化机理

Confirmation the biochemical resistance mechanism of flixweed (*Descurainia sophia*) resistance to tribenuron-methyl

Xu Xian, Wang Guiqi, Fan Cuiqin, Li Binghua

(Institute of Food and Oil Crops, Hebei Academy of Agriculture and Forestry Sciences, Shijiazhuang 050031, China)

Abstract: Research was conducted to confirmation the evolved biochemical resistance mechanism of flixweed. Six biotypes were collected from wheat fields in Xinjimazhuang village, Shenzezhaoba country, Yuanshisongcao country, Xinlehantai country, Zhendingnanniu country, Wujiqixi country in the Hebei province of China where tribenuron-methyl had been continuously used for more than eight years. Gaoyixifucun country and Wujilichengdao country biotypes were collected from wheat fields where tribenuron-methyl was never applied. Different biotypes were assessed by whole-plant bioassay. The most resistant biotype and one of the susceptible biotype were assessed by acetolactate synthase (ALS) assay. The concentration of tribenuron-methyl causing 50% inhibition of fresh weight of the six tribenuron-methyl used biotypes were 36.3 g a.i./hm^2, 3.4 g a.i./hm^2, 15.6g a.i./hm^2, 1.3 g a.i./hm^2, 12.5 g a.i./hm^2, 4.7 g a.i./hm^{2}and Gaoyixifucun country and Wujilichengdao country biotypes were 0.3 and 0.3 g a.i./hm^2. Resistance indexes were 121、11、52、4、42、16 for the six resistant biotypes, respectively. The Xinjimazhuang village biotype and Gaoyixifucun country biotype target-site enzyme assay data indicated that the resistant biotype enhanced ALS activity was the biochemical mechanism that induced flixweed evolved resistance to tribenuron-methyl.

Key words: flixweed; tribenuron-methyl; resistance; biochemical mechanism

杂草是导致农作物减产的主要因素之一，据联合国粮农组织统计，每年因杂草危害导致粮食减产越占其总产量的 15%左右。化学除草剂是防治农田杂草有效手段，连续多年在同一块田地使用同一类型除草剂容易导致抗性杂草发生，目前在全球 60 个国家的 440000 个农田中，发现了 197 种抗药性杂草。其中，双子叶杂草 115 种，单子叶杂草 82 种[1]。

小麦是我国主要粮食作物之一，其产量高低与国计民生休戚相关。播娘蒿是我国北方麦田优势杂草之一[2~4]。在播娘蒿发生严重的小麦田，种群密度可达 100 株/m^2，造成小麦减产达到 60%[5~6]。目前生产上主要采用苯磺隆对其进行防治。

苯磺隆是由美国杜邦公司 20 世纪 80 年代初期开发的乙酰乳酸合成酶（ALS）抑制剂类除草剂中的一个磺酰脲类除草剂品种。苯磺隆自面世以来以其高活性、低残留、低成本、杀草谱宽及对哺乳动物安全等优点，成为小麦产区除草剂主打品种。因其作用位点单一，使杂草极易在除草剂的选择压力下产生突变体，形成对苯磺隆药剂的抗药性生物型，其抗药性杂草突变体的频率为 10^{-8}～10^{-6}，国外研究证明，在使用苯磺隆同类产品 3～5 年的地区均有杂草的抗药性生物型发现。苯磺隆 1988 年在我国取得登记，目前我国大部分麦田使用苯磺隆已有 20 余年历史，因连年使用，以及使用技术不当，导致用药量不断增加，而对杂草的防除效果则逐年降低。2005 年，全球抗药性杂草调查网上正式报道了在我国的河北和陕西 2 省发现了抗药性播娘蒿[7]，2008 年国内崔海兰等人对播娘蒿抗性产生的分子机理进行了报道[8]。目前，关于播娘蒿对苯磺隆抗性产生的生化机理报道较少。

本研究从河北省冬小麦主产区采集播娘蒿种子，在温室内采用整株测定法鉴定播娘蒿对苯磺隆的抗性水平，进一步研究播娘蒿对苯磺隆产生抗性的生化机理。本研究结果对于指导有效防治小麦田杂草播娘蒿、延缓抗药性杂草发生具有重要意义，同时为其他农田杂草的防治及抗性杂草的监测提供借鉴经验。

1 材料与方法

1.1 材料

1.1.1 播娘蒿材料

2009 年 6 月，根据田间调查，在河北省小麦田采集有用药历史的播娘蒿材料 7 份，敏感性材料 2 份。采集时在田间直接从播娘蒿植株上收集成熟的种子，带回实验室风干后待用。将采集的播娘蒿种子于 2009 年 9 月 23 日播种于直径为 15cm 的盆钵内，试验土壤定量装至盆钵的 4/5 处，采用盆钵底部渗灌方式，使土壤完全湿润，试验前播娘蒿种子用 0.1％赤霉素浸泡 24h，播种之前用清水冲洗 3～5 次，将预处理的供试播娘蒿种子均匀撒播于土壤表面，覆土 0.8cm，待播娘蒿长至 4 叶期备用。

1.1.2 供试药剂

75％苯磺隆 WDG（美国杜邦公司），整株测定法剂量设计分布为 0 g a.i./hm^2、0.1 g a.i./hm^2、1 g a.i./hm^2、10 g a.i./hm^2、100 g a.i./hm^2、1000 g a.i./hm^2；ALS 酶活性测定法剂量设计为 0 nmol/L、10 nmol/L、100 nmol/L、1000 nmol/L、10000 nmol/L、100000nmol/L。

1.1.3 试验仪器

723 型紫外分光光度计；ASS-1 型农药喷洒系统，XR8003 喷头，喷雾压力 0.275MPa，喷液量 400kg/hm^2。

1.2 方法

1.2.1 播娘蒿抗性水平测定

采用整株测定法，待播娘蒿长至 4 叶期，每盆钵间苗至 10 株，将其置喷雾塔内喷药，然后置于温室内培养，试验完全随机设计，每处理 4 个重复。实验于 2009 年 9 月～12 月在堤上村河北省农林科学院试验站温室进行。培养温度为 15～25℃，相对湿度 50%～80%，自然光照。

1.2.2 ALS 离体活性测定

ALS 酶的提取：参照 Ray 等的方法[9]，取 5g 播娘蒿嫩叶剪碎放入研钵中，加入 10ml 酶提取液（1 mmol/L 丙酮酸钠；0.5 mmol/L 氯化镁；0.5 mmol/LTPP；10mol/LFAD；pH 值为 7.0 的 0.1 mol/L 磷酸氢二钾-磷酸二氢钾缓冲液），加入 1g 石英砂中快速研磨后用 8 层纱布过滤，定容到 10ml，于 25000×g，4℃离心 20min，上清液用$(NH_4)_2SO_4$粉末调至约 50％饱和度，0℃沉降 2h 后，于 25000×g，4℃离心 30min，弃去上清液，其沉淀即位所需的 ALS 酶。该酶溶于 10ml 酶溶解液（20 mmol/L 丙酮酸钠；0.5 mmol/L 氯化镁；pH 值为 7.0 的 0.1 mol/L 磷酸氢二钾-磷酸二氢钾缓冲液）中直接用于活力测定。

ALS 酶离体活性测定:参照 Ray 等的方法[9]。在 10ml 具赛试管中加入 0.1ml 不同浓度的除草剂样本溶液和 0.7ml 酶反应液（20 mmol/L 丙酮酸钠；0.5mmol/L 氯化镁；0.5 mmol/LTPP；10mol/L FAD；pH 值为 7.0 的 0.1 mol/L 磷酸氢二钾-磷酸二氢钾缓冲液）及 0.2ml 酶液的体系在 35℃恒温水浴中暗反应 1h，用 0.1ml 3mol/L 硫酸终止反应，60℃脱羧 15min。用 0.5ml 0.5％肌酸和 0.5ml 5％α-萘酚溶液，60℃水浴显色 15min，迅速置于冰浴中冷却 1min，在 525nm 处比色，记录吸光值。

1.3 数据统计

用 DPS 软件数量型数据分析法分别求出苯磺隆对不同生物型播娘蒿的毒力回归方程，相关系数，ED_{50}，IC_{50}。

2 结果与分析

2.1 播娘蒿对苯磺隆抗性水平测定

表 1 整株法测定播娘蒿对苯磺隆抗药性水平

样品来源	用药历史	生物型	回归方程	r	ED_{50}（g a.i ./hm^2）	抗性比倍数（R/S）
辛集马庄村	20 以上	R	y=0.60x+4.06	0.97	36.3	121
深泽赵八乡	10	R	y=0.57x+4.70	0.99	3.4	11
元氏宋曹镇	20	R	y=0.28x+4.67	0.89	15.6	52
新乐邯邰镇	8	R	y=0.55x+4.93	0.99	1.3	4
正定南牛乡	15	R	y=0.51x+4.44	0.98	12.5	42
无极七汲镇	10	R	y=0.45x+4.70	0.96	4.7	16
高邑西富村乡	-	S	y=0.41x+5.20	0.94	0.3	1
无极里城道乡	-	S	y=1.20x+5.58	0.94	0.3	1

注：ED_{50}，对播娘蒿鲜重抑制率达到 50%时苯磺隆用药剂量；R/S，抗性材料 ED_{50} /敏感材料 ED_{50}；R 为抗性材料，S 为敏感材料。

根据田间调查的不同采集地点用药历史及结合温室内整株测定法生测结果表明，高邑西富村乡、无极里城道乡两个生物型为敏感性材料，对其鲜重抑制率达到一半时的苯磺隆用量为 0.3 g a.i./hm^2；辛集马庄村、深泽赵八乡、元氏宋曹镇、新乐邯邰镇、正定南牛乡、无极七汲镇 6 个生物型为抗药性材料，对苯磺隆表现出了不同的抗性水平，抗性比倍数分别为 121、11、52、4、42、16，其中辛集马庄村和元氏宋曹镇 2 个生物型田间使用苯磺隆在 20 年左右，其对苯磺隆产生的抗性水平较强；正定南牛乡生物型对苯磺隆抗性水平中等；深泽赵八乡、新乐邯邰镇、无极七汲镇 3 个生物型田间使用苯磺隆年限相对较短，对苯磺隆抗性水平较低（表 1）。

2.2 播娘蒿对苯磺隆抗性生化机理研究

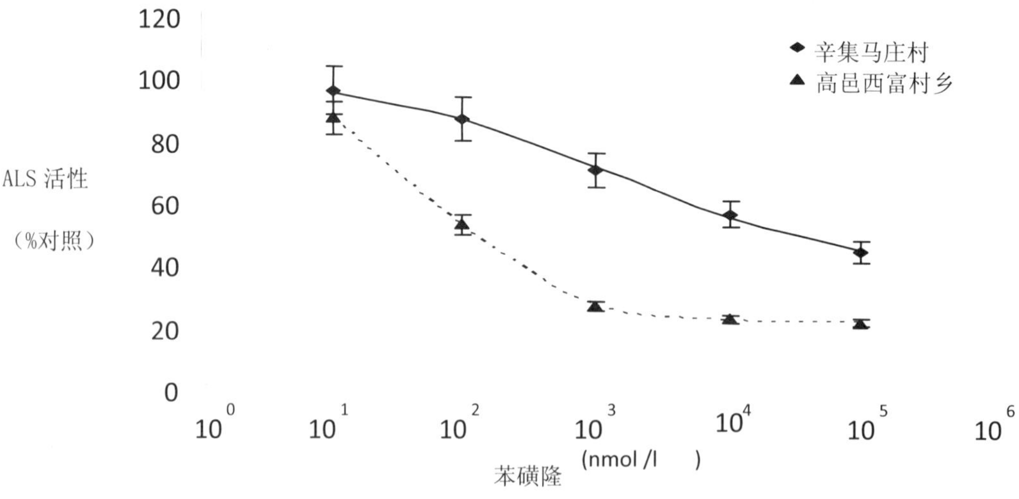

图 1 抗性和敏感性播娘蒿体内 ALS 酶离体活性测定

根据文献报道，ALS 酶为苯磺隆作用靶标，杂草对苯磺隆产生抗性的原因之一是由于抗性杂草体内 ALS 酶对苯磺隆敏感性降低所至。根据整株测定法试验结果，我们选取辛集马庄村和高邑西富村乡 2 个生物型作为供试材料，分别提取其体内 ALS 酶，采用离体测定法研究了苯磺隆对 2 个生物型体内 ALS 酶活性的抑制情况。当苯磺隆剂量分别为 10nmol/L、100nmol/L、1000nmol/L、10000nmol/L、100000 nmol/L 抗性材料辛集马庄村生物型体内 ALS 离体活性相对于空白对照分别为 94.35%、85.34%、68.96%、54.78%和 42.73%，敏感材料高邑西富村乡生物型体内 ALS 离体活性相对于空白对照分别为 85.71%、51.34%、25.47%、21.14%和 20.08%。在相同剂量下，抗性材料辛集马庄村体内 ALS 酶对苯磺隆的敏感性明显低于敏感性材料高邑西富村乡（图 1）。

3 结论与讨论

国外对农田抗性杂草研究起步较早，1970 年正式报道了欧洲千里光对莠去津的抗药性，自此正式拉开了抗药性杂草研究序幕[10]。1982 年在澳大利亚首次发现了抗 ALS 抑制剂类瑞士黑麦草（*Lolium rigidum*）生物型，其后抗 ALS 抑制剂除草剂杂草生物型数量迅速增加，目前在 35 个国家已有 109 种抗 ALS 抑制剂类除草剂的杂草生物型[1]。我国目前报道的抗 ALS 抑制剂类除草剂杂草相对较少，主要是猪殃殃[12]、播娘蒿[12~15]、荠菜[11]对苯磺隆的抗药性，日本狗尾草、菵草对绿麦隆[11]，反枝苋对氯嘧磺隆[16]，雨久花[17]和慈姑[18]对苄嘧磺隆和吡嘧磺隆等产生了抗药性。目前关于播娘蒿对苯磺隆产生抗性的机理主要集中了分子水平，崔海兰等人明确了抗性播娘蒿体内编码 ALS197 位脯氨酸突变为亮氨酸、苏氨酸、丙氨酸、丝氨酸是造成播娘蒿对苯磺隆产生抗性的内在原因[8]，但是关于播娘蒿对苯磺隆产生抗性的生化机理没有相关报道。本研究结果明确了抗性播娘蒿体内 ALS 酶对苯磺隆敏感性降低是造成抗性产生的生化机理，该研究结果与前人报道的关于雀麦对苯磺隆同类产品产生抗性的生化机理相同[19]。

国内外研究表明，杂草抗药性的发生与除草剂的使用时间有直接关系，在同一块田地内连续多年使用同一种或作用机理相同的除草剂进行杂草防除，容易造成抗药性杂草的出现[20]。本研究结果表明，辛集马庄村和元氏宋曹镇 2 个生物型田间使用苯磺隆在 20 年以上，其对苯磺隆产生的抗性水平较强，正定南牛乡生物型使用苯磺隆年限在 15 年左右，对苯磺隆抗性水平中等；深泽赵八乡、新乐邯邰镇、无极七汲镇 3 个生物型田间使用苯磺隆年限相对较短，对苯磺隆抗性水平较低。这一研究结果与前人在其他抗性杂草抗性水平与用药时间方面研究结果相一致。

Fischer 研究表明，稗草对 ALS 抑制剂双草醚产生抗性的机理不是由于靶标位点突变，而是由于细胞色素 P-450 单加氧酶（cytP-450）引起的加速代谢所致[21]；董立尧等人研究表明，日本看麦娘对高效氟吡甲禾灵产生抗性是由于谷胱甘肽-S-转移酶对药剂代谢活性增强所致[22]。本研究只测定了播娘蒿体内 ALS 离体活性，对于解毒代谢酶细胞色素 P-450 单加氧酶和谷胱甘肽-S-转移酶对苯磺隆的代谢情况没有进行研究，为了进一步了解播娘蒿对苯磺隆抗性产生的生化机理应该对其体内解毒代谢酶活性进行深入研究。

参考文献

[1] Heap I. International survey of herbicide resistant weeds. Annual Report Internet http: /www. weedscience. org/, 2011.
[2] 夏国军，胡刚元，王文静，等. 播娘蒿田间发生规律及其与冬小麦竞争临界期的初步研究.河南农业大学学报, 2000, 34(3)：220-222.
[3] 李扬汉，强胜. 中国杂草志. 北京:中国农业出版社，1998：1-568.
[4] 丁建清. 农田杂草的生物防治. 中国生物防治，1995，10（3）：129-133.
[5] 时春喜. 春后播娘蒿对小麦的危害初探. 杂草学报，1993，7（4）：42-44.
[6] 孙广勤，赵保祥，杨玉真，等.麦蒿对小麦产量损失的初步研究[J]. 杂草学报，1990，4（1）：38-39.
[7] Heap I. International survey of herbicide resistant weeds. Annual Report Internet http: /www. Weed science. org/, 2005.
[8] Hai Lan Cui, Chao Xian Zhang, Hong Jun Zhang, Xue Liu, Yan Liu, Gui Qi Wang, Hong Juan Huang, Shou

Hui We. Confirmation of Flixweed (Descurainia sophia) Resistance to Tribenuron in China. *Weed Science*, 2008, 56：775-779.

[9] Ray, T. B. 1984. Site of action of chlorsulfuron inhibition of valine and isoleucine biosynthesis in plants. *Plant Physiol.* ,75：827-831.

[10] Ryan GF. Resistance of common groudsel to simazine and atrazine. *Weed Science,* 1970, 18：614-616.

[11] Heap I. International survey of herbicide resistant weeds. Annual Report Internet http: /www. *Weed science.* org/, 2010.

[12] 彭学岗，王金信，段敏.中国北方部分冬麦区猪殃殃对苯磺隆抗性水平[J].植物保护学报，2008，35（5）：458-462.

[13] 许贤，王贵启，张宏军，樊翠芹，李秉华，苏立军，王建平. 河北省境内播娘蒿对苯磺隆抗药性研究初报. 西北农业学报，2008，17（2）：270-273.

[14] Xian Xu, Gui Qi Wang, Si Long Chen, Cui Qin Fan, Bing Hua Li. Confirmation of Flixweed (*Descurainia sophia*) Resistance to Tribenuron-methyl Using Three Different Assay Methods. *Weed Science*, 2010, 58(1)：56-60.

[15] Cui Hailan, Zhang Chaoxian, Zhang Hongjun, Huang Hongjuan, Wei Shouhui, Liu Xue, Wang Guiqi, Liu Yan. Tribenuron-Methyl Resistant Flixweed(*Descurainia sophia*). *Agricultural Sciences in China*, 2009, 8(4)：488-490.

[16] 黄媛媛，纪明山. 辽宁省不同地区的反枝苋对氯嘧磺隆抗药性研究. 江西农业学报，2009，21（4）：61-62.

[17] 吴明根 曹凤秋 刘 亮. 磺酰脲类除草剂对抗、感性雨久花乙酰乳酸合成酶活性的影响.植物保护学报，2007，43（5）：545-548.

[18] 吴明根，吴松权，朴仁哲，傅民杰，曹凤秋. 磺酰脲类除草剂对抗、感性慈姑 ALS 活性的影响. 农药，2007，46（10）：701-703.

[19] Park, K. W. and C. A. Mallory-Smith. 2004. Physiological and molecular basis for ALS inhibitor resistance in *Bromus tectorum* biotypes. *Weed Res.,* 44：71-77.

[20] Maxwell, B. D., A. M. Mortimer. 1994. Selection for herbicide resistance. In, Herbicide Resistance in Plants: Biology and Biochemistry (eds S.B. Powles and J.A.M. Holtum), 1-26. Lewis Publishers, Boca Raton, FL, USA.

[21] Fischer A J, Bayer D E, Carriere M D, Ateh C M, Yim K O. Mechanisms of resistance to bispyribac-sodium in an Echinochloa phyllopogon accession. *Pesticide Biochemistry and Physiology*,2000,68(3)：156-165.

[22] 韩瑞娟，董立尧，李俊，等. 日本看麦娘对高效氟吡甲禾灵代谢抗性的初步研究[J]. 杂草科学，2010(1)：3-7.

草甘膦对刺儿菜幼苗期莽草酸的影响

刘 延[1,2]　侯巨梅[3]　沈国生[2]

（1.中国农业科学院杂草害鼠生物学与治理重点开放实验室，北京 100193；
2.黑龙江省农垦科学院植物保护研究所，哈尔滨 150038；
3.黑龙江八一农垦大学测试中心，大庆 163319）

摘要：对刺儿菜幼苗经草甘膦茎叶处理后 14 天内的取样及进行体内莽草酸含量的测定，结果显示刺儿菜幼苗经过两个剂量的草甘膦处理后莽草酸含量均有不同程度的增加，达到最大值后迅速下降。通过 14 天内草甘膦对莽草酸含量情况的影响分析刺儿菜对草甘膦具有较强的抗药性潜力。

关键词：刺儿菜；草甘膦；莽草酸

Effects of Accumulation of Shikimate in *Cirsium setosum* Seedling Stage Treated with Glyphosate

Liu Yan[1,2] , Hou Jumei[3], ShenGuosheng[2]

（1.Key Laboratory of Weed and Rodent Biology and Management,CAAS,Beijing,100193,China; 2. Institute of Plant Protection, Heilongjiang Academy of Land Reclamation Sciences, Harbin, 150038, China;3. Heilongjiang Bayi Agricultural University, Daqing, 163319 ,China）

Abstract: In our present experiment, accumulation of shikimate in *Cirsium setosum* (Willd.)MB. seedling stage was assayed 14 days after being treated with glyphosate. The results showed that shikimate content has slighterly higher than control 1 day, and began to accumulate rapidly after being treated with two doses glyphosate, then decreased rapidly after the maximum which suggested that *C. setosum* was not sensitive and highly tolerant to glyphosate.

Key words: *Cirsium setosum* (Willd.)MB.; glyphosate; shikimate

草甘膦（glyphosate）是一种内吸传导型广谱灭生性除草剂。其作用机理主要是竞争性抑制莽草酸途径中的 5-烯醇丙酮莽草酸-3-磷酸合成酶（5-enolpyruvylshikimate-3-phosphate synthase, EPSP 合成酶，EC 2.5.1.19）[1]，从而导致植物体内莽草酸积累过量而死亡。草甘膦处理后莽草酸积累量的变化往往作为检测被测植物是否对草甘膦具有抗药性的方法。刺儿菜（*Cirsium setosum* (Willd.)MB.，Spinegreens），别名小蓟，菊科多年生草本植物，全国各地均有分布。是大豆、玉米、小麦等旱田作物田间的主要杂草之一，同时也是难治杂草之一[2]。最有效的防治方法就是在刺儿菜发生严重的区域，用草甘膦进行茎叶涂抹或者喷头安装保护罩后茎叶处理。

我国是草甘膦的生产和应用大国。自 1973 年沈阳化工研究院开始进行草甘膦药效试验以来，首先在茶园使用，后来相继在甘蔗、龙眼等果园和元胡田应用，1985 年以后在大豆田、棉田、桑园用于免耕除草，全国草甘膦应用范围和使用量不断扩大，2007 年原药需求量在 1 万 t 以上[3]。已有报道刺儿菜对草甘膦不敏感[4]，本实验通过对刺儿菜幼苗体内莽草酸含量的影响分析刺儿菜对草甘膦的抗药性潜力。

1　材料与方法

1.1　材料准备

仪器：低温离心机 紫外分光光度计

试剂：0.25 mol/l HCl，高碘酸，1.0 mol/l NaOH，0.1mol/l 甘氨酸，莽草酸

1.2　草甘膦的喷施

草甘膦按 800 g a.i./hm^2 和 1600 g a.i./hm^2 用量茎叶喷雾处理生长 60 天的刺儿菜，分别记为 X1、X2。

基金项目：中国农业科学院杂草害鼠生物学与治理重点开放实验室基金项目

[1]作者简介：刘延（1978-），女，博士，主要从事杂草抗药性研究，Tel：0451-55399379，
E-mail:liuyanzb1226@163.com

1.3　莠草酸的提取

喷药后每两天剪取刺儿菜幼苗的地上叶茎洗净晾干各 0.5 g 左右，剪碎于研钵中液氮研磨，加入 1.0 ml 的 HCl，于 4℃，12000 r/min 离心 15 min，收集上清液，4℃保存待测。每处理三次重复。

1.4　莽草酸含量的测定

取 200 μl 上清液，加入 2.0 ml 1%的过碘酸溶液，3 h 后加入 2.0 ml 1.0 mol/L 的 NaOH 并混匀，然后加入 1.2 ml 的 0.1 mol/L 甘氨酸混匀，静置，于 380 nm 比色，记录 OA 值（参考 Singh、Cromartie、娄远来等的方法[5-7]）。

1.5　莽草酸标准曲线制作

将莽草酸标准样品 10 mg 溶于 0.25 mol/L HCl 1.0 ml 中，分别取 0，1，5，10，50，100μl 加 0.25 mol/L HCl 至 1.0 ml。与莽草酸含量的测定相同步骤测定吸光度 OA 值。

2　结果与分析

2.1　莽草酸标准曲线的绘制

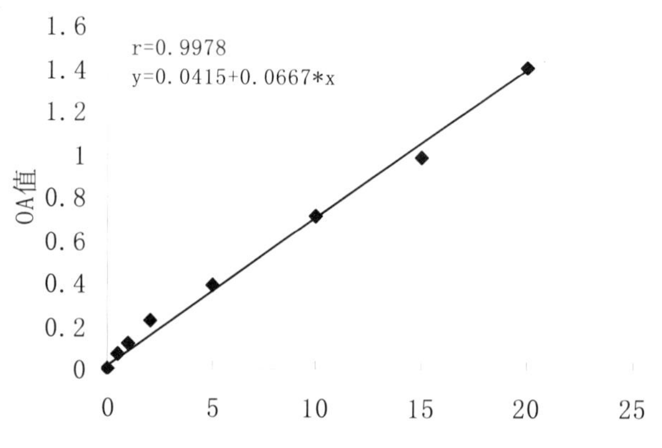

图 1 莽草酸标准曲线

2.2　草甘膦对刺儿菜幼苗体内莽草酸含量的影响

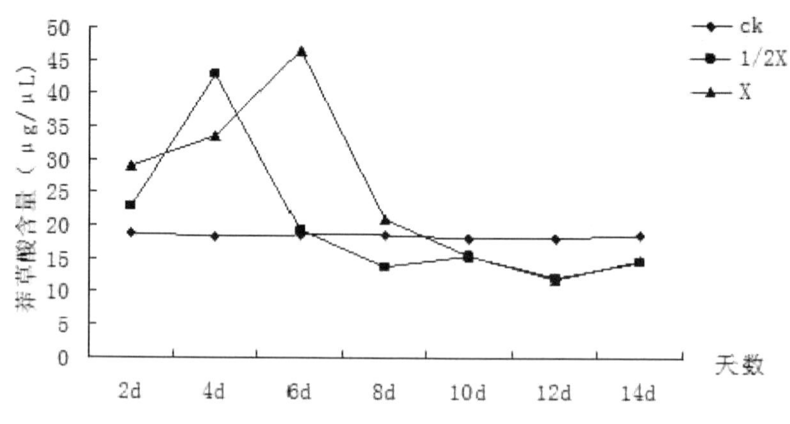

图 2 草甘膦对刺儿菜幼苗体内莽草酸含量的影响

（1）草甘膦 800 g a.i./hm^2 处理的刺儿菜幼苗从施药后第 2 天比对照的莽草酸含量高，并且在 5 天内均高于对照莽草酸水平，第 6 天与对照一致，以后低于对照。

（2）草甘膦 1600 g a.i./hm^2 用量处理的刺儿菜幼苗从施药后第 2 天比对照的莽草酸

含量高，7天内均高于对照莽草酸水平，在第6天时达到最高，然后迅速降低，到第8天时基本与对照一致，以后低于对照。

（3）两个草甘膦处理对刺儿菜幼苗莽草酸积累的影响趋势一致，莽草酸含量在前几天上升并高于对照，达到最大值后下降到与对照相同然后均低于对照莽草酸含量。随着草甘膦剂量的增加对刺儿菜幼苗的莽草酸积累的影响增大，草甘膦 800 g a.i./hm^{2}的处理下，刺儿菜幼苗的莽草酸含量在第 4 天后急剧下降。而草甘膦 1600 g a.i./hm^{2}处理的刺儿菜莽草酸含量在第6天后迅速下降。

3 结论与讨论

植物受草甘膦处理后，低剂量下的伤害能自行恢复，莽草酸的含量会因其自身代谢而逐渐减少。而在高剂量下植株吸收的草甘膦量增加，其体内莽草酸的含量也逐渐增加，自身的代谢功能受到伤害逐渐加重，所以通过测定对莽草酸的代谢能力可以判断植物草甘膦的靶标酶——EPSPS 的活力大小[8~10]。根据 Feng 等人提出的：莽草酸/草甘膦的比值越大说明 EPSPS 受抑程度越高；相反，两者比值越小说明草甘膦对 EPSPS 的抑制程度越低[11]，虽然植物种类不同，植物体自身的莽草酸含量有所差异，但通过莽草酸的积累情况可以判断其对草甘膦的敏感性。

根据图 2 可以看到，草甘膦对刺儿菜幼苗期的莽草酸含量影响明显，莽草酸含量在前几天上升并高于对照，达到最大值后下降到与对照相同然后均低于对照莽草酸含量。莽草酸/草甘膦的比值变化说明刺儿菜幼苗的 EPSPS 在草甘膦喷雾后的前期受到抑制，达到最大值后这种抑制作用逐渐减弱，最后由抑制转为促进。同时在草甘膦一般剂量情况下，刺儿菜对草甘膦的敏感性比其他杂草小，因此可以推断刺儿菜体内的 EPSPS 由于草甘膦的抑制作用而发生某种变化，逐渐解除了这种抑制导致刺儿菜对草甘膦的耐受能力增强，也就是抗药性潜力增强。

参考文献

[1] Boocock M.R., Coggins J.R. .Kinetics of 5-Enolpyruvylshikimate-3-phosphate Synthase Inhibition by Glyphosate[J]. Febs Letters, 1983, 154: 127-133.

[2] 魏守辉，张朝贤，翟国英，等. 河北省玉米田杂草组成及群落特征.[J]. 植物保护学报, 2006，33：212-218.

[3] 中国县域经济报. 2007 年全国农药需求总量预计将达 30 万吨. 2007，0108：011.

[4] 张宏军，金岩，杨卫东，等. 草甘膦抗性杂草的田间监测[J]. 杂草科学，2010（01）：30-32.

[5] Singh B.K., Shaner D.L. . Rapid determination of glyphosate injury to plants and identification of glyphosate-resistant plants[J]. Weed Technology ,1998, 12: 527-530.

[6] Cromartie, T. H., Polge N. D. . An improved assay for shikimic acid and its use as a monitor for the activity of sulfosate[J]. Weed Science Society of America, 2000,40: 291.

[7] 娄远来，邓渊钰，沈晋良，等. 甲磺隆和草甘膦对空心莲子草乙酰乳酸合酶活性和莽草酸含量的影响[J]. 植物保护学报，2005，32：185-188.

[8] Pline W.A., Wu J.R., Hatzios K.K. . Effects of temperature and chemical additivies on the response of transgenic herbicide-resistant soybeans to glufosinate and glyphosate applications[J]. Pesticide Biochemistry and Physiology, 1999, 65: 119-131.

[9] 宋小玲，马波，皇甫超河，等. 除草剂生物测定方法[J]. 杂草科学，2004，（03）：1-6.

[10] Fuchs M.A. . Mechanisms of glyphosate toxixity in velvetleaf (*Abutilon thephrasti* Medikus) . Pesticide Biochemistry and Phsiology, 2002, 74: 27-39.

[11] Feng P.C.C., Tran M., Chiu T. . Investigations into glyphosate-resistant horseweed （*Conyza canadensis*）: retention, uptake, translocation, and metabolism[J]. Weed Science ,2004, 52: 498-505.

谷胱甘肽-S-转移酶对除草剂代谢作用的研究进展

胡利锋[1] 柏连阳[2] 周小毛[1]

（1. 湖南农业大学生物安全科学技术学院，长沙 410128；

2. 湖南人文科技学院农科所，娄底 417000）

摘要： 综述了除草剂和除草剂安全剂对植物 GSTs 的诱导作用，概述了与除草剂代谢有关的 GST 基因的克隆及转基因植物研究进展，并介绍了 GSTs 与杂草抗性之间的关系。

关键词： 谷胱甘肽-S-转移酶；除草剂；除草剂安全剂；抗性

Advances on Metabolisms of Herbicides Catalyzed by GSTs

Hu Lifeng[1], Bai Lianyang[2], Zhou Xiaomao[1]

(1. *College of Bio-safety Science and Technology, Hunan Agricultural University, Changsha 410128,China; 2. Agriculture Research Institute, Hunan Institute of Humanities, Science and Technology, Loudi 417000,China*)

Abstact： The induction of GSTs by herbicides or herbicide safeners were reviewed; the clone and identification of GSTs related to herbicide metabolism and the researches of transgenic-GST plants were summarized; the relationship between GSTs and weed resistance were also introduced.

Key words: GSTs; herbicide; herbicide safener; resistance

谷胱甘肽-S-转移酶（GSTs）是一类广泛分布于原核生物和真核生物的酶系，能对包括除草剂在内的一些外源物质起到解毒作用，且能受到多种因素的诱导。通常，植物对外源化合物的解毒主要可分为 3 个阶段：第一阶段包括转化反应，比如羟基化反应；第二阶段主要包括与谷胱甘肽或者其他化合物的结合反应；第三阶段结合产物转化成次级结合物或者难溶的结合残基，沉积在液泡或者进入植物细胞壁[1,2]。在这些过程中可能需要几种酶如细胞色素 P450(P450s)、谷胱甘肽-S-转移酶或葡萄糖醛酸转移酶（UGTs）等的连续作用[3]。GSTs 主要在第二阶段代谢物与谷胱甘肽的结合中发挥重要催化作用。

关于植物 GSTs 最初的研究也主要是因为它们在除草剂代谢和选择性方面的重要作用。Lamoureux 等人于 1970 年首次报道了玉米体内 GSTs 参与了莠去津（atrazine）的代谢[4]。此后，关于 GSTs 在除草剂代谢方面的研究引起了研究者们极大的兴趣。对 GSTs 在除草剂解毒活性及其诱导因子等方面的深入研究，对于扩大除草剂的应用范围，解决除草剂长残留引起的后茬药害问题具有重要理论意义和现实意义，也有助于我们认识除草剂的选择性、耐受性和抗性机理，为除草剂和除草剂安全剂的研究开发提供理论依据。本文就 GSTs 参与除草剂的代谢进行如下综述。

1 植物谷胱甘肽-S-转移酶系

根据序列同源性、基因组织结构和活性部位，植物 GSTs 分为 phi、zeta、tau、theta、lambda 和脱氢抗坏血酸还原酶（dehydroascorbate reductase，DHAR）六类，其中 phi 和 tau 类 GSTs 为植物特有并在植物体内大量存在。谷胱甘肽-S-转移酶是一个同工酶家族，在每一种植物内包含多个同工酶成员，目前至少在大豆(*Glycine max*)中已经有 25 个、玉米（*Zea mays*）中有 42 个、水稻(*Oryza sativa*)中有 59 个，拟南芥（*Arabidopsis thaliana*）中有 54 个同工酶已经被鉴定[5]。

GSTs 的主要功能是催化某些内源性和外来有害物质的亲电子基团与还原型谷胱甘肽的巯基偶联，增加其疏水性使其易于穿越细胞膜，分解后排出体外，从而达到解毒的目的[6,7]。1979 年，具有除草剂解毒活性的 GSTs 从玉米中被分离出来[8]。此后，越来越多具有除草剂解毒活性的 GSTs 从大豆、小麦(*Triticum aestivum*)、玉米、水稻中被分离鉴定。在植物体内，GSTs 对除草剂解毒能力的研究已经成为一个主要的热点。

2 植物 GSTs 的诱导与除草剂代谢

植物 GSTs 在除草剂解毒中的作用已经被普遍接受，除草剂和除草剂安全剂对 GSTs 的诱导反应得到了深入的研究[9]。在植物体内，主要是 phi 和 tau 类 GSTs 为除草剂的解毒负责并且表现底物特异性[10,11]。如 phi 类酶（GSTFs）对氯乙酰胺类除草剂和硫代氨基甲酸酯除草剂有高度的活性[12]，而 tau 类酶（GSTUs）在二苯醚类除草剂和芳氧基苯氧基丙酸酯类除草剂的解毒方面很有效[10~14]。

2.1 除草剂对 GSTs 的诱导作用

植物 GSTs 参与除草剂的代谢在玉米中研究的较多[9]。Rossini 等的研究证实甲草胺（alachlor）能够诱导玉米 GST-27 基因的转录[15]。乙草胺能够诱导玉米 GSTs 的活性，并且不同部位的诱导作用有一定的差异，乙草胺诱导叶部 GSTs 的活性增加，但对根部的 GSTs 活性呈抑制趋势。而均三氮苯类除草剂莠去津可以增加根部的 GSTs 活性，对叶部的 GSTs 活性起到抑制作用[16]。Hu 等研究发现水稻一个 lambda GST 在根部的转录能够被氯磺隆（chlorsulfuron）显著的诱导增强[17]。此外，大豆体内的 GmGSTU4-4 则能够被消草醚（flurodiphen）诱导[14]。

2.2 安全剂对 GSTs 的诱导作用

安全剂是一类能通过增加除草剂和其他外源化合物的代谢而选择性的保护作物免受除草剂伤害的化合物[18]。虽然安全剂减轻除草剂对植物药害的机制尚不是很清楚，但大多数的研究认为对除草剂代谢活动的增强是安全剂作用的主要机制。安全剂能够调节特定的与除草剂底物有亲和性的 GSTs 的表达，结果因为除草剂代谢速率的加快而导致作物对除草剂的耐受力增强[19]。

已经有充分的试验证据证明在玉米、小麦、水稻等谷类作物中，除草剂的代谢都能被安全剂增强，且这些增强是对特定的 GST 同工酶选择性的诱导增强。安全剂保护玉米免受氯乙酰氨类除草剂的药害早就被认为与它们能增加 GSTs 的活性有关[20]。而此后的一系列研究证明了这一判断。Wu 等发现水稻根部 GSTs 对丙草胺的活性与解草啶（fenclorim）诱导的基因表达相一致[21]。Scarponi 等研究指出解草啶能提高水稻对丙草胺的抗性是由于 GSTs 的活性增强，这是作物蛋白中酶量的增加和对丙草胺更敏感的同工酶诱导作用的结果[22]。Scarponi 等还同时对多种安全剂进行了 GSTs 诱导试验，发现解草酯（cloquintocet-mexyl）、解草唑（fenchlorazol-ethyl）和肟草胺（fluxofenim）能提高小麦中 GSTs，保护作物免受丁草胺等除草剂的伤害，而解草嗪（benoxacor）和解草唑可以提高玉米中 GSTs 的活性[23]。此外，Commins 也证实小麦的 phi GSTFs 能够被解草唑诱导[24]。

目前已经普遍认可，除草剂安全剂主要能增加谷类作物对除草剂的耐受力，但不能增加双子叶作物对除草剂的耐受能力。虽有试验证明安全剂解草嗪、解草啶和肟草胺均能诱导增加拟南芥 GSTs 的活性，但是诱导后拟南芥对氯乙酰胺类除草剂的耐受力并没有增强[25]。至于具体原因目前尚未清楚。

3 抗除草剂的植物 GST 基因的克隆

在一些研究中发现，GST 活性的增强伴随着基因表达的增强[26]。多种与除草剂代谢相关的 GST 基因的分离与鉴定为 GSTs 参与除草剂代谢提供了可靠的依据。目前，水稻中已有多个与除草剂代谢相关的 GST 基因被克隆鉴定。Cho 等从水稻克隆了两个 phi GST 基因 OsGSTF3-3 和 OsGSTF5，研究发现这种 OsGSTF3-3 对甲草胺和异丙甲草胺（metolachlor）有很高的活性。而 OsGSTF5 对甲草胺、莠去津和异丙甲草胺都有较高的活性[27−28]。此外，他们还从水稻分离到一个属于 tau 类 GST 基因 OsGSTU5，这种 GSTs 对氯-三氮(chloro-s-triazine)除草剂和酰胺类（acetanilide）除草剂表现高度的催化活性[29]。Hu 等克隆并且超表达了水稻的一个 lambda 类的 OsGSTL1 基因，发现超表达该基因的转基因水稻对氯磺隆和草甘膦（glyphosate）的耐受力增强[30]。

除水稻外，在其他如小麦和大豆等作物中，也分离到了除草剂代谢相关的 GST 基因。Thom 等从小麦克隆到了一组 GSTs 基因，其中一个 tau 类 GST4-4 基因对精恶唑禾草灵（fenoxaprop-p-ethyl）和二甲吩草胺(dimethenamid)有很高的活性[11]。Commins 从经解草唑诱导的小麦分离到六个 phi GSTs 基因，其中 TaGSTF2 和 Ta GSTF3 有很高的过氧化物酶活性，且能快速解除氯乙酰胺类除草剂毒性[24]。Axarli 等从大豆体内克隆到了一个的 tau 基因 GmGSTU4-4，研究发现这种同工酶对二苯醚类（diphenylether）除草剂具有很高的活性[14]。

4 转 GSTs 基因抗除草剂作物

多种与除草剂代谢有关的 GST 基因的发现为转 GST 基因作物的研究提供了基础，通过转基因技术，一些耐除草剂的 GST 基因被转移到作物中，培育出了多种抗除草剂的作物。GSTs 在除草剂代谢中的重要性在转 GST 基因植物中特别是烟草上得到了明确的验证，如表达了玉米特定 GST 基因的烟草（*Nicotiana tabacum*）与野生型相比，对异丙甲草胺表现了很高的耐受力[31]。Karavageli 等把玉米的 GST I 转入烟草，获得的转基因烟草与非转基因烟草相比表现了非常高的甲草胺耐性[32]。Benekos 等将大豆一个对消草醚具有催化活性的 GmGSTU4 基因转入烟草，得到的转基因烟草对二苯醚类除草剂消草醚、乙氧氟草醚（oxyfluorfen）以及氯乙酰胺类除草剂甲草胺的活性明显地增强[33]。另外，将玉米的 GST-27 转入小麦，转基因小麦的 T1 代能够在包含甲草胺的固体培养基上萌发，它们对除草剂的耐受力与 GST-27 的表达水平有关；T2 代纯合子对甲草胺、对噻吩草胺（Methenamid）和硫代氨基甲酸酯除草剂 EPTC 都有抗性[34]。

5 GSTs 介导的除草剂代谢与杂草抗性

除草剂抗性杂草的出现已经成为全球农业生产的一个突出威胁。对单种除草剂的抗性通常是由于靶标位点的特异性突变导致对抑制剂的敏感性减弱引起的[35]。而在重复使用选择性除草剂后，竞争性杂草体内解毒酶的表达增强被认为是杂草对不同类型除草剂产生交互抗性的有力机制。GSTs 参与非靶标除草剂抗性的另一个重要证据亦是来源于对抗性杂草的 GSTs 的活性分析。通常情况下，杂草相对于作物表达更低水平的 GSTs（或者 P450s 等其他解毒酶），因为它们代谢除草剂的速度慢所以对除草剂更敏感[36]。而抗性杂草因为解毒酶活性的增强对除草剂表现出更强的耐受力。关于杂草的除草剂抗性与 GSTs 活性之间的关系在苘麻（*Abutilon theophrasti*）上得到了证实，研究发现在抗性苘麻体内莠去津与谷胱甘肽的结合反应明显增强[37]。多花黑麦草(*Lolium multiflorum*)是一类对多种除草剂都有抗性的杂草，最近的研究发现这种杂草的 GSTs 对莠去津和消草醚都有活性，而且这种活性能够被安全剂显著地诱导[38]。

GSTs 在多种除草剂抗性中除通过与谷胱甘肽的结合解除除草剂毒性外，还在氧化应激耐受抗性中发挥了重要作用，通过催化毒性有机氢过氧化物的还原反应，保护植物免受氧化应激。Cummins 等[26]对欧洲黑草(*Alopecurus myosuroides*)的试验为此提供了强有力的证据。他们在研究精恶唑禾草灵对小麦的选择性时发现安全剂吡唑解草酯（mefenpyr diethyl）和解草唑也能增加黑草对除草剂的耐受性，尽管小麦和黑草体内精恶唑禾草灵都能通过与谷胱甘肽结合解毒，但是在黑草体内，这种解毒途径只能被安全剂轻微诱导增强，说明代谢增强不是黑草对除草剂的耐受性增强的根本原因。而是与谷胱甘肽和羟甲基谷胱甘肽以及抗氧化功能的酶包括 phi 类 GSTs 和 lambda 类 GSTs 在黑草体内的积聚有关，这些酶作为谷胱甘肽过氧化酶和硫醇转移酶发挥作用。这反映了禾本科杂草对多种除草剂产生的抗性，是与可诱导的抗氧化性和次级代谢有关的[39]。

6 结语

近年来，关于 GSTs 的结构和功能的研究已经取得了重要的进展。随着研究的深入，新发现的 GSTs 的种类和功能将不断地增加。对植物 GSTs 基因组学和蛋白质组学的进一步研究将为掌握 GSTs 在细胞内的存在和活性以及它们的功能和压力调节提供更多依据。对具有解毒功能的 GST 同工酶的研究可为新除草剂的开发提供更多的参考，为发展转基因植物提高植物修复能力打下基础，使将来用转基因植物净化环境中的除草剂污染成为现实可能。

另外一方面，虽然除草剂安全剂用于农业生产已有几十年，也有充足的资料证明它们能增加解毒酶的活性，但安全剂诱导 GSTs 相关基因的分子机制或者信号途径依然一无所知[3]。另外，尽管 GSTs 和 P450s 等酶参与除草剂的代谢已被普遍接受，但是究竟在植物体内是 P450s 还是 GSTs 主导了除草剂的代谢，还是二者在除草剂代谢过程中发挥了协同作用，无疑还需要进一步研究。总之，GSTs 是一类与除草剂代谢密切相关的解毒酶系，研究GSTs的结构和功能对农艺学、环境学等各方面都有重要的意义！

参考文献

[1] Romano M L, Stephenson G R, Tal A, et al. The effect of monooxygenase and glutathione S-transferase inhibitors on the metabolism of diclofop-methyl and fenoxaprop-methyl in barley and wheat[J]. Pestic Biochem Physiol, 1993, 46: 181-189.

[2] Hatios K K. Regulation of enzymatic systems detoxifying xenobiotics in plants: a brief overview and directions for future research, in: Hatios KK (ed), Regulation of Enzymatic Systems Detoxifying Xenobiotics in Plant[M], Kluwer Academic Publishers, Dordrecht, The Netherlands, 1997: 1-5.

[3] Riechers D E, Klaus K, Zhang Q. Detoxification without intoxication: herbicide safeners activate plant defense gene expression[J]. Plant Physiology, 2010, 153:3-13.

[4] Lamoureux GLm, Shimabukuro R H, Swanson H R, et al. Metabolism of 2-chloro-4-ethylamino-6-isopropylamino-s-triazine (atrazine) in excised sorghum leaf sections[J]. J Agric Food Chem, 1970, 18: 81-86.

[5] Chronopoulou E G, Labrou N E. Glutathione transferases: emerging multidisciplinary tools in red and green biotechnology[J]. Recent patents on Biotechnology, 2009, 3:211-233.

[6] McGonigle B, Keeler S J, Lau S-MC, et al. A genomics approach to the comprehensive analysis of the glutathione S-transferase gene family in soybean and maize[J]. Plant Physiol, 2000, 124: 1105-1120.

[7] Dixon D P, Lapthorn A, Edward R. Plant glutathione transferases[EB/OL]. Genome Biol 3: review3004.1-3004.10. http://genomebiology.com/2002/3/3/reviews/3004.1.

[8] Guddewar MB, Dauterman WC. Purification and properties of a glutathione-S-transferase from corn which conjugates S-triazine herbicides[J]. Phytochemistry, 1979, 18: 735-740.

[9] Marrs K A. The function and regulation of glutathione S-transferase in plants[J]. Annu Rev Plant Physiol Plant Mol Biol, 1996, 47: 127-158.

[10] Jepson I, Lay V J, Holt D C, et al. Cloning and characterization of maize herbicide safener-induced cDNAs encoding subunits of glutathione S-transferase isoforms I, II, IV[J]. Plant Mol Biol, 1994, 26: 1855-1866.

[11] Thom R, Cummins I, Dixon DP, et al. Structure of a tau class glutathione S-transferase from wheat active in herbicide detoxification[J]. Biochemistry, 2002, 41: 8-20.

[12] Edwards R, Dixon DP. The role of glutathione transferases in herbicide metabolism. In: Herbicides and their mechanisms of action[M]. In: Cobb AH, Kirkwood RC, Eds. Sheffield Academic Press, UK 2000; pp38-71.

[13] Cho HY, Kong KH. Study on the biochemical characterization of herbicide detoxification enzyme, glutathione S-transferase[J]. Biofators, 2007, 30: 281-287.

[14] Axarli I A, Dhavala P, Papageorgiou A C, et al. Crystallographic and functional characterization of the fluorodifen-inducible glutathione transferase from Glycine max reveals and active site topography suited for diphenylether herbicides and a novel L-site[J]. J Mol Biol, 2009, 385: 984-1002.

[15] Rossini L L, Frova C, Mario EP, et al. Alachlor regulation of corn glutathione S-transferases genes[J]. Pestic Biochmistry and Physiol,1998,60:205-211.

[16] 郭玉莲，陶波，高希武. 玉米谷胱甘肽转移酶（GSTs）特性及除草剂的诱导作用[J]. 玉米科学，2008，16(1): 122-125.

[17] Hu T Z, He S, Zeng H. et al. Isolation and characterization of a rice glutathione S-transferase gene promoter regulated by herbicides and hormones[J]. Plant cell Rep, 2010, 30(4): 539-549.

[18] Farago S, Brunold C, Kreuz K. Herbicide safeners and glutathione metabolism[J]. Physiol Plant, 1994,91: 537-542.

[19] Hatzios K K, Burgos N. Metabolism-based herbicide resistance: regulation by safeners[J]. Weed Sci , 2004,52: 454-467.

[20] Gronwald J W, Fuerst E P, Eberlein C X, et al. Effect of herbicide antidotes on glutathione content and glutathione S- transferase activity of sorghum shoots[J]. Pestic Biochem Physiol, 1987,29: 66-76.

[21] Wu JR, Cramer C L, Hatzios K K. Characterization of two cDNAs encoding glutathione S-transferases in rice and induction of their transcripts by the herbicide safener fenclorim[J]. Physiologia Plantarum, 1999, 105: 102-108.

[22] Scarponi L.Buono D.D, Vischetti C. Effect of pretilachlor and fenclorim on carbohydrate and protein formation in relation to their persistence in rice[J]. Pest Management Science, 2005, 61(4): 371-376.

[23] Scarponi L, Quagliarini E, Buono DD. Induction of wheat and maize glutathione S-transferase by some herbicide safeners and their effect an enzyme activity against butachlor and terbuthylazine[J]. Pest Management Science,2006, 62(10): 927-932.

[24] Cummins I, O'Hagan D, Jablonkai I, et al, Werck-Reichhart D, Edwards R. Cloning, characterization and regulation of a family of phi class glutathione transferases from wheat[J]. Plant Mol Biol. 2003, 52(3):591-603.

[25] DeRidder B P, Dixon D P, Beussman DJ. et al. Induction of glutathione S-transferases in Arabidopsis by herbicide safeners[J]. Plant Physiolohy, 2002, 130: 1497-1505.

[26] Cummins I, Cole DJ, Edwards R. A role for glutathione transferases functioning as glutathione peroxidases in resistance to multiple herbicides in black-grass[J]. The Plant Journal, 1999, 18(3): 285-292.
[27] Cho H Y, Kong K H. Molecular cloning, expression, and characterization of a phi-type glutathione S-transferase from Oryza sativa[J]. Pestic Biochem Physiol, 2005, 29-36.
[28] Cho H Y, Lee H J, Kong K H. A phi class glutathione S-transferase from Oryza sativa (OsGSTF5): molecular cloning, expression and biochemical characteristics[J]. J Biochem Mol Biol. 2007, 40(4): 511-516.
[29] Cho HY, Yoo SY, Kong KH. Cloning of a rice tau class GST isozyme and characterization of its substrate specificity[J]. Pestic Biochem Physiol, 2006, 86(2): 110-115.
[30] Hu T Z, Qv X X, Xiao G S, et al. Enhanced tolerance to herbicide of rice plants by over-expression of a glutathione S-transferase[J]. Mol Breeding, 2009, 24: 409-418.
[31] Jepson I, Holt D C, Roussel V, et al. Transgenic plant analysis as a tool for the study of maize glutathione S-transgenic. In Hatzios KK, ed, Regulation of Enzymatic Systems Detoxifying Xenobiotics in Plants[M], Ed 1, No 3, Vol 37. Kluwer Academic publishers, Dordrecht, The Nethlands 1997, pp 313-323.
[32] Karavageli M, Labrou N E, Clonis Y D, et al. Development of transgenic tobacco plants overexpressing maize glutathione S-transferase I for chloroacetanilide herbicides phytoremediation[J]. Biomol Eng, 2005, 22: 121-128.
[33] Benekos K, Kissoudis C, Nianiou-Obeidat I, *et al.* Overexpression of a specific soybean GmGSTU4 isoenzyme improves diphenyl ether and chloroacetanilide herbicide tolerance of transgenic tobacco plants[J]. J Biotechnol. 2010, 150(1): 195-201.
[34] Milligan A S, Daly A, Parry MAJ. et al.The expression of a maize glutathione S-transferase gene in transgenic wheat confers herbicide tolerance, both in planta and invitro[J]. Molecular Breeding, 2001, 3: 301-315.
[35] Anthony R G, Waldin T R, Ray J A, et al. Herbicide resistance caused by spontaneous mutation of the cytoskeletal protein tublin[J]. Nature, 1998, 393: 260-263.
[36] Cole D J, Detoxification and activation of agrochemicals in plants[J]. Pesticide Sci, 1994,42: 209-222.
[37] Anderson M P, Gronwald J W. Atrazine resistance in a velvetleaf (*Abutilon theophrasti*) biotype due to enhanced glutathione S-transferase activity[J]. Plant Physiol, 1991, 96: 104-109.
[38] Del Buono D, Ioli G. Glutathione S-transferases of italian ryegrass (Lolium multiflorum): activity toward some chemicals, safener modulation and persistence of atrazine and fluorodifen in the shoots[J]. J Agric Food Chem. 2011, 59(4): 1324-1329.
[39] Cummins I, Bryant D N, Edwards R. Safener responsiveness and multiple herbicide resistance in the weed black-grass (*Alopecurus myosuroides*) [J]. Plant Biotechnology Journal, 2009, 7（8）: 807-820.

标志基因法检测稗草对二氯喹啉酸抗药性

李 岗 吴声敢 吴长兴 赵学平 王 强
陈丽萍 苍 涛 俞瑞鲜 任海英*
（浙江省植物有害生物防控重点实验室、省部共建国家重点实验室培育基地，浙江省农业科学院农产品质量标准研究所，*植物保护与微生物研究所，杭州 310021）

摘要:以稗草 *EC-GH31* 基因（已克隆，待另文发表）作为标志基因，用 Real-time PCR 方法检测其在不同抗药性稗草植株的特征性表达量，提出稗草对二氯喹啉酸抗药性的检测方法，（1）以稗草 *EC-actin*（*Ct*）为内参，稗草 *EC-GH31* 基因在转录水平的相对表达量大于 100 为抗性型，相对表达量小于 50 为敏感型，相对表达量介于 50～100 为中间型；（2）使用常规用量的二氯喹啉酸在用药窗口期处理稗草后，在 1h 内其体内 *EC-GH31* 的表达量升高幅度小于 1.5 倍为抗性型，表达量升高幅度大于 4.5 倍为敏感型，表达量升高幅度介于 1.5～4.5 倍为中间型。

关键词：稗草；二氯喹啉酸；抗药性；检测

Marker Gene-based Method for Detection Barnyardgrass Resistance to Quincloric

Li Gang，Wu Shenggang，Wu Changxi，Zhao Xueping，Wuang Qiang，
Chen Liping，Cang Tao，Yu Ruixian，Ren Haiying*
*(State Key Laboratory Breeding Base for Zhejiang Sustainable Pest and Disease Control, Institute of Quality Standards for Agricultural Products, *the Institute of plant protection and microorganism, Zhejiang Academy of Agricultural Sciences, Hangzhou* 310021*, China.)*

Abstract: Based on *EC-GH31* gene isolated from barnyardgrass as marker gene, a novel detection method for Quincloric-resistance Barnyardgrass was provided by Real-time PCR technical. The method was composed of three parts (1) In Quincloric - resistance Barnyardgrass plants, *EC-action* as control, the marker gene *EC-GH31* possessed of Relative expression amount 100 in RNA level. After treatment by Quincloric in 1 hour, the relative expression amount of *EC-GH31* increase no more than 1.5 times in RNA level. (2) In Quincloric - susceptible Barnyardgrass plants, *EC-action* as control, the marker gene *EC-GH31* have Ralative expression amount less 50 in RNA level. After treatment by Quincloric in 1 hour, the relative expression amount of *EC-GH31* increase over 4.5 times in RNA level. (3) In middle Quincloric - resistance Barnyardgrass plants, *EC-action* as control, the marker gene *EC-GH31* possessed of Ralative expression amount 50-100 in RNA level. After treatment by Quincloric in 1 hour, the relative expression amount of *EC-GH31* increase between 1.5 and 4.5 times in RNA level.

Key words: Barnyardgrass; Quincloric resistance; Detection

截至2011年7月，全球已有197 种杂草（115种双子叶，82种单子叶）的360 个生物型对19类化学除草剂产生了抗药性[1]，几乎涵盖各类重要的除草剂。抗药性杂草已成为杂草治理和农业生产的严重威胁，由其引发的严重经济和安全问题倍受全球关注。

稗草（*Echinochloa crusgalli*）是世界性的稻田恶性杂草，是我国农田15 种严重危害杂草之首。而1988年德国巴斯夫公司开发的二氯喹啉酸（Quincloric）是防除稗草等禾草的特效药，自1990在我国推广使用以来，防效显著，但是，由于十多年连续使用，在我国南北稻区逐渐出现抗药性稗草，而且日趋严重[2-4]。抗药性稗草的漫延和猖獗带来了许多负面效应，如降低生物多样性、增加农药的投入，污染作物的产地环境，降低水稻的产量和品质等。

快速、准确、高通量的杂草抗药性检测方法，是抗药性杂草防治的一个关键环节。目前杂草抗药性检测方法[5,6]主要有（1）温室整株植物鉴定法：它是国际杂草抗药性管理组织推荐的一种主要技术，优点是简便易行，重复性好，缺点是温室空间大，试验周期长、不能对当季杂草作鉴定。（2）组织或器官的形态结构比较鉴定法：包括种子或幼苗检测法、分蘖检测法、花粉粒萌发法、叶圆片浸渍技术测定等，其优点是简便易行，缺点是不准确。（3）细胞或细胞器水平测定，包括叶片内叶绿素荧光测定法、离体叶绿体测定技术、光合速率测定法，优点是准确，缺点是复杂、对技术和设备要求高。（4）生理生化鉴定法：主要是酶活性测定法，缺点是只适合靶标酶已知的杂草。（5）DNA分析技术鉴定法，主要是靶标基因序列的突变位点比较，缺点是只适合靶基因突变的杂草。

（6）蛋白质水平的鉴定法：主要是ELISA法对抗性杂草的特异蛋白质的检测，缺点是只适合已知特异蛋白质的抗药性杂草。

以上方法各有优缺点，笔者认为通过检测标志基因在转录水平的表达量是一种新的杂草抗药性检测方法。*GH3*基因是植物生长素储存代谢基因，在维持细胞内正常生长素浓度方面起重要作用[7]。笔者从抗二氯喹啉酸稗草克隆了*GH3*基因的同源基因并命名为*EC-GH31*。它在抗、感二氯喹啉酸稗草植株体内的表达量明显不同，用二氯喹啉酸处理防治适期的抗、感稗植株后，具有明显不同的表达曲线。以上特征使*GH3*基因成为检测稗草抗二氯喹啉酸水平的标志基因，为建立一种杂草抗药性检测新方法提供了可能。

1 材料与方法

1.1 抗、感稗草材料准备与二氯喹啉酸处理及其总 RNA 提取

选取经过温室整株植物鉴定法（Whole Plant Pot Assays）[8]鉴定的，对二氯喹啉酸有抗性和敏感的稗草种子，25℃下置于湿润滤纸上催芽 3～5 天，选取发芽整齐的稗草幼苗移栽于人工土壤中，培养至 3～5 叶期。用 50%二氯喹啉酸（江苏新沂中凯农用化工有限公司）配成 0.5g/L 浓度（有效成分），均匀喷雾前后取样，取样时摘取叶片迅速浸入液氮保存。总 RNA 提取所用试剂为：总 RNA 提取试剂盒（杭州浩基生物科技有限公司）。

1.2 抗、感稗总 mRNA 反转录

用 SuperScript^{TM} II RTase (Invitrogen)试剂进行反转录，主要仪器设备为 PCR 基因扩增仪（Bio-Rad）

1.3 抗、感稗的 GH3 基因表达水平差异检测

用 SYBR® Premix Ex Taq™ (Perfect Real Time)（TaKaRa 公司）试剂做 Real-Time PCR，用 iQ^{TM}5 多重实时荧光定量 PCR 仪（美国 Bio-Rad 公司）进行实验，采用 Primer Premier 6.0 和 Beacon designer 软件进行荧光引物的设计，由上海生物工程有限公司合成，引物序列见表 1。

表 1 Real-Time PCR 引物和条件

基因名称	基因序列号	引物序列	扩增长度（bp）	退火温度（℃）
ec-GH3		5' CGCCGCAGTTCAGGTTCGTGC 3' 5' CTCCGCCTCGTCCGTCTTGTC 3'	74	65
BG-actin	HQ395760	5' GTGCTGTTCCAGCCATCGTTCAT 3' 5'CTCCTTGCTCATACGGTCAGCAATA3'	171	60

Real-Time PCR 扩增反应条件：95℃，1min；45 个循环：95℃，10sec； 60～65℃，25s（收集荧光信号）；熔点曲线分析 55℃ to 95℃。Real-Time PCR 基因表达差异的数据统计：每个样品重复 3 次，各个基因的相对表达水平以 $2^{(\text{Ct 内参基因}-\text{Ct 目的基因})}$ 进行统计分析。

2 结果与分析

2.1 稗草总 RNA 的提取

提取、纯化的稗草叶片总RNA，用12g/L 琼脂糖凝胶电泳检测，电泳结果见图1。可看到28S rRNA 和18S rRNA 两条带，二者含量比值大约为2∶1，说明所提的RNA 完整，无降解(图1)。RNA 的含量和纯度可满足下一步试验要求。

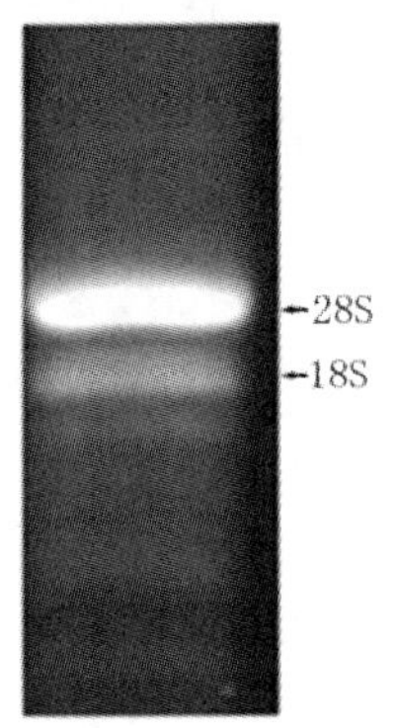

图 1 稗草总 RNA 电泳验证

2.2 抗、感的稗草 Real-time PCR

通过熔点曲线分析，表明荧光引物对内参 *EC-actin* 有较强的扩增特异性，见图 2

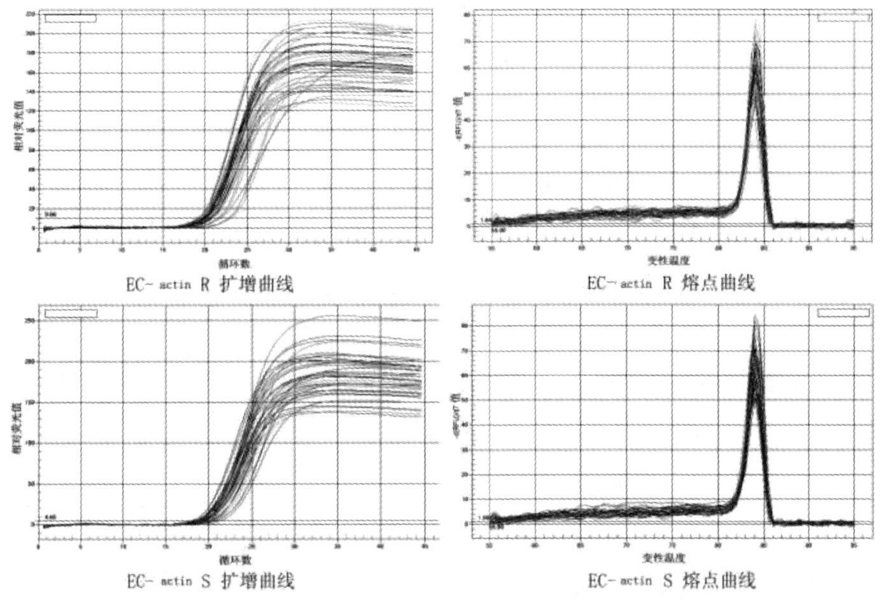

图 2 **Ec-actin** 扩增特异性分析

通过熔点曲线分析，表明荧光引物对 *EC-GH31* 有较强的扩增特异性，见图 3。

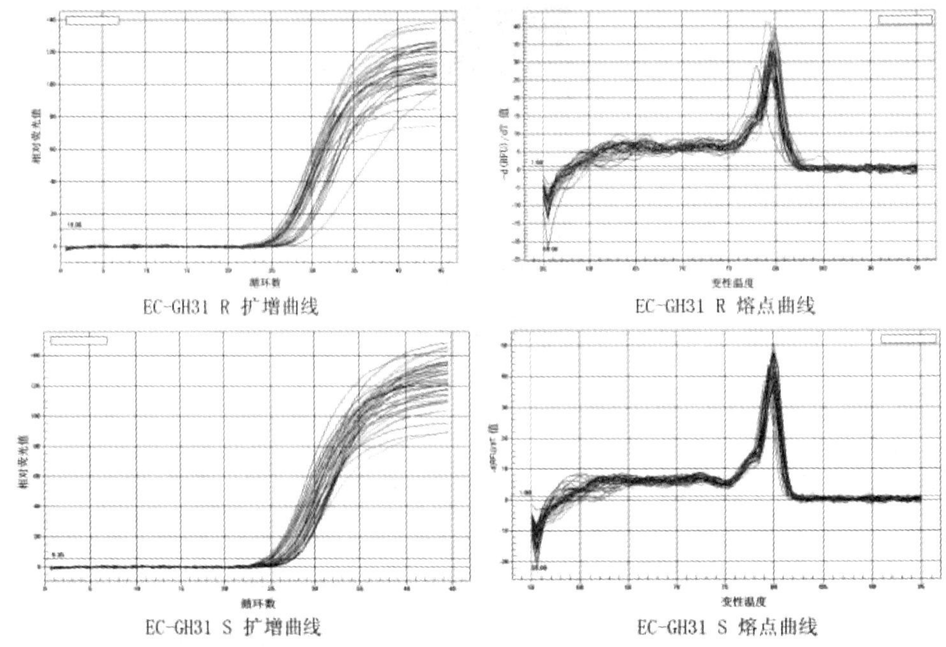

图 3 EC-GH31 扩增特异性分析

通过扩增效率曲线分析，表明荧光引物对 *EC-actin* 和 *EC-GH31* 有较好的扩增效率，见图 4。

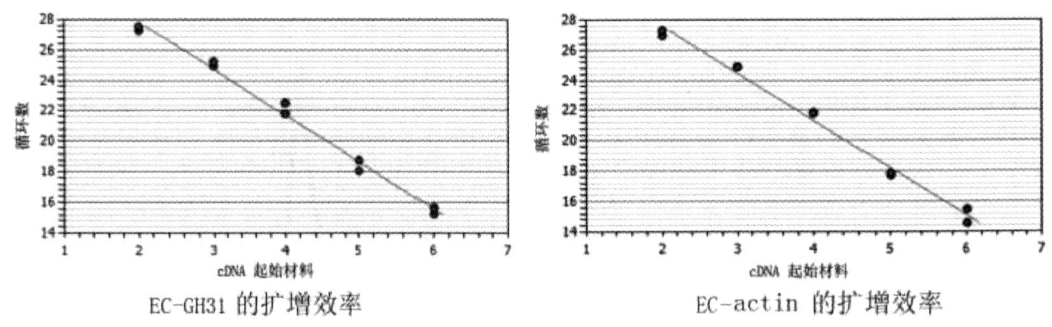

图 4 *EC-GH31* 和 *EC-actin* 扩增效率分析

2.3 抗、感稗草的 EC-GH31 基因转录水平的相对表达特点

抗二氯喹啉酸稗草植株体内 *EC-GH31* 基因的相对表达量为 105.89，二氯喹啉酸处理后，在 1h 内表达量迅速升高，但不超过 1.5 倍。药后 2h 至 5 天其体内 *EC-GH31* 基因的相对表达量均小于施药前，在 0.5 倍左右浮动，第 6 天，升高至 2.57 倍(表 2)。

对二氯喹啉酸敏感稗草植株体内 *EC-GH31* 基因的相对表达量为 47.43，二氯喹啉酸处理后，在 1h 内表达量迅速升高，且大于 4.5 倍。药后 2h 至 5 天其体内 *EC-GH31* 基因的相对表达量在 1 倍左右浮动，第 5 天升高至 16.8 倍，第 6 天，升高至 2.11 倍(表 3)。

表 2 抗二氯喹啉酸稗草植株 *EC-GH31* 基因相对表达量分析

样品名称	取样时间	*EC-actin*(Ct)	*EC-GH31*（Ct）	△Ct	*EC-GH31* 相对表达量($2^{\triangle Ct\times 104}$)	*EC-GH31* 的变化倍数
R0	不喷药	19.87	26.43	-6.56	105.98	
R1	药后 0.5h	20.63	27.01	-6.38	120.07	1.13
R2	药后 1h	20.82	26.85	-6.03	153.03	1.44
R3	药后 2h	20.10	27.76	-7.66	49.44	0.47
R4	药后 4h	20.08	27.07	-6.99	78.67	0.74
R5	药后 6h	19.83	27.49	-7.66	49.44	0.47
R6	药后 8h	20.76	29.23	-8.47	28.2	0.27
R7	药后 12h	21.89	29.94	-8.05	37.73	0.36
R8	药后 1 天	20.33	29.03	-8.7	24.05	0.23
R9	药后 2 天	19.27	27.04	-7.77	45.81	0.43
R10	药后 3 天	20.76	29.5	-8.74	23.39	0.22
R11	药后 4 天	19.96	26.92	-6.96	80.32	0.76
R12	药后 5 天	20.15	26.79	-6.64	100.27	0.95
R13	药后 6 天	21.06	26.26	-5.2	272.05	2.57

表 3 对二氯喹啉酸敏感稗草植株 *EC-GH31* 基因相对表达量分析

样品名称	取样时间	*EC-actin*(Ct)	*EC-GH31*（Ct）	△Ct	*EC-GH31* 相对表达量($2^{\triangle Ct\times 104}$)	*EC-GH31* 的变化倍数
S0	不喷药	19.45	27.17	-7.72	47.43	
S1	药后 0.5h	20.71	25.88	-5.17	277.76	5.86
S2	药后 1h	21.1	26.64	-5.54	214.93	4.53
S3	药后 2h	20.16	27.94	-7.78	45.5	0.96
S4	药后 4h	20.4	27.71	-7.31	63.02	1.33
S5	药后 6h	20.41	27.64	-7.23	66.61	1.40
S6	药后 8h	19.87	28.61	-8.74	23.39	0.49
S7	药后 12h	19.47	26.74	-7.27	64.79	1.37
S8	药后 1 天	19.04	28.54	-9.5	13.81	0.29
S9	药后 2 天	19.4	26.97	-7.57	52.63	1.11
S10	药后 3 天	20.09	27.45	-7.36	60.87	1.28
S11	药后 4 天	19.71	26.04	-6.33	124.3	2.62
S12	药后 5 天	21.93	25.58	-3.65	796.6	16.80
S13	药后 6 天	20.34	26.98	-6.64	100.27	2.11

3 结论与讨论

标志基因法检测杂草抗药性优势明显，首先它可实现大规模、高能通量的样品量检测，因而可迅速掌握大面积农田的杂草抗药性水平和范围；其次对当季稻田发生的杂草实现实时检测，掌握其抗药性水平；第三是检测周期短、出结果快，只需要几天便可得结果。其缺点是对仪器要求较高，荧光定量PCR仪是较贵。

一个标志基因只能检测一种或一类农药的杂草抗药性。所以挖掘农药的标志基因是发展和完善标志基因法的必由之路。农药的标志基因应该具备：在不同抗药性水平的杂草植株中，标志基因在转录水平的表达量存在差异，这种差异是区分杂草抗药性的定量指标，而且其表达量和抗药性水平存在较好的线性关系。为了进一步验证结果的准确性。标志基因还应该有其他的特征，比如在对应农药处理杂草后，在不同抗药性水平的杂草植株中，标志基因有不同的表达特征。

GH3(Gretchen Hagen 3) 基因最早是从大豆中克隆出的[9]植物生长素早期响应基因(Primary-response genes), 后来在拟南芥（有19个*GH3*家族成员）[10]、水稻（有13个*GH3*的类似基因）[11,12]，烟草（至少1个*GH3*基因）[13]，辣椒（1个*GH3*基因）[14]，印度芥菜（有2个*GH3*的类似基因）[15]及苔藓植物*P. patens*（有3个*GH3*家族成员）[16]中发现许多*GH3*基因或其类似基因，有的*GH3*以基因家族的形式存在，例如在拟南芥基因组中，在第5条染色体上有5个*GH3*基因, 而且这些基因方向一致地串联排列在一起[11,12]。生长素能够诱导*GH3*基因家族中的大部分基因快速、瞬时地表达[17]。这种快速应答是调节植物体内生长素动态平衡的机制之一。植物*GH3*蛋白具有IAA等植物生长素氨基酸化合成酶和腺苷化合成酶活性。*GH3*基因在植物体内是组成性地低水平（low constitutive level)地表达，2,4-D和麦草畏等植物生长素类除草剂能够特异性地诱导植物*GH3*基因的高表达，因此可以通过测定植物中*GH3* 基因的表达量，来衡量杂草对生长素类除草剂的抗感水平。

标志基因与抗药性的这种定量关系还应该是稳定的，不受其他因素的干扰。*GH3*基因在大豆体内是稳定的本底水平的表达，不受病害、温度逆境、其他植物激素、非生长素类除草剂等因素的影响[18,19]，在稗草体内*GH3*是否也有这样特征，需要进一步验证。

参考文献

[1] Heap, I. The International Survey of Herbicide Resistant Weeds. Online. Internet. April 06, 2011 . Available www. weedscience.com

[2] 李拥兵，吴志华，陈萱，等.我国南方稻区稗草对二氯喹啉酸的抗药性测定[J].农药学学报, 2003，5(1):88-92.

[3] 董海，蒋爱丽，纪明山，等.辽宁省长芒稗对二氯喹啉酸的抗药性研究[J].辽宁农业科学，2005，(5):6-8.

[4] 吴声敢，赵学平，吴长兴，等.我国长江中下游稻区稗草对二氯喹啉酸的抗药性研究[J].杂草科学，2007，（3）：25-26.

[5] 王庆亚，董立尧，娄远来，等.农田杂草抗药性及其检测鉴定方法[J].杂草科学，2002，2：1-5.

[6] 李润枝，张娟，等.农田杂草抗药性检测鉴定方法[J].中国农学通报，2010，26(18)：289-292.

[7] Ludwig-Muller J, Julke S, Bierfreund NM, et al. Moss (Physcomitrella patens) GH3 proteins act in auxin homeostasis [J]. *New Phytologist*. 2009, 181323-38.

[8] Moss, S.R. Techniques for determining herbicide resistance. Proceedings of the Brighton Crop Protection Conference – Weeds[M], 1995 547-556.

[9] Hagen G, Kleinschnidt A, Guilfoyle TJ. Auxin regulated gene expression in intact soybean hypocotyl and excised. hypocotyl sections [J]. *Planta*, 1984, 162:147-153.

[10] Hagen G, Guilfoyle TJ. Auxin-responsive gene expression: genes, promoters and regulatory factors [J]. *Plant Molecular Biology*, 2002, 49:373-385.

[11] Jain M, Kaur N, Tyagi AK. The auxin-responsive GH3 gene family in rice (Oryza sativa) [J]. *Functional & Integrative Genomics*, 2006, 6:36-46.

[12] Terol J, Domingo C, Talón M. The GH3 family in plants: Genome wide analysis in rice and evolutionary history based on EST analysis[J]. *Gene*, 2006,371:279-290.

[13] Roux C, Perrot-Rechenmann C. Isolation by differential display and characterizationof a tobacco auxin-responsive cDNA Nt-gh3, related to GH3 [J]. *The Federation of European Biochemical Societies letters*, 1997,419:131-136.

[14] Liu KD, Kang BC, Jiang H. A GH3-like gene, CcGH3, isolated from Capsicum chinense L. fruit is regulated by auxin and ethylene [J]. *Plant Molecular Biology*, 2005, 58:447-464.

[15] Lang ML, Zhang YX, Chai TY. Identification of genes up-regulated in response to Cd exposure in Brassica juncea L [J]. *Gene*, 2005, 363:151-158.

[16] Nishiyama T, Fujita T, Shin-I T, et al. Comparative genomics of Physcomitrella patens gametophytic transcriptome and Arabidopsis thaliana. Implication for land plant evolution [J]. *Proceedings of the National Academy of Sciences*, 2003, 100: 8007-8012.

[17] Guilfoyle TJ. Auxin-regulated genes and promoters. In: Hooykaas PJJ, Hall MA, Libbenga KR (eds) Biochemistry andmolecular biology of plant hormones[M]. Amsterdam: Elsevier, 1999,423-459.

[18] Hagen G, Guilfoyle T J. Rapid induction of selective transcription by auxins [J]. *Molecular Cell Biology*,1985, 5:1197-1203.

[19] Wright R M, Hagen G, Guilfoyle T. An auxin-induced polypeptide in dicoyledonous plants [J]. *Plant Molecular Biology*, 1984, 9:625-634.

稻田稗草与耳叶水苋对除草剂的抗性初步研究

刘 蕊[1,2] 朱金文[2*] 高 锐[2] 刘亚光[13]
许燎原[3] 周国军[4] 施育锴[1]
（1. 东北农业大学农学院，哈尔滨 150030；2. 浙江大学农业与生物技术学院植保系/农业部作物病虫分子生物学重点开放实验，杭州 310029；3. 宁波市农业技术推广总站，宁波 315012；4. 绍兴市农业科学研究院，绍兴 312003）

摘要：在室内测定了浙江省水稻田 14 个稗草样品对二氯喹啉酸和丙草胺的敏感性以及 16 个耳叶水苋样品对苄嘧磺隆的敏感性。JH012(金华)与 NB038(宁波)两种稗草生物型对二氯喹啉酸的抗性指数分别高达 178.1 与 175.3。NB045、NB033 与 NB028 三种稗草生物型对丙草胺的抗性指数分别高达 267.3、111.5 与 99.6。发现稗草生物型 NB001 对二氯喹啉酸和丙草胺都具有抗性，对两种药剂的抗性指数分别为 121.3 与 7.9。NB0143-01、NB0145-02、NB0143-05 与 JX007-01（嘉兴）四种耳叶水苋生物型对苄嘧磺隆的抗性指数分别高达 124.4、55.0、45.0 与 42.7。上述结果表明，浙江省宁波、金华等地稻田稗草对二氯喹啉酸和丙草胺的抗性严重，并出现对两种除草剂都具有抗性的稗草生物型。宁波、嘉兴等地稻田耳叶水苋对苄嘧磺隆已产生高水平抗性，这是国内外耳叶水苋对苄嘧磺隆抗性水平的首次报道。

关键词：稗草；耳叶水苋；抗药性；二氯喹啉酸；丙草胺；苄嘧磺隆

Preliminary Study on the Resistance of *Echinochloa Crus-galli* and *Ammannia arenaria* in Paddy Rice Field to Herbicides

LIU Rui [1,2], ZHU Jin-wen [*2], GAO Rui[2], LIU Ya-guang[*1], XU Liao-yuan[3], ZHOU Guo-jun [4], SHI Yu-kai[1]
(1. *Agricultural college, Northeast Agriculture University, Harbin* 150030, *China;*
2. *Key Laboratory of Molecular Biology of Crop Pathogens and Insects, Ministry of Agriculture, Department of Plant Protection, College of Agriculture And Biotechnology, Zhejiang University, Hangzhou* 310029, *China;*
3.*Ningbo Agricultural Technology Extention Center, Ningbo* 315012,*China;*
4. *Shaoxin Academy of Agricultural Science, Shaoxin* 312003, *China*)

Abstract: The susceptibility of fourteen samples of *Echinochloa crus-galli* from paddy rice field in Zhejiang province to quinclorac and pretilachlor, and sixteen samples of *Ammannia arenaria* to bensulfuron-methyl were tested. The *E.crus-galli* biotypes JH012 (from Jinhua) and NB038 (from Ningbo) were resistant to quinclorac, with the resistance index (RI) of 178.1 and 175.3, respectively. The RI of barnyardgrass biotype NB045, NB033 and NB028 to pretilachlor were 267.3, 111.5 and 99.6, respectively. Besides, barnyardgrass biotype NB001 was both resistant to quinclorac and pretilachlor with the RI of 121.3 and 7.9, respectively. The *A. arenaria* biotypes NB0143-01, NB0145-02, NB0143-05 and JX007-01(from Jiaxing) were resistant to bensulfuron-methyl, the RI were 124.4, 55.0, 45.0 and 42.7, respectively. The results indicated that the *E. crus-galli* in regions of Ningbo and Jinhua were highly resistant to quinclorac and pretilachlor, and biotype with resistance to the two herbicides was found. The resistance of *A. arenaria* to bensulfuron-methyl in regions of Ningbo and Jiaxing were significantly serious, and it was the first report of resistance level of *A. arenaria* to bensulfuron-methyl.

Key words: *Echinochloa crus-galli*; *Ammannia arenaria*; resistance; quinclorac; pretilachlor; bensulfuron-methyl

杂草抗药性问题是全球范围内面临的严峻挑战，到目前为止全球已有197种（115种双子叶，82种单子叶）杂草的360种生物型对20类除草剂产生了抗药性[1,2]。稗草(*Echinochloa crus-galli*)是世界性的稻田恶性杂草之一[3~5]，二氯喹啉酸是应用十分广泛的一种高选择性激素型除稗剂[6]，在我国自20世纪80年代末开始大面积推广使用，然而在湖南、辽宁等地稻田稗草对二氯喹啉酸已产生抗药性[7~9]。在浙江省绍兴和温州等地稗草对二氯喹啉酸已表现出极高抗药性[10-11],但宁波、金华、丽水等地稗草对该药的抗性发展尚

资助项目：浙江省自然科学基金项目（Y3100191）；国家自然科学基金项目（30771423）；宁波市科技局项目（2009C100037）；绍兴市科技局项目（2010A22014）

作者简介：刘蕊（1988-），女，硕士研究生

*通讯作者：朱金文（1967-），男，浙江遂昌人，博士，主要从事农药药理与杂草治理研究，电话：0571-86971210，E-mail: zhjw@zju.edu.cn; 刘亚光（1968-），女，教授，主要从事除草剂应用技术与杂草抗性方面的研究，E-mail：Liuyaguang@sina.com

不明确。近几年在我国许多水稻主产区耳叶水苋（*Ammannia arenaria*）的发生危害日趋严重，在不少地方已成为稻田危害最为严重的杂草种类之一[12~14]。苄嘧磺隆是我国稻田防治阔叶杂草的最主要药剂之一，在浙江等地已连续使用20年以上，如今苄嘧磺隆即使加大剂量使用也难以防治耳叶水苋，但国内外耳叶水苋对苄嘧磺隆的抗性水平未见报道。本文报道了浙江省宁波等地稻田稗草对二氯喹啉酸及常用药剂丙草胺的抗性水平，以及耳叶水苋对苄嘧磺隆的抗性水平。

1 材料与方法

1.1 供试稗草

稗草(*Echinochloa crus-galli*)、耳叶水苋（*Ammannia arenaria* H. B. K.）种子于 2010 年采自浙江省杭州（HZ）、宁波（NB）、嘉兴（JX）、温州（WZ）、金华（JH）及丽水（LS）地区的水稻田。

1.2 供试药剂和仪器

供试药品：二氯喹啉酸（quinclorac）75%水分散粒剂，新沂中凯农用化工有限公司；丙草胺（pretilachlor）30%乳油，本实验室配制；苄嘧磺隆（bensulfuron-methyl）20%可湿性粉剂，本实验室配制。

供试仪器：RXZ 型智能人工气候箱，宁波江南仪器厂；ASP-1098 自动喷雾装置，浙江大学农药与环境毒理研究所研制。

1.3 试验方法

1.3.1 不同稗草样品对两种除草剂的抗性水平测定

采用琼脂法进行种子萌发试验。在预备试验的基础上，配制二氯喹啉酸有效成分质量分数系列浓度一分别为 0.07 mg/L、0.69 mg/L、6.86 mg/L、68.57mg/L 与 685.71 mg/L；系列浓度二分别为 0.07 mg/L、0.34 mg/L、1.71mg/L、8.57 与 42.86 mg/L。其中，NB038、JH012、NB001 进行系列浓度一处理，其余样品进行系列浓度二处理。丙草胺有效成分系列浓度分别为 0.01mg/L、0.1 mg/L、1 mg/L、10 mg/L、100 mg/L。药剂与琼脂液混匀冷却后备用，设不加药剂的琼脂液为对照。每种稗草样品选取经催芽且刚露白的 10 粒种子种于各处理琼脂液表层,重复 3 次。杯口覆盖保鲜膜后置于光照培养箱中 28 ℃（12h/12h）光暗交替下培养，相对湿度 80%±5%。处理后 72 h 测量株高，求出株高抑制率。

1.3.2 不同耳叶水苋样品对苄嘧磺隆的抗性水平测定

参照 1.3.1 方法，配制苄嘧磺隆有效成分系列浓度分别为 4.4×10^{-4} mg/L、4.4×10^{-3} mg/L、0.044 mg/L、0.44 mg/L、4.4 mg/L、44 mg/L。在解剖镜下每种耳叶水苋样品选取经催芽且刚萌发的 10 粒种子种于各处理琼脂液表层,重复 3 次。覆盖保鲜膜后置于光照培养箱中 30 ℃（光照）/12 h，15 ℃（黑暗）/12 h 条件下交替培养，相对湿度 80%±5%。药剂处理后 96 h 测量根长，求出根长抑制率。

1.3.3 数据处理

采用 DPS（2008）软件进行数据统计分析。根据下列公式计算抗药性指数（Resistance Index，RI）。抗药性指数=抗性生物型 IC_{50}/敏感生物型 IC_{50}。

2 结果与分析

2.1 不同稗草样品对两种除草剂的抗性水平

2.1.1 不同稗草样品对二氯喹啉酸的抗性水平

应用琼脂法测定结果（表 1）表明，稗草样品 HZ020 对二氯喹啉酸较为敏感，株高的 IC_{50} 值为 0.22 mg/L，取较敏感的 NB024、NB033、HZ020 三个样品 IC_{50} 值的平均值作为敏感基线。JH012 和 NB038、NB001 三种生物型对二氯喹啉酸抗性指数高达 178.1、175.3、121.3（图 1）。

表 1 不同稗草样品对二氯喹啉酸的敏感性

稗草样品	毒力回归方程 (Y=bX+a)	相关系数(*R*)	IC_{50} (mg/L)	置信区间 (mg/L)
JH012	Y=0.9561X+6.2608	0.9991	48.1	31.67～70.28
NB038	Y=0.9877X+6.3086	0.9968	47.32	31.51～68.60
NB001	Y=0.9781X+6.4524	0.9322	32.74	20.79～66.77
NB035	Y=0.8681X+7.7093	0.9934	0.76	0.51～1.07
NB040	Y=0.7675X+7.445	0.9831	0.65	0.42～0.96
NB037	Y=0.8823X+7.8467	0.9764	0.59	0.39～0.84
NB039	Y=0.8390X+7.7463	0.9837	0.53	0.34～0.77
WZ030	Y=0.7862X+7.6142	0.9899	0.47	0.29～0.70
NB045	Y=0.9185X+8.0615	0.9823	0.46	0.30～0.67
LS001	Y=0.8072X+7.7160	0.9762	0.43	0.27～0.64
NB028	Y=0.7467X+7.5221	0.9687	0.42	0.25～0.64
NB024	Y=0.8878X+8.0960	0.985	0.33	0.20～0.49
NB033	Y=1.1576X+9.1479	0.9761	0.26	0.19～0.35
HZ020	Y=0.7453X+7.7237	0.9804	0.22	0.12～0.36

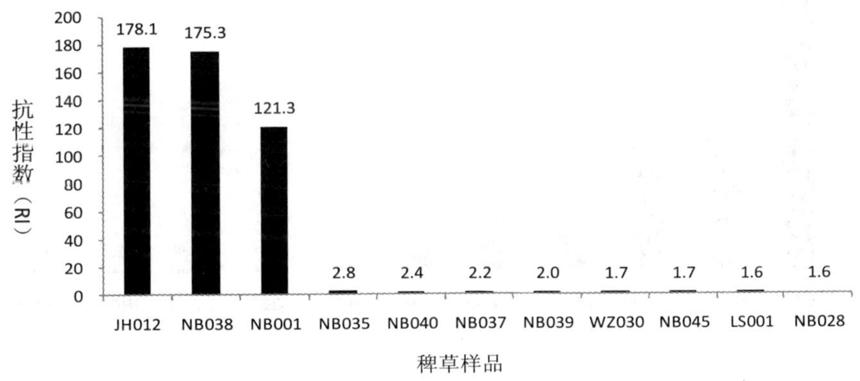

图1 不同稗草样品对二氯喹啉酸的抗性水平

2.1.2 不同稗草样品对丙草胺的抗性水平

如表 2 所示，稗草样品 NB040 对丙草胺较为敏感，其株高 IC_{50} 值为 0.03 mg/L；取较敏感的 NB040、NB039、HZ020 三种稗草样品 IC_{50} 值的平均值作为敏感基线，计算各稗草样品对丙草胺的抗性水平（图 2）。NB045 生物型对丙草胺的抗性指数高达 267.3，对丙草胺的抗性已十分严重。NB033、NB028 抗药性程度也非常高，分别为 111.5、99.6，其次为 NB037、WZ030、NB035 抗性指数为 21.9～39.1，均已产生明显抗药性。

表2 不同稗草样品对丙草胺的敏感性

稗草样品	毒力回归方程 (Y=bX+a)	相关系数(*R*)	IC_{50} (mg/L)	置信区间 (mg/L)
NB045	Y=0.5621X+5.8841	0.9923	26.73	12.87～71.50
NB033	Y=0.5563X+6.0863	0.9946	11.15	6.00～24.41
NB028	Y=0.5395X+6.0799	0.9569	9.96	5.37～21.71
NB037	Y=0.4197X+6.0105	0.9967	3.91	2.01～8.60
WZ030	Y=0.3819X+5.9600	0.985	3.06	1.51～6.99
NB035	Y=0.4512X+6.2001	0.9866	2.19	1.19～4.27
NB001	Y=0.5963X+6.8495	0.9211	0.79	0.38～2.75
NB024	Y=0.4309X+6.3899	0.9823	0.59	0.30～1.11
LS001	Y=0.3938X+6.3664	0.9873	0.34	0.15～0.67
JH012	Y=0.6542X+7.4531	0.9749	0.18	0.11～0.29
NB038	Y=0.4127X+6.5716	0.9487	0.16	0.06～0.32
NB039	Y=0.3730X+6.4385	0.9473	0.14	0.05～0.30
HZ020	Y=0.4455X+6.7293	0.9863	0.13	0.06～0.26
NB040	Y=0.6066X+7.7073	0.9603	0.03	0.02～0.06

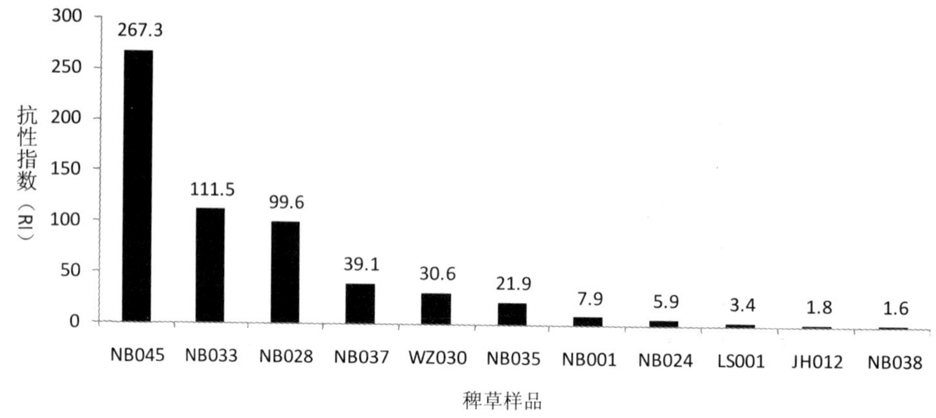

图 2 不同稗草样品对丙草胺的抗性水平

2.2 不同耳叶水苋样品对苄嘧磺隆的抗性水平

应用琼脂法测定结果表明（3），HZ018-04、HZ001 两个耳叶水苋样品对苄嘧磺隆较为敏感，根长 IC_{50} 值分别为 0.0050 mg/L、0.0040 mg/L，取其 IC_{50} 均值作为敏感基线。除 NB046-06 抗性水平稍低，宁波地区的耳叶水苋样品均表现出较高的抗药性，其中 NB0143-01 对苄嘧磺隆抗性最为严重，抗性指数高达 124.4。嘉兴地区样品 JX007-01、JX013-01 对苄嘧磺隆抗性指数分别为 42.7、32.4，也已产生明显的抗药性（图 3）。

表3 不同耳叶水苋样品对苄嘧磺隆的敏感性

稗草样品	毒力回归方程 (Y=bX+a)	相关系数(*R*)	IC_{50} (mg/L)	置信区间 (mg/L)
NB0143-01	Y=0.9048X+5.228	0.9824	0.5598	0.38～0.86
NB0145-02	Y=1.2233X+5.7415	0.9922	0.2477	0.17～0.34
NB0143-05	Y=1.1397X+5.7911	0.9940	0.2023	0.13～0.29
JX007-01	Y=0.8064X+5.5775	0.9839	0.1923	0.015～3.26
NB0145-01	Y=0.8722X+5.6955	0.9845	0.1594	0.11～0.24
NB0143-03	Y=0.5825X+5.4771	0.9899	0.1517	0.09～0.26
JX013-01	Y=1.0214 X+5.8548	0.9949	0.1456	0.017～0.85
NB0143-02	Y=1.2567X+6.1347	0.987	0.1251	0.09～0.19
NB0143-06	Y=0.5901X+5.5796	0.9903	0.1042	0.06～0.18
NB0145-06	Y=1.2937X+6.2970	0.9995	0.0994	0.07～1.15
NB0143-04	Y=0.9999X+6.0367	0.9974	0.0919	0.05～0.15
NB0145-05	Y=1.0903X+6.2773	0.9940	0.0674	0.05～0.10
NB046-01	Y=1.1355X+6.3855	0.9863	0.0602	0.04～0.09
NB046-06	Y=0.8464X+6.3262	0.9993	0.0271	0.02～0.04
HZ018-04	Y=1.4107X+8.2459	0.9990	0.0050	0.0037～0.0067
HZ001	Y=1.4023X+8.3600	0.9982	0.0040	0.0030～0.0054

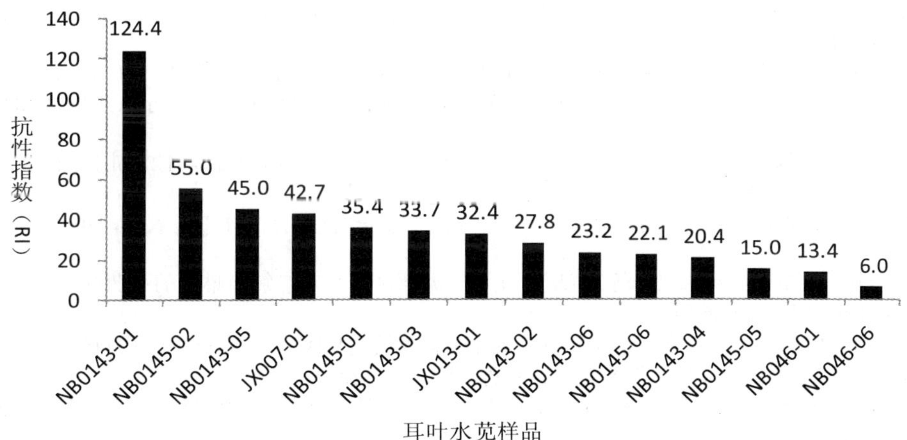

图 3 不同耳叶水苋样品对苄嘧磺隆的抗性水平

3 结论与讨论

本文采用琼脂法测定了浙江省不同地区水稻田稗草、耳叶水苋对常规药剂的抗性水平。研究结果表明，浙江省金华、宁波地区稻田稗草对二氯喹啉酸的抗性指数分别高达 178.1 与 175.3，稗草对二氯喹啉酸的抗性相当严重。2003 年在浙江绍兴、温州地区稗草对二氯喹啉酸的抗性指数高达 700 倍[10]。这说明稗草对二氯喹啉酸的抗性已在浙江省进一步蔓延，但金华、宁波地区的稗草抗性水平低于绍兴与温州地区，这可能与不同地区药剂的使用历史有关。研究还发现，宁波、温州等地区部分稗草生物型对丙草胺也产生严重抗性，这是在浙江省稻田丙草胺对稗草抗性程度的首次报道，该药剂的抗性发展需引起高度重视。

此外，研究发现了对二氯喹啉酸和丙草胺都存在抗性的稗草生物型，NB001 对二氯喹啉酸和丙草胺的抗性指数分别为 121.3 倍和 7.9 倍。二氯喹啉酸与丙草胺是目前防治稻田稗草的最主要药剂，对两种药剂同时具有抗性的稗草生物型的治理是当前面临的严峻挑战。当然，多数稗草样品对二氯喹啉酸和丙草胺的抗性表现不一致。一些对二氯喹啉酸较敏感的稗草生物型如 NB033、NB045、NB028，对丙草胺已经到了高抗的程度；相反，一些对丙草胺较敏感的生物型如 JH012、NB038 对二氯喹啉酸已属于高抗。这可能与各地药剂的选择和使用情况有关，一种药剂的使用年份较长，在药剂的选择压力下可能抗药性水平较高[15,16]。

研究结果表明，浙江宁波、嘉兴地区稻田耳叶水苋对苄嘧磺隆表现出很高的抗性，抗性指数高达 124.4，这是国内外关于耳叶水苋对苄嘧磺隆抗性水平的首次报道。水苋菜属杂草是全球范围内稻田普遍发生的杂草[17]，在美国加利福尼亚等地该属的 *Ammania coccinea* 和 *A. auriculata* 两种杂草对苄嘧磺隆已经产生了严重抗性[18]，而在我国抗性耳叶水苋暴发成灾，抗性耳叶水苋的治理是我国水稻生产面临的严峻挑战。

参考文献

[1] Herbicide Resistance Action Committee (HRAC), the North American Herbicide Resistance Action Committee (NAHRAC), the Weed Science Society of America. International Survey of Herbicide Resistant Weeds[EB/OL]. 2011-06-30[2011-06-30].

[2] Herbicide Resistance Action Committee (HRAC), the North American Herbicide Resistance Action Committee (NAHRAC), the Weed Science Society of America. Herbicide resistant weeds summary table[EB/OL]. 2011-06-29[2011-06-30].

[3] 杨小育.世界性恶性杂草的分布与危害[J].世界农业，1992，（4）：40-42.

[4] Ruiz-Santaella J P, Bastida F, Franco A R, *et al*. Morphological and molecular characterization of different *Echinochloa spp*. and *Oryza sativa* populations[J]. *Journal of Agricultural and Food Chemistry*, 2006, 54(4):1166–1172.

[5] 俞欣妍，葛林利，刘丽萍，等. 直播稻田稗草对二氯喹啉酸、氰氟草酯与双草醚除草剂复合抗性的初步研究[J].江苏农业学报，2010，26（6）：1438-1440.

[6] Grossmann K. Quinclorac belongs to a New Class of Highly Selective Auxin Herbicides[J]. *Weed Science*, 1998, 46(6):707-716.

[7] 蒋爱丽，纪明山，董海. 三种稗草对二氯喹啉酸的敏感性研究[J]. 杂草科学，2005，（1）：6-7,48.

[8] 董海，蒋爱丽，纪明山, 等. 辽宁省长芒稗对二氯喹啉酸的抗药性研究[J].辽宁农业科学, 2005, (5):6-8.

[9] 李拥兵，吴志华，陈萱，等. 我国南方稻区稗草对二氯喹啉酸的抗药性测定[J].农药学学报，2010，5（4）：88-92.

[10] 吴声敢，王强，赵学平，等. 浙江省稻田稗草对二氯喹啉酸的抗药性[J]. 农药，2006，45（12）：859-861.

[11] 吴声敢，赵学平，吴长兴，等. 我国长江中下游稻区稗草对二氯喹啉酸的抗药性研究[J]. 杂草科学，2007（3）：25-26,54.

[12] 陆保理，张建新，王云香，等. 耳叶水苋药剂防除试验简报[J]. 上海农业科技，2008，(4):127-128.

[13] 于丹. 防除直播稻田耳叶水苋适用药[J].农药市场信息，2009，18:41.

[14] 李涛，沈国辉，平立锋，等. 耳叶水苋田间发生消长规律及化学防除技术研究[J].杂草科学，2010，(4):23-25.

[15] 黄炳球，王小艺. 我国稻区稗草的抗药性值得重视[J]. 植物保护，2000，6(1):36-38.

[16] 韩庆莉，沈家祥. 杂草抗药性的形成、作用机理研究进展[J].云南农业大学学报，2004，19（5）：556-561.

[17] Canton B P, Foin T C, Hill J E. Mechanisms of competition for light between rice (*Oryza sativa*) and redstem (*Ammannia* spp.)[J]. *Weed Science*, 1997, 45(2):269-275.

吉林省中西部稗草对丁草胺、二氯喹啉酸的抗药性研究

卢宗志[1] 王洪立[2] 李红鑫[1] 郑建波[1]

（1.吉林省农业科学院植物保护研究所，公主岭 136100；
2.东北农业大学植物保护学院，哈尔滨 150030）

摘要：对吉林省中西部三个县市的稻田稗草进行抗丁草胺、二氯喹啉酸测定，结果表明，这三个县市的稗草均对丁草胺产生了抗药性，其中以德惠采集的稗草抗性水平最高，达 28.5 倍，梨树采集的稗草抗性最低，为 5.6 倍，前郭采集的稗草抗药性水平为 6.9 倍；对二氯喹啉酸的抗 性较低，其中在德惠县采集的稗草对该药剂敏感，梨树和前郭采集的稗草对二氯喹啉酸抗性较低，分别为 2.3 和 2.6 倍。

关键词：稗草；丁草胺；二氯喹啉酸；抗药性

水稻是世界上最重要的粮食作物，而杂草是影响粮食作物产量最为严重的因素之一，在所有的这些杂草中，稗草因其广泛的分布、较强的竞争力和对除草剂的抗药性而成为对水稻产量影响最为严重的杂草[1]。20 余年来，我国稻田大面积推广使用丁草胺和二氯喹啉酸等杀稗剂防除稗草，由于长期使用这些除草剂，稗草对其已产生了抗药性[2,3,4]开展对稻田稗草抗性监测工作，这对研究其防除方法和延缓杂草抗药性的发生，都具有十分重要的意义。

1 材料与方法

1.1 供试材料

60%丁草胺乳油（butachlor），孟山都公司生产。

50%二氯喹啉酸可湿性粉剂（quinclorac），江苏快达农化股份有限公司生产。

稗草（*Echinochloa crus-galli*）种子：2010 年 9 月分别采自吉林省公主岭市，前郭县，梨树县，德惠市等四个县市，其中以公主岭飞机场附件沼泽地采集的稗草为敏感生物型。种子采回后晾干，装入牛皮纸袋，放入冰箱保存。2011 年 4 月做种子发芽试验，发芽率超过 80%。

1.2 稗草对两种杀稗剂抗性水平的测定

1.2.1 稗草对丁草胺抗性测定

将稗草种子播入直径为 15cm 装有稻田土的小塑料盆内，置于水泥池内，注水浸泡一天后，用配置有效成分浓度分别为 50.4 g a.i./hm^2，252 g a.i./hm^2，1260 g a.i./hm^2，6300 g a.i./hm^2，31500 g a.i./hm^{2}的药液进行封闭处理，3 次重复，药后 15 天后剪取地上部分，阴干，称重，求干重抑制率，并以抑制率概率值（y）和浓度对数值(x)建立回归方程(y=a+bx),求出抑制中剂量(GR_{50})值和抗性系数，数据用 DPS 处理。

1.2.2 稗草对二氯喹啉酸抗性测定

将稗草种子播入直径为 15cm 装有稻田土的小塑料盆内，置于水泥池内，出苗后每盆稗草间苗留 15 株，待稗草长到 3～4 叶时，将其置于 3WPSH-500E 型喷雾塔中，用配制的有效成分浓度为 0 g/hm^2、12 g/hm^2、60 g/hm^2、300g/hm^2、1500 g/hm^2、7500 g/hm^{2}药液进行茎叶处理，设 3 次重复，施药后 7 天，剪取地上部分，阴干，称重，求干重抑制率，并以抑制率概率值（y）和浓度对数值(x)建立回归方程(y=a+bx)，求出抑制中剂量(GR_{50})值和抗性系数，数据用 DPS 处理。

2 结果与分析

2.1 稗草对丁草胺的抗性水平

对梨树、德惠、前郭 3 个县市的稗草进行盆栽抗药性测定，结果表明这三个县市的稗草均对丁草胺产生了抗药性。可以看出，在其他 3 个县市稻田采集的稗草均对丁草胺产生了抗药性，其中以德惠采集的稗草生物型对丁草胺抗药性水平最高，为 28.5 倍，前郭生物型次之为 6.9 倍，梨树生物型抗性最低，为 5.6 倍（表 1）。

表 1 不同生态型稗草对丁草胺的抗性水平

杂草生物型	回归方程	相关系数	GR_{50}（g/hm^2）	抗性指数
公主岭(S)	y=4.02467+1.10451x	0.99954	7.7	
梨树	y=4.35941+0.39184x	0.86919	43.2	5.6
德惠	y=3.55257+0.61919x	0.97201	217.6	28.5
前郭	y=3.8099+0.69122x	0.96738	52.7	6.9

注：GR_{50}为抑制杂草 50%生长量的除草剂剂量。

2.2 稗草对二氯喹啉酸的抗性水平

检测结果表明，稗草对二氯喹啉酸的抗药性没有对丁草胺的抗药性强，其中德惠的稗草生物型对二氯喹啉酸完全没有抗药性，前郭和梨树的稗草生物型对二氯喹啉酸虽有抗性但抗性不高，抗性系数分别为 2.6 和 2.3（表 2）。

表 2 不同生态型稗草对二氯喹啉酸的抗性水平

杂草生物型	回归方程	相关系数	GR_{50}（g/hm^2）	抗性指数
公主岭(S)	y=3.92205+0.96727x	0.99149	13.0	
梨树	y=2.69226+1.56917x	0.97775	29.6	2.3
德惠	y=5.02406+0.49187x	0.97667	0.9	0.1
前郭	y=4.05232+0.62292x	0.98279	33.29	2.6

注：GR_{50}为抑制杂草 50%生长量的除草剂剂量。

3 结论与讨论

水稻栽培的生态环境与旱田截然不同，由于长期的湿生与水生环境，造成以湿生和水生杂草为优势种的独特杂草群落。在连作、长期连续使用单一除草剂品种的情况下，杂草易于产生抗性。近年来，稻田杂草抗药性发展迅速，已成为世界各地稻作栽培中的重要问题。

通过本研究表明，吉林省中西部稻田稗草对丁草胺已普遍产生抗药性，这主要是由于丁草胺这个品种是最早用于稻田杂草的杀稗剂之一，由于该药剂成本低，应用时间久，且使用浓度和次数不断增加，致使稗草对该除草剂产生了抗药性。

从试验结果看稗草对二氯喹啉酸的抗药性较低，其中德惠的稗草生物型对该药剂完全没有产生抗药性，其原因尚不清楚，是否是因为该生物型稗草因对丁草胺产生抗药从而导致对二氯喹啉酸更加敏感还是因为这与当地的除草习惯有关，使其未产生抗药性，这还需要继续进行研究。一般情况下，农民习惯于前期对杂草进行封闭除草，只有当封闭效果不好时，茎叶处理才会作为一种补救措施进行使用。因此二氯喹啉酸的使用剂量和次数远远没有达到丁草胺的使用剂量和次数，加上很多地方地少人多，当杂草不是十分严重时，往往辅以人工除草，这在客观上也减缓了稗草抗药性的产生。

参考文献

[1] Bemal E Valverd. 2000. Prevention and management of herbicide resistant weeds in rice: Experiences from Central America with Echinochloa colona. On line book. Weed Science Society of America. http://www. weedscience. org/In.asp Dated 3/12/2008

[2] 黄炳球，等. 我国稻区稗草对丁草胺抗药性现状. 植物保护学报, 1995，22（3）：281-285.

[3] 王忠武．我国稻田稗草抗药性研究．辽宁农业科学, 2006.，(5):45-47.

[4] 董海，等.辽宁省无芒稗对二氯喹啉酸的抗药性研究. 北方水稻, 2007，（6）36-39.

耐草甘膦大豆种质资源筛选及耐性机理研究

张庆贺　王 斌　张洪岩　张大伟　陶 波

(东北农业大学农学院,哈尔滨 150030)

摘要：采用田间抗性鉴定以及室内生物生化测定的方法，详细研究了本课题组前期获得的非转基因耐草甘膦大豆品系 929-33 等 10 个品系以及对照敏感品系黑农 37 的田间抗性程度；并且对草甘膦胁迫下莽草酸积累量的变化情况进行了研究。结果表明，在草甘膦的田间推荐剂量 1.24kg a.i./hm^2 下，对照品种黑农 37 的死亡率为 100%，而 929-33 品系的死亡率为 0%，表现为对草甘膦较高的耐性；在草甘膦的胁迫下，929-33 品系的莽草酸积累量显著低于黑农 37。本文的研究为耐草甘膦作物的培育提供了一条新的研究思路及理论指导。

关键词：草甘膦；大豆；耐药性；莽草酸积累量

Research on Screening Germplasm Resources of Glyphosate-tolerance Soybean and Tolerance Mechanism

Zhang Qinghe　Wang Bin　Zhang Hongyan　Zhang Dawei　Tao Bo *

(College of Agronomy, Northeast Agricultural University, Harbin 150030*, China)*

Abstract: In this paper, the characteristic of tolerance to glyphosate was studied throμgh field experiments combined with biochemical analysis research methods between the non-transgenic soybean of 929-33 and susceptible strains of Hei Nong37，and also further studied on the shikimic acid accumulation. The results showed that the mortality rate of 929-33 was 0 which showed a higher tolerance to glyphosate while the mortality rate of Hei Nong37 was 100% in the field recommended dose 1240g a.i./hm^2. In the stress of glyphosate, the shikimic acid accumulation of 929-33 was significantly lower than the Hei Nong37; The results of the study provided a new research ideas and theoretical basis.for screening glyphosate-resistant crops from the the plants material.

Key words: Glyphosate; soybean; Tolerance;Shikimic acid accumulation

草甘膦（glyphosate）是一种是内吸传导型广谱非选择性茎叶处理除草剂，商品名有镇草宁、农达（Roundup）等。草甘膦纯品为白色固体，在水中的溶解度为1.2%（25℃）[1]。它的除草活性强，杀草谱广，能防除一些其他除草剂难以杀灭的多年生恶性杂草,是目前销量最大的除草剂之一。

1996 年，抗草甘膦转基因大豆（genetically engineered soybean，简称 GE 大豆）由美国孟山都（Monsanto）公司开发并正式投入商业生产，由此拉开了转基因抗除草剂作物创制的序幕。此后，抗除草剂作物的研发及推广速度突飞猛进。农业生物技术应用国际服务组织（International Service for the Acquisition of Agri-biotech Applications，简称 ISAAA）的数据表明, 2009 年全球转基因作物的种植面积达到 1.34 亿 hm^2，其中，仅耐除草剂作物的种植面积就高达 6920 万 hm^2，占总面积的 52%[2]。但是，在转基因抗性作物带来巨大的商业利益和社会效益的同时，始终伴随着的是转基因作物对于人类的健康和环境的安全性问题，主要的就是抗性基因的流向和由此引发的食品安全性问题[3]。

在此背景下，利用非转基手段直接从植物中挖掘耐除草剂基因和筛选培育耐除草剂作物越来越受到研究者的重视。鉴于此，本研究通过田间筛选和生理生化研究相结合的技术手段，对现有大豆品种（系）资源进行了草甘膦的耐性筛选和鉴定，并且对其耐性机制进行了生理生化和分子水平的研究，旨在筛选获得具有自主知识产权的天然耐草甘膦大豆的新品系（种），期望为国内耐草甘膦新基因的发掘提供一条新的研究思路以及为草甘膦耐性机理研究和耐除草剂大豆的培育提供育种材料和理论指导。

1　材料与方法

1.1　供试植物材料

大豆品系 929-33 等大豆品系为本课题组经过多年的自然选择和田间抗性筛选获得，由东北农业大学农药与杂草教研室提供；黑农 37 大豆品种由黑龙江省农业科学院提供。

1.2　供试材料

供试药剂为农达，41%的草甘膦异丙胺盐水剂，由美国孟山都公司提供。

田间筛选试验均在东北农业大学哈尔滨香坊实习基地进行（东经 126.74561°，北纬 45.71947°），年平均气温 3.0～3.5℃，>10℃活动积温 2500～2700℃，无霜期 140～150 天，年日照时数 2550～2700 h，年降雨量 550～600mm。前茬为玉米，土壤为黑土。

1.3 实验方法

1.3.1 大豆对草甘膦耐药性的研究

2008 年春，于东北农业大学香坊实验实习基地进行。播种方式为人工单粒点播，试验区行长 5 m，行距 45 cm，株距 10 cm，每小区 4 行区，每个品种进行 3 次重复，正常田间管理。

植株生长至第一片三出复叶完全展开时进行草甘膦喷洒处理，草甘膦浓度为 1.24kg a.r./hm^2，施药后第 14 天观察大豆存活率，并观察受害症状，描述并制定耐性等级，草甘膦耐性等级表见表 1。草甘膦要害耐性评级标准参照除草剂药害实验方法[4]结合课题对草甘膦的田间药害观察制定。

表 1 草甘膦耐性等级分级标准

级别分级	枯叶面积比例(%)	药害症状
0级	0～10	无症状
1级	10～20	心叶轻微萎蔫或无显著变化
2级	20～40	心叶变黄，植株整体萎蔫，叶片从叶尖开始黄化卷曲，部分叶片出现枯斑
3级	40～60	心叶黄化卷曲，部分畸形萎缩，植株整体褪绿黄化，植株生长受抑制，并有萎缩的趋势
4级	60～80	心叶畸形卷曲，黄化严重，植株整体黄化严重，植株萎蔫，生长停滞
5级	80～100	植株严重萎缩，或整株死亡

注：本文所有材料耐草甘膦表型鉴定，均采用此标准进行分级。

1.3.2 草甘膦胁迫下大豆生理生化机理的研究

莽草酸积累量的变化的测定参考娄远来等[5]的方法；谷胱甘肽-S-转移酶(GSTs)的活性测定参考吴进才等[6]的方法；超氧化物歧化酶（SOD）的活性测定参照赵世杰等[7]方法；过氧化物酶（POD）参照李合生等[8]方法。

1.4 数据处理

所有试验数据均采用 DPS7.05 版统计软件和 EXCEL2003 进行处理分析，采用 Duncan 法进行均值的多重比较。

2 结果与分析

2.1 不同大豆品系对草甘膦耐性程度研究

对 929-33 等 15 个品系进行草甘膦耐药性程度的鉴定，研究结果见表 2。结果表明，黑农 37 对草甘膦的耐药性较差，在 0.74 kg a.i./hm^2 以上存活率为 0，为敏感品种；在 0.98 kg a.i./hm^2 以下，各耐性品系的存活率均为 100%，其耐性较为稳定。但随着浓度的逐渐增加，耐性逐渐出现差异。

在草甘膦剂量为 1.24 kg a.i./hm^2 时，929-33、DS150-19 等存活率为 100%，表明其耐性程度较高，而 929-12、929-9、DS150-14、DS150-13、945-19 等 5 个耐性品系虽然存活率下降，但显著性分析表明和存活率为 100%的 929-33 等品系没有显著性差别。随着浓度的升高，在草甘膦剂量为 1.55 kg a.i./hm^2 时，929-33、DS150-19 的存活率分别为 98.8%和 98.2%，显著高于其他 13 个品系；在草甘膦剂量为 1.86 kg a.i./hm^2 下，929-33、DS150-19 的存活率仍高达 87.2%和 87.8%，仍然显著高于其他品系，表明 929-33 属于高耐性品系，可以进一步研究利用。

表 2 草甘膦对不同大豆品系存活率的影响

品系名称	草甘膦剂量（kg a.i./hm^2）					
	0.49	0.74	0.98	1.24	1.55	1.86
929-33	100.0±0.0a	100.0±0.0a	100.0±0.0a	100.0±0.0a	98.8±1.1 a	87.2±7.2 a
929-36	100.0±0.0a	100.0±0.0a	100.0±0.0a	100.0±0.0a	95.5±3.4 b	77.3±6.4 b
DS150-29	100.0±0.0a	100.0±0.0a	100.0±0.0a	100.0±0.0 a	93.8±3.8 bc	77.2±8.9 b
945-46	100.0±0.0a	100.0±0.0a	100.0±0.0a	99.4±0.5 a	93.1±3.8 bc	77.9±7.3 b
DS150-3	100.0±0.0a	100.0±0.0a	100.0±0.0a	100.0±0.0 a	94.1±2.3 b	76.2±5.8 bc
929-49	100.0±0.0a	100.0±0.0a	100.0±0.0a	100.0±0.0 a	93.3±3.1 bc	73.3±7.5 d
929-12	100.0±0.0a	100.0±0.0a	100.0±0.0a	99.1±0.3 a	90.4±2.8 c	68.1±9.2 de
DS150-14	100.0±0.0a	100.0±0.0a	100.0±0.0a	99.2±0.1 a	87.5±5.1 d	66.3±7.4 e
M3-42	100.0±0.0a	100.0±0.0a	100.0±0.0a	96.3±1.2 bc	82.3±6.7 ef	65.5±7.8 e
929-9	100.0±0.0a	100.0±0.0a	100.0±0.0a	99.3±0.2 a	83.8±4.2 e	62.8±8.6 f
M3-18	100.0±0.0a	100.0±0.0a	100.0±0.0a	95.3±1.9 bc	76.6±4.8 h	58.3±9.6 g
945-19	100.0±0.0a	100.0±0.0a	100.0±0.0a	98.8±1.1 ab	83.9±6.5 e	58.2±7.5 g
DS150-31	100.0±0.0a	100.0±0.0a	100.0±0.0a	98.7±1.2 ab	85.1±5.5 de	57.2±8.6 g
黑农 37	67.8±0.2b	0±0.0ab	0±0.0ab	0±0.0ad	0±0.0f	0±0.0ah

注：表中数据为平均值±标准差；其后小写字母表示同浓度下各品系存活率在 0.05 水平上的差异显著性。

2.2 草甘膦对大豆莽草酸积累量的影响

图 1 和图 2 为草甘膦处理对大豆地上部分和地下部分莽草酸积累量的影响。研究结果表明：随着草甘膦处理剂量的增加，黑农 37 的地上部分和地下部分莽草酸的积累量均呈现逐渐增加的趋势，高浓度 0.93 kg a.i./hm^2 剂量下，黑农 37 莽草酸积累量约为 1600 μg/ml，是耐性品系 929-33 的 5 倍，二者之间有显著性差异。而 929-33 品系地上和地下部分莽草酸的积累量随着浓度的升高，其变化均不并不明显，未出现大量积累的现象，在各处理剂量下均显著低于黑农 37。同时表 1 和表 2 也表明：同浓度下，地下部分的积累量明显少于地上部分，且敏感品系 929-33 的积累量显著高于耐性品系黑农 37。这与草甘膦的吸收传导特性有关，表明草甘膦是由叶片吸收逐渐传导至根部。

图 3 和图 4 为草甘膦对大豆不同取样时间莽草酸积累量的影响。研究结果表明：黑农 37 地上部分的莽草酸积累量随着取样时间的延长，逐渐增高，在取样第 14 天，达到 1368 μg/ml，是耐性品系的 12.6 倍，二者之间有显著性差别，地下部分有着相同的变化趋势。表明草甘膦在黑农 37 体内随着处理时间的延长，传导至根部，对其造成了影响。耐性品系 929-33 的莽草酸积累量也是呈现先升高后降低的趋势，在第 7 天达到最高水平，约为 308 μg/ml，但显著低于同浓度下黑农 37 的莽草酸积累量，且在施药后第 14 天逐渐恢复至正常水平。929-33 地下部分莽草酸积累量始终处于较稳定的水平，不同于地上部分先小幅升高气候逐渐恢复的趋势，表明 929-33 的地下部分并未受到草甘膦的影响。

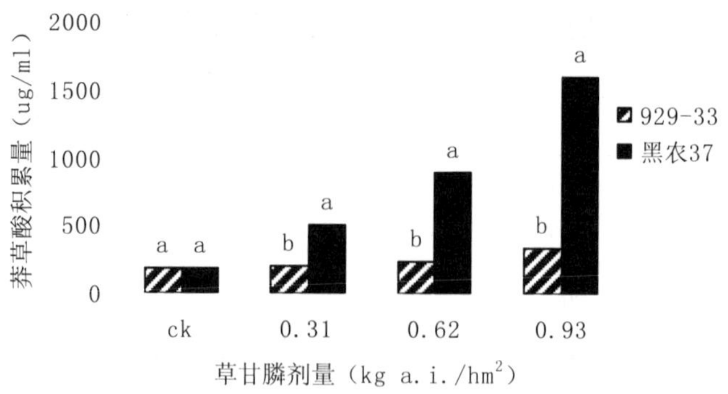

图 1 不同剂量草甘膦对大豆地上部分莽草酸积累量的影响

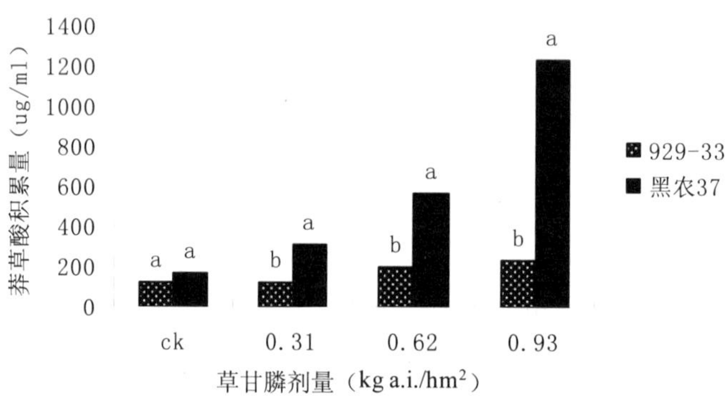

图 2 不同剂量草甘膦对大豆地下部分莽草酸积累量的影响

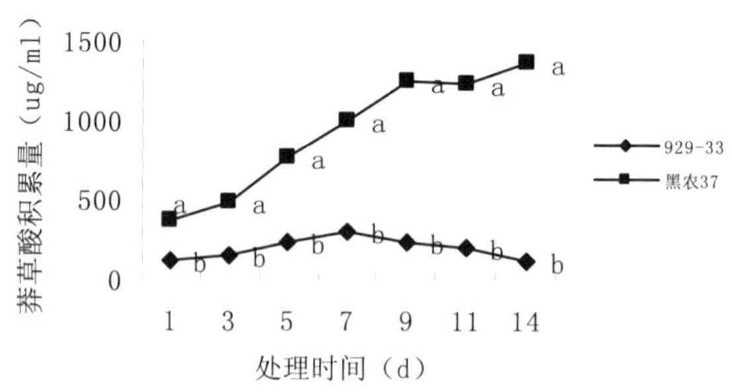

图 3 草甘膦对大豆地上部分不同处理时间内莽草酸积累量的影响(0.62 kg a.i./hm^2)

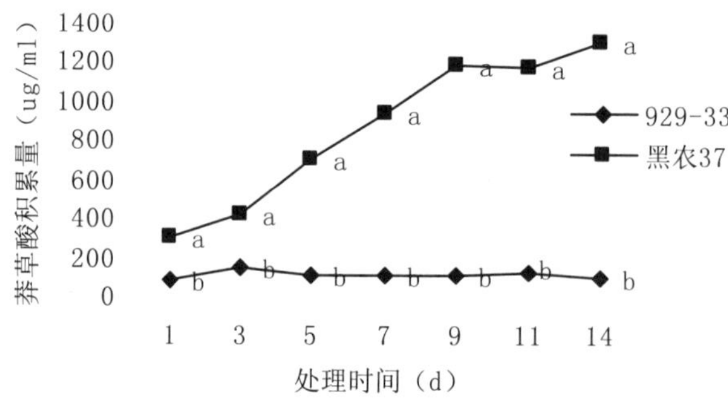

图 4 草甘膦(**0.62 kg a.i./hm^2**)对大豆地下部分不同取样时间内莽草酸积累量的影响

3 结论与讨论

在抗除草剂作物的培育中，鉴定并获得具有天然耐药性的植物是研究的关键，也是进行其他生物技术以及遗传工程修饰的前提。不同作物品种或同种作物不同品系之间对除草剂的抗性水平具有很大的差异，自然选择的方法是利用这种差异进行天然耐药性植株的筛选。研究表明：如果植物群体中存在天然的抗性基因，通过除草剂的不断选择从而观察植物在除草剂致死剂量下的反应，则可以筛选出抗除草剂的天然作物。陶波等1993年利用田间试验及生化分析的方法，对66份菜豆品种（系）进行草甘膦抗性筛选，发现2个芳香族氨基酸含量高的品系对草甘膦具有天然抗性[9]；本课题组的连续几年的实验研究表明：在草甘膦推荐剂量 1.24 kg a.i./hm^2 下，通过对几百份大豆品系（种）的筛选，大豆不同品系（种）之间对草甘膦的耐性差异相当明显，正是这种差异为我们筛选耐草甘膦大豆提供了丰富的种质资源，在供试的筛选大豆品系之间存在耐性较高的品系929-33，并且在不同年份和不同剂量处理下均表现出较高的耐性，可以作为耐性大豆资源进行利用。通过自然选择的筛选方法可以获得耐草甘膦的大豆种质，为直接从植物中进行耐性基因的挖掘提供的新的研究思路。

莽草酸积累是草甘膦作用于植物最明显的标志之一[10]。Tong 等通过整株的草甘膦抗性鉴定，选育出的抗性陆地棉 R1098 在浓度为 1500 g a.i./hm^2 草甘膦条件下仍可成活，而敏感材料 Coker 312 在 150 g a.i./hm^2 草甘膦条件下不能存活，1500 g a.i./hm^2 草甘膦处理后5天，敏感材料 Coker 312 莽草酸含量积累为 R1098 的 13.1 倍[11]。

本研究结果表明：在不同浓度的草甘膦胁迫下，929-33 植株内莽草酸积累量明显低于黑农37，在高浓度 0.93 kg a.i./hm^2 的处理剂量下，黑农37植株体内地上部分和地下部分积累量分别为 929-33 品系的 4.69 倍和 5.26 倍，二者存在显著性差异；黑农 37 的莽草酸积累量随着处理时间的延长而逐渐增加，第 14 天地上部分和地下部分分别为 929-33 的 12.55 倍和 12.67 倍，二者之间有显著性差异。表明 929-33 莽草酸途径受到草甘膦的影响较小。

本文的研究认为：耐性品系的 929-33 在受到草甘膦胁迫时，其莽草酸合成途径中某一部分的突变可能是导致其莽草酸积累量较低的重要原因，进而使大豆产生了较高的耐性。至于 929-33 品系产生较高耐性的分子机理还有待与进一步研究。

参考文献

[1] Faircloth W. H., Patterson M. G., Monks C. D., et al. Weed management programs for glyphosate-tolerant cotton（*Gossypium hirsutum*[J]. Weed Technology, 200, 15: 544-551.

[2] James C. Global status of commercialized biotech/GM crops[J]. ISAAA Brief, 2009，No. 41.ISAAA: Ithaca, NY.

[3] 陶波，张洪岩，张庆贺等.非转基因抗除草剂作物研究现状与展望[J]. 植物保护学报，2010，(03):277-281.

[4] 魏福香. 除草剂药害试验方法[J]. 杂草科学，1992,（03）：18-21.

[5] 娄远来，邓渊钰，沈晋良等. 甲磺隆和草甘膦对空心莲子草乙酰乳酸合酶活性和莽草酸含量的影响[J]. 植物保护学报，2005，32：185-188.

[6] 吴进才，刘井兰，沈迎春等. 农药对不同水稻品种 SOD 活性的影响[J]. 中国农业科学，2002，35（4）: 451-456.

[7] 赵世杰，史国安，董新纯．植物生理学实验指导[M]．北京：中国农业科技出版社，2002：134-135．

[8] 李合生. 植物生理生化试验原理和技术[M]. 北京: 高等教育出版社, 2000: 164-165.

[9] 陶波，秦智伟，曲桂琴等. 菜豆抗草甘膦基因筛选的研究[J]. 中国农学通报，1993，9 (5)：31-33.

[10] Singh B K, Shaner D L. Rapid Determination of Glyphosate Injury to Plants and Identification of Glyphosate-resistant Plants[J]. Weed Technology, 1998, 12: 527-530.

[11] Tong X.H., Daud M.K., Sun Y.Q., et al. Physiological and Molecular Mechanisms of Glyphosate Tolerance in an *in vitro* Selected Cotton Mutant. Pesticide Biochemistry and Physiology, 2009, 94: 100-106.

除草剂应用技术

氟噻草胺室内生测试验研究

林长福　卢政茂　马宏娟　李 鸣

（沈阳化工研究院有限公司 新农药创制与开发国家重点实验室，沈阳 110021）

摘要：室内生测结果表明，氟噻草胺对禾本科杂草有较好的防除效果，对部分阔叶杂草有一定的防效，在本试验剂量下对苘麻和龙葵无效；氟噻草胺对玉米、大豆、花生、棉花、蚕豆和菜豆有较好的安全性。

关键词：氟噻草胺；活性；安全性

Studies on Bioactivity of Flufenacet under Greenhouse Condition

Lin ChangFu，Lu ZhengMao，Ma HongJuan，Li Ming

(State Key Laboratory of the Discovery and Development of Novel Pesticide, Shenyang Research Institute of Chemical Industry co., Ltd., Shenyang 110021*, China)*

Abstract: Weed control and crop safety for preemergent(PRE) application of flufenacet were investigated under greenhouse condition. The results showed that the control effects of flufenacet to grass weed were higher than broad-leaf weed. Flufenacet were safety to corn、soybean、peanut、cotton、broad-bean and kidney bean.

Key words: flufenacet; bioactivity; weed control; crop safety

自孟山都公司于 1956 年开发成功旱田除草剂二丙烯草胺后，酰胺类除草剂有较大发展，到目前已有 53 个品种商品化。其中氯代乙酰胺类占主导地位，涉及的品种较多，而氧乙酰胺及其他结构的品种也不断增多。20 世纪 80 年代以来，随着化合物结构日益复杂，含异构体的酰胺类除草剂品种逐步增多。此外，在酰胺类化合物中引入杂环和氟原子是这类除草剂开发的一大热点。如苯噻草胺、甲氧噻草胺、吡草胺、四唑酰草胺、氟丁酰草胺、吡氟草胺、氟吡草胺、氟噻草胺等。酰胺类除草剂的作用机理一般是脂类合成抑制剂或细胞分裂与生长抑制剂。酰胺类除草剂在近代农田化学除草中占重要地位，1996～1997 年平均年销售额达 16 亿美元，仅次于有机磷除草剂而居世界第二位，其应用作物种类与使用面积均居除草剂前列。在氯代乙酰胺类除草剂中，用量最大的品种是乙草胺、甲草胺和异丙甲草胺，其年销售额分别为 2.0 亿、1.7 亿、3.6 亿美元。在今后一定时期内，乙草胺仍将成为我国使用的主要除草剂品种。

氟噻草胺，通用名 flufenacet，化学名称为 4'-氟-N-异丙基-2-(5-三氟甲基-1,3,4-噻二唑-2-基氧)乙酰苯胺[1]。

氟噻草胺是德国拜耳公司继成功开发苯噻草胺后又一个氧乙酰替苯胺类除草剂，主要通过抑制细胞分裂与生长而发挥作用[2]。适用于玉米、大豆、棉花、小麦等作物田防除各种一年生禾本科杂草及某些阔叶杂草，具有除草活性高、杀草谱广、适用作物宽、高度安全等优点， 该品种已在欧洲、南美及亚洲多个国家获得登记，市场发展很快，是全球销售量居前 50 位的农药品种[2]。

在温室条件下，采用盆栽的试验方法，对沈阳化工研究院合成室提供的氟噻草胺进行了除草活性及对作物的安全性研究，现将试验结果总结如下：

1　材料与方法

1.1　供试药剂

10%氟噻草胺乳油 (沈阳化工研究院合成研究室)。

1.2　供试杂草

稗草[*Echinochloa crus-galli* (L.) Beauv][3]、马唐（*Digitaria sanguinalis* L.）、金色狗尾草[*Setaria glauca* (L.) Beauv]、虎尾草（*Chloris virgata* Swartz）、黑麦草（*Lolium persicum* Boiss. et Hohen.）、野黍[*Eriochloa villosa* (Thunb.) Kunth]、节节麦（*Aegilops tauschii* Coss.）、雀麦（*Bromus japonicus* Thunb.）、毒麦（*Lolium temulentum* L.）、反枝苋（*Amaranthus retroflexus* L.）、鸭跖草（*Commelina communis* L.）、龙葵（*Solanum nigrum* L.）、苘麻（*Abutilon theophrasti* Medic.）。

1.3 供试作物

玉米(*Zea mays* L.)、大豆[*Glycine max* (L.) Merr]、小麦(*Triticum aestivum* L.)、花生(*Arachis hypogaea* L.)、棉花(*Gossypium hirssittum* L.)、水稻 (*Oryza sativa* L.)、向日葵(*Helianthus annuns* L.)、油菜(*Brassica campistris* L.)、黄瓜(*Cucumis sativus* L.)、蚕豆(*Vicia faba* L.)、甘蓝(*Brassica oleracea* L. var. *caulorapa* DC.)、小豆[*Vigna angularis* (Willd) Ohwi]、菜豆(*Phaseolus vulgaris* L.)、白菜(*Brassica campestris* L.)、萝卜(*Beta vulgaris* L.)、西瓜[*Citrullus lanatus* (Thunb) Mansfeld]、甜菜(*Beat vulgaris* L.)。

1.4 试验方法

1.4.1 除草活性试验

将各种杂草种子分别播于高度为 9cm 的一次性纸杯中，播后覆土 0.5cm，镇压、淋水后置于温室内按常规方法培养，于播种后 24h 按试验设计剂量用履带式作物喷雾机（英国 Engineer Research Ltd.设计生产）进行土壤喷雾处理（喷雾压力 1.95kg/cm^2，喷液量 500L/hm^2，履带速度 1.48km/h）。试验重复 3 次。试材处理后放于温室内按常规方法管理，定期目测调查供试药剂对杂草的防除效果，应用 DPS2000[4]数据处理系统计算出供试药剂对各杂草的 ED_{90} 值。

1.4.2 对作物的安全性试验

将各种作物种子分别播于高度为 9cm 的一次性纸杯中，播后覆土 1cm，镇压、淋水后置于温室内按常规方法培养，于播种后 24h 按试验设计剂量用履带式作物喷雾机进行土壤喷雾处理（喷雾机设置同前）。试验重复 3 次。试材处理后放于温室内按常规方法管理，观察各种作物的出苗及苗后生长发育情况，定期目测调查供试药剂对作物的安全性。在温室条件下先进行水稻育苗，在水稻 3 叶期将其移栽至截面积为 100cm^2 的白瓷盆中，每盆 3 穴，每穴 2 株，并保持 1cm 深水层。待移栽水稻缓苗 5 天后，按试验设计剂量用履带式作物喷雾机进行茎叶喷雾处理（喷雾机设置同前）。处理后定期观察移栽水稻的生长发育情况，定期目测调查各处理对移栽水稻的安全性。

2 结果与分析

2.1 除草活性试验结果

由除草活性试验结果（表 1）可以看出，在 10g a.i./hm^2 剂量下，10%氟噻草胺乳油对稗草、金色狗尾草、马唐、虎尾草、野黍、黑麦草、毒麦、雀麦、节节麦、苘麻、反枝苋、龙葵、鸭跖草的目测防效分别为 80%、90% 、90%、95%、70%、20%、30%、30%、0%、0%、10%、0%、10%；在 30g a.i./hm^2 剂量下，目测防效分别为 100%、100%、100%、100%、95%、90%、80%、90%、20%、0%、70%、0%、90%，说明在温室条件下，氟噻草胺对禾本科杂草均有较好的防除效果，对部分阔叶杂草反枝苋和鸭跖草有一定的抑制作用，在本试验剂量下对苘麻和龙葵无效。

应用计算机 DPS2000 数据处理系统对表 1 中的试验数据进行分析，计算出氟噻草胺对各种杂草的 ED_{90} 值（表 2），温室条件下氟噻草胺对稗草、金色狗尾草、马唐、虎尾草、野黍、黑麦草、毒麦、雀麦、节节麦、反枝苋和鸭跖草的 ED_{90} 值分别为 11.32g a.i./hm^2、10.00g a.i./hm^2、10.01g a.i./hm^2、6.48g a.i./hm^2、16.48 g a.i./hm^2、30.93 g a.i./hm^2、42.32g a.i./hm^2、30.80 g a.i./hm^2、187.54 g a.i./hm^2、47.51 g a.i./hm^2 和 24.25g a.i./hm^2，说明氟噻草胺对禾本科杂草均有较好的除草活性，对部分阔叶杂草（鸭跖草、反枝苋）有除草活性。

2.2 对作物的安全性试验结果

由对作物的安全性试验结果（表 3）可知，10%氟噻草胺乳油在 100g a.i./hm^2 剂量下对玉米、大豆、棉花、花生、蚕豆、菜豆和移栽水稻安全无药害症状产生，对春小麦、冬小麦、向日葵、小豆、萝卜和西瓜有一定的抑制作用，直播水稻、黄瓜、油菜、甘蓝和白菜对氟噻草胺比较敏感目测抑制率达 50%～100%；10%氟噻草胺乳油在 200g a.i./ hm^2 剂量下对玉米、花生、蚕豆和菜豆安全无药害症状产生，对大豆和棉花有轻微的抑制作用，对向日葵和冬小麦的目测抑制率为 10%和 20%，春小麦、直播水稻、移栽水稻、黄瓜、油菜、甘蓝、小豆白菜、萝卜和西瓜药害较重，目测抑制率达 40%～100%。由此可知，在温室条件下氟噻草胺对玉米、大豆、花生、棉花、蚕豆和菜豆有较好的安全性。

表 1 除草活性试验结果——药后 21 天目测防效（%）

供试杂草	剂 量（g a.i./hm^2）				
	5	10	20	30	40
稗草	5	80	95	100	100
金色狗尾草	10	90	98	100	100
马唐	20	90	95	100	100
虎尾草	85	95	100	100	100
野黍	20	70	90	95	100
黑麦草	0	20	70	90	90
毒麦	0	30	50	80	95
雀麦	0	30	70	90	95
节节麦	0	0	10	20	30
苘麻	0	0	0	0	0
反枝苋	0	10	60	70	80
龙葵	0	0	0	0	0
鸭跖草	0	10	80	90	95

表 2 供试药剂对各种杂草的 ED_{90} 值

供试杂草	直线回归方程	ED_{90}值 (g a.i./hm^2)	相关系数
稗 草	Y=-2.3887+8.2283x	11.32	0.9981
金色狗尾草	Y=-2.2316+8.5128x	10.00	0.9997
马 唐	Y=-0.7596+7.0371x	10.01	0.9974
虎尾草	Y=4.4794+2.2207 x	6.48	0.9965
野 黍	Y=1.4782+3.9467x	16.48	0.9936
黑麦草	Y=0.0803+4.2685x	30.93	0.9967
毒 麦	Y=1.6265+3.2450x	42.32	0.9831
雀 麦	Y=0.5827+3.8286x	30.80	0.9982
节节麦	Y=0.1943+2.6779x	187.54	0.9975
反枝苋	Y=0.6447+3.3617x	47.51	0.9849
鸭跖草	Y=-2.6184+6.4275x	24.25	0.9952

表 3 对作物的安全性试验结果——药后 40 天目测抑制率（%）

供试作物	剂 量（g a.i./hm^2）			
	100	200	400	800
玉 米	0	0	10	20
大 豆	0	2	5	10
棉 花	0	5	20	30
花 生	0	0	0	0
蚕 豆	0	0	0	20
菜 豆	0	0	5	20
春小麦	20	50	95	100
冬小麦	20	20	50	90
水稻（直播）	100	100	100	100
水稻（移栽）	0	40	95	100
向日葵	5	10	20	40
黄 瓜	50	70	80	90
油 菜	95	100	100	100
甘 蓝	95	100	100	100
小 豆	10	50	100	100
白 菜	70	80	90	100
萝 卜	30	70	100	100
西 瓜	10	60	90	100

3 结论与讨论

3.1 温室除草活性试验结果表明，10%氟噻草胺乳油对禾本科杂草有较好的防除效果，对阔叶杂草鸭跖草和反枝苋有一定的抑制作用，在本试验剂量下对苘麻和龙葵无效。

3.2 应用计算机 DPS2000 数据处理系统计算出 10%氟噻草胺乳油对稗草、金色狗尾草、马唐、虎尾草、野黍、黑麦草、毒麦、雀麦、节节麦、反枝苋和鸭跖草的 ED_{90} 值分别为 11.32g a.i./hm^2、10.00g a.i./hm^2、10.01g a.i./hm^2、6.48g a.i./hm^2、16.48g a.i./hm^2、30.93g a.i./hm^2、42.32g a.i./hm^2、30.80g a.i./hm^2、187.54g a.i./hm^2、47.51g a.i./hm^2 和 24.25g a.i./hm^2，说明温室条件下 10%氟噻草胺乳油对禾本科杂草有较好的除草活性。

3.3 温室对作物安全性试验结果表明，氟噻草胺对玉米、大豆、花生、棉花、蚕豆和菜豆有较好的安全性。

3.4 本试验仅为室内盆栽试验结果，还需通过田间小区试验加以验证。

参考文献

[1] 刘长令. 世界农药大全(除草剂卷)[M]. 北京:化学工业出版社，2002：251.

[2] 姜育田，陈同明，李茂青. 氟噻草胺的合成. 农药，2007，46(11): 734-736.

[3] 李扬汉. 中国杂草志[M].北京：中国农业出版社，1998.

[4] 唐启义，冯明光.实用统计分析及其 DPS 数据处理系统[M].北京:科学出版社，2002:188-201.

百草枯对刺萼龙葵的防治效果研究

张少逸[1,2]　魏守辉[1]　张朝贤[4]　黄红娟[1]　王金信[2]　张杨[1,2]　陈小奇[1]

（1 中国农业科学院植物保护研究所, 北京 100193;
2.山东农业大学植物保护学院，泰安 271018）

摘要：本文采用了温室盆栽法评价了百草枯对刺萼龙葵的防除效果，并在野外对其实际防除效果进行了验证。盆栽毒力测定结果表明：百草枯对刺萼龙葵EC_{90}为264.04 g a.i./hm^2。田间药效结果表明：百草枯260、430、600 g a.i./hm^{2}药后30 d对刺萼龙葵的株防效分别为53.55%、59.83%和88.4%，鲜重防效分别为81.24%、86.53%和93.62%，对刺萼龙葵起到了较好的控制作用。

关键词：刺萼龙葵；百草枯；防效

Study on Effect of Paraquat for Controlling Buffalobur

Zhang Shaoyi[1,2], Wei Shouhui[1], Zhang Chaoxian[1], Huang Hongjuan[1], Wang Jinxin[2], Zhang Yang[2], Chen Xiaoqi[1]

(1. *Institute of Plant Protection, Chinese Academy of Agricultural Science, Beijing* 100193, *China*; 2. *College of Plant Protectio, Shandong Agricultural Universit, Tai'an* 271018 *China*)

Abstract: Pot experiments were conducted to evaluate the control effect of paraquat against buffalobur, and test and verify the actual control effect in the field. The results of indoor experiments showed the EC_{90} of paraquat was 264.04 g a.i./hm^2. The results of field experiments showed the strain control effect of paraquat at the dosage of 260 g a.i./hm^2、430 g a.i./hm^2、600 g a.i./hm^2 can get 53.55%, 59.83% and 88.4%, and the fresh weight control effect was 81.24%, 86.53% and 93.62% at 30 d after treatment. Paraquat could control the buffalobus effectively.

Key words: Solanum rostratum; paraquat; control effect

刺萼龙葵（*Solanum rostratum* Dunal）是茄科（Solanaceae）茄属（*Solanum* L.）一年生草本植物，英文名为buffalobur，又名黄花刺茄、堪萨斯蓟、野茄子。刺萼龙葵原产于北美洲，现已分布于美国、加拿大、保加利亚、俄罗斯、韩国、孟加拉国、澳大利亚、奥地利、保加利亚、捷克、斯洛伐克、德国、丹麦、南非、澳大利亚、新西兰等许多国家[1-4]。刺萼龙葵具有适应性强、种子产量大、繁殖力强及蔓延速度快等特点，这些特点使它可以在恶劣的环境条件下旺盛生长，在新的环境中具有很强的竞争力，更容易与当地物种争夺水分、养料、光照和生长空间，在新的生态环境中占据领地。在与当地物种争夺资源时能成功地将其排挤掉，使当地的生物多样性大大降低，生态平衡遭到严重的破坏。刺萼龙葵全株具刺，并且植株有毒，所产生的茄碱是一种高毒性的神经毒素，对中枢神经系统尤其对呼吸中枢有强烈的麻痹作用，可引起严重的肠炎和出血[5]。该植物在美国被列为有害杂草，罗马尼亚、加拿大、捷克及澳大利亚等已将其列为禁止输入对象，在俄罗斯被列为境内限制传播的检疫杂草。刺萼龙葵于1981年侵入我国，首先在辽宁省朝阳市发现，目前国内主要分布在东北、华北以及西北的部分省区，具体出现在辽宁省的朝阳县、阜新市、建平市和大连市，吉林省的白城市、山西省阳高、河北省的张家口、万全以及北京市密云、新疆的乌鲁木齐市、石河子市和昌吉市[6-8]。

为了有效地控制刺萼龙葵，笔者针对性的选取了强力灭生性除草剂百草枯，进行了防治刺萼龙葵的试验，旨在为百草枯用于防治刺萼龙葵提供科学依据。

1　材料与方法

1.1　材料

1.1.1 刺萼龙葵来源

盆栽试验：刺萼龙葵种子于2010年11月采自北京市密云县。播种在直径10cm、高度

基金项目：公益性行业(农业)科研专项(201103027)和国家“十一五”科技支撑项目(2006BAD08A09)资助

作者简介：张少逸（1987-），男, 山东泰安人, 硕士研究生, 研究方向为杂草治理。
E-mail：soyeezhang@163.com

通讯作者：张朝贤, 研究员，E-mail：cxzhang@wssc.org.cn

8.5cm 的塑料盆钵中，培养土壤为黏土，pH 值6.8，有机质含量1.9%左右，使用时与草木炭按体积3：1混合均匀，定量装至盆钵4/5处，采用盆钵底部渗灌方式，使土壤完全湿润。出苗后进行间苗定株，保证杂草的密度一致，每盆留5株长势一致的刺萼龙葵，培养至4～5片真叶期，备用。

田间试验：试验地点在北京市房山区赵营村，刺萼龙葵处于生育期6～8片真叶期，选择生长密度均匀的地块作为试验田。

1.1.2 供试药剂

20%百草枯水剂，为先正达南通作物保护有限公司生产。

1.1.3 实验仪器

ASS-3 型自动控制农药喷洒试验系统（国家农业信息化工程技术研究中心研制）、新加坡利农 HD400 型喷雾器。

1.2 方法

1.2.1 室内毒力测定

共设 6 个处理，分别为：12.5 g a.i./hm^2、25 g a.i./hm^2、50 g a.i./hm^2、100 g a.i./hm^2、200 g a.i./hm^2、400 g a.i./hm^2，另设空白对照，每个处理设 4 次重复。按喷液量 30kg/667m^2 进行茎叶喷雾， 处理后待试材表面药液自然风干，移入温室常规培养。试材以盆钵底部渗灌方式补水。用温湿度数字记录仪，记录试验期间温室内的温湿度动态数据。药后 1 天、3 天、5 天、7 天、9 天观察记载刺萼龙葵的生长状态。处理后 14 天，采用目测法和数测调查法调查记录除草活性，存活杂草株数，同时描述受害症状。

1.2.2 田间药效评价

共设 3 个处理，分别为 260 g a.i./hm^2、430 g a.i./hm^2、600 g a.i./hm^2，另设空白对照，每个处理设 4 次重复。试验不同处理小区采用随机区组排列，小区面积为 20m^2。按喷液量 30kg/667m^2 进行茎叶喷雾。

1.2.3 调查方法

田间试验调查方法：采用五点取样法，每小区固定5点，每点0.25 m^2，药前调查刺萼龙葵基数，药后7天和14天分别调查小区内刺萼龙葵的数量，药后30天同时调查鲜草重，计算各处理的株防效及鲜重防效。

1.2.4 统计方法

用 DPS7.05 数据处理系统对药剂计量的对数值与防效的几率值进行回归分析，计算 EC_{90} 值及 95%置信限；用 SPSS19.0 社会科学统计程序分析各处理在 0.05 水平上的差异显著性。

2 结果与分析

2.1 百草枯对刺萼龙葵的室内毒力测定

从表 2 中可以看出，20%百草枯水剂对刺萼龙葵的 EC_{90} 为 264.04 g a.i./hm^2，低于百草枯的田间推荐剂量，可以有效地控制刺萼龙葵。

表 1 百草枯的浓度设置和防效

浓度（g a.i./hm^2）	12.5	25	50	100	200	400
防效（%）	10.79d	21.33d	44.76c	46.81c	74.96b	98.62a

注：表中同列数值后含相同的字母表示在 0.05 水平差异不显著。

表 2 百草枯对刺萼龙葵的室内毒力测定

药剂	程毒力回归方程	相关系数 R	EC_{90}（g a.i./hm^2）	95%置信区间
20%百草枯 AS	y=1.3032+2.0558x	0.9499	264.04	149.17～467.38

2.2 百草枯防除刺萼龙葵的田间试验

2.2.1 百草枯对刺萼龙葵的株防效

药后 7 天（表 3），20%百草枯水剂 260 g a.i./hm^2、430 g a.i./hm^2、600 g a.i./hm^2 三个剂量对刺萼龙葵的株防效分别为 24.68%、25.69%和 49.45%；药后 14 天对刺萼龙葵的株

防效分别为 42.52%、45.38%和 65.76%；药后 30 天对刺萼龙葵的株防效分别为 52.76%、60.39%和 87.91%。

表 3 百草枯对刺萼龙葵的株防效

浓度（g a.i./hm²）	药前杂草基数（株/0.25m²）	药后 7 天		药后 14 天		药后 30 天	
		株数（株/0.25m²）	防效（100%）	株数（株/0.25m²）	防效（100%）	株数（株/0.25m²）	防效（100%）
260	12.27	9.20	24.68b	6.93	42.52b	5.70	52.76b
430	21.83	16.47	25.69b	11.97	45.38b	8.77	60.39b
600	11.47	5.73	49.45a	3.97	65.76a	1.33	87.91a

2.2.2 百草枯对刺萼龙葵的鲜重防效

药后 30 天（表 4），20%百草枯水剂 260 g a.i./hm^2、430 g a.i./hm^2、600 g a.i./hm^2 三个剂量对刺萼龙葵的鲜重防效均大于 80%，分别为 81.24%、86.53%和 93.62%，达到了较好的防除效果。

表 4 药后 30 天百草枯对刺萼龙葵的鲜重防效

浓度（g a.i./hm²）	药后 30 天	
	鲜重（g/0.25m²）	防效（100%）
260	60.39	81.24a
430	43.37	86.53a
600	20.54	93.62a
CK	321.94	—

3 小结

20%百草枯水剂在田间的防除效果差于室内防除效果，其原因可能是：室内盆栽试验的供试植物处于 4～5 片真叶期，此时的刺萼龙葵处于幼苗晚期或成株早期，较好防治，而田间刺萼龙葵处于 6～8 片真叶期，此时的刺萼龙葵处于花期之前或花期，植株比较大且粗壮，因此较难防除。所以实际应用中防除刺萼龙葵，应该在幼苗期（4 片真叶期之前）防除，如果错过了最佳防治时期，应该适当的增加用量，已达到最好的防除效果。

目前，刺萼龙葵在我国东北、华北、西北地区均有发生，呈现发生范围广、危害面积大、传播速度快的特点，并有进一步扩散蔓延的趋势，在刺萼龙葵危害严重的入侵地，百草枯可作为防治刺萼龙葵的应急药剂。

参考文献

[1]高芳，徐驰，周云龙. 外来植物刺萼龙葵潜在危险性评估及其防治对策[J]. 北京师范大学学报：自然科学版，2005，41(4)：420-424.

[2]Cho Y H and Kim W. A new naturalized plant in Korea[J]. *Korean Journal of Plant Taxonomy*, 1997, 27(2): 277.

[3]肖良，李景涵. 俄罗斯植物检疫性有害生物目录[J]. 中国进出境动植检，1995，(3)：28-29.

[4]李景涵. 乌克兰植物检疫性有害生物名单[J]. 植物检疫，1996，10(1)：61-62.

[5]Bah M, Gutierrez D M, Escobedo C, et.. Methylprotodioscin from the Mexican medical plant Solanum rostratum (Solanaceaeen)[J]. *Biochemistry System Ecology*, 2004, 32(2): 197

[6]关广清，张玉茹，孙国友，等. 杂草种子图鉴[M].北京：科学出版社，2000：198.

[7]王维升，郑红旗，朱殿敏，等. 有害杂草刺萼龙葵的调查[J]. 植物检疫，2005，19(4)：247-248.

[8]魏守辉，张朝贤，刘延，等. 外来杂草刺萼龙葵及其风险评估[J].中国农学通报，2007，23(3)：347-351.

八种除草剂对小麦田早熟禾等4种禾本科杂草的生物活性

高兴祥　李　美　高宗军

（山东省农业科学院植物保护研究所，济南　250100）

摘要：为了系统研究常用除草剂对小麦田早熟禾、碱茅、多花黑麦草和棒头草等禾本科杂草的防除谱，本文在温室内采用盆栽法研究了 8 种除草剂对小麦田早熟禾等 4 种禾本科杂草的生物活性。结果表明，乙酰乳酸合成酶（ALS）抑制剂啶磺草胺对早熟禾有很好的防除效果，田间推荐剂量下防效达到 93.06%，对碱茅、多花黑麦草和棒头草的效果也较好，在田间推荐剂量下防效为 82.82%～86.89%，另 2 种 ALS 抑制剂氟唑磺隆和甲基二磺隆对早熟禾的防效较好，但对其他 3 种杂草碱茅、棒头草和多花黑麦草的防效很差。四种乙酰辅酶 A 羧化酶(ACCase)抑制剂唑啉草酯、肟草酮、炔草酯和精恶唑禾草灵对碱茅、棒头草和多花黑麦草的防效均较好，但对早熟禾的防效均较差；植物光合系统Ⅱ抑制剂异丙隆对早熟禾、棒头草和碱茅的防效均较好，田间推荐剂量下防效为 88.15%～96.53%，对多花黑麦草的效果略差，为 67.43%。

关键词：小麦田；禾本科杂草；除草剂；生物活性

Biological Activities of Eight Herbicides to Four Grass Weeds in Wheat Field

Gao Xingxiang, Li Mei , Gao Zongjun

(Institute of Plant Protection, Shandong Academy of Agricultural Sciences, Ji'nan 250100, Shandong Province, China)

Abstract: Pyroxsulam, flucarbazone-Na, pinoxaden, tralkoxydim, and clodinafop-propargyl are newly registered herbicides in China. Glasshouse experiments were conducted to evaluate the efficacy of these herbicides compared with several commonly used herbicides on four grass weed species in wheat field. The results showed that: (1) The acetolactate synthase (ALS) inhibiting herbicide pyroxsulam achieved 93.06% control of *Poa annua* and 82.82%～86.89% control of *Puccinellia distans*, *Lolium multiflorum*, *Polypogon fugax* at the field rate of 14 g a.i./hm2. (2) Other ALS inhibiting herbicide flucarbazone-Na and mesosulfuron-methyl had high efficacy on *Poa annua*, but no efficacy on *Puccinellia distans*, *Lolium multiflorum* and *Polypogon fugax*. (2) In contrast, the acetyl coenzyme A carboxylase (ACCase) inhibiting herbicides pinoxaden, tralkoxydim, clodinafop-propargyl and fenoxaprop-p-ethyl had high efficacy on *Puccinellia distans*, *Lolium multiflorum* and *Polypogon fugax*, and inefficient control on *Poa annua*. (3) The plant photosystem Ⅱ inhibiting herbicide isoproturon also had high efficacy on *Poa annua*, *Puccinellia distans* and *Polypogon fugax* with 88.15%～96.53% control at the field rate of 600 g a.i./hm^2, but had poor control effect on *Lolium multiflorum* with 67.43%.

Keywords: wheat field; grass weeds; herbicides; biological activity

近年来，小麦田禾本科杂草无论是从种类上还是从数量上均呈现明显增长的趋势，造成这种后果的原因[1~4]主要包括：（1）耕作、栽培制度的变化改变了杂草的群落分布；（2）免耕技术的推广为适宜浅层萌发的禾本科杂草创造了条件；（3）联合收割机的大面积使用也使得杂草种子跟随收割机进行传播提供了可能；（4）地区间的麦种调运也是很重要的因素。另外，禾本科杂草种子繁殖力、分蘖能力及抗逆性等均很强也是造成大面积为害的原因之一。

我们课题组对山东省小麦田禾本科杂草经过 2 年的详细调查，结果显示早熟禾、多花黑麦草、碱茅和棒头草均属于山东省小麦田的区域性优势杂草，早熟禾主要在济宁市稻麦轮作区分布；多花黑麦草在日照、菏泽等地大量分布；碱茅在盐碱较重的滨州、东营等地，棒头草在济宁等地，王少敏等[5]的杂草调查和研究也证实了这一点。以前的研究多局限在某种或某几种除草剂对某种禾本科杂草的防效研究上，系统全面的研究常用除草剂对这 4 种禾本科杂草的防效未见报道，作者在 2010 年 2 月份以小麦田 4 种禾本科杂草早熟禾、多花黑麦草、碱茅和棒头草为受体，在温室内测定了 8 种防除小麦田禾本科杂草的除草剂（包括 3 种乙酰乳酸合成酶（ALS）抑制剂，4 种乙酰辅酶 A 羧化酶（ACCase）抑制剂和 1 种植物光合系统Ⅱ抑制剂）对这 4 种受体的生物活性，研究了 8

种除草剂对这 4 种受体的生物活性测定，以期为小麦田禾本科杂草的防治提供依据。

1 材料与方法

1.1 材料

供试杂草:早熟禾（*Poa annua* L.）、碱茅（*Puccinellia distans* (L.) Parl.）、多花黑麦草（*Lolium multiflorum* Lam.）、棒头草（*Polypogon fugax* Nees ex Steud.）。

供试药剂:3 种乙酰乳酸合成酶（ALS）抑制剂分别为 7.5%啶磺草胺（pyroxsulam）WG，美国陶氏益农公司；70%氟唑磺隆（flucarbazone-Na）WG，日本爱丽斯达公司；3%甲基二磺隆（mesosuifuron-methyl）OF，拜耳作物科学（中国）有限公司；4 种乙酰辅酶 A 羧化酶（ACCase）抑制剂分别为 50g/L 唑啉草酯（pinoxaden）EC、15%炔草酯(clodinafop-propargyl) WP，瑞士先正达公司；69g/L 精恶唑禾草灵 (fenoxaprop-p-ethyl)EW，拜耳作物科学（中国）有限公司；40%肟草酮（traloxydim）WDG，浙江一帆化工有限公司；植物光合系统Ⅱ抑制剂为 50%异丙隆(isoproturon)WP，美丰农化有限公司。

仪器设备精准喷雾塔，农业部南京农业机械化工研究所生产，喷雾时压力 2 kg/m^2，锥形喷头流量 100 ml/min。

1.2 方法

1.2.1 种植方法

在温室内进行实验试材的培养，温度 15～25℃。将定量的早熟禾、碱茅、多花黑麦草和棒头草的种子单播于直径为 8cm 的塑料盆中，覆土 1～2mm，放入装有水的搪瓷盘中，让水逐渐渗入，等水渗到土表后转移入温室待用。

1.2.2 剂量设置

7.5%啶磺草胺 WG 0.875 g a.i./hm^2、1.75 g a.i./hm^2、3.5 g a.i./hm^2、7g a.i./hm^2、14 g a.i./hm^2；70%氟唑磺隆 WG 2.8125 g a.i./hm^2、5.625 g a.i./hm^2、11.25 g a.i./hm^2、22.5 g a.i./hm^2、45 g a.i./hm^2；3%甲基二磺隆 OF 0.5625 g a.i./hm^2、1.125 g a.i./hm^2、2.25 g a.i./hm^2、4.5 g a.i./hm^2、9 g a.i./hm^2；50g/L 唑啉草酯 EC 4.6875 g a.i./hm^2、9.375 g a.i./hm^2、18.75 g a.i./hm^2、37.5 g a.i./hm^2、75 g a.i./hm^2；40%肟草酮 WDG 30 g a.i./hm^2、60 g a.i./hm^2、120 g a.i./hm^2、240 g a.i./hm^2、480 g a.i./hm^2；15%炔草酯 WP 5.625 g a.i./hm^2、11.25 g a.i./hm^2、22.5 g a.i./hm^2、45 g a.i./hm^2、90 g a.i./hm^2；69g/L 精恶唑禾草灵 EW 12.5 g a.i./hm^2、25 g a.i./hm^2、50 g a.i./hm^2、100 g a.i./hm^2、200 g a.i./hm^2，50%异丙隆 WP 75 g a.i./hm^2、150 g a.i./hm^2、300 g a.i./hm^2、600 g a.i./hm^2、1200 g a.i./hm^2。

1.2.3 施药方法

按精准喷雾塔实际喷药面积（0.12m^2，对水 10mL，折合亩用水量 56kg）准确计算并配制所需药液，将待处理的塑料盆环行均匀排列在旋转喷雾台上，喷雾处理。喷雾压力 2kg/m^2，锥形喷头流量 100mL/min。每浓度杂草分别设 4 次重复。

1.2.4 调查方法

施药后详细记录杂草的受害症状（如生长抑制、失绿、畸形等）。于施药后 40 天，称量各处理杂草地上部分鲜重，计算鲜重防效。

用 DPS 统计软件对药剂剂量的对数值与杂草的鲜重抑制率的几率值进行回归分析，计算毒力回归方程、ED_{50}和 ED_{90}值。

2 结果与分析

2.1 对早熟禾的防效

施药后 15 天，啶磺草胺 14 g a.i./hm^2 处理早熟禾黄化明显，生长受到抑制，3.5 g a.i./hm^2、7 g a.i./hm^2 处理早熟禾轻微黄化；氟唑磺隆、甲基二磺隆各浓度处理均有轻微的黄化症状，但均不严重；异丙隆 300 g a.i./hm^2、600 g a.i./hm^2、1200 g a.i./hm^2 处理早熟禾叶尖及叶缘干枯严重，生长受到严重抑制；ACCase 抑制剂唑啉草酯、肟草酮、炔草酯和精恶唑禾草灵各浓度处理生长基本正常，无明显受害症状；药后 40 天，各药剂处理对早熟禾防效见表 2。由表 2 可以看出，在试验药剂中 ALS 抑制剂啶磺草胺和甲基二磺隆及植物光合系统Ⅱ抑制剂异丙隆对早熟禾的效果最好，其 ED_{90} 值小于或接近于其田间推广浓度，其次为氟唑磺隆。其他药剂 ACCase 抑制剂唑啉草酯、肟草酮和炔草酯对早熟禾的效果均较差，其 ED_{90} 值远远大于其田间推广浓度，另一种 ACCase 抑制剂精恶唑禾草灵对早熟禾近乎无效。

2.2 对碱茅的防效

施药后 15 天，ALS 抑制剂啶磺草胺各浓度处理碱茅生长均受到一定的抑制，但杂草死亡率均较低，甲基二磺隆和氟唑磺隆仅最高浓度下碱茅生长受到抑制，其他浓度生长基本正常；ACCase 抑制剂唑啉草酯 375 g a.i./hm^2、750 g a.i./hm^2 处理、炔草酯 22.5 g a.i./hm^2、45 g a.i./hm^2、90 g a.i./hm^2 处理和精噁唑禾草灵 50 g a.i./hm^2、100 g a.i./hm^2、200 g a.i./hm^2 处理碱茅黄化、红化后开始死亡，肟草酮 120 g a.i./hm^2、240 g a.i./hm^2、480g a.i./hm^2 处理碱茅虽然叶色仍绿，但生长受到严重抑制；异丙隆 300 g a.i./hm^2、600 g a.i./hm^2、1200 g a.i./hm^2 处理碱茅叶片从叶尖开始干枯，生长受到严重抑制。

药后 40 天，各药剂处理对碱茅的防效见表 3，由表 3 可以看出，ALS 抑制剂甲基二磺隆和氟唑磺隆对碱茅的效果均较差，ED_{90} 值远远大于其田间推广浓度；啶磺草胺对碱茅的效果较好，但 ED_{90} 值也是其田间推广浓度的 2 倍多。ACCase 抑制剂唑啉草酯和肟草酮对碱茅的效果很好，ED_{90} 值远远小于其田间推广浓度；炔草酯效果也较好，ED_{90} 值和其田间推广浓度接近，精噁唑禾草灵和植物光合系统Ⅱ抑制剂异丙隆对碱茅的效果略差，ED_{90} 值是其田间推广浓度的 2 倍左右。

表 2 8 种除草剂对早熟禾的生物活性测定结果

Table 2 Biological activities of 8 herbicides to *B. tectrorum* in greenhouse

药剂 herbicide	毒力回归方程 Regression equation	ED_{50}（g a.i./hm^2）	ED_{90}（g a.i./hm^2）	田间推荐浓度
啶磺草胺 pyroxsulam	y=3.9933+2.4026x	2.95（2.59～3.35）	10.08（8.42～12.68）	14
唑啉草酯 pinoxaden	y=2.1484+1.2672x	133.46（51.43～18517.03）	1369.84（216.28～2645.06）	75
甲基二磺隆 mesosuifuron-methyl	y=3.0752+2.4401x	2.77（2.44～3.16）	9.27（7.46～12.29）	9
肟草酮 traloxydim	y=2.1317+1.7651x	253.08（208.38～324.24）	1346.76（894.42～2413.98）	480
氟唑磺隆 flucarbazone-Na	y=4.9675+1.2812x	11.93（9.68～14.85）	119.36（74.81～242.66）	22.5
异丙隆 isoproturon	y=3.3055+1.6103x	84.60（56.03～112.58）	528.68（430.65～687.00）	600
炔草酯 clodinafop-propargyl	y=3.1469+1.0551x	159.68（94.66～403.61）	2617.29（835.94～21867.66）	45
精恶唑禾草灵 fenoxaprop-p-ethyl	—	—	—	100

注："—"表示药剂对杂草的效果太差，无法求出对应的 ED_{50}、ED_{90} 值，下同。

表 3 8 种除草剂对碱茅的室内毒力测定结果

Table 3 Biological activities of 8 herbicides to *S. dura* in greenhouse

药剂 herbicide	毒力回归方程 Regression equation	ED_{50}（g a.i./hm^2）	ED_{90}（g a.i./hm^2）	田间推荐浓度
啶磺草胺 pyroxsulam	y=4.0756+1.4419 x	4.93（3.27～8.70）	38.10（17.07～264.62）	14
唑啉草酯 pinoxaden	y=2.4582+1.9922 x	14.15（8.34～20.96）	62.25（37.83～183.52）	75
甲基二磺隆 mesosuifuron-methyl	—	—	—	9
肟草酮 traloxydim	y=0.0396+4.3091 x	84.96（64.32～103.32）	168.54（138.66～222.36）	480
氟唑磺隆 flucarbazone-Na	y=3.8538+1.7099 x	52.65（26.66～469.46）	295.76（84.83～25057.13）	22.5
异丙隆 isoproturon	y=2.5310+1.7001 x	212.48（175.58～251.18）	1205.25（927.38～1721.10）	600
炔草酯 clodinafop-propargyl	y=2.6006+2.7943 x	16.25（14.24～18.29）	46.71（40.50～55.64）	45
精恶唑禾草灵 fenoxaprop-p-ethyl	y=1.1722+2.1014 x	68.63（45.55～120.97）	279.51（147.97～1348.12）	100

表 4 8 种除草剂对多花黑麦草的室内毒力测定结果

Table 4 Biological activities of 8 herbicides to *B. syzigachne* in greenhouse

药剂 herbicide	毒力回归方程 Regression equation	ED_{50}（g a.i./hm^2）	ED_{90}（g a.i./hm^2）	田间推荐浓度
啶磺草胺 pyroxsulam	y=4.2927+1.5074 x	3.32（2.03～5.27）	23.47（11.72～128.12）	14
唑啉草酯 pinoxaden	y=0.4491+3.5352 x	14.54（12.99～16.08）	33.49（29.72～38.68）	75
甲基二磺隆 mesosuifuron-methyl	—	—	—	9
肟草酮 traloxydim	y=3.2094+1.8324 x	56.94（23.04～89.04）	284.88（178.92～771.42）	480
氟唑磺隆 flucarbazone-Na	y=4.1225+1.0439 x	77.96（25.88～202.35）	1316.81（130.50～2315.25）	22.5
异丙隆 isoproturon	y=4.0053+0.7051 x	193.13（115.58～278.63）	12682.88（4337.63～128816.63）	600
炔草酯 clodinafop-propargyl	y=4.4322+1.4567 x	5.51（0.88～10.46）	41.85（25.65～115.94）	45
精恶唑禾草灵 fenoxaprop-p-ethyl	y=3.8449+0.6616 x	57.66（38.43～90.14）	4987.80（1298.79～108932.72）	100

表 5 8 种除草剂对棒头草的室内毒力测定结果

Table 5 Biological activities of 8 herbicides to *A. fatua* in greenhouse

药剂 herbicide	毒力回归方程 Regression equation	ED_{50}（g a.i./hm^2）	ED_{90}（g a.i./hm^2）	田间推荐浓度
啶磺草胺 pyroxsulam	y=4.1077+1.4748x	4.53（3.77～5.57）	29.79（19.76～54.05）	14
唑啉草酯 pinoxaden	y=-0.6949+4.9120x	10.82（9.41～12.09）	19.74（18.16～21.52）	75
甲基二磺隆 mesosuifuron-methyl	-	-	-	9
肟草酮 traloxydim	y=1.0795+3.3670x	87.60（62.58～112.20）	210.48（161.10～322.32）	480
氟唑磺隆 flucarbazone-Na	y=3.3950+1.8264x	85.05（51.98～203.18）	428.18（184.39～1957.50）	22.5
异丙隆 isoproturon	y=4.4310+0.8093x	37.88（10.58～71.25）	1451.33（861.75～3986.10）	600
炔草酯 clodinafop-propargyl	y=3.1241+2.6394x	11.57（4.84～17.37）	35.35（24.01～71.288）	45
精恶唑禾草灵 fenoxaprop-p-ethyl	y=2.8680+2.6593x	6.55（1.70～11.97）	19.88（10.28～27.21）	100

2.3 对多花黑麦草的防效

施药后 15 天，ALS 抑制剂啶磺草胺较高浓度处理区多花黑麦草叶尖稍黄，生长受到一定程度的抑制，但抑制程度均不高，另两种 ALS 抑制剂甲基二磺隆和氟唑磺隆仅在最高浓度对多花黑麦草有一定的抑制生长作用。ACCase 抑制剂唑啉草酯、肟草酮、炔草酯和精恶唑禾草灵处理多花黑麦草均有不同程度的黄化、生长抑制作用。

药后 40 天，各药剂处理对多花黑麦草的防效见表 4，由表 4 可以看出，ALS 抑制剂啶磺草胺效果较好，但 ED_{90} 值接近于其田间推广浓度的 2 倍，甲基二磺隆和氟唑磺隆对多花黑麦草的效果很差。ACCase 抑制剂唑啉草酯、肟草酮和炔草酯对多花黑麦草有很好的防效，其 ED_{90} 值均远远小于其田间推广浓度，另一种 ACCase 抑制剂精恶唑禾草灵对多花黑麦草的效果稍差。植物光合系统 II 抑制剂异丙隆对多花黑麦草也有一定的防除效果，但其 ED_{90} 值均远远大于其田间推广浓度。

2.4 对棒头草的防效

施药后 15 天，ALS 抑制剂啶磺草胺各浓度处理棒头草叶尖干枯，生长受到一定的抑制，但抑制程度均不高，另两种 ALS 抑制剂甲基二磺隆和氟唑磺隆各浓度处理均无明显受害症状。ACCase 抑制剂唑啉草酯 187.5 g a.i./hm^2、375 g a.i./hm^2、750 g a.i./hm^2 处理棒头草黄化严重，大部分已死亡，肟草酮各浓度处理棒头草生长受到严重抑制，炔草酯各浓度处理棒头草干枯黄化较重，精噁唑禾草灵各浓度处理棒头草黄化严重，大部分干枯死亡。

药后 40 天，各药剂处理对棒头草的防效见表 5，由表可以看出，ALS 抑制剂啶磺草胺对棒头草的效果较好，但其 ED90 值是其田间推广浓度的 2 倍，另两种 ALS 抑制剂甲基二磺隆、氟唑磺隆对棒头草的效果均较差，其 ED_{90} 值远远大于其田间推广浓度。ACCase 抑制剂唑啉草酯、肟草酮、炔草酯和精噁唑禾草灵对棒头草的效果均较好，其 ED_{90} 值均小于其田间推广浓度。植物光合系统 II 抑制剂异丙隆对棒头草的效果也较好，其 ED_{90} 值是田间推广浓度的 2 倍左右。

为更好的比较药剂在常规剂量下对 4 种禾本科杂草的效果，图 1 为 8 种除草剂在本实验各药剂田间推荐剂量下对早熟禾等 4 种禾本科杂草的防效。由图可以看出：3 种

ALS 抑制剂啶磺草胺、甲基二磺隆和氟唑磺隆对早熟禾效果均较好，啶磺草胺对碱茅、多花黑麦草和棒头草的效果也较好，但甲基二磺隆和氟唑磺隆对这 3 种杂草的效果很差；ACCase 抑制剂唑啉草酯、肟草酮、炔草酯和精恶唑禾草灵对碱茅、多花黑麦草和棒头草的效果较好，但对早熟禾的效果较差，其中精恶唑禾草灵对碱茅和多花黑麦草的效果略差；植物光合作用抑制剂异丙隆对早熟禾、碱茅和棒头草的效果较好，对多花黑麦草的效果略差。

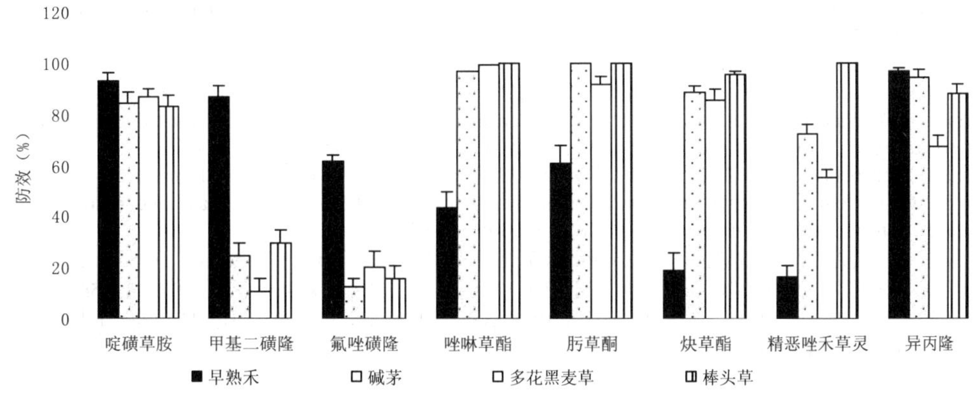

图1 8种除草剂在田间推荐剂量下对早熟禾等4种禾本科杂草的生物活性

3 结论与讨论

以前小麦田禾本科杂草种类少，为害也较轻，且主要在水稻—小麦轮作区出现，在旱地玉米—小麦轮作区发生极少，所出现的除草剂种类也很少，精恶唑禾草灵、异丙隆是10多年以来的主要品种。但近几年来随着种植业制度的调整和耕作制度的改变，小麦田禾本科杂草发展迅速，逐渐成为优势杂草或区域性优势杂草，多花黑麦草在山东省日照市、碱茅在山东省滨州及东营市等均局部大面积发生，成为区域性恶性杂草。目前，生产中出现了很多新的除草剂品种，如啶磺草胺、氟唑磺隆、炔草酯、肟草酮和唑啉草酯等[6-8]。但每种药剂均有各自的优劣势，为系统地了解各药剂的杂草防治谱，更好地合理有效地利用好这些药剂而进行了本试验。

本试验从 8 种药剂对早熟禾等 4 种禾本科杂草的防效来看：ALS 抑制剂啶磺草胺对早熟禾有较好的防除效果，对多花黑麦草、碱茅和棒头草的效果也较好，这与 Becker 等报道的啶磺草胺可有效防除看麦娘属、雀麦属、早熟禾属等禾本科杂草结果基本一致[9]；另 2 种 ALS 抑制剂甲基二磺隆和氟唑磺隆对早熟禾效果较好，但对多花黑麦草、碱茅和棒头草的效果较差，与吴雪源[10]试验结果一致；ACCase 抑制剂唑啉草酯、肟草酮、炔草酯和精噁唑禾草灵对杂草的防效正好和 ALS 抑制剂相反，对多花黑麦草、碱茅、棒头草的效果较好，而对早熟禾的效果差，这与黄正银[11]、刘孝慧[12]等人的报道一致；植物光合作用抑制剂异丙隆对早熟禾、碱茅和棒头草的效果较好，对多花黑麦草的效果略差。

根据小麦田禾本科杂草的发生情况而选择合适的药剂，（1）以早熟禾为主的地块，可以选择 ALS 抑制剂啶磺草胺、氟唑磺隆或甲基二磺隆，不建议选择 ACCase 抑制剂唑啉草酯、肟草酮、炔草酯和精恶唑禾草灵；（2）以多花黑麦草或碱茅或棒头草为主的地块，可选择 ACCase 抑制剂唑啉草酯、肟草酮、炔草酯和精恶唑禾草灵，或者选择 ALS 抑制剂啶磺草胺。以上杂草混合发生的地块，可以根据以上建议综合考虑选择除草剂。

本试验在室内进行，由于温室温度、湿度和施药时的杂草叶龄等均有很好的一致性，所以田间结果如何还需要在田间认证。另外，不同地域采集的杂草种子在亚种、抗性方面均可能存在一定的差异，所以本试验结果仅为防除禾本科杂草的啶磺草胺等除草剂提供一定的参考。

参考文献

[1] 李贵，吴竞伦.江苏省小麦田禾本科杂草发生趋势及防除策略思考[J].杂草科学，2006，4：9-10.

[2] 李香菊，王贵启，樊翠芹，等.河北省冬小麦田杂草的发生规律及化学防除[J].河北农业科学，2004，8（1）：14-17.

[3] 席建英. 河北省冬小麦田恶性禾本科杂草发生及防治技术初探[J]. 植物检疫，2007，21（5）278-280.

[4] Michael P J, Owen M J, Powles S B. Herbicide-Resistant Weed Seeds Contaminate Grain Sown in the Western Australian Grainbelt[J]. Weed Science, 2010,58(4): 466-472.

[5] 王长强，陈永健，王绍敏，等.山东省麦田单子叶杂草发生与化学防除应用研究[J].山东农业科学.2009，4：92-94.

[6] Andrews T S,_Medd R W, Vandeven R J. Predicting *Avena* spp. control with clodinafop[J]. Weed Research, 2008,48, 319-328.

[7] Santel H J, Bowden B A, Sorensen V M. Flucarbazone-sodium - a new herbicide for the selective control of wild oat and green foxtail in wheat[J]. International Brighton Conference on Weeds, 1999: 23-28.

[8] Scursoni J A, Martin A, Catanzaro M P. Evaluation of post-emergence herbicides for the control of wild oat(*Avena fatua* L.) in wheat and barley in Argentina[J]. Crop Protection, 2011,30:18-23.

[9] Becker J, Schroeder J, Larelle D, et al. DOW 00742 H (GF-1361) - A novel cereal herbicide containing a new active ingredient (pyroxsulam) and florasulam with a broad activity on grass and dicotyledonous weeds[J]. Journal of Plant Diseases and Protection.2008, 21: 623-628.

[10] 吴雪源，吴佩芳，陈伟.彪虎防除冬小麦田杂草试验报告[J].杂草科学，2007，4：50-52.

[11] 黄正银，李华，陈浩松，等.麦极防除小麦田禾本科杂草的效果[J].杂草科学，2007，3：50-51.

[12] 刘孝慧，冯小燕，朱训永，等.15%麦极 WP 对小麦田恶性禾本科杂草的田间药效研究[J].安徽农业科学，2009，37(6)：2606-2607.

10%毒草胺·苄嘧磺隆 WP 防除水稻直播田杂草的效果

李林　朱文达[5]　王晶

（湖北省农业科学院，武汉 430064）

摘要： 本试验研究了 10%毒草胺·苄嘧磺隆 WP 对水稻直播田杂草的控制效果和对水稻产量的影响。试验结果表明，每公顷使用 10%毒草胺·苄嘧磺隆 WP 有效成分 90～150g 对水稻直播田的稗草、鸭舌草、水马齿、陌上菜等均有良好的防治效果，综合鲜重防效达到 92.83%～97.85%，显著优于对照药剂 50%毒草胺 WP 和 10%苄嘧磺隆 WP。施用 10%毒草胺·苄嘧磺隆 WP 能有效降低杂草对田间氮、磷、钾和水分的吸收，改善田间的光照和水肥条件，增产效果显著。

关键词： 杂草防效；养分；水分；产量

Effects of Weed Control in Direct-seeded Rice Field Treated with the Compound of Bensulfuron-methyl and Propachlor

Li Lin, Zhu Wenda, Wang Jin[1]

（*Hubei Academy of Agricultural Sciences, Wuhan,* 430064 *China*）

Abstract: Trials were conducted to evaluate the effects of wettable powder mixed with bensulfuron-methyl and propachlor for control of weeds in direct-seeded rice field and the influence on crop yield. The results showed that 10% bensulfuron-methyl + propachlor wettable powder at the dose of 90g/hm^2~150g/hm^2 had good control on *Echinochloa crusgalli*(L.) Beauv, *Monochoria vaginalis*(Burm.F.), *Rotala indica* (Willd.)Koehne, *Lindernia procumbens* (Krock.) Philcox. The overall fresh control effects are 92.83%~7.85% which were better than the control effects of 50% propachlor WP and 10% bensulfuron-methyl WP. The application of 10% bensulfuron-methyl + propachlor WP significantly reduced the weeds absorption of nutrition and water, and improved the light and moisture of the field which resulting in prominent yield enhancing.

Key words: weed control; nutrition; moisture; yield

水稻是我国的主要粮食作物，近年来，随着直播水稻面积的不断扩大，草害问题日趋严峻，直播水稻前期群体小，无水层或水层较浅，对杂草的控制作用较弱，如不及时防除或防除质量不高，极易形成草荒，导致大幅度减产甚至绝收。生产上宜将杂草谱不同的除草剂合理混用，以扩大杀草谱，全面防除田间各种杂草[3]。

杭州宇龙化工有限公司生产的 10%毒草胺·苄嘧磺隆 WP 是将两种杀草谱不同的单剂复配而成，为科学、合理使用该复配剂提供技术依据，我们通过田间试验研究了该复配剂对水稻直播田主要杂草的防除效果、施用技术及对水稻的安全性等，同时测定了杂草防除后水稻的产量以及杂草的氮、磷、钾和水分含量的变化规律。

1　材料与方法

1.1　试验地概况

试验在湖北省农业科学院南湖农场进行，试验地为典型的稻油轮作田，田地平坦，肥力均匀，排灌方便。土壤类型为黏壤土，pH 值约为 6.8、有机质含量 1.8%左右。于 2000 年 7 月 18 日播种，每公顷播种量 75kg，稻种经过浸种催芽处理，每亩施底肥复合肥 25kg，追施尿素 10kg，按照常规方法进行田间管理。田间杂草群落主要由稗草 *Echinochloa crusgalli*（L.）Beauv、鸭舌草 *Monochoria vaginalis*（Burm.F.）、水马齿 *Rotala indica* Willd.）Koehne、陌上菜 *Lindernia procumbens*（Krock.）Philcox 等组成，分布较均匀。

通讯作者：朱文达（1938—），男，江苏南通，研究员，主要从事杂草生物生态学及综合治理研究。

Tel：027-87389009，E-mail：zhwda@163.com

作者简介：李林（1982—），男，湖北嘉鱼，实习研究员，主要从事杂草生物生态学及综合治理研究

1.2 试验材料

直播水稻品种为"籼稻 815-8"；10%毒草胺·苄嘧磺隆 WP 由杭州宇龙化工有限公司提供，对照药剂 50%毒草胺 WP 由杭州宇龙化工有限公司提供，10%苄嘧磺隆 WP 由江苏如东农药厂提供。2300 型自动定氮仪由 Foss Tercator 生产。

1.3 试验设计与施药方法

试验设 10%毒草胺·苄嘧磺隆 WP 90 g（a.i）/hm^2、120 g（a.i）/hm^2 和 150g（a.i）/hm^2，对照药剂为 50%毒草胺 WP 1500g（a.i）/hm^2、10%苄嘧磺隆 WP22.5 g（a.i）/hm^2，并设空白对照处理，共 6 个处理，每处理重复 4 次，共 24 个小区。每个小区的面积 20m^2，随机排列，每小区之间筑埂隔离，以防串灌、漫灌。于 2000 年 7 月 26 日（水稻播种后 8 天）喷雾法施药，施药时稻苗 2 叶 1 心期，每公顷对水 600kg 采用 MATABI 型喷雾器均匀喷雾，施药前排干田水，施药后 24h 灌水回田，保持水层 7 天，只灌不排，任其自然落干。

1.4 调查方法及统计分析

施药后目测各处理对水稻的安全性。并于施药后 20 天、40 天调查杂草密度防效，40 天加测杂草鲜重防效。取样方法为每小区取有代表性 4 个点，每点 0.25 m^2，即每区共取 1m^2，分别记载杂草种类、株数、鲜重，计算防效，同时取 1m^{2}的稗草和鸭舌草送往湖北省农业科学院农业测试中心测量杂草的氮、磷、钾和含水量，每个处理重复 4 次。全氮量的测定采用凯氏定氮法，全磷量和全钾量的测定采用高频电感耦合等离子体原子发射光谱法（ICP 法），含水量的测定参考 GB/T5009.3—2003 的测定标准。所得数据采用 Duncan's 新复极差法进行统计分析。并于水稻收获期测定水稻产量。

2 结果与分析

2.1 10%毒草胺·苄嘧磺隆 WP 防除水稻直播田主要杂草的防效

试验结果显示，施用 10%毒草胺·苄嘧磺隆 WP 有效成分 90～150g/hm^2，药后 20～40 天，对稗草的密度防效为 78.38%～96.45%，对鸭舌草、水马齿、陌上菜的密度防效均在 96.72%以上，综合防效为 96.35%～98.78%（表 1）。药后 40 天（表 2）对稗草的鲜重防效为 89.3%～97.4%，对鸭舌草、水马齿、陌上菜的鲜重防效达到 99.88%以上，综合鲜重防效达到 92.83%～97.85%。

统计分析结果表明，10%毒草胺·苄嘧磺隆 WP 对水稻直播田稗草、鸭舌草、水马齿、陌上菜均有良好的防除效果，防除稗草及杂草综合的效果显著优于对照药剂 10%苄嘧磺隆 WP，防除鸭舌草、水马齿、陌上菜和杂草综合的效果显著优于对照药剂 50%毒草胺 WP。杂草的鲜重防效与密度防效一致，随着供试药剂用量的增加，对杂草的防除效果显著增加。

2.2 10%毒草胺•苄嘧磺隆 WP 的保水保肥效果

调查田间稗草和鸭舌草的水肥含量表明，在未施药的处理中，每公顷稗草的全氮量、全磷量、全钾量和含水量分别达到 55.01kg、4.92kg、46.21kg 和 17115kg，每公顷鸭舌草的全氮量、全磷量、全钾量和含水量分别达到 18.99kg、0.055kg、28.06kg 和 11304.9kg，两种杂草对氮和钾的吸收利用能力显著。试验结果表明，10%毒草胺•苄嘧磺隆 WP 能有效地控制杂草的株数和鲜重，显著降低稗草和鸭舌草对田间养分和水分的消耗，各处理区杂草对全氮量、全磷量、全钾量和含水量的消耗量极显著低于未施药小区（表 3）。

2.3 10%毒草胺•苄嘧磺隆 WP 的增产效果

根据田间观察，对照小区水稻在杂草的竞争压力下长势弱、植株纤细、分蘖减少、稻壳空瘪现象严重。测产结果表明，使用 10%毒草胺•苄嘧磺隆 WP 处理的直播稻田产量达到 6131.25～6330kg/hm^2，增产效果显著，比空白对照（4916.25kg/hm^2）增产 1215～1413.75kg/hm^2，增产率 24.71%～28.76%（表 4）。

表 1 10%毒草胺•苄嘧磺隆 WP 防除水稻直播田杂草密度防效

处理	药后 20 天株防效（%）					药后 40 天分蘖防效（%）				
	稗草	鸭舌草	水马齿	陌上菜	综合	稗草	鸭舌草	水马齿	陌上菜	综合
10%毒草胺•苄嘧 WP 90g（a.i）/hm^2	92.39	100.0	99.51	100.0	99.25	78.38	100.0	96.72	100.0	96.35
10%毒草胺•苄嘧 WP 120g（a.i）/hm^2	93.30	100.0	100.0	100.0	99.74	88.23	100.0	100.0	100.0	98.43
10%毒草胺•苄嘧 WP 150g（a.i）/hm^2	96.45	100.0	100.0	100.0	99.81	94.42	100.0	100.0	100.0	98.78
50%毒草胺 WP 1500g（a.i）/hm^2	83.42	49.33	69.31	64.74	71.08	82.63	56.23	64.54	61.96	65.87
10%苄嘧磺隆 WP 22.5g（a.i）/hm^2	57.96	100.0	89.93	100.0	96.93	66.92	100.0	82.02	100.0	95.25
C K	/	/	/	/	/	/	/	/	/	/

表 2 10%毒草胺•苄嘧磺隆 WP 防除水稻直播田杂草第 60 天鲜重防效

处理	稗草鲜重	鸭舌草鲜重	水马齿鲜重	陌上菜鲜重	综合鲜重
	防效（%）	防效（%）	防效（%）	防效（%）	防效（%）
10%毒草胺•苄嘧 WP 90g（a.i）/hm^2	89.30 bcAB	100.00 aA	99.88 aA	100.00 aA	92.83 abAB
10%毒草胺•苄嘧 WP 120g（a.i）/hm^2	95.19 abA	100.00 aA	100.00 aA	100.00 aA	96.30 aA
10%毒草胺•苄嘧 WP 150g（a.i）/hm^2	97.40 aA	100.00 aA	100.00 aA	100.00 aA	97.85 aA
50%毒草胺 WP 1500g（a.i）/hm^2	87.16 bcAB	64.60 bB	66.35 bB	67.92 bB	80.27 cB
10%苄嘧磺隆 WP 22.5g（a.i）/hm^2	78.92 cB	100.00 aA	99.06 aA	100.00 aA	87.78 bcB
C K	dC	cC	cC	cC	cC

表 3 不同处理后水稻田杂草中全氮、全磷、全钾含量和总含水量（kg/hm²）

处理	每公顷产量		
	kg/hm²	增产量（kg）	比 CK 增产（%）
10%毒草胺•苄嘧 WP 90g（a.i）/hm²	6131.25	1215.00	24.71
10%毒草胺•苄嘧 WP 120g（a.i）/hm²	6213.75	1297.50	26.39
10%毒草胺•苄嘧 WP 150g（a.i）/hm²	6330.00	1413.75	28.76
50%毒草胺 WP 1500g（a.i）/hm²	5992.50	1076.25	21.89
10%苄嘧磺隆 WP 22.5g（a.i）/hm²	6037.50	1121.25	22.81
C K	4916.25	/	/

表 4 10%毒草胺•苄嘧磺隆 WP 防除水稻直播田杂草对产量的影响

处理 Treat	稗草 *E. crusgalli*				鸭舌草 *M. vaginalis*			
	全氮量 Weight of total N	全磷量 Weight of total P	全钾量 Weight of total K	含水量 Weight of moisture	全氮量 Weight of total N	全磷量 Weight of total P	全钾量 Weight of total K	含水量 Weight of moisture
10%毒草胺•苄嘧 WP 90g（a.i）/hm²	6.04	0.54	5.07	1878.10	0.00	0.000	0.00	0.00
10%毒草胺•苄嘧 WP 120g（a.i）/hm²	3.65	0.33	3.07	1136.10	0.00	0.000	0.00	0.00
10%毒草胺•苄嘧 WP 150g（a.i）/hm²	2.22	0.20	1.86	690.20	0.00	0.000	0.00	0.00
50%毒草胺 WP 1500g（a.i）/hm²	7.75	0.69	6.51	2410.45	5.63	0.016	8.31	3349.98
10%苄嘧磺隆 WP 22.5g（a.i）/hm²	10.10	0.90	8.49	3142.83	0.00	0.000	0.00	0.00
C K	55.01	4.92	46.21	17115.0	18.99	0.055	28.06	11304.9

3 讨论

试验结果表明，10%毒草胺•苄嘧磺隆 WP 对水稻直播田稗草、鸭舌草、水马齿、陌上菜等均有良好的防除效果，综合防效达 92.83%以上，显著优于两种对照药剂单剂，通过复配很好地解决了毒草胺、苄嘧磺隆单用杀草谱窄的问题，提高了除草活性，扩大了杀草谱，对水稻安全，是直播稻田一次性防除杂草的理想除草剂。

分析田间二种主要杂草的水肥含量，结果表明 10%毒草胺•苄嘧磺隆 WP 能有效地控制杂草的密度和生长量，显著降低杂草对田间养分和水分的吸收，增产效果显著，比未施药处理增产 24.71%～28.76%。推荐剂量为每公顷有效成分 90～150g，于水稻 2 叶 1 心期，每公顷对水 600kg 采用 MATABI 型喷雾器均匀喷雾，施药前排干田水，施药后 24h 灌水回田，保持水层 7 天，只灌不排，任其自然落干。

参考文献

[1] 蒋和平，辛岭. 中国种植业生产的现状与政策建议[J]. 世界农业，2008，11（12）：34-37.

[2] 张振兴，娄远来. 水稻直播栽培及草害防除[J]. 杂草科学，2009，3（3）：13-15.

[3] 高波，刘丹红. 水直播稻田杂草的防除技术[J]. 现代农业科技，2007（17）：117-117.

[4] 于改莲.稻田除草剂的正确使用方法[j].农药，2001，40（12）：43-45

[5] 朱屏，杨世明，马均，等. 遮光对杂交水稻组合生育后期光合特性和产量的影响[J]. 作物学报，2008，34（11）：2003-2009.

[6] 张卓，牛艳凯，张岩，等. 不同时期不同施氮量对水稻产量的影响[J]. 北方水稻，2009，39（2）：25-27.

[7] 詹其厚，陈杰. 氮钾肥配合对沿淮地区水稻产量和肥料利用率的影响[J]. 中国土壤与肥料，2007，43（2）：50-52.

[8] 强胜，马波. 综观以化学除草剂为主体的稻田杂草防治技术体系[J]. 杂草科学，2004，22（2）：14-15.

[9] 朱文达. 稗对水稻生长和产量性状的影响及其经济阈值[J]. 植物保护学报，2005，32（1）：81-86.

禾草丹（Thiobencarb）除草剂开发与应用技术研究

周益民　石　磊　钱曙光

（江苏省宜兴市植保站）

摘要：近年来，随着直播稻面积不断扩大和栽培技术不断改变，田间草相随生态条件的不同而发生了变化，水稻前期干湿栽培、草害问题突出，威胁严重。本研究以水稻旱直播田和水直播田杂草为防除目标，旨在试验开发 90%禾草丹 EC 除草剂的应用技术，试验研究结果表明 90%禾草丹 EC 杀草谱广，对一年生稗草、千金子、佰上菜、丁香蓼、节节草等均有较好的防效。水稻旱直播播种、盖籽、上水自然落干后单用 90%禾草丹 EC150～200 ml/667m^2 或混用 90%禾草丹 EC100ml 加 10%苄磺隆 WP30g/667m^2；水直播播种后 3～4 天（根下扎、芽立起）施用 90%禾草丹加安全剂 120～150ml/667m^{2}或混用 90%禾草丹 EC100 ml 加 10%苄磺隆 WP25 g/667 m^2，一次用药即能有效地控制直播田前期杂草的为害，综合防效均达 95%左右，对水稻安全，无残留无残毒，操作方便，明显优于其他各类除草剂，经济效益、生态效益、社会效益显著提高。

关键词：禾草丹；水直播；旱直播；杂草；应用技术

1　研究目标

近年来大面积推广应用水稻轻型栽培技术，水稻直播田面积不断扩大，化除难度增大，草害问题突出，威胁严重。本研究以水稻旱直播田和水直播田杂草为防除目标，旨在试验研究和开发应用 90%禾草丹 EC 除草剂，以明确其对水稻旱直播田和水直播田杂草的防除效果，并观察对水稻的安全性，确定最佳使用剂量和用药时间，为大面积推广应用提供技术依据。

2　研究概况

90%禾草丹 EC 是江苏傲伦达科技实业股份公司连云港分公司开发的直播稻田除草剂，它是由禾草丹单剂和禾草丹加安全剂按科学方法筛选出具有除草活性的化合物，禾草丹的化学名称为 S-（4-氯苄基）-N,N-二乙基硫赶氨基甲酸酯，又叫杀草丹（Thiobenearb），英文通用名称 beothiocarb。它在水稻和禾本科稗草和千金子之间有很高的选择性，具有对水稻安全，杀草谱广、持效期长以及低毒、低残留等优点。为了筛选配方，验证除草效果，完善应用技术，评价其安全性等，进行系统的试验研究。在进行不同类型旱直播田和水直播田试验研究的同时，先后在徐舍、万石、芳桥等地进行较大面积的示范，均取得较高的经济效益和良好的社会效益、生态效益，深受农户欢迎。

3　研究内容（分旱直播和水直播）

3.1　90%禾草丹 EC 防除旱直播稻田杂草效果试验

试验设置在宜兴市病虫观察区（新街街道彭庄村）实施，土质为乌泥土，pH 值 6.6，有机质含量中等，地力为中等偏上，前茬为小麦，于 2009 年 5 月 25 日收割；水稻种植方式为旱直播，播种日期为 6 月 10 日，播种量为 4 kg，田间主要杂草有禾本科稗草（*Echinochloa crus-galli* Beauv）、千金子（*Leptochloa chinensis* Nees），阔叶杂草有节节菜（*Rotala indica* Kochne）、丁香蓼（*Lindernia prccumbens* Philcox）、陌上菜（*L. procumbens* Philcox）、鸭舌草（*Monochoria vaginalis* Presi et Kunth）、鳢肠(*Eclipta prostrate* L.)、野荸荠（*Elecharis planeagineiforimis* Tang et Wang）、矮慈姑（*Sagittaria pygmaea* Mig）等。田间杂草分布基本均匀，试验作如下处理：①90%禾草丹 EC100ml/667m^2、120 ml/667 m^2、150ml/667 m^2、200 ml/667 m^2、240 ml/667 m^2（江苏傲伦达科技实业股份公司连云港分公司）；②30%扫苐特 EC150 ml/667 m^2（先正达公司）；③30%丁·恶 EC180ml/667m^2（富田农化有限公司）；④不用药（CK）喷清水作对照，每处理小区面积 20 m^2，重复四次，区组随机排列，按试验设计要求水稻旱直播土壤处理施药时间在 6 月 10 日，即播种、盖籽、上水自然落干（无积水）后用药，试验期间，气温和雨水条件适宜，基本能正常发挥药效。用药后持续观察药效和稻苗有无药害等异常现象。

3.1.1 禾草丹单用试验

田间试验结果表明，水稻旱直播稻播种，盖籽，上水自然落干后，施用 90%禾草丹 EC 防除田间杂草见效快。据田间定点观察，用药后 2～3 天杂草根、芽明显受抑，表现症状为初生叶难以伸长，阻碍 α-淀粉酶和蛋白质合成，用药后 5～7 天达到死亡高峰。从田间不同用药量试验可以看出，每 667 m^2 用 90%禾草丹 EC100 ml、120 ml、150 ml、200 ml、240 ml，用药后 15 天总草的株数防效分别为 90.8%、93.7%、97.0%、99.6%、100%，其中对稗草的株数防效都为 100%，对千金子的株数防效分别为 88.4%、91.5%、94.8%、99.4%、100%，对其他阔叶杂草的株数防效分别为 92.2%、95.6%、100%、100%、100%，防除效果随剂量增加而明显递增。用药后 30 天调查，90%禾草丹 EC 五个处理的不同剂量的除草效果仍然比较理想，总草的株数防效分别为 90.8%、93.5%、96.4%、99.3%、100%，其中对稗草的防除效果分别为 98.1%、100%、100%、100%、100%，对千金子的防除效果分别为 89.7%、92.0%、95.3%、99.1%、100%，对其他阔叶杂草的防除效果分别为 91.2%、95.3%、98.2%、99.3%、100%。到用药后 50 天（杂草基本稳定时）调查，可以进一步看出，每 667m^2 用 90%禾草丹 EC120 ml、150 ml、200 ml 总草的株数防效分别为 85.6%、92.6%、95.3%，鲜重防效分别为 86.3%、92.4%，95.7%，其中对稗草的株数防效分别为 99%、100%、100%，鲜重防效分别为 99%、100%、100%，对千金子的株数防效分别为 85.1%、93.3%、95.9%、，鲜重防效分别为 85.7%、93.0%、96.1%，对其他阔叶杂草的株数防效分别 82.3%、87.0%、92.3%，但对野荸荠防除效果较差，除草效果只有 20%左右。随着用药量增加除草效果递增，每 667m^2 用 90%禾草丹 EC240 ml，总草的株数和鲜重防效分别达 97.3%、97.4%，其中对稗草、千金子和其他阔叶杂草的株数防效分别为 100%、97.5%、95.6%，鲜重防效分别为 100%、98.0%、94.3%，用药量下降到每 667m^2 用 90%禾草丹 EC100ml，除草效果明显下降，总草的株数和鲜重防效分别为 79.7%、81.0%，对稗草、千金子和其他阔叶杂草株数防效分别为 97.6%、79.4%、74.7%，鲜重防效分别为 98.0%、80.3%、75.2%。田间试验以 30%扫茀特 EC150 ml/667 m^2 和 30%丁·恶 EC180 ml/667 m^2 作对比药剂，总草的株数防效分别为 92.8%、77.9%，鲜重防效分别为 93.4%、85.1%。试验结果证实：90%禾草丹 EC 同进口 30%扫茀特 EC 和国产 30%丁·恶 EC 相比除草效果明显提高，一次用药可有效地控制旱直播稻田禾本科稗草、千金子和其他阔叶杂草的前期为害（详见表 1、表 2）。

3.1.2 禾草丹加苄磺隆混用试验

90%禾草丹 EC 每 667 m^2 用 80 ml、100 ml、120 ml 加 10%苄磺隆 WP25 g，防除旱直播稻田杂草效果显著，用药后 15 天总草的株数防效分别为 96.8%、99.6%、100%，其中对禾本科稗草的株数防效达到 100%，对千金子的株数防效分别为 96.3%、100%、100%、，对其他阔叶杂草的株数防效分别为 98.7%、98.9%、100%。用药后 30 天与用药后 15 天除草效果总趋势基本一致，处理①、②、③三种不同混用总草的株数防效达 96.2%～100%，防效随剂量增加而明显递增。到用药后 50 天调查，三种处理区的除草效果仍然比较稳定，总草的株数防效分别为 90%、93%、96.5%，鲜重防效分别为 91.5%、94.5%、97%。处理间差异性比较 90%禾草丹 EC 加 10%苄磺隆 WP 混用防除旱直播稻田杂草效果明显优于 90%禾草丹 EC 单用和其他各类除草剂。一次用药都能有效地控制旱直播稻田前期杂草为害。

据田间观察，禾草丹不管单用或混用作旱直播土壤处理剂，持续效果优良。禾草丹由杂草的根部尤其是幼芽部吸收，分布到杂草体内，具有强烈的抑制杂草生长的作用。即抑制开始发芽的杂草的种子和发芽初期杂草的生发发育，使杂草枯死。通过稻田的灌水对土壤进行处理对一年生稗草、千金子和其他阔叶杂草都有显著的效果，杀草谱也较广，对水稻无害。

3.2 90%禾草丹 EC 加安全剂防除水直播稻田杂草用药量试验

试验设置在宜兴市芳桥镇金兰村（高产示范区）实施，土质为黄泥土，有机质含量中等，地力中等偏上，前茬为小麦，于 2009 年 5 月 27 日收割，水稻种植方式为水直播，于 6 月 15 日开始药剂浸种催芽，播种日期为 6 月 19 日，播种量为 4 kg。田间主要杂草有禾本科稗草、千金子、阔叶杂草有节节菜、鸭舌草、陌上菜、野荸荠等，田间杂草分布基本均匀。试验共设 6 个处理：①90%禾草丹 EC+安全剂 100 ml/667 m^2、120 ml/667 m^2、150 ml/667 m^2、200 ml/667 m^2、；②30%丙草胺 EC+安全剂 150 ml/667 m^2；③不用药（CK）喷清水作空白对照，每个处理小区面积 20 m^2，重复四次，区组随机排列。按试验设计要求施药前排干田内积水，按上述处理用进口手动背负式喷雾器对水 40 kg 喷细雾，用药后隔 1 天上水。以后正常管理。试验期间，气温和雨水条件适宜，药效基本能正常发挥，用药后定期观察药效和稻苗有无药害等异常现象。

水直播稻播后 2 天（稻根下扎稻芽立起）施用 90%禾草丹 EC+安全剂防除田间杂草见效快，用药后 2～3 天被杂草的根部和幼芽直接吸收，特别是幼芽吸收后转移到植物体内，对生长点有很强的抑制作用，从而导致萌芽的杂草种子和萌芽初期的杂草枯死，用药后 5～7 天后达死亡高峰，从田间不同用量试验可以看出。每 667 m^2 用 90%禾草丹 EC100 ml、120 ml、150 ml、200 ml 用药后 15 天调查，总草株数防效分别为 94.7%、100%、100%、100%；用药后 30 天调查，4 个处理区的除草效果仍然比较理想，总草的株数防效分别为 92.7%、97.3%、100%、100%，其中对稗草的防除效果分别为 97.9%、98.7%、100%、100%，对千金子的防除效果分别为 92.1%、98.0%、100%、100%，对其他阔叶杂草的防除效果分别为 92.4%、96.2%、100%、100%。到用药后 50 天（杂草基本稳定时）调查，总草的株数防效分别为 86.5%、91.2%、94.8%、100%，鲜重防效分别 85.0%、91.1%、95.3%、100%。对照药剂 30%扫茀特 EC150 ml/667 m^2，总草的株数防效和鲜重防效 100%、93.5%、94.1%、100%。证明 90%禾草丹 EC120~150 ml /667m^2，药效期长而且比较稳定，持效期长达 30～50 天，一次用药可有效地控制水直播田禾本科稗草、千金子和其他阔叶杂草前期的为害。为提高施药的经济效益，根据试验和大区示范实践，90%禾草丹 EC 加安全剂应用剂量为 120～150 ml/667 m^2 为宜。

3.3 90%禾草丹 EC+安全剂防除水直播稻田杂草用药适期试验

为了探讨 90%禾草丹 EC+安全剂在水直播田用药适期，6 月 19 日播种的水直播田作分期用药试验，分别设播后 2 天、4 天、8 天用药，共 3 期，另设不用药作对照，小区面积 20 m^2，重复 4 次，剂量每 667 m^2 用 90%禾草丹 EC120 ml、150 ml，验证不同时期用药除草和保苗效果，为制定用药适期提供技术依据。

从试验结果可以看出，禾草丹是氨基甲酸酯类选择性内吸传导型土壤处理除草剂，可被杂草的根部和幼芽吸收，特别是幼芽吸收后转移到植物体内，对生长点有很强的抑制作用，阻碍 α-淀粉酶和蛋白质合成，对植物细胞有丝分蘖也有强烈抑制作用，因而导致萌芽的杂草种子和萌发初期的杂草死亡。所以水直播田播后 2～4 天用药，使幼芽和幼嫩组织过早发黄，这样就能获得理想的防除效果。从田间试验还可以进一步看出，水直播田播后 2～4 天（平均气温 25～30℃）禾本科杂草和阔叶杂草已达出芽高峰。田间分期用药与播后 2 天和 4 天防效正好奏效。每 667 m^2 用 90%禾草丹 EC150 ml 最终总草的株数防效分别为 94.8%、93.3%，总草的鲜重防效分别为 95.3%、93.0%；水直播田过迟（播后 8 天）用药，总草的株数和鲜重防效只有 77.3%、78.3%。此时用药抗药性增强，除草效果明显下降，在实际推广应用中价值不大。根据上述资料综合分析，水直播田施用 90%禾草丹 EC，用药时间应掌握在播后 2～4 天为宜。

3.4 90%禾草丹 EC 安全性试验

90%禾草丹 EC 是一种旱直播和水直播稻田专用选择性芽期除草剂，其化学活性高，可被杂草的根部和幼芽吸收，特别是幼芽吸收后转移到植物体内，对生长点有很强的抑制作用。禾草丹阻碍 α-淀粉酶和蛋白质合成，对植物细胞和有丝分裂也有强烈的抑制作用，因而导致萌发的杂草种子和萌发初期的杂草死亡。而水稻耐药性强，从小区试验看出，不管旱直播土壤封闭处理和水直播（加安全剂）播后 2～4 天（立针期）、播后 8 天（1.5～2 叶期）用药均无发现有不良影响，从用药区与不用药（CK）相比，不同剂量间和不同生育期用药时间比较，水稻叶片和生长势经定期观察均未发现有不正常现象，证明 90%禾草丹 EC 无论是土壤处理和苗后早期处理都对水稻生长安全。

4 研究结论

4.1 田间评价

根据试验研究，90%禾草丹 EC 单用或混用作旱直播土壤封闭处理除草效果好，特别是对禾本科稗草、千金子和其他阔叶杂草都有明显的防效，只要用药适时，用量标准，方法恰当，在水稻旱直播上进行土壤封闭处理可以获得明显的防效，而且对水稻安全。因此我们认为可以进一步扩大试验示范。水直播田对已出芽的禾本科稗草、千金子和其他阔叶杂草用药后 2～3 天表现药效，对未出苗的禾本科稗草、千金子和其他阔叶杂草控制的持效期长达 30 天左右，试验证实除草效果比较明显，一次用药基本上能控制水直播田前期的杂草为害。是目前诸多除草剂中较为理想的一种。水直播田播后 2～4 天每 667 m^2 用 90%禾草丹 EC150 ml 除草效果明显高于扫茀特等除草剂，而且对水直播稻苗安全，特别水直播稻田防除杂草可以达到总体防除目的，并有一定的开发应用前景。

4.2 应用技术

⑴用药量：90%禾草丹 EC 除草剂由于活性高，从安全、有效、经济的角度出发，防除旱直播稻田一年生禾本科稗草、千金子和其他阔叶杂草每 667 m^2 单用 90%禾草丹 EC 120～150 ml 或混用 90%禾草丹 80～100 ml 加 10%苄磺隆 25g 为宜，重草田每 667m^2 单用 90%禾草丹 EC 150～200 ml 或混用 90%禾草丹 100～120 ml 加 10%苄磺隆 30 g 为好；防除水直播稻田一年生禾本科稗草、千金子和其他阔叶杂草每 667 m^2 单用 90%禾草丹 EC 120～150 ml 加安全剂或混用 90%禾草丹 EC 100 ml 加 10%苄磺隆 WP25 g /667 m^2 为宜。

⑵用药时间：旱直播田播种、盖籽、上水自然落干后立即用药；水直播田播后 2～4 天（根下扎、芽立起）用药，推迟（播后 8 天）用药都不利获得最佳的除草效果；

⑶用药方法：采用喷雾法，即每 667 m^2 对水 30 kg 均匀喷细雾，用药前先排干水层，用药后保持稻板湿润，防止干燥裂缝，以利获得理想效果。

4.3 注意事项

（1）旱直播稻田化除要求仑面平整，沟系配套，用药后保持仑面湿润；（2）水直播稻田稻种必须浸种催芽后播种，用药后保持仑面湿润不积水；（3）均匀喷雾，不重喷、不漏喷。

表 1 90%禾草丹 EC 防除旱直播稻田杂草试验效果比较表

（土壤封闭处理） $1m^2$

处理	用药后 15 天								用药后 30 天							
	稗草		千金子		其他阔叶杂草		总草		稗草		千金子		其他阔叶杂草		总草	
	残草	效果%	残草	效果%	残草	效果%	残草	效果%	残草	效果%	残草	效果%	残草	效果%	残草	效果%
①90%禾草丹 EC100ml/667m²	0	100	9.5	88.4	3.5	92.2	13	90.8	0.5	98	24	89.7	7.5	91.2	31.5	90.8
②90%禾草丹 EC120ml/667m²	0	100	7	91.5	2.0	95.6	9	93.7	0	100	18.5	92.0	4.0	95.3	22.5	93.5
③90%禾草丹 EC150ml/667m²	0	100	4.3	94.8	0.0	100	4.3	97.0	0	100	11	95.3	1.5	98.2	12.5	96.4
④90%禾草丹 EC200ml/667m²	0	100	0.5	99.4	0	100	0.5	99.6	0	100	2	99.1	0.5	99.4	2.5	99.3
⑤90%禾草丹 EC240ml/667m²	0	100	0	100.0	0.0	100	0	100.0	0	100	0	100	0	100	0	100
⑥30%扫茀特 EC150ml/667m²	0	100	4	95.1	1.5	96.7	5.5	96.1	0	100	11.5	95.0	3.0	96.5	14.5	95.8
⑦30%丁噁 EC180ml/667m²	0	100	5.3	93.5	4.0	91.1	9.3	93.5	0	100	25.5	89.0	8.5	90.0	34	90.1
⑧CK	15	—	82	—	45		142		27	—	232	—	85		344	—

表 2 90%禾草丹 EC（用药后 50 天）防除旱直播稻田杂草试验效果比较表
（土壤封闭处理） $1m^2$

处理	稗草				千金子				其他阔叶杂草				总草				显著性测定	
	残草	效果%	鲜重g	效果%	残草	效果%	鲜重g	效果%	残草	效果%	鲜重g	效果%	残草	效果%	鲜重g	效果%	0.05	0.01
①90%禾草丹 EC100ml/667m^2	0.75	97.6	0.8	98.0	65	79.4	56.1	80.3	23	74.7	21.2	75.2	88.8	79.7	78.1	81.0	d	D
②90%禾草丹 EC120ml/667m^2	0.3	99.4	0.4	99.0	47	85.1	40.8	85.7	15.5	83.0	15.1	82.3	62.8	85.6	56.3	86.3	c	C
③90%禾草丹 EC150ml/667m^2	0	100	0	100	21	93.3	20	93.0	11.5	87.4	11.1	87.0	32.5	92.6	31.1	92.4	ab	AB
④90%禾草丹 EC200ml/667m^2	0	100	0	100	13	95.9	11.1	96.1	7.5	91.8	6.6	92.3	20.5	95.3	17.7	95.7	a	b
⑤90%禾草丹 EC240ml/667m^2	0	100	0	100	8	97.5	5.7	98.0	4	95.6	4.9	94.3	12	97.3	10.6	97.4	a	A
⑥30%扫茀特 EC150ml/667m^2	0	100	0	100	19	94.0	19.1	93.3	8	91.2	7.9	90.8	27.0	93.8	27	93.4	ab	AB
⑦30%丁噁 EC180ml/667m^2	0.5	98.4	0.7	98.2	71	77.5	37.1	87.0	25	72.5	23.1	73.0	96.5	77.9	60.9	85.1	c	C
⑧CK	31	—	39.5	—	315	—	285	—	91	—	85.5	—	437		410	—		

表 3 禾草丹加苄磺隆混用防除旱直播稻田杂草试验效果比较表

（土壤封闭处理）　　1m²

处理	用药后 15 天								用药后 30 天							
	稗草		千金子		其他阔叶杂草		总草		稗草		千金子		其他阔叶杂草		总草	
	残草	效果%	残草	效果%	残草	效果%	残草	效果%	残草	效果%	残草	效果%	残草	效果%	残草	效果%
90%禾草丹 80ml+ 10%苄磺隆 25g/667m²	0	100	3	96.3	1.5	98.7	4.5	96.8	0	100	9	96.1	4.0	95.3	13	96.2
90%禾草丹 100ml+ 10%苄磺隆 25g/667m²	0	10	0	100	0.5	98.9	0.5	99.6	0	100	4	98.3	1.5	98.2	5.5	98.4
90%禾草丹 120ml+ 10%苄磺隆 25g/667m²	0	100	0	100	0	100	0	100	0	10	0	100	0	100	0	00
CK	15		82		45		142		27		232		85		344	

表 4 禾草丹加苄磺隆混用防除旱直播稻田杂草试验效果比较表

（土壤封闭处理） $1m^2$

处理	稗草				千金子				其他阔叶杂草				总草				差异显著性	
	残草	效果%	鲜重	效果%	残草	效果%	鲜重	效果%	残草	效果%	鲜重	效果%	残草	效果%	鲜重	效果%	0.05	0.01
90%禾草丹 80ml+10% 苄磺隆 25g/667m^2	0.5	98.4	0.6	985	31	90.1	23.6	1.7	12	86.8	10.5	87.7	43.5	90.0	34.7	91.5	b	B
90%禾草丹 100ml+10% 苄磺隆 25g/667m^2	0	100	0	100	23	92.7	15.4	84.6	7.5	91.8	7.2	91.6	30.	93.0	22.6	94.5	ab	AB
90%禾草丹 120ml+10% 苄磺隆 25g/667m^2	0	100	0	100	11	96.5	8.2	97.1	4.5	95.1	3.9	95.4	15.5	96.5	12.1	97.0	a	A
CK	31		39.5		315		285		91		85.5		437		410			

表 5 90%禾草丹 EC+安全剂防除水直播稻田杂草试验效果比较表　　1m^2

处理	用药后 15 天								用药后 30 天							
	稗草		千金子		其他阔叶杂草		总草		稗草		千金子		其他阔叶杂草		总草	
	残草	效果%	残草	效果%	残草	效果%	残草	效果%	残草	效果%	残草	效果%	残草	效果%	残草	效果%
90%禾草丹 EC100ml/667m^2	0	100	6.5	94.4	5.0	94.1	11.5	94.7	0.5	97.8	10.5	92.1	8	92.4	19	92.7
90%禾草丹 EC120ml/667m^2	0	100	0	100	0	100	0	100	0.3	98.7	2.7	98.8	4	96.2	7	97.3
90%禾草丹 EC150ml/667m^2	0	100	0	100	0	100	0	100	0	100	0	100	0	100	0	100
90%禾草丹 EC200ml/667m^2	0	100	0	100	0	100	0	100	0	100	0	100	0	100	0	100
30%扫茀特 EC150ml/667m^2	0	100	0	100	0	100	0	100	0	100	0	100	2	98.1	2	99.4
CK	16	—	116	—	85		217		23	—	133	—	105		261	—

注：浸种日期 6 月 13 日　播种日期：6 月 17 日　用药日期：6 月 19 日

表 6 90%禾草丹 EC+安全剂（用药后 50 天）防除直播稻田杂草试验效果比较表

（播后 2 天用药） 1m²

处 理	稗草				千金子				其他阔叶杂草				总草				显著性测定	
	残草	效果%	鲜重g	效果%	残草	效果%	鲜重g	效果%	残草	效果%	鲜重g	效果%	残草	效果%	鲜重g	效果%	0.05	0.01
90%禾草丹 EC100ml/667m²	1.5	94.4	2.0	93.7	16.0	88.5	20.1	86.4	20.0	83.6	22.4	81.2	37.5	86.5	44.5	85.0	d	D
90%禾草丹 EC120ml/667m²	0.5	98.1	0.6	98.1	10.5	92.4	12.5	91.5	13.5	88.9	12.5	89.5	24.5	91.2	25.5	91.4	c	C
90%禾草丹 EC150ml/667m²	0	100	0	100	7.0	95.0	6.9	95.3	7.5	93.9	7.1	94.0	14.5	94.8	14	95.3	b	B
90%禾草丹 EC200ml/667m²	0	100	0	100	0	100	0	100	0	100	0	100	0	100	0	100	a	A
30%扫茀特 EC150ml/667m²	0.3	98.9	0.4	98.7	8.7	93.7	8.5	94.2	9	92.6	9.2	92.3	18.0	93.5	17.7	94.1	b	B
CK	27	—	31.5	—	139	—	147	—	122	—	119	—	278		297.5	—		

表 7 90%禾草丹 EC+安全剂防除水直播稻田杂草试验效果比较表

（播后 4 天用药） $1m^2$

处理	用药后 15 天								用药后 30 天							
	稗草		千金子		其他阔叶杂草		总草		稗草		千金子		其他阔叶杂草		总草	
	残草	效果%	残草	效果%	残草	效果%	残草	效果%	残草	效果%	残草	效果%	残草	效果%	残草	效果%
90%禾草丹 $120ml/667m^2$	0.0	100.0	1.5	98.7	1.3	98.5	2.8	98.7	0.7	97.0	5.0	96.2	8.0	92.4	13.7	94.8
90%禾草丹 $150ml/667m^2$	0.0	100.0	0.0	100.0	0.3	99.6	0.3	99.9	0.0	100.0	0.3	99.8	1.5	98.6	1.8	99.3
30%扫茀特 $EC150ml/667m^2$	0.0	100.0	0.5	99.6	0.3	99.6	0.8	99.6	0.3	98.7	0.7	99.5	4.0	96.2	5.0	98.1
CK	16	—	116	—	85.0		217.0		23	—	133.0	—	105		261	—

注：浸种日期 6 月 13 日　播种日期：6 月 17 日 用药日期：6 月 21 日 调查时间：7 月 6 日、7 月 21 日

表 8 90%禾草丹 EC+安全剂（用药后 50 天）防除水直播稻田杂草试验效果比较表
（播后 4 天用药）　　1m²

处理	稗草				千金子				其他阔叶杂草				总草				显著性测定	
	残草	效果%	鲜重 g	效果%	残草	效果%	鲜重 g	效果%	残草	效果%	鲜重 g	效果%	残草	效果%	鲜重 g	效果%	0.05	0.01
90%禾草丹 120ml/667m²	1.5	94.5	1.8	94.3	13.5	90.3	15.0	89.8	15.5	87.3	16.3	86.3	30.5	89.0	33.1	88.9	ab	AB
90%禾草丹 150ml/667m²	0.3	98.9	0 4	98.7	9.0	93.5	10.2	93.1	9.3	92.4	10.1	91.5	18.6	93.3	20.7	93.0	a	A
30%扫茀特 EC150ml/667m²	0.7	97.4	0.9	97.1	10.5	92.5	11.6	92.1	11.5	90.6	11.8	90.1	22.7	91.8	24.3	91.8	a	A
CK	27	—	31.5	—	139	—	147	—	122	—	119	—	278		297.5	—		

注：用药时间：6 月 21 日　　调查时间：8 月 10 日

表9 90%禾草丹 EC+安全剂防除水直播稻田杂草试验效果比较表

（播后8天用药） $1m^2$

处理	用药后15天								用药后30天							
	稗草		千金子		其他阔叶杂草		总草		稗草		千金子		其他阔叶杂草		总草	
	残草	效果%	残草	效果%	残草	效果%	残草	效果%	残草	效果%	残草	效果%	残草	效果%	残草	效果%
90%禾草丹 120ml/667m^2	3.0	81.2	24.0	79.3	19.0	77.6	46.0	78.8	4.5	80.4	32.0	75.9	27.3	74.0	63.8	75.6
90%禾草丹 150ml/667m^2	2.3	85.6	19.7	83.0	13.5	84.1	35.5	83.6	3.5	84.8	25.3	81.0	21.0	80.0	49.8	80.9
90%禾草丹 200ml/667m^2	1.5	90.6	13.0	88.8	8.5	90.0	23.0	89.4	2.3	90.0	18.5	86.1	15.7	85.0	36.5	86.0
30%扫茀特 EC150ml/667m^2	2.7	83.1	23.0	80.1	16.0	81.1	41.7	80.8	4.3	81.3	30.5	77.1	23.0	78.1	57.8	77.9
CK	16	—	116	—	85		217		23	—	133	—	105		261	—

注：浸种日期6月13日　播种日期：6月17日 用药日期：6月25日（稻苗1.5-2.1叶） 调查时间：7月10日，7月25日

表 10 90%禾草丹 EC+安全剂防除水直播稻田杂草试验效果比较表

处理	稗草				千金子				其他阔叶杂草				总草				显著性测定	
	残草	效果%	鲜重g	效果%	残草	效果%	鲜重g	效果%	残草	效果%	鲜重g	效果%	残草	效果%	鲜重g	效果%	0.05	0.01
90%禾草丹 120ml/667m^2	6.0	77.8	7.8	75.2	40.0	71.2	42.9	70.8	30.0	75.4	28.7	75.9	76.0	72.7	79.4	73.3	c	C
90%禾草丹 150ml/667m^2	4.7	82.6	6.2	80.3	33.0	76.3	35.9	75.6	25.5	79.1	22.4	81.2	63.2	77.3	64.5	79.3	b	B
90%禾草丹 200ml/667m^2	3.5	87.0	4.5	85.7	25.0	82.0	27.6	81.2	19.0	84.4	17.7	85.6	47.5	82.9	49.2	83.5	a	A
30%扫茀特 EC150ml/667m^2	5.7	78.9	7.4	76.5	37.5	73.0	40.4	72.5	27.0	77.9	25.6	78.5	70.2	74.7	73.4	75.3	bc	BC
CK	27.0	—	31.5	—	139.0	—	147.0	—	122.0	—	119.0	—	278.0		297.5	—		

注：用药时间：6 月 25 日（稻苗 1.5-2 叶期） 调查时间：8 月 14 日

桶混剂速捷对草甘膦防治非耕地杂草的田间增效作用研究

刘祥英[1]　柏连阳[1,2*]　李 欣[1]

(1. 湖南农业大学农药研究所，长沙 410128;

2.湖南人文科技学院，娄底 417000)

摘要：通过田间药效试验明确 41%草甘膦 SP 1230 g/ a.i. hm^2、1845 g/ a.i. hm^2、2460 g/ a.i. hm^2 中分别添加 450 g/ hm^2 桶混助剂速捷防控非耕地杂草的田间增效作用。结果表明，添加速捷后，草甘膦对非耕地杂草的防控效果明显提高，且加快了除草速度；与常规防治相比，在防治剂量减少 1/3～1/4 的情况下对杂草的防控效果无显著性差异；在相同药量的情况下，添加速捷后草甘膦药后 7 天对空心莲子草、苍耳的防效提高 7%～10%,对马唐的防效提高 8%～12%,对香附子的防效提高 9%～11%；药后 30 天，对恶性杂草白茅和狗牙根的防效提高 8%～12%。添加桶混助剂速捷对草甘膦防治非耕地杂草有较好的田间增效作用。

关键词：草甘膦；桶混助剂；速捷；非耕地杂草；增效作用

The synergism of glyphosate with tank-mix adjuvants stickman against weeds on uncultivated field

Liu Xiangying [1], Bai Lianyang [1,2]*, Li Xin [1]

(1. Pesticide Research Institute of Hunan Agricultural University, Changsha, 410128, China;

2. Hunan Institute of Humanities,Science and Technology, Loudi 417000, *Hunan Province,China)*

Abstract: Based on the field trials, the synergism of glyphosate 41% SP at 1230g ai/hm^2、1845g ai/hm^2、2460 g ai/hm^2 with 450 g/hm^2 tank-mix adjuvants stickman was determined for controlling weeds on uncultivated field. The results showed that the efficacy and effect initiating of glyphosate with stickman was enhanced significantly.Compared with conventional control, although the doses reduced by 1/4 to 1/3, there is no significant differences on control effect .At the same doses,the efficacy of glyphosate added stickman were improved 7%～10% for *A. philoxeroides* (Mart.) Griseb and *Siberia cocklebur*,8%～12% for *Digitaria sanguinalis* (L.) Scop., 9%～11% for *Cyperu srotundus* L. after 7 days, and improved 8%～12% for *Imperata cylindrica* (L.) Beauv. and *Cynodondactylon* (L.) Pers. after 30 days. The synergism of glyphosate with tank-mix adjuvants stickman is better synergism for controlling weeds on uncultivated field.

Key words: glyphosate; tank-mix adjuvants; stickman; uncultivated field weeds; synergism

草甘膦是一种性能优异、应用广泛的有机磷除草剂，具有杀草谱广、毒性低、在杂草体内易吸收与传导等优良特性。尤其对大面积发生的杂草群体防控，草甘膦等是首选药剂之一。如何提高农药使用效果，减少使用量，降低其对环境的影响，一直是国内外研究的热点和难点。第三代桶混助剂的代表产品速捷具有软化水质、改善雾滴大小、提高茎叶扩展性、药液的黏附能力和附着能力、溶蜡质层、通过表皮的超强吸收和渗透等优良特性，可以达到降低农药使用量，提高防治效果的目的。为此，本研究利用速捷与草甘膦桶混防治非耕地杂草，旨在明确其与草甘膦桶混后的田间增效作用。

1　材料与方法

1.1　供试助剂与农药

供试助剂为速捷，其有效成分为355 g/L的卵磷脂和345 g/L丙酸 EC，美国Janson公司生产；41%草甘膦SP，江苏省南通飞天化学实业有限公司生产。

---

*通讯作者：柏连阳, 教授, 博士, 主要从事除草剂与安全剂研究。Email: bly8253@hunau.net

基金项目：现代农业产业技术体系建设岗位科学家项目“农药与杂草防控”(nycytx-19-E09)

作者简介：刘祥英(1977-)，女，湖南邵阳人，在读博士，主要从事农药加工与应用研究。E-mail: lxy525525@163.com

1.2 试验处理与设计

试验在湖南农业大学教学实验基地的非耕地上进行，土壤为浅红黄泥，pH 值 6.7，有机质含量 2%左右，面积为 m^2。主要杂草为白茅 *Imperata cylindrica* (L.) Beauv.，狗牙根 *Cynodondactylon* (L.) Pers.，空心莲子草 *A*（写上全称）. *philoxeroides* (Mart.) Griseb，马唐 *Digitaria sanguinalis* (L.) Scop.，香附子 *Cyperu srotundus* L.,苍耳 *Siberia cocklebur*。试验共设 41%草甘膦 SP 1230、1845、2460 g·a.i./hm^2，分别加 450 g/hm^2 速捷及清水对照共 7 个处理，每处理 4 次重复，共 28 个小区，每小区 40 m^2，小区采用随机区组排列，于 2010 年 4 月 12 日施药 1 次，采用 NS-16 卫士牌背负式喷雾器定向均匀喷雾，对水 225 kg·/hm^2,施药当天晴，最低气温 25.4℃，最高气温 30.2℃，杂草时期为 10～30 cm。

1.3 试验调查方法

调查方法按《农药田间药效试验准则（一）》GB/T17980.51—2000[1]的要求进行，记录小区的杂草种类量，采用估计值调查法，应用除草剂药效 9 级目测评价标准，分别于药后 3 天、7 天、15 天、30 天、45 天进行调查，每个处理小区同邻近的空白对照区进行比较，估计相对的杂草种群量，评价对杂草的控制效果。

2 结果与分析

2.1 目测效果

施药时发现在药液中添加桶混助剂速捷后，喷雾质量更好，雾滴更细了，从喷雾器喷头喷出的药液呈锥形，同时，药液在杂草叶面上的扩展速度快，雾点分布均匀，见图 1。

无助剂　　有助剂

图 1 41%草甘膦添加桶混助剂速捷对喷雾质量的影响

2.2 对杂草防控效果的增效作用

从表 1～5 中可以看出，添加了桶混助剂速捷的处理对杂草的防控效果优于 41%草甘膦 SP 单用处理；使用剂量 1230 g a.i./hm^2 中添加速捷较 1845 g a.i./hm^2 未加速捷的药量减少 1/3；使用剂量 1845 g a.i./hm^2 中添加速捷较 2460 g a.i./hm^2 未加速捷的药量减少 1/4，但对杂草的防效均无显著性差异，甚至略优。

在 41%草甘膦 SP 相同剂量的处理中，添加速捷较未加速捷的药后 7 天对阔叶草空心莲子草、苍耳的防效分别提高 7%～10%，对禾本科杂草马唐的防效提高 8%～12%，对莎草科香附子的防效提高 9%～11%；药后 15 天的对恶性杂草白茅和狗牙根的防效分别提高 5%～8%、10%～14%；药后 30 天的防效分别提高 8%～10%、8%～12%。

从杀草速度上来看，在相同药量的情况下，未添加助剂速捷，对不同杂草防控效果和防控速度不同，药后 3 天对空心莲子草等杂草的防控效果达 50%以上，但对白茅、狗牙根等恶性杂草药后 15 天防效才达 50%以上，药后 30 天才大部分死亡，并开始烂根，防效在 80%以上；添加助剂速捷后，药后 3 天对空心莲子草等杂草的防控效果达 65%～78%，对白茅、狗牙根等恶性杂草药后 7 天防效达 60%～73%、药后 15 天防效达 65%～84%，说明添加助剂速捷后，杂草枯死的速度快，防控效果好。

表 1 速捷与草甘膦桶混对非耕地杂草的防效(药后 3 天)

41%草甘膦 SP 用量 (g a.i./hm^2)	助剂速捷用量 (g a.i./hm^2)	白茅（%）	狗牙根（%）	空心莲子草（%）	马唐（%）	香附子（%）	苍耳（%）
1230	0	0	0	50 b	60 b	60 b	58 c
1845	0	0	0	60 ab	70 ab	72 b	65 b
2460	0	0	0	70 a	75 ab	75 ab	68 ab
1230	450	0	0	65 ab	75 ab	74 b	70 b
1845	450	0	0	72 ab	79 ab	80 ab	73 a
2460	450	0	0	78 a	85 a	82 a	76 a

表 2 速捷与草甘膦桶混对非耕地杂草的防效(药后 7 天)

41%草甘膦 SP 用量 (g a.i./hm^2)	助剂速捷用量 (g a.i./hm^2)	白茅（%）	狗牙根（%）	空心莲子草（%）	马唐	香附子（%）	苍耳（%）
1230	0	50 c	50 c	75 c	80 c	76 c	75 c
1845	0	55 bc	57 bc	80 bc	84 bc	80 bc	85 b
2460	0	60 b	60 b	85 ab	87 ab	84 ab	85 b
1230	450	60 b	60 b	83 b	92 ab	85 b	85 b
1845	450	67 ab	65 ab	90 ab	95 a	90 ab	92 ab
2460	450	70 a	73 a	92 a	95 a	95 a	94 a

表 3 速捷与草甘膦桶混对非耕地杂草的防效(%，药后 15 天)

41%草甘膦 SP 用量 (g a.i./hm^2)	助剂速捷用量 (g a.i./hm^2)	白茅（%）	狗牙根（%）	空心莲子草（%）	马唐（%）	香附子（%）	苍耳（%）
1230	0	60 c	63 c	82 bc	81 bc	80 bc	80 b
1845	0	64 bc	67 bc	85 b	85 b	85 b	85 ab
2460	0	67 b	70 bc	90 ab	90 ab	90 ab	90 ab
1230	450	65 bc	73 b	90 ab	93 ab	90 ab	93 ab
1845	450	70 ab	79 ab	92 ab	95 ab	92 ab	95 a
2460	450	75 a	84 a	95 a	98 a	98 a	95 a

表 4 速捷与草甘膦桶混对非耕地杂草的防效(药后 30 天)

41%草甘膦 SP 用量 (g a.i./hm^2)	助剂速捷用量 (g a.i./hm^2)	白茅（%）	狗牙根（%）	空心莲子草（%）	马唐（%）	香附子（%）	苍耳（%）
1230	0	80 c	83 c	100	100	100	100
1845	0	85 bc	87 bc	100	100	100	100
2460	0	90 b	90 b	100	100	100	100
1230	450	90 b	94 ab	100	100	100	100
1845	450	95 ab	98 a	100	100	100	100
2460	450	98 a	98 a	100	100	100	100

表 5 速捷与草甘膦桶混对非耕地杂草的防效(药后 45 天)

41%草甘膦 SP 用量 (g a.i./hm²)	助剂速捷用量 (g a.i./hm²)	白茅（%）	狗牙根（%）	空心莲子草（%）	马唐（%）	香附子（%）	苍耳（%）
1230	0	90 b	92 b	100	100	100	100
1845	0	95 ab	95 ab	100	100	100	100
2460	0	95 ab	98 a	100	100	100	100
1230	450	95 ab	95 ab	100	100	100	100
1845	450	98 a	97 ab	100	100	100	100
2460	450	100 a	100 a	100	100	100	100

3 结论与讨论

本试验研究表明，在草甘膦中添加第三代桶混助剂代表产品速捷后可显著提高对非耕地杂草的防控效果，这与朱明耀等[2]在草甘膦中添加杰效利防治加拿大一枝黄花的结果一致；速捷与 41%草甘膦 SP 桶混后防治杂草，可比常规使用剂量减少 1/3～1/4，效果相当甚略优，这与许燎原等[3]在药剂中添加 GE 有机硅助剂防治水稻稻纵卷叶螟有显著的增效作用趋势一致；且添加速捷后，提高了除草速度，表现为药后 3 天对禾本科杂草、阔叶杂草的防效达 65%～78%，对白茅、狗牙根等恶性杂草药后 7 天的防效达 60%～70%。此外，在田间喷雾中，添加助剂速捷后，雾滴更细了，从喷雾器喷头喷出的药液呈锥形，有效地提高了喷雾质量，这可能是由于在农药中添加表面活性剂可有效降低药液在杂草上的接触角，增加药液在杂草表面的润湿和铺展能力，从而提高了农药的有效利用率[4,5]。在当前提倡农药减量增效的形势下，在草甘膦中添加第三代桶混助剂速捷来防控杂草，是切实提高防控效果和降低化学农药用量的有效途径之一，有助于促进我国农药使用技术的发展。

参考文献

[1] 农业部农药检定所．GB/T17980.51-2000 农药田间药效试验准则（一）除草剂防治非耕地杂草[S]．北京：中国标准出版社，2000.

[2] 朱明耀，柴伟纲，谌江华，等．杰效利在草甘膦防控加拿大一枝黄花中的田间增效作用研究[J]．宁波农业科技，2011，(1)：6-7.

[3] 许燎原，周华光，丁峙峰．GE 有机硅助剂在水稻稻纵卷叶螟中的增效作用初探[J]．植物保护，2008，34(05)：161-163.

[4] 邱占奎，袁会珠，李永平，等．添加有机硅表面活性剂对低容量喷雾防治小麦蚜虫的影响[J]．植物保护，2006，32(6)：34-37.

[5] 张鸿秀．天然植物源助剂 SD、SDP 的特性及与除草剂应用效果[J]．植物保护，2002，28(4)：45-48.

五种除草剂防除小麦田杂草药效评价

刘晓舟　王疏　杨皓　缪建锟　茆璐　董海

（辽宁省农业科学院植物保护研究所，沈阳 110161）

摘要： 灭草松、氯氟吡氧乙酸、唑草酮、苯磺隆处理对阔叶杂草防效较理想，炔草酯对禾本科杂草防除效果较好。建议在禾本科杂草与阔叶杂草混生的地块用复配制剂，以便有效防除小麦田杂草。

关键词： 小麦田；杂草；除草剂；评价

目前农药市场小麦田除草剂的品种繁多，各地麦田杂草优势种又不一样，为了选择防效较好的除草剂，我们于2010年进行了小麦田不同除草剂的药效试验，并对除草剂的药效进行评价，旨在指导农业生产。

1　材料与方法

1.1　试验设计

试验设在辽宁省农业科学院试验田，试验地土质为壤土，地势平整，前茬作物为小麦。小麦品种为辽春18号，4月15日播种，出苗均匀。试验于2010年5月10日施药，小麦叶龄为倒4叶，田间杂草为稗草，藜、铁苋菜、荠菜、蓼。施药当日平均气温12.1℃，阴，西南风，风速1.9 m/s，空气相对湿度74%。

表1 供试药剂及剂量

试验药剂	商品名	生产单位	施药剂量（g/亩）
480g/L 灭草松水剂		安徽省四达农药化工有限公司	148
15%炔草酸可湿性粉剂	麦极	瑞士先正达作物保护有限公司	17
20% 氯氟吡氧乙酸乳油	使他隆	美国陶氏益农公司生产	60
40% 唑草酮 DF	快灭灵	美国富美实公司生产	3
10%苯磺隆可湿性粉剂	麦民喜	沙隆达郑州农药有限公司	10
空白对照			

供试药剂、剂量及生产厂家见表1。每处理4次重复，试验小区随机区组排列，小区面积为20 m^2，小区间留0.5 m宽走道。用水量为45kg。施药采用卫士-16型手动喷雾器(扇形喷头)常规喷雾。

1.2　调查方法

1.2.1 安全性

小麦各生育期调查小麦生长发育情况，观察小麦有无药害现象，评价供试药剂对小麦的安全性。

1.2.2 杂草受害症状

施药后3天、7天、15天观察并记载杂草受害症状，调查各供试药剂的作用特点及速度。

1.2.3 除草效果

每小区5点取样，每点0.25m^2，施药前分类调查杂草株数。于施药后15天、药后30天分类调查杂草残留株数，最后一次调查时测进行鲜重调查，分别计算株防效和鲜重防效。

2.1　安全性

施药后3天、7天、15天观察， 除唑草酮有少量白斑10天左右可恢复外，其余各处理均未发现任何药害症状，小麦幼苗的生长、根系发育、分蘖数量、单株鲜重等性状与对照无明显差异，说明各供试药剂及剂量对小麦都很安全。

2.2 杂草受害症状

施药后3～15天观察，各处理区的杂草受害或扭曲或褐枯或黄化，而对照区杂草生长相对旺盛。

2.3 除草效果

2.3.1 目测效果

5月15日试验施药后7天目测，灭草松、氯氟吡氧乙酸、唑草酮、苯磺隆处理对阔叶杂草防效较理想，炔草酯对禾本科杂草防除效果较好。

2.3.2 调查效果

灭草松、氯氟吡氧乙酸、唑草酮、苯磺隆对小麦田阔叶杂草防效均很好，炔草酸可有效防除禾本科杂草(表2)。

表2 五种除草剂对杂草的株数及鲜重防效

处理	15天株防效(%)					30天株防效(%)					30天鲜重防效(%)				
	稗草	藜	铁苋菜	荠菜	蓼	稗草	藜	铁苋菜	荠菜	蓼	稗草	藜	铁苋菜	荠菜	蓼
480g/L灭草松水剂	5.5	73.8	78.2	81.3	79.8	7.3	77.5	82.1	85.2	84.0	10.5	85.7	87.9	93.1	90.8
15%炔草酸可湿性粉剂	79.5	0	0	0	0	83.2	0	0	0	0	91.3	0	0	0	0
20% 氯氟吡氧乙酸乳油	9.7	74.9	77.3	79.2	75.2	11.8	78.2	80.1	82.4	79.8	20.1	85.7	90.2	91.6	89.3
40% 唑草酮干悬浮剂	0	75.1	79.7	83.4	82.5	0	79.3	83.5	86.4	85.9	0	88.7	91.2	95.5	93.8
10%苯磺隆可湿性粉剂	0	78.3	73.5	80.2	77.4	0	82.0	79.4	84.1	81.7	0	90.2	88.5	92.4	87.1
空白对照	37株/0.25m^2					46株/0.25m^2					44.6g/0.25m^2				

3 试验结论

灭草松可有效地防除铁苋菜、蓼、荠菜防效亦较理想，杂草受害显症较快，对小麦安全，可在以铁苋菜、蓼、荠菜等杂草为优势种群的麦田推广使用。氯氟吡氧乙酸对藜、荠菜防除效果较好，杂草受害显症较快，对小麦安全。炔草酸处理区杂草受害显症较慢，对小麦安全，可在禾本科杂草发生重的麦田推广使用。苯磺隆为选择性内吸除草剂，可防除多种阔叶杂草。唑草酮作用速度快，触杀型除草剂特点表现明显，在铁苋菜、荠菜草龄较小时均能起到较好的防除效果，对小麦安全。唑草酮施药后小麦叶片有少量白斑，10天左右可恢复，对蓼、荠菜等防效较好。

建议在禾本科杂草与阔叶杂草混生的地块用复配制剂，以便有效地防除小麦田杂草。

五氟磺草胺对水稻的安全性

朴德万

(黑龙江省农业科学院植物保护研究所，哈尔滨 150086)

摘要： 2008～2009 年进行五氟磺草胺对移栽水稻的安全性试验，结果表明五氟磺草胺对水稻安全性高，水稻返青后（移栽后 8～25 天）施用时，20～45 g a.i./hm^2 范围内无论是前期土壤处理还是中后期茎叶处理均对水稻安全，对产量无影响。返青前施药时影响水很还苗，水稻返青延迟 2～5 天，对水稻前期生长有一定影响，且处理时稻苗叶龄越小其药害越重，但在推荐剂量（20～30 g a.i./hm^2）范围内施药后 15～30 天基本恢复正常，其产量没受到前期轻微药害的影响。

关键词： 五氟磺草胺；威农；安全性

五氟磺草胺对水稻安全性高、杀草谱广、施药期长。近年来，稻田阔叶杂草的危害越来越重，五氟磺草胺的使用面积有持续扩大的趋势，在生产实际使用中发生过不同程度的药害。为了查明其药害发生原因，本试验进行水稻不同叶龄和不同施药期处理，研究不同施药条件下五氟磺草胺对水稻的安全性及产量的影响。

1 材料与方法

1.1 供试药剂

供试药剂为 25 g/L 稻杰油悬浮剂（美国陶氏益农有限公司），对照药剂为 30%威农（美国杜邦）。

1.2 试验处理

试验在 2008～2009 年在哈尔滨市民主乡新发村进行。

试验处理

施药期：移栽后 4 天、8 天、15 天、25 天

施药方法：前期土壤处理，中后期茎叶处理

施药量：五氟磺草胺 20 g a.i./hm^2、30 g a.i./hm^2、45 g a.i./hm^2、80 g a.i./hm^2，威农 45～90 g a.i./hm^2。不同年份试验处理和水稻品种不同。品种均为当地常规品种。每处理 20m^2，4 次重复。

1.3 水稻安全性调查

施药后 3～10 天观查药害及其症状，施药后 15 天和 30 天每处理取 20 穴调查水稻株高、每株分蘖，秋后进行测产。

1.4 试验基本情况

试验田土壤为碳酸盐草甸土，pH 值 7.8，土壤有机质含量 3.3%，土质重黏土。

2 结果和分析

2.1 土壤处理对安全性的影响

移栽后 4 天水稻返青前进行五氟磺草胺土壤处理时，水稻返青延迟 2～5 天，前期生长受一定影响，施药后 15 天调查时水稻株高和每株分蘖数明显比对照药剂威农和人工除草区少。施药后 15 天水稻生长基本恢复正常，但 45～80 g a.i./hm^2 处理区施药后 30 天的株高、分蘖与人工除草区相比有较大差异（表 1，表 2），还能观察到前期药害对水稻生长的影响。从两年试验结果看施药时叶龄小时其影响越明显。但秋后测产结果看，各处理间产量差异不大，说明前期药害对产量没影响或影响小。

移栽后 8 天水稻完全返青后进行五氟磺草胺土壤处理时，施药后 35～45 天和 80 g a.i./hm^2 区水稻叶片轻微发黄，但生长基本正常，施药后 15～30 天的株高、分蘖和产量与人工除草区相比无明显差异。

表 1 土壤处理对水稻生育及产量的影响（2008 年　品种：延粘 1 号）

	试验处理				调查结果				
	施药期	施药时		施药量	施药后 15 天		施药后 30 天		产量
	移栽后	水稻叶龄	药剂	g a.i./hm^2	株高(cm)	分蘖/(株)	株高(cm)	分蘖/株	kg/hm^2
11	4 天返青前	3 叶	稻杰	20	12.6	0	33.2	3.85	5622
12	4 天返青前	3 叶	稻杰	30	13.1	0	32.4	3.32	5964
13	4 天返青前	3 叶	稻杰	45	11.2	0	28.8	2.15	5560
14	4 天返青前	3 叶	稻杰	80	10.5	0	29.5	2.02	5782
15	4 天返青前	3 叶	威农	45	16.4	0	36.3	3.56	6045
16	4 天返青前	3 叶	人工除草		16.2	0	35.7	4.45	5736
21	8 天返青后	3.5~4 叶	稻杰	20	25.3	2.46	38.4	3.29	6464
22	8 天返青后	3.5~4 叶	稻杰	30	24.6	2.54	36.8	3.56	5675
23	8 天返青后	3.5~4 叶	稻杰	45	26.5	2.85	35.5	3.75	5856
24	8 天返青后	3.5~4 叶	稻杰	80	24.5	2.82	33.1	3.6	5485
25	8 天返青后	3.5~4 叶	威农	45	24.8	2.26	37.5	3.58	5930
26	8 天返青后		人工除草		25.2	2.67	36.4	3.4	6088

表 2 土壤处理对水稻生育及产量的影响　(2009 年　品种：松粳 2 号)

	试验处理				调查结果				
	施药期	施药时		施药量	施药后 15 天		施药后 30 天		产量
	移栽后	水稻叶龄	药剂	g a.i./hm^2	株高(cm)	分蘖/(株)	株高(cm)	分蘖/(株)	kg/hm^2
11	4 天返青前	4 叶	稻杰	20	21.6	1.25	40.6	4.44	7642
12	4 天返青前	4 叶	稻杰	30	22.5	1.34	43.4	4.86	7565
13	4 天返青前	4 叶	稻杰	45	16.8	0.85	35.8	3.35	7420
14	4 天返青前	4 叶	稻杰	80	14.2	1.12	37.7	3.02	7582
15	4 天返青前	4 叶	威农	45	24.6	1.85	42.8	4.46	7445
16	4 天返青前		人工除草		23.8	1.77	43.5	4.69	7686
21	8 天返青后	4~4.5 叶	稻杰	20	38.3	3.12	48.4	4.29	7464
22	8 天返青后	4~4.5 叶	稻杰	30	38.6	2.6	51.8	4.56	7675
23	8 天返青后	4~4.5 叶	稻杰	45	34.5	3.65	52.5	3.75	7856
24	8 天返青后	4~4.5 叶	稻杰	80	35.8	2.42	47.1	4.68	7485
25	8 天返青后	4~4.5 叶	威农	45	36.8	3.87	49.5	4.68	7730
26	8 天返青后		人工除草		39.2	3.34	51.8	4.45	7688

表 3 茎叶处理对水稻生育及产量的影响 (2009 年 品种：松粳 2 号)

试验处理					调查结果				
	施药期	施药时	药剂	施药量	施药后 15 天		施药后 30 天		产量
	移栽后	水稻叶龄		g a.i./hm^2	株高 (cm)	分蘖(个/穴)	株高 (cm)	分蘖(个/穴)	kg/hm^2
11	15 天	6~7 叶	稻杰	30	33.3	3.12	52.8	3.77	7548
12	15 天	6~7 叶	稻杰	45	36.6	2.6	50.7	4.65	7355
13	15 天	6~7 叶	稻杰	80	37.5	3.65	52.2	4.08	7490
14	15 天	6~7 叶	威农	90	34.8	2.42	54.5	4.77	7820
15			人工除草		35.8	3.87	51.6	5.02	7484
21	25 天	9~10 叶	稻杰	30	49.3	4.82	74.3	4.74	7680
22	25 天	9~10 叶	稻杰	45	44.5	4.34	69.7	4.58	7442
23	25 天	9~10 叶	稻杰	80	47.5	4.57	72.2	4.62	7374
24	25 天	9~10 叶	威农	90	46.4	4.75	68.5	4.32	7523
25			人工除草		47.8	4.44	73.6	4.64	7665

2.2 茎叶处理对水稻生育及产量的影响

水稻 6～7 叶和 9～10 叶进行五氟磺草胺茎叶处理时，45 g a.i./hm^2 和 80 g a.i./hm^2 区的水稻部分叶片轻微发黄，但水稻生育和产量没受药剂影响，见表 3。

3 分析与小结

五氟磺草胺对水稻非常安全，在本试验中没发现各处理对水稻产量产生特别严重的影响。

五氟磺草胺只有在水稻返青前施用时对前期生长有一定影响，但推荐剂量范围内对后期生长生育和产量基本无影响。返青后施药时 45 g a.i./hm^2 和 80 g a.i./hm^2 高剂量区产生短暂的叶片或少数稻株发黄的症状，但 3～5 天内很快恢复，对生长生育和产量基本无影响。所以生产实际应用中发生过的严重药害和减产估计是因其他原因引起的。其原因需进行进一步调查和试验验证。

唑啉草酯防治啤酒大麦田野燕麦试验初报

冯秀玲　任宝仓

（甘肃省农垦农业研究院）

摘要：甘肃是国内春大麦主要生产基地，啤酒大麦面积在 10 万公顷以上，是国内最优质的大麦产地之一。但多年来，野燕麦、多花黑麦草等禾本科杂草是大麦田的主要优势杂草，对大麦的生产造成很大的损失，为此引进了瑞士先正达作物保护有限公司生产的唑啉草酯，在甘肃河西春大麦田进行试验，为了防治大麦田野燕麦及其禾本科杂草推广应用取得可靠的技术应用方法和数据。

1　材料与方法

1.1　试验条件

试验点设在甘肃省农业科学院黄羊试验场，野燕麦发生较重。多年种植啤酒大麦，试验地处武威市黄羊镇，海拔 1720m，土壤 pH 值 7.2，有机质含量 1.8%。年降雨量 90～180mm。

1.2　供试材料

唑啉草酯由先正达（中国）投资有限公司提供。供试品种：甘啤 4 号（主要的栽培品种）。

1.3　试验设计

试验设计：唑啉草酯试验设 4 个处理：40ml/亩、60ml/亩、80ml/亩，清水（CK）；小区面积 2 亩，不设重复，顺序排列。唑啉草酯在大麦苗期时期喷施，每亩对水 30 kg，用背负式喷雾器进行人工喷洒；同时对照区喷洒清水 30kg，未做任何药物处理。处理后进行田间观察记载，并在大麦蜡熟末期分别在处理区和对照区各取十个样点，每个样点取 $1m^2$，对大麦植株进行考种测产，考察除草效果。

1.4　试验实施

播种前机施底肥 12kg 磷二铵和 8kg 尿素，5 月 5 日撒施尿素 10kg，全生育期灌水三次，平均灌水 110 方/亩。Axile 喷施时间 5 月 6 日，野燕麦三叶一心，大麦分蘖期。药后 3 天内无降雨。

2　结果与分析

2.1　中毒症状

唑啉草酯处理后 3 天处理区野燕麦心叶及叶片发黄，大麦叶片无异常表现，清水对照区野燕麦和大麦生长旺盛。大麦蜡熟末期分别在处理区和对照区进行田间调查，处理区的野燕麦极少且弱小，不能抽穗，清水对照区野燕麦生长繁茂。多花黑麦草 4 天后叶片发红，7 天后全株枯死。

2.2　田间调查结果

从表 1 可见，40ml 唑啉草酯/亩处理与清水对照相比，野燕麦每平方米株数 0.2 株，较对照减少 85%；60ml 唑啉草酯/亩处理与清水对照相比，野燕麦每平方米株数为 0 株，较对照减少 100%；处理 80ml 唑啉草酯/亩处理与清水对照相比，没有野燕麦生长，防效达 100%。

表 1　唑啉草酯防除野燕麦试验效果表 (6 月 14 日)

处 理	野燕麦调查样点											防效 (%)
	Ⅰ	Ⅱ	Ⅲ	Ⅳ	Ⅴ	Ⅵ	Ⅶ	Ⅷ	Ⅸ	Ⅹ	平均	
(1)	0	0	1	0	0	1	0	0	0	0	0.2	85.7
(2)	0	0	0	0	0	0	0	0	0	0	0	100
(3)	0	0	0	0	0	0	0	0	0	0	0	100
CK	1	1	3	1	0	1	2	0	3	2	1.4	

2.3　生物学性状

从表 2 结果看，随着唑啉草酯施用量的增加，大麦株高降低、筛选率提高，成穗数、穗粒数、千粒重先增加后减少，60ml 唑啉草酯/亩处理的大麦较其他处理和清水对照大麦株高、成穗数、千粒重、筛选率均较高，所有处理除株高处理 80ml 唑啉草酯/亩较对照低外，成穗数、穗粒数、千粒重、筛选率均高于对照。

表 2 唑啉草酯对啤酒大麦生物学性状影响调查表 (8 月 28 日)

处理	株高（cm）	成穗数（万/亩）	穗粒数（粒）	千粒重（g）	≥2.8 ㎜	2.8～2.5 ㎜	筛选率 ≥2.5 ㎜
40ml /亩	76.5	50.1	22	54	77.9	19.5	97.4
60ml /亩	76.3	51.2	22.1	54.4	78.9	18.8	97.7
80ml /亩	74.2	49.3	19.5	53.2	70.6	27.3	97.9
清水对照	76.3	48.6	21.0	52.8	71.3	24.8	96.1

2.4 产量结果

产量三因素即亩成穗数、穗粒数、千粒重，40ml /亩、60ml /亩处理的高于清水对照，80ml/亩成穗数、千粒重高于清水对照，但穗粒数较低。40ml /亩处理的折合亩产 535kg，较对照增产 10.5%，60ml /亩处理的折合亩产 553kg，对照增产 14.3%。80ml /亩折合亩产 460kg，较对照减产 4.9%。

表 3 唑啉草酯防除野燕麦试验产量调查表

处理	折合亩产（kg）	增产（%）
40ml /亩	535	10.5
60ml /亩	553	14.3
80ml/亩	460	-4.9
CK	484	/

3 讨论

3.1 唑啉草酯防治野燕麦效果显著。亩用量达到 60ml 以上时，对已出苗的野燕麦防治效果达到 100%，取得了令人满意的效果，且对大麦无不良影响，对大麦安全。对多花黑麦草的防治效果达到满意的效果。

3.2 通过试验结果综合分析：40ml /亩、60ml /亩处理后较对照亩成穗数、穗粒数、千粒重、筛选率均增加，增产效果分别达 10.5%、14.3%，增产作用明显。

3.3 甘肃大麦田的野燕麦防治主要用燕麦畏、大骠马防治，但燕麦畏防治效果较差，目前效果为 67%，大骠马在干旱、用水量不足时对大麦药害较重。因此，在甘肃野燕麦发生区种植啤酒大麦时，野燕麦用唑啉草酯防治可较好地解决大麦生产中主要问题。

32% Solito EC 对直播稻田杂草的防除效果及安全性评价

应志龙[1] 曾志辉[1] 田家顺[1] 刘都才[2] 刘雪源[2]

（1. 先正达(中国)有限公司；

2. 湖南农业科学院植物保护研究所，长沙 410125）

摘要：为有效防除水稻直播田杂草，由先正达公司研发生产的除草剂 32% Solito EC，在湖南、广东进行了田间小区试验。试验结果表明：32%Solito EC 对直播稻田稗草、阔叶杂草和莎草均具有显著的防除效果；有效成分量 288g a.i/ha～384g a.i/ha 的综合防效均在 90%以上；最优施药期为播种后 10 天。32% Solito EC 有效成分量 384g a.i/ha 以下，对水稻的株高和分蘖没有造成不良影响。本研究表明，Solito 是一种安全高效的水田除草剂。

关键词：32% Solito EC；直播田杂草；防效

Weeds control effects and crop safety of 32% Solito EC in direct seeding paddy fields

Ying Zhilong[1], Zeng Zhihui[1],Tian Jiashun[1], Liu Doucai[2], Liu Xueyuan[2]

(1. Syngenta (China) Investment Co., Ltd

2. Hunan Plant Protection Research Institute,Changsha 410125, China)

Abstract: Solito 32% EC is a new herbicede of Syngenta for weed control in direct seeding rice fields. experiments were conducted to evaluate the weed control effects and different crop safety of 32% Solito EC in hunan and Guangdong provine .The results showed that 32% Solito EC had good control effects on *Echinochloa crusgalli* (L.)Beauv., *Leptochloa chinensis* (L.) Nees, broad-leaf weeds and sedge weeds in direct seeding paddy fields. The overall effect was over 90% at 288-384 g a.i/ha. The suitable applying period was 10 date after seeding. The herbicide had very good safety to direct seeding rice under 384g a.i/ha.

Key words: Solito；rice; weed of direct seeding rice fields; control effects

推广水稻直播栽培技术是解决农村劳动力资源不足，促进水稻可持续生产，实施农业增效、农民增收的重要技术措施[1,2]。近年来，水稻直播面积逐年加大，直播田相对移栽田来说，通常要面对更加严重的杂草争肥、争光、争水的挑战，尤其以稗草、千金子、莎草等为害较重，有时还会造成绝收。因此，除草技术是保障水稻直播技术顺利实施的关键。目前，适用于水稻直播田的除草剂主要有苄嘧磺隆、二氯喹啉酸、丙草胺和丁草胺等药剂，但是这些除草剂通常毒性较高，严重影响了水稻的生长。在这情况下，努力开发先进的化学除草剂变得尤为迫切[3,4]。

32% Solito EC 是先正达公司开发的直播稻田除草剂，它是由丙草胺(pretilachlor)与嘧啶肟草醚(pyribenzoxim，嘧啶肟草醚)按科学方法筛选出来的混合制剂，对芽前、芽后杂草均有较好的作用效果。为验证除草效果，完善应用技术，评价其安全性等，进行了多年多地的试验研究。

1 材料与方法

1.1 试验对象

种植方式为耕翻水直播。田间主要杂草有禾本科稗草(*Echinochloa crusgalli* beauv)、千金子(*Leptochloa chinensis* Nees)、异型莎草（*Cyperus difformis* Linn.）、矮慈姑(*Sagittaria Pygmaea* Miq.)、节节菜(*Rotala indica* (Willd.) koehne)。

1.2 供试药剂

32%SolitoEC(先正达公司)；嘧啶肟草醚(5%韩乐天 EC，韩国 LG 生命科学有限公司生产)；氰氟草酯(10%千金 EC，陶氏益农)；五氟磺草胺(2.5%稻杰 OD，陶氏益农)。

1.3 试验处理

1.3.1 药效试验

2007 年试验在湖南省长沙县春华镇龙王庙村实施，前茬为早稻田，土壤为浅红黄泥，pH 值 6.7，有机质含量 2.00%左右。试验田选杂草发生量较大，土壤肥力均匀的田块。耕翻后按设定小区做区埂，要求埂高 15～20cm，埂宽 15cm 左右，以保证小区之间不相互渗漏，小区间留有排水沟 50cm 宽，确保独立排灌，不串排灌。水稻品种为威优64。试验处理 1~3 分别为 32% Solito EC 40 ml/亩、60.0 ml/亩、80.0ml/亩(有效成分分别为 192 g a.i./ha、288 g a.i./ha、384 g a.i./ha)；处理 4 为对照药剂 5% 嘧啶肟草醚 EC 60 ml/亩(有效成分 45ga.i/ha)；处理 5 为对照药剂 2.5% 五氟磺草胺 OD60 ml/亩(有效成分 22.5g a.i./ha)，处理 6 为对照药剂 10%氰氟草酯 EC 60 ml/亩(有效成分 90 g a.i./ha)，处理 7 为空白对照。每个处理 3 次重复，每个小区 20 m^2。施药时水稻和稗草均为 3 叶 1 心，千金子 2 叶 1 心期，播种后 10 天用药。

2008 年试验在湖南省长沙县春华镇龙王庙村实施，每个处理 3 次重复，每个小区 20m^2，防效测定的 7 个处理同 2007 年试验测定，分别在播种后 5 天、10 天和 15 天施药。

1.3.2 安全性试验

2010 年在广东省增城市新塘镇宁西(冯村华南农业大学研究所)进行水稻安全性试验，水稻分别用新银占（常规优质籼稻）、广银占（常规普通籼稻）、秀水 128（粳稻）3 个品种，播种后 10 天 用药，与不用药 (CK) 作比较。处理：不施药空白对照(CK)； 32% Solito EC 40 mL/亩、60 mL/亩、80 mL/亩、160 mL/亩；(有效成分分别为 192 g a.i./ha、288 g a.i./ha、384 g a.i./ha、480 g a.i./ha、768g a.i./ha)，每 x 小区面积 21m^2，随机区组排列（RCBD），施药前先排干田面积水，按每公顷对水 450 kg 喷细雾，药后 6 天、10 天对水稻株高、分蘖数进行调查。用药后 3 天、7 天、15 天、30 天、45 天调查作物安全性。

1.4 调查方法与内容

1.4.1 药效调查

每小区调查 4 点，每点 0.25 m^2，于施药后药后 15 天、30 天目测株防效，45 天调查株防效和鲜重防效，应用 DPS2000 数据处理系统软件统计[5]，以 Duncan 新复极差法对试验数据进行差异显著性分析。

$$\text{防治效果}(\%)=\left(1-\frac{CK-PT}{CK}\right)\times 100$$

式中：PT---处理区残存草数（或鲜重）

CK---空白对照区活草数（或鲜重）

1.4.2 安全性调查

用药后 3 天、7 天、15 天、30 天、45 天调查作物安全性；15 天、30 天目测防效。施药后 5 天、15 天、30 天、45 天定期观察水稻的生长发育状况，目测水稻对药剂的反应，观察有无药害产生。调查施药后 6 天和 10 天不同水稻品种的株高和分蘖数。

2 试验结果与分析

2.1 药效试验结果

2.1.1 直播后 10 天施药试验结果

药后 45 天防效调查显示(表 1)：32%Solito EC 对直播稻田的稗草、节节菜的防效均在 90%以上，施药量越高，防除效果越好，与对照药剂 2.5%五氟磺草胺 OD 和 5%嘧啶肟草醚 EC 相比没有显著差异。防除千金子稍差，32%Solito EC 高剂量防效仅 68.48%。

2.1.2 不同施药时期的防效

在播种后 5 天、10 天和 15 天 施药，32%Solito EC 的防除阔叶杂草的效果表明(表 2)，32%Solito EC 的防效播种后 10 天相对较好。在播种后 5 天、10 天和 15 天，32%Solito EC 的防除莎草科杂草的效果表明(表 3)，32%Solito EC 的不同剂量的防效均优于 5%嘧啶肟草醚 EC 和 10%氰氟草酯 EC。

表 1 32%SolitoEC 防除直播田稗草和陌上菜/节节菜的效果

处理	（ml/亩）	稗草		节节菜		千金子	
		株/m^2	防效	株/m^2	防效	株/m^2	防效
32%Solito EC	40	15	89.95b	7.3	93.33ab	52	54.50ab
32%Solito EC	60	8	94.64a	3. 7	96.70a	39.3	65.04b
32%Solito EC	80	6.3	95.76a	2. 3	98.02a	36	68.48b
10%氰氟草酯 EC	60	29.7	80.57c	54. 3	51.79b	4.6	95.72a
2.5%五氟磺草胺 OD	50	7	95.37a	3.3	96.92a	62. 7	44.90c
5%嘧啶肟草醚 EC	60	13	91.35ab	6	94.67a	44. 7	60.65b
空白对照	/	152	/	112.7	/	114. 7	/

表 2 32%Solito EC 对水稻直播田阔叶杂草的防除效果

处理	(ml/亩)	平均株防效（%）					
		播种后 5 天施药 药后 45 天调查		播种后 10 天施药 药后 40 天调查		播种后 15 天施药 药后 35 天调查	
		鸭舌草·矮慈姑	节节菜·陌上菜	鸭舌草·矮慈姑	节节菜·陌上菜	鸭舌草·矮慈姑	节节菜·陌上菜
32%Solito EC	40	76.0b	90.5c	100	95.8ab	96.7a	98.9a
32%Solito EC	60	100.0a	93.8bc	100	94.6b	100.0a	100.0a
32%Solito EC	80	100.0a	97.8b	100	100.0a	100.0a	99.4a
10%氰氟草酯 EC	60	0 c	37.6d	60.1	62.3c	78.8b	53.4b
2.5%五氟磺草胺 OD	60	94.8a	100.0a	100	99.8a	100.0a	98.5a
5%嘧啶肟草醚 EC	60	100.0a	100.0a	100	100.0a	100.0a	100.0a

表 3 32%Solito EC 对水稻直播田莎草科杂草的防除效果

处理	(ml/亩)	平均株防效（%）		
		播种后 5 天施药 药后 45 天调查	播种后 10 天施药 药后 40 天调查	播种后 15 天施药 药后 35 天调查
32%Solito EC	40	100.0a	100.0a	100.0a
32%Solito EC	60	100.0a	100.0a	100.0a
32%Solito EC	80	100.0a	100.0a	100.0a
10%氰氟草酯 EC	60	0 b	0c	33.0c
2.5%五氟磺草胺 OD	60	100.0a	100.0a	100.0a
5%嘧啶肟草醚 EC	60	100.0a	60.7b	75.8b

2.2 安全性调查结果

用药后 3 天、7 天、15 天、30 天、45 天调查作物安全性，观察施用 32% Solito EC 的处理的水稻叶片颜色和长势与清水对照相比无显著差异。施药后 6 天、10 天调查水稻株高，结果表明，在用药量 384 g a.i/ha 以下，各处理与清水对照比较差异不显著。调查分蘖数，用药量在 384 g a.i/ ha 以下的处理与清水对照比较差异不显著，768 g a.i/ ha 药剂处理的水稻，分蘖数较清水对照要少，尤其是秀水 128(见表 4)。

表 4　32% Solito EC 不同剂量对不同品种水稻株高和分蘖数调查表

处理	剂量 (g a.i/ ha)	株高（cm）						分蘖数					
		药后 6 天			药后 10 天			药后 6 天			药后 10 天		
		广银占	秀水 128	新银占	广银占	秀水 128	新银占	广银占	秀水 128	新银占	广银占	秀水 128	新银占
药剂	192	29.1	17.8	24.6	36.4	23.1	33.2	2.4	2.9	2.7	2.7	4	3.3
	288	27.4	17.4	24.3	37	22.3	32.4	2.4	2.9	2.4	2.8	3.8	3.4
	384	26.5	15.3	23.5	36.3	21.1	35.4	2.1	2.9	2.3	2.7	3.4	4.1
	480	27.2	15.5	21.8	35.4	21	33	2.3	2.8	2.7	2.2	3.5	3.2
	768	24.6	14.1	18.4	32.9	20.3	32.1	2	1.8	2.3	2	2.7	3.3
CK	\	30.8	19.1	25.8	38.3	23.6	34.9	2.8	3.1	2.5	3.3	4.1	3.6

3 讨论

试验研究表明，32% Solito EC 杀草谱广，水稻直播田施用对芽后的禾本科稗草、阔叶杂草表现效果优良，尤其是在每亩用 32% Solito EC 60 ml 剂量以上；对芽前的禾本科杂草和阔叶杂草控制的持效期长达 30 天以上，除草效果比较明显，一次用药基本上能控制水稻直播稻田前期的杂草为害。适宜于的使用时期为水稻直播田播后 7～10 天 (秧苗 4～5 叶期，禾本科杂草 2～4 叶期) 用药，同时通过对不同水稻品种的安全性测试，32% Solito EC 有效成分量 384g a.i/ ha 以下，对水稻的株高和分蘖没有造成不良影响。

用药方法：采用喷雾法，每公顷对水 450 kg 均匀喷细雾，用药前先排干水层，用药后隔 2～3 天上水，保持浅水层 （3～5cm）5～7 天 以上，推荐用量 32% Solito EC 60～80ml/亩， 有效成分为 288～384 g a.i/ha。

参考文献

[1] 谢军保，谢元生， 曾凡礼. 水稻直播栽培技术[J].安徽农学通报， 2010，16(10)：67-68.
[2] 胡长远. 水稻直播技术的研究与推广应用种子科技[J].2010(11):39-40.
[3]马国兰，刘都才，刘雪源， 等.五氟磺草胺·氰氟草酯混剂防除直播稻田杂草试验[J]. 农药，2010，49(9): 692-694.
[4]李建伟， 储西平， 娄远来， 等.异丙丁苄 WP 防除水稻直播田杂草的效果及应用技术[J].杂草科学，2010，(4):44-45.
[5]唐启义，冯明光.实用统计分析及其 DPS 数据处理系统[M].北京:科学出版社，2002:188-201.

10%吡嘧磺隆可湿性粉剂防除水稻移栽田杂草试验

王 真　杜晓英*

(长江大学农学院，荆州 434025)

摘要：为验证 10 %吡嘧磺隆可湿性粉剂的效果和经济用量，进行了防除水稻田一年生杂草的药效试验。结果表明：水稻移栽后 5～7 天用 10%吡嘧磺隆可湿性粉剂 30～45 g a.i./hm^2 拌细沙土 225 kg/hm^2 人工撒施处理对水稻安全，并且可有效防除水稻田酸模叶蓼、牛毛毡、醴肠和莎草等杂草。

关键词：吡嘧磺隆；移栽田；杂草；防效；安全性

Efficacy trial of 10% Pyrazosulfuron WP for Control of Weeds in Transplanted Rice Field

WANG Zhen, DU Xiaoying

(College of Agronomy, Yangtze University, Jingzhou 434025*)*

Abstract: The control effect of 10 % Pyrazosulfuron WP against annual weeds in transplanted rice field was studied. The results showed that the herbicide with 30～45 g a.i./hm^2 mixed into sand soil with 225 kg/hm^2 and applied 5～7 days after transplanting would be safe to rice, and it had good effect on *Polygonum lapathifolium* L., *Eleocharis parvula*, *Eclipta prostrata* and *Nutgrass flatsedge*.

Key words: Pyrazosulfuron; transplanted rice field; weed; control; safety

吡嘧磺隆属于磺酰脲类除草剂，活性高、用量低、杀草谱广[1]，用于水稻田防除狼把草、野慈姑、鸭舌草、萤蔺、节节菜、陌上菜、牛毛草、异型莎草等一年生和部分多年生杂草，对稗草有一定抑制作用[2]。根据农业部农药检定所国内农药产品登记田间药效试验安排，并受黑龙江远征农化有限公司委托，验证该公司生产的10%吡嘧磺隆可湿性粉剂对水稻移栽田阔叶杂草和莎草科杂草的防除效果，并筛选安全经济有效用量。

1　材料与方法

1.1　试验药剂

供试药剂为 10%吡嘧磺隆可湿性粉剂（黑龙江远征农化有限公司生产），对照药剂为由吉林省八达农药有限公司生产的 10 %吡嘧磺隆可湿性粉剂。

1.2　供试作物

供试作物为汕优 63，于 4 月 25 日育秧，6 月 8 日人工移栽。

1.3　防除对象

防除对象为移栽水稻田一年生杂草，主要杂草有酸模叶蓼(*Polygonum lapathifolium* L.)、醴肠(*Eleocharis parvula*)、牛毛毡(*Eclipta prostrata*)和莎草(*Nutgrass flatsedge*)、稗草[*Echinochloa crusgalli* (L.) Beauv]等，田间杂草的分布基本均匀。

1.4 试验田概况

试验田位于荆州市八岭山镇童桥村三组，该田块为轻质砂壤土，前茬作物为油菜，常年种植水稻和油菜，土壤有机质含量较多，小区耕作采用深耕方式，水源允足，排灌方便，杂草以酸模叶蓼、醴肠、酸模叶蓼、牛毛毡和空心莲子草为主。

1.5　试验设计

试验设 7 个处理：10 %吡嘧磺隆可湿性粉剂 15 g/hm^2；10%吡嘧磺隆可湿性粉剂 30 g/hm^2；10%吡嘧磺隆可湿性粉剂 45 g/hm^2；10%吡嘧磺隆可湿性粉剂 60 g/hm^2；对照药剂为由吉林省八达农药有限公司生产的 10 %吡嘧磺隆可湿性粉剂 30 g/hm^2；人工除草对照和空白对照。小区面积为 20 m^2，每个处理设 4 次重复，小区之间设小梗，以防串水，影响药效。

1.6　试验时间及方法

6 月 14 日排干小区的积水，第 2 天开始施药，每个小区的处理药剂按照 225kg/hm^2

通讯作者：杜晓英，1965—，女，博士，副教授，主要从事天然产物农药研究，E-Mail: dxycjdx@163.com

拌细土人工撒施，撒施尽量做到均匀，此时水稻为四叶一心期，移栽水稻返青，田间杂草还未出土。

1.7 施药时天气及田间管理

施药当日晴天，平均气温为 28℃左右，整个试验无灾害性天气过程，正常使用复合肥，期间用杀虫剂杀菌剂防除稻蓟马，二化螟、三化螟、稻纵卷叶螟、纹枯病等，未使用其他任何除草剂。

1.8 田间调查

杂草调查采用随机 4 点取样的方法，每个小区 0.25 m^2，于药后 15 天调查各类杂草的株数、30 天调查各种杂草的株数并分别称取鲜重，收获时测定每小区水稻的产量。药后 15 天和 30 天药效调查，观察有无药害情况，调查安全性[3]。计算防效的公式如下：

株防效（%）=（对照区杂草株数—处理区杂草株数）/对照区杂草株数×100

鲜重防效（%）=（对照区鲜重—处理区鲜重）/对照区鲜重×100

对株防效和鲜重防效的反正弦平方根转换值进行方差分析（DPS 统计软件）并采用新复极差法比较各药剂的平均防效是否存在显著性差异。

2 结果与分析

2.1 除草效果

2.1.1 药后 15 天株防效

10%吡嘧磺隆可湿性粉剂防除水稻移栽田莎草及阔叶杂草平均防除效果见下表所示：10%吡嘧磺隆可湿性粉剂 60g/hm^2 这个浓度对醴肠、酸模叶蓼、牛毛毡、莎草以及总草的综合的防效都在 90 %以上，并且在 5%水平上与其他浓度的防效都达到了显著水平。10%吡嘧磺隆可湿性粉剂 30 g/hm^2 和 45 g/hm^2 两个浓度对醴肠、酸模叶蓼、牛毛毡的防效都在 85%左右，表明这两个浓度的药剂防治水稻田杂草的效果理想。通过方差分析发现两个浓度之间的防效差异不显著，只对莎草的防效差异达到了显著水平。

对杂草综合数量防除效果：10%吡嘧磺隆可湿性粉剂 15g/hm^2、30g/hm^2、45g/hm^2、60g/hm^2 的防除效果分别为 80.96 %、84.35 %、86.91 %和 91.57 %，不同浓度之间防效差异显著，浓度越高防效相对就越好（表 1）

表1 10%吡嘧磺隆可湿性粉剂防除水稻移栽田杂草的株防效（药后15天）

处理编号	醴肠		酸模叶蓼		牛毛毡		莎草		综合	
	防效(%)	差异显著性	防效(%)	差异显著性	防效(%)	差异显著性	防效(%)	差异显著性	防效(%)	差异显著性
1		c	83.38	c	78.01	c	83.33	d	80.96	d
2	83.71	b	85.80	bc	82.27	bc	85.25	cd	84.35	c
3	85.27	b	87.61	ab	85.11	b	88.80	b	86.91	b
4	90.29	a	89.73	a	91.84	a	94.25	a	91.57	a
5	79.71	c	85.50	bc	80.50	c	86.61	bc	83.22	c

注：同列数据具相同字母者在 0.05 水平上差异不显著(DMRT 法)

2.1.2 药后30株防效

10%吡嘧磺隆可湿性粉剂 15g/hm^2、30g/hm^2、45g/hm^2、60g/hm^2 对醴肠株防除效果分别为 80.05 %、87.16 %、91.28 %和 94.04 %；不同浓度之间的防效差异都达到了显著水平，表明醴肠对吡嘧磺隆很敏感，浓度越高，防效相对就越高。

对酸模叶蓼株防除效果分别为 81.68 %、85.25 %、89.82 %和 93.64 %，高浓度与中浓度和低浓度之间的防效差异显著，倍浓度的防效更是突出，达到 93.64 %。

对牛毛毡防除效果：10%吡嘧磺隆可湿性粉剂 15g/hm^2、30g/hm^2、45g/hm^2、60g/hm^2 防除牛毛毡株效果分别为 83.68% 、84.27 %、85.16 %和 88.43 %，不同浓度之间的防效差异不显著。

对莎草防除效果：10 %吡嘧磺隆可湿性粉剂 15g/hm^2、30g/hm^2、45g/ hm^2、60g/ hm^2 防除牛毛毡株效果 84.01 %、85.36 %、87.26 %和 91.60 %，高中低三个浓度之间的防效差异不显著。

对杂草综合数量防除效果：15g/ hm^2、30g/ hm^2、45g/ hm^2、60g/ hm^2 的防除效果为 82.22 %、85.60 %、88.60 %和 92.12 %，不同浓度之间防效总差异达到显著水平（表2）。

表2 10%吡嘧磺隆可湿性粉剂防除水稻移栽田杂草的株防除效果（施药后30天）

处理编号	醴肠	酸模叶蓼	牛毛毡	莎草	综合
	防效(%)	防效(%)	防效(%)	防效(%)	防效(%)
1	80.05d	81.68 c	83.68b	84.01b	82.22d
2	87.16c	85.25c	84.27ab	85.36b	85.60c
3	91.28b	89.82b	85.16ab	87.26b	88.60b
4	94.04a	93.64a	88.43a	91.60a	92.12a
5	86.47c	82.70c	82.79b	85.64b	84.50c

注：同列数据具相同字母者在 0.05 水平上差异不显著(DMRT 法)

2.1.3 药后30天鲜重防效

对杂草综合鲜重防除效果：10%吡嘧磺隆可湿性粉剂 15g/hm^2、30g/hm^2、45g/hm^2、60g/hm^2 的防除效果为 87.16%、89.59%、91.02%和 93.36%，不同浓度之间都表现出差异显著性，浓度越高，防效也高，但是最低防效也为 87.6%，说明 10%吡嘧磺隆可湿性粉剂在控制杂草的生长方面较理想（表3）。

表3 10%吡嘧磺隆可湿性粉剂防除水稻移栽田杂草鲜重防除效果（施药后30 d）

处理编号	醴肠		酸模叶蓼		牛毛毡		莎草		综合	
	防效(%)	差异显著性	防效(%)	差异显著性	防效(%)	差异显著性	防效(%)	差异显著性	防效(%)	差异显著性
1	87.90	c	88.10	c	86.98	c	85.46	c	87.16	d
2	90.43	b	90.80	b	90.28	b	86.36	bc	89.59	c
3	92.92	a	90.80	a	90.99	b	88.87	b	91.02	b
4	92.97	a	94.29	b	93.47	a	92.75	a	93.36	a
5	86.43	c	90.57	b	88.45	c	85.03	c	88.19	d

注：同列数据具相同字母者在 0.05 水平上差异不显著(DMRT 法)

2.2 水稻生长和产量的影响

施药后观察水稻的生长情况发现：整个试验过程中未发现药害现象，不同浓度的小区的水稻从株高、色泽、分蘖等方面未发现与空白对照小区有什么异常，水稻成熟收获后测定水稻产量结果发现：10%吡嘧磺隆可湿性粉剂防除水稻移栽田杂草，施药的每个小区的水稻产量都在 20 kg 左右，相互之间没有显著差异，但喷施除草剂的处理小区的水稻产量明显高于清水对照处理。

3 小结与讨论

10%吡嘧磺隆可湿性粉剂30 g/hm^{2}和45 g/hm^{2}对水稻田主要杂草醴肠、酸模叶蓼、牛毛毡和莎草的15天和30 天的株防效和鲜重防效相对都比较理想，能达到有效控制杂草的目的，对水稻安全，对水稻的产量没有明显的影响，适合于移栽水稻田的杂草防除，推荐使用浓度为30～45 g/hm^2。在试验田还发现小区有些许的空心莲子草，并且该草有逐年扩张的趋势，10 %吡嘧磺隆可湿性粉剂对该草的控制作用很差，分析原因可能是空心莲子草是多年生植物，以营养体繁殖，生存能力很强，而吡嘧磺隆的作用靶标为乙酰乳酸合成酶，主要作用于芽鞘和幼芽，对空心莲子草的抑制作用差。10%吡嘧磺隆可湿性粉剂对水稻田的稗草的防治作用也不理想。磺酰脲类除草剂虽然是国内外稻田应用最广泛的一类除草剂，但大多数杂草对磺酰脲类除草剂产生了抗性[4]。因此，为有效控制水稻田各类杂草，同时考虑杂草抗性问题，建议将吡嘧磺隆与其他防治单子叶杂草的药剂混配使用或轮换使用。

参考文献

[1] 徐汉虹. 植物化学保护（第四版）[M].中国农业出版社，2007：198-201.
[2] 李世龙. 10%吡嘧磺隆可湿性粉剂防除水稻田杂草效果试验[J]. 现代农业科技，2010，2：172-173.
[3] 农业部田间药效试验准则（一）[M].中国标准出版社，2000：164-169.
[4] 苏少泉．农药论坛[J]. 2009，8:11-14.

336克/升苯吡唑草酮SC防除玉米田杂草应用技术研究

李 涛　沈国辉*　钱振官　温广月　田志慧

（上海市农业科学院生态环境保护研究所，上海 201106）

摘 要：336g/L 苯吡唑草酮 SC 是德国巴斯夫公司最新研制开发的内吸传导型玉米田广谱苗后茎叶处理除草剂。田间试验结果表明，336g/L 苯吡唑草酮 SC 具有安全性好，作用速度快，使用剂量低、使用适期长，兼容性好等特点。可安全应用于甜玉米、糯玉米等各类玉米田有效防除一年生禾本科和阔叶杂草的危害。杂草 3～4 叶期施药，适宜施用剂量为 30.24～45.36g ai/hm^2（商品量 6～9ml/667m^2）；杂草 6～8 叶期施药，适宜施用剂量为 45.36～60.48g ai/hm^2（商品量 9～12ml/667m^2）；336g/L 苯吡唑草酮 SC 可与莠去津混用，扩大杀草谱，提高防效。使用时加入助剂 MSO 可提高防效，降低使用剂量。苯吡唑草酮对油菜、豌豆、青菜、大豆等后茬作物生长安全。

关键词：苯吡唑草酮（苞卫）；玉米；应用技术；杂草防除

Abstract: Topramezone, a new post-emergence herbicide applied to control the weeds in corn, was developed by BASF Company in Germany. Field studies were conducted to evaluate topramezone applied in corn for weed control effect and safety to the corn and the succeeding crops. The result showed that topramezone was safe to maize growth, and showed better control to the annual garss weeds and broadleaf weeds. When topramezone was applied at 3~4 leaf stage of weeds, The adequate dose was 30.24～45.36g ai/hm^2, 6~8 leaf stage applied, The adequate dose was 45.36～60.48g ai/hm^2. Topramezone mixed with atrazine could enlarge weed control spectrum and showed better control. No negative effect on succeeding crops growth was found.

Keywords: topramezone; corn; applied technique; weed control

当今玉米已发展成集饲料、口粮和工业原料为一身的重要作物，其种植面积仅次于禾谷类与水稻而居世界第三位[1]。2010年我国玉米种植面积约3000万公顷，由南到北，从我国的海南省到黑龙江的北部，由东到西，从东海之滨到甘肃、新疆均有玉米种植[2]。美国玉米播种面积与我国接近，然而单产却比我国高近一倍，除其他因素外，除草剂的使用是一个重要因素[3]。玉米田杂草种类多、数量大，给玉米生产带来较大影响。据调查，玉米田不除草，可导致玉米减产20%～30%，严重的高达40%以上[4]。玉米田化学除草技术已成为玉米生产必不可少的重要措施。当前，玉米田除草剂大多采用乙草胺、莠去津及其混配制剂做苗前土壤封闭处理，以烟嘧磺隆、硝磺草酮等进行茎叶处理。苯吡唑草酮（商品名：苞卫）是德国巴斯夫公司最新研制开发的吡唑类除草剂，是新型羟基苯基丙酮酸酯双氧化酶抑制剂(HPPD)除草剂。为研究其除草活性及对后茬作物的安全性，开展本试验。

1 材料与方法

1.1 试验地基本情况

本试验于2010年在上海市农业科学院重固良种繁育场进行。试验田面积约1500m^2，试验田土质为黄泥头，肥力中等，有机质含量2.1%，pH值6.9。前茬作物为油菜，收获后翻耕，前茬作物田使用108g/L高效盖草能EC32.4g a.i./hm^{2}防除一年生禾本科杂草。油菜收获后于2010年7月1日播种夏玉米，精量条播，一垄种植甜玉米，一垄种植糯玉米，相间排列。玉米行距60cm，株距25cm，密度约4000株/667m^2。

作者简介：李涛（1982-），男，助理研究员，主要从事杂草防除与利用研究。

E-mail：litao@saas.sh.cn；Tel：15002170952。

* 通讯作者 E-mail：zb5@saas.sh.cn。

试验过程中，得到了巴斯夫（中国）有限公司丁辉老师的大力支持和帮助，在此表示感谢！

1.2 供试药剂

336g/L苯吡唑草酮SC、助剂MSO及90%莠去津WG，均由巴斯夫（中国）有限公司提供。

1.3 田间设计

1.3.1 苯吡唑草酮除草效果试验

苯吡唑草酮除草试验，在杂草不同叶龄分两批施药，第一批施药日期为2010年7月21日，即玉米播种后20天，施药时杂草3～4叶期；第二批施药日期为2010年7月30日，即玉米播种后29天，施药时杂草6～8叶期，千金子2～3个分蘖。小区面积20m^2，3次重复，所有试验小区随机区组排列。详细试验方案见表1。

表1 336g/L苯吡唑草酮SC防除玉米田杂草试验方案

编号	产品处理	有效成分 g/hm^2	剂量 g或ml/亩	另加助剂MSO用量		时间
				稀释倍数	助剂量	
1	336g/L 苯吡唑草酮 SC	30.24	6	333	45	杂草 3～4 叶期
2	336g/L 苯吡唑草酮 SC	45.36	9	333	45	
3	336g/L 苯吡唑草酮 SC	60.48	12	333	45	
4	336g/L 苯吡唑草酮 SC	90.72	18	333	45	
5	336g/L 苯吡唑草酮 SC + 90%莠去津 WG	25.2+675	5 + 50	333	45	
6	336g/L 苯吡唑草酮 SC	30.24	6	200	75	
7	336g/L 苯吡唑草酮 SC	45.36	9	200	75	
8	336g/L 苯吡唑草酮 SC	60.48	12	200	75	
9	336g/L 苯吡唑草酮 SC	30.24	6	333	45	杂草 6～8 叶期
10	336g/L 苯吡唑草酮 SC	45.36	9	333	45	
11	336g/L 苯吡唑草酮 SC	60.48	12	333	45	
12	336g/L 苯吡唑草酮 SC + 90%莠去津 WG	25.2+675	5 + 50	333	45	
13	336g/L 苯吡唑草酮 SC	30.24	6	200	75	
14	336g/L 苯吡唑草酮 SC	45.36	9	200	75	
15	336g/L 苯吡唑草酮 SC	60.48	12	200	75	
16	空白对照					

1.3.2 苯吡唑草酮对不同类型玉米的安全性试验

供试玉米品种分别为沪玉糯三号（糯玉米）和金银818（甜玉米）。

1.3.3 苯吡唑草酮对后茬作物的安全性试验

玉米成熟收割后，保存原来的区组和小区，每小区单独人工翻耕。并将原试验的1号、2号、3号、4号、5号、16号处理小区平均分成4畦，每畦分别定量播种油菜（沪油15）、青菜（矮抗青）、豌豆（中豌5号）和菠菜（金秋），播种日期为2010年11月12日，播种后各种作物进行常规栽培管理。

1.4 施药器械及方法

施药工具为新加坡利农私人有限公司生产的HD400背负式喷雾器，扇型喷头，压力45帕，喷射速率1250ml/min，用水量450L/hm^2。施药方法为茎叶喷雾，用水量450L/hm^2。

1.5 调查和计算方法

1.5.1 药效调查

试验期间共调查2次，即施药后20、40天调查残存杂草株数，计算株数防效，施药后40天调查残存杂草株数的同时，加测残存杂草地上部鲜重，计算鲜重防效。药效调查及防效计算按照GB/T 17980.42—2000进行。

1.5.2 对玉米的安全性调查

施药后不定期观察玉米生长情况，如有药害则详细记录药害症状及恢复正常生长的时间，并进行考苗和测产。

1.5.3 对后茬作物的安全性调查

作物出苗后3天、7天观察作物是否有药害，如有药害则记录药害发生时间、症状、等级及恢复情况，药害评估分级标准按表2进行。作物出苗后15天调查各小区作物出苗数，计算相对出苗率。作物出苗后15天、30天加测作物株高、鲜重。

试验数据用SPSS（Statistics Package for Social Science）for Windows11.5统计软件进行方差分析。每个小区取均匀分布的3个点进行评估。如果发生了药害，则详细描述药害类型，例如坏死、扭曲、叶子卷曲、黄化、叶子损失等。

表2 作物药害分级标准

级别	除草剂症状
0	无症状
1	非常轻微的药害或者非常轻微黄化、畸形
2	轻微的药害
3	易于识别的药害
4	可以忍受——稍严重的伤害，叶子严重黄化但未死掉（没有烧焦或死掉）
5	不可以忍受——叶子边缘烧焦、严重畸形
6	大范围叶子严重烧焦、畸形
7	50%以上叶子烧焦、畸形
8	90%以上叶子被损
9	极端严重的伤害
10	完全死掉

2 结果与分析

2.1 336g/L苯吡唑草酮SC不同时期施药的除草效果

试验结果表明，336g/L苯吡唑草酮SC对玉米田禾本科杂草和阔叶杂草均具有很好的防效，且作用速度较快。施药后2天观察，336g/L苯吡唑草酮SC处理区千金子、马唐等禾本科杂草的叶片从叶鞘开始白化，经内吸传导扩散至整株，最后腐烂死亡，醴肠、马齿苋等阔叶杂草受药后表现出萎焉症状，生长受到严重抑制。施药后20天、40天调查，无论是杂草3～4叶期还是6～8叶期施药，336g/L苯吡唑草酮SC30.24 g ai/hm^2、45.36 g ai/hm^2、60.48 g ai/hm^2、90.72g ai/hm^2+MSO(用水量的0.3％～0.5％)处理的总草防效均高于90％。336g/L苯吡唑草酮SC25.2gai/hm^2+90%莠去津WG675g ai/hm^2+MSO（用水量的0.3％～0.5％）处理对千金子、马唐、醴肠和马齿苋也有较好的防效，总草防效约90％（表3、表4）。

表3 336g/L苯吡唑草酮SC防除玉米田杂草效果（药后20天）[1)]

处理	千金子	马唐	醴肠	马齿苋	总草
	株数防效%	株数防效%	株数防效%	株数防效%	株数防效%
1	98.75 a	93.48 de	95.14 ab	87.73 ab	96.49 a
2	99.08 a	96.52 bc	95.25 ab	89.65 ab	97.45 a
3	99.67 a	97.77 abc	95.93 ab	92.68 a	98.34 a
4	100.00 a	98.23 ab	98.96 a	94.07 a	99.03 a
5	98.01 a	91.31 e	92.95 b	83.32 b	94.93 a
6	99.06 a	94.67 cd	95.25 ab	88.54 ab	96.89 a
7	99.67 a	97.17 abc	95.14 ab	89.65 ab	97.89 a
8	100.00 a	100.00 a	98.96 a	92.68 a	99.21 a
9	91.82 bc	86.87 bc	93.30 a	87.25 a	90.62 b
10	99.05 a	95.00 a	97.26 a	93.80 a	97.65 a
11	99.30 a	97.34 a	97.70 a	94.61 a	98.42 a
12	89.22 c	84.13 c	88.14 b	89.07 a	88.17 c
13	93.48 b	88.08 b	93.18 a	90.26 a	92.15 b
14	98.60 a	97.75 a	97.26 a	93.83 a	97.90 a
15	99.02 a	97.31 a	97.90 a	94.61 a	98.24 a
CK[2)]	（241.3）	（75.7）	（34.7）	（32.0）	（383.7）

[1)] 同列后不同字母表示在0.05水平上差异显著，下同。

[2)] 括号内数字表示空白对照区杂草株数或鲜重，下同。

表4 336g/L苯吡唑草酮SC防除玉米田杂草效果（药后40天）

处理	千金子		马唐		醴肠		马齿苋		总草	
	株数防效%	鲜重防效%	株数防效%	鲜重防效%	株数防效%	鲜重防效%	株数防效%	鲜重防效%	株数防效%	鲜重防效%
1	95.48 c	98.99 c	92.50 bc	95.93 b	93.15 b	96.29 bc	89.37 b	91.29 f	94.51 d	98.18 c
2	97.42 bc	99.40 abc	95.4 abc	98.59 a	92.91 b	95.33 c	91.54 ab	94.84 de	96.33 c	99.05 ab
3	98.13 ab	99.61 a	96.19 ab	98.74 a	94.67 b	96.77 bc	96.31 a	97.56 ab	97.39 abc	99.25 a
4	99.06 a	99.61 a	98.19 a	99.27 a	94.50 b	97.08 bc	96.01 a	98.14 a	98.33 ab	99.38 a
5	99.68 d	99.26 abc	91.80 c	95.41 b	93.08 b	97.43 bc	92.65 ab	96.69 abc	97.39 abc	98.32 c
6	98.45 bc	99.10 bc	93.56 bc	96.33 b	96.42 ab	97.91 ab	91.76 ab	93.74 e	96.96 bc	98.41 c
7	99.25 ab	99.48 ab	93.56 bc	95.94 b	97.70 ab	98.26 ab	93.39 ab	95.25 cde	97.72 abc	98.64 bc
8	99.33 a	99.69 a	98.15 a	98.58 a	100 a	100 a	95.47 a	96.32 bcd	98.87 a	99.44 a
9	95.46 ab	96.18 ab	86.30 c	88.60 b	90.67 c	91.47 d	84.30 c	87.39 c	93.01 b	94.44 cd
10	95.45 ab	96.26 ab	91.28 ab	94.64 a	92.57 bc	94.03 c	90.32 ab	92.80 ab	94.32 ab	95.86 bc
11	97.16 a	98.14a	94.41 a	96.19 a	94.81 ab	95.70 bc	94.62 a	95.03 a	96.48 ab	97.63 a
12	91.09 bc	94.65 b	85.11 c	87.57 b	86.16 d	89.09 d	86.16 bc	88.71 bc	89.69 c	92.97 d
13	87.28 c	91.04 c	88.28 bc	90.62 b	93.89 abc	95.00 c	86.65 bc	89.63 bc	87.84 c	91.14 e
14	94.47 ab	97.26 a	93.10 a	96.58 a	97.41 a	97.79 ab	92.02 a	95.59 a	94.29 ab	97.15 ab
15	97.80 a	97.67 a	94.51 a	96.60 a	97.44 a	98.72 a	94.62 a	95.57 a	97.09 a	97.50 a
CK	733.7	2704.3	145.3	736.8	65.3	146.2	75.7	161.1	1020）	3587.3

2.2 336g/L苯吡唑草酮SC对不同类型玉米的安全性

施药后不定期观察结果表明，无论是杂草3～4叶期还是6～8叶期施药，苯吡唑草酮各供试剂量对供试糯玉米和甜玉米生长安全，株高、地上部鲜重等生育指标与空白对照相比均没有显著差异。

2.3 336g/L苯吡唑草酮SC对后茬作物的安全性

试验结果表明，使用过336g/L苯吡唑草酮SC的玉米田，玉米成熟收割后可安全种植油菜、青菜、豌豆、菠菜等后茬作物，药害目测等级均为0级，1～5号处理区后茬种植的油菜、青菜、豌豆、菠菜的出苗率、株高、地上部鲜重等指标与空白对照相比均没有显著差异（表5、表6）。

表5 336g/L苯吡唑草酮SC对后茬作物生长的影响（出苗后15天）

处理	油菜			青菜			豌豆			菠菜		
	相对出苗率（%）	株高（cm）	鲜重（g/20株）	相对出苗率（%）	株高（cm）	鲜重（g/20株）	相对出苗率（%）	株高（cm）	鲜重（g/20株）	相对出苗率（%）	株高（cm）	鲜重（g/20株）
1	99.27 a	5.0 a	2.7 a	101 a	5.0 a	3.9 a	102 a	11.5 a	19.6 a	100 a	5.9 a	3.4 a
2	98.32 a	5.0 a	2.7 a	102 a	5.0 a	3.9 a	103 a	11.7 a	19.4 a	99 a	6.0 a	3.3 a
3	99.43 a	5.1 a	2.7 a	105 a	5.0 a	3.9 a	103 a	11.6 a	19.5 a	100 a	6.0 a	3.3 a
4	99.44 a	5.1 a	2.7 a	105 a	5.0 a	3.9 a	101 a	11.6 a	19.6 a	100 a	5.9 a	3.3 a
5	99.38 a	5.1 a	2.8 a	102 a	5.1 a	3.9 a	102 a	11.8 a	19.4 a	101 a	5.9 a	3.3 a
CK		5.1 a	2.7 a		5.0 a	3.9 a		11.6 a	19.5 a		5.9 a	3.3 a

表6 336g/L苯吡唑草酮SC对后茬作物生长的影响（出苗后30天）

处理	油菜		青菜		豌豆		菠菜	
	株高（cm）	鲜重（g/20株）	株高（cm）	鲜重（g/20株）	株高（cm）	鲜重（g/20株）	株高（cm）	鲜重（g/20株）
1	7.0 a	7.4 a	6.5 a	9.0 a	15.0 a	38.5 a	6.8 a	7.8 a
2	7.0 a	7.3 a	6.4 a	9.1 a	15.2 a	38.1 a	6.8 a	7.8 a
3	7.0 a	7.3 a	6.5 a	9.1 a	15.1 a	38.4 a	6.8 a	7.9
4	7.1 a	7.3 a	6.5 a	9.0 a	15.2 a	38.3 a	6.9 a	7.8
5	7.1 a	7.3 a	6.5 a	9.2 a	15.2 a	38.3 a	6.9 a	7.8
CK	7.0 a	7.3 a	6.5 a	9.0 a	15.1 a	38.4 a	6.8 a	7.8

3 结论与讨论

本试验结果表明，苯吡唑草酮具有安全性好，作用速度快，杀草谱广、使用适期长等特点，能有效防除玉米田禾本科和阔叶杂草的危害，杂草 3～4 叶期施药，适宜用量为 30.24～45.36g ai/hm^2（商品量 6～9ml/667m^2）；杂草 6～8 叶期施药，适宜用量为 45.36～60.48g ai/hm^2（商品量 9～12ml/667m^2），助剂 MSO 添加量以 0.3%为宜。苯吡唑草酮对供试糯玉米和甜玉米生长安全。玉米成熟收割后，后茬可安全种植油菜、青菜、豌豆、菠菜等作物。

目前，玉米田化学除草大多采用乙草胺、莠去津及其混配剂做苗前土壤封闭处理。由于天气干旱和机收麦茬较高等环境因素的影响，玉米田封闭除草效果往往不理想。烟嘧磺隆、硝磺草酮做为目前玉米田苗后茎叶处理除草剂的当家品种，各有其特点，也有一定的局限性。如烟嘧磺隆对甜玉米和爆裂玉米的选择性较差且使用适期较短，玉米2叶期以下或6叶期以上使用易产生药害。硝磺草酮作为玉米田苗后早期茎叶处理除草剂品种，对大龄杂草的防效相对较差，杂草受药后易返青。

苯吡唑草酮的研制成功給国内玉米种植户在除草剂使用上提供了更多的选择。与烟嘧磺隆和硝磺草酮相比，苯吡唑草酮具有以下特点：(1)苯吡唑草酮作用机理独特、杀草谱广、速效性好、除草彻底、用药量少，能有效防除玉米田主要禾本科和阔叶杂草的危害，对抗三嗪类除草剂的阔叶杂草也有很好的防效；(2)安全性好，对几乎所有类型的玉米都具有良好的选择性；(3)使用适期长，能在玉米苗后所有生长期使用，农户可根据天气、劳动力情况等，合理安排施药时间。(4)兼容性好，可与三嗪类、麦草畏、二甲戊灵等很多除草剂混配使用，不影响药效。

试验中观察到，苯吡唑草酮对香附子、碎米莎草的防效较差，如果上述杂草发生量大，建议与其他适合的药剂混配使用。

参考文献

[1]苏少泉.玉米田除草剂新品种与应用[J].农药研究与应用，2009（1）：1-6.
[2]唐洪元.中国农田杂草[M].上海:上海科技教育出版社，1991.
[3]张敏恒.从美国玉米田除草剂市场看我国玉米田除草剂开发[J].农药，2002(6)：1-6.
[4]陈庆华，周小刚，郑仕军，等. 四川省玉米田杂草化学防除技术研究[J].杂草科学，2010(3)：38-39.

18% 2,4-D 微乳剂对薇甘菊的防治效果

韩海涛　刘海远　刘 婕　钟国华*

(华南农业大学昆虫毒理研究室，广州 510642)

摘要：原产于中、南美洲的薇甘菊现已成为广东、香港沿海的一种主要外来有害植物，尤其是在深圳市多处保护地、耕地、林地、公园等为害，造成严重的生态破坏。本试验研究了 2,4-D 微乳剂（ME）对深圳市某废弃果园薇甘菊的防治效果。结果表明，供试 2,4-D ME 在有效成分 162～486 g/hm^2 处理后 29 天内，防效达 91.53%～99.91%，具有见效快的特点；处理 55 天后，处理区内其他杂草均恢复到处理前水平。与目前推荐使用的对照药剂 70%嘧磺隆可湿性粉剂（有效成分 262.5 g/hm^2）相比，供试的 2,4-D ME 对靶标杂草薇甘菊的选择性较强，具有"灭薇保草"的效果，有利于生态环境的保护与恢复。

关键词：薇甘菊；2,4-D 微乳剂； 70%嘧磺隆可湿性粉剂；杂草防除

Effect of chemical herbicide 18% 2,4-D Micro-emulsion against *Mikania micrantha*

HAN Haitao, LIU Haiyuan, LIU Jie, ZHONG Guohua*

(Lab of Insect Toxicology, South China Agricultural University, Guangzhou 510642, China*)*

Abstract: *Mikania micrantha* HBK., a native to Central and Southern America, has becoming a noxious exotic invasive weed in the seashore areas in Guangdong Province and its neighbor Hong Kong of Southern China, especially in Shenzhen district. In this study, 2,4-D Micro-emulsion (ME) was used to control *M. micrantha* in an orchard in Shenzhen. The results showed that the control effect was from 91.53% to 99.91% after 29 d sprayed 2,4-D ME with the active constituent of 162~486 g/hm^2 (Preparation of 60~180 ml/667m^2). Compared to the standard control of 70% Sulfometuron-methyl (WP) with the active constituent of 262.5g/hm^2, the tested herbicide 2,4-D ME showed the characteristics of stronger selectivity, quick action, more safety to the environment and long pesticide duration, which suggested it can be used to kill *M. micrantha* to protect and recover ecological environment.

Key words: *Mikania micrantha*; 2,4-D Micro-emulsion (ME); Weed control

薇甘菊(*Mikania micrantha* HBK.) 是菊科假泽兰属的一种多年生草质藤本植物，原产中、南美洲，现已广泛分布东南亚，是危害经济作物和森林植被的主要害草[1~4]。20 世纪 80 年代传入深圳及珠江三角洲地区，从 1998 年始，薇甘菊在广东内伶仃岛上迅速蔓延，几年间便成为优势种群[5,6]。其危害的突出特点是遇草覆盖，遇树攀援，致使被攀援的灌木、小乔木乃至十多米高的大树被严密覆盖，不能进行光合作用而窒息死亡，不少林地因此出现大面积的林窗[4,7,8]。薇甘菊的蔓延和危害引起了生态工作者和各级政府的高度重视，希望能尽快控制其蔓延和危害。本试验目的是采用化学防除的方法对薇甘菊防除进行研究，着重研究 18% 2,4-D 微乳剂(ME)对非耕地薇甘菊田间实际防治效果以及对其他植物的安全性，为大面积推广应用提供科学依据。

1　材料与方法

1.1　供试药剂

18%2,4-D 微乳剂，深圳市薇甘菊生物防治服务有限公司生产；对照药剂 70%嘧磺隆可湿性粉剂(WP)，西安近代农药科技股份有限公司生产。

1.2　试验用地

试验用地位于广东省深圳市罗湖区百果园内，地面积约为 5 亩，原为草莓种植地，后荒弃，期间未施用任何除草剂，土质较肥沃。试验时长满薇甘菊，大部分薇甘菊处于

作者简介: 韩海涛（1986-），男，河南洛阳，硕士研究生，主要从事天然源农药相关研究，

Tel: 020-85280308，E-mail: haitaohan@live.com

*通讯作者: 钟国华，Tel: 020-85280308，E-mail: guohuazhong@scau.edu.cn

营养生长盛期，薇甘菊地表覆盖面积平均 65%，厚层多约为 20cm。

1.3 试验设计

将试验地分为 4 个区组，每个区组划分成 7 个小区，各处理随机排列，重复 4 次。每小区设置 7 个处理，分别是 18％2,4-D 微乳剂 60 ml/667m^2、90 ml/667m^2、120ml/667m^2、180 ml/667m^2(制剂用量)、70％嘧磺隆可湿性粉剂 25g(制剂用量)、人工除草、空白对照（清水）。

1.4 试验方法

根据设计剂量和每个处理总面积（100m^2×4=400m^2），计算出每个处理所用总量和对水量。当大部分薇甘菊处于营养生长盛期，选择晴好、无风和气温较高的天气，按试验区组设计，划分好区组和小区，做好标签，拉好分界线。将药剂对水，按剂量由低到高喷雾。将所需药剂倒入配药桶，再加入所需水量，充分混匀后，启动加压喷雾机加压喷雾。本试验中覆盖植被较矮小，非乔木、灌木、丛林，喷雾时，将压力调到约 2MPa，药液均匀喷雾一次。喷雾时，把手持喷枪与水平面成较小的角度，以喷枪的水压由左（或右）向右（或左）一次向前弧形横向喷扫，使薇甘菊面层枝叶翻侧露出下层枝茎及土壤，然后把喷枪调整与水平面成较大的角度往回程俯向下喷射内层枝叶令全株及根部土壤湿润一次施药。喷雾量为 135L/667m^2，不漏喷，不重喷。所用喷雾器 3WD-I 型担架式喷雾机，使用射程 3～6m， 工作压力 2MPa， 喷流量为 8L/min。试验期间喷药 1 次试验当天及喷药后 3 天内无雨，第 4 天阵雨 0.2mm，试验期间温度最低 21.7℃，最高 36.7℃，平均温度 27.8℃，相对湿度最低 45%，最高 95%，累计降雨量 413.1mm。

1.5 调查方法

施药前每小区选择 4 个杂草覆盖率较平均的调查点，插上竹签标记，分别在施药前、施药后 15 天、29 天、55 天，每个调查点以标记竹签为中心，用细绳围成边长 2.0m 正方形的区域，分别目测 4m^2 面积内薇甘菊覆盖率(%)，施药后 55 天称量固定调查点上存活薇甘菊地上部质量（含茎和叶，鲜重）。按 Abbott 公式计算防治效果，采用 DMRT 法统计处理间差异。

2 结果与分析

表 1 表明，供试 18% 2,4-D ME 防治非耕地薇甘菊有较好的防除效果。喷药处理后 15 天、29 天，在有效成分 162～486 g a.i./hm^2（制剂量 60～180ml/667m^2）剂量下，防效均为 91.53%～99.91%，几乎完全控制薇甘菊生长，15 天药效即可达到高峰，并可持续至 29 天，具有见效快的特点。但处理后 55 天在有效成分 162～243g a.i./hm^2（制剂量 60～90ml/667m^2）处理小区的薇甘菊有部分重新长出，导致其覆盖率防效均降低到 60%以下。以鲜重法计算，供试 18% 2,4-D ME 各供试浓度鲜重防效在处理后 55 天均达到 96% 以上。

表 1 18％ 2,4-D ME 对薇甘菊防除效果(覆盖度及鲜重法)

处理（制剂用量/667m^2）	15 天覆盖度防效（％）	29 天覆盖度防效（％）	55 天覆盖度防效（％）	55 天鲜重防效（％）
18％2,4-D ME 60 ml	91.53 b	96.30 a	51.42 b	96.08 a
18％2,4-D ME 90 ml	99.16 a	98.34 a	56.30 b	96.16 a
18％2,4-D ME 120 ml	99.82 a	99.79 a	99.71 a	99.82 a
18％2,4-D ME 180 ml	99.91 a	99.91 a	99.61 a	99.72 a
70％嘧磺隆 WP 25g	11.28 c	62.38 b	99.93 a	99.96 a
人工除草	87.50 b	49.21 b	19.41 c	32.73 b
CK	-12.72	-23.87	-39.82	11287.5

注：表中 CK 数据为每小区存活杂草覆盖度减退率（％）和鲜重(g/m^2)，其余各处理数据为防效。防效数据后小写字母相同表示差异性不显著（P=0.05）。差异性显著比较不包括 CK。

在本试验中，对照药剂 70%嘧磺隆 WP 以有效成分量 262.5g a.i./hm^2（制剂量 25g /667m^2）处理后 15 天、29 天，覆盖率防效分别为 11.28%、62.38%，均显著低于 18% 2,4-D ME 162～486 g a.i./hm^2 处理的防效，处理后 55 天，覆盖率防效提高到 99.93%，与 18%2,4-D ME 324、486 g a.i./hm^2 处理防效相当，显著高于 18% 2,4-D ME 162、243 g a.i./hm^2 的覆盖率防效。如果以鲜重防效比较，70%嘧磺隆 WP 处理后 55 天的鲜重防效达 99.96%，与 18% 2,4-D ME 162~486 g a.i./hm^2 处理均差异不显著。

本试验对象是非耕地，植被情况随药效的发挥而变化，处理后 55 天，供试 18% 2,4-D 微乳剂各浓度处理小区的其他杂草均恢复到处理前水平，本试验地原为草莓种植地，残余的一些草莓在整个试验期间均无中毒现象，正常生长。植被中的昆虫多样性随植被情况而变。

3 结论与讨论

我们的研究表明，常规的 2,4-D 制剂对薇甘菊在田间条件下几乎无效（未发表数据）。本研究供试的是添加了供试公司拥有自主知识产权的特殊助剂的 18% 2,4-D ME，它可有效防除非耕地薇甘菊，在 324g a.i./hm^2（制剂用量 120 ml /667m^2）处理后 1 个月内覆盖度防效超过 90%，对盖层厚度 20cm~50cm 的薇甘菊防效可达到 99.9%，持效期可达 45 天以上，优于或相当于 70%嘧磺隆 WP 262.5g a.i./hm^2（制剂 25g/亩）处理同期效果。速效性 18%2,4-D ME 明显优于 70%嘧磺隆 WP 的处理。

虽然供试 18% 2,4-D ME 可防除全生长期的薇甘菊，但以开花期前使用为佳，施药时，在保证亩用有效成分的同时，应注意采取合适的施药技术。薇甘菊覆盖度大，盖层厚（高于 20cm），或者是攀绕覆盖乔木、灌木、丛林时，建议以小型机动喷雾器施药，使用时加大用水量至 135L/667m^2（亩有效成分剂量不变），主要原因是背负式喷雾器工作参数（喷雾高度、喷雾强度）达不到薇甘菊的覆盖高度，同时实践中可能由于喷雾器所盛药液有限，或因工人劳动量太大导致工人喷雾质量难保证，致使无法保证全株，尤其是内层茎叶以及根部湿润。如果薇甘菊零星分散分布，盖层厚度低于 20cm，可用背负式手动喷雾器，喷液量为 50~80 L /667m^2。

此外，从处理后 30 天起，试验地非靶标杂草植被（即除薇甘菊外）均已基本恢复至试验前水平，远优于对照药剂 70%嘧磺隆 WP 处理。这种对靶标杂草的选择性适合于薇甘菊防除，具有“灭薇保草”的效果，有利于生态环境的保护与恢复。

参考文献

[1] SWARMY P S. Weed potential of *Mikania micrantha* HBK. and its control in fallow after shifting agriculture in northeast India[J]. Agriculture, Ecosystems & Environment, 1987, 18: 195-204.

[2] MELVILIE D S. Plant introduced into Hongkong. WWFHK, 1987, Appendix 2.

[3] 胡玉佳，毕培曦. 薇甘菊生活史及其对除莠剂反应的研究[J]．中山大学学报(自然科学版)，1994，33(4)：88- 95.

[4] 昝启杰，王勇军，王伯荪，等. 外来杂草薇甘菊的分布及危害[J]. 生态学杂志，2000，19(6)：58- 61.

[5] 何立平，梁启英，杨瑞华，等. 薇甘菊在深圳内伶仃岛外地区的分布及其危害[J]. 广东林业科技，2000，16(3)：38- 40.

[6] 黄忠良，曹洪麟，梁晓东，等. 不同生境和森林内薇甘菊的生存与危害状况[J]. 热带亚热带植物学报，2000，8(2)：131- 138.

[7] DUTTA S K. Chemical control of *Mikania micrantha* [J] . Two and Bul, 1961, 8(2) : 8- 9.

[8] 王伯荪，廖文波，李鸣光，等. 薇甘菊 *Mikania micrantha* 在中国的传播[J]. 中山大学学报(自然科学版)，2003，42(4)：47-50.

十八种除草剂对木薯安全性试验

郭成林　马跃峰　覃建林　马永林　莫仁甫
（广西农业科学院植物保护研究所，南宁 530007）

摘要：采用茎叶定量喷雾法测定了 18 种除草剂对温室盆栽木薯的安全性。结果表明，5%精喹禾灵 EC 900～1800 ml/hm²、6.9%精噁唑禾草灵 EC 750～1500 ml/hm²、24%烯草酮 EC 225～450 ml/hm² 和 10.8% 和高效氟吡甲禾灵 EC 450～900 ml/hm² 对木薯无药害症状，对木薯安全；48%灭草松 AS 2250～4500ml/hm²、25%氟磺胺草醚 AS 1200～2400 ml/hm²、10%硝磺草酮 SC 1500 ml/hm²、10%乙羧氟草醚 EC 750 ml/hm² 和 21.4%三氟羧草醚 EC 900 ml/ hm² 会造成轻微药害症状，但木薯恢复快，药后 30 天对木薯的株高抑制作用不明显；20%氯氟吡氧乙酸 EC 750～1500 ml/ hm²、24%甲咪唑烟酸 AS 300～600ml/ hm²、5%咪唑乙烟酸 AS 1,500～3000 ml/ hm²、15%乙氧嘧磺隆 WP 75～150 g/ hm²、95%2.4-D 钠盐 TF 750～1,500 g/ hm² 和 10%双草醚 SC 225～450 ml/ hm² 对木薯安全性差，不能施用。
关键词：木薯；除草剂；安全性

Safety Research of 18 Herbicides on Cassava (*Manihot esculenta* Crantz)

Guo Chenglin, Ma Yuefeng, Qin Jianlin, Ma Yonglin, Mo Renpu
(*Plant Protection Institute, Guangxi Academy of Agricultural Science, Nanning, 530007, China*)

Abstract: Safety research of eighteen herbicides to Cassava (*Manihot esculenta* Crantz) was tested in greenhouse by using spray method. Results showed that quizalofop-p-ethyl 5%EC at 900～1800 ml/hm², fenoxaprop-P-ethyl 6.9%EC at 750～1500 ml/hm², clethodim 24%EC at 225～450 ml/hm² and haloxyfop-R-methyl 10.8%EC at 450～900 ml/hm² were safe to cassava at 8 to 10 leaf stages. Bentazone 48%AS at 2250～4500 ml/hm², fomesafen 25%AS at 1200～2400 ml/hm², mesotrione 10%SC at 1500 ml/hm², fluoroglycofen 10%EC at 750 ml/hm² and acifluorfen sodium 21.4%EC at 900 ml/hm² could cause light injury to cassava, but the injury can recover in short time and cassava had insignificant inhibitory on plant height 30 days after treatment. Fluroxypyr 20%EC at 750～1500 ml/hm², imazameth 24%AS at 300～600 ml/hm², imazet 5%AS at 1500～3000ml/hm², ethoxysulfuron 15%WP at 75～150 g/hm², 2,4-D-sodium 95%TF at 750～1500g/hm² and bispyribac-sodium 10%SC at 225～450 ml/hm² were not safe to cassava in this study.
Key words: cassava; herbicide; safety

木薯(*Manihot esculenta* Crantz)属于大戟科木薯属植物，是世界三大薯类作物之一，种植面积1700万hm²以上[1]。我国木薯种植面积约45万hm²，鲜薯总产600万t左右[2,3]。木薯具有耐瘠薄、抗性强、产量高、淀粉含量高等特点，是食品、饲料、医药、化工等产品的重要原料。近年来随着生物能源需求量增加及木薯燃料乙醇建设项目在国内相继成立，木薯的需求量不断增加。草害是影响木薯优质高产的主要因素之一[4]，化学防治是当代农业杂草防除的重要手段和主要方向。但目前国内外对木薯地杂草的化学防除技术研究报道较少，人工除草仍然是当前木薯地杂草防除的主要手段，人工除草费工费时，除草效果差，频繁的中耕除草容易造成农田水土流失，降低木薯生产的生态经济效益。本试验初步研究了18种除草剂茎叶处理对温室盆栽木薯的安全性，并筛选出了多个对木薯安全性较高的除草剂品种，为木薯地除草剂的安全使用提供理论基础和技术依据。

1　材料与方法

1.1　供试材料

1.1.1 木薯品种

供试品种为“华南 205”，室内盆栽至 8～10 叶，株高 18～20cm，选择大小、株高均匀一致的植株进行试验。

1.1.2 供试药剂

24% 甲咪唑烟酸 AS（巴斯夫股份有限公司）、5%咪唑乙烟酸 AS（吉林八达农药有限公司）、10%双草醚 SC（组合化学工业株式会社）、15%乙氧嘧磺隆 WP（德国艾格福公司）、80%阿灭净 WP（美国孟山都公司）、38%莠去津 SC（大连松辽化工有限公司）、10%硝磺草酮 SC（大连松辽化工有限公司）、20%氯氟吡氧乙酸 EC（美国陶氏益农公司）、2,4-D 丁酯 EC（武汉汉南同心化工有限公司）、95%2,4-D 钠盐 TF（上海溶剂厂）、

25%氟磺胺草醚 AS（大连松辽化工有限公司）、21.4%三氟羧草醚 EC（大连松辽化工有限公司）、10%乙羧氟草醚 EC（潍坊鸿汇化工有限公司）、48%灭草松 AS（巴斯夫有限公司）、10.8%高效氟吡甲禾灵 EC（北京燕化永乐农药有限公司）、5%精喹禾灵 EC（浙江天丰化学有限公司）、6.9%精恶唑禾草灵 EC（德国拜耳作物科学公司）、24%烯草酮 EC（大连松辽化工有限公司）。

1.2 实验方法

采用定量叶面喷雾法。每种药剂设中、高两个浓度，用生测喷雾塔进行定量喷雾处理(喷液量按 675 kg/hm^2 计)，每处理 3 重复，用清水作对照。处理后置于温室内培养，温度 25～35℃。药后 2h、8h、1 天、3 天、7 天、15 天和 30 天调查木薯是否有药害，记载药害症状和恢复情况。药后 30 天测量植株株高，计算株高抑制率。计算公式如下：

抑制率（%）=（A-B）/A×100

以上公式中，A为对照木薯平均株高；B处理木薯平均株高。

2 结果与分析

2.1 不同除草剂茎叶处理对木薯的药害症状

从表 1 可以看出，精喹禾灵、精恶唑禾草灵、烯草酮和高效氟吡甲禾灵对木薯无药害症状，在使用剂量范围内对木薯安全；氯氟吡氧乙酸、甲咪唑烟酸和咪唑乙烟酸对木薯较为敏感，其中用氯氟吡氧乙酸处理后 10 天，木薯全株死亡，用甲咪唑烟酸和咪唑乙烟酸处理后 30 天，木薯幼芽全部死亡，叶片大部分或全部脱落；双草醚和乙氧嘧磺隆对木薯的药害主要表现为木薯顶叶黄化，植株生长受到明显抑制；2,4-D 丁酯 EC 和 2,4-D 钠盐处理后木薯植株扭曲、叶片黄化，植株生长受到抑制，其中 2,4-D 丁酯 EC 植株生长恢复较快，2,4-D 钠盐抑制时间较长；其他除草剂对木薯也产生不同程度的药害症状，其中阿灭净、莠去津、氟磺胺草醚、三氟羧草醚和乙羧氟草醚主要造成不同程度坏死斑，阿灭净、莠去津和三氟羧草醚药害较严重，植株生长受到抑制，氟磺胺草醚和乙羧氟草醚药害较轻，植株生长恢复快，硝磺草酮和灭草松 AS 的药害主要表现为出现褪绿斑；药害较轻。

2.2 不同除草剂茎叶处理对木薯株高的影响

5%精喹禾灵 EC 900～1800 ml/hm^2、6.9%精噁唑禾草灵 EC 750～1500 ml/hm^2、24%烯草酮 EC 225～450 ml/hm^2、10.8%高效氟吡甲禾灵 EC 450～900 ml/hm^2、48%灭草松 AS 2250～4500 ml/hm^2、25%氟磺胺草醚 AS 1200～2400 ml/hm^2、10%硝磺草酮 SC 1500 ml/ hm^2、10%乙羧氟草醚 EC 750 ml/hm^2 及 21.4%三氟羧草醚 EC 900 ml/hm^2 叶面喷雾处理后 30 天，木薯株高与对照差异不显著，以上除草剂对木薯抑制作用不明显（表 2）；其他处理对木薯株高具有不同程度的抑制作用，其中，20%氯氟吡氧乙酸 EC750～1500ml/hm^2 处理后木薯全株死亡，抑制率为 100%；24%甲咪唑烟酸 AS 300～600ml/hm^2、5%咪唑乙烟酸 AS 1500～3000 ml/hm^2 对木薯生长的抑制作用也十分显著，抑制率达 50%以上；抑制率为 20%～40%的有：15%乙氧嘧磺隆 WP 75～150 g/hm^2、95%2,4-D 钠盐 TF 750～1500g/hm^2、10%双草醚 SC 225～450 ml/hm^2、38%莠去津 SC 4500 ml/hm^2 和 80%阿灭净 WP 4500 g/hm^2；21.4%三氟羧草醚 EC 1800 ml/hm^2、10%乙羧氟草醚 EC 1500 ml/hm^2、10%硝磺草酮 SC 3000 ml/hm^2、38%莠去津 SC 2250 ml/hm^2、80%阿灭净 WP 2250 ml/hm^2 和 2,4-D 丁酯 EC 750～1500 对木薯株高的抑制率均低于20%。

表 1 不同除草剂对木薯的药害症状

药剂名称	药害症状
24% 甲咪唑烟酸 AS 5%咪唑乙烟酸 AS	药后 3～7 天植株幼叶、幼茎黄化，植株停止生长， 药后 15～30 天幼叶、幼茎死亡，老叶大部分或全部脱落
10%双草醚 SC	药后 7～15 天新生叶黄化，植株生长受到抑制
15%乙氧嘧磺隆 WP	药后 7～15 天上部叶片黄化，变细； 植株节间缩短，生长受到抑制
80%阿灭净 WP	药后 3～7 天叶片出现枯斑、扭曲，7～15 天枯死脱落， 新生叶正常生长
38%莠去津 SC	药后 3～7 天上部叶片出现枯斑，生长受到抑制
10%硝磺草酮 SC	药后 7～15 天部分叶片出现褪绿斑
20%氯氟吡氧乙酸 EC	药后 2h 幼茎及叶柄向下扭曲，3～7 天植株慢慢黄化、死亡
2,4-D 丁酯 EC	药后 2h 幼茎及叶柄向下扭曲，生长受到抑制，15 天后植株正常生长
95%2.4-D 钠盐 TF	药后 2h 幼茎及叶柄向下扭曲、膨大，叶片卷曲，生长受到抑制， 茎基部不定根抽出增多
25%氟磺胺草醚 AS	药后 1～3 天幼叶、幼茎出现花叶状枯斑，7 天后植株正常生长
21.4%三氟羧草醚 EC	药后 1～3 天顶叶失水状萎蔫状，植株生长受到抑制， 15 天后植株正常生长
10%乙羧氟草醚 EC	药后 1～3 天顶叶失水干枯，植株生长抑制，7～15 天后植株正常生长
48%灭草松 AS	药后 3～7 天部分叶片出现褪绿斑，高浓度处理植株顶叶失水状萎蔫
10.8%高效氟吡甲禾灵 EC	正常
5%精喹禾灵 EC	正常
6.9%精噁唑禾草灵 EC	正常
24%烯草酮 EC	正常

表 2　除草剂茎叶处理对木薯株高的影响

药剂名称	使用剂量 (g /hm²)	平均株高（cm）	差异显著性	抑制率（%）
24%甲咪唑烟酸 AS	300	17.7	mn MN	63.70
	600	14.3	o N	70.55
5%咪唑乙烟酸 AS	1500	20.7	m M	57.53
	3000	16.0	no N	67.12
10%双草醚 SC	225	36.3	hij HIJK	25.34
	450	32.3	kl KL	33.56
15%乙氧嘧磺隆 WP	75	33.3	jkl JKL	31.51
	150	30.3	l L	37.67
80%阿灭净 WP	2250	39.3	fgh FGHI	19.18
	4500	35.3	ijk IJK	27.40
38%莠去津 SC	2250	41.7	ef DEFG	14.38
	4500	37.3	ghi GHIJ	23.29
10%硝磺草酮 SC	1500	45.3	abcd ABCD	6.85
	3000	43.3	cde CDEF	10.96
20%氯氟吡氧乙酸 EC	750	0.0	p O	100.00
	1500	0.0	p O	100.00
2，4-D 丁酯 EC	750	42.3	def DEF	13.01
	1500	40.0	fg EFGH	17.81
95%2，4-D 钠盐 TF	750	37.3	ghi GHIJ	23.29
	1500	34.3	ijk JKL	29.45
25%氟磺胺草醚 AS	1200	47.3	ab ABC	2.74
	2400	45.7	abcd ABCD	6.16
21.4%三氟羧草醚 EC	900	45.3	abcd ABCD	6.85
	1800	44.0	bcde BCDE	9.59
10%乙羧氟草醚 EC	750	45.7	abcd ABCD	6.16
	1500	44.0	bcde BCDE	9.59
48%灭草松 AS	2250	47.7	a ABC	2.05
	4500	47.7	a ABC	2.05
10.8%高效氟吡甲禾灵 EC	450	48.3	a AB	0.68
	900	47.3	ab ABC	2.74
5%精喹禾灵 EC	900	47.0	ab ABC	3.42
	1800	46.0	abc ABCD	5.48
6.9%精恶唑禾草灵 EC	750	48.3	a AB	0.68
	1500	47.7	a ABC	2.05
24%烯草酮 EC	225	49.0	a A	-0.68
	450	48.0	a ABC	1.37
CK	——	48.7	a AB	——

注：同列不同小写字母间差异显著(P<0.05)、同行不同大写字母间差异显著(P<0.01)。

3　讨论

试验结果表明，精喹禾灵、精噁唑禾草灵、烯草酮和高效氟吡甲禾灵茎叶喷雾处理后木薯无药害症状，对木薯生长无抑制作用，对木薯安全性较高。灭草松、硝磺草酮、氟磺胺草醚、乙羧氟草醚、三氟羧草醚对木薯会造成一定药害症状，但在一定剂量范围内对木薯恢复快，对木薯的株高抑制作用不明显，这些属于触杀型除草剂，对木薯心叶和幼梢容易造成药害，造成枯叶斑或褪绿斑，大田使用时应避免直接喷雾木薯心叶和幼梢部分；氯氟吡氧乙酸、甲咪唑烟酸、咪唑乙烟酸、乙氧嘧磺隆、95%2,4-D 钠盐 TF 和双草醚芽后喷雾处理对木薯安全性差，不宜在木薯地上施用。

本试验只是室内条件下结合药害和株高两个指标对不同除草剂对木薯的安全性做出的初步分析，田间试验与室内测定结果往往有较大差别，因此，有必要结合不同品种、不同时期、产量分析等其他安全性指标来进行大田试验对以上除草剂进行验证。

参考文献

[1]王文泉，等.我国木薯酒精生产现状及其产业发展关键技术[J].热带农业科学，2006，26(4):44-49.

[2]黄洁，李开绵，叶剑秋，等.中国木薯产业化的发展研究与对策[J].中国农学通报，2006，22(5):421-426.

[3]杨世琦，杨正礼，刘国强.我国能源作物研究与应用进展[J].中国农业科技导报，2009，11(6): 14-18.

[4]A. A. MELIFONWU. Weed and their control in cassava [J]. *African Crop Science Journal,* 1994, 2(4): 519-530.

助剂对氟磺胺草醚和精喹禾灵的除草活性影响

韩玉军　张利斌　闫春秀　陶 波

（东北农业大学农学院，哈尔滨 150030）

摘要：利用盆栽试验测定了 3 种助剂硫酸铵、Scoil 和好湿对氟磺胺草醚和精喹禾灵的增效作用。结果表明：助剂能够显著提高除草剂的除草活性，其中，Scoil 对氟磺胺草醚的增效作用最高，好湿对精喹禾灵的增效作用最高，硫酸铵对两种除草剂的增效作用相对较低。

关键词：助剂；氟磺胺草醚；精喹禾灵；增效作用

Effects of Adjuvants on The Herbicidal Activities of Formsafen and Quizalofop-p-ethyl

Han Yujun, Zhang Libin, Yan Chunxiu, Tao Bo

(College of Agriculture, Northeast Agricultural University Harbin 150030, Heilongjiang Province, China)

Abstract: The synergism of ammonia sulfate(AMS), Scoil and Haoshi on fomesafen and quizalofop-p-ethyl were measured through the pot experiments. The results indicated that adjuvants improved herbicidal activities of fomesafen and quizalofop significantly. Among the adjuvants,the Scoil had the best synergism to fomesafen, and the Haoshi had the best synergism to quizalofop. The AMS also had better synergism on fomesafen and quizalofop.

Key words: adjuvant; formsafen; quizalofop-p-ethyl; synergism; herbicidal activity

氟磺胺草醚和精喹禾灵大豆田防治一年生阔叶杂草和禾本科杂草的除草剂，田间应用中往往将这两种除草剂配合使用，具有良好的除草活性。但近年来，由于使用技术问题及杂草抗药性等因素导致除草剂药效差、用药量过高问题屡见不鲜。这不仅会导致除草剂资源的浪费，同时又会给环境和食品安全带来影响。尤其是氟磺胺草醚的残留时间较长，同时水剂剂型有不利于药效的发挥，过高应用往往会导致后茬药害[1]。有研究报道，喷雾助剂可以改善除草剂药液的物理性状，降低除草剂使用剂量，提高除草剂防治效果，并且在很多除草剂上都得到了验证[2-4]。因此，笔者选用了 3 种喷雾助剂测定其对氟磺胺草醚和精喹禾灵的除草活性的影响，探讨助剂对除草剂的增效作用。

1　材料与方法

1.1　供试助剂和除草剂

助剂：Scoil (甲酯化植物油)；好湿（有机硅助剂）；硫酸铵（AMS）。

除草剂：25%氟磺胺草醚水剂，大连松辽化工有限公司。

1.2　供试杂草

阔叶杂草：龙葵(*Solanium nigrum* L.)，苍耳(*Xanthium strumariu*)。

禾本科杂草：稗草[*Echinochloa crusgalli*（L.）Beauv.]，狗尾草(*Setaria viridis* L.)。

1.3　试验方法

盆栽试验设在东北农业大学农药学科温室进行，土壤为黑壤土，有机质含量约 4.17 %，土壤 pH 值＝6.75，在植钵（24 cm×30 cm）中播种阔叶杂草——龙葵、苍耳，禾本科杂草——稗草、狗尾草。杂草出苗后每盆保留生长一致的植株 10 株，阔叶杂草 4～5 叶期，禾本科杂草 3～5 叶期进行茎叶喷雾处理，喷液量为 225L/hm^2。助剂添加量（V/V）为 Scoil 助剂 1.0%、有机硅助剂——好湿 0.05%和硫酸铵（W/V）2.0%。氟磺胺草醚用量为 262.5g a.i./hm^2，375g a.i./hm^2 和 562.5g a.i./hm^2，精喹禾灵用量为 25g a.i./hm^2、40g a.i./hm^2、60g a.i./hm^2，另设清水对照。每处理 3 次重复。施药后正常管理，处理后 14 天调查目测防效，28 天调查鲜重防效。

1.4　数据分析

试验原始数据的整理采用 Excel 软件完成，应用 DPS 统计软件对试验数据进行方差分析，差异显著性比较采用新复极差法。

2 结果与分析

2.1 助剂对氟磺胺草醚的增效作用

总体上，氟磺胺草醚对龙葵的防效不理想，所有处理对龙葵的防效均低于 90%，单用氟磺胺草醚 562.5g a.i./hm^2 的处理对龙葵的最高防效仅为 86.4%，其他两个单用的处理的防效更是低于 64.3%。添加硫酸铵、Scoil 和好湿均能够显著提高氟磺胺草醚对龙葵的除草活性，增效幅度达到了 16.3%～26.8%（表 1）。Scoil 对氟磺胺草醚的增效幅度显著高于硫酸铵和好湿，其中硫酸的增效幅度相对较低。助剂与氟磺胺草醚 262.5g a.i./hm^2 混用后对龙葵的防效均超过了氟磺胺草醚 375g a.i./hm^2 的单用防效，Scoil 与氟磺胺草醚 375g a.i./hm^2 混用后的防效也与氟磺胺草醚 562.5g a.i./hm^2 的防效相当。

氟磺胺草醚单用对苍耳的防除效果较好，防效高于龙葵。添加助剂后，氟磺胺草醚对苍耳的防除效果大大提高。三种助剂的增效幅度为 18.1%～27.3%，其中仍以 Scoil 的增效作用最大，显著高于其他两个助剂。助剂与氟磺胺草醚 262.5g a.i./hm^2 混用后对龙葵的防效均高于氟磺胺草醚 375g a.i./hm^2 的单用防效，其中 Scoil 和好湿与氟磺胺草醚 375g a.i./hm^2 混用处理的防效已近达到了最高防效 100%。三种助剂中对氟磺胺草醚的增效顺序仍为 Scoil>好湿>硫酸铵。

表 1 助剂对氟磺胺草醚的增效作用

Table 1 Synergism of adjuvants on fomesafen

除草剂（g a.i./hm^2）+助剂	龙葵防效（%）	增加防效（%）	苍耳防效（%）	增加防效（%）
氟磺胺草醚 262.5	53.3e	—	58.4e	—
氟磺胺草醚 262.5+ AMS	70.8c	17.5	76.5d	18.1
氟磺胺草醚 262.5+Scoil	80.1b	26.8	83.6b	25.
氟磺胺草醚 262.5+好湿	73.3c	20	79.5c	21.1
氟磺胺草醚 375	64.3d	—	75.8d	—
氟磺胺草醚 375+ AMS	80.6b	16.3	97.7a	21.9
氟磺胺草醚 375+Scoil	85.5a	21.2	100a	24.2
氟磺胺草醚 375+好湿	82.7b	18.4	100a	24.2
氟磺胺草醚 562.5	86.4a	—	100a	—

注：相同字母表示差异不显著，$P<0.05$,下同

Note: the same letter do not differ significantly ($P < 0.05$) probability. The same below.

2.2 助剂对精喹禾灵的增效作用

精喹禾灵对稗草防效高于狗尾草。添加硫酸铵、好湿和 Scoil 均能够显著提高精喹禾灵对狗尾草和稗草的防除效果，在精喹禾灵低用量时得到较好的防效（表 2）。添加助剂后，精喹禾灵 20g a.i./hm^2 的处理对稗草防效提高幅度（24.6%-34.9%）高于狗尾草（18.2%～31.6%），而精喹禾灵 40g a.i./hm^2 的处理对狗尾草防效提高幅度（12.3%～22.2%）高于稗草（9.8%～13.5%）。3 种助剂中，好湿对精喹禾灵的增效幅度显著高于 Scoil 和硫酸铵。精喹禾灵 20g a.i./hm^2 加入 Scoil 和好湿后对稗草和狗尾草的防效均高于单用精喹禾灵 40g a.i./hm^2 的防效。添加好湿后，精喹禾灵 40g a.i./hm^2 的防效也到达了单用精喹禾灵 60g a.i./hm^2 的防效。

表 2　助剂对精喹禾灵的增效作用

Table 2　Synergism of adjuvants on quizalofop-p-ethyl

除草剂（g a.i./hm²）+助剂	稗草防效（%）	增加防效（%）	狗尾草防效（%）	增加防效（%）
精喹禾灵 20	60.6e	—	48.5g	—
精喹禾灵 20+ AMS	85.2d	24.6	66.7f	18.2
精喹禾灵 20+ Scoil	92.2c	31.6	76.9e	28.4
精喹禾灵 20+好湿	95.5b	34.9	80.1d	31.6
精喹禾灵 40	86.5d	—	76.3e	—
精喹禾灵 40+ AMS	96.3ab	9.8	88.6c	12.3
精喹禾灵 40+ Scoil	98.4a	11.9	92.7b	16.4
精喹禾灵 40+好湿	100a	13.5	98.5a	22.2
精喹禾灵 60	99.3a	—	98.2a	—

3　结论与讨论

除草剂对杂草的防除效果受到自身的物理性质和标靶杂草叶片表面的特性影响，往往导致药效达不到理想的效果，需要在使用过程中加入有效的助剂来获得良好的防效，雾助剂能够影响到包括雾化、雾滴输送、撞击、润湿、沉积/持留、药液扩展和产生生物效果等一系列相关过程进而提高药效，降低除草剂用量[5]。但助剂的盲目使用，有些时候会使除草剂和助剂产生拮抗，影响除草剂的吸收而降低药效[6]。

本研究结果表明，硫酸铵、Scoil 和好湿能够显著提高氟磺胺草醚和精喹禾灵对杂草的防效。助剂的增效作用因除草剂剂型有所差异，Scoil 对氟磺胺草醚的增效作用最高，好湿对精喹禾灵的增效作用最高，硫酸铵对两种除草剂也有良好的增效作用，但与 Scoil 和好湿相比增效幅度相对较小。同时研究中还发现，助剂对除草剂的增效作用也因杂草的种类而存在差异，助剂对氟磺胺草醚防除苍耳的增效作用高于龙葵，助剂对低剂量精喹禾灵防除稗草的增效作用高于狗尾草，但高剂量时对狗尾草的增效作用高于稗草。

参考文献

[1] 卢向阳，徐筠，陈莉.几种除草剂药液表面张力、叶面接触角与药效的相关性研究[J].农药学学报，2002，4(03)：67-71.

[2] 鲁梅，王金信，王云鹏，等.除草剂助剂对药液物理性状及对磺草酮药效的影响[J].农药学学报，2004，6(04)：78-82.

[3] Harrison S K, Dexter A G, Crafts A S. Influence of adjuvants and application variables on postemergene weed control with bentazon and sethoxydim[J]. Weed Sci, 2003, 38（06）：462-466.

[4] Ramsdale B K, Messersm ith C G. Spray volume, formulation,and adjuvant effects on fomesafen efficacy[J]. North Cent Weed Sci Soc ResRep, 2001, 58：362-363.

[5] Holloway P J. Getting to know how adjuvants really work：some challenges for the next century[A]. Proceedings Adjuvants for Agrochemicals Challenges and Opportunities[C]. Memphis, USA, 1998，（01）：93-105.

[6] 武菊英，Dastgheib F. 几种有机硅助剂对草甘膦在单子叶植物体内吸收、转移和分布的影响[J].农药学学报，2001，3(01)：51-56.

玉米地大龄杂草化学防除技术探讨

赵秀榆[1] 刘荣彬[2] 张达才[3] 宋天庆[4] 李朝荣[1]

（1. 云南省大理白族自治州植保植检站 671000；2. 云南省洱源县植保植检站；3. 云南省大理现代农业科技有限公司 671000；4. 云南省大理州农业科学研究所 671000）

摘要： 玉米地大龄杂草防除是生产难题。研究结果表明：硝磺草酮＋莠去津、磺草酮＋莠去津、烟嘧磺隆与莠去津、噻吩磺隆、2 甲 4 氯、砜嘧磺隆混配等处理，在推荐剂量下对防除 4 叶期以下的杂草，效果较好、安全。视田间情况，在墒情好、加大用水量、增加用药剂量 20%～30%的情况下，可有效防除 4～6 叶期的大龄杂草，且安全性好，成本比人工除草合算，可以在大面积生产上推广使用。

关键词： 玉米；大龄杂草；化学防除

玉米地化学除草应用中，大多因气候少雨干旱、农事繁忙等各种原因，常常贻误 3 叶以前的施药适期（以禾草为指标，下同）往往药效不好，加大剂量安全性差，人工薅除费时费工。采用百草枯、草甘膦等药剂定向喷雾可防除 4～6 叶期以上的大草龄杂草，但既不易操作，安全性差，成本高，效果也不理想。为了解决玉米生产中大龄杂草有效防除的技术难题，开展此项研究。

1 材料及方法

1.1 试验设计

1.1.1 试验一

药剂及处理：①55%耕杰 SC（莠去津 50%·硝磺草酮 5%）100 g/亩，物保护有限公司；②26.6%松辽伴侣 SC（莠去津 38%·硝磺草酮 10%）220 g/亩，连松辽化工有限公司；③75%烟·噻 WG（烟嘧磺隆 75%· 噻吩磺隆 75%）8 g/亩江苏瑞禾化学有限公司；④59.2%烟·二合剂（烟嘧磺隆 75%．二甲四氯 56%）36 g/亩江苏瑞禾化学有限公司；⑤16%烟·二合剂 1（烟嘧磺隆 4%·2 甲四氯 56%） 30 g/亩合肥久易农业开发有限公司；⑥25%砜嘧磺隆 DF7.5g/亩江苏激素研究所有限公司；⑦25%砜嘧磺隆 DF7.5 g/亩＋56%二甲四氯 30 g；⑧20%玉草光（烟嘧磺隆 3%＋莠去津 17%）OF 120 g/亩 登封市金博农药化工有限公司；⑨CK(空白对照) 。小区面积 0.02 亩（2.2 m×6 m），9 个处理 4 次重复共 36 个小区，随机排列。

试验地点 ：大理七里桥上末村沈银泽户的玉米地，海拔约 1987 m；供试品种：豫玉 22 号；面积 0.11 hm^2，肥力中等，紫砂壤，前作丢荒地。杂草种类主要有：马唐、稗草、早熟禾、狗尾草、狗牙根、牛膝菊、粗毛牛膝菊、尼泊尔蓼、酸模叶蓼、野荞麦、荠、三叶鬼针草、繁缕、水芹、黎、野葵、凹头苋、小白酒草、莲子草、紫茎泽兰、齿果酸模、野茼蒿、苦苣菜、木贼等数十种一年生和多年生杂草。5 月 10 日喷药，用水量为 60 kg/亩，使用背负式手动喷雾器喷药。喷药时，由于天气干旱，杂草出苗不整齐，叶龄为 2～23 片叶,玉米叶龄为 6 片叶。

1.1.2 试验二

在试验一的基础上，针对玉米地中较难防治的落粒自生麦，设如下处理：（1）26.6%松辽伴侣 SE（硝磺草酮·莠去津）280ml/亩；（2）40%福光 SE（磺草酮 10%·莠去津 30%）120g/亩，济南益农除草剂公司；（3）75%烟·噻 WG（烟嘧磺隆 75%·噻吩磺隆 75%）8 g/亩；（4）25%砜嘧磺隆 WG7.5g/亩；（5）CK（空白对照）。小区面积 0.02 亩，5 个处理，3 次重复，共 15 个小区。

试验地大理州农科所试验场，海拔为 1980 m，前作小麦。主要杂草为：落粒自生麦、野燕麦、马唐、光头稗、双穗雀稗、狗牙根； 莲子草、空心莲子草、藜（灰菜）、苋、粗毛牛膝菊、曼陀罗、尼泊尔蓼、野葵、鼠麴草、扁蓄等。5 月 28 日喷药时，墒情较好。主要杂草（落粒自生麦）叶龄为 4.5 叶，玉米叶龄为 4.5 叶。使用背负式手动喷雾器喷药，用水量为 80 kg/亩。

1.1.3 示范

在两次小区试验结果基础上，6 月 26 日，选择海拔 2100 m 的洱源县三营乡进行了 3.33 hm^2的大面积化除示范。示范地，黑壤土。品种为玉单 4 号、长城 799、粤玉等。玉米叶龄为 6.5 叶，杂草均为 5.5 叶龄以上，密度大、种类较多，主要杂草有：稗、马唐、狗尾草、黑麦草、棒头草、牛膝菊、尼泊尔蓼、野荞、豨签、宝盖草、酸模叶蓼、辣蓼、田旋花、苋、假酸浆、水朝阳、藜、野葵、苍耳、白三叶草、蒿等数十种，杂草对玉米的生长已经造成较大危害，人工薅除困难较大。示范于 5 月 26 日喷药时，墒情较好。使用背负式手动喷雾器喷药，用水量为 80 kg/亩。

1.2 调查方法

试验每小区对角线 5 点（每点为 1 尺 ^{2}），示范田平行线 10 点取样（每点 1 尺 ^{2}）取样，药前、药后调查杂草鲜重。

鲜重防效％＝（对照区杂草鲜重－杂草鲜重）/对照区杂草鲜重×100%

2 结果与分析

2.1 从表 1 可以看出，药后 15 天调查，多数处理药剂对 4 叶龄以内的禾本科杂草效果较好，处理间差异不显著。药效依次为：26.6%松辽伴侣（硝·莠）220 g/亩 91.39%、55％硝· 莠(耕杰) 100 g/亩 87.96%、25%砜嘧磺隆 7.5 g/亩 85.53%、75%烟·二甲 36 g/亩 83.77％、25%砜·56%二甲 37.5g/亩 82.64%、75%烟·噻 8 g/亩 79.49%、3%烟·17%莠(玉草光) 120 g/亩 70.95%，但对 5 片叶以上的禾草有抑制生长的作用，部分杂草有恢复生长的趋势，对大龄马唐和狗牙根无效。防效最差的是 16%烟·56%二甲 130 g/亩 53.52%，与其他处理间差异显著。

表 1 玉米大龄杂草防除结果调查统计表 (单位：g 株 %)

处理及用量(g/亩)		杂草鲜重（g/5 尺 ^{2}）					防效（%）	显著性
		I	II	III	IV	∑		
50％莠·5％硝(耕杰)	100	214	100	78	128	520	87.96	a A
26.6%松辽伴侣（硝·莠）	220	140	132	46	54	372	91.39	a A
75%烟·噻	8	187	350	250	99	886	79.49	a AB
75%烟·二甲	36	343	181	73	104	701	83.77	a AB
16%烟·56%二	130	700	600	197	511	2008	53.52	b B
25%砜嘧磺隆	7.5	113	60	207	245	625	85.53	a AB
25%砜·56%二	37.5	153	200	320	77	750	82.64	a AB
3%烟·17%莠(玉草光)	120	263	200	600	192	1255	70.95	ab B
Ck(空白对照)		700	1110	1400	1110	4320	0.00	c C

试验二看出（表 2），松辽伴侣 300 g/667 m^2等 4 个处理，施药后 20 天,总鲜重防效分别为 95.4%、92.4%、87.3%、91.0％，处理间差异不显著。由此认为，上述 4 个处理能有效防除 5 叶期以内的落粒自生麦为主的大龄杂草。各处理对狗牙根和双穗雀稗的防除效较差。

表 2 玉米大龄杂草防除调查统计表 (单位: 株 g（ml） %)

处 理	杂草鲜重（g）				药效（%）
	I	II	III	∑	
26.6%松辽伴侣	63.5	24.8	67.0	155.3	95.4aA
40％福光	181.4	57.5	65.0	303.9	91.0abA
烟·噻	187.7	156.9	84.9	429.5	87.3bA
砜嘧磺隆	74.6	60.6	122.3	257.5	92.4abA
空白对照	1144.8	1123.9	1103.8	3372.5	0.0 cB

示范结果表明：伴侣油悬浮剂（38%莠去津 130g·10%硝磺草酮 90 g）250 g/亩的处理，目测达到 100%，总鲜重防效达 97.06%；40%福光悬浮剂（磺草酮 10%·莠去津 30%）133 g/亩，25%砜嘧磺隆水分散剂 7.5 g/亩，75%烟•噻水分散剂 9.6 g/亩三个处理，药效分别达到 86.25%、82.28%、77.25%，已达到了控制杂草危害的目的。

表 3 玉米大龄杂草防除大田示范效果调查表

处 理	用量(g/667m^2)	面积 (hm^2)	总鲜重(g)	防效(%)
1、硝磺＋莠	250.0	8.0	83.0	97.06
2、磺＋莠	132.0	0.8	388.0	86.25
3、砜嘧磺隆	7.5	9.0	500.0	82.28
4、烟嘧＋噻	9.6	32.5	642.0	77.25
5、空白对照	0.0	0.2	2822.0	0.00

从安全性看，试验示范各处理对玉米苗安全，均未发现药害或抑制生长现象。试验结果表明，参试药剂处理，适当增加用药量，可提高对 4 叶以上大龄杂除草效果，安全性较好。

本对比 在洱源、宾川、大理调查，平均人工薅除一个工最多薅除一亩地，男女平均工价 60 元。使用松辽伴侣进行化除每亩 20 元～26 元，以最高 26 元计，比人工薅除节省 34 元。

3 小结与讨论

玉米地 4～6 叶期的大龄杂草防除是生产难题。本试验选择的各药剂配方对 4 叶期以内的杂草（禾草）防效均较好，以 26.6%松辽伴侣 OF 220 g/亩（38%莠去津 130 g·10%硝磺草酮 90 g）最优，20 天鲜重防效达 97%，目测达 100%。

实验认为，磺草酮＋莠去津、烟嘧磺隆＋莠去津、烟嘧磺隆＋噻吩磺隆、烟嘧磺隆、2 甲 4 氯、砜嘧磺隆+2 甲 4 氯（江苏激素研究所有限公司提供的样品）等处理，墒情好、加大用水量（60～80 kg/亩），在推荐剂量下，增加 20%～30%用药量，对防除 4～6 叶期的大龄杂草效果好，且安全性好，可以在大面积生产上应用推广。

大龄杂草与玉米苗争水、争肥、争光，影响玉米苗生长，人工薅除费时费工，成本高。探讨安全有效的大龄杂草防除技术，解决玉米种植区因气候干旱、农事等各种原因贻误施药适期（杂草 3 叶以前），造成大面积草害问题，具有重要的现实意义。

施药方法对寒地水稻田土壤处理除草剂效果的影响

穆娟微　伦志安

（黑龙江省农垦科学院植物保护研究所，哈尔滨 150038）

摘要：本文研究了不同的除草剂施药方法对寒地水稻田杂草的防治效果。结果表明：常用除草剂土壤处理在不同的施药方法条件下，对杂草的防治效果、水稻安全性不同，甩喷的施药方法，对禾本科杂草和阔叶杂草的防效和对水稻安全性方面，都好于毒土和毒肥的施药方法。

关键词：寒地水稻；除草剂；防效；安全性；杂草

Effect of Pesticide Application Methods on Control Efficacy of Soil – Applied Herbicides of Rice Fields in Cold Region

Mu Juan-wei，Lun Zhi-an

(Plant Protection Research Institute of Heilongjiang Academy of Land Reclamation Sciences，Heilongjiang，harbin，150038 China)

Abstract： This paper studied the control effect of rice in cold region with different method of applying pesticide. The result showed that: different method of applying pesticide was different in the weed control effect and safety of rice； Flapping spray pesticide method was better in control effect of grass and broadleaf weeds and safety of rice than the herbicide mixed with soil or fertilizer.

Key words： rice in cold region; herbicide; control effect; safety; weed

寒地水稻移栽前和移栽后对土壤分期使用除草剂可以有效地防治田间杂草。不同的施药方法对除草剂效果的发挥有很大影响，与毒土、毒肥（将除草剂拌入土或肥中一同施入田间）相比，甩喷（除草剂溶入水中，将喷雾器的喷片摘下加压是药液成股施入田间）对水稻但安全性和对杂草的防效表现较好，为了深入了解除草剂的使用方法对除草剂效果及对水稻的安全性影响。本试验选择水稻田常用的除草剂 60%丁草胺 EC、10%吡嘧磺隆 WP、30%莎稗磷 EC、10%醚磺隆 WP 进行小区试验和大田对照，为寒地水稻的化学除草提供科学的理论依据。

1　材料与方法

1.1　供试药剂

本试验选用 4 种寒地水稻田常用的除草剂：60%丁草胺 EC（美国孟山都公司生产）、30%莎稗磷 EC（德国拜耳作物科学公司生产能）、10%吡嘧磺隆 WP（日本日产化学工业株式会社生产）、10%醚磺隆 WP（江苏安邦电化有限公司生产）。

1.2　试验设计

根据除草剂的杀草谱，共设 3 个施药处理：毒土施药、毒肥施药、甩喷施药，每个处理 2 组配方，另设清水对照，试验设计见表 1。

表 1　供试药剂试验设计表

Table 1　The potions test design

处理	施药方法	药剂	用量（ml/hm^2）	施药时期
1	毒土	60%丁草胺 EC+10%吡嘧磺隆 WP	100+20	分别在水稻移栽前 5～7 天施药和水稻移栽后 15～20 天两次施药
2		30%莎稗磷 EC+10%醚磺隆 WP	60+20	
3	毒肥	60%丁草胺 EC+10%吡嘧磺隆 WP	100+20	
4		30%莎稗磷 EC+10%醚磺隆 WP	60+20	
5	甩喷	60%丁草胺 EC+10%吡嘧磺隆 WP	100+20	
6		30%莎稗磷 EC+10%醚磺隆 WP	60+20	
7	CK	清水	—	—

1.3　小区安排

小区设置：7.0 m×2.9 m，面积约 20 m^2，每处理 3 次重复，随机区组排列，小区间采用 PVC 塑料挡板隔水。

1.4 施药方法

毒土施药：将药剂与过筛土混拌均匀撒施于田间，每小区 20 m^2，毒土量 250 kg/hm^2。

毒肥施药：将药剂与基肥和分蘖肥混办，均匀撒施于田间。

甩喷：将药剂溶于水中，摘下喷雾器的喷片加压是药液成股喷出均匀喷洒在田间，甩施量 15L/亩。三种施药方法施药后均保持 3～5 cm 水层，保水 5～7 天。

1.5 施药时间

水稻移栽时间为 2010 年 5 月 20 日，分别在 5 月 14 日（移栽前 6 天）和 6 月 6 日（移栽后 17 天）施药。

1.6 调查方法

移栽后 5～10 天和第二次施药后分别调查各处理对水稻安全性，观察水稻是否有畸形、扭曲、叶片失绿等药害症状；第二次施药后 10～15 天，调查各处理杂草株数；第二次施药后 30～35 天，杂草株数防效调查；收获前 40 天杂草鲜重防效调查。每小区选 1 点，以 1 m^2 为调查点，进行定量测定，点外进行定性分析。

2 结果与分析

2.1 各处理除草剂对水稻田杂草的防效

第二次施药后 15 天，两组配方在不同施药方法条件下对杂草防效有不同，无论在对禾本科杂草还是在对阔叶草的防效上甩喷施药处理对杂草的防效均好于毒土和毒肥处理。

由表 2 可以看出，施药后 15 天毒土和毒肥施药处理中除 30%莎稗磷 EC+10%醚磺隆 WP 毒土处理对禾本科杂草防效为 88.6%外，其他处理防效均低于 85%，但毒土处理对禾本科杂草防效略好于毒肥处理，而相同使用剂量的两组配方甩喷施药方法对禾本科杂草防效与毒土和毒肥处理有明显差异，均在 90%以上，防效都优于毒土和毒肥处理。

由表 3 可以看出不同处理间差异明显，施药后 15 天毒土和毒肥施药处理中除 30%莎稗磷 EC+10%醚磺隆 WP 毒肥处理对阔叶杂草防效为 89.7%外，其他处理防效均高于 90%，表现为毒土处理防效略好于毒肥处理，相同用药剂量的甩喷处理对阔叶杂草防效均在 95%以上，防效好。

第二次施药后 30 天处理对禾本科杂草的防效均表现有所上升，但阔叶杂草的防效却有所下降，可能由于黑龙江省阔叶杂草发生的高峰期在 7 月份，导致田间后期生长的杂草较多，除草剂持效期过后，而阔叶杂草高峰未结束，晚生阔叶杂草生长较多所致。

从表 4 可以看出，第二次施药后 30 天毒土处理对禾本科杂草的防效为 90%～95%，毒肥施药处理防效为 85%～90%，而甩喷施药处理防效均在 95%以上，尤其是 30%莎稗磷 EC+10%醚磺隆 WP 防效达 99.5%，从表 4 中差异性明显看出甩喷施药处理对禾本科杂草防效好于毒土、毒肥处理。

表 2　第二次施药后 15 天处理间禾本科杂草防效

Table 2　Control effect of second applying pesticide after 15 days on grass weeds

药剂	毒土		毒肥		甩喷	
	株数(株/m^2)	防效(%)	株数(株/m^2)	防效(%)	株数(株/m^2)	防效(%)
60%丁草胺 EC+10%吡嘧磺隆 WP	23.3	84.5a A	29.4 a A	80.4	13.8	90.8 a A
30%莎稗磷 EC+10%醚磺隆 WP	17.1	88.6 a A	26.0 a A	82.7	8.1	94.6 a A
CK	82	—		—		—

表 3 施药后 15 天各处理对稻田阔叶杂草的株防效

Table 3 Control effect of second applying pesticide after 15 days on broadleaf weeds

药剂	毒土		毒肥		甩喷	
	株数(株/m²)	防效(%)	株数(株/m²)	防效(%)	株数(株/m²)	防效(%)
60%丁草胺 EC+10%吡嘧磺隆 WP	3.3	91.2 a A	3.6	90.5 a A	1.9	95.0 a A
30%莎稗磷 EC+10%醚磺隆 WP	3.6	90.4 a A	3.9	89.7 a A	1.8	95.3 a A
CK	38	—		—		—

表 4 施药后 30 天各处理对稻田禾本科杂草的株防效

Table 4 Control effect of second applying pesticide after 30 days on grass weeds

药剂	毒土		毒肥		甩喷	
	株数(株/m²)	防效(%)	株数(株/m²)	防效(%)	株数(株/m²)	防效(%)
60%丁草胺 EC+10%吡嘧磺隆 WP	14.5	90.3 a A	21.6	85.6 a A	5.4	96.4 a A
30%莎稗磷 EC+10%醚磺隆 WP	13.2	91.2 a A	19.9	86.7 a A	0.75	99.5 a A
CK	150	—		—		—

由表 5 可以看出，各处理在第二次施药后 30 天对阔叶杂草的防效均较施药 15 天后下降，其中除 60%丁草胺 EC+10%吡嘧磺隆 WP 毒土处理防效在 85.6%外，其他毒土、毒肥处理对阔叶草防效均在 85%以下，而甩喷施药处理仍在 90%以上，防效明显好于毒土、毒肥处理。

水稻收获前 40 天，从对杂草鲜重防效分析（表 6）得出，各处理鲜重防效差异不明显且结果均不理想，除草剂防效都在 90%以下，说明土壤处理除草剂对于田间晚生杂草的防效持效期不够长，但甩喷施药处理鲜重防效还是好于其他处理。黑龙江省禾本科杂草和阔叶杂草的发生高峰不同，而除草剂土壤处理的持效期有限，所以晚生杂草的发生较多，各处理对杂草的鲜重防效不理想。

表 5 施药后 30 天各处理对稻田阔叶杂草的株防效

Table 5 Control effect of second applying pesticide after 30 days on broadleaf weeds

药剂	毒土		毒肥		甩喷	
	株数(株/m²)	防效(%)	株数(株/m²)	防效(%)	株数(株/m²)	防效(%)
60%丁草胺 EC+10%吡嘧磺隆 WP	13.7	85.6 a A	18.3	80.7 a A	6.0	93.7 a A
30%莎稗磷 EC+10%醚磺隆 WP	14.9	84.3 a A	19.7	79.3 a A	7.4	92.2 a A
CK	95	—		—		—

表 6 收获前 40 天各处理对稻田杂草的鲜重及防效

Table 6 The weeds fresh weight and control effect of 40 days before the harvest

药剂	毒土		毒肥		甩喷	
	鲜重(g/m²)	防效(%)	鲜重(g/m²)	防效(%)	鲜重(g/m²)	防效(%)
60%丁草胺 EC+10%吡嘧磺隆 WP	1049.4	80.2 a A	1033.5	80.5 a A	757.9	85.7 a A
30%莎稗磷 EC+10%醚磺隆 WP	1446.9	72.7 a A	1346.2	74.6 a A	726.1	86.3 a A
CK	5300	—		—		—

2.2 各施药处理对水稻安全性

水稻移栽后 7 天调查，各处理水稻均未发现药害症状，水稻移栽后施药 15 天调查，毒土处理中水稻发生点块药害，表现为秧苗矮化，失绿的现象；毒肥处理药害明显，尤其在整地不平的田块较高的地方，由于施肥的不均匀，造成药剂的施用不均匀，表现为植株明显矮化，失绿，分蘖数较少；甩喷施药处理未发现对水稻产生药害，可能是由于毒土、毒肥是将药剂与载体（土、肥）混合后施入田间，容易造成除草剂被载体束缚，释放速度慢，错过杂草的最佳防治时期，另外，毒土、土肥的施药方法，药剂释放时容易造成局部药量大而产生药害，尤其是毒肥施药，施肥时往往在高岗地块多施肥，相当于药量增加，易产生药害，反之施肥少的地块药量低，对杂草防效不好，而甩喷施药是药剂溶于水中，甩喷施药后药液均匀扩散与田间，发挥药效较快、安全性高。

3 结论

（1）施药后 15 天毒土和毒肥施药处理中除 30%莎稗磷 EC+10%醚磺隆 WP 毒土处理对禾本科杂草防效为 88.6%外，其他处理防效均低于 85%，相同使用剂量的两组配方甩喷处理防效都优于毒土和毒肥处理，均在 90%以上；毒肥处理对阔叶杂草防效为 89.7%外，其他处理防效均高于 90%，表明毒土处理防效大于毒肥处理，但都小于防效均在 95%以上的甩喷处理。

（2）第二次施药后 30 天毒土处理对禾本科杂草的防效为 90%～95%，毒肥施药处理防效为 85%～90%，而甩喷施药处理防效均为 95%以上，尤其是 30%莎稗磷 EC+10%醚磺隆 WP 防效达 99.5%，从表中差异性明显看出甩喷处理对禾本科杂草防效好于毒土、毒肥处理；对阔叶杂草的防效均较施药 15 天后下降，其中除 60%丁草胺 EC+10%吡嘧磺隆 WP 毒土处理防效在 85.6%外，其他毒土、毒肥处理对阔叶草防效均在 85%以下，而甩喷施药处理仍在 90%以上，防效明显好于毒土、毒肥处理。

（3）水稻收获前 40 天，各处理鲜重防效差异不明显且结果均不理想，除草剂防效都在 90%以下。

常用除草剂土壤处理在不同的施药方法条件下，对杂草的防治效果、水稻安全性不同，甩喷的施药方法，对禾本科杂草和阔叶杂草的防效和对水稻安全性方面，都好于毒土和毒肥的施药方法。

参考文献：

[1]徐一戎.水稻优质米生产技术与研究［M].哈尔滨：黑龙江朝鲜民族出版社，1998.
[2]王显峰.进口农药应用手册[M].中国农业出版社，2000.
[3]徐一戎.黑龙江农垦稻作[M].黑龙江人民出版社，1999.
[4]徐一戎，邱丽莹.寒地水稻旱育稀植三化栽培技术图历[M].黑龙江科学技术出版社，1996.

15%麦极（炔草酯）WP防除麦田禾本科杂草应用技术研究

黄正银　李华

（江苏省靖江市农委植保植检站，靖江 214500）

摘要：15%麦极（炔草酸）WP 防除麦田禾本科杂草，具有活性高、杀草速度快、除草效果好、对小麦安全等特点。但对早熟禾防效差。最佳用药时期为杂草 2～5 叶期，最佳用药剂量冬前为 20g/亩、冬后为 30g/亩。

关键词：麦极（炔草酯）；禾本科杂草；适期；剂量；防除

受先正达（中国）投资有限公司委托，我站于 2006 年开始就 15%麦极 WP 防除麦田禾本科杂草应用技术进行试验研究，经过多年的试验、示范，取得了明显的防除效果。

1　材料与方法

1.1　供试药剂

15%麦极 WP：先正达（中国）投资有限公司生产。

6.9%骠马 EW（拜耳作物科学有限公司生产）。

1.2　试验、示范点概况

2006 年试验设在靖江市靖城镇越江村陈荣根等四农户责任田内，面积 4200 ㎡，2005 年 10 月 27 日播种，供试小麦品种为宁麦 13 号。田内禾本科杂草密度 957 株/㎡，其中看麦娘和日本看麦娘 71.5%、早熟禾占 10.8%、茵草占 16.9%、硬草占 0.8%。2007 年试验设在靖江市靖城镇东南村周金胜等三农户责任田内，面积 2，400 ㎡，2006 年 10 月 29 日播种，供试小麦品种为杨麦 13 号。田内禾本科杂草密度 777.6 株/㎡，其中看麦娘和日本看麦娘 64.2%、早熟禾占 8.8%、茵草占 21.3%、硬草占 5.7%。2008 年试验设在靖江市新桥镇水三村刘荣等三农户责任田内，面积 2500 ㎡，供试小麦品种为杨麦 15 号，2007 年 11 月 3 日播种，田内禾本科杂草密度 624.2 株/㎡，其中看麦娘和日本看麦娘 74.5%、早熟禾占 12.4%、茵草占 11.5%、硬草占 6%。2007 示范点设在靖江市东兴镇成德村，面积 13334 ㎡，田内禾本科杂草密度 896.6 株/㎡，其中，看麦娘和日本看麦娘 67.3%、早熟禾占 9.6%、茵草占 20.3%、硬草占 2.8%。2008 示范点设在靖江市新桥镇丁家村，面积 8000 ㎡，田内禾本科杂草密度 684.3 株/㎡，其中，看麦娘和日本看麦娘 71%、早熟禾占 11.2%、茵草占 13.7%、硬草占 4.1%。试验、示范田块土壤均为砂壤土，pH 值为 7.6，土壤有机质含量为 1.32%。播种方式都为人工撒播，播种量 9～10 kg/亩。

1.3　试验设计

1.3.1　安全性试验

各年度安全性试验分冬前和冬后施药设 5 个剂量处理：①15%麦极 WP 40g/亩；②15%麦极 WP 60g/亩；③15%麦极 WP 80g/亩；④6.9% 骠马 EW 140ml/亩,⑤清水（CK）。

1.3.2　施药适期试验

各年度分冬前和冬后各设 7 个不同施药时期。冬前：①11 月中旬（杂草 2～3 叶期）15%麦极 WP 20g/亩；②11 月中旬（杂草 2～3 叶期）6.9%骠马 EW 50ml/亩；③12 月上旬（杂草 3～4 叶期）15%麦极 WP 20g/亩；④12 月上旬（杂草 3～4 叶期）6.9%骠马 EW 50 ml/亩；⑤12 月中旬（杂草 4～5 叶期）15%麦极 WP 20g/亩；⑥12 月中旬（杂草 4～5 叶期）6.9%骠马 EW 50ml/亩；⑦不施药(CK)。

冬后：①3 月上旬（杂草 5～6 叶期）15%麦极 WP 20g/亩；②3 月上旬（杂草 5～6 叶期）15%麦极 WP 30g/亩；③3 月上旬（杂草 5～6 叶期）6.9%骠马 EW 70ml/亩；④3 月中旬（杂草 6～7 叶期）15%麦极 WP 20g/亩；⑤3 月中旬（杂草 6～7 叶期）15%麦极 WP 30g/亩；⑥3 月中旬（杂草 5～6 叶期）6.9%骠马 EW 70ml/亩；⑦不施药(CK)。

1.3.3 最佳施药量试验

各年度最佳施药量试验冬前冬后各设 6 个处理。冬前：①15%麦极 WP 13.3g/亩；②15%麦极 WP 16g/亩；③15%麦极 WP 20g/亩；④15%麦极 WP 24g/亩；⑤6.9%骠马 EW 70ml/亩；⑥不用药（CK）。

冬后：①15%麦极 WP 16g/亩；②15%麦极 WP 20g/亩；③15%麦极 WP 30g/亩；④15%麦极 WP 40g/亩；⑤6.9%骠马 EW 70ml/亩；⑥不用药（CK）。

1.4 试验实施

安全性试验为小区试验，重复 3 次，随机排列，小区面积 30 ㎡。施药适期试验为大区试验，不设重复，面积 200 ㎡。冬前 11 月中旬用药时平均气温 15～17℃，12 月上旬用药时平均气温 5℃，12 月中旬用药时平均气温 3℃；冬后 3 月上旬用药时平均气温 10℃，3 月中旬用药时平均气温 13℃。施药剂量试验为小区试验，小区面积 30 ㎡，随机排列，重复 3 次，冬前用药时杂草 2.5 叶，冬后用药时杂草 5.2 叶。对水量均为 30 kg/亩，均匀喷雾。药后 15 天、30 天、90 天（冬前）、60 天（冬后）调查作物安全性、株防效（用药时期试验目测），药后 90 天（冬前）、60 天（冬后）加测鲜重防效，每小区 5 点，每点 0.11 ㎡。

2 结果与分析

2.1 安全性

各年度冬前、冬后安全性试验药后定期和不定期观察，15%麦极 WP 40～80g/亩各处理区小麦生长正常，小麦叶片和植株均未发现不良症状。表明 15%麦极 WP 80 g /亩范围内防除小麦田禾本科杂草对小麦具有很好安全性。施药时期试验和施药剂量试验同样表明 15%麦极 WP 对小麦具有很好的安全性。

2.2 不同施药时期对禾本科杂草的防除效果

各年度试验结果表明，15%麦极 WP 在 20g/亩剂量下，冬前（12 月上旬，杂草 4 叶期）用药对禾本科杂草（早熟禾除外）都有理想的防除效果，药后 90 天株防效达 97%以上，优于 6.9%骠马 EW 50ml/亩防效 91%。随着用药时间推迟(12 月中下旬)，气温下降，防效显著降低。15%麦极 WP 30g/亩在返青期（3 月上旬）用药药后 90 天株防效仍然保持 97%以上的控制效果，20g/亩防效略下降，株防效 90.7%。在拔节期（3 月中旬，杂草 6～7 叶）用药防除效果较差。因此，15%麦极 WP 在 20g/亩剂量下防除麦田禾本科杂草最佳施药时期在杂草幼苗—分蘖期（2～4 叶期）。随着用药时间推迟，防除效果明显下降，同时低温对药效发挥有一定抑制。生产实践中随着草龄增大应适当增加用药量，同时避开寒流。具体数据见表 1。

2.3 不同施药剂量对禾本科杂草的防除效果

各年度不同施药剂量试验结果表明,药后 15 天目测各处理未见明显除草效果,但 15%麦极 WP 20g/亩以上各处理,拔出心叶可见生长点黄化，骠马显效较慢。

15%麦极 WP 各年度无论冬前还是冬后试验均表明，随着施药剂量增加，对禾本科杂草（早熟禾除外）防效也相应提高。冬前用药，15%麦极 WP 16g/亩药后 90 天对禾本科杂草株防效为 90.3%，鲜重防效 93.2%；20 g/亩药后 90 天对禾本科杂草株防效为 97.6%，鲜重防效 98.7%；24g/亩药后 90 天对禾本科杂草株防效为 98.2%，鲜重防效 99.4%。冬后用药，15%麦极 WP 20g/亩药后 60 天对禾本科杂草株防效为 90.4%，鲜重防效 94.8%；15%麦极 WP 30g/亩药后 60 天对禾本科杂草株防效为 98.4%，鲜重防效 98.2%；好于对照药剂骠马 70 ml /亩（表 2）。

经方差分析，各年度处理间平均株防效差异达极显著水平，F=5.889** > $F_{0.01}$(3.71)。冬前 15%麦极 WP 24g/亩对禾本科杂草株防效（98.2%）最好，其余依次为 15%麦极 WP 20g/亩（97.6%）、6.9%骠马 EW 70ml/亩（92.4%）、15%麦极 WP 16g/亩（90.3%）、15%麦极 WP 13.3g/亩（84.7%）。15%麦极 WP 24g/亩与 20g/亩对禾本科杂草防效差异不显著，与 16g/亩和 6.9%骠马 70ml /亩差异显著，与 13.3g/亩差异达极显著。冬后 15%麦极 WP 40g/亩对禾本科杂草株防效（99.3%）最好，其余依次为 15%麦极 WP 30g/亩

（98.4%）、15%麦极 WP 20g/亩（90.4%）、15%麦极 WP 16g/亩（85.2%）、6.9%骠马 EW 70ml/亩（73.4%）。15%麦极 WP40g/亩与 30g/亩冬后用药对禾本科杂草防效差异不显著，与 20g/亩差异显著，与 15%麦极 WP 16g/亩和 6.9%骠马 EW 70ml/亩对禾本科杂草防效差异极显著（表 3）。试验结果表明：15%麦极 WP 防除麦田禾本科杂草冬前最佳施药剂量为 20 g/亩，冬后最佳施药剂量为 30 g/亩。

2.4 示范除草效果

东兴镇示范点为冬季用药，用药量 20g/亩，用药时间为 11 月 22 日，杂草 2.5～3.5 叶。药后 15 天未见明显症状，但拔出心叶，可见生长点变色坏死，药后 21 天杂草出现中毒症状，药后 30 天处理区杂草陆续出现发黄、枯死现象。药后 45 天目测，15%麦极 WP 20g/亩对禾本科杂草（早熟禾除外）株防效为 95%左右。

新桥镇示范点为春季用药，用药量 30g/亩，用药时间为 3 月 2 日，杂草 4～5 叶。药后 15 天杂草生长受抑制，药后 20 天出现中毒症状，叶片褪绿，心叶发黄。可见春季较冬季用药药效快 1 周左右。药后 30 天目测，15%麦极 WP 30g/亩对禾本科杂草（早熟禾除外）株防效为 97%左右。

表 1　15%麦极 WP 不同施药时期对禾本科杂草的防除效果

用药时间	处　理	90 天株防效(%)			
		2006 年	2007 年	2008 年	平均
冬前	11 月中旬（杂草 2～3 叶期）15%麦极 WP20g/666.7 m²	98	97	98	97.7
	11 月中旬（杂草 2～3 叶期）6.9%骠马 EW50 ml /666.7 m²	93	92	92	92.3
	12 月上旬（杂草 3～4 叶期）15%麦极 WP20g/666.7 m²	97	96	96	96.3
	12 月上旬（杂草 3～4 叶期）6.9%骠马 EW50 ml /666.7 m²	92	92	90	91.3
	12 月中旬（杂草 4～5 叶期）15%麦极 WP20g/666.7 m²	92	90	90	90.7
	12 月中旬（杂草 4～5 叶期）6.9%骠马 EW50 ml /666.7 m²	87	85	86	86
冬后	3 月上旬（杂草 5～6 叶期）15%麦极 WP20g/666.7 m²	92	90	90	90.7
	3 月上旬（杂草 5～6 叶期）15%麦极 WP30g/666.7 m²	99	95	98	97.3
	3 月上旬（杂草 5～6 叶期）6.9%骠马 EW70ml/666.7 m²	87	85	86	86
	3 月中旬（杂草 6～7 叶期）15%麦极 WP20g/666.7 m²	84	80	82	82
	3 月中旬（杂草 6～7 叶期）15%麦极 WP30g/666.7 m²	86	84	85	85
	3 月中旬（杂草 5～6 叶期）6.9%骠马 EW70ml /666.7 m²	80	80	80	80

表 2　15%麦极 WP 不同施药剂量对禾本科杂草的防除效果

施药时间	处　理	禾草密度（株/㎡）	禾草株防效(%)	禾草鲜重(g/㎡)	禾草鲜重防效（%）
冬前11月中下旬	15%麦极 WP13.3g/666.7 ㎡	86．8	84.7	48．4	87.5
	15%麦极 WP16g/666.7 ㎡	55	90.3	26．3	93.2
	15%麦极 WP20g/666.7 ㎡	13．6	97.6	5	98.7
	15%麦极 WP24g/666.7 ㎡	10．2	98.2	2．3	99.4
	6.9%骠马 EW70ml/666.7 ㎡	43	92.4	20．9	94.6
	不用药 CK	567.4	/	387.3	/
冬后3月上旬	15%麦极 WP16g/666.7 ㎡	96．5	85.2	71．4	83.3
	15%麦极 WP20g/666.7 ㎡	62．6	90.4	22．2	94.8
	15%麦极 WP30g/666.7 ㎡	10．4	98.4	7．8	98.2
	15%麦极 WP40g/666.7 ㎡	4．6	99.3	4．3	99
	6.9%骠马 EW70ml/666.7 ㎡	173．5	73.4	75	82.4
	不用药 CK	652.3	/	426.3	/

表 3　15%麦极 WP 不同施药剂量对禾本科杂草株防效差异显著性

处　理	株防效（%）	差异显著性 0.05	差异显著性 0.01
冬后 15%麦极 WP40g/666.7 ㎡	99.3	a	A
冬后 15%麦极 WP30g/666.7 ㎡	98.4	a	A
冬前 15%麦极 WP24g/666.7 ㎡	98.2	a	A
冬前 15%麦极 WP20g/666.7 ㎡	97.6	a	AB
冬前 6.9%骠马 EW70ml/666.7 ㎡	92.4	b	B
冬后 15%麦极 WP20g/666.7 ㎡	90.4	b	B
冬前 15%麦极 WP16g/666.7 ㎡	90.3	b	B
冬后 15%麦极 WP16g/666.7 ㎡	85.2	c	C
冬前 15%麦极 WP13.3g/666.7 ㎡	84.7	c	C
冬后 6.9%骠马 EW70ml/666.7 ㎡	73.4	d	D

3　小结与讨论

试验示范结果表明，15%麦极 WP 是防除小麦田禾本科杂草（早熟禾除外）的理想除草剂，具有活性高、杀草速度快，对小麦安全等特点。

15%麦极 WP 防除小麦田禾本科杂草最佳施药时期为杂草幼苗—分蘖（2～4 叶）期，随着用药时间推迟，气温降低，防除效果明显下降，低温对药效发挥有一定抑制。生产实践中应避开寒流，同时随着草龄增大应适当增加用药量，以提高防效。

用药适期内 15%麦极 WP 防除小麦田禾本科杂草冬前最佳施药剂量为 20g/亩，春用最佳施药剂量为 30g/亩，对禾本科杂草都能达到 95%以上的防除效果。

15%麦极 WP 对禾本科早熟禾和阔叶草无效。

30%扫茀特 EC 除水稻直播田杂草与杂草稻试验及其应用技术研究

周益民　石磊　钱曙光

（宜兴市植保植检站）

摘要：近年来，随着直播稻面积不断扩大和栽培技术不断改革，田间草相随生态条件的不同而发生了变化，水稻前期干湿栽培，草害问题突出，威胁严重。本研究以防除水稻直播田杂草、杂草稻为目标，旨在试验研究 30%扫茀特 EC 除草剂的应用技术。结果表明，30%扫茀特 EC 防除水稻直播田禾本科杂草、阔叶杂草和杂草稻效果明显，水稻播种后 2～4 天（稻根下扎稻芽立起时）每亩用 30%扫茀特 EC 150～200ml，一次用药即能有效地控制水稻直播田前期杂草的危害，综合防效达 95%左右，且安全性好，深受农户欢迎。

关键词：扫茀特；水稻直播田；杂草；杂草稻

按省植保站要求，用先正达公司开发高效稻田除草剂丙草胺（Pretilachlor）与安全剂按科学方法筛选出来的混合制剂进行田间药剂小区试验，通过小区试验评价 30%扫茀特 EC 防除水直播田杂草、杂草稻的防效及对作物的安全性，确定适合于当地生产条件的最佳施药剂量及施药技术，为推广应用提供技术依据。

1　试验作物及对象

1.1　试验作物：水直播，品种 2084。

1.2　防除对象：杂草及杂草稻。

1.3　试验药剂

①30%扫茀特 EC（先正达公司）；

②40%直播净 WP（浙江天一农化有限公司）。

1.4　试验地点

实验在宜兴市病虫观察区（新街彭庄村）实施，土质为乌泥土，pH 值 6.6，有机质含量中等，肥力中等偏上，前茬为小麦，于 2008 年 5 月 30 日机器收割，水稻种植方式为水直播，与 6 月 7 日开始药剂浸种催芽，播种日期为 6 月 12 日，播种量 4kg。

1.5　试验设计

试验共设 4 个处理：①30%扫茀特 EC 150ml/亩；②30%扫茀特 EC 200ml/亩；③40%直播净 WP 60g/亩；④不用药（CK）喷清水作空白对照。每个处理小区面积为 $20m^2$，区组随机排列。

1.6　施药时间与方法

①施药时间：分 3 个施药时间处理：水稻播种前 2 天用药；水稻播种当天用药；水稻播种后 2 天用药。

②试药方法：施药前排干田内积水，按上述用药量用进口手动背负式喷雾器按每亩对水 30kg 均匀喷细雾。用药后隔 1 天灌水，空白对照区田间管理同试验区。

1.7　气象情况

水稻播前 2 天用药（6 月 10 日）的平均气温为 21.8℃，最高气温为 22.5℃，最低气温 21.4℃，天气晴好；水稻播后当前用药（6 月 12 日）的平均气温为 23.6℃，最高气温 27.8℃，最低气温 18.6℃，天气晴好；水稻播后 2 天用药（6 月 14 日）的平均气温为 21.4℃，最高气温 23.5℃，最低气温 20.2℃，天气晴好。试验前 10 天（6 月 2～11 日）的平均气温 23.5℃，平均最高气温 28.2℃，平均最低气温 19.0℃，阴雨日 6 天，雨量为 64.9mm；施药后 10 天（6 月 13～22 日）的平均气温 23.9℃，平均最高气温 26.5℃，平均最低气温 21.9℃，阴雨日 7 天，雨量为 169mm。试验期间，气温和雨水条件适宜，药效基本能正常发挥。

1.8　田间调查项目

试验小区每个处理定 4 个点，每个 $0.125m^2$，用药后不定期观察杂草及杂草稻中毒死亡情况，用药后 15 天、30 天、50 天调查株数，50 天增加调查鲜重防效，并将数据进行数理统计分析，用 Duncan's 新复极差法进行处理间差异性比较。药效计算公式：防治效果（%）=[空白对照区活草数（或鲜重）－处理区残留活草数（或鲜重）/空白对照区活草数（或鲜重）]*100。每个处理定 $1m^2$ 面积观察不同药剂不同剂量和不同用药时间对水稻的保苗效果。

2 结果与分析

2.1 30%扫茀特用药量试验

水稻直播稻播种后 2 天（稻根下扎稻芽立起）施用 30%扫茀特 EC 防除田间杂草见效快。据田间定点观察，用药后 3～5 天杂草根、芽明显受抑，表现症状为初生叶难以伸长，幼苗扭曲，叶色深绿，生长停止，用药后 7～10 天后达到死亡高峰。从田间不同用量示范试验可以看出，每亩用 30%扫茀特 EC 150ml、200ml，用药后 15 天调查，防除禾本科杂草和阔叶杂草株数防效都达 100%。用药后 30 天调查，二个处理区的除草效果仍然比较理想，总草的株数防效分别为 98.4%、100%，其中对禾本科杂草防除效果分别为 98.7%、100%，对其他阔叶杂草的防除效果分别为 98.1%、100%。到用药后 50 天调查，二个处理区的除草效果仍然比较稳定，总草的株数防效分别为 95.7%、98.9%，鲜重防效分别为 95.9%、99.1%；对照药剂 40%直播净（丙•苄）WP 60g/亩，总草株数防效和鲜重防效只有 88.1%、88.5%。收获前 30 天考查，亩用 30%扫茀特 EC 150ml、200ml 对杂草稻的防效也比较理想，除草效果分别为 97.1%、100%；对照药剂 40%直播净（丙•苄）60g/亩，对杂草稻的防效达 94.1%，证明 30%扫茀特 EC 150ml～200ml/亩，药效期长而且稳定，持效期长达 50 天左右，一次用药可有效地控制水稻直播田禾本科杂草和阔叶杂草和杂草稻的危害。为提高施药的经济效益，根据试验和大区示范实践，30%扫茀特 EC 应用剂量为 150～200ml/亩为宜。

2.2 用药适期试验

从试验结果可以进一步看出，扫茀特的杀草作用主要是药剂通过胚芽鞘和中胚轴、下胚轴吸收，直接干扰杂草体内蛋白质合成，并影响光合作用和呼吸作用，抑制杂草生长，所以水稻直播田播后 2 天（稻根下扎稻芽立起）用药，使幼芽组织过早发黄，这样就能获得理想的防效。从田间试验还可以看出，水稻直播稻播种后 2 天（平均气温 25～30℃）禾本科杂草、阔叶杂草和杂草稻都已达出芽高峰，田间分期用药与水稻播种后 2 天防除效果正好奏效。每亩用 30%扫茀特 EC 150ml、200ml 对禾本科杂草的防效分别为 96.4%、98.2%，对其他阔叶杂草的防效也分别达到 94.6%、100%；对杂草稻的防效也分别达 97.1%、100%。水稻直播稻播种后当天用药，虽然对禾本科杂草、阔叶杂草和杂草稻的除草效果可达 94.6%～100%，但直播田此时用药容易引起药害，对水稻出苗影响很大，一般不宜采用此法。水稻直播田播前 2 天用药，虽然除草效果也达 92.0%～100%，但实际应用价值不大。另据各处理保苗效果分析，不同时间用药，以水稻直播田播后 2 天（稻根下扎稻芽立起）用药保苗效果最好，出苗最好达 82%～86%，高峰苗（7 月 20 日）茎蘖增殖比例为 4.15～4.55，最后亩产为 535.3～582.2kg，比对照增产 4.46～4.85 倍。其次是水稻直播田播前 2 天用药，出苗率为 76%～82%，茎蘖增殖比例为 1：4.03～4.20，亩产为 515.1～559.6kg，比对照增产 4.29～4.66 倍。水稻直播播种后当天用药保苗效果最差，出苗率只有 26%～34%，茎蘖增殖比例为 1：6.25～7.56，最后亩产也达 445.3～490.4kg，比对照增产 3.68～4.08 倍。

2.3 扫茀特对作物安全性试验

30%扫茀特 EC 是一种水稻直播稻田专用选择性芽期除草剂，其化学活性高，可通过杂草的幼芽、幼根吸收，并经过输导组织传导到生长点，抑制根部和芽部的细胞分裂，致使杂草死亡，而水稻对扫茀特有较强的分解作用，但稻芽耐药力较弱，因此对水稻直播稻各个时段用药抗药力有所不同，因此观察扫茀特对水稻直播稻的安全性，直接关系其应用推广的前景。

播后当天用药，对水稻出苗有影响，水稻播后当天亩用 30%扫茀特 EC 150ml、200ml。水稻出苗率分别 34%、26%，比不施药对照（出苗率 94%）分别减少 60%、

68%；由于水稻直播田播后当天用药种子直接接触药剂较多。故对直播稻出苗有明显抑制作用，用药量越高影响越大。

播前2天用药，对出苗略有影响。用药前先排干水层，亩用30%扫茀特 EC 150ml、200ml 对水均匀喷雾，用药后灌满沟水，保持秧板湿润，隔 2 天播种水稻，水稻出苗率达 76%～82%，比播后 2 天用药出苗率减少 4%～6%。用药后目测虽然各处理小区水稻生长较为正常，未见有药害发生，但在实际应用中推广价值不大。

播后 2 天（稻根下扎稻芽立起）每亩用 30%扫茀特 EC 150ml、200ml 对水均匀喷雾，用药后保持秧板湿润，防止干燥裂缝，出苗率达 82%～86%，用药后 7 天、15 天目测，各处理小区水稻生长正常，未见有药害症状。证明水稻播种后 2 天用药对水稻生长较为安全，适合大面积推广应用。

3 田间评价及应用技术

3.1 田间评价

根据试验研究和大面积应用结果证实，30%扫茀特 EC 具有对水稻直播稻生长安全，杀草谱广，除草效果好，增产幅度大等优点，只要用药适时，用量适中，方法恰当，在水稻直播稻田应用基本能控制全生育的杂草期危害。是目前多种除草剂较为理想的一种，特别是在水稻直播田将有良好的推广应用前景。

3.2 应用技术

⑴用药量：由于扫茀特除草剂活性高，从安全、有效、经济的角度出发，防除水稻直播田一年生禾本科杂草、其他阔叶杂草和杂草稻亩用 30%扫茀特 EC 150～200ml 为好；⑵用药时间：水稻播种后 2 天（稻根下扎稻芽立起时）用药，过早（播前 2 天或播后当天）用药，都不利获得最佳的除草效果和保苗效果；⑶用药方法：采用喷雾法，亩对水 30kg 均匀喷雾，用药后保持秧板湿润，防止干燥裂缝，以利获得理想效果。

3.3 注意事项

⑴稻种必须浸种催芽后播种；⑵直播稻田化除时要求畦面平整，沟系配套，用药后要保持畦面湿润不积水；⑶喷雾要均匀，不重复，不漏喷。

表 1　30%扫茀特 EC 不同施药时间除草效果试验比较

处理	施药时间	用药后 15 天				用药后 30 天				用药后 50 天								收获前 30 天	
		禾本科		阔叶杂草		禾本科		阔叶杂草		禾本科		阔叶杂草		总　草				杂草稻	
		残草	效果（%）	残草	效果（%）	残草	效果（%）	残草	效果（%）	残草	效果（%）	残草	效果（%）	残草	效果（%）	残草	效果（%）	碱草	效果（%）
30%扫茀特 EC2250ml/hm²	播前 2 天	0	100	0	100	3	98.1	4	96.2	9	94.6	9	92.0	18	93.5	12.7	94.1	0.5	99.3
30%扫茀特 EC3000ml/hm²		0	100	0	100	0	100	0	100	4	97.6	3	97.3	7	97.5	4.3	98.0	0	100
40%直播净（丙苄）WP900g/hm²		0	100	0	100	11	92.9	6	94.3	23	86.1	16	15	94.6	11.0	94.9	1	98.5	97.1
30%扫茀特 EC2250ml/hm²	播种当天	0	100	0	100	2	98.7	4	96.2	8	95.2	7	6	97.8	3.7	98.3	0	100	
30%扫茀特 EC3000ml/hm²		0	100	0	100	0	100	0	100	4	97.6	2	36	87.1	26.9	87.5	3	95.6	
40%直播净（丙苄）WP900g/公顷		0	100	0	100	14	91.0	8	92.4	22	86.7	14	12	95.7	8.8	95.9	2	97.1	
30%扫茀特 EC2250ml/hm²	播后 2 天	0	100	0	100	2	98.7	2	98.1	6	96.4	6	3	98.9	1.9	99.1	0	100	
30%扫茀特 EC3000ml/hm²		0	100	0	100	0	100	0	100	3	98.2	0	33	88.1	24.7	88.5	4	94.1	
40%直播净（丙苄）WP900g/hm²		0	100	0	100	12	92.3	7	93.3	21	87.3	12	278		215		68		
CK		132		85		156		105		166		122							

附表 2　30%扫茀特 EC 不同施药时间除草效果试验比较

处理	施药时间	保苗效果					植株性状						产量	
		出苗率（%）	基本苗（6/20）	茎蘖数（6/30）	高峰苗（7/2）	增殖比例	株高（cm）	穗（株/m^2）	总粒数	实粒数	结实率（%）	千粒重（g）	亩产（kg）	增产率（%）
30%扫茀特 EC2250ml/hm^2	播前2天	82.0	123	403	496	1：4.03	83.8	406	88	80	90.9	25.3	548.1	456.4
30%扫茀特 EC3000ml/hm^2	播前2天	76.0	114	386	479	1：4.20	84.0	411	89	81	91.0	25.2	559.6	465.9
40%直播净（丙苄）WP900g/hm^2	播前2天	78.0	117	391	475	1：4.06	83.6	396	87	78	90.3	25.0	515.1	428.9
30%扫茀特 EC2250ml/hm^2	播种当天	86	129	413	535	1：4.15	83.9	417	90	82.5	91.7	25.3	580.5	483.3
30%扫茀特 EC3000ml/hm^2	播种当天	82	114	392	519	1：4.55	84.2	419	91	83	90.1	25.1	582.2	484.8
40%直播净（丙苄）WP900g/顷	播种当天	88	136	407	524	1：3.85	83.7	408	88	79	89.8	24.9	535.3	445.7
30%扫茀特 EC2250ml/hm^2	播后2天	34	51	165	319	1：6.25	81.5	310	102	93.0	91.2	25.5	490.4	408.3
30%扫茀特 EC3000ml/hm^2	播后2天	26	39	127	295	1：7.56	80.9	285	103	93.5	90.8	25.6	455.0	378.9
40%直播净（丙苄）WP900g/hm^2	播后2天	32	48	137	308	1：6.42	81.7	290	99	91.0	91.9	25.3	445.3	368.0
CK		94.0	141	181	234	1：1.66	82.7	120	66	62	93.9	24.2	120.1	

大能 50g/L 乳油在四川麦田除草应用技术研究

徐兴全[1] 龚雪芹[1] 张继龙[2] 彭贤菊[1]

（1. 四川省梓潼县植保植检站，622150;

2. 梓潼县文昌镇农业服务中心，622150）

摘要：采用田间试验方法连续 5 年在四川麦田开展了 5%大能 EC（唑啉·炔草酯）不同剂量、不同施药时期、不同阔叶除草剂混用对麦田杂草控制效果、安全性、可混性等应用技术研究。结果表明，5%大能 EC 对四川麦田禾本科杂草有优异的防除效果，冬前有效成分用量 30～60g/hm^2、制剂用量 40～80ml/亩，春后有效成分用量 60～75g/hm^2、制剂用量 80～100ml/亩对麦田看麦娘、棒头草、野燕麦等禾本科杂草防效都在 95%以上。具有可混性好，能与苯磺隆、使它隆、麦喜等阔叶除草剂混用；施药时期广，冬前小麦整个分蘖期至春后小麦拔节中后期都能施药；持效期长，冬前 1 次施药，收获前防效仍在 95%以上；安全性好，在四川麦区不受低温限制，施药后出现大霜结冰天气对小麦也很安全，对后茬作物安全，对环境无不良影响。

关键词：大能；四川麦区；冬小麦；杂草防除；安全性；应用技术

四川麦区以半冬性小麦品种秋季播种夏季收获为主，杂草草相以看麦娘、日本看麦娘、棒头草、野燕麦等禾本科为主，阔叶杂草以繁缕、猪殃殃、大巢菜、通泉草、荠菜、羊蹄等杂草为主[1]。麦田化学除草施药时间以冬前 12 月小麦分蘖期为主，2009 年全省小麦化学除草面积 66 万 hm^2，占小麦播种面积的 49%，挽回小麦产量损失 2 亿多千克，化除技术成为小麦生产最重要的植保技术措施，推广面积逐年增加。作者与先正达（中国）投资有限公司合作，从 2006 年起，连续 5 年进行了 26 个田间试验，探索出大能在四川麦田安全经济施用剂量、施药时期、阔叶杂草除草剂混用选择等应用技术。

1 材料与方法

1.1 试验地概况

试验连续 5 年都安排在四川省梓潼县文昌镇西河村，试验田为平坝区稻麦轮作田，地势平坦、肥力中高、能自流排灌。土壤质地为水稻土/壤土，pH 值 6.5～6.7，有机质含量 2.1%，耕作方式为拖拉机旋耕，小麦播种时间为 10 月 24 日至 11 月 5 日，播种量为 225kg/hm^2，播种方式为人工撒播。麦田禾本科杂草密度 200～1200 株/m^2，阔叶杂草密度 60～400 株/m^2， 冬前杂草出生高峰期为 11 月下旬至 12 月中旬。小麦分蘖期为 11 月中旬至翌年 1 月下旬，拔节期为 1 月下旬至 3 月上旬，孕穗期为 3 月中下旬，抽穗扬花高峰期为 4 月上中旬，收获期为 5 月中下旬。

1.2 材料

1.2.1 试验小麦品种

绵阳 26 号、28 号、31 号、33 号、35 号。由绵阳市农科所选育的绵阳系列半冬性小麦品种。

1.2.2 供试药剂

5%大能 EC（唑啉·炔草酯 50g/L）、15%麦极 WP（炔草酸），由先正达（中国）投资有限公司生产；20%使它隆 EC（氯氟吡氧乙酸）、5.8%麦喜 SC（双氟磺草胺+唑嘧磺草胺），美国陶氏益农公司产品；75%巨星（苯磺隆）WG，上海杜邦农化有限公司产品；6.9%骠马（精恶唑禾草灵）EW、3.6%阔世玛（3%甲基二磺隆+0.6%甲基碘磺隆钠盐）WG，拜耳作物科学公司产品。供试药剂和对照药剂，均由先正达（中国）投资有限公司提供。

1.3 试验设计与测定

试验设唑啉·炔草酯 50g/L EC（大能）有效成分用量 15 g/hm^2、30 g/hm^2、45 g/hm^2、60 g/hm^2、75 g/hm^2、90 g/hm^2、120 g/hm^2、160g/hm^2，冬前小麦 2～3 叶、4～6 叶、6～8 叶不同生育期单用及混用；春后设 60 g/hm^2、75 g/hm^2、90 g/hm^2、120 g/hm^2、160g/hm^2 小麦拔节初期、拔节末期不同生育期单用及混用；禾本科杂草除草剂对照药剂处理为：

炔草酸 WP（麦极）30g/hm²，精噁唑禾草灵 EW（骠马）72.45g/hm²，3.6%阔世玛（3%甲基二磺隆+0.6%甲基碘磺隆钠盐）WG 5.4g/hm²；混用阔叶除草剂：20%使它隆 EC（氯氟吡氧乙酸）150g/hm²，5.8%麦喜 SC（双氟磺草胺+唑嘧磺草胺）8.7g/hm²，75%巨星（苯磺隆）WG 22.5g/hm²。试验均采用 RCBD（随机区组）设计，3 次重复,小区面积大于 20m²，采用山东卫士 WS-16 型手动喷雾器加恒压阀空心锥喷头均匀喷雾，药液采用 2 次稀释法配对。

调查方法采用 GB/T 17980.41-2000《除草剂防治麦类作物地杂草试验》准则，冬前施药试验分别调查 6 次，施药后 7 天，15 天，30 天，45 天，60 天，90 天；春后施药调查 4 次，药后 7 天、15 天，30 天，45 天；对每种杂草分别进行目测防效及小麦安全性调查。冬前药后 90 天、春后用药 45 天，每小区对角线 5 点取样、每点 0.25m² 调查杂草鲜重和株数。每次调查时详细记录杂草和小麦的 BBCH（生育期），对每种杂草分别进行目测防效及小麦安全性调查。

2 试验结果与分析

2.1 唑啉·炔草酯 50g/LEC 冬前小麦分蘖期不同生育时期单用对禾本科杂草防效及安全性

2.1.1 对禾本科杂草防控效果

冬前 12 月，在小麦 2～8 叶期施药，唑啉·炔草酯 50g/L EC（大能）有效成分用量 15～160g/hm²，药后 30～90 天，对麦田主要禾本科杂草看麦娘、棒草、野燕麦防除效果都在 90%以上。

2.1.2 药剂速效性

杂草出现药害症状因施药时气温而异，在分蘖早期 10℃以上，药后 7 天禾本科杂草心叶尖黄化纵卷，药后 15 天禾本科杂草倒 3 叶以上黄化、杂草较对照矮 1～2cm，药后 30 天 90%杂草枯死。而气温在 5℃以下施药，杂草出现明显药害症状要药后 15 天，药后 30 天 90%以上杂草黄化、80%以上枯死。

2.1.3 药剂持效期

大能不同剂量冬前施药，持效期都在 90 天以上，一次施药，能完全有效控制小麦整个生育期禾本科杂草的危害。

2.1.4 药剂安全性

唑啉·炔草酯 50g/LEC 在冬前施药,有效成分效用量 15～60g/hm²（制剂用量 20～80ml/亩）对小麦安全性好，有效成分用量 75～160g/hm²（制剂用量 100～200ml/亩）会因气温不同而出现安全性差异，若施药时气温在 10℃以上（12 月上中旬），施药剂量大于 75g/hm²（制剂大于 100ml/亩），药后 7～30 天内会有部分施药时生长最旺盛的小麦叶片出现褪绿→黄化→黄白枯斑，药后 20 天药害症状达到高峰，小麦药害株率 5%～20%，剂量越高、药害株率越高、单株药害叶片 1～2 叶，药后 40 天症状基本消失，对小麦株高、分蘖和后期产量无影响。若施药时气温在 5℃以下（12 月下旬至 1 月上旬），安全性很好。

2.2 唑啉·炔草酯 50g/L EC 冬前小麦不同生育时期与阔叶除草剂混用对麦田杂草防效及安全性

唑啉·炔草酯 50g/L EC 冬前小麦整个分蘖期，能与苯磺隆、使它隆、麦喜等麦田主要阔叶杂草除剂混用，药后 90 天对麦田禾本科杂草和阔叶杂草防除效都在 95%以上，且不同剂量、不同施药时期及与不同阔叶除草剂混用的防效无显著差异，其可混性很强。唑啉·炔草酯 50g/L EC 制剂最经济混用量 40～60ml/亩。在分蘖早期（12 月上中旬），制剂混用量 100～200ml/亩，施药时生长最旺的小麦叶片，会在药后 30 天内产生褪绿→黄白枯斑，药害株率 5%～20%，药后 40 天能基本恢复，对小麦生长、分蘖和后期产量无影响。混用施药时气温 0～5℃，安全性很好。

2.3 唑啉·炔草酯 50g/LEC 春后小麦拔节期单用对麦田禾本杂草杂草防效及安全性

春后小麦拔节期，唑啉·炔草酯 5g/L EC 对小麦田看麦娘、棒头草、野燕麦等主要禾本科杂草有优秀的防除效果，药后 30 天防效在 90%以上，极显著优于对照药剂麦极和骠马，草龄越大，其优势越明显。药后 7 天禾本科杂草叶尖枯黄、纵卷、生长减速、杂草株高较对照矮 3cm 左右，若杂草处于孕穗期，药后 15 天则不能抽穗、杂草株高较对照矮 5～7cm，药后 30 天 85%以上禾本科杂草枯死。而对照药剂麦极、骠马在禾本科杂草拔节中期施药，防效很差，杂草枯而不死，若处于杂草孕穗期，则有 50%左右的杂草还能抽穗。唑啉·炔草酯 50g/L EC 春后施药安全性好于冬前，2 月下旬至 3 月上旬，气温在 10℃以上施药时，制剂用量 100～200ml/亩，会在药后 30 天内产生褪绿→黄白斑,但药害株率 10%以内，对小麦拔节、孕穗、抽穗和后期产量无影响。

2.4 唑啉·炔草酯 50g/L EC 春后小麦拔节期与阔叶除草剂混用对麦田杂草防效及安全性

唑啉·炔草酯 50g/L EC 春后小麦拔节期与阔叶除草剂混用,能有效防除麦田禾本科杂草和阔叶杂草。对禾本科杂草防效都在 85%以上，不同剂量防效差异不显著，且都显著优于对照药剂阔世玛防效；春后与使它隆、麦喜混用对阔叶杂草防效都在 90%以上，与使它隆混用效果最优；与苯磺隆混用对阔叶杂草除草效果差。春后混用对小麦安全性好、对环境无不良影响。

3 讨论

四川麦田化学除草以冬前分蘖期为主，但由于麦田杂草出生期长，其主要杂草看麦娘、繁缕、猪殃殃从头年 9 月到翌年 3 月上旬都能发生[2]。小麦分蘖早期化学除草（11 月下旬至 12 月上旬），对后期出生杂草防效较差，秋播后干旱少雨年度极为突出；加之四川是农村劳动力输出大省，小麦除草施药时间逐年推迟，大量外出务工人员，要在春节前 1 个月（1 月份）才回家对小麦进行化除施药，而此时气温较低，许多除草剂因低温防效差和安全性问题不能使用。唑啉·炔草酯 50g/L EC 则可很好满足这种需求，特别是春后小麦拔节期对禾本科杂草的防效，是现有麦田除草剂无法相比的除草效果，可在春节前后施药，高效防除麦田禾本科杂草，同时因其可混性强，与阔叶除草剂麦喜或使它隆混用，对麦田杂草综合防效达到 90%以上，能为四川小春粮食增产提供重要技术支撑。

表 1 2006～2007 年度冬前小麦不同生育期单用禾本科杂草防效

处理	小麦 2～3 叶期施药株防效				小麦 4～6 叶期施药试验				小麦 4～6 叶期施药试验			
	15 天（%）	30 天（%）	9 天（%）	20 天安全性	15 天（%）	30 天（%）	90 天（%）	20 天安全性	15 天（%）	30 天（%）	90 天（%）	20 天安全性
T1	68	93	98	1	49	94	97	1	42	94	96	1
T2	66	96	99	1	50	95	98	1	51	94	96	1
T3	66	97	99	1	61	97	98	1	52	96	96	1
T4	70	94	98	1	54	95	97	1	45	93	96	1
T5	76	91	97	1	50	92	97	1	51	92	95	1
T6	59	94	97	1	77	95	96	1	67	90	95	1
T7	91	374	592	1	125	400	637	1	400	510	615	1

表 1 中数据说明:T1～T3 分别为：唑啉·炔草酯 50g/L EC（大能）有效成分用量 15 g/hm^2、30 g/hm^2、45g/hm^2，T4 为炔草酸 WP（麦极）30g/hm^2，T5 为精噁唑禾草灵 EW（骠马）72.45g/hm^2，T6 为 3.6%阔世玛（3%甲基二磺隆+0.6%甲基碘磺隆钠盐）WG，T7 为空白对照，其防效相应单元格中数字为每平方米禾本科杂草株数。

表 2　2009～2011 年冬前单用药后 90 天防效及药后 20 天安全性

处理	12 月中旬施药					12 月下旬施药				
	看麦娘		棒头草		安全性	看麦娘		棒头草		安全性
	株防效（%）	鲜重防效（%）	株防效（%）	鲜重防效（%）		株防效（%）	鲜重防效（%）	株防效（%）	鲜重防效（%）	
T1	99.5	99.8	97.5	98.6	1	96.3	97.5	94.2	95.8	1
T2	99.8	100	98.7	99.3	1	97.6	98.3	95.9	98.1	1
T3	99.8	100	99.1	99.7	1	98.7	99.4	96.5	97.9	1
T4	99.7	99.9	95.0	98.9	2	99.0	99.4	90.5	96.7	1
T5	99.3	99.8	100	100	2	99.3	99.8	96.9	99.4	1
T6	99.7	99.9	100	100	2	99.5	99.8	96.8	98.9	1
T7	100.0	100	99.0	99.6	2	98.9	99.5	98.6	99.5	1
T8	98.4	98.6	95.4	97.8	1	96.2	97.6	94.9	95.3	1
T9	98.6	99.4	96.2	99.1	1	99.3	99.7	98.1	99.4	1
T10	576.8	242.6	33	24.8	1	501	215.5	24.7	18.6	1

表 2 中数据说明:有效成分用量 g/hm^2，T1～T7 分别为：唑啉·炔草酯 50g/LEC（大能）30、45、60、75、90、120、160,T8 为：精恶唑禾草灵 EW（骠马）72.45，T9 为：3.6%阔世玛（3%甲基二磺隆+0.6%甲基碘磺隆钠盐）WG 10.8，T10 为空白对照,其防效相应单元格中数字为每平方米禾本科杂草株数。防效数据为 3 年平均值。药害症状：施药时生长最旺盛的小麦，出现心叶白化死亡、倒 2 叶占叶片 1/3 的叶面积似冻害状退绿白化，药害株率 5%～20%。药后 40 天能完全恢复。

表 3　2007～2011 年冬前混用试验药后 90 天防效及安全性

处理	冬前分蘖中前期施药（12 月上中旬）							冬前分蘖中后期施药（12 月下旬至 1 月上旬）						
	株防效（%）			鲜重防效（%）			药后 20d 安全性	株防效（%）			鲜重防效（%）			药后 20d 安全性
	禾本科杂草	阔叶杂草	总体株防效	禾本科草	阔叶杂草	总防效		禾本科杂草	阔叶杂草	总体株防效	禾本科草	阔叶杂草	总防效	
T1	97.4	94.1	96.3	99.2	98.2	98.7	1	95.7	91.3	94.9	98.6	95.8	97.5	1
T2	98.8	93.2	96.7	99.5	97.7	98.5	1	96.4	89.7	95.1	98.8	94.2	97.2	1
T3	98.1	99.4	98.6	99.3	99.8	99.5	1	94.8	96.2	95.3	98.5	98.0	98.4	1
T4	96.9	96.5	97.2	98.8	98.3	98.6	1	95.2	95.0	95.4	98.6	97.4	98.1	1
T5	97.8	98.3	97.9	99.2	99.4	99.3	1	97.3	94.6	98.5	99.1	97.2	98.2	1
T6	98.6	97.5	98.1	99.3	99.1	99.4	2	98.8	95.7	98.1	99.7	97.5	98.9	1
T7	99.2	98.3	98.9	99.8	99.2	99.5	2	99.3	94.8	98.2	99.8	96.7	98.5	1
T8	99.3	98.1	99.2	99.7	99.0	99.2	2	99.1	95.4	98.3	99.9	97.0	98.7	1
T9	92.2	98.7	94.3	95.3	99.6	98.1	1	91.2	97.3	92.7	95.7	97.9	96.6	1
T10	98.5	99.3	98.7	99.6	99.8	99.6	1	97.6	98.5	97.7	99.4	98.9	99.1	1
T11	487	254	741	180.6	210.8	391.4	1	532	177	709	229.8	155.6	385.4	1

表 3 中数据说明:处理用量为有效成分（g/hm^2），T1～T2 分别为：唑啉·炔草酯 50g/L EC（大能）30g、45g+苯磺隆 22.5g；T3 为唑啉·炔草酯 50g/LEC30g+双氟磺草胺·唑嘧磺草胺 8.7g；T4～T8 分别为唑啉·炔草酯 50g/L30g、60g、75g、120g、150g+氯氟吡氧乙酸 150g；T9 为精恶唑禾草灵 72.45g+双氟磺草胺·唑嘧磺草胺 8.7g；T10 为甲基二磺隆·甲基碘磺隆钠盐 10.8g；T11 为空白对照，其对应防效单元格中数字为每平方米杂草株数及鲜重。

表 4 2006～2007 年度春后小麦不同生育期单用禾本科杂草（株）防效及安全性

处理	小麦拔节初期（2 月中旬）				小麦拔节中期（2 月下旬）				小麦拔节末期（3 月上旬）			
	15 天	30 天	45 天	安全性	15 天	30 天	45 天	安全性	15 天	30 天	45 天	安全性
T1	50	90	95	1	40	85	90	100	40	80	90	1
T2	50	90	95	1	40	90	95	100	40	85	90	1
T3	50	95	98	1	50	95	95	95	50	90	95	1
T4	60	95	98	1	50	95	95	90	50	90	95	2
T5	60	95	98	1	50	95	95	85	50	90	95	2
T6	60	95	98	1	50	95	95	85	50	95	95	2
T7	30	50	85	1	30	50	80	100	30	60	70	1
T8	40	75	80	1	30	50	70	100	30	50	65	1
T9	682	658	622	1	415	381	353	100	526	487	358	1

表 4 中数据说明: 有效成分用量（g/hm^2），T1～T6 分别为：唑啉·炔草酯 50g/LEC（大能）45 g、60 g、75 g、90 g、120 g、150 g，T7 为：炔草酸 150WP（麦极）75.15，T8 为：精恶唑禾草灵 69EW（骠马）103.5，T9 为空白对照，其防效相应单元格中数字为每平方米禾本科杂草株数。药害症状：施药时生长最旺盛的小麦，出现心叶及倒 2 叶占叶片 1/3 的叶面积似冻害状褪绿白化。药后 30 天能完全恢复。

表 5　2007～2011 年春后混用试验防效及安全性

处理	春后拔节中前期施药（2 月上中旬）							春后拔节中后期施药（2 月下旬至 3 月上旬）						
	药后 45 天株防效%			鲜重防效%			安全性	药后 45 天株防效%			鲜重防效%			安全性
	禾本科杂草	阔叶杂草	总体株防效	禾本科杂草	阔叶杂草	总防效		禾本科杂草	阔叶杂草	总体株防效	禾本科杂草	阔叶杂草	总防效	
T1	95.8	63.1	86.6	97.6	71.8	87.2	100	84.2	45.5	67.3	85.4	52.5	63.4	100
T2	96.7	65.3	87.7	98.2	74.6	88.5	100	88.6	50.2	75.1	91.9	65.4	74.2	100
T3	97.2	93.4	96.2	98.4	96.9	97.8	100	85.7	89.3	87.1	89.5	95.6	93.6	100
T4	97.6	95.5	97.3	98.8	98.0	98.6	100	90.6	91.2	91.0	93.4	96.2	95.3	100
T5	94.1	98.3	95.0	96.7	99.1	97.7	100	91.4	96.5	93.6	94.5	98.7	97.2	100
T6	95.4	96.9	95.7	97.5	98.4	97.6	100	92.5	95.4	95.6	97.1	98.5	98.1	100
T7	96.6	97.8	97.1	98.5	98.9	98.7	100	94.3	96.8	95.2	95.9	98.6	97.7	100
T8	97.5	96.4	97.2	98.8	97.5	98.4	100	93.1	94.7	93.7	96.1	98.3	97.5	100
T9	97.9	95.8	97.4	99.3	97.6	98.6	95	95.7	97.6	96.5	97.4	99.2	98.7	90
T10	96.5	98.1	96.8	98.6	98.7	98.7	95	94.6	95.9	95.3	96.8	98.8	97.9	90
T11	74.3	93.2	78.8	83.4	96.3	88.9	100	51.7	65.6	56.9	59.8	82.2	76.4	100
T12	386	153	539	162.1	120.7	282.8	100	236	128	364	73.2	148.3	221.5	100

表 5 中数据说明:处理用量为有效成分（g/hm2），T1～T2 分别为：唑啉·炔草酯 50g/L EC（大能）45 g、60+苯碘隆 22.5；T3～T4 为唑啉·炔草酯 50g/L EC 45、60+双氟磺草胺·唑嘧磺草胺 8.7；T5～T10 分别为唑啉·炔草酯 50g/L EC 45、60、75、90、120、150+氯氟吡氧乙酸 150；T11 为甲基二磺隆·甲基碘磺隆钠盐 10.8；T12 为空白对照，其对应防效单元格中数字为每平方米杂草株数及鲜重（g）。

参考文献

[1] 周小刚，张辉.四川农田常见杂草原色图谱.四川出版集团.四川科学出版社,2006:11.
[2] 中国农作物病虫害编辑委员会.中国农作物病虫害（下册）.农业出版社,1981:12.

东北地区除草剂高效施药技术

王险峰　关成宏

(黑龙江省农垦总局植保站，哈尔滨　150036)

摘要：我国北方自然特点是干旱少雨，严重影响除草剂药效发挥。苗前除草剂须采用混土施药技术，可获得稳定的药效。苗后除草剂要求"两降一加"，即选择适宜的喷嘴，降低喷液量，喷杆喷雾机为 100L/hm^2，人工为 100～150L/hm^2；加植物油型喷雾助剂，降低 20%～50%用药量。药械与除草剂同等重要，要高标准发展喷杆喷雾机，重点解决好喷嘴及过滤器、快装喷头体、液力泵等问题，普及推广喷雾机械使用技术规范。

关键词：东北；除草剂；使用技术

我国东北地区属于寒温带大陆性气候，春季施除草剂季节多大风，干旱少雨，严重影响除草剂药效发挥。黑龙江农垦总局植保站自 1978 年以来，持续多年研究了干旱条件下除草剂高效施药技术用于生产，在干旱条件下药效稳定，对作物安全。

1　在干旱条件下如何用好苗前除草剂

苗前施药后最好有 15～20mm 的降雨，除草剂随雨水向下淋溶到 0～5cm 杂草发芽部位，杂草萌发即接触除草剂。我国北方春季施药期常遇大风和干旱少雨，苗前除草剂施后易被风随土刮走或停留在地表，不能与杂草幼芽接触，难以发挥除草效果，施药后如无降雨或灌溉条件，采用机械混土施药法，可确保稳定药效。

1.1　秋季或春季播前混土施药

（1）整地要平细　施药药前整地应达到地平、土碎、地表无植物残株和大土块。多年生杂草多的地块必须深翻。切不可把施药后的耙地混土代替施药前的整地。

（2）喷雾要均匀　施药前调整喷雾机是除草剂喷洒均匀的重要环节，在喷雾作业中必须坚持标准作业，避免发生漏喷现象。

（3）混土要彻底　选用双列圆盘耙、或旋耕机等混土，施药后及时耙地，耙深 10～15cm（除草剂入土 5～7cm），交叉耙地一遍，车速 6km/h 以上，施药后及时起垄镇压保墒。如果施药后不起垄，耙深 6～8cm。施药后耙地时间要求：硫代氨基甲酸酯类的灭草猛等，挥发性强，在大豆播前施后必须在 15～20min 内耙入土中；二硝基苯胺类的氟乐灵，仲丁灵等在大豆播前施药后 1～2h 内耙地，最迟不得超过 8h；酰胺类、三氮苯类、磺酰胺类等除草剂要求不严格。

1.2　播后苗前混土施药

（1）播后苗前起垄浅混土　除草剂起垄播种施药后浅混土 2～3cm，可提高药效，在干旱条件下除草效果稳定。混土机械可用耕耘机、旋转锄等。起垄播种大豆的播种施药后可用机械培 2cm 左右的土，并及时镇压，避免风把土和药剂一起刮走。

（2）播后苗前平播混土　平播作物播种后及时用耕耘机、旋转锄混土，耙深 2～3 ㎝，车速 6km/h 以上，耙后及时镇压。

（3）播后苗前中耕培土　北方大豆、玉米等中耕作物可在其垄播种后施药，镇压，用中耕机培土 2 ㎝，再镇压保墒。

1.3　喷洒苗前除草剂对喷雾器械的要求及喷洒技术

喷洒苗前除草剂要求喷洒雾滴直径 300～400μm，每平方厘米雾滴 30～40 个。

人工背负式喷雾器宜选用扇形喷嘴，如 TeeJet11003 型扇形喷嘴、配 50 筛目的柱型过滤器，喷雾压力 2 个大气压，喷液量 225～300L/hm^2，施药时一次喷一条垄、不得左右甩动喷雾，定喷头与地面高度、喷雾压力、行走速度均匀喷雾。

悬挂、牵引式喷杆喷雾机选用扇形喷嘴，如 TeeJet1 11006、11008 型扇形喷嘴、配 50 筛目的柱型过滤器，喷雾压力 3 个大气压，喷液量 180～200L/hm^2，喷杆距地面高度

作者简介：王险峰，E-mail：wang450629@126.com

40～60cm，施药时车速 10～18km/h。

飞机喷雾选用雾化器喷头或扇形喷头，喷液量 30～50L/hm^2。

2　苗后除草剂采用“两降一加”喷洒新技术

为解决高温干旱条件下喷洒除草剂药效差问题，黑龙江省农垦总局植保站经多年研究，提出农药“两降一加”喷洒新技术。“两降一加”喷洒新技术即降低喷液量、降低用药量，加植物油型的 喷雾助剂。

2.1　降低喷液量

2.1.1　选择喷洒雾滴和密度

在室内没有影响因素条件下，苗后喷洒除草剂适宜喷洒雾滴直径 100～300μm。喷洒苗后除草剂田间适宜喷洒雾滴直径 250～400μm，喷洒内吸性农药雾滴密度 30～40 个/cm^2，喷洒触杀性农药雾滴密度 50～70 个/ cm^2。

2.1.2　为什么要降低喷液量

（1）我国施药技术严重滞后，药械不标准及使用技术不规范，普遍采用大容量、大雾滴喷雾技术，人工和喷杆喷雾机喷液量 900～1,500L/hm^2，喷洒雾滴直径大多是 500μm 以上，易从作物、杂草叶面流失。喷洒苗后除草剂因杂草与作物叶面生态特性的差异，作物吸收除草剂大于杂草，常常出现作物药害，杂草没有除草效果。

（2）传统喷雾法理论根据是植物吸收农药是水孔气孔吸收，叶的背面气孔水孔发达，并重视室内试验，忽视田间实践，没有标准。为提高除草剂利用率，需采用适于杂草能黏着的雾滴，必须降低喷液量。

2.1.3　根据喷洒雾滴直径和雾滴密度设计喷液量

根据多年实践使用手动背负式喷雾器喷洒苗后除草剂喷液量为 100～150L/hm^2。喷杆喷雾机喷洒苗后除草剂喷液量为 100L/hm^2 以下。飞机喷液量 20～50L/hm^2。

2.1.4　喷嘴、过滤器、压力、行走速度的选择

手动背负式喷雾器喷洒苗后除草剂选用扇形喷嘴，如 TeeJet 11001、110015 型扇形喷，配 100 筛目柱型过滤器，压力 2～3 个大气压，压力 2～3 个大气压.，行走速度 3～4km/hm^2。

悬挂，牵引式喷杆喷雾机选用扇形喷嘴，如 TeeJet 80015 型扇形喷，配 100 筛目柱型过滤器，压力 3～4 个大气压。

大马力自走喷雾机选用扇形喷嘴，如 TeeJet8002 型扇形喷嘴，配 50 筛目柱型过滤器，压力 4～5 个大气压，车速 10～16km/hm^2。

2.2　加植物油型喷雾助剂

2.2.1　为什么要选用植物油型喷雾助剂

除草剂喷雾助剂可分为液体肥料、矿物油型、非离子型表面活性剂、植物油型等四大类。

自 1995 年以来，黑龙江省农垦总局植保站、东北农业大学、沈阳化工研究院等对美国 AGSCO 公司生产的快得 7（Quard 7）、澳大利亚 Organic Crop Protectants 公司生产的信德宝（Synertrol ）、Victorian chemical 公司生产的黑森（Hasten）及国内新研制的药笑宝（COC）等植物油型喷雾助剂的使用技术进行了系统研究，在适宜气象条件下这四大类喷雾助剂均有明显增效作用；在高温干旱不适宜气象条件下液体肥料、矿物油型、非离子型表面活性剂等均无增效作用，只有植物油型喷雾助剂有明显的增效作用，抗高温干旱，药效稳定。解决了我国东北、华北、西北地区因气候干旱少雨，严重影响苗后除草剂药效问题。植物油型喷雾助剂的优点有以下几方面：

①可通过调节药液的黏度和降低表面张力来调节雾滴谱，增加雾滴直径，减少易飘移的小雾滴数，提高农药利用率，避免飘移药害和污染环境。

②药液表面张力降低，减小了雾滴与植物叶面、昆虫体表接触角，扩大了雾滴在植物叶面、昆虫体表覆盖面积，不易因植物叶面振动或枝叶间摩擦而脱落，从而增加农药药液在植物叶面、昆虫体表上的附着量，尤其是叶面蜡质层厚的植物，同时又可使药液

耐雨水冲刷。

③能改善叶表蜡质层的理化性质，增强蜡质流动性和增加部分蜡质溶解，从而调节农药有效成分在雾滴和角质层间的分配，促进气孔吸收和在植物体内传导。

④增加药效，降低成本，一般可减少20%～50%用药量。

⑤天然产品，无毒，可被植物、土壤生物分解和植物吸收利用，有利于保护环境。

⑥对易挥发的除草剂可减少挥发损失，苗前除草可延长施药后的混土作业时间。

⑦与作物有亲和性，对作物安全性好，与触杀型除草剂混用亦安全。

⑧可采用低容量喷雾，省水节能，在干旱缺水地区尤为重要。

2.2.2 植物油型喷雾助剂使方法及用量

使用植物油型喷雾助剂首先要降低喷液量，在适宜的气象条件下用喷液量的 0.5%，除草剂用量可减少 30%～50%，在高温干旱不适宜的气象条件下及防治难治杂草用喷液量的1%，除草剂用量可减少20%～30%。

2.3 降低用药量

降低苗后除草剂的用药量前提是更换标准喷嘴，降低喷液量，添加植物油型喷雾助剂。

2.3.1 适宜气象条件

喷洒苗后除草剂适宜气象条件是温度 13～27℃，空气相对湿度大于 65%，风速小于4m/s；一般晴天上午8点以前，下午6点以后，最好夜间无露水时喷洒作业效果最好。

在喷洒除草剂时，药箱加入喷液量 0.5%（难治杂草必须用喷液量 1%）的植物油型喷雾助剂可降低 30%～50%用药量。在喷洒除草剂时，药箱加入喷液量 0.1%～0.5%人工合成的非离子表面活性剂也可降低 30%～50%用药量，喷洒触杀性除草剂时药害加重，不推荐使用。

2.3.2 不适宜气象条件

喷洒苗后除草剂在不适宜气象条件是温度大于 27℃，空气相对湿度小于 65%，风小于 4m/s，一般不推荐施药；在喷洒苗后除草剂时药箱加入喷液量 1%的植物油型喷雾助剂，可降低 20%～30%用药。人工合成的非离子表面活性剂在不适宜的气象条件下无增效作用，不推荐施药。

2.3.3 除草剂用药量的确定

苗后除草剂推荐用药量原则是在适宜的气象条件下试验结果；在不适宜气象条件下以的试验结果不作为推荐用量的依据。除草剂用药量以登记用量为准，加入植物油型喷雾助剂减少用药量以此为基础。

2.4 苗后除草剂施药后对降雨的间隔时间要求

降雨会使除草剂从杂草叶面冲洗掉，造成明显的损失。一般降雨 1～2mm，可将水溶性除草剂从杂草叶面冲掉；降雨5～10mm，可将油溶性的除草剂从杂草叶面冲掉。

不同的除草剂施后对降雨的间隔时间要求不同，施药前要注意天气预报，避免施药与降雨间隔时间太短影响药效。如烯禾啶、精喹禾灵、精恶唑禾草灵、精吡氟禾草灵、烯草酮、喹禾糠酯、高效氟吡甲禾灵、氟吡甲禾灵、炔草酸、氰氟草酯、咪唑乙烟酸、甲氧咪草烟、烟嘧磺隆、醚磺隆、氟唑磺隆、酰嘧磺隆、乙氧磺隆、噻吩磺隆、砜嘧磺隆、苯磺隆、苄嘧磺隆、吡嘧磺隆、氟磺隆、氟嘧磺隆、醚磺隆、甲酰胺磺隆、甲磺隆、氯磺隆、甲基二磺隆、甲嘧磺隆、溴苯腈、氟草烟等施后须间隔 1h 降雨才不影响药效。

乳氟禾草灵、百草枯等施后后间隔半小时不影响药效。

2,4-D 丁酯、二甲四氯（MCPA）、麦草畏、氰草津、莠去津等施药后须间隔 2～3h才不影响药效。

氟磺胺草醚、异噁草松、草甘膦、草铵膦施药后须间隔4h降雨才不影响药效。

野燕枯、三氟羧草醚、唑嘧磺草胺等施药后须间隔6h降雨才不影响药效。

二氯吡啶酸、嗪草酮、2,4-D 胺盐）、二甲四氯钠盐等施药后须间隔 6～8h 降雨才不影响药效。

灭草松施药后须间隔 8h 降雨才不影响药效。

2.5 苗后除草剂施药时期

苗后除草剂施药时期应根据杂草生育确定，一般选大多数杂草出齐时进行，不可施药太早，太早杂草未出齐或杂草草龄小，叶面积小，影响药效，施药太晚，杂草大，耐药性增强，也影响药效。一般一年生阔叶杂草 2～4 叶期，禾本科杂草 3～5 叶期，多年生杂草多在 15～20cm，鸭跖草必须在 3 叶期施药，多年生阔叶杂草最好在 8 叶期前施药，多年生杂草如芦苇 40cm 以前施药；莎草科的扁秆藨草、三江藨草、藨草等毒土法施药在株高 15cm 以前等。适宜的气象条件下施药，在干旱条件下施药需加植物油型喷雾助剂或夜间无露水时施药。

行行清50%水分散粒剂防除移栽水稻田间杂草药效试验

周 俊

（云南省楚雄州植保植检站，楚雄 675000）

摘要：本文介绍了 50%行行清水分散粒剂进行几种不同药剂处理水稻田杂草对比试验，结果表明：50%行行清水分散粒剂防治水稻田杂草的安全性好，行行清 50%水分散粒剂+40%乙草胺可湿性粉剂防除移栽水稻田杂草药效显著，对禾本科、莎草科和阔叶杂草均能有效控制，其综合防除效果达98.9%以上。

关键词：行行清；水稻田杂草；防治效果

1 材料与方法

1.1 试验条件

1.1.1 试验对象

移栽水稻田间杂草（包括禾本科、阔叶类和莎草科杂草）。

1.1.2 试验作物

水稻（品种为楚粳 28 号）。

1.2 试验环境及栽培条件

1.2.1 试验地点

楚雄市富民镇荷花村，海拔 1774m。

1.2.2 土壤性状

砂质壤土，pH 值 6.7，土壤肥力中等。

1.2.3 作物生育期及田间杂草发生情况

于水稻移栽（秧龄 65 天）后 5 天施药。施药时田间杂草未出或萌芽。

2 试验设计及安排

2.1 药剂

2.1.1 试验药剂

行行清 50%水分散粒剂（意大利意赛格公司提供）。

20%乙草胺可湿性粉剂（重庆双丰农药有限公司产品）。

2.1.2 对照药剂

18%野老（苄·甲磺·乙）可湿性粉剂（浙江天丰化学有限公司）。

2.2 试验设计

表 1 供试药剂及试验设计

编号	药剂及用量（$g/667m^2$）
1	20%乙草胺 WP40g+行行清 50%WG5g
2	20%乙草胺 WP40g+行行清 50%WG8g
3	20%乙草胺 WP40g+行行清 50%WG10g
4	18%野老 WP25g
5	行行清 50%WG15g
6	空白对照（不施药）

2.2.1 小区面积及隔埂操作

试验采用大区对比试验方法进行，不设重复，各处理筑埂隔离，单排单灌，小区面积 3.5m×7.5m =26.3m^2。

作者简介：周俊（1975—），男，云南楚雄人，主要从事农作物病虫害试验示范推广工作。 E-mail:zhoujun_1975@126.com

2.2.2 试验施药及水层管理

试验采用毒土法：按每亩 30kg 毒土量分次拌药后均匀撒施。药前各区灌足水，药后保水 7 天以上。试验施药时间为水稻移栽后 5 天。

3 药效调查与记载

依据当地各类杂草出苗期不一致的情况，试验采取施药后 30 天一次性调查药效的方法进行。即试验内空白对照区杂草出齐时调查药效。由于田间杂草较少，即按每区 5 点法 1 平方尺竹框套查记载点内各类杂草株数，并以各类杂草株数计算防除效果。

3.1 杂草主要种类

禾本科杂草：稗草。阔叶杂草：矮慈姑、圆叶节节菜、泽泻、鸭舌草。莎草科杂草：萤蔺、水莎草、牛毛草。

3.2 药害调查

于施药后 15 天、30 天分别观察各区水稻药害表现，记载株高测量和药害目测症状。

4 结果与分析

4.1 试验结果

表 2 行行清 50%水分散粒剂防除移栽水稻田杂草药效试验结果

处理	药后 30 天						综合防效（%）
	禾本科杂草		阔叶杂草		莎草科杂草		
	株	防效（%）	株	防效（%）	株	防效（%）	
20%乙草胺 40g+行行清 5g/667m^2	0.3	94.0	0.2	97.4	0	100	97.60
20%乙草胺 40g+行行清 8g/667m^2	0.3	94.0	0	100	0.2	97.6	97.60
20%乙草胺 40g+行行清 10g/667m^2	0	100	0	100	0	100	100.00
野老 25g/667m^2	0	100	1.0	87.2	1.2	87.5	89.50
行行清 15g/667m^2	0	100	0	100	0	100	100.00
CK（不施药）	5.0	—	7.8	—	8.2	—	—

注：表内数据为各区 5 点杂草残存株数平均值。

施药后 15 天观察到，处理 5 行行清 50% WG15g/亩小区水稻出现明显的被抑制症状，表现为植株虽不发黄、畸形，但株高较其他处理的矮缩且颜色深绿。药后 30 天调查，3 点 30 丛植株，平均株高（水稻置分蘖末期）为 57.4cm，较空白对照和其余处理（其余处理同空白对照植株高度相当）65.0cm 矮缩 8 cm 以上，此现象可能会持续至抽穗期。

5 试验小结

试验结果表明：行行清 50%水分散粒剂+40%乙草胺可湿性粉剂防除移栽水稻田杂草药效显著，两种药剂混用可有效扩大其杀草谱，对禾本科、莎草科和阔叶杂草均能有效控制，其综合防除效果达 98.9%以上。

行行清 50%水分散粒剂亩用 15g 过量处理对稻株的明显抑制作用表明，该药剂不宜过量施用，其适宜剂量为亩用 5～8g。

行行清 50%水分散粒剂的混配剂药效好于当地常规药剂 18%野老（苄·甲磺·乙）可湿性粉剂，建议其单剂可作为以阔叶杂草为主的稻田使用，而与 20%乙草胺可湿性粉剂搭配的混剂则可广泛使用于各类杂草混合发生田。

参考文献

[1] 中国粮食作物、经济作物、药用植物病虫原色图鉴（上册）第二版·无公害.远方出版社，2005.
[2] 农业部农药检定所.农药田间药效试验准则（二）[M]. 中国标准出版社，2004.

好力达配方防除旱地杂草药效试验

周 俊

（云南省楚雄州植保植检站，楚雄 675000）

摘要： 试验结果表明：好力达各配方防除旱地杂草效果显著。于旱地杂草出齐后施药 1 次，防除各种杂草（包括禾本科杂草和阔叶类杂草）株防效达 92.1%～96%，鲜草（重量）防效达 99.0%以上。

关键词： 好力达；杂草；防除效果

1 材料与方法

1.1 试验田块

平整旱地。

1.2 防除对象

旱地各种杂草。

1.3 试验地点

楚雄市果园三队，海拔 1774m。

1.4 土壤性质和 pH 值

砂质壤土，pH 值为 6.2。

1.5 前作

豌豆。

1.6 杂草种类

禾本科杂草：马唐、旱稗。阔叶类杂草（按草种的数量多少排列）：辣子草、尼泊尔蓼、酢浆草、藜、荠菜、向日葵、繁缕、假酸浆、铁苋菜、三叶鬼针、圆叶牵牛、田旋花、三叶草、苋、大蓟等。莎草科杂草：香附子。

2 试验设计与方法

2.1 供试药剂

（1）供试药品 A；（2）供试药品 B；（3）供试药品 C；（4）供试药品 D。

2.2 试验处理

（1）清水对照；（2）药品 A：150ml/亩；（3）药品 B：150ml/亩；（4）药品 C：150ml/亩；（5）药品 D：150ml/亩

2.3 试验方法

选择历年杂草较多平整草地一块，不种作物供试，待雨水下透，田间杂草出齐后进行施药试验。试验设 5 个处理，3 次重复，共 14 个小区，小区面积 5.5m×5.6m=28m^2，随机区组排列。

于田间杂草出齐后施药，药液量按 30L/亩且用市卜牌手动喷雾器作茎叶喷雾施药。

2.4 药效调查

施药前每小区 1 平方尺竹框套草固定 3 点（对角线），统计点内各科杂草种类和数量作为药前杂草基数。

药后 3 天、7 天、14 天和 28 天各调查 1 次药后杂草残存种类及数量，按试验方案提供防效计算公式计算杂草防除效果。

作者简介：周俊（1975-），男，云南楚雄人，主要从事农作物病虫害试验示范推广工作。

E-mail:zhoujun_1975@126.com

$$\text{杂草株减退率（\%）}=\frac{\text{施药前杂草株数}-\text{施药后杂草株数}}{\text{施药前杂草株数}}\times 100$$

$$\text{杂草株防效（\%）}=\frac{\text{处理区杂草株减退率}-\text{对照区杂草减退率}}{1-\text{对照区杂草减退率}}\times 100$$

$$\text{对照区杂草增长时杂草株防效（\%）}=\frac{\text{处理区杂草减退率}+\text{对照区杂草增长率}}{1+\text{对照区杂草增长率}}\times 100$$

$$\text{对照区杂草增长率（\%）}=\frac{\text{对照区药后杂草株数}-\text{对照区药前杂草株数}}{\text{对照区药后杂草株数}}\times 100$$

$$\text{鲜重防效（\%）}=\frac{\text{对照区杂草鲜重}-\text{处理区杂草鲜重}}{\text{对照区杂草鲜重}}\times 100$$

3　试验结果

3.1　试验结果

表 1　好力达各配方防除农田杂草药效试验结果

处理	药前杂草基数（株）		药后 3 天株防效		药后 7 天株防效		药后 14 天株防效		药后 28 天株防效		
	禾草（株、%）	阔叶草（株、%）	禾草（株、%）	阔叶草（株、%）	禾草（株、%）	阔叶草（株、%）	禾草（株、%）	阔叶草（株、%）	禾草（株、%）	阔叶草（株、%）	鲜草防效混合杂草（%）
药剂 A150	24	217	已出现失绿、萎蔫、枯焦等明显中毒症状		7 / 71.0	37 / 82.9	0 / 100	15 / 93.1	96.0	92.1	99.3
药剂 B150	29	162	已出现失绿、萎蔫、枯焦等明显中毒症状		5 / 80.0	32 / 81.5	1 / 99.0	12 / 94.5	96.0	93.5	99.8
药剂 C150	47	119	已出现失绿、萎蔫、枯焦等明显中毒症状		4 / 83.3	15 / 93.4	2 / 95.2	13 / 90.0	96.0	92.6	99.9
药剂 D150	31	115	已出现失绿、萎蔫、枯焦等明显中毒症状		0 / 100	14 / 93.6	3 / 90.0	14 / 89.0	91.7	95.0	99.9
清水对照	27	238	正常		21 / —	206 / —	20 / —	217 / —	—	—	—

备注：表内数据为每小区 3 点的 3 次重复平均值。

3.2 结果分析

好力达各配方防除旱地杂草效果显著。于旱地杂草出齐后施药 1 次，防除各种杂草（包括禾本科杂草和阔叶类杂草）株防效达 92.1%～96%，鲜草（重量）防效达 99.0%以上。

好力达各配方防除各类杂草速效性均较好，药后 3 天各处理均表现出失绿、萎蔫、枯焦等明显中毒症状。药后 7 天调查防除效果，各配方处理防效达 81.5%～93.6%（少部分杂草尚未完全枯焦，不作死亡记载），药后 14 天则达到 89.0%～100%。

好力达各配方处理适宜施药量均为 150ml/亩。

好力达各配方处理杀草谱较广，试验中对 18 种杂草防效较差的仅有圆叶牵牛 1 种杂草（如加大剂量，仍可防除）。

好力达各配方防除旱田杂草无论杀草谱、防除效果、速效性和用药量等各方面，试验中均表现一致，处理间看无明显差别。

4 小结

41%好力达异丙胺盐水剂于旱地各类杂草出齐至旺长期施用 1 次，即可有效控制危害，表现出防效显著、杀草谱广和速效性极好等显著特点。

建议在推广使用中，药液量仍以 50L/亩为宜。

参考文献

[1] 中国粮食作物、经济作物、药用植物病虫原色图鉴（上册）第二版[M].远方出版社，2005.

[2] 农业部农药检定所.农药田间药效试验准则（二）[M].中国标准出版社，2004.

36%二氯喹啉酸·苄嘧磺隆 WP 对水稻直播田养分及产量的影响

王晶[1] 黄红娟[2] 朱文达*[1]
（1. 湖北省农业科学院，武汉 430064；
2.中国农业科学院植物保护研究所，北京 100193）

摘要： 为明确杂草防除对水稻田间管理的重要性，研究 36%二氯喹啉酸·苄嘧磺隆 WP 对水稻直播田主要杂草的控制效果、对水稻产量的影响以及杂草氮、磷、钾和水分含量的变化规律。试验结果表明，36%二氯喹啉酸·苄嘧磺隆 WP 对水稻直播田的主要杂草具有良好的防治效果，有效成分用量为 162～432g/hm^2 的 36%二氯喹啉酸·苄嘧磺隆 WP 综合密度防效和综合鲜重防效分别为 94.68%～99.84%、96.34%～99.71%，显著优于对照单剂 10%苄嘧磺隆 WP 和 50%二氯喹啉酸 WP。36%二氯喹啉酸·苄嘧磺隆 WP 施用后，降低了杂草对田间养分的吸收，从而提高水稻的产量。

关键词： 二氯喹啉酸·苄嘧磺隆；杂草防治；养分；水分；产量

Effects of 36% Wettable Powder Mixed with Bensulfuron-methyl and Quinclorac on Nutrition and Yield in Direct Seeding Rice Field

Wang Jing[1], Huang Hongjuan[2], Zhu Wenda[1]
(1. *Hubei Academy of Agricultural Sciences, Wuhan, 430064*；2. *Institute of Plant Protection, Chinese Academy of Agricultural Sciences, Beijing, 100193)*

bstract: The weed control effects of 36% bensulfuron-methyl+ quinclorac WP and effects of crop yield, as well as the variety discipline of the absorption of nitrogen, phosphorus, kalium and moisture were studied to evaluate the importance of weed control for farming management in broadcasted rice fields. The results showed that 36% bensulfuron-methyl and quinclorac WP had good control of the main weeds in direct seeding rice fields. The overall density control effects and fresh control effects are 94.68%～99.84%，96.34～99.71%， and significantly higher than 10% bensulfuron-methyl WP and 50% quinclorac WP. The application of 36% bensulfuron-methyl + quinclorac WP significantly reduced the weeds absorption of_nutrition, resulting in prominent effects of yield.

Key words: bensulfuron-methyl + quinclorac; weed control; nutrient; moisture; yield

二氯喹啉酸属喹啉羧酸类化合物，为激素型除草剂。施药后能被萌发的种子、根及叶吸收，以根吸收为主。它是稻田稗草的特效除草剂，对 4～7 叶期大龄稗草防效突出，施药适期宽，施药 1 次即能控制整个水稻生育期内的稗草。还能兼治鸭舌草、水芹、瓜皮草、苦草、眼子菜、异型莎草。苄嘧磺隆是选择性内吸除草剂，在水中能迅速扩散，被杂草根部和叶片吸收后转运到植株各部位，抑制乙酰乳酸合成酶的活性，从而阻碍几种氨基酸的生物合成，阻止细胞分裂和生长，使杂草生长受阻，幼嫩组织过早发黄，抑制叶部和根部生长而坏死。苄嘧磺隆用于稻田防除阔叶杂草和莎草科杂草，如鸭舌草、眼子菜、节节菜、陌上采、野慈姑、圆齿萍和牛毛草、异型莎草、水莎草等。对稗草有一定的抑制作用。

本试验旨在研究杀草谱不同的苄嘧磺隆和二氯喹啉酸复配后的除草效果，杂草防除后的产量以及杂草的氮、磷、钾和水分含量的变化规律。

1 材料与方法

1.1 材料

水稻品种为“中籼 99-1”，采用 MATABI 型喷雾器喷雾。供试药剂如下：

(1) 36%二氯喹啉酸·苄嘧磺隆 WP[允发化工（上海）有限公司]；(2) 10%苄嘧磺隆

基金项目: 国家“十一五”科技支撑项目（2006BAD08A09）

*通讯作者：朱文达（1938—），男，江苏南通，研究员，主要从事杂草生物生态学综合治理研究。
Tel: 027-87389009，E-mail：zhwda@163.com

WP(江苏省激素研究所)；（3）50%二氯喹啉酸 WP（湖北沙隆达股份有限公司）。

1.2 试验设计与测定方法

1.2.1 试验设计

试验地点为湖北省农业科学院农场，试验地平坦，肥力均匀。土壤属于侧渗型水稻土，pH6.8，有机质含量为 2.0%左右。田间杂草主要有：稗草 *Echinochloa crusgalli*(L.) Beauv、鸭舌草 *Monochoria vaginalis*(Burm.F.)、异型莎草 *Cyperus difformis* L.、水马齿 *Rotala indica* (Willd.)Koehne 等。6 月 7 日播种，每公顷播种量 75kg，稻种经过浸种催芽处理，芽谷的芽长 0.5cm 左右、根长 1cm 左右。按照常规方法进行田间管理，各小区整个生育期内施肥、管理及病虫防治措施均等同一致。

试验设 36%二氯喹啉酸·苄嘧磺隆 WP 四个剂量处理,以 10%苄嘧磺隆 WP 和 50%二氯喹啉酸 WP 为对照药剂处理，并设空白对照，共 7 个处理，重复 4 次，总计 20 个小区，每小区面积为 20m^2，随机排列。处理方案见表 1。

表 1 36%二氯喹啉酸·苄嘧磺隆 WP 防除直播田杂草处理方案

处 理	用 药 量	
	商品量 ml/亩	有效成分 g(a.i)/hm^2
36%二氯喹啉酸·苄嘧磺隆 WP	30	162
36%二氯喹啉酸·苄嘧磺隆 WP	40	216
36%二氯喹啉酸·苄嘧磺隆 WP	50	270
36%二氯喹啉酸·苄嘧磺隆 WP	80	432
10%苄嘧磺隆 WP	20	30
50%二氯喹啉酸 WP	50	375
CK	/	/

播种后第 8 天(6 月 15 日)施药,施药时稻苗二叶一心期。按下表所设计各处理用药量，采用 MATABI 型喷雾器施药，每公顷用水量 750kg，施药前排干田水，施药后 24h 灌水回田，保持水层 7 天，只灌不排，任其自然落干。

1.2.2 测定方法

施药后 15 天、30 天、45 天、65 天调查杂草密度防效，并于第 65 天加测杂草鲜重防效。取样方法为每小区取有代表性 4 个点，每点 0.25 m^2，即每区共取 1 m^2，分别记载杂草种类、株数、鲜重，计算防效，采用 Duncan's 新复极差法进行统计分析。并于收获期测定产量。

在水稻成熟收获期，取稗草、鸭舌草和异型莎草的鲜样，送往湖北省农业科学院农业测试与科技信息中心测量单位面积各种杂草的全氮量、全磷量、全钾量和含水量，每个处理重复 4 次。全氮量的测定采用开氏定氮法，全磷量和全钾量的测定采用干灰化法处理等离子光谱法（ICP 法），含水量的测定参考 GB/T5009.3-2003 的测定标准。

2 结果与分析

2.1 36%二氯喹啉酸·苄嘧磺隆 WP 防除直播田杂草效果

采用 Duncan's 新复极差法统计分析结果表明，每公顷使用 36%二氯喹啉酸·苄嘧磺隆 WP 有效成分 162～432g，施药后 65 天防除稗草的效果极显著优于对照药剂 10%苄嘧磺隆 WP，防除鸭舌草、水马齿的效果显著优于对照药剂 50%二氯喹啉酸 WP(表 2，表 3)。

表 2 36%二氯喹啉酸·苄嘧磺隆 WP 防除水稻直播田杂草第 65 天密度防效

处理(g a.i/hm^2)	稗草		异型莎草		鸭舌草		水马齿			
	分蘖	防效（%）	分蘖	防效（%）	分蘖	防效（%）	分蘖	防效（%）	分蘖	综合防效（%）
36%二氯喹啉酸·苄嘧磺隆 WP162	6.25	95.18 a A	2.75	89.53 ab A	3.00	82.36 bc AB	6.50	95.45 a A	18.50	94.68 c BC
36%二氯喹啉酸·苄嘧磺隆 WP216	4.50	97.81 a A	1.75	95.72 ab A	2.25	88.07 ab AB	2.75	98.98 a A	11.25	97.49 bc AB
36%二氯喹啉酸·苄嘧磺隆 WP270	0.75	99.62 a A	1.50	96.74 ab A	1.00	93.54 ab A	0.00	100.00 a A	3.25	99.26 ab AB
36%二氯喹啉酸·苄嘧磺隆 WP432	0.00	100.00 a A	0.00	100.00 a A	0.50	97.20 ab A	0.00	100.00 a A	0.50	99.84 a A
10%苄嘧磺隆 WP30	76.00	60.08 b B	2.50	86.08 b A	0.00	100.00 a A	8.25	96.14 a A	86.75	77.60 e D
50%二氯喹啉酸 WP375	9.25	96.48 a A	1.25	95.43 ab A	6.00	56.79 c B	41.50	70.19 b B	58.00	86.24 d CD
CK	205.50	c C	27.50	c B	15.75	d C	171.25	c C	420.00	f E

表 3 36%二氯喹啉酸·苄嘧磺隆 WP 防除水稻直播田杂草第 65 天鲜重防效

处理 (g.a.i/hm^2)	稗草		异型莎草		鸭舌草		水马齿			
	鲜重	防效%	鲜重	防效%	鲜重	防效%	鲜重	防效%	鲜重	综合防效%
36%二氯喹啉酸·苄嘧磺隆 WP162	68.25	97.56 a A	14.00	91.05 a A	42.50	85.19 bc AB	2.50	96.20 ab A	127.25	96.34 bc AB
36%二氯喹啉酸·苄嘧磺隆 WP216	50.50	98.47 a A	12.25	94.95 a A	40.00	87.19 ab AB	1.00	99.19 ab A	103.75	97.35 abc AB
36%二氯喹啉酸·苄嘧磺隆 WP270	8.00	99.72 a A	7.75	97.01 a A	11.25	95.64 ab AB	0.00	100.00 a A	27.00	99.27 ab AB
36%二氯喹啉酸·苄嘧磺隆 WP432	0.00	100.00 a A	0.00	100.00 a A	8.50	97.27 ab A	0.00	100.00 a A	8.50	99.71 a A
10%苄嘧磺隆 WP30	1117.25	63.48 b B	13.25	90.58 a A	0.00	100.00 a A	5.00	94.98 b A	1135.50	68.39 d C
50%二氯喹啉酸 WP375	114.25	97.12 a A	8.75	96.11 a A	78.75	67.77 c B	18.00	75.99 c B	219.75	94.50 c B
CK	3236.75	c C	182.50	b B	278.25	d C	80.50	d C	3778.00	e D

2.2 杂草对水稻田间养分和水分消耗的影响

调查田间稗草的水肥含量结果表明，36%二氯喹啉酸·苄嘧磺隆 WP 防除则降低单株杂草的矿质含量的消耗，同时有效的控制杂草的株数和鲜重，各个处理区杂草对全氮量、全磷量、全钾量的消耗量极显著低于对照组（表 4）。

表 4 36%二氯喹啉酸•苄嘧磺隆 WP 防除水稻直播田杂草对养分的影响

处理 Treat	稗草（*E. crusgalli*）				异型莎草（*C.difformis*）				鸭舌草（*M.vaginalis*）			
	全氮量	全磷量	全钾量	含水量	全氮量	全磷量	全钾量	含水量	全氮量	全磷量	全钾量	含水量
A1	1.54	0.14	1.29	477.75	0.64	0.17	0.94	112.24	0.68	0.12	1.00	403.16
A2	1.14	0.10	0.95	353.50	0.56	0.15	0.82	98.21	0.64	0.12	0.94	379.44
A3	0.18	0.02	0.15	56.00	0.35	0.10	0.52	62.13	0.18	0.03	0.26	106.72
A4	0.00	0.00	0.00	0.00	0.00	0.00	0.00	0.00	0.14	0.02	0.20	80.63
A5	25.14	2.25	21.12	7820.75	0.60	0.16	0.89	106.23	0.00	0.00	0.00	0.00
A6	2.57	0.23	2.16	799.75	0.40	0.11	0.59	70.15	1.25	0.23	1.85	747.02
A7	72.83	6.52	61.17	22657.3	8.29	2.24	12.23	1463.10	4.43	0.80	6.55	2639.48

A1：36%二氯喹啉酸·苄嘧磺隆 WP162(g a.i/hm^2) A2：36%二氯喹啉酸·苄嘧磺隆 WP216 (g a.i/hm^2)
A3：36%二氯喹啉酸·苄嘧磺隆 WP270(g a.i/hm^2) A4：36%二氯喹啉酸·苄嘧磺隆 WP432 (g a.i/hm^2)
A5：10%苄嘧磺隆 WP30(g a.i/hm^2) A6：50%二氯喹啉酸 WP375(g a.i/hm^2) A7：空白对照组

2.3 6%二氯喹啉酸·苄嘧磺隆 WP 对水稻产量的影响

根据田间观察，对照小区水稻在杂草的竞争压力下长势弱、植株纤细、稻壳空瘪现象严重。施用 36%二氯喹啉酸·苄嘧磺隆 WP 后，水稻茎秆粗壮、籽粒饱满。测产结果表明，36%二氯喹啉酸·苄嘧磺隆 WP 处理的抛秧稻田产量达到 5636.18～5839.88kg/hm^2，增产效果显著，比空白对照(4659.34 kg/hm^2)增产 22.58%～28.49%，且随着使用剂量的增加，增产效果显著提高(表 5)。

表 5 36%二氯喹啉酸•苄嘧磺隆 WP 防除水稻直播田杂草对产量的影响

处理 (g.a.i/hm^2)	公顷产量			
	公顷产量 (kg/hm^2)	比 CK 增产量 (kg/hm^2)	比 CK 增产值 (元/hm^2)	比 CK 增产 (%)
36%二氯喹啉酸·苄嘧磺隆 WP162	5707.43	1048.09	2620.22	22.58
36%二氯喹啉酸·苄嘧磺隆 WP216	5805.23	1145.89	2864.72	24.64
36%二氯喹啉酸·苄嘧磺隆 WP270	5941.73	1282.39	3205.97	27.58
36%二氯喹啉酸·苄嘧磺隆 WP432	5982.38	1323.04	3307.59	28.49
10%苄嘧磺隆 WP30	5475.19	815.85	2039.63	17.47
50%二氯喹啉酸 WP375	5643.56	984.23	2460.56	21.23
CK	4659.34			

注：表中增产效益按水稻 2.5 元/kg 计算。

3 讨论

试验结果表明，本实验中的对照药剂 10%苄嘧磺隆 WP 适用于以鸭舌草、异型莎草、水马齿为优势种的稻田，对稗草有一定的抑制作用，可与丁草胺等杀稗剂混用，以提高防除稗草的效果。另一单剂 50%二氯喹啉酸 WP 则适用于以稗草、异型莎草为优势种的稻田，对鸭舌草、水马齿的防效极低，如果田间鸭舌草发生密度大，则可在施用二氯喹啉酸后使用防治阔叶杂草的除草剂，如苯达松或者二甲四氯。

苄嘧磺隆与二氯喹啉酸混用，可以取长补短。混配成的 36%二氯喹啉酸·苄嘧磺隆 WP 是一种高效、广谱、安全的除草剂，对稗草、莎草和阔叶杂草均有理想的防除，且持效期长，使用过程中未发现任何药害，对水稻安全，对人畜无毒害作用。推荐剂量以每公顷使用有效成分 162～432g 为宜。施药时稻苗二叶一心期，每公顷用水量 750kg，施药前排干田水，施药后 24h 灌水回田，保持水层 7 天，只灌不排，任其自然落干。

参考文献

[1]徐映明，朱文达.农药问答[M].北京：化学工业出版社，2011.

43%丙草胺·苄嘧磺隆可湿性粉剂防除水稻抛秧田杂草效果

张建华[1] 朱文达[*2] 王 晶[2]
（1.湖北省农业科学院粮食作物研究所，武汉 430064；
2.湖北省农业科学院植保土肥所，武汉 430064）

摘要： 采用田间小区试验方法，研究了 43%丙草胺·苄嘧磺隆 WP 防除水稻抛秧田主要杂草药效试验，同时测定了对水稻产量以及杂草氮、磷、钾和水分含量的影响。试验结果表明，有效成分用量为 161～452g/hm^{2}的 43%丙草胺·苄嘧磺隆 WP 施药后 55 天，综合密度防效为 98.94%～100.00%，综合鲜重防效为 98.73%～100.00%；显著优于对照药剂 30%丙草胺 EC 和 10%苄嘧磺隆 WP。施用 43%丙草胺·苄嘧磺隆 WP 能降低杂草对田间养分和水分的吸收，从而提高产量。

关键词： 丙草胺·苄嘧磺隆；杂草防治；养分；水分；产量

Effects of ettable powder mixed with pretilachlor and bensulfuron-methyl for control of weeds in seedling-throwing transplanted rice fields

Zhang Jianhua[1] Zhu Wenda[2] Wang Jing[2]
Food Crops Research Institute, Hubei Academy of Agricultural Sciences, Wuhan, 430064;2. Institute of Plant Protection and Soil Science, Hubei Academy of Agricultural Sciences, Wuhan, 430064)

Abstract: By field trials, control effect of 43% pretilachlor + bensulfuron-methyl WP against weeds in seedling-throwing transplanted rice field was studied. Besides, trials were conducted to evaluate the effects of crop yield and the absorption of nitrogen, phosphorus, kalium and moisture. The results showed that excellent weed control performance was achieved when 43% pretilachlor and bensulfuron-methyl WP was applied 55 days later. And with the dosage of 145 ～445kg/hm^2, the overall density control effect of is 98.94%～100.00%, and the overall fresh control effect is 98.73%～100.00%, which was better than 30% pretilachlor EC and 10% bensulfuron-methyl WP. The application of 43% pretilachlor + bensulfuron-methyl WP significantly reduced the weeds absorption of nurition and water, resulting in prominent yield enhancing.

Key words: pretilachlor + bensulfuron-methyl; weed control; nutrition; moisture, yield

丙草胺用于水稻秧田和直播田，能防除稗草、水苋菜、醴肠、鸭舌草、牛毛草、千金子、节节菜、莹蔺等杂草。杂草在发芽过程中，通过下胚轴、中胚轴和胚芽鞘吸收药，根吸收较差，不影响种子发芽。中毒后初生叶不能出土，或从胚芽鞘侧面伸出，出土后的叶片扭曲，不能正常伸展，生长停止，不久死去。苄嘧磺隆是选择性内吸除草剂，在水中能迅速扩散，被杂草根部和叶片吸收后转运到植株各部位，抑制乙酰乳酸合成酶的活性，从而阻碍几种氨基酸的生物合成，阻止细胞分裂和生长，使杂草生长受阻，幼嫩组织过早发黄，抑制叶部和根部生长而坏死。苄嘧磺隆用于稻田防除阔叶杂草和莎草科杂草，如鸭舌草、眼子菜、节节菜、陌上采、野慈姑和牛毛草、异型莎草、水莎草等。对稗草有一定的抑制作用。

本试验旨在研究杀草谱不同的苄嘧磺隆和丙草胺复配后的除草效果，杂草防除后的产量以及以及杂草的氮、磷、钾和水分含量的变化规律。

1 材料与方法

1.1 试验地概况

试验在湖北省农业科学院南湖农场进行，试验地为典型的稻油轮作田，田地平坦，

基金项目: 国家"十一五"科技支撑项目（2006BAD08A09）

[*]通讯作者：朱文达，男，江苏南通，研究员，主要从事杂草生物生态学及综合治理研究，
Tel：027-87389009，E-mail：zhwda@163.com
作者: 张建华（1952－）, 男，湖北汉川，副研究员，主要从事水稻育种研究

肥力均匀，排灌方便。土壤属于侧渗型水稻土，pH 值约为 6.7、有机质含量 2.0%左右。稻种经过浸种催芽处理，于 6 月 11 日抛秧，抛秧密度为 13cm×17cm，每亩施底肥复合肥 15kg，追施尿素 10kg，按照常规方法进行田间管理。田间杂草群落主要由稗草 *Echinochloa crusgalli* (L.) Beauv、鸭舌草 *Monochoria vaginalis*(Burm.F.)、异型莎草 *Cyperus difformis* L.等组成，分布较均匀。

1.2 材料

水稻品种为“鄂粳 912”；43%丙草胺·苄嘧磺隆 WP 由杭州天一农药化工厂提供，10%苄嘧磺隆由江苏省激素研究所生产，30%丙草胺 EC 由瑞士诺华有限公司生产。

1.3 试验设计与测定方法

1.3.1 43%丙草胺·苄嘧磺隆 WP 药效测定

试验设 43%丙草胺·苄嘧磺隆 WP 四个剂量处理，以 10%苄嘧磺隆 WP 和 30%丙草胺 EC 为对照药剂处理，并设空白对照，共 7 个处理，重复 4 次，总计 28 个小区，每小区面积为 $20m^2$，随机排列（试验方案见表 1）。小区之间筑埂隔离，并设有进水沟和排水沟，以防串灌、漫灌。

于抛秧后第 6 天施药，按下表所设计各处理用药量，公顷药量拌潮土 225kg 配制成毒土后，撒施均匀。施药时田间水深 3～5cm，并保水 7～10 天，只灌不排，任其自然落干。本试验共调查 3 次，分别于药后 30 天、55 天调查杂草密度防效，55d 加测杂草鲜重防效。每小区取有代表性 4 个点，每点 $0.25m^2$。并于收获期测定各小区产量。

表 1 43%丙草胺·苄嘧磺隆 WP 防除水稻抛秧田杂草试验方案

处 理	用 药 量	
	商品量 g(ml)/亩	有效成分 g a.i/hm^2
43%丙草胺·苄嘧磺隆 WP	25g	161
43%丙草胺·苄嘧磺隆 WP	35g	226
43%丙草胺·苄嘧磺隆 WP	45g	290
43%丙草胺·苄嘧磺隆 WP	70g	452
10%苄嘧磺隆 WP	15g	22.5
30%丙草胺 EC	100ml	450
CK	/	/

1.3.2 杂草防除对水肥的影响

在水稻成熟收获期，取稗草、鸭舌草、异型莎草的鲜样，送往湖北省农业科学院农业测度中心测量单位面积各种杂草的全氮量、全磷量、全钾量和含水量，每个处理重复 4 次。全氮量的测定采用开氏定氮法，全磷量和全钾量的测定采用干灰化法处理等离子光谱法（ICP 法），含水量的测定参考 GB/T5009.3-2003 的测定标准。

2 结果与分析

2.1 43%丙草胺·苄嘧磺隆 WP 对水稻抛秧田主要杂草的防效

每公顷稻田使用 43%丙草胺·苄嘧磺隆 WP 有效成分 161～452g，施药后第 55 天的综合密度防效和综合鲜重防效分别为 97.85%～100%、97.82%～100%；对照药剂 10%苄磺隆 WP 和 30%丙草胺 EC 对杂草的综合密度防效分别为 75.13%、85.56%和 93.25%、94.87%，综合鲜重防效分别为 90.59%、94.06%（表 2、表 3）。

2.2 43%丙草胺·苄嘧磺隆 WP 的保水保肥效果

调查田间主要杂草的水肥含量结果表明，43%丙草胺·苄嘧磺隆 WP 防除不仅降低单株杂草的矿质含量的消耗，同时有效的控制杂草的株数和鲜重，各个处理区杂草对全氮量、全磷量、全钾量的消耗量极显著低于对照组（表 4）。

表 2 43%丙草胺·苄嘧磺隆 WP 防除水稻抛秧田杂草第 55 天密度防效

处理 (g a.i/hm^2)	稗草		鸭舌草		异型莎草			
	分蘖	防效（%）	分蘖	防效（%）	分蘖	防效（%）	分蘖	综合防效（%）
43%丙·苄 WP161	1	97.10 a A	0	100.00 a A	0	100.00 a A	1	98.94 ab AB
43%丙·苄 WP226	0.75	97.58 a A	0	100.00 a A	0	100.00 a A	0.75	99.21 a AB
43%丙·苄 WP290	0.25	99.52 a A	1.5	83.33 ab AB	0	100.00 a A	1.75	97.85 ab AB
43%丙·苄 WP452	0	100.00 a A	0	100.00 a A	0	100.00 a A	0	100.00 a A
10%苄嘧磺隆 WP 22.5	13.75	66.40 b B	0	100.00 a A	0	100.00 a A	13.75	85.56 c C
30%丙草胺 EC 450	0.25	99.44 a A	3.5	72.72 b B	1.25	97.77 a A	5	94.87 b B
CK	40.5	c C	14.75	c C	39.25	b B	94.5	d D

43%丙·苄又名 43%丙草胺·苄嘧磺隆

表 3 43%丙草胺·苄嘧磺隆 WP 防除水稻抛秧田杂草第 55 天鲜重防效

处理(g a.i/hm^2)	稗草		鸭舌草		异型莎草		综合	
	鲜重	防效（%）	鲜重	防效（%）	鲜重	防效（%）	鲜重	防效（%）
43%丙·苄 WP161	21.25	96.91 a A	0	100.00 a A	0	100.00 a A	21.25	98.73 ab AB
43%丙·苄 WP226	16.75	97.20 a A	0	100.00 a A	0	100.00 a A	16.75	98.99 a AB
43%丙·苄 WP290	5.25	99.42 a A	24	91.11 a AB	0	100.00 a A	29.25	97.82 ab AB
43%丙·苄 WP452	0	100.00 a A	0	100.00 a A	0	100.00 a A	0	100.00 a A
10%苄嘧磺隆 WP 22.5	157.25	79.78 b B	0	100.00 a A	0	100.00 a A	157.25	90.59 c C
30%丙草胺 EC 450	4.75	99.45 a A	86.75	79.40 b B	8	99.00 a A	99.5	94.06 bc BC
CK	760.5	c C	434.25	c C	455.5	b B	1650.25	d D

表 4 抛秧田中主要杂草的水分和养分含量

处理	稗草 *E. crusgalli*				鸭舌草 *M.vaginalis*				异型莎草 *C.difformis*			
	全氮量	全磷量	全钾量	含水量	全氮量	全磷量	全钾量	含水量	全氮量	全磷量	全钾量	含水量
A1	0.48	0.04	0.40	148.75	0.00	0.00	0.00	0.00	0.00	0.00	0.00	0.00
A2	0.38	0.03	0.32	117.25	0.00	0.00	0.00	0.00	0.00	0.00	0.00	0.00
A3	0.12	0.01	0.10	36.75	0.38	0.07	0.56	227.66	0.00	0.00	0.00	0.00
A4	0.00	0.00	0.00	0.00	0.00	0.00	0.00	0.00	0.00	0.00	0.00	0.00
A5	3.54	0.32	2.97	1100.75	0.00	0.00	0.00	0.00	0.00	0.00	0.00	0.00
A6	0.11	0.01	0.09	33.25	1.38	0.25	2.04	822.91	0.36	0.10	0.54	64.14
A7	17.11	1.53	14.37	5323.50	6.92	1.25	10.22	4119.30	20.68	5.60	30.53	3651.74

A1: 43%丙草胺·苄嘧磺隆WP 161g(a.i)/hm^2，
A2: 43%丙草胺·苄嘧磺隆WP 226g(a.i)/hm^2，
A3: 43%丙草胺·苄嘧磺隆WP 290g(a.i)/hm^2，
A4: 43%丙草胺·苄嘧磺隆WP 452g(a.i)/hm^2，
A5:43%苄嘧磺隆WP 22.5g(a.i)/hm^2，
A6: 43%丙草胺EC 450g(a.i)/hm^2
A7: 空白对照组。

2.3 43%丙草胺·苄嘧磺隆WP的增产效果

根据田间观察，对照小区水稻在杂草的竞争压力下长势弱、植株纤细、稻壳空瘪现象严重。施用 43%丙草胺·苄嘧磺隆 WP 后，水稻茎秆粗壮、籽粒饱满。测产结果表明，43%丙草胺·苄嘧磺隆 WP 处理的抛秧稻田产量达到 5380.24～5751.51kg/亩，增产效果显著，比空白对照(4565.59 /hm^2)增产 23.54%～29.51%，且随着使用剂量的增加，增产效果显著提高(表 5)。

表 5 10%丙草胺·苄嘧磺隆 WP 防除水稻抛秧田杂草对产量的影响

处理 g(a.i)/hm^2	公顷产量 （kg/hm^2）	比 CK 增产量 （kg/hm^2）	比 CK 增产值 （元/hm^2）	比 CK 增产 （%）
43%丙·苄 WP161	5636.18	1070.59	2676.47	23.54
43%丙·苄 WP226	5767.73	1202.14	3005.34	26.45
43%丙·苄 WP290	5874.23	1308.64	3271.59	28.72
43%丙·苄 WP452	5907.38	1341.79	3354.47	29.51
10%苄嘧磺隆 WP 22.5	5415.19	849.60	2124.00	18.61
30%丙草胺 EC 450	5493.56	927.98	2319.94	20.48
CK	4565.59			

注：稻谷单价按2.5元/kg计算。

3 讨论

试验结果表明，本实验中的对照药剂 10%苄嘧磺隆 WP 适用于以鸭舌草、异型莎草为优势种的稻田，对稗草有一定的抑制作用，可与丁草胺等杀稗剂混用，以提高防除稗草的效果。另一单剂 30%丙草胺 EC 则适用于以稗草、异型莎草为优势种的稻田，对鸭舌草的防效低，如果田间鸭舌草发生密度大，则可在施用丙草胺后使用防治阔叶杂草的除草剂，如苯达松或者二甲四氯。

苄嘧磺隆与丙草胺混用，可以取长补短。混配成的 43%丙草胺·苄嘧磺隆 WP 是一种高效、广谱、安全的除草剂，对稗草、莎草和阔叶杂草均有理想的防除，且持效期长，使用过程中未发现任何药害，对水稻安全，对人畜无毒害作用。抛秧后第 6 天施药， 推荐剂量 161～452g a.i/hm^2，公顷药量拌潮土 225kg 配制成毒土后，撒施均匀。施药时田间水深 3～5cm，并保水 7～10 天，只灌不排，任其自然落干。

注意施药时保持水层 3～5cm，不要淹没水稻心叶，采用毒土法施药时要撒施均匀，让田间水层自然落干，以后常规管理。

参考文献

[1]徐映明， 朱文达.农药问答[M].北京：化学工业出版社，2011.

32.7%威百亩水剂防除烟草苗床杂草试验

周俊 王新生

（云南省楚雄州植保植检站，楚雄 675000）

摘要：为验证 32.7%威百亩对烟草苗床一年生及多年生杂草的防治效果，达到合理用药，有效防治烟草杂草。实验结果表明：32%威百亩水剂土壤处理防除烟草苗床杂草效果显著，可有效防除禾本科及阔叶类各种杂草，综合防效达 95%以上。

关键词：32.7%威百亩；杂草；防治效果

1 试验药剂

试验药剂：32.7%威百亩，对照药剂：51%威百亩

2 试验设计

序号	处　理	用量（商品量）	对水量
A	32.7%威百亩水剂	30 ml/㎡	3000 ml/㎡
B	32.7%威百亩水剂	50 ml/㎡	3000 ml/㎡
C	32.7%威百亩水剂	70 ml/㎡	3000 ml/㎡
D	32.7%威百亩水剂	100 ml/㎡	3000 ml/㎡
E	51%威百亩水剂	40 ml/㎡	3000 ml/㎡
F	CK（空白对照）	清水	3000 ml/㎡

3 试验方法

试验在楚雄市万家坝州汇东公司果园二队试验地进行，试验地土壤水分状况为 60%，药剂对水泼浇（对水量按处理要求），施药小区用药 6.7 ㎡×3000 ml/㎡＝20 kg/小区，液施药时作物生育期：平墒后施药，药后盖膜 11 天，揭膜后 5 天播种，播后墒面覆盖稻草。施药后烟苗出苗期至生长期药害观察：调查两次，每小区均无烟苗明显药害反应（与 CK 比较）。作物品种名称：MS 云烟 85、包衣种（玉溪市烟种子公司）。平墒、施药、盖膜、揭膜、播种，全试验区 0.3 亩用 3%呋喃丹防治地下害虫一次；烟苗出苗后喷施敌杀死 3 次，基本控制住草履虫、昆杷甲、地老虎、蟋蟀等[1]。

4 试验操作

试验 6 个处理，4 次重复，共 24 个小区，小区随机排列，净面积 2m×3.35m=6.7 ㎡。平地理墒划小区，施药，盖膜（各小区分别盖膜）。11 天后揭膜，晾晒 5 天后播烟籽，按每小区 10.01 亩播烟籽 2000 粒（包），拌沙播种，播种后覆盖稻草于墒面。播种后按烟苗床管理的常规方法，施药杀虫，浇水，松草。14 天出苗。21 天烟苗小猫耳期进行药效调查（施药后第 33 天调查），每小区用 1 ㎡框套查五点（梅花型），分类记载各点分种杂草数及烟苗数[2]。

5 试验调查表

表 1 32.7%威百亩水剂防除烟草苗床一年生杂草田间小区药效试验
烟草出苗后 30 天调查数据 [1 ㎡禾本科杂草活草株数（株）]

代号	项目处理	重复 A	重复 B	重复 C	重复 D	平均	防效（%）
A	32.7%威百亩水剂 30ml/㎡	0	0	2	1	0.7	90
B	32.7%威百亩水剂 50ml/㎡	0	1	1	0	0.5	93.0
C	32.7%威百亩水剂 70ml/㎡	0	1	1	0	0.5	93.0
D	32.7%威百亩水剂 100ml/㎡	0	0	0	0	0	100
E	51%威百亩水剂 50ml/㎡	0	0	1	0	0.3	95.0
F	空白对照	7	6	8.3	7	7.1	——

备注：试验内（对照区及处理区）禾本科杂草主要种类为马唐。

表 2 32.7%威百亩水剂防除烟草苗床一年生杂草田间小区药效试验
烟草出苗后 30 天调查数据 [1 ㎡阔叶杂草活草株数（株）]

代号	项目处理	重复 A	重复 B	重复 C	重复 D	平均	防效（%）
A	32.7%威百亩水剂 30ml/㎡	0	1	2	1.3	1.3	96.0
B	32.7%威百亩水剂 50ml/㎡	1	0	0.5	1	0.75	98.0
C	32.7%威百亩水剂 70ml/㎡	0	1	1	0	0.5	99.0
D	32.7%威百亩水剂 100ml/㎡	1	1	0	0.5	0.75	98.0
E	51%威百亩水剂 50ml/㎡	1.2	1.5	0.25	1.3	1.3	96.0
F	空白对照	43.2	32.4	31.0	30.8	34.4	——

备注：试验内（对照区及处理区）阔叶杂草种类包括：辣子草、尼泊尔蓼、铁苋菜、假酸浆、酸浆草、蛇莓、矮牵牛、田旋花、叶鬼针、蔓陀罗等，而以辣子草、尼泊尔蓼、三叶鬼针为优势草种。

表 3 32.7%威百亩水剂防除烟草苗床一年生杂草田间小区药效试验
烟草出苗后 30 天调查数据 [1 ㎡莎草活草株数（株）]

代号	项目处理	重复 A	重复 B	重复 C	重复 D	平均	防效（%）
A	32.7%威百亩水剂 30ml/㎡	0	0	0	0	0	100
B	32.7%威百亩水剂 50ml/㎡	0	0	0	0	0	100
C	32.7%威百亩水剂 70ml/㎡	0	0	0	0	0	100
D	32.7%威百亩水剂 100ml/㎡	0	0	0	0	0	100
E	51%威百亩水剂 50ml/㎡	0	0	0	0	0	100
F	空白对照	1.6	1.6	2.0	2.0	1.8	——

备注：试验内莎草(香附子)极少(对照区、处理区均如此，每㎡内不到 1 株)，故不作统计。

表 4 32.7%威百亩水剂防除烟草苗床一年生杂草田间小区药效试验
烟草出苗后 30 天调查数据 [1 ㎡杂草株数（株）]

代号	项目处理	重复A	重复 B	重复 C	重复 D	平均	防效（%）
A	32.7%威百亩水剂 30ml/㎡	0	1	4	2.3	1.8	95.0
B	32.7%威百亩水剂 50ml/㎡	1	1	1.5	1	1.2	97.0
C	32.7%威百亩水剂 70ml/㎡	0	2	2	0	1	98.0
D	32.7%威百亩水剂 100ml/㎡	1	1	0	0.5	0.8	98.0
E	51%威百亩水剂 50ml/㎡	1.3	1.5	1.75	1.3	1.4	96.0
F	空白对照	30.2	38.4	39.3	41.4	37.3	——

表 5 32.7%威百亩水剂防除烟草苗床一年生杂草田间小区药效试验
烟草出苗后 30 天调查数据 [1 ㎡杂草总鲜重(g)]

代号	项目处理	重复 A	重复 B	重复 C	重复 D	平均	防效（%）
A	32.7%威百亩水剂 30ml/㎡	10	5	10	5	7.5	98.0
B	32.7%威百亩水剂 50ml/㎡	5	10	5	15	9	98.0
C	32.7%威百亩水剂 70ml/㎡	2	5	5	3	4	99.0
D	32.7%威百亩水剂 100ml/㎡	15	10	3	5	6	99.0
E	51%威百亩水剂 50ml/㎡	10	5	5	10	8	98.0
F	空白对照	1000	650	820	550	755	——

表 6 32.7%威百亩水剂防除烟草苗床一年生杂草田间小区药效试验
烟草出苗后 30 天调查数据 [1 ㎡烟草株数（株）]

代号	项目处理	重复 A	重复 B	重复 C	重复 D	平均
A	32.7%威百亩水剂 30ml/㎡	13.3	11.0	17.5	16.3	14.5
B	32.7%威百亩水剂 50ml/㎡	12.5	15.3	12	18.2	14.5
C	32.7%威百亩水剂 70ml/㎡	14.5	13	11.3	16.3	10.5
D	32.7%威百亩水剂 100ml/㎡	13.5	13.8	15.5	10.3	13.3
E	51%威百亩水剂 50ml/㎡	13.8	12.3	15.3	20.5	15.5
F	空白对照	18.2	10.0	12.3	12.7	13.3

备注：试验中未设计烟草株数防效，故表中未记录

6 结果与讨论

32%威百亩水剂土壤处理在覆盖地膜保持湿润，杂草种子能够始终处于萌发状态，防除烟草苗床杂草效果显著，可有效防除禾本科及阔叶类各种杂草，综合防效达 95%以上。

32.7%威百亩水剂对土壤处理后，经观察，试验各药剂处理区烟草出苗率、叶色、株高等与对照无差异药害，15 天播种对烟草安全。

32.7%威百亩水剂适宜用量为 30～70ml/㎡。其在施用方法上，由于用水量较大，生产上宜用药剂对水泼浇为适宜。

参考文献

[1] 中国粮食作物、经济作物、药用植物病虫原色鉴（上册）第二版·无公害，远方出版社，2005.

[2] 农业部农药检定所.农药田间药效试验准则（二）[M].中国标准出版社，2004.

氯嘧磺隆与2甲4氯钠混配对红花酢浆草联合毒力

马跃峰　莫仁甫　郭成林　覃建林　马永林　杜晓莉

（广西省农业科学院植物保护研究所，　南宁 530007）

摘要：采用等效线法，测定了氯嘧磺隆与2甲4 氯钠混配对红花酢浆草的联合毒力。结果表明，氯嘧磺隆ED_{50}4.3217g/667㎡，2甲4氯钠ED_{50}59.9534g/667㎡，氯嘧磺隆与2甲4 氯钠混配具有明显的增效作用，共毒系数达到2.05，两者混配用药量最低的最佳配比为氯嘧磺隆：2甲4氯钠=1：1.96。

关键词：氯嘧磺隆；2 甲 4 氯；红花酢浆草；联合毒力

The Joint Toxicity of Mixtures of Chlorimuron-ethyl and MCPA·Na to *Oxalis corymbosa*

MA Yue-feng,MO Ren-fu,GUO Cheng-lin,QIN Jian-lin,MA Yong-lin,DU Xiao-li

(Institute of Plant Protection ,Guagnxi Academy of Agricuturral Sciences,Nanning 530007,China)

Abstract: The test for the joint toxicity of mixtures of chlorimuron-ethyl and MCPA·Na **to** *Oxalis corymbosa* was carried out by equivalent line. The result showed that chlorimuron-ethyl ED_{50} was 4.3217 g/667 ㎡,MCPA·Na ED_{50} was 59.9534 g/667 ㎡, the mixtures of chlorimuron-ethyl and MCPA·Na had remarkable syneigistic effect on the *O. corymbosa* ,and its syneigistic coefficient was 2.05. The optimum mixing ratio of chlorimuron-ethyl and MCPA·Na 1:1.96.

Key words: chlorimuron-ethyl; MCPA·Na; Oxalis corymbosa; joint toxicity

氯嘧磺隆（chlorimuron-ethyl）属磺酰脲类，作用机理主要是抑制敏感杂草体内乙酰乳酸合成酶（ALS）活性，使杂草体内支链氨基酸生物合成受阻，从而影响分生组织细胞有丝分裂，造成生长严重受抑制而死亡。其选择性主要取决于植物体内对其的代谢速度[1]。2 甲 4 氯钠(MCPA·Na)是传统苯氧乙酸类选择性激素型除草剂。主要作用机理是苗后茎叶处理，药剂穿过角质层和细胞质膜，传导到各部分，在不同部位对核酸和蛋白质合成产生影响。可造成目标杂草茎秆扭曲、畸形，筛管堵塞，韧皮部破坏，有机物质运输受阻，从而破坏植物正常的生活能力，最终导致死亡[2]。两种不同作用机理的除草剂混合使用从理论上分析，可能产生互作效应（拮抗、相加、增效作用），也可能扩大杀草谱。在实践中我们发现氯嘧磺隆与 2 甲 4 氯钠混合使用效果或杀草谱比单剂明显好[3]，为了明确这两种药剂对红花酢浆草的联合毒力，我们采用等效线法（isoboles）[4]进行了此项测定，现将结果总结如下。

1　测定材料和方法

1.1　测试靶标

测试杂草为红花酢浆草（*Oxalis corymbosa* DC.）。

1.2　测试概况

测定在广西农业科学院植物保护研究所玻璃网室进行。选多年未使用除草剂菜地土壤，混匀，一次性装盆。瓷瓦盆直径22㎝，深22㎝，装土14～15㎝。在红花酢浆草杂草圃，挖土选择大小一致球状鳞茎，每盆7粒，埋深1㎝，浇水使红花酢浆草生长。在普遍出苗每株2~3叶期，盖度70%以上时供测试用。测试期间保持盆内土壤湿润。

2　测试设计和安排

2.1　药剂

2.1.1 测试药剂

A：20%氯嘧磺隆WP（江苏绿利来股份有限公司），以下简称氯嘧磺隆。

B：56%2甲4氯钠（佳木斯黑龙农药化工股份有限公司），以下简称2甲4氯钠。

2.1.2 测试处理

氯嘧磺隆、2甲4氯钠及两药剂以不同比例混配使用剂量详见表1。

表1 氯嘧磺隆、2甲4氯钠联合毒力测定用药剂量

处理代号	药剂及配比	药剂用量 （g/667㎡）						
A	氯嘧磺隆	0.5	1	2	4	8	16	32
B	2甲4氯钠	5	10	20	40	80	160	320
C	氯嘧磺隆+2甲4氯钠1：0.11	1	2	4	8	16	32	64
D	氯嘧磺隆+2甲4氯钠1：0.51	1.5	3	6	12	24	48	96
E	氯嘧磺隆+2甲4氯钠1：1	2	4	8	16	32	64	128
F	氯嘧磺隆+2甲4氯钠1：5.14	2.5	5	10	20	40	80	160
G	氯嘧磺隆+2甲4氯钠1：57.6	3	6	12	24	48	96	192
CK	清水	0	0	0	0	0	0	0

2.2 测试安排

不同处理盆栽采用顺序排列，每处理4次重复。每个盆栽实行独立排灌水。

2.3 施药

2.3.1 施药方法

喷雾法。对盆栽红花酢浆草茎叶进行定向均匀喷雾。施药前将各盆栽苗浇足水。施药后3天内不浇水，以后顺盆沿浇水，不喷淋杂草叶面。

2.3.2 施药器械

测试采用广州市振兴塑料五金厂生产的“振兴牌”手持式喷壶，实心锥形喷头。每次定量喷雾约1ml药液。施药时各处理盆栽苗用特制塑料隔板四周严格隔离。

2.3.3 施药时间和次数

氯嘧磺隆、2甲4氯单剂及两药剂以不同比例混配使用不同剂量处理，各施药一次。施药于3月23日进行。施药时红花酢浆草苗高10～13 ㎝，盆苗生长一致。施药当日气温18～24℃。

2.3.4 使用水量

各处理盆栽按750 kg/hm^{2}用水量折算，每处理盆栽（4盆）喷药液量约12 ml。

2.3.5 防治病虫和非靶标杂草所用农药的资料

测试期间尽量少用其他药物，以减少对测试的影响。

3 调查、记录和测量方法

3.1 气象及土壤资料

3.1.1 气象资料

测试期间3月23日到4月12日，天气正常。日平均气温22.74℃，最高气温34℃，最低气温15℃。

3.1.2 土壤资料

土壤质地壤土，pH值约6.5，有机质含量约2.5%，土壤肥力中等。播种到施药、效果调查期间土壤保持湿润。没有施任何肥料和其他农用化学品。

3.2 调查方法

3.2.1 杂草中毒症状

药后1 天，处理B、I红花酢浆草叶柄扭曲，叶歪头，其他处理未见异常。药后3天，处理B发黄，处理H、G也见扭曲。药后7天，处理A、C、D、E、F、G叶片发黄，有褐色斑点，以叶基部向外延伸，随剂量增大而加重；处理B、H、I高剂量开始枯死。药后15天处理A、C、D、E、F、G高剂量褐斑叶枯死；处理B、H、I高剂量枯死，低剂量植株恢复生长。空白对照盆栽植株生长正常。

3.2.2 效果调查

本测试采用绝对值调查法，测试效果调查1次。于药后20天（即4月12日），每处理盆栽分别将所有杂草从近地基部剪下，称其鲜重 (g)，平均，计算抑制率。

3.3 数据处理方法

抑制率按下式计算：

$$抑制率（\%）= \frac{对照区杂草鲜重（g）—处理区杂草鲜重(g)}{对照区杂草鲜重(g)} \times 100$$

求取杂草抑制率，然后将各处理生长抑制率转化为机率值(y)，药剂量取对数值（x）。用机率值和对数值采用DPS分析软件进行回归分析，分别求出氯嘧磺隆和2甲4氯钠单剂及多个混剂配方的ED_{50}。以氯嘧磺隆ED_{50}为纵标，以2甲4氯钠ED_{50}为横坐标，做出坐标图。分别在纵轴和横轴上标定氯嘧磺隆和2甲4氯钠ED_{50}所在位置，连接两点，然后再标出两者按多种不同比例混配形成的混剂ED_{50}所在位置（如果混剂的ED_{50}点均在连线下方，说明两者复配具有增效作用；如果均在连线上，说明具有相加作用；如果均在连线上方，说明具有拮抗作用）。筛选绘出混剂ED_{50}的趋势曲线图（此曲线即为氯嘧磺隆+2甲4氯钠复配联合毒力作用等效线），向曲线引斜率为1的切线（以使用两药剂剂量为准），其切点即为用药量最低的最佳配比。

3.4 调查数据

氯嘧磺隆与2甲4氯钠混配对红花酢浆草的联合毒力测定，药后20天鲜重调查。数据结果见附表1。

3 结果与分析

根据表3结果，绘制氯嘧磺隆+2甲4氯钠混配对红花酢浆草的ED_{50}等效线见图1。

由图1可看出，氯嘧磺隆+2甲4氯钠混配5个配方（C、D、E、F、G）的ED_{50}均在两单剂等效线AB的下方，说明两者混配有增效作用。向混剂ED_{50}等效线引斜率为1的切线H，切点为K，则K点为两者混配用药量最低的最佳配比.即氯嘧磺隆∶2甲4氯钠混配之比=1∶1.96。过O、K作直线，交AB于J，则共毒系数K=OJ/OK=2.05＞1，也说明具有显著的增效作用[5]。

表2 氯嘧黄隆与2甲4氯钠联合毒力测定调查结果

（2010.4.12 南宁）

处理号	g/667㎡	1	2	3	4	平均	抑制率（%）
A1	32	2.35	3.73	4.08	2.99	3.2875	84.72351
A2	16	5.29	4.94	6.26	3.58	5.0175	76.68448
A3	8	9.92	8.88	11.96	10.93	10.4225	51.56831
A4	4	10.23	12.35	13.52	13.55	12.4125	42.3211
A5	2	11.62	12.66	15.27	14.06	13.4025	37.72072
A6	1	12.48	13.1	16.3	15.66	14.385	33.1552
A7	0.5	18.59	16.5	15.84	18.34	17.3175	19.52835
B1	320	6.01	6.66	7.78	6.18	6.6575	69.06366
B2	160	7.6	7.78	9.78	7.14	8.075	62.47677
B3	80	8.51	8.07	10.55	8.37	8.875	58.75929
B4	40	12.69	9.4	11.2	10.67	10.99	48.93123
B5	20	14.4	13.56	12.42	14.74	13.78	35.96654
B6	10	17.8	17.28	15.44	15.58	16.525	23.21097
B7	5	18.08	21.2	20.63	17.75	19.415	9.781599

续表

处理号	g/667㎡	1	2	3	4	平均	抑制率（%）
C1	64	2.37	2.36	3.34	2.04	2.5275	88.25511
C2	32	4.48	3.65	5.17	4.75	4.5125	79.03113
C3	16	5.23	4.81	6.87	5.1	5.5025	74.43076
C4	8	11.15	8.93	8.51	5.48	8.5175	60.42054
C5	4	11.62	10.08	11.36	9.43	10.6225	50.63894
C6	2	13.35	12.09	12.49	10.48	12.1025	43.76162
C7	1	17.9	16.88	13.01	15.58	15.8425	26.38243
D1	96	0.12	0	0	0.4	0.13	99.39591
D2	48	0.2	1.31	1.65	2.16	1.33	93.8197
D3	24	3.3	2.67	3.43	2.04	2.86	86.71004
D4	12	4.79	4.46	6.99	5.74	5.495	74.46561
D5	6	8.6	9.6	8.46	8.47	8.7825	59.18913
D6	3	12.6	10.12	10.91	11.15	11.195	47.97862
D7	1.5	14.6	13.28	12.75	13.4	13.5075	37.23281
E1	128	1.2	0.36	1.1	1.39	1.0125	95.29507
E2	64	1.2	1.54	1.19	1.3	1.3075	93.92426
E3	32	2.91	6.38	3.15	3	3.86	82.0632
E4	16	6.02	4.26	3.31	6.04	4.9075	77.19563
E5	8	8.6	6.31	6.4	7.14	7.1125	66.94935
E6	4	9.6	8.17	8.6	8.9	8.8175	59.02649
E7	2	13.11	13.63	12.64	12.7	13.02	39.49814
F1	160	3.52	2.45	4.01	5.83	3.9525	81.63336
F2	80	6.95	5.15	4.28	6.38	5.69	73.55948
F3	40	6.51	6.73	7.3	6.46	6.75	68.63383
F4	20	7.66	7.8	8.97	7.29	7.93	63.15056
F5	10	8.44	8.7	9.73	8.06	8.7325	59.42147
F6	5	11.49	11.48	11.93	11.61	11.6275	45.96887
F7	2.5	13.37	12.19	13.59	13.64	13.1975	38.67333
G1	192	3.98	3.81	3.59	4.07	3.8625	82.05158
G2	96	6.7	6.4	6.97	6.4	6.6175	69.24954
G3	48	9.1	8.4	10.34	9.08	9.23	57.10967
G4	24	11.64	9.18	11.14	10.51	10.6175	50.66217
G5	12	14.5	13.95	15.47	13.55	14.3675	33.23652
G6	6	17.4	15.94	17.55	15.06	16.4875	23.38522
G7	3	20.6	17.76	19.28	18.28	18.98	11.80297
H1	224	5.1	3.2	4.61	6.67	4.895	77.25372
H2	112	6.7	8.28	5.81	6.29	6.77	68.54089
H3	56	8.7	9.6	7.3	9.78	8.845	58.8987

续表

处理号	g/667㎡	1	2	3	4	平均	抑制率（%）
H4	28	12.53	13.56	11.86	12.03	12.70667	40.95415
H5	14	14.68	12.22	10.17	17.58	13.6625	36.51255
H6	7	21.01	17.35	15.31	17.95	17.905	16.79833
H7	3.5	20.8	17.43	18.33	20.91	19.3675	10.00232
I1	256	5.87	6.95	6.7	4.91	6.1075	71.61942
I2	128	8.61	11.25	9.76	6.48	9.025	58.06227
I3	64	8.18	9.22	10.95	8.46	9.2025	57.23745
I4	32	12.53	11.3	14.45	12.2	12.62	41.35688
I5	16	14.59	12.63	14.37	12.52	13.5275	37.13987
I6	8	17.1	15.02	14.37	15.58	15.5175	27.89266
I7	4	16.88	12.52	19.68	20.51	17.3975	19.1566
CK1		23.4	9.35	33.3	14.37	20.105	
CK2		14.7	8.04	10.87	28.53	15.535	
CK3		36.49	35.12	23.21	6.15	25.2425	平均
CK4		27.48	18.85	25.78	32.55	26.165	
CK5		23.72	24.22	18.72	15.54	20.55	

表3 氯嘧磺隆与2甲4氯钠混配对红花酢浆草的联合毒力回归结果

药剂及混配	回归方程	相关系数	ED_{50}（g/667㎡）	95%置信限	ED_{90}（g/667㎡）
氯嘧磺隆 A	Y=4.3904+0.9589X	0.9677	4.3217	2.3481-12.1872	93.77
2甲4氯 钠 B	Y=3.4109+0.8939X	0.9766	59.9534	21.2559-386.2256	1627.53
氯嘧磺隆+2甲4氯钠 C	Y=4.4558+0.945X	0.9936	3.7659	2.869-~5.2522	85.51
氯嘧磺隆+2甲4氯钠 D	Y=4.3825+1.2118X	0.9946	3.2329	2.6279-4.1089	36.91
氯嘧磺隆+2甲4氯钠 E	Y=4.4952+1.0426X	0.9907	3.0495	2.3606.4.1455	51.69
氯嘧磺隆+2甲4氯钠 F	Y=4.4993+0.6286X	0.9894	6.2592	4.1396-11.0517	684.54
氯嘧磺隆+2甲4氯钠 G	Y=3.4107+1.0834X	0.9955	29.3043	19.2419-49.8706	446.47

5 结论与讨论

在严格控制条件下，经过多水平预测和实测及统计分析，初步确定，氯嘧磺隆与2甲4氯钠混配剂防除红花酢浆草具有明显的增效作用，共毒系数为2.05。两者混配用药量最低的最佳配比，即氯嘧磺隆：2甲4氯钠混配=1：1.96。

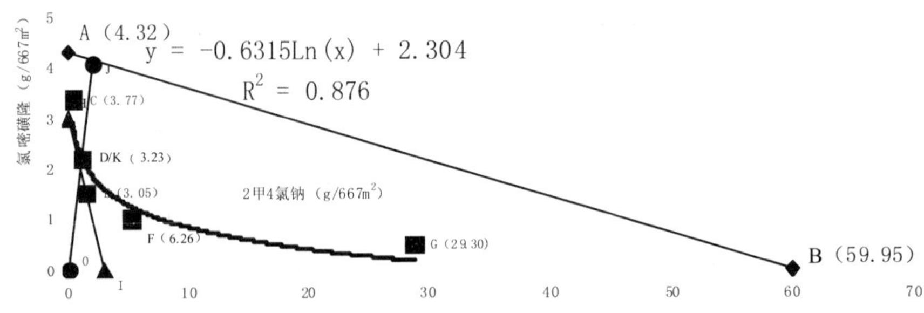

图1　氯嘧磺隆与2甲4氯钠混合对红花酢浆草的联合毒力测定

在试验过程中没有发现氯嘧磺隆与2甲4氯钠及其混配剂，对人及周围其他生物有不良作用表现；对其他目标杂草如香附子的毒力有待进一步测定。

高剂量抑制率没有达到90%的处理，ED_{90}值可能失真偏大。如2甲4氯钠ED_{90}值为1627.53，是失真的结果。

室内盆栽测定，可研究混配药剂的毒力，也与生产实践比较接近，测定结果对混剂开发和生产实践均具一定的参考价值。

参考文献

[1]中国农业百科全书编辑出版领导小组. 中国农业百科全书《农药卷》[M].北京：农业出版社，1993：190-191.

[2]沙家俊，张敏恒等. 国外新农药品种手册[M]. 北京：科学技术文献出版社， 1992：326-328.

[3]覃建林，农丽萍，马跃峰，等. 甘蔗田红花酢浆草化学防除技术研究[C]. 第 7 届全国杂草科学会议论文集. 哈尔滨: 吉林人民出版社，2004：278-280.

[4]中国农垦进出口公司. 农田杂草化学防除大全[M]. 上海: 科学技术文献出版社，1992：370-373.

[5]尚嘉彦，艾国民，王兰之等. 吡氟氯禾灵与乳氟禾草灵复配的增效作用评价、配方控制及加工技术研究[J].华北农学报，1999，14（4）：122-127.

杂草生物防治

7种植物病原真菌对薇甘菊的除草活性和对作物的安全性评价

古 鑫[1,2] 范志伟[*1] 李晓霞[1] 程汉亭[1] 沈奕德[1] 刘丽珍[1]

（1.中国热带农业科学院环境与植物保护研究所 农业部热带农林有害生物入侵监测与控制重点开放实验室，儋州 571737；2.海南大学环境与植物保护学院，儋州 571737）

摘要：为研究确定植物病原真菌培养滤液对恶性入侵杂草薇甘菊的抑制作用和除草活性，采用 PD 培养基培养真菌，测定其滤液对薇甘菊、番茄和辣椒种子萌发和根茎生长的影响。结果表明，橡胶树黑团孢叶斑病病原真菌培养滤液对薇甘菊的种子萌发及根、茎都有较强的抑制作用。橡胶树黑团孢叶斑病病原真菌培养滤液对番茄苗前、苗后均表现安全，生长量和对照间无明显差异；而对辣椒的苗前有抑制作用。橡胶树黑团孢叶斑病病原真菌代谢物作为生物除草剂值得进一步研究。

关键词：真菌培养滤液；薇甘菊；生物除草活性

薇甘菊（*Mikania micrantha* H.B.K.）为菊科假泽兰属植物，又叫小花假泽兰，英文名 Mile-a-minute weed，原产于中南美洲，后传入东南亚和我国香港，是外来入侵我国最重要的杂草，严重危害经济作物和森林植被，破坏力极强[1]。薇甘菊所到之处，植物被其攀援、缠绕或覆盖，难以进行光合作用，可因饥饿而死，或是被重压、绞杀而死，被誉为“植物杀手”[2]。其也是世界 100 种最具威胁的入侵生物之一，其危害性超过紫茎泽兰和飞机草[3]。

薇甘菊的蔓延速度是难以想象的快，对生态环境的危害也是非常严重的，并且对生物多样性及农林生产构成了巨大的潜在威胁性[4]。国内现有应用化学防除方法控制和杀灭薇甘菊，可以较有效的控制薇甘菊的蔓延和危害[5]。但是防治薇甘菊的一些化学药剂，例如森草净等具有土壤残留期长、易对蔬菜等作物产生药害等问题，常造成额外的经济损失[6]。因此需要在生物除草剂这方面进行研究来对薇甘菊进行防控。而在化学除草剂占统治地位的今天，生物除草剂远远赶不上生物杀虫剂与生物杀菌剂，其发展缓慢，效果不明显[7]。薇甘菊在生物防治方面比较匮乏，引种田野菟丝子可较好的控制薇甘菊[8]，薇甘菊的天敌安婀珍蝶对其也有很好的防控作用[9,10]，在真菌方面控制薇甘菊有锈菌(*Puccinia spegazzinii*)、尾胞菌(*Cercospora mikaniacola*)等的研究[11]。

其中真菌除草剂已显示良好的发展前景，是未来除草研究的开发方向之一。真菌除草剂以真菌为供试原料，使杂草感染病害而达到控制其生长的目的，其原理因致病菌种类而异，与植物病原菌分泌的毒素、植物生长调节剂及有毒代谢产物有关[12]。因此，本试验希望通过对一些作物上的病原真菌毒素对薇甘菊防治进行初步研究，然后得到具有潜力的除草活性组分，为开发生物除草剂奠定基础。

1 材料与方法

1.1 供试菌株

分别从一些作物的叶部病斑中分离纯化得到单胞菌系，如芒果蒂腐病 *Dothiorella dominicana* Cif.、香蕉枯萎病 *Fusarium oxysporum* Schl.、芒果炭疽病 *Colletotrichum gloeosporioides* Penz.、橡胶树棒孢霉落叶病 *Corynespora cassiicola.*、橡胶树炭疽病 *Colletotrichum gloeosporioides* Penz.、橡胶树黑团孢叶斑病 *Periconia heveae* Stevenson & Imle、水稻纹枯病 *Thanatephorus cucumeris* (Frank) Donk。均在 PDA 培养基上分离纯化。

1.2 供试植物种子

薇甘菊（*Mikania micrantha* H.B.K.），辣椒（*Capsicum annuum* Linn），番茄

基金项目：农业部 2011 年病虫害监测与防治专项；海南省重点科技项目（080149）；
本所中央级公益性科研院所基本科研业务费专项（2009hzs1J018）

*通讯作者：E-mail: fanweed@163.com

（*Solanum lycopersicum*）。

1.3　供试培养基

PD 培养液，PDA 培养基。

1.4　菌株培养滤液制备

将各菌株扩繁，待长满皿后，打取 Φ=0.6cm 的菌片，分别接种于装有 PD 培养液 150ml 的三角瓶中，每瓶接种 4 片，在 25℃培养箱中黑暗静止培养 21 天。在无菌条件下，先用双层纱布过滤去掉菌丝体，然后再用定性滤纸(中速)过滤，得到无菌的培养滤液，备用。

1.5　各菌株培养滤液的生物活性测定试验

1.5.1　种子萌发抑制作用测定

在培养皿中整齐摆放 30 粒浸泡 2h 的薇甘菊种子，再滴加 5ml 培养滤液，以滴加清水和 PD 培养液混合的处理作对照，每个处理重复 3 次，置于室温光照条件下保湿培养，5 天后记录萌芽数，计算萌芽抑制率。

1.5.2　根茎生长抑制作用测定

待种子萌发后 5 天，选取根茎长度基本一致的发芽种子，继续滴加 5ml 培养滤液处理，分别以清水与 PD 培养液混合为对照，处理 6～7 天后观察症状并测量其长度。

1.6　菌株培养滤液的安全性试验

选效果较好的菌株作安全性试验。供试作物为辣椒、番茄，按照 1.5.1 和 1.5.2 的方法进行种子萌发抑制试验及根茎处理试验。

2　结果与分析

2.1　供试菌株培养滤液对薇甘菊种子萌发及根、茎生长的抑制作用

2.1.1　对薇甘菊种子萌发的抑制作用

橡胶树黑团孢叶斑病病原真菌培养滤液对薇甘菊种子萌发的抑制作用与对照间达到极显著差异性，其他 6 种病害真菌培养滤液对薇甘菊种子萌发的抑制作用与对照间无显著性差异(表 1)。

表 1　不同真菌培养滤液对薇甘菊种子萌发的抑制作用

病原菌株 Isolates	萌发数 Germination number			平均萌发数 Mean germination	抑制率(%) Inhibition rate
芒果蒂腐病	8	14	7	10±3.79aA	9.09
香蕉枯萎病	8	7	9	8±1.00aAB	27.28
芒果炭疽病	12	11	9	11±1.53aA	0
橡胶树棒孢霉落叶病	15	13	10	13±2.52aA	-18.18
橡胶树炭疽病	8	11	15	11±3.51aA	0
橡胶树黑团孢叶斑病	2	4	3	3±1.00bB	72.73
水稻纹枯病	12	9	11	11±1.53aA	0
CK	12	10	11	11±1.00aA	

注：表中同列数据后不同小写字母表示差异显著（P=0.05），不同大写字母表示差异极显著（P=0.01）。

2.1.2　对薇甘菊根的抑制作用

7 种真菌培养滤液对薇甘菊根的抑制作用与对照相比，达到极显著性差异。而橡胶树黑团孢叶斑病病原真菌培养滤液对薇甘菊根的抑制作用与其他真菌培养滤液的抑制作用相比，达到极显著性差异(表 2)。

表 2 供试不同真菌培养滤液对薇甘菊种子根的抑制作用

病原菌株 Isolates	根长（cm） Root length			根平均长度 Mean root length	抑制率(%) Inhibition rate
芒果蒂腐病	0.64	0.93	0.82	0.80±0.15bB	68.87
香蕉枯萎病	0.90	1.04	0.72	0.89±0.16bB	65.37
芒果炭疽病	0.72	0.86	0.80	0.79±0.07bB	69.26
橡胶树棒孢霉落叶病	1.16	0.94	1.08	1.06±0.11bB	58.75
橡胶树炭疽病	0.88	0.78	0.57	0.74±0.15bB	71.21
橡胶树黑团孢叶斑病	0.20	0.17	0.18	0.18±0.02cC	93.00
水稻纹枯病	0.88	0.78	0.81	0.82±0.05bB	68.09
CK	2.20	2.60	2.90	2.57±0.35aA	

注：表中同列数据后不同小写字母表示差异显著（P=0.05），不同大写字母表示差异极显著（P=0.01）。

2.1.3 供试菌株培养滤液对薇甘菊茎的抑制作用

橡胶树黑团孢叶斑病和水稻纹枯病的病原真菌培养滤液对薇甘菊茎的抑制作用与对照间达到显著差异性，其他 5 种病原真菌培养滤液对薇甘菊茎的抑制作用与对照间无显著性差异（表 3）。

表 3 供试不同真菌培养滤液对薇甘菊种子茎的抑制作用

病原菌株 Isolate	茎长（cm） stem length			茎平均长度 Mean stem length	抑制率(%) Inhibition rate
芒果蒂腐病	0.61	0.62	0.66	0.63±0.03bcB	11.27
香蕉枯萎病	0.51	0.58	0.57	0.55±0.04bcB	22.54
芒果炭疽病	0.69	0.58	0.63	0.63±0.06bcB	11.27
橡胶树棒孢霉落叶病	0.65	0.79	0.69	0.71±0.07bAB	0
橡胶树炭疽病	0.59	0.58	0.58	0.58±0.01bcB	18.31
橡胶树黑团孢叶斑病	0.43	0.52	0.48	0.48±0.05cB	32.39
水稻纹枯病	1.14	0.90	0.70	0.91±0.22aA	-28.17
CK	0.75	0.72	0.66	0.71±0.05bAB	

注：表中同列数据后不同小写字母表示差异显著（P=0.05），不同大写字母表示差异极显著（P=0.01）。

2.2 橡胶树黑团孢叶斑病真菌培养滤液的安全性效果

种子萌发抑制试验结果表明：橡胶树黑团孢叶斑病真菌培养滤液对辣椒种子萌芽的抑制作用较强，7 天后仍未出苗；而对番茄种子萌芽比较安全，处理比对照晚 1 天出苗，但苗生长正常。根茎处理试验结果表明：橡胶树黑团孢叶斑病病原真菌培养滤液对番茄的出苗后生长无影响（表 4）。

3 结论与讨论

本试验用 7 种真菌菌株的培养滤液对薇甘菊种子萌发及根、茎生长的抑制作用进行了初步筛选，其中橡胶树黑团孢叶斑病病原真菌培养滤液对薇甘菊有较强的抑制作用。种子萌发抑制率为 72.73%，根的生长抑制率为 93%，茎的生长抑制率为 32.39%。其他菌株的培养滤液对薇甘菊也有一定的抑制作用，但效果不明显。安全性试验表明，橡胶树黑团孢叶斑病病原真菌培养滤液对番茄苗前、苗后均表现安全，处理和对照间无明显差异。而苗前处理对辣椒有抑制作用。因此可根据作物的反应情况不同，开发成不同时期使用的微生物除草剂。

表 4 橡胶树黑团孢叶斑病培养滤液对辣椒和番茄种子萌发及根、茎的抑制作用

	萌发数 Germination number			平均 Mean	根长（cm） Root length			平均 Mean	茎长（cm） stem length			平均 Mean
辣椒	0	0	0	0	-	-	-	-	-	-	-	-
CK	28	27	24	26	3.94	3.70	3.65	3.76	2.11	2.26	1.78	2.05
番茄	27	29	29	28	3.10	3.30	3.30	3.23	1.80	1.50	1.40	1.57
CK	30	29	30	30	3.40	3.32	3.45	3.34	1.60	1.75	1.50	1.62

注：表中同列数据后不同小写字母表示差异显著（P=0.05），不同大写字母表示差异极显著（P=0.01）。

大多数侵染杂草的真菌具有专一性，只侵染一种或者几种杂草，造成很大的局限性[12]。而毒素的作用比较广谱，作用范围大，可利用的空间较广。所以真菌毒素的利用可在未来生物除草剂的开发上发挥更大的效果。

由于本试验所选的产毒条件不一定是每个菌株的最佳产毒条件。每种滤液产生毒素的量不均衡，造成毒力强弱不均匀，使试验结果有所偏差。因此，要进行更精确的比较以及扩大生产应用，应选择最佳产毒条件和定量分析。

本试验发现，不同菌株滤液的抑制作用表现不同。一些菌株滤液抑制种子萌发，一些菌株滤液抑制根的生长，一些菌株滤液抑制茎的生长。有的单一抑制，有的综合抑制。这有可能是由于毒素作用的部位以及在植株体内的运转情况不同而造成的，可据此来确定微生物除草剂的靶标部位[7]。

试验中有些菌株滤液对薇甘菊生长还有一定的促进作用。有可能一些菌株的代谢产物存在其生长的营养物质造成的，这有待于以后的深入研究确定。

参考文献

[1] 胡玉佳，毕培曦.微甘菊生活史及其对除莠剂的反应研究[J].中山大学学报(自然科学版)，1994，33(04): 88-95.

[2] 邵华，彭少麟，张弛，等.薇甘菊的化感作用研究[J].生态学杂志，2003，22（05）：62-65.

[3] 梁启英，昝启杰，王勇军，等.薇甘菊综合防治技术[J].中国森林病虫，2006，25（01）：26-30.

[4] 昝启杰，王勇军，梁启英，等.几种除草剂对薇甘菊的杀灭试验[J].生态科学，2001，20（02）：32-36.

[5] 梁素莲.薇甘菊的生物学特性及防治方法探讨[J].防护林科技，2009，1（88）：93-95.

[6] 林绪平，刘建锋， 黄莹， 等.灭薇净的安全性及防治薇甘菊效果初报[J].中国森林病虫，2009，28（01）：30-31.

[7] 王朝华，张立新，董金皋.植物病原真菌毒素中除草活性物质的筛选[J].河北农业大学学报，2002，25（02）：65-70.

[8] 刘爱兰，黄文良，黄东光.薇甘菊及其防除技术.广东科技，2008，196：22-23.

[9] 刘雪凌，韩诗畴，曾玲.薇甘菊(*Mikania micrantha*)天敌—安婀珍蝶[(*Actinote anteas*(Doubleday& Hewitson))]实验种群生命表[J].生态学报， 2007，27(08): 3527-2531.

[10] 李志刚， 韩诗畴， 郭明昉， 等.取食不同食料植物对安婀珍蝶的营养利用及中肠四种酶活力的影响[J].昆虫学报， 2005， 48(05): 674-678.

[11] 董金皋，李树正.植物病原真菌毒素研究进展[J].北京: 中国科学技术出版社，1997，16-31.

[12] RAJEEVKU, MUKERJI K G Toxins in plant disease development and evolving biotechnology[J]. USA: *Science Publishers* Inc, 1997.1-20

尖角突脐孢菌防除稗草活性成分的分离纯化与结构鉴定

李其勇　刘新贵　高旭华　李颖慧　方越　陈勇

（华南农业大学杂草研究室，广州 510642）

摘要：尖角突脐孢菌（*Exserohilum monoceras*）是稗草的一种生防潜力菌。本文以具较高产毒能力的X27 菌株为研究对象，使用萃取以及菌丝浸提法分别提取发酵滤液的粗毒素及菌丝粗毒素。利用硅胶柱层析和薄层层析（TLC）相结合的方法对粗毒素进行分离并得到四种对稗草均具有抑制活性的单体物质，采用 GC-MS 和 ^{1}HNMR 两种方法相结合对其结构进行鉴定和验证，确定它们是邻苯二甲酸二丁酯（DBP）、十六碳酸（棕榈酸）、十八碳酸（硬脂酸）、油酸酰胺。生测结果表明：在最高实验物质浓度 1000mg/L 条件下，十六碳酸对稗草根抑制率可达 41.56%，对芽抑制率 27.93%；油酸酰胺对稗草根抑制率为 23.45%，对芽抑制率 27.36%；邻苯二甲酸二丁酯对稗草根抑制率为 84.49%，对芽抑制率76.18%；十八碳酸对稗草根抑制率为 34.90%，但十八碳酸在 500mg/L 浓度下对芽抑制率为最高，达到29.18%。这四种物质中邻苯二甲酸二丁酯对稗草的抑制活性相对最强。

关键词：尖角突脐孢菌；活性物质；分离纯化；分子结构鉴定

Isolation, purification and identification of the metabolites from *Exserohilum monoceras*

Li Qiyong, Liu Xingui, Gao Xuhua, Li Ying, Fang Yue, Chen Yong*

(Weed Research Laboratory, South China Agricultural University,

Guangzhou 510642, *China)*

Abstract: *Exserohilum monoceras* is a kind of potential biocontrol fungus of barnyardgrass. X27 strain was studied as a material which could provide higher metabolites. The crude toxins of this fungus fermentation filtrate and its mycelial crude toxins were extracted from hypha. Silica gel column chromatography and thin layer chromatography (TLC) methods were accepted to separate the crude toxins. Four monomer substances were collected which had different inhibited activity to barnyardgrass. GC-MS and 1HNMR were combined use to identify and verify the molecule structure. The four monomer substances were determined wchich are dibutyl phthalate (DBP), sixteen carbonate (palmitic acid), eighth carbonate (stearic acid) and oleic acid amide. The bioassay results showed that the treatment of DBP 1000mg / L provided higher inhibition rate of 84.49% on the weed roots and 76.18% on the weed buds.

Key words: *Exserohilum monoceras*; metabolites ; isolation and purification; molecule structure identification

农药按照来源不同可分为矿物源农药、生物源农药与有机合成农药三大类[1]。有机合成农药占农药品种的绝大部分。但此类农药大多水溶性差，土壤中难以降解从而造成环境污染，残留农药给人畜带来危害[2,3]，同时也破坏生态平衡等。因此，符合环保、健康、持续发展理念的生物农药，就成为当今农药研究和开发的主题[4,5]。

微生物农药是生物源农药之一。目前，微生物农药包括农用抗生素等的研究进展快速，已成为我国生物农药产业的主体[6]。目前用作农药的生物类群主要有细菌、真菌和病毒等[7]。研究最多的是苏云金杆菌、阿维菌素、白僵菌、绿僵菌等。研究历史最长应用最广泛的细菌是苏云金芽孢杆菌(*Bacillus thuringiensis*，简称Bt)[8,9]。据不完全统计，世界上已生产的Bt制剂有91种，用于防治危害柿类、苹果等的150多种鳞翅目及其他多种害虫[10]。

真菌毒素是由植物病原真菌产生的一类对寄主植物有毒的代谢产物。从目前的研究情况来看病原菌毒素的作用位点主要是在寄主细胞质膜、线粒体、叶绿体等细胞结构上，毒素破坏细胞的膜体系，严重影响植物的代谢过程及能量改变，对寄主蛋白、核酸、酶等引起一系列不良反应，导致生理失调，细胞死亡以至整个植株枯死。真菌毒素通常是病原真菌的次生代谢产物，通常结构比较复杂，主要分为肽、蛋白类、多糖及糖苷类、脂类、芳环、杂环化合物及其衍生物类等。

1970 年，Aldridge 和 Turner 发现尖角突脐孢菌可防治小麦白粉病，并对该菌的结构和代谢产物进行了研究。1990 年，尖角突脐孢菌的研究成为热点，韩国的 Chung 等报道该菌可使稗草枯萎，但他们分离出的菌也侵染包括水稻、玉米在内的几种重要作物。

1992年日本和1995年菲律宾国际水稻所也先后从稗草上分离出尖角突脐孢菌。而且紧接着在1996年，Wenming Zhang [11]分离到使稗草致病的尖角突脐孢菌，而且比较有意义的是分离出的菌不侵染水稻。

国内对尖角突脐孢菌的研究起步较晚，陈勇、倪汉文等[12~14]对尖角突脐孢菌的结构、培养条件、对稗草和水稻的侵染行为、致病性和作用机理等进行了较为系统的研究；王建华[15]首先对尖角突脐孢菌的毒素进行了研究，郑伟等[16]利用尖角突脐孢菌粗毒素防除稗草做了详细研究。

国内外对尖角突脐孢菌的研究主要集中在对孢子的研究，对于其毒素的研究较少，王建华[15]和郑伟[16]对粗毒素进行了初步的研究，而目前还没有对毒素的有效活性成分的深入研究的相关报道。

本研究的目的就是从尖角突脐孢菌的粗毒素中分离出稗草致病的活性物质并对其结构进行鉴定，以及对该活性物质作为除稗剂的可行性和前景进行评价。

1 材料与方法

1.1 实验材料

1.1.1 供试菌株

尖角突脐孢菌X27菌株由华南农业大学杂草研究室提供[16]，接种于PDA斜面上，28℃条件下培养7天后于4℃保存。

1.1.2 供试种子

稗草[*Echinochloa crusgalli* (L.) Beauv.]种子，2007年采集于广州增城，4℃保存。

1.2 试验方法

1.2.1 培养基的配制

由于对尖角突脐孢菌产毒条件的研究已经非常成熟，因此在陈勇[17]、王建华[15]和郑伟[16]等研究的基础上，用PDA培养基培养尖角突脐孢菌。

1.2.1.1 马铃薯葡萄糖琼脂培养基（PDA）

马铃薯去皮，切成薄片，称200 g放入锅中，煮沸30 min，四层纱布过滤，土豆舍去，滤液中加入琼脂小火搅拌至全部溶化，加蔗糖和少许豆油，补足水分至 1000 ml。溶解后趁热分装到锥形瓶中，用棉花塞和牛皮纸封口，灭菌，备用。

1.2.1.2 马铃薯葡萄糖培养基（PD）

马铃薯去皮，切成薄片，称200 g放入锅中，煮沸30 min，四层纱布过滤，滤液加蔗糖和少许豆油，补足水分至 1000 ml。溶解后趁热分装到锥形瓶中，用棉花塞和牛皮纸封口，灭菌，备用。

1.2.2 粗毒素的制备

本文直接参照陈勇[12]和王建华[15]等的培养方法进行真菌发酵。将尖角突脐孢菌X27接种到PDA平板（培养皿直径9 cm，培养基厚度0.6 cm）上，培养7天（28℃，黑暗），然后在无菌条件下取直径0.4 cm菌块4～5块，接种于PD培养液中，三角瓶 1000 ml，装液量500 ml，在28℃，黑暗条件下，于150 r/min振荡器上震荡培养7天。培养结束后，将培养物用四层纱布过滤2次，滤液中不含菌丝，即为发酵液，将此发酵液用旋转蒸发仪70℃减压浓缩至原体积的1/10，即为浓缩滤液。

1.2.3 毒素的生测方法

种子根芽伸长测定法。主要参考康绍兰等[18]和朱涛[19]文献中所使用的生测方法。首先除去稗草外皮，然后用清水漂洗汰除病、劣和杂粒，并进一步挑选黑色、颗粒挑选颗粒饱满、大小一致的植物种子，用1%的次氯酸钠表面消毒3min，并用蒸馏水洗净，然后28℃恒温条件下培养，待根长约2 mm时，挑选长度一致的种子进行生测。将胚向下摆放在已铺有毒素浸湿的高压灭菌滤纸的培养皿内，每皿10粒，置于光照培养箱中培养（28℃，L∶D=12∶12）。设置相应对照。每个处理重复3次。培养5 天后，测定根芽抑制率。

芽抑制率(%)=[(对照芽长度-处理芽长度)/对照芽长度]×100

根抑制率(%)=[(对照根长度-处理根长度)/对照根长度]×100

1.2.4 不同溶剂对菌丝和发酵液毒素提取效果的研究

将尖角突脐孢菌X27浓缩滤液分别用石油醚、乙酸乙酯、甲醇、二氯甲烷分别萃取，每次溶剂与滤液比均为1∶1，分3次萃取，然后分别合并，并在55℃以下蒸去溶剂得到萃取物；将同批发酵过滤所得到的菌丝在40℃烘干，分别用石油醚、乙酸乙酯、甲醇、二氯甲烷浸提，溶剂用量为10 ml每克菌丝，浸提时在用水浴锅加热60℃，每次浸提48h。然后过滤并在55℃以下蒸去溶剂得到粗毒素。将得到的粗毒素分别用蒸馏水配成5g/L的溶液，加入0.5%的吐温-20，将不含毒素的浓缩培养液用同种方法萃取，加蒸馏水配成溶液，加入0.5%的吐温-20，设为对照。用上面萌芽种子生长抑制法测定不同处理对刚萌芽稗草的抑制活性。

1.2.5 尖角突脐孢菌 X27 毒素单体的分离

将上文提取的尖角突脐孢菌X27粗毒素用薄层层析（TLC）定性分析及硅胶柱层析进行分离。其中薄层层析法是薄层层析硅胶GF254和0.4%羧甲基纤维素钠水溶液混合晾干构成，硅胶柱层析则是采用硅胶（200～300目）。

采用湿法装柱，装柱之后让柱子净流一段时间，待硅胶紧密填充为止。采用湿法上样，将粗提毒素用适量层析用硅胶拌样，70℃下蒸掉残留的乙酸乙酯，在研钵中碾成粉状，用尽可能少量的石油醚溶解，再将样品溶液缓缓加入柱内，然后开始按极性由弱到强的顺序用不同的溶剂系统进行梯度洗脱。

1.2.6 尖角突脐孢菌 X27 毒素成分的鉴定

用气相-质谱联用仪对活性组分进行预测分析，然后用1HNMR进行分析验证。气相色谱条件：HP-1毛细管色谱柱（30 cm×0.25 mm），程序升温从80℃开始，持续1min，然后以5℃/min上升至200℃，保持10min。载气为氦气，流速为1.0 ml/min；质谱条件：电离源为Ei，离子能量70 eV，离子源温度350℃；扫描质量：35～335 amm。数据检索NIST库。

1.2.7 各毒素的生测

将取得的几种纯毒素分别称重并溶解于1ml乙醇中，然后用蒸馏水稀释，每一毒素稀释5个梯度，分别为50 mg/l、100 mg/L、200 mg/L、500 mg/l、1000 mg/L，利用上述生测方法进行测试。每个处理重复3次。

1.2.8 数据统计和分析

所有数据均用 Microsoft Excel 和 DPS 等统计软件分析。

2 结果和分析

2.1 不同溶剂对菌丝浸提和发酵液萃取毒素效果的影响

通过对数据的分析，如表2所示，从菌丝中，乙酸乙酯浸提的毒素活性最好，极显著高于甲醇、二氯甲烷和石油醚，甲醇次之，二氯甲烷和石油醚最差；从发酵液中，乙酸乙酯提取的毒素活性最好，极显著高于石油醚；乙酸乙酯从菌丝中提取的毒素活性极显著高于从发酵液中提取的毒素活性。乙酸乙酯提取毒素效果最好，石油醚最差。

2.2 粗毒素活性成分的分离

从尖角突脐孢菌X27提取的粗毒素中共分离得到5个组分，生测效果表明1-II活性最强，根芽抑制率达到68%，与其邻近的1－III也有较好的活性，生测结果表明毒素活性成分最主要集中1－II和1－III两段内。之后将此两组分混合进行进一步的分离，共进行6次柱层析，每次取前次生测效果显著的组分进行柱层析分离，其中第6次是取3－IV提取液进行柱层析的。在6－IV、4－II、5－II、5－III四步骤中共得到四种纯物质。分别采用GC-MS和1HNMR两种方法相结合对其结构进行鉴定和验证。

表1　不同溶剂提取尖角突脐孢菌粗毒素对稗草的活性（浓度＝5 g/l）

	溶剂	根抑制率（%）	芽抑制率（%）
发酵液萃取	乙酸乙酯	85.8±3.42a	75.55±4.04a
	二氯甲烷	10.11±2.67c	8.97±1.42c
	石油醚	1.52±0.66c	3.77±0.95b
菌丝浸提	乙酸乙酯	87.93±1.37a	81.46±2.00a
	甲醇	54.30±2.41b	44.36±2.67b
	二氯甲烷	2.41±0.40c	4.93±2.08c
	石油醚	4.89±2.21c	3.18±1.10c

注：表中数据均为 3 次重复值，±后为标准误，同列具有不同小写字母的表示差异显著（$P<0.05$）。

2.3　毒素活性成分的结构鉴定

2.3.1　组分 6－IV 的结构鉴定

对6－IV再次进行柱层析后，收取较纯的部分（TLC显示一个点）的进行GC-MS检测，结果表明RT=24.74 min时的化合物含量为68.99%，从质谱（NIST）库查得其可能的化合物分子式为$C_{18}H_{35}NO$（CAS: 301-02-0；相似度：97.13%）和$C_{17}H_{31}D_2N$（CAS: 56555-05-6；相似度：0.40%）。

表 2　6－IV 核磁共振氢谱数据

氢-1 化学位移 δ H	氢数	多重性
5.34	4	m
2.22	2	t
2.01	4	m
1.67	2	m
1.31	20	m
0.88	3	t

对6－IV进行再次柱层析分离纯化然后做1HNMR，结果显示：氢谱中有35个氢，而化合物$C_{17}H_{31}D_2N$（CAS：56555-05-6）氢谱中只能有31个氢，因此，不可能为该化合物；$C_{18}H_{35}NO$（CAS：301-02-0）氢谱中有35个氢，且各氢的化学位移与1HNMR结果完全吻合（δ=5.34，4H），其中两个H为酰胺N上的两个H，另两个为C=C双键上的氢，且其化学位移比较接近；δ=2.22，2H为与酰胺键相连的C上的两个氢；δ=2.01，4H为与C=C双键相连的两个C上的氢；δ=0.88，3H为甲基上3个氢）。

核磁验证结果命名为下化合物：

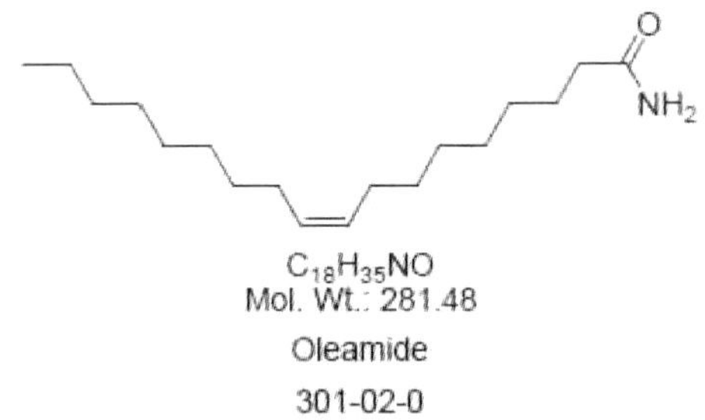

2.3.2 组分4－II的结构鉴定

对4－II再次进行柱层析后，收取较纯的部分（TLC显示一个点）的进行GC-MS检测，结果表明RT=18.37 min时的化合物含量为91.12%，从质谱（NIST）库查得其可能的化合物分子式为$C_{18}H_{15}NS$（CAS：67254-61-9；相似度：71.49%）、$C_{19}H_{18}O_2$（CAS：113002-50-9；相似度：14.00%）和$C_{16}H_{22}O_4$（CAS：84-74-2；相似度：5.11%）。

对4－II再次进行柱层析纯化后其1HNMR结果显示：氢谱中有22个氢，而$C_{19}H_{18}O_2$和$C_{18}H_{15}NS$分别只有18个氢和15个氢，因此不可能为这两种化合物；且氢谱结果与$C_{16}H_{22}O_4$（CAS:84-74-2）完全吻合：（δ=7.72，2H；δ=7.71，2H）苯环上为四个氢，而且均有对称性，说明该化合物为带苯环的邻位二取代；（δ=0.96，6H）为甲基上的氢，且分子中有两个甲基；（δ=1.44，4H）是与甲基相连的CH_2上的两个氢且两个CH_2具有对称性；（δ=4.31，4H）是与O相连的CH_2上的两个氢，且两个CH_2具有对称性。

表3 4－II核磁共振氢谱数据

氢-1化学位移δH	氢数	多重性
7.72	2	d
7.71	2	d
4.31	4	t
1.72	4	m
1.44	4	m
0.96	6	t

核磁验证结果证明为下化合物：

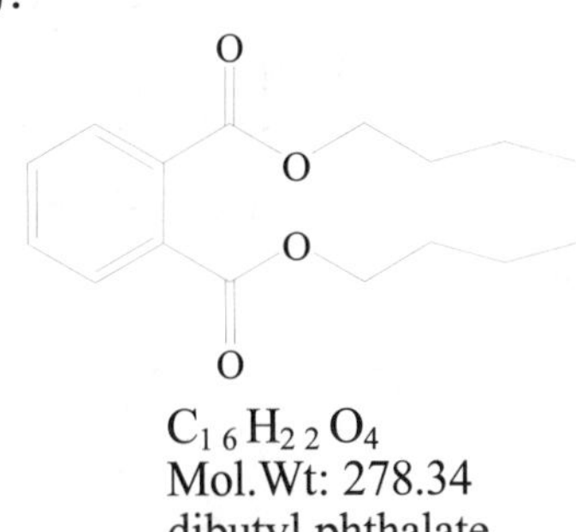

$C_{16}H_{22}O_4$
Mol.Wt: 278.34
dibutyl phthalate
84-74-2

2.3.3 组分5－II的结构鉴定

对5－II再次进行柱层析后，收取较纯的部分（TLC显示一个点）的进行GC-MS检测，结果表明RT=18.85 min时的化合物含量为95.76%，从质谱（NIST）库查得其可能的化合物分子式为$C_{16}H_{32}O_2$（CAS：57-10-3；相似度：84.00%）、$C_{15}H_{12}O_4$（ CAS：NA；相似度：8.47%）、$C_{15}H_{16}N_2O_2$（CAS：115154-22-8；相似度：7.08%）、$C_{19}H_{12}O$（CAS：NA；相似度：4.08%）和$C_{20}H_{40}O_2$（CAS：111-61-5；相似度：50.67%）。

对5－II再次进行柱层析纯化后其1HNMR结果显示：氢谱中有31个氢，而$C_{15}H_{12}O_4$、$C_{20}H_{40}O_2$、$C_{19}H_{12}O$和$C_{15}H_{16}N_2O_2$氢数目相差较大，因此不可能为这四种化合物；$C_{16}H_{32}O_2$（CAS：57-10-3）中的个氢化学位移与氢谱中各氢的化学位移完全吻合，（δ=0.87，3H）为甲基上的H；（δ=2.34，2H）是与羧基（COOH）相连的CH_2上的两个氢；羧基（COOH）上氢的吸收较弱，在氢谱中基本看不到吸收峰，所以在氢谱中只显示有31个氢。

表 4　5－II 核磁共振氢谱数据

氢-1 化学位移 δ H	氢数	多重性
2.34	2	t
1.63	2	m
1.26	24	m
0.87	3	t

核磁验证结果证明为下化合物：

$C_{16}H_{32}O_2$
Mol. Wt.: 256.42

Palmitic acid

57-10-3

2.3.4　组分 5－III的结构鉴定

对5－III再次进行柱层析后，收取较纯的部分（TLC显示一个点）的进行GC-MS检测，结果表明：RT=18.12 min时化合物为$C_{16}H_{32}O_2$（CAS：57-10-3，含量：17.29%）；RT=20.72 min时的化合物含量为35.76%，从质谱（NIST）库查得其可能的化合物分子式为$C_{18}H_{36}O_2$（CAS：57-11-4；相似度：53.51%）。

对5－III再次进行柱层析纯化后其1HNMR结果显示：氢谱中有35个氢，且氢谱中和氢的化学位移与$C_{18}H_{36}O_2$（CAS：57-11-4）完全吻合，(δ=0.87，3H）为甲基上的H；（δ=2.34，2H）是与羧基（COOH）相连的CH_2上的两个氢；羧基（COOH）上氢的吸收较弱，在氢谱中基本看不到吸收峰，所以在氢谱中只显示有35个氢。

表 5　5－III核磁共振氢谱数据

氢-1 化学位移 δ H	氢数	多重性
2.34	2	t
1.63	2	m
1.26	28	m
0.87	3	t

核磁验证结果证明为下化合物：

$C_{18}H_{36}O_2$
Mol. Wt.: 284.48

57-11-4

Octadecanoic acid

2.4　四种化合物分别对稗草的影响

对4种化合物的生测结果如表6所示，从表6可以看出：邻苯二甲酸二丁酯（DBP）对稗草的抑制活性显著高于另外3种物质，对根的抑制率可达到84.49%，对芽抑制率可达76.18%，且对稗草的抑制活性随浓度的增大而增强，当浓度超过100 mg/L后，由于DBP在水溶液中已经过饱和，因此增大DBP的浓度对活性的影响越来越小。其他3种物质对稗草也都具有一定的抑制活性，而且活性随浓度变化不大。

表 6　四种化合物分别在不同浓度下对稗草活性

化合物	浓度(mg/L)	根抑制率（%）	芽抑制率（%）
十六碳酸	50	30.22±1.82b	23.94±1.32a
	100	35.98±3.13ab	27.44±0.74a
	200	36.67±1.78ab	27.07±1.01a
	500	37.72±2.05a	25.14±2.20a
	1000	41.56±1.94a	27.93±3.14a
十八碳酸	50	26.06±1.89a	20.12±2.03b
	100	29.04±1.47a	22.74±1.33ab
	200	31.52±5.87a	23.43±3.03ab
	500	30.18±1.75a	29.18±3.59a
	1000	34.90±6.23a	25.34±3.12ab
油酸酰胺	50	25.96±3.04a	15.88±0.91b
	100	30.35±3.77a	21.84±4.07ab
	200	30.02±5.31a	22.37±2.48ab
	500	31.39±5.44a	24.50±2.37ab
	1000	33.45±3.48a	27.36±3.74a
DBP	50	73.91±2.16b	59.39±2.09b
	100	81.61±3.96ab	71.79±1.91a
	200	82.19±2.62ab	74.77±0.82a
	500	83.93±2.47a	73.29±1.62a
	1000	84.49±1.25a	76.18±1.71a

注：表中数据为 3 次重复平均值，±后为标准误，同列具有不同小写字母的表示差异显著（$P<0.05$）

4　结论和讨论

本研究发现尖角突脐孢菌X27在液体培养条件下，菌丝体和发酵液均产生对稗草有抑制活性的粗毒素物质。

发酵液中的毒素最常用的方法是用有机溶剂萃取[20]，实验结果表明，在选用的萃取溶剂中，乙酸乙酯萃取效果最好，而二氯甲烷、石油醚萃取效果均较差。本实验采用旋转蒸发浓缩。浓缩温度控制在（70±1）℃，发酵液浓缩至原体积的1/10，每次萃取使用溶剂与滤液比均为1∶1，分3次萃取，有机相蒸去溶剂既得粗毒素。

菌丝体中毒素的提取通常有溶剂浸提法、水蒸气蒸馏法[21]、索氏提取法和超临界二氧化碳萃取法[22]等。本实验采用溶剂浸提法进行粗毒素的提取。55℃水浴加热条件下，每克菌丝体用10ml溶剂浸提，每次浸提48 h，浸提三次。实验结果表明乙酸乙酯浸出毒素活性显著高于同等条件下甲醇、石油醚和二氯甲烷的提取毒素活性。

本实验主要采用柱层析和薄层层析相结合的方法对粗毒素活性成分进行分离，以不同比例的石油醚、乙酸乙酯和甲醇作洗脱剂，逐渐增大洗脱剂的极性进行梯度洗脱。共进行了十多次柱层析分离，其中有生测跟踪的有六次分离，而且得到四种单体化合物，综合利用 GC-MS 和 1HNMR 两种分析方法进行结构鉴定，鉴定结果表明：在第四次（4－II）分离出邻苯二甲酸二丁酯（DBP）；在第五次（5－II，5－III）分离出十六碳酸（棕榈酸）和十八碳酸（硬脂酸）；在第六次（6－IV）分离出油酸酰胺。十六碳酸（棕榈酸）、十八碳酸（硬脂酸）和油酸酰胺均为白色固体，邻苯二甲酸二丁酯（DBP）为无色透明液体。

十六碳酸（棕榈酸）、十八碳酸（硬脂酸）和邻苯二甲酸二丁酯（DBP）是公认的化感物质[23,24]，而且在很多化感作用的研究中均发现这三种物质具有活性。如李勇[25]研究指出这 3 种物质对人参幼苗均有抑制活性；而耿广东[26]以莴苣为试材，研究邻苯二甲酸二丁酯对莴苣的化感作用及其作用机理，结果表明，不同浓度的邻苯二甲酸二丁酯对莴苣种子发芽和幼苗生长均有不同程度的抑制作用，并随浓度的增加其抑制作用增大，当浓度达到 1.5×10^{-2}mol/L，莴苣种子完全被抑制；郑伟[16]也指出邻苯二甲酸二丁酯（DBP）对稗草有抑制活性。而十六碳酸（棕榈酸）、十八碳酸（硬脂酸）到目前还没有关于其毒性的相关报道。油酸酰胺的相关研究应用较少，但也在多种植物中所发现[27]，目前为止还没有其对稗草或其他植物具有抑制活性的相关报道。

本实验中对十六碳酸（棕榈酸）、十八碳酸（硬脂酸）、邻苯二甲酸二丁酯（DBP）和油酸酰胺的研究结果发现。对分离出的这四种物质分别进行生测结果表明这四种物质对稗草均有一定的抑制活性，但是抑制率并不高，而且当浓度超过 100 mg/L 时，随着浓度的升高对稗草抑制率的影响增加并不明显，这主要是因为这几种物质都是微溶于水的，当浓度超过 100 mg/L 以后，就已经达到过饱和状态，因此再增加化合物其活性也不会显著变化，邻苯二甲酸二丁酯（DBP）的活性最高，对稗草根抑制率可达到 84.49%，苗抑制率达 76.18%。因此粗毒素中起作用的物质很可能就是 DBP。

本研究中也发现，尖角突脐孢菌 X27 产毒能力较强，而且真菌培养条件简单，对农基介质，大米、稻谷、稻壳、小麦粒、高粱籽、玉米粉、玉米粒、大豆籽和大豆粉均能产孢，常温下即可，完全具备大量的生产的条件[14]，因此直接利用尖角突脐孢菌毒素或者利用其为先导化合物进行修饰改良从而开发天然产物源的除草剂具有良好前景。

参考文献

[1]郭思桃，沐永久. 农药残留及其控制[J].农技服务，2009，26（2）：146-167.

[2]孔晓华. 化学农药与土壤污染. 植保土肥，2001，11（3）：51-54.

[3]邹琴. 环境与食品中有机氯农药残留及降解的调查分析. 公共卫生与预防医学，2010，21（1）：37-39.

[4]TeBeest D O. Microbical control of weeds. New Yerk: Chapman&Hall, 1990, :284.

[5]朱昌雄. 微生物农药剂型研究发展趋势. 现代化工，2003，23（3）：4–8.

[6]Sanjai Saxena, Akhilesh K. Pandey. Microbial metabolites as eco-friendly agrochemicals for the next millennium. Applied Microbiology and Biotechnology, 2001, 55(4).

[7]张锡贞，张红雨. 生物农药的应用与研发现状. 山东理工大学学报，2004，18（1）：96-100.

[8]桂永珠，池景良，胡永兰，等. 生物农药的研究应用现状及前景. 微生物学杂志，2001，21（2）：48-49.

[9]赵永贵，郭超群，韩恒芬，等. 微生物农药研究的现状及展望. 河南农业大学学报，1995，29（3）：304-310.

[10]喻子牛. 微生物农药及其产业化. 北京：科学出版社，2000，256-259.

[11]Zhang W M, Watson A K. Efficacy of *Exserohilum monoceras* for the control of *Echinochloa* species in rice (*Oryza sativa*). *Weed Science*, 1997， 45：144-150.

[12]陈勇，倪汉文. 尖角突脐孢对稻田稗草的防除效果. 植物保护学报，2001，28（1）：73-76.

[13]陈勇，倪汉文，李晓晶. 尖角突脐孢菌侵染过程及稗草反应超微结构观察. 微生物学通报, 2004，31（3）：88-91.

[14]陈勇. 大批量生产尖角突脐孢菌分生孢子技术. 江西农业大学学报，2009，31（3）：530-536.

[15]王建华. 尖角突脐孢菌侵染稗草的机制及产生毒素的初步研究. 中国农业科学院，2002.

[16]郑伟. 尖角突脐孢菌粗毒素对稗草生理活性的影响. 生态学杂志，2008，27（9）：1571-1575.

[17]陈勇，倪汉文. 中国稗草病原真菌对稗草及水稻的致病性. 中国生物防治，1999，15（2）：73-76.

[18]康绍兰， 董金皋. 玉米小斑病菌致病毒素的研究进展. 河北农业大学学报，1991，14（2）： 54.

[19]朱涛. 茶树轮斑病病原菌毒素生物测定方法研究. 安徽农业科学，2009，37（5）：1991-1994.

[20]Suemitsu R, Ohnishi K. Isolation and identification of tentoxin from *Alternaria porri*(Ellis) Ciferri. Agricultural and Biological Chemistry, 1990, 9： 2449-2450.

[21]林进能，黄士诚， 陈沛扬，等. 天然食用香料的生产和应用. 北京: 中国轻工业出版社，1991，108-123.

[22]沈致隆. 超临界流体萃取法加工米糠. 食品工业科技，1995，（5）：14-17.

[23]金瑞，程智慧，佟飞等. 离体蒜苗挥发物的化感作用及其成分分析. 西北植物学报，2007，27（11）：2286-2291.

[24]耿广东. 辣椒化感作用及其机理研究. 西北农林科技大学博士论文，2005.

[25]李勇. 不同土壤提取物对人参种子生长的化感效应及其化学组成. 生态环境，2008，17（3）：1173-1178.

[26]耿广东， 张素勤，程智慧，等. 邻苯二甲酸二丁酯的化感作用及其作用机理研究. 江西农业大学学报，2008，30（6）：1045-1048.

[27]谭志伟，余爱农. 茗荷嫩茎中挥发性化学成分分析. 精细化工，2008，25（3）：234-237.

微生物除草剂禾长蠕孢稗草专化型固体发酵产孢研究

段桂芳　张建萍　杨爽　余柳青*[*]

(中国水稻研究所　水稻生物学国家重点实验室，杭州　310006)

摘要：禾长蠕孢稗草专化型（*Helminthosporium gramineum* Rabenh. f.sp. *echinochloae*，简称 HGE）是一株稗草生防潜力菌。为了获得该生防菌大量孢子用于田间试验，本文研究了其固体发酵产孢最佳培养基配方及培养条件。通过单因素试验确定了固体发酵培养基最佳配方为：以珍珠岩为底物基质，添加4%米粉、1%豆粕粉、0.2% $Na_3PO_4·12H_2O$、0.1% $MgSO_4·7H_2O$。同样方法确定了 HGE 菌最佳培养条件为：培养基加水量 40%，接入 8%菌悬液，28℃下培养 14 天。最高产孢量可达到 $1.22×10^7$ 孢子/克干物质。

关键词：禾长蠕孢稗草专化型；孢子生产；固体发酵

Research on mass production of conidia of *Helminthosporium gramineum* Rabenh. f.sp. *echinochloae*

Duan Guifang, Zhang Jianping, Yang Shuang, Yu Liuqing*

(*State Key Laboratory of Rice Biology, China National Rice Research Institute, Hangzhou* 310006*, China*)

Abstract: *Helminthosporium gramineum* Rabenh. f.sp. *echinochlo*ae (HGE) is a potential biocontrol agent for the control of barnyardgrass. To obtain mass conidia for field test, optimal medium formula and cultivating conditions were investigated. Carbon source, nitrogen source, trace elements and solid substrate of the medium were investigated by single-factor experiments. High conidia yield was obtained when the medium consisted of 4% rice flour, 1% soybean meal, 0.2% $Na_3PO_4·12H_2O$, 0.1 % $MgSO_4·7H_2O$ and perlite. Production of HGE conidia was optimized at 40% medium moisture, 8% inoculum concentration, 28℃, and 14 d incubation. With these optimum medium and culture conditions, the maximum conidia yield was $1.2×10^7$ conidia/g dry material.

Key words: *Helminthosporium gramineum* Rabenh. f.sp. *echinochlo*ae (HGE); Conidia production; Soild-state fermentation

稗草［*Echinochloa crusgalli* (L.) Beauv.］是一种常见的稻田恶性杂草，若不防除将严重影响水稻产量，目前主要通过化学除草剂防除。化学除草剂可以快速防除稻田稗草，在带来经济效益的同时，长期大量使用也带来很多负面影响，如稗草抗药性生物型增加，局部地区农田和水环境被污染，对环境和生态安全以及农业可持续发展构成潜在威胁等。微生物除草剂是利用微生物活体或其活性代谢物质开发的生物制剂，具有对环境无污染、无残留且不易使作物产生抗药性等优点，因而是化学除草剂很好的补充和替代品，受到各国科学家的普遍重视。我国 20 世纪 60 年代研制推广的鲁保一号就是一种胶孢炭疽病孢子制剂，可以有效防治大豆菟丝子。美国 20 世纪 80 年代研制成功 CollegoTM 生物除草剂对稻田弗吉尼亚田皂角的防效达 90%以上。

禾长蠕孢稗草专化型（*Helminthosporium gramineum* Rabenh. f.sp. *echinochloae*，HGE）是从自然感病稗草上分离得到的杂草生防潜力菌，对水稻、小麦、玉米、棉花和油菜等作物安全[1]。耿锐梅等用 HGE 孢子悬浮剂在田间进行杂草防除试验发现 $6.0×10^7$ 孢子/m^2 悬浮剂对稗草防效可达到 80%以上，同时对水稻安全[2]。因此，HGE 菌具有开发稗草真菌除草剂的潜力，其孢子可作为真菌除草剂的主要活性成分。

目前，HGE 菌大面积推广应用的难点和重点是其孢子批量生产技术。真菌孢子生产通常采用液体和固体发酵两种方式。液体发酵适合生物除草剂的规模化生产[3,4]，几种炭疽菌属（*Colletotrichum*）真菌除草剂容易在淹没培养下生产大量孢子，其中最典型的就

基金项目：中央级公益性科研院所专项资金项目（2009RG004-1），浙江省重大科技项目（2008C12044-1），浙江省农业"生物三药"创新团队项目 2009R50G2010001）

作者简介：段桂芳（1973-），女，博士；通讯作者：余柳青，E-mail:liuqyu53@yahoo.com.cn

是 Collego™[5]。但是研究发现也有一些菌株更适合固体发酵产孢，如互隔交链孢（*Alternaria alternata*）、黑附球菌（*Epicoccum nigrum*）、粉红螺旋聚孢霉（*Clonostachys rosea*）等[6~8]。HGE 菌在液体培养条件下不产孢，因此只能通过固态发酵获得孢子。本研究目的是确定 HGE 菌批量产孢的最适培养基及其培养条件，为大规模固体发酵产孢奠定基础。

1　材料与方法

1.1　试验材料

1.1.1　菌种

禾长蠕孢稗草专化型（*Helminthosporium gramineum* Rabenh. f.sp. *echinochloae*，HGE），由中国水稻研究所杂草实验室保存。

1.1.2　培养基

菌种培养基 PDA：20%马铃薯、2%葡萄糖、1.7%琼脂；PDB：20%马铃薯、2%葡萄糖。

基础培养基 I：蔗糖 2%，$KNO_3$0.5%，$Na_3PO_4·12H_2O$ 0.2%，$MgSO_4·7H_2O$ 0.1%，琼脂 1.7%。

基础培养基 II：米粉 4%，豆粕粉 1%，$Na_3PO_4·12H_2O$ 0.2%，$MgSO_4·7H_2O$ 0.1%。

1.2　方法

1.2.1　菌种活化

接入培养皿的菌种：将 4℃斜面保存的 HGE 菌转接到新鲜 PDA 培养基上，28℃黑暗培养 7 天后备用。

接入三角瓶的菌种：将活化过的直径为 5.5 mm 的 5 块菌块接种于 100ml PDB 培养基中，28℃，150r/min 振荡培养 3～4 天后，将处于对数生长期的 HGE 菌培养液倒入组织捣碎机中，22000r/min 粉碎 20s 制成菌悬液。取 10ml 菌悬液接种于 100ml 新鲜 PDB 中，28℃，150r/min 振荡培养 3 天备用。

1.2.2　固态发酵培养基筛选

1.2.2.1　碳源及最佳浓度确定

分别用等质量的玉米粉、燕麦粉、米粉、小麦粉、甘薯粉和麸皮置换基础培养基 I 中的蔗糖，配制成不同碳源培养基，以基础培养基 I 作为对照。121℃高温灭菌 20min，待培养基冷却后，取经过活化、边缘生长旺盛的直径 5.5mm 菌块作为接种体。将接种体分别接种于不同碳源培养基（直径 9cm）中央，28℃黑暗培养 7 天、11 天后统计产孢量。每个培养皿中加入 10ml 灭菌水（含 0.05%吐温-20），用载玻片轻轻刮下 HGE 菌孢子，四层纱布过滤除去菌丝得孢子悬液。在显微镜下用血球计数板计孢子数，确定产孢量最高的碳源种类。之后将此碳源按 1%、2%、4%、8%、10%和 12%浓度添加到培养基中，11 天后统计产孢量，确定产孢量最高的碳源浓度。培养基灭菌、接种方式、培养条件及孢子收集、计数方法同前。每个处理设 3 次重复。

1.2.2.2　氮源筛选及最佳浓度确定

分别用等质量的（鱼）蛋白粉、大豆蛋白粉、酵母粉、豆粕粉置换基础培养基 I 中的 KNO_3 配制成不同氮源培养基，以基础培养基 I 作为对照，确定产孢量最高的氮源种类。之后将此氮源按 0.05%、0.25%、0.5%、1%、2.5%和 5%浓度添加到培养基中，确定产孢量最高的氮源浓度。培养基灭菌、接种方式、培养条件及孢子收集、计数方法同 1.2.2.1。每个处理设 3 次重复。

1.2.2.3　底物基质对 HGE 菌产孢量的影响

以稻壳（40 目粉碎）、麦秆（40 目粉碎）、花生壳粉（40 目粉碎）、麸皮（不粉碎）和珍珠岩（不粉碎）为基质（100ml/250ml 三角瓶），加入基础培养基 II 混匀，每个处理加蒸馏水 40ml。121℃高温灭菌 40min，待培养基冷却后接入 10ml 菌悬液，28℃黑暗培养 11 天后检测孢子数量。将培养基倒入灭菌的研钵，加入适量灭菌水（含 0.05%吐温-20），轻轻研磨，四层纱布过滤除去培养基和菌丝得孢子悬液。在显微镜下用血球计数板计数孢子，确定产孢量最高的底物基质。每个处理设 3 次重复。

1.2.3 培养条件对产孢量的影响

1.2.3.1 培养基含水量对 HGE 菌产孢量影响

以珍珠岩为透气性底物基质（100ml/250ml 三角瓶，珍珠岩约 7.1g)，加入基础培养基 II 混匀，按基质体积百分比加 10%、20%、30%、40%、50%、60%、80%、100%蒸馏水，确定产孢量最高的培养基含水量。培养基灭菌、接种方式、培养条件及孢子收集、计数方法同 1.2.2.5。每个处理设 3 次重复。

1.2.3.2 温度对 HGE 菌产孢量的影响

以珍珠岩为透气性底物基质（100ml/250ml 三角瓶，珍珠岩约 7.1g)，加入基础培养基 II 混匀，每个处理加蒸馏水 40mL，培养温度分别为恒温 19℃、22℃、25℃、28℃、31℃；变温前 3 天 28℃后 8 天 19℃、前 3 天 28℃后 8 天 22℃、前 3 天 28℃后 8 天 25℃、前 3 天 28℃后 8 天 31℃，确定产孢量最高的培养温度。培养基灭菌、接种方式、培养条件及孢子收集、计数方法同 1.2.2.5。每个处理设 3 次重复。

1.2.3.3 培养条件正交试验

通过单因素实验筛选出培养基含水量和培养温度，结合培养时间作为三个因素，分别取 3 个水平，采用 $L_9(3)^4$ 正交设计表，在三角瓶中进行正交试验，确定 HGE 菌株产孢的最适培养条件。培养基灭菌、接种方式、培养条件及孢子收集、计数方法同 1.2.2.5。每个处理设 3 次重复。

1.2.3.4 接菌量对 HGE 菌产孢量的影响

以珍珠岩为透气性物质，混合基础培养基 II（100ml 装入 250ml 三角瓶)，每个处理加水 40ml。按基质体积 0.5%、1%、2%、4%、5%、6%、8%、10%比例将菌悬液接入培养基中，充分混匀，确定产孢量最高的接菌量。培养基灭菌、接种方式、培养条件及孢子收集、计数方法同 1.2.2.5。每个处理设 3 次重复。

1.3 数据统计分析

所有数据均利用 DPS13.1 进行统计分析。

2 结果与分析

2.1 固体发酵培养基筛选

2.1.1 碳源及其浓度确定

统计 7 天、11 天后各个处理的产孢量，结果表明，培养 7 天后，燕麦粉和米粉产孢量明显高于其他各处理。培养 11 天后，以米粉作为碳源的培养基产孢量显著高于燕麦粉和其他种类的碳源，产孢量达到 1.16×10^8 孢子/皿。

2.1.2 氮源及最佳浓度确定

氮源筛选试验结果表明，以豆粕粉作为氮源的培养基上 HGE 产孢量显著高于其他种类的氮源，产孢量分别达到 1.52×10^7 孢子/皿和 4.78×10^7 孢子/皿。

2.1.3 底物基质对产孢量的影响

在相同培养条件下，以珍珠岩作为底物基质时，HGE 菌的产孢量明显高于其他四种底物基质，孢子产量可达到 1.25×10^6 孢子/干物质。

2.2 最佳产孢条件

2.2.1 培养基加水量对产孢量影响

培养基含水量对 HGE 菌产孢有显著影响。培养 11 天后，发现培养基中添加 30%～40%水分的处理产孢量最高。

2.2.2 温度对产孢量的影响

当培养温度为 25℃时，培养 11 天后 HGE 菌的产孢量最高，可达到 6.30×10^6 孢子/克干物质，其次是恒温 28℃培养。而当温度达到 31℃时，HGE 菌的菌丝体和产孢都受到抑制。

2.2.3 培养条件正交试验

选取培养基加水量、培养温度和培养时间为因素，选用 $L_9(3)^4$ 正交设计表进行培养条件正交试验。试验结果见表 1。

表 1　培养条件正交试验结果

试验	因素 Factors			产孢量（$\times 10^6$ 孢子/g 干物质）
	加水量(%) (A)	温度(℃) (B)	培养时间(天) (C)	
1	30%	25℃	7	3.96 ab
2	30%	28℃	11	2.02 b
3	30%	前 3 天 28℃ 后期 22℃	14	5.78 ab
4	40%	25℃	11	3.20ab
5	40%	28℃	14	7.60 a
6	40%	前 3 天 28℃ 后期 22℃	7	6.53 ab
7	50%	25℃	14	3.98 ab
8	50%	28℃	7	6.09 ab
9	50%	前 3 天 28℃ 后期 22℃	11	5.29 ab
均值 1	3.92×10^6	4.02×10^6	5.42×10^6	
均值 2	5.78×10^6	5.24×10^6	5.86×10^6	
均值 3	5.53×10^6	4.48×10^6	6.09×10^6	
极差	1.86×10^6	1.85×10^6	2.56×10^6	

注：相同字母表示在 5%水平差异不显著(Duncan's 新复极差法)。

3 种因素对 HGE 菌孢子产量的影响程度有所不同，极差分析结果表明 $R_C>R_A>R_B$，培养时间对产孢量影响最大，其次是培养基含水量和培养温度。经方差分析，发现 A、B、C 三个因素的 $P>0.05$，差异不显著。最佳培养条件组合为 $A_2B_2C_3$，即培养基含水量 40%，在培养温度 28℃条件下培养 14 天。

2.2.4　接菌量对产孢量的影响

接菌量对 HGE 产孢量有一定的影响，随着接菌量的不断加大，产孢量明显升高，当接菌量为 8%时，产孢量最高。

3　讨论

由于真菌种类不同，其生长和产孢的营养需要也有很大的区别，但碳源和氮源是最基础的两大营养物质。一般来说，随着培养基中含氮量增加，菌丝体生长旺盛，而较高的含氮量却不利于产孢。本研究发现含氮量高的处理菌丝体生长速度快，菌落面积大，菌丝体较长，但产孢量不高。相反，不产生最大菌丝生长量的氮源能够促进孢子的产生。随着碳源浓度的增加，产孢量也不断增加，达到峰值后产孢量反而下降，原因可能是多余的碳源易造成孢子自溶，导致产孢量下降。生产成本是工业上大规模生产孢子需要解决的重要问题，采用低值糠麸类和废渣类做原料可以大大降低生产成本。本研究选用多种农副产品及下脚料作为碳源、氮源和底物基质，筛选出促进 HGE 菌产孢的最佳碳源和氮源是米粉和豆粕粉。HGE 菌只有在氧气充足的环境下能产生孢子。相同培养条件下，不通气的处理几乎不产生孢子，随着通气量的增加，孢子产量大幅度增加[9]。HGE 菌的这个特征要求底物载体之间空隙大，透气性好，菌丝体生长期间培养基不易结块或结块易粉碎，珍珠岩作为底物基质基本上可以满足上述要求。

HGE 菌在 20～30℃都能生长，温度低于 20℃HGE 菌生长减弱，温度更低时几乎不生长，但温度高于 32℃时，HGE 菌生长完全受到抑制，甚至失活[9]。有文献报道，适合菌丝体生长的温度与产孢的最适温度有所不同，培养前期是菌丝体生长阶段，此时要提供适宜菌丝体旺盛生长的温度，足量的菌丝体是产孢的前提。对数生长期菌株生长速度较快，代谢产生大量生物热使得温度升高，若适当降低温度能够促进散热[10]。但本试验采用的变温培养并没有提高 HGE 菌孢子产量，原因可能是三角瓶内培养基量适中，培养基透气性较好利于散热。

水分也是影响产孢量的关键因素[11]。固态发酵体系所含的水分包括两个部分，即基质含水量与气相中含有的水，底物基质中的水是微生物生长所需水分的主要来源[12]。本文对培养基加水量对 HGE 菌孢子产量的影响做了较细致的研究，试验结果表明在培养基中加入 40%的水对产孢最有利。随着真菌的生长和水分的蒸发造成了发酵后期培养基质过干，保持发酵过程中相对湿度可以缓解这个问题。一般空气湿度保持在 85%～97%[13]，既防止了基质过干，又不会影响空气中的含氧量。本研究在培养箱中进行小试时，将培养箱内的空气湿度控制在 80%左右。

综上所述，本文通过单因素试验和正交试验确定 HGE 菌固态发酵最佳培养基及培养条件为：以珍珠岩为底物基质，在其中添加 4%米粉、1%豆粕粉、0.2%$Na_3PO_4·12H_2O$、0.1% $MgSO_4·7H_2O$，40% H_2O，接入 8%菌悬液，搅拌均匀 28℃静置培养 14 天。

参考文献

[1] 余柳青，陆永良，周勇军，等. 微生物除草剂潜力菌禾长蠕孢稗草专化型[J]. 中国生物防治， 2005，21(增刊)：22-27.

[2] 耿锐梅. 稻田微生物除草剂孢子生产和制剂加工技术的研究[D]. 北京： 中国农业科学院， 2008.

[3] 朱秦， 强胜. 真菌除草剂及其大批量生产工艺研究现状[J]. 杂草科学，2002，20(4): 1-4.

[4] Shearer J F, Jackson. M A. Liquid culturing of microscleratia of *Mycoleptodiscus terrestris*, a potentialbiological control agent for the management of hydrilla[J]. *Biological Control*, 2006, 38: 298-306.

[5] Browers R C. Commercialization of collego™: an industrialist's view[J]. *Weed Science*, 1986, 34: 24-25.

[6] Babu R M, Sajeena A, Seetharaman K. Solid substrate for production of *Alternaria alternata* conidia: a potential mycoherbicide for the control of *Eichhornia crassipes* (water hyacinth)[J]. *Weed Research,* 2004, 44(4): 298-304.

[7] Larena I, A. De Cal, P. Melgarejo. Solid substrate production of *Epicoccum nigrum* conidia for biological control of brown rot on stone fruits[J]. *International Journal of Food Microbiology*, 2004, 94(2): 161-167.

[8] G. Viccini, M. Mannich, D.M.F. Capalbo, et al. Spore production in solid-state fermentation of rice by *Clonostachys rosea*, a biopesticide for gray mold of strawberries[J]. *Process. Biochem*, 2007, 42(2): 275-278.

[9] 段桂芳. 稗草病原菌的生物学评价和利用研究[D]. 北京：中国农业科学院，2002.

[10]王永东， 蒋立科， 岳永德，等. 生防菌株哈茨木霉 4567 固体发酵条件的研究[J]. 浙江大学学报(农业与生命科学版)， 2006， 32(6)： 645-650.

[11]Kiran S N, Sridhar M, Venkateswar R L et al. Ethanol production in solid substrate fermentation using thermotolerant yeast[J].*Process Biochemistry*, 1999, 34: 115-119.

[12]Singhania R R, Patel A K, Soccol C R, et al. Recent advances in solid-state fermentation[J]. *Biochemical Engineering Journal*, 2009, 44: 13-18.

[13]吴其飞，黄达明，陆建明，等. 固态发酵新技术与反应器的研究进展[J]. 饲料工业，2003，24(8)：43-47.

加拿大一枝黄花炭疽菌粗毒素除草活性研究

李俊　卓嘎　董立尧*

（南京农业大学植物保护学院，南京　210095）

摘要：将加拿大一枝黄花病叶上分离得到到一种菊科炭疽菌（*Colletotrichum* spp.）粗毒素采用种子生测法，测定该炭疽菌粗毒素对 6 种田间常见杂草的生物活性。结果表明，该粗毒素对 3 种禾本科杂草旱稗（*Echinochloa crusgali*）、菵草（*Beckmannia syzigachne*）和日本看麦娘（*Alopecurus japonicus*）幼苗的根长、芽长、鲜重均表现出显著的抑制作用，对这 3 种杂草种子的萌发也有一定的抑制作用。而对 3 种阔叶杂草大巢菜（*Vicia sativa*）、醴肠（*Eclipta prostrate*）、野老鹳（*Geranium caroliniamum*）的抑制作用较弱，这表明该炭疽菌粗毒素对杂草的生物活性表现出较为明显的选择性。

关键字：加拿大一枝黄花炭疽菌；粗毒素；生物活性

Herbicide Activity of the Crude Toxin from *Collectrichum* spp. Infecting *Solidago Canadensis*

Li Jun, Zhuo Ga, Dong Liyao

Abstract: A strain of *Collectrichum* spp. was isolated from infected *Solidago canadensis*. The bioactivity of the crude toxin from this strain on six common weeds were evaluated by seed bioassay. The results showed that it could significantly inhibit the root and shoot growth of *Echinochloa crusgali*, *Beckmannia syzigachne* and *Alopecurus japonicas*, as well as their fresh weight of seedlings and seed germination. However, its effect on *Vicia sativa*, *Eclipta prostrate* and *Geranium caroliniamum* were less than those on the gramineous weeds, by which the potential selectivity was suggested.

Key words: Collectrichum spp.; crude toxin; bioactivity

加拿大一枝黄花(*Solidago canadensis*) 属菊科一枝黄花属（*Solidago*）的多年生草本植物，原产于北美，成株平均高度 2m 以上，有的高达 3.5m，具长根状茎，每棵成株可以产生约 2 万粒种子，以根茎和种子繁殖[1]，适应性极强，耐寒，耐干旱，喜欢温暖潮湿的气候条件，要求有充足的阳光，在排水良好的沙质土壤生长良好。并有强烈的排他性，凡入侵之地，除高大乔木外，其他植物三到五年内全部消亡。20 世纪 70 年代传入中国，并在沿海地区繁殖，其扩散蔓延较慢，内陆地区很难看到它的身影。目前已列入我国重要的外来有害植物目录[2]，由于其具有极强的根茎横向扩张繁殖能力以及快速占领空间的能力，在路边、荒地、垃圾填埋场及农田耕地里往往成为优势种并且极易形成单一的群落蔓延成分，与本群落其他物种竞争养分，水分和空间，对农业生态系统造成了较大的危害[3]。

随着杂草微生物防治研究的不断深入，研究杂草病原真菌次生代谢产物，寻找新的天然除草化合物或仿生合成新型除草剂，已经成为农田杂草生物防治研究的热点之一。目前，生物除草剂研究和利用较多的是真菌除草剂[2]。所谓真菌除草剂就是利用来自杂草的植物病原真菌或真菌的代谢产物，加工成一定的剂型后，可以采用类似化学除草剂的使用方式，在条件适宜和必要时大量释放，造成杂草病害的大规模流行从而控制杂草的为害。本文将从加拿大一枝黄花炭疽菌中提取粗毒素，测定其毒素对危害农业生产的 6 种农田常见杂草的活性。

1　材料与方法

1.1　材料

1.1.1　供试培养基

制作固体培养基（PSA）：马铃薯 200g，洗净去皮切成小块，加水 800ml 煮沸半个小时，纱布过滤，再加 20g 葡萄糖，琼脂 20g，充分溶解定容至 1L，分装后高压灭菌。液体培养基（PS）制作方法同固体培养基，区别为不加琼脂。

1.1.2 供试菌株

加拿大一枝黄花炭疽菌（*Colletotrichum* spp.）菌株 CGC-5，分离自田间自然发病的加拿大一枝黄花植株。

1.1.3 供试试剂

乙酸乙酯（AR）；丙酮（AR）。

1.2 方法

1.2.1 菌株培养

菌株 CGC-5 置于 PDA 平板上，25℃黑暗中培养 7 天。用直径为 6mm 的打孔器切取菌落边缘的菌块，接种至含 200ml PS 培养基的三角瓶中，振荡黑暗培养 14 天（25℃，150 rpm），每瓶接种菌饼 6 块。

1.2.2 粗毒素萃取

摇培液用 3 层纱布滤去菌丝。将滤液用等体积的乙酸乙酯萃取 5 次，并减压蒸馏（40℃），获得粗毒素。粗毒素用丙酮配制成 20mg/ml 母液，备用。

1.2.3 粗毒素对杂草的抑制作用

采用培养皿滤纸法[4]。在 9cm 培养皿中垫入一张滤纸，选取大小一致、饱满的杂草种子，每皿放置 30 粒。将粗毒素母液用蒸馏水稀释，配成 400μg/ml，200μg/ml，100μg/ml 的粗毒素溶液。每个培养皿中加 5ml 粗毒素溶液，放置于光照培养箱中培养。旱稗、醴肠培养条件为白天 30℃，夜间 25℃，光周期为 12L∶12D；茵草、日本看麦娘、大巢菜、野老鹳培养条件为白天 20℃，夜间 15℃，光周期为 12L∶12D。每个浓度设 4 个重复，以蒸馏水为对照。14 天后记录杂草种子萌发数（芽长≧2mm 被认为是发芽），并测量根长、芽长及鲜重（为根和芽的总体鲜重）。

1.2.4 数据与处理

根据调查数据，计算粗毒素处理后杂草种子的萌发率，根长、芽长及鲜重抑制率。显著性分析采用 Duncan's 新复极差法（P=0.05）。

$$\text{萌发率（\%）}=\frac{\text{处理后萌发种子数}}{30}\times 100$$

2 结果与分析

2.1 粗毒素对旱稗的抑制作用

由表 1 可知，不同浓度粗毒素对旱稗种子萌发没有显著影响，各处理浓度下旱稗种子萌发率无显著性差异。粗毒素可显著抑制旱稗的根长、芽长和鲜重，且随浓度升高而抑制作用增强，在 400μg/ml 时抑制率分别为 91.99%、65.55%和 87.50%，其中对根长的抑制作用最强。

表 1 不同浓度粗毒素对旱稗的抑制作用

粗毒素浓度 (μg/ml)	萌发率%	根长 (cm)	根长抑制率（%）	芽长(cm)	芽长抑制率（%）	鲜重(g)	鲜重抑制率（%）
0	90.00±0.067a	3.620±0.243a	—	3.890±0.185a	—	0.056±0.005a	—
100	86.67±0.033a	2.497±0.263b	31.02	3.853±0.136a	0.95	0.050±0.002b	10.71
200	86.67±0.033a	0.940±0.053c	74.03	2.430±0.469b	37.53	0.026±0.006c	53.57
400	82.22±0.051a	0.290±0.017d	91.99	1.340±0.053c	65.55	0.007±0.004d	87.50

注：不同字母表示具有显著性差异（P=0.05）

2.2 粗毒素对茵草的抑制作用

由表 2 可知，粗毒素可显著抑制茵草种子的萌发，在 400μg/ml 时茵草种子萌发率仅为 31.11%，显著低于对照组萌发率。粗毒素还可显著抑制茵草幼苗根长、芽长及鲜重，在 400μg/ml 时抑制率分别 97.59%、94.13%和 98.31%。

表 2　不同浓度粗毒素对茼草的抑制作用

粗毒素浓度(μg/ml)	萌发率(%)	根长 (cm)	根长抑制率（%）	芽长(cm)	芽长抑制率（%）	鲜重(g)	鲜重抑制率（%）
0	83.33±0.033a	1.368±0.094a	—	2.267±0.153a	—	0.059±0.004a	—
100	82.22±0.038a	0.200±0.082b	85.38	1.400±0.300b	38.24	0.022±0.008b	62.71
200	70.00±0.067b	0.100±0.000b	92.69	0.933±0.116c	58.84	0.008±0.002c	86.44
400	31.11±0.069c	0.033±0.047b	97.59	0.133±0.058d	94.13	0.001±0.001d	98.31

注：不同字母表示具有显著性差异（P=0.05）

2.3　粗毒素对日本看麦娘的抑制作用

由表 3 可知，粗毒素在 400μg/ml 可显著抑制日本看麦娘种子的萌发；在 100μg/ml 即可显著抑制日本看麦娘的根长和鲜重，抑制率分别为 90.91%和 85.71%；在 200μg/ml 可显著抑制日本看麦娘的芽长，抑制率为 92.50%。

表 3　不同浓度粗毒素对日本看麦娘的抑制作用

粗毒素浓度(μg/ml)	萌发率(%)	根长 (cm)	根长抑制率（%）	芽长(cm)	芽长抑制率（%）	鲜重(g)	鲜重抑制率（%）
0	57.78±0.039a	3.300±0.700a	—	2.667±0.839a	—	0.112±0.083a	—
100	46.67±0.088a	0.300±0.100b	90.91	1.567±0.971a	41.24	0.016±0.011b	85.71
200	51.11±0.069a	0.067±0.058b	97.97	0.200±0.001b	92.50	0.002±0.001b	98.11
400	8.89±0.019b	0.033±0.058b	99.00	0.133±0.058b	95.01	0.001±0.000b	99.11

注：不同字母表示具有显著性差异（P=0.05）

2.4　粗毒素对大巢菜的抑制作用

由表 4 可知，粗毒素对大巢菜种子萌发无影响，各浓度处理大巢菜种子萌发率均为 100.00%；对大巢菜根长的影响也相对较小，仅在 400μg/ml 时可显著抑制其根长，抑制率为 13.08%；在 200μg/ml 可显著抑制大巢菜芽长及幼苗鲜重，抑制率分别为 16.67%和 30.05%。

表 4　不同浓度粗毒素对大巢菜的抑制作用

粗毒素浓度(μg/ml)	萌发率(%)	根长 (cm)	根长抑制率（%）	芽长(cm)	芽长抑制率（%）	鲜重(g)	鲜重抑制率（%）
0	100.00±0.000a	2.033±0.153a	—	4.800±0.173a	—	0.426±0.017a	—
100	100.00±0.000a	1.867±0.058ab	8.17	4.567±0.252ab	4.85	0.407±0.018b	4.46
200	100.00±0.000a	1.833±0.116ab	9.84	4.000±0.100b	16.67	0.298±0.005c	30.05
400	100.00±0.000a	1.767 ±0.153b	13.08	3.400±0.436c	29.17	0.286±0.028c	32.86

注：不同字母表示具有显著性差异（P=0.05）

2.5　粗毒素对醴肠的抑制作用

由表 5 可知，粗毒素对醴肠种子萌发无显著影响；对醴肠根长的影响也相对较小，在 200μg/ml 时抑制率为 10.84%；在 100μg/ml 可显著抑制醴肠芽长及幼苗鲜重，抑制率分别为 28.51%和 20.00%。

表 5 不同浓度粗毒素对醴肠的抑制作用

粗毒素浓度(μg/ml)	萌发率(%)	根长 (cm)	根长抑制率（%）	芽长(cm)	芽长抑制率（%）	鲜重(g)	鲜重抑制率（%）
0	96.67±0.033a	2.767±0.058a	—	0.933±0.058a	—	0.030±0.001a	—
100	96.67±0.033a	2.667±0.058ab	3.61	0.667±0.058b	28.51	0.024±0.001b	20.00
200	93.33±0.067a	2.467±0.058bc	10.84	0.627±0.058b	32.80	0.013±0.002c	56.67
400	93.33±0.033a	2.267±0.116c	18.07	0.533±0.058c	42.87	0.012±0.002c	60.00

注：不同字母表示具有显著性差异（P=0.05）

2.6 粗毒素对野老鹳的抑制作用

由表 6 可知，粗毒素对野老鹳种子萌发无显著影响；仅在 400μg/ml 可显著抑制野老鹳根长、芽长及鲜重，抑制率分别为 20.30%、6.67%和 10.85%。

表 6 不同浓度粗毒素对野老鹳的抑制作用

粗毒素浓度(μg/ml)	萌发率(%)	根长 (cm)	根长抑制率（%）	芽长(cm)	芽长抑制率（%）	鲜重(g)	鲜重抑制率（%）
0	88.33±0.029a	4.433±0.586a	—	1.500±0.002a	—	0.258±0.015a	—
100	86.67±0.029a	4.433±0.058a	0.00	1.467±0.058ab	2.20	0.238±0.025ab	7.75
200	85.00±0.050a	4.167±0.058ab	6.00	1.435±0.012ab	4.33	0.233±0.008ab	9.69
400	81.67±0.076a	3.533±0.322b	20.30	1.400±0.011b	6.67	0.230±0.014b	10.85

注：不同字母表示具有显著性差异（P=0.05）

3 结论与讨论

随着全球绿色农业的不断发展和人们环保意识的日益提高，政府和企业更加重视生物农药的开发和研究，加之植物毒素自身广谱高效、对人、畜无毒或低毒、易被生物降解等特点，将促进生物农药在杂草防除中的应用和发展。由于杂草病原微生物在对杂草的控制效果、环境安全和生产加工等方面的优势，使得包括真菌等微生物除草剂日益受到人们的重视。王惠等(2004)研究发现在反枝苋和牵牛花出苗 3 天后喷洒灰葡萄孢毒素，24h 对其幼苗毒杀活性达 100%，而对禾本科作物影响很小，因此灰葡萄孢毒素可以作为禾本科作物的苗后除草剂[5]。张金林等（2001）研究发现葱叶枯病菌毒素可开发成防除禾本科杂草（马唐、狗尾草等）的苗前、苗后处理剂[6]。

本研究发现加拿大一枝黄花炭疽菌毒素对旱稗、茼草、日本看麦娘、人巢菜、醴肠、野老鹳等杂草根长、芽长的生长表现出均有一定的抑制作用，并与浓度高低有密切的关系，浓度越大，影响越大。而且对禾本科杂草的抑制作用显著强于阔叶杂草。可以考虑继续对加拿大一枝黄花粗毒素做更深入系统的研究，试验将该粗毒素是否可以进入大田作为一些作物田的生物除草剂开发利用，而减少化学除草剂的使用量，以达到既保护环境又延缓杂草抗药性产生的双重目的。

参考文献：

[1] 吴保峰，刁治民，熊亚. 微生物除草剂的研究现状及应用前景[J]. 青海草业，2004， 13(2)：34-39.
[2] 方芳，郭水良，黄标兵. 入侵杂草加拿大一枝黄花的化感作用[J]. 生态科学，2004，23(4)：331.334.
[3] 郭水良，方芳. 入侵植物加拿大一枝黄花对环境的生理适应性研究[J] ，植物生态学报，2003，27 (1)：47 - 52.
[4] 曾任森. 化感作用研究中的生物测定方法综述[J]. 应用生态学报，1999，10(1)：123-126.
[5] 王惠，董金皋，商鸿生. 灰葡萄孢毒素的生物活性测定和除草活性成分分离研究[J]. 中国农业科学，2004，37(2)：233-237.
[6] 张金林，董金皋，樊慕贞等. 葱叶枯病菌 *Stemphylium botryosum* 毒素的分离与除草活性研究[J]. 农药学学报，2001，3(2)：60-66.

陆英致病菌的分离和鉴定

徐丽兰[1,2] 胡军华[7*] 姚廷山[2] 李鸿筠[2] 刘浩强[2] 冉春[2] 刘娟[1,2]

（1. 西南大学园艺园林学院；2. 西南大学柑橘研究所，重庆 400712）

摘要：采用组织分离法从感病陆英（*Sambucns chinensis*）植株上，得到 14 株真菌菌株，经离体叶片接种试验，确定其中 6 株致病菌，编号为 Sc1-1、Sc1-3、Sc1-4、Sc1-5、Sc2-3、Sc2-5。菌株 Sc1-1、Sc1-3 和 Sc2-5 致病力较强，菌株 Sc2-3 致病力最弱，通过形态学观察和 rDNA ITS 序列分析鉴定发现，Sc1-1 为 *Botryotinia fuckelian*；Sc1-3 为 *Fusarium equiseti*；Sc2-5 为 *Alternaria tenuissma*；Sc1-4、Sc1-5 和 Sc2-3 均为 *Alternaria alternate*。本研究为微生物控制柑橘园优势杂草陆英提供了依据。

关键词：陆英；致病菌；分离鉴定；微生物除草剂

Isolation and identification of pathogens from *Sambucns chinensis*

Xu Lilan[1,2], Hu Junhua[2*], Yao Tingshan[2], Li Hongjun[2], Liu Haoqiang[2], Ran Chuen[2], Liu Juan[1,2]

（1. *College of Gardening And Park, University of Southwest China*；2. *Orange Research Institute, University of Southwest China*，*Chongqing* 400712, *China*）

Abstract：Six pathogens were isolated from *Sambucns chinensis* by using tissue isolation and pathogenic test.The pathogenicity of Sc2-3 strain was the lowest while Sc1-1、Sc1-3 and Sc2-5 strain were higher. Morphological observation and rDNA ITS sequence analysis were adopted to identify the taxonomic status that strain Sc1-1 is *Botryotinia fuckeliana*,Sc1-3 is *Fusarium equiseti*,Sc2-5 is *Alternaria tenuissma* and Sc1-4、Sc1-5、Sc2-3 are all *Alternaria alternate*. The study gives a new idea for the development of microbial herbicides of *Sambucns chinensis*.

Key words：*Sambucns chinensis*; pathogens; isolation and identification; microbial herbicides

陆英（*Sambucns chinensis*）为忍冬科的多年生杂草，别名接骨草、七叶金等，常见于果园、山坡、路旁、溪边、灌丛中，产于长江以南地区，是柑橘园中的优势杂草，其植株高大、根系发达、争夺养分能力强，可造成遮光，阻碍树木正常生长，使柑橘产量降低、品质下降。目前在柑橘园中清除杂草主要使用化学除草剂＝草甘膦，但草甘膦对陆英防除效果很差，大部分靠人工除草，而且陆英的根系相当发达，生命力顽强，人工除草后不久又会长出新芽，大大提高了控制成本。

目前关于陆英致病菌的研究还未见报道。我们在田间发现了一些感染病害的陆英植株，对陆英的致病菌进行了分离鉴定，为陆英的微生物防控提供一定依据。

1 材料与方法

1.1 材料

供试材料：2009 年 12 月 17 日于中国农业科学院柑橘所（重庆北碚）柑橘园内采集感病陆英植株。

供试培养基：马铃薯葡萄糖琼脂培养基(PDA)：马铃薯（去皮）200g，琼脂 20g，葡萄糖 20g，加水定容至 1000 ml。

1.2 方法

1.2.1 症状观察、致病菌的分离

观察采集的感病陆英植株，记录病害症状。

致病菌的分离与纯化采用组织分离法[1]，选取带有典型病斑的陆英叶片，用清水冲洗干净，在病健交界处剪取 2 mm×2 mm 大小的组织块，依次在 70%的酒精中消毒 10 s，在无菌水中连续漂洗 3 次，取出后用灭菌的滤纸吸去多余的水分后放在 PDA 平板上，于

*通讯作者：E-mail: dhujh@yahoo.com.cn

25℃恒温培养箱中培养，待形成菌落后，切取典型菌落边缘的菌丝块，移植到新的 PDA平板上培养获得分离物的纯培养，4℃保存备用。

1.2.2 致病性测定

采用离体叶片针刺法[2]进行致病性测定。选取陆英植株枝条顶端展开的健康新叶，自来水清洗浸泡30 min，无菌水冲洗3次后，用无菌滤纸吸干叶面水分，将叶片背面朝上放在铺有湿润滤纸的培养皿里；然后在叶背面离叶缘0.3～0.5 cm处用解剖针针刺造成微伤口，以刺破下表皮而上表皮完好为准。以少量无菌脱脂棉包裹叶柄并浸水保湿，待用。在生长有待测真菌菌落的平板上滴入5 ml无菌水，用涂布棒轻轻涂抹，将菌落上的分生孢子洗下，孢子悬浮液用2层纱布过滤后装入小型喷雾器，喷于叶片背面，将叶片放入垫有湿润滤纸的培养皿内，放在25℃、12 h光照/12 h黑暗的恒温培养。以无菌水为对照，每处理3次重复，试验重复3次。接种后每隔一天观察发病情况。若有发病症状，则判断为陆英的致病菌。

1.2.3 致病菌的鉴定

1.2.3.1 形态学鉴定

在光学显微镜下观察6株致病菌的菌丝、分生孢子、分生孢子梗等形态。

1.2.3.2 分子生物学鉴定

将致病菌接种于150 mlPDA液体培养液中，25℃下振荡培养3 天，1000r/min离心8 min，弃上清；采用CTAB法提取总DNA。采用rDNA ITS通用引物ITS1(5'-TCCGTAGGTGAACCTGCGG-3')与ITS4(5'-TCCTCCGCTTATTG ATATGC-3')进行扩增[3]，PCR反应体系：共25 μl，其中DNA模板2.0 μl(<1μg)、引物(5pmol/μl)1 μl、10×Taq缓冲液（无Mg^{2+}）2.5 μl、Mg^{2+} (25 mM) 2.0 μl、dNTP (2.5 mM) 2.0 μl、Taq聚合酶(2.5U/μl) 0.3 μl，ddH_2O 15.2 μl。PCR扩增条件为：94℃预变性5 min、9 ℃变性40 s、56℃退火40s、72℃延伸30 s，共30循环，72℃补充延伸10 min。 PCR产物用1.0％琼脂糖电泳检测。序列测定由英潍捷基（上海）贸易有限公司完成，序列在NCBI上进行BLAST分析。

2 结果和分析

2.1 症状

感病陆英植株病斑主要发生在叶片上，最初仅出现较小的黑斑，渐渐地整个叶片黄化变褐，严重时候整个植株褐变，腐烂，最终植株死亡（图1）。

图1 感病陆英症状

Fig.1 Symptoms of susceptible *Sambucns chinensis*

2.2 致病菌的分离及致病性测定

通过组织分离法从陆英感病植株上分离纯化得到14株真菌。离体叶片接种表明，接种5d后，菌株Sc1-1、Sc1-3、Sc1-4、Sc1-5、Sc2-3、Sc2-5可导致陆英叶片出现病斑，其中接种菌株Sc1-1、Sc1-3、Sc2-5的陆英叶片完全变褐；接种菌株Sc1-4、Sc1-5、Sc2-3的陆英叶片出现病斑(图2)。与田间自然感病症状一致，由此推测Sc1-1、Sc1-3、Sc1-4、Sc1-5、Sc2-3、Sc2-5菌株是陆英的致病菌。

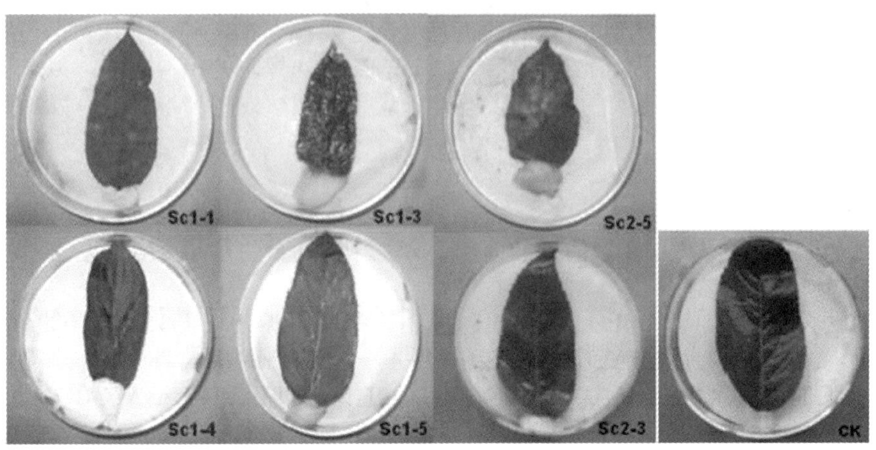

图2 6个菌株的致病性测定

Fig.2 Symptom induced by six strains on leaves of *Sambucns chinensis*

2.3 致病菌形态学特征

表1 6株致病菌的形态学特征

菌株编号	形态特征	分类地位
Sc1-1	菌落灰白色，疏松，产黑色素，子座顶部分泌透明液滴；菌丝近无色至淡灰色，分枝，具隔膜；子囊孢子单孢，无色，椭圆形	子囊菌门，锤舌菌纲，柔膜菌目，核盘菌科，葡萄孢盘菌属
Sc1-3	菌落白色，气生菌丝稀疏，子座顶部分泌透明液滴；菌丝近无色至白色，分枝，具隔膜；分生孢子镰刀形，细长，顶胞渐尖	子囊菌门，盘菌亚门，粪壳菌纲，肉座菌目，镰刀菌属
Sc1-4 Sc1-5 Sc2-3	菌落灰绿色，中间气生菌丝厚，顶端灰白色，同心轮纹状生长产黑色素，放射状生长；菌丝近无色至白色，分枝，具隔膜；分生孢子梗由菌丝顶端生成，或从菌丝侧生，倒梨形；孢子基部钝圆形，脐部明显，孢身褐色；具横、纵、或斜的真隔膜菌落灰绿色，中间气生菌丝厚，顶端灰白色，同心轮纹状生长产黑色素，放射状生长；菌丝近无色至白色，分枝，具隔膜；分生孢子梗由菌丝顶端生成，或从菌丝侧生，倒梨形；孢子基部钝圆形，脐部明显，孢身褐色；具横、纵、或斜的真隔膜	子囊菌门，盘菌亚门，格孢腔菌目，隔孢菌科，链格孢属子囊菌门，盘菌亚门，格孢腔菌目，隔孢菌科，链格孢属
Sc2-5	菌落灰绿色，气生菌丝灰白色，绒毛状，产黑色素；菌丝近浅褐色色至褐色，分枝，具隔膜；分生孢子梗由菌丝顶端生成，倒梨形，或田子形；孢子基部钝圆形，脐部明显，孢身褐色；具横、纵、或斜的真隔膜	子囊菌门，盘菌亚门，格孢腔菌目，隔孢菌科，链格孢属子囊菌门，盘菌亚门，格孢腔菌目，隔孢菌科，链格孢属

注：分类地位根据邵力平等著的《真菌分类学》[4]中公布的分类系统检索后确定

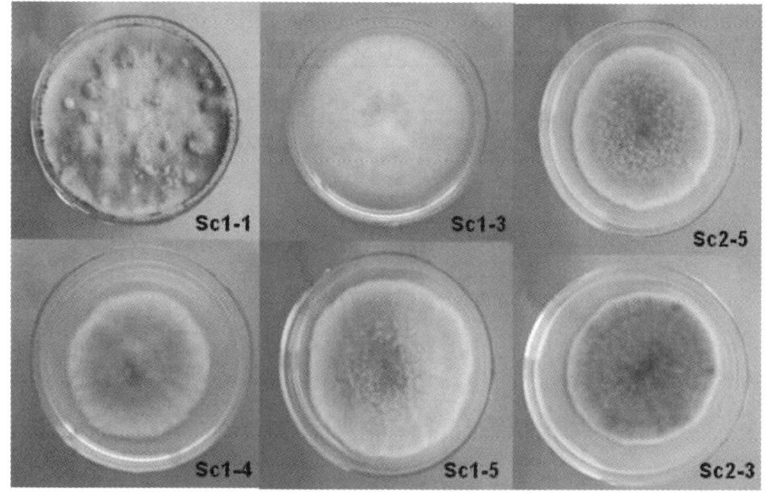

图3　6株致病菌菌落形态

Fig.3　The colonies of the six isolated strains on PDA

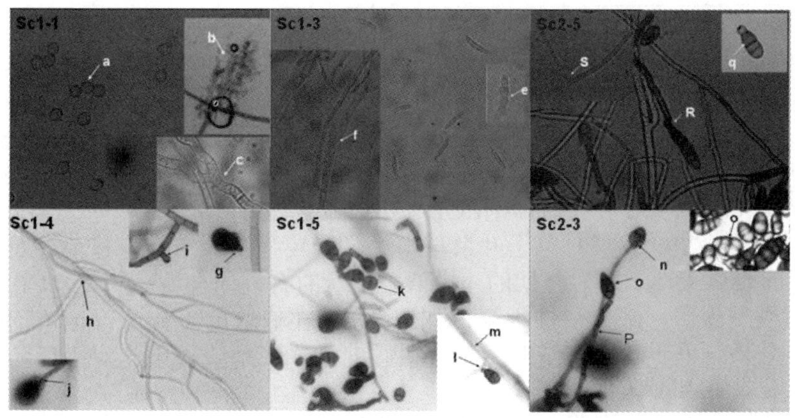

图4　6株致病菌的菌丝和分生孢子

Fig.4　Mycelium and conidiophores of the six isolates

a.c.g.k.o.q：Sc1-1，Sc1-3，Sc1-4，Sc1-5，Sc2-3，Sc2-5的分生孢子

c.f.h.m.p.s：Sc1-1，Sc1-3，Sc1-4，Sc1-5，Sc2-3，Sc2-5的菌丝

b.i.l.n.r：Sc1-1，Sc1-4，Sc1-5，Sc2-3，Sc2-5的分生孢子梗

2.4　分子生物学鉴定结果

经过序列比对，发现致病菌 Sc1-1 的 rDNA ITS 序列与 *Botryotinia fuckeliana* 有 99%的同源性，结合形态学特征推断 Sc1-1 为子囊菌门 Ascomycota、锤舌菌纲 Leotiomycetes、柔膜菌目 Helotiales、核盘菌科 Sclerotiniaceae、葡萄孢盘菌属 *Botryotinia* 的 *Botryotini fuckeliana*；Sc1-3 的 rDNA ITS 序列与 *Fusarium equiseti* 有 100%的同源性，结合形态学特征推断 Sc1-3 为盘菌亚门 Pezizomycotina，粪壳菌纲 Sordariomycetes，肉座菌目 Hypocreales，镰刀菌属 Fusarium.的 *Fusarium equiseti*；Sc1-4、Sc1-5、Sc2-3 的 rDNA－ITS 序列与 *Alternaria alternate* 有 100%的同源性，从而推断 Sc1-4、Sc1-5、Sc2-3 为盘菌亚门 Pezizomycotina、格孢腔菌目 Pleosporales、隔孢菌科 Pleosporaceae、链格孢属 *Alternaria* 的 *Alternaria alternate*；Sc2-5 的 rDNA-ITS 序列与 *Alternaria tenuissma* 有 100%的同源性，从而推断 Sc2-5 为盘菌亚门 Pezizomycotina、格孢腔菌目 Pleosporales、隔孢菌科 Pleosporaceae、链格孢属 *Alternaria* 的 *Alternaria tenuissma*。具体信息见表 2。

表2　6株致病菌rDNA－ITS序列比对结果

Tab.2　Compared results of rDNA－ITSsequences from six isolated strains

Strain No.	Sequence length/bp	Accession No.	Microorganism Species	Indentities	Expect
Sc1-1	499	qb|HM849615.1|	*Botryotinia fuckeliana*	162/163(99%)	8e-105
Sc1-3	507	qb|HQ332532.1|	*Fusarium equiseti*	168/168(100%)	2e-109
Sc1-4	525	qb|HQ647314.1|	*Alternaria alternate*	174/174(100%)	3e-113
Sc1-5	519	qb|HQ647314.1|	*Alternaria alternate*	172/172(100%)	4e-112
Sc2-3	528	qb|HQ647314.1|	*Alternaria alternate*	175/175(100%)	3e-114
Sc2-5	526	qb|HQ647307.1|	*Alternaria tenuissma*	173/174(99%)	6e-113

3　结论与讨论

本实验首次从感病陆英植株上分离得到6株致病菌，其中，Sc1-1为葡萄孢盘菌属的*B. fuckeliana*；Sc1-3为镰刀菌属的*F. equiseti*；Sc2-5为链格孢属的*A.tenuissma*；Sc1-4、Sc1-5、Sc2-3均为链格孢属的*A.alternate*。

郑蒙[6]等人已经分离了灰葡萄孢BC7．3菌株除草活性组分，鉴定其为l0_顺_二氢化灰霉二醛[9]，纯度达99.38％对单子叶杂草马唐具有较强杀除活性。目前，对灰葡萄孢毒素报道较多的是以灰霉二醛为骨架的一类低分子量的有机化合物[7-10]。这类毒素能够造成霉菌感染的典型损伤，部分活性很高，如Botrydial在低浓度下就可以使植物叶片表现典型的症状，对某些单子叶和双子叶植物有很强的抑制或杀除作用，对小鼠的毒性不高，因此有望开发成生物除草剂。

已报道链格孢毒素具有降低空心莲子草和紫茎泽兰叶片生理生化活性的作用[11,12]，对紫茎泽兰叶片的致病性与抑制叶片光合作用相关[13]。利用链格孢菌毒素开发除草剂的研究以 AAL-toxin 开展得最深入。Abbas 等(1993) 报道了 AAL-toxin 对龙葵和曼陀罗有防除效果[14]并于 1995 年申请专利[15]。万佐玺等对寄生于紫茎泽兰的链格孢菌产生的毒素进行了较为详细的研究，认为该毒素有一定的选择性、活性高、有潜力开发为防除紫茎泽兰及其他杂草的生化除草剂[16,17]。

在柑橘园里镰刀菌一般为弱寄生菌，镰刀菌毒素属于非寄主选择性毒素[18]。非寄主选择性毒素亦称非寄主专化性毒素(host-non-specifictoxin，NHST)，这类毒素没有严格的寄主专化性和选择性，不仅对寄主植物而且对一些非寄主植物都有一定的生理活性，使之发生全部或部分症状。蕉斑镰刀菌 32-6 菌株作为空心莲子草的生防菌在室内和田间条件下得到验证[19-21]。

下一步我们将进行这6株致病菌的对柑橘的的安全性测定、对其他杂草的致病性测定和致病机理研究，从中选出对柑橘和作物安全且杀草谱广的菌株。

参考文献

[1] 方中达．植病研究方法（第三版）[M]．北京：中国农业出版社，1998：124.

[2] 刘娟，胡军华，姚廷山，等．卡里佐枳橙幼苗病害致病菌的分离和鉴定[J]．中国南方果树, 2010, 39(05)：4-7.

[3] 赵杰. ITS序列分析及其在植物真菌病害分子检测中的应用[J]．陕西农业科学，2004(04)：35-37.

[4] 邵力平，沈瑞祥，张索轩．真菌分类学[M]，北京：中国林业出版社，1984.

[5] 向梅梅，曾永三，刘任，等. 莲子草假隔链格孢的寄主范围及对空心莲子草的控制作用[J]. 植物病理学报，002，32：286-287.
[6] 郑蒙，徐扩，董金皋. 灰葡萄孢BC7. 3菌株除草活性组分的纯化与结构鉴定[J]. 微生物学报，2008，48(10)： 1362-1366.
[7] 周金燕，吴凯宇，雷宝良，等. 灰葡萄孢代谢产物的分离与生物活性[J]. 应用与环境生物学报，1993，8(05)：532-534.
[8] Marumo S，Katayama M， Komori E，et a1. Microbial produc-tion of abscisic acid by *Botrytis cinema*[J]. *Agriculture and Biological Chemistry*，1982，46: 1967.
[9] Collado IG Camoral JM ， Galan RH ， al. Metabolites from a shake culture of *Botrytis cinerea*[J]. *ytochemistry*，1995，3(03): 647-650.
[10] Cooper LD，Oliver JE，Ⅵ lbiss ED， et a1. Lipid composition of the extracellular matrix of Botrytis cinerea germlings[J]. *Phytocemistry*. 2000，53: 293-298.
[11] 周兵，闫小红， 郭年梅，等. 链格孢毒素细交链孢菌酮酸对空心莲子草叶片生理生化特性的影响[J]. 江苏农业学报，2010， 26(03)：503-507.
[12] 万佐玺， 朱晶晶，强胜. 链格孢菌毒素对紫茎泽兰的致病机理[J]. 植物资源与环境学报，2001，10(03)：47-50.
[13] DAI Xin-bin， CHEN Shi-guo，QIANG Sheng，et al. Effect of Toxin Extract from Alternaria alternata(Fr.) Keissler on Leaf Photosynthesis of Eupatorium adenophorum Spreng[J]. ACTA PHYTOPATHOLOGICA SINICA 34(01): 55-60.
[14] Abbas H K，Vesonder R F, Boyette C D，etal . Phytotoxicity of AAL - toxin and other compounds produced by *Alternaria alternate* to jimsonweed (Daturastramonium)[J]. Can. J，Bot，1993，71: 155-160.
[15] Weaver，Tara. New Bioherbicide Controls Several Weeds. Agricultural，1997-10-29.
[16] 万佐玺，强胜，徐尚成，等. 链格孢菌的产毒培养条件及其毒素的致病范围[J]. 中国生物防治，2001，17(01)：10-15.
[17] 万佐玺，强胜，吴永尧. 链格孢菌毒素的分离及活性测定[J]. 北华大学学报，2001，2(05)：428-430.
[18] 刘开军，罗少波，王亚琴，等. 镰刀菌毒素对植物形态和结构的影响[J]. 中国农学通报，2010，26(04)：53-56.
[19] 郑燕梅，王源超，乔广行，等. 空心莲子草病原真菌的筛选与生防潜力的研究[J]. 南京农业大学学报, 2006, 29(02)：57-60.
[20] 庄义庆，何东兵，王源超，等. 空心莲子草病原菌—蕉斑镰刀菌菌株的筛选及其致病性测定[J]. 中国生物防治，2008，24(03)：262-266.
[21] 庄义庆，陈宏州，何东兵，等. 不同接种条件下蕉斑镰刀菌对空心莲子草致病效果的研究[J]. 杂草科学，2008(03)：30-33.

烟嘧磺隆高效降解菌株 YB1 产酶条件的优化

康占海　芦仙慧　李建强　张金林

（河北农业大学植物保护学院，保定　071001）

摘要：以本实验室保存的一株具有高效降解烟嘧磺隆活性的枯草芽孢杆菌 YB1(*Bacillus subtilis*)为研究对象，通过单因素试验对 YB1 菌株降解烟嘧磺隆产酶条件进行了优化。结果显示：YB1 菌株在好氧条件下能以烟嘧磺隆作为唯一碳源生长，其降解酶为胞外酶，可通过烟嘧磺隆诱导表达；YB1 菌株在 LB 液体培养基中，当烟嘧磺隆浓度为 40 mg/L，接种量为 4.5×10^9 CFU/ml，培养时间 96 h，初始 pH 值为 8.0，温度 30 ℃，酶比活最高，为 89.34 U/mg。

关键词：枯草芽孢杆菌；烟嘧磺隆；降解作用

Optimization of culture conditions on production of nicosulfuron-degrading enzyme from *Bacillus subtilis* strain YB1

Kang Zhanhai, Lu Xianhui, Li Jianqiang, Zhang Jinlin

(College of Plant Protection；Agricultural University of Hebei, Baoding 071001, China)

Abstract: *Bacillus subtilis* strain YB1 was isolated and preserved in our laboratory, which showed higher nicosulfuron-degrading activity. Optimization of culture conditions on production of nicosulfuron-degrading enzyme from *Bacillus subtilis* strain YB1 were carried out through mono-factor experiments. The results showed that *Bacillus subtilis* YB1can use nicosulfuron as sole carbon source under aerobic condition. The key enzyme(s) involved in the initial biodegradation of nicosulfuron was localized to extracellular proteins and showed to be induced expressed. Enzyme specific activity was up to 88.07 $U\cdot mg^{-1}$ at pH 8.0 and 30 ℃, incubation for 96 h, inoculum 4.5×10^8 $CFU\cdot ml^{-1}$ in Luria-Bertani liquid medium with nicosulfuron of 40 $mg\cdot l^{-1}$.

Key words: *Bacillus subtilis*；nicosulfuron；degradation

烟嘧磺隆属于磺酰脲类除草剂，杀草谱广，活性高，田间使用量低，除草效果好，是目前玉米田应用最为广泛的苗后茎叶处理剂。该药剂是内吸传导型除草剂，在土壤中的移动性较强，易造成地下水的污染，特别是在生产该除草剂的生产企业排出的工业废水中烟嘧磺隆含量较高，因此，对水体中烟嘧磺隆降解作用进行研究，具有一定的现实意义[1]。

在农药降解研究领域中，微生物的降解作用引起了广泛关注。对于微生物降解农药的研究主要集中于细菌，细菌降解农药的本质是酶促反应[2,3]。降解酶常比产生这类酶的微生物菌体更能忍受异常环境条件，并且酶的降解效果远胜于微生物本身。随着生物工程技术的发展，构建高效降解工程菌株，已成为广大科研工作者研究的主要方向之一[4]。基因工程技术的利用使人们可按照人类的需要组建具有特殊功能的降解质粒，产生出降解效率高、降解范围广、表达稳定的新的菌株。随着基因工程进一步发展，微生物在农药降解方面的潜力会得到更充分的体现[5,6]。

利用微生物降解烟嘧磺隆的研究鲜见报道，本实验室已分离得到了对烟嘧磺隆具有高效降解作用的枯草芽孢杆菌 YB1 菌株[7]。本研究主要对 YB1 菌株降解烟嘧磺隆产酶条件进行了优化，为进一步将其加工成微生物制剂和酶制剂以及微生物与酶的复合制剂的研究奠定基础。

1　材料与方法

1.1　供试菌种

YB1 菌株（*Bacillus subtilis*），本实验室保存。

1.2　供试培养基

LB 液体培养基：酵母膏 5.0 g，蛋白胨 10.0 g，NaCl 10.0 g，去离子水 1000 ml，pH 值为 7.0～7.5。

LB 固体培养基：1 L LB 液体培养基中加入 16 g 琼脂粉。

1.3　供试方法

1.3.1　YB1 菌株的培养

在 LB 固体平板上接种 YB1 菌株，置于 30℃恒温箱培养 24 h 后在超净工作台内挑取单菌落转接到 200 ml LB 液体培养基中，置于 30℃摇床上，在 150rpm 下震荡培养 72 h。

1.3.2 YB1 菌株降解酶的提取

1.3.2.1 胞外酶的提取

培养 72 h 的 YB1 菌液，以 6000 rpm 离心 10 min，取上清液。将沉淀重悬于 0.02 mol/l 的磷酸缓冲液中，混合均匀后 6000 rpm 离心 10 min，取上清液，合并两次上清液，利用丙酮沉淀法[8]提取胞外酶。

1.3.2.2 膜周质酶的提取

将沉淀重悬于 10 ml 25%的蔗糖溶液中，然后重悬于 25℃的摇床中振荡 10min，再将其倒入离心管中用冷冻离心机 10000 rpm 离心 10 min，去除上清液后沉淀再加冷双蒸水重悬在冰水溶液中振荡 10 min，然后用冷冻离心机 10000rpm 离心 10 min，上清液即为周质酶。

1.3.2.3 胞内酶的提取

将 1.3.2.2 得到的沉淀重悬于冷的磷酸缓冲液中，以 2 倍菌体体积加入缓冲液置于冰浴中超声波裂解(200 W)30 min（破碎 5 s，间隔 10 s），4℃ 6000 rpm 离心 10 min，上清液即为胞内粗酶液。

1.3.3 蛋白质含量的测定

按 Bradford 法（1976）[9]测定样品中蛋白质含量。

1.3.4 酶活力测定方法

1.3.4.1 烟嘧磺隆的分析方法

利用高效液相色谱检测烟嘧磺隆含量。液谱检测条件为：流动相：水∶乙腈∶冰醋酸=65∶35∶0.1；温度：30℃；流速：1 ml/min；波长 240 nm；XDB-C_{18} 柱，长度 150 mm，粒径 5 μm，孔径 4.6 mm。

1.3.4.2 水解圈法检测

根据抑菌圈法稍做改进制作烟嘧磺隆浓度为 2000 mg/L 的琼脂平板，培养基表面放入灭菌的滤纸片，在滤纸片上滴加适量粗酶液，同时以等量缓冲液作为对照，观察是否有水解圈出现。对已出现水解圈的处理，将水解圈区域的培养基取出并按 1.3.4.1 的方法测定其烟嘧磺隆的含量，按如下公式计算烟嘧磺隆的降解率。

$$\text{烟嘧磺隆降解率(\%)} = \frac{\text{对照组含量} - \text{处理组含量}}{\text{对照组含量}} \times 100$$

1.3.5 降解菌株 YB1 产酶条件的研究

1.3.5.1 烟嘧磺隆对降解酶的诱导性研究

分别在加烟嘧磺隆和未加药的 PDA 平板上培养 YB1，每隔 24 h 传代培养一次，连续传代培养一周后，分别接种于 LB 液体培养基中，使其烟嘧磺隆的浓度为 10 mg/L，以在 LB 液体培养基中只接种 YB1 而不添加烟嘧磺隆作为对照，每个处理重复 3 次，置于 30℃、150 rpm 振荡培养 72 h。丙酮沉淀法浓缩蛋白，利用 1.3.4.2 的方法测定烟嘧磺隆的含量，进而计算出蛋白活性。

1.3.5.2 YB1 菌株的最佳产酶条件研究

在培养基中分别就烟嘧磺隆浓度、接种量、培养时间、培养基初始 pH、温度等不同条件对 YB1 菌株的产酶能力影响进行比较，确定菌株的最佳产酶条件。

2 结果与分析

2.1 YB1 菌株对烟嘧磺隆降解酶的定位

利用高效液相色谱仪分别检测胞外酶、胞内酶和周质酶对烟嘧磺隆的降解率，结果发现胞外酶对烟嘧磺隆的降解率最高为 66.8%，其次为胞内酶为 15.8%，周质酶没有降解效果，由此可见 YB1 产生的降解酶主要为胞外酶（表 1）。

表 1　不同酶对烟嘧磺隆的降解率

Tab.1　Degradation rate of nicosulfuron by different enzyme

粗酶 Crude enzyme	降解率（%） Degradate rate
胞外酶 Exoenzyme	66.8
周质酶 Periplasmic enzyme	0
胞内酶 Entoenzyme	15.8

2.2　产酶条件的研究

2.2.1　烟嘧磺隆对降解酶的诱导性研究

用丙酮沉淀法提取在加烟嘧磺隆和未加药的培养基中分别培养的 YB1 蛋白，水解圈法检测蛋白活性结果发现，加药后水解圈明显大于未加药水解圈，说明烟嘧磺隆能够诱导降解酶的产生（图 1、图 2）。

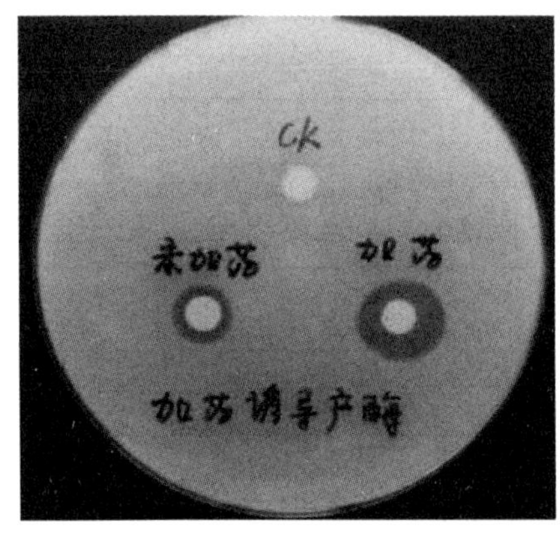

图 1 烟嘧磺双降解酶的诱导性研究

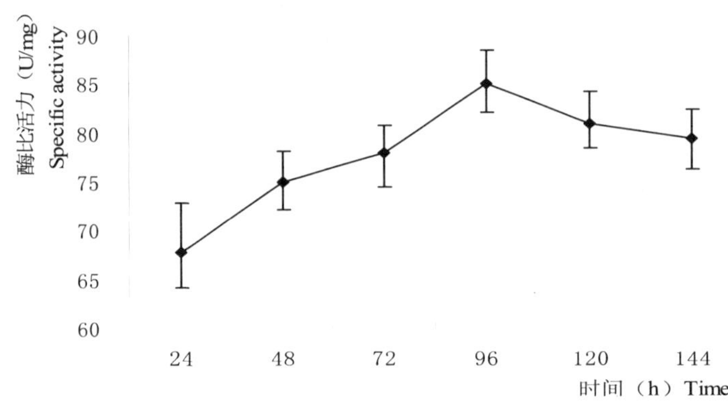

图 2 培养时间对酶比活的影响

2.2.2　不同 pH 对产酶的影响

取活化后菌株接菌，分别在不同 pH 下培养 96 h 后，提取并测定酶比活。结果如图 3，当 pH 值在 6～7.5 时酶比活均在 50 U/mg 左右，差异不大；当 pH 值达到 8 时酶比活迅速增大至 88.07 U/mg；当 pH 大于 8 时酶比活有所下降。结果表明，在培养基的初始 pH 值为 8.0 时，酶比活最高。

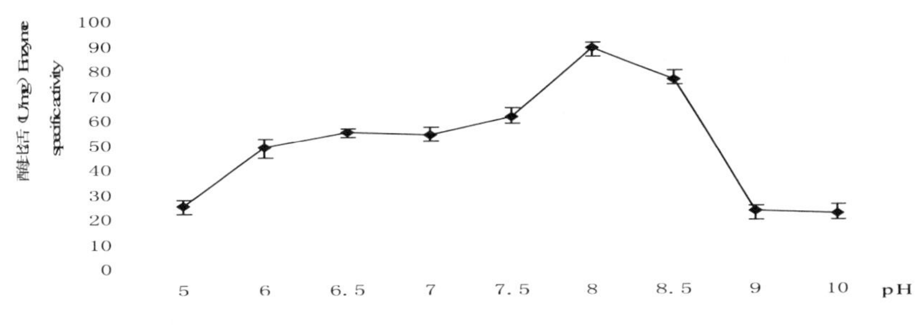

图 3 不同 pH 值对酶比活的影响

2.2.3 不同温度对产酶的影响

取活化后菌株接种，分别在不同温度条件下培养 96 h，然后测定蛋白含量和酶活性，计算酶比活，结果见图 4，温度在 20 ℃时酶比活为 50 U/mg，温度在 25～35℃时酶比活达到 77.51 U/mg 以上，其中 30℃培养条件下酶比活最高为 89.34 U/mg，结果表明 YB1 的产酶最适培养温度为 30℃。

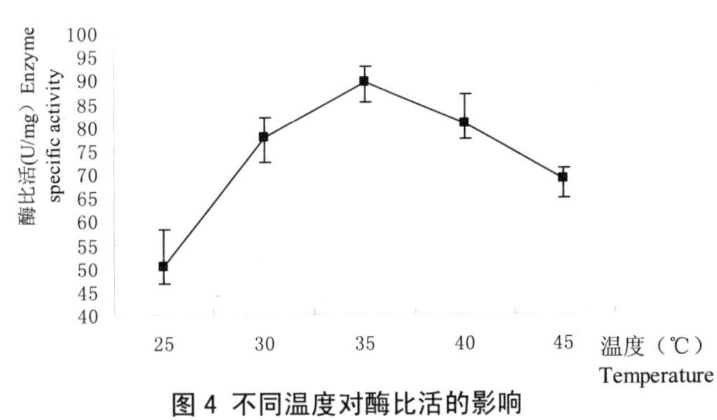

图 4 不同温度对酶比活的影响

3 讨论

农药的大量使用已经对人们的生存环境造成了不同程度的污染，因此，对于农药污染的治理迫在眉睫，目前，化学农研工作者正尝试着用不同的方法去除环境中的农药，其中微生物对环境中农药的降解已经成为十分活跃的研究领域，符合农业持续高效发展的方向。目前，在农药降解菌的富集分离、降解途径、降解酶以及微生物降解的农药基因方面做了大量的探索和研究[10]。但迄今为止，国内外研究烟嘧磺隆降解细菌及其降解酶的报道较少，此研究以具有高效降解烟嘧磺隆活性的枯草芽孢杆菌YB1为研究对象，为构建高效降解菌株，净化烟嘧磺隆环境污染奠定基础。

本研究从烟嘧磺隆浓度、培养基初始pH值、接种量、温度、培养时间等方面对枯草芽孢杆菌YB1产酶条件进行单因素研究，得出最佳产酶条件为：烟嘧磺隆浓度40 mg/l，接种量为4.5×10^{9} CFU/ml，培养时间96 h，初始pH值8.0，温度30℃。在此条件下培养菌株，其降解酶比活最高，为89.34 U/mg。此项研究结果为降解酶的应用开发打下了坚实的基础，接下来我们将对于纯化后降解酶的性质，蛋白酶和金属离子对降解酶的活性的影响，转化表达后，表达产物对烟嘧磺隆的降解效果进行深入研究。

参考文献

[1] 杨亚君．烟嘧磺隆的微生物降解代谢研究[D]．河北农业大学硕士学位论文，2008．
[2] Sabat J, Grifoolm V N．Metal isolation and characterization of a 2-methyphenantherne utilizing bacterium:

Identification of ring cleavage metabolites[J]. Applied Microbiology and Biotechnology, 1999, 52: 704-712.
[3] 阮少江，刘洁，王银善，等. 微生物酶催化甲胺磷降解机理初探[J]. 武汉大学学报(自然科学版)，2000，46(4)：471-474.
[4] 何东海，猛范平. 利用乙酰胆碱酯酶生物传感器监测海水中有机磷农药[D]. 中国海洋大学硕士论文，2004.
[5] 仪美芹，王开运，姜兴印，等. 微生物降解农药的研究进展[J]. 山东农业大学学报(自然科学版), 2002, 33(4)：519-524.
[6] Mills M S, Hill, I R, Newcombe A C, et al. Quantification of acetochlor degradation in the unsaturated zone using two novel in situ field techniques: comparisonswith laboratory generated data and implications for groundwater risk assessments[J]. Pest Management Science, 2001, 57(04): 351-359.
[7] Yajun YANG, Bu TAO, Jinlin ZHANG. Isolation and screening of microorganisms capable of degrading nicosulfuron in water[J]. Frontiers of Agriculture in China，2008，2(2): 224-228.
[8] Garénaux A, Guillou S, Ermel G, et al. Role of the Cj1371 periplasmic protein and the Cj0355c two-component regulator in the *Campylobacter jejuni* NCTC 11168 response to oxidative stress caused by paraquat[J]. Research in microbiology, 2008, 159(9-10): 718-726.
[9] Bradford M M. A rapid and sensitive method for the quantitation of microgram quantities of protein utilizing the principle of protein-dye binding[J]. Analytical Biochemistry, 1976, 72: 248-254.
[10] 李罐,有林,王宏. 农药残留降解方法研究[J]. 食品研究与开发，2004，25(6)：31-33.

55%耕杰悬浮剂防除夏玉米田杂草试验研究

郝平顺

（渭城区植保植检站 712000）

摘要: 本试验用 55%耕杰（硝磺草酮和莠去津混配制剂）防除玉米田杂草，在陕西省咸阳市渭城区周陵镇玉米地试验，前茬为小麦，土壤属壤质土，有机质含量 1.1%，PH 值为 8.1 进行。夏玉米品种为郑单 958，6 月 17 日播种，播种，行距为 50 ㎝，亩播种量 3.5 ㎏，机械播种。分别在 6 月 24 日（玉米 2 叶期）、28 日（玉米 4 叶期）和 7 月 2 日（6 叶期），采用卫士 16 型背负式喷雾器作茎叶喷雾，用水量 225L/hm2 。试验结果表明，药后 30 天调查,亩用耕杰单剂 80～160ml, 在 2 叶期对阔叶杂草防效为 94.8%以上,对禾本科杂草防效为 94.2%以上；4 叶期对阔叶杂草防效为 95.0%以上,对禾本科杂草防效为 94.6%以上；6 叶期对阔叶杂草防效为 92.9%以上,对禾本科杂草防效为 89.3%以上。玉米 2 叶期，亩用耕杰单剂 100ml 以下无药害；4 叶期，亩用耕杰单剂 120ml，无药害；2、4 叶施用，若与高温干旱，稍有叶片黄斑药害，但 15 天后很快恢复，不影响玉米正常生长。6 叶期施用，对供试安全性好。通过田间试验，推荐于玉米 2 至 6 叶期，亩用耕杰 100 ～120ml，既能杀死阔叶杂草，又能防除禾本科杂草，药效期可达 40～50 天，一次施药可控制全生育期的主要杂草危害。且该药剂安全性好，可在玉米田中推广应用。

关键词： 耕杰；玉米；杂草；防效

耕杰(Calaris)为硝磺草酮和莠去津苗后早期茎叶处理选择性除草剂,为瑞士先正达公司制造，其商品名为耕杰，通用名为硝磺·莠去津（mesotrione atrazine），常用制剂为 55%悬浮剂（SC），该产品专用于玉米田苗后早期茎叶喷雾处理除草剂，防除所有阔叶杂草和大多数主要禾本科杂草。为验证耕杰单剂及不同剂量和乙草胺、金都尔、玉农乐等药剂混用及在不同时期使用在玉米田的除草效果及安全性，我们于 2009 年进行了相关试验，现总结如下：

1 试验材料

1.1 供试作物

夏玉米，品种：郑单 958。

1.2 供试药剂

55%耕杰（SC），瑞士先正达公司生产；96%金都尔，供试药剂；50%乙草胺 EC，辽宁省大连瑞泽农药有限公司生产。4%玉农乐，日本石原产业株式会社生产。

1.3 防除对象

马唐、稗 、狗尾草、田旋花 、反枝苋、野筒麻及自生麦苗等杂草。

1.4 处理设置

A:耕杰 80ml/亩。 B: 耕杰 100ml/亩。C: 耕杰 120ml/亩

D:耕杰 160ml/亩 E:耕杰 100ml/亩 +乙草胺 107ml/亩。

F: 耕杰 100ml/亩+金都尔 55ml/亩。 G: 耕杰 100ml/亩+玉农乐 75ml/亩。H:玉农乐 100 ml/亩。I:空白对照。（CK）

田间小区试验，随机排列，重复三次，小区面积 20 ㎡，在玉米 2、4、6 叶期分别施药。

2 试验方法

2.1 试验时间及方法

试验安排在陕西省咸阳市渭城区周陵镇黄家寨村玉米地，面积 9 亩，前茬为小麦，土壤属壤质土，有机质含量 1.1%，pH 值为 8.1。夏玉米品种为郑单 958，2008 年 6 月 17 日播种，播种行距为 50 ㎝，亩播种量 3.5 ㎏，机械播种。2008 年 6 月 24 日、28 日、7 月 2 日施药，采用卫士 16 型背负式喷雾器人工喷雾，亩用水量 15L，工作压力 0.2～0.4MPa，喷孔直径为 1.5 ㎜，第 2 次施药后 2 天遇降雨，降雨日 2 天，降雨量 36.8mm。试验期间气象资料见附表 4。

2.2 调查内容及方法

2.2.1 安全性

施药后 3 天 、15 天 目测观察叶色变化情况，有无药害发生。药后 15 天 ，调查株高、叶片数、须根数、鲜重等。

2.2.2 药后 3 天、7 天、15 天、30 天、45 天目测防效

45 天调查残草量（准确记录杂草种类）计算株防效及鲜重防效，每小区调查 5 点，每点调查 0.25 ㎡。

3 试验结果及分析

3.1 安全性

2 叶期施用耕杰单剂 100ml/亩以下无药害；4 叶期施用耕杰单剂 120ml/亩 以下无药害；6 叶期施用，无论单剂及混配均无药害，药害情况见附表，15 天后药害基本恢复。施药后 15 天调查苗情结果见附表 1。处理间与 CK 差异不显著，说明对玉米生长安全。

3.2 除草效果

药后 30 天调查,施用耕杰单剂 80～160ml/亩, 在 2 叶期对阔叶杂草防效为 94.8%以上,对禾本科杂草防效为 94.2%以上；4 叶期对阔叶杂草防效为 95.0%以上,对禾本科杂草防效为 94.6%以上；6 叶期对阔叶杂草防效为 92.9%以上,对禾本科杂草防效为 89.3%以上。药后 45 天调查，施用耕杰单剂 80%～160ml/亩, 在 2 叶期对阔叶杂草防效为 89.8%～100%，对禾本科杂草防效为 84.6%～97.7%；4 叶期对阔叶杂草防效为 95.4%～97.8%,对禾本科杂草防效为 90.3%～98.2%；6 叶期对阔叶杂草防效为 88.9%～95.8%,对禾本科杂草防效为 82.2%～93.8%。耕杰单剂 100ml/亩在 2、4、6 叶期综合防效为 91.8%～94.8%与对照 4%玉农乐的防效 91.5%～94.8%比较，效果相当，说明单剂在玉米田中能够使用。耕杰与乙草胺、金都尔、玉农乐混用，对玉米田杂草有良好的防除效果。每亩用耕杰 80、100、120、160ml，对阔叶杂草及禾本科杂草均有显著防治效果，防效随剂量增加而提高，但提高幅度不大。见附表 2。

4 结论与建议

耕杰可用于玉米田播后苗期处理，对玉米出苗无不良影响，2、4 叶施用，若与高温干旱，稍有药害，但很快恢复，不影响玉米正常生长。对一年生阔叶杂草和主要禾本科杂草均有优异的除草效果，对阔叶杂草的防效好于对禾本科杂草的防效。从试验结果看，宜采用耕杰 100ml/亩于玉米 4 叶期施用，既能杀死阔叶杂草，又能防除禾本科杂草，且与对照药剂玉农乐比较，效果相当，药效期 40～50 天，一次施药可控制全生育期的主要杂草危害。建议推荐用量：耕杰 100ml/亩，在环境条件较差时，可采用耕杰 120ml/亩。

附表 1　出苗后 15 天苗情调查情况

施药期	处理设计	用量	株高		叶片数		单株须根		单株鲜重	
		g. ml/亩	cm	较CK±%	片	较CK±%	条	较CK±%	g	较CK±%
玉米二叶期	55% Calaris SC＋0.3%助剂	80	32.8	-2.4	7	2.9	4.9	-3.9	26.9	1.1
	55% Calaris SC＋0.3%助剂	100	32.1	-4.5	7.2	5.9	5.1	0.0	27.1	1.9
	55% Calaris SC＋0.3%助剂	120	31.4	-6.5	6.7	-1.5	4.8	-5.9	26.7	0.4
	55% Calaris SC＋0.3%助剂	160	30.9	-8.0	6.3	-7.4	4.7	-7.8	26.5	-0.4
	55%Calaris＋50%乙草胺 EC	100+107	32.7	-2.7	6.6	-2.9	4.9	-3.9	26.6	0.0
	55%Calaris＋96%金都尔 EC	100+42	33.3	-0.9	6.7	-1.5	5	-2.0	26.8	0.8
	55%Calaris＋4%玉农乐 SC	100+50	30.4	-9.5	6.3	-7.4	4.6	-9.8	26.4	-0.8
	4%玉农乐 SC	100	32.8	-2.4	6.5	-4.4	4.9	-3.9	26.5	-0.4
玉米四叶期	55%CalarisSC＋0.3%助剂	80	33.4	-0.6	7.1	4.4	5.1	0.0	26.9	1.1
	55% Calaris SC＋0.3%助剂	100	32.6	-3.0	6.8	0.0	5	-2.0	27	1.5
	55% Calaris SC＋0.3%助剂	120	32.1	-4.5	6.6	-2.9	4.8	-5.9	26.5	-0.4
	55% Calaris SC＋0.3%助剂	160	31.5	-6.3	6.4	-5.9	4.7	-7.8	26.4	-0.8
	55%Calaris＋4%玉农乐 SC	100＋50	30.6	-8.9	6.2	-8.8	4.5	-11.8	26.3	-1.1
	4%玉农乐 SC	100	32.5	-3.3	6.5	-4.4	4.9	-3.9	26.7	0.4
玉米六叶期	55%CalarisSC＋0.3%助剂	80	33.1	-1.5	7.1	4.4	5.1	0.0	26.8	0.8
	55% Calaris SC＋0.3%助剂	100	32.9	-2.1	6.9	1.5	4.8	-5.9	27	1.5
	55% Calaris SC＋0.3%助剂	120	32.6	-3.0	6.7	-1.5	4.8	-5.9	26.1	-1.9
	55% Calaris SC＋0.3%助剂	160	31.7	-5.7	6.4	-5.9	4.7	-7.8	25.9	-2.6
	55%Calaris＋4%玉农乐 SC	100＋50	32.3	-3.9	6.6	-2.9	5.7	11.8	26.3	-1.1
	4%玉农乐 SC	100	32.7	-2.7	7.3	7.4	5.3	3.9	26.6	0.0
3 次重复	CK		33.6		6.8		5.1		26.6	

附表 2 药后 45 天对杂草防治效果调查

施药期	处理设计	g. ml/亩	阔叶				禾本科					总计
			田旋花	野苘麻	反枝苋	合计	马唐	狗尾草	稗草	麦苗	合计	
玉米二叶期	1，55% Calaris SC +0.3%助剂	80	87.5	89.5	92.5	89.8	77.8	80.0	84.4	96.3	84.6	87.2
	2，55% Calaris SC +0.3%助剂	100	87.5	89.5	100.0	92.3	77.8	100.0	96.9	98.1	93.2	92.8
	3，55% Calaris SC +0.3%助剂	120	100.0	89.5	97.5	95.7	100.0	93.3	96.9	100.0	97.6	96.6
	4，55% Calaris SC +0.3%助剂	160	100.0	100.0	100.0	100.0	100.0	100.0	90.6	100.0	97.7	98.8
	5，55％Calaris＋50%乙草胺 EC	100+107	87.5	100.0	100.0	95.8	100.0	100.0	100.0	100.0	100.0	97.9
	6，55％Calaris＋96%金都尔 EC	100+42	100.0	100.0	97.5	99.2	100.0	100.0	96.9	100.0	99.2	99.2
	7，55％Calaris＋4％玉农乐 SC	100+50	87.5	100.0	100.0	95.8	100.0	100.0	100.0	100.0	100.0	97.9
	8，4%玉农乐 SC	100	87.5	78.9	92.5	86.3	100.0	93.3	93.8	100.0	96.8	91.5
玉米四叶期	1,55%CalarisSC ＋0.3%助剂	80	93.3	92.9	100.0	95.4	86.4	85.7	91.9	97.2	90.3	92.8
	2，55% Calaris SC +0.3%助剂	100	100.0	92.9	96.9	96.6	90.9	85.7	97.3	98.3	93.1	94.8
	3，55% Calaris SC +0.3%助剂	120	93.3	100.0	100.0	97.8	90.9	92.9	97.3	99.4	95.1	96.4
	4，55% Calaris SC +0.3%助剂	160	93.3	100.0	100.0	97.8	95.5	100.0	97.3	100.0	98.2	98.0
	5，55％Calaris＋4％玉农乐 SC	100＋50	93.3	100.0	100.0	97.8	95.5	92.9	100.0	100.0	97.1	97.4
	6，4%玉农乐 SC	100	86.7	92.9	96.9	92.1	95.5	100.0	94.6	100.0	97.5	94.8
玉米六叶期	1,55%CalarisSC ＋0.3%助剂	80	100.0	66.7	100.0	88.9	95.1	90.0	67.6	76.2	82.2	85.6
	2，55% Calaris SC +0.3%助剂	100	87.5	100.0	100.0	95.8	87.8	90.0	89.2	84.3	87.8	91.8
	3，55% Calaris SC +0.3%助剂	120	62.5	100.0	100.0	87.5	92.7	90.0	89.2	80.8	88.2	87.8
	4，55% Calaris SC +0.3%助剂	160	87.5	100.0	100.0	95.8	100.0	90.0	94.6	90.6	93.8	94.8
	5，55％Calaris＋4％玉农乐 SC	100＋50	100.0	100.0	100.0	100.0	95.1	90.0	94.6	100.0	94.9	97.5
	6，4%玉农乐 SC	100	100.0	66.7	100.0	88.9	90.2	90.0	97.3	100.0	94.4	91.6
3次重复	CK											

附表 3 试验中出现药害

施药期	处理设计	g ml/亩	药后 3 天药害			药后 7 天药害			药后 15 天药害			药后 30 天药害		
			I	II	III	I	II	III	I	II	III	I	II	III
玉米二叶期	1：55% Calaris SC＋0.3%助剂	80	0	0	1	0	0	0	0	0	恢复	0	0	恢复
	2：55% Calaris SC＋0.3%助剂	100	0	0	1	0	0	0	0	0	恢复	0	0	恢复
	3：55% Calaris SC＋0.3%助剂	120	1	1	2	1	1	1	恢复	恢复	恢复	恢复	恢复	恢复
	4：55% Calaris SC＋0.3%助剂	160	1	2	2	1	2	2	恢复	1	1	恢复	恢复	恢复
	5：55% Calaris＋50%乙草胺 EC	100+107	2～3	3	3～4	2～3	3	3～4	1	2	2	恢复	恢复	恢复
	6：55% Calaris＋96%金都尔 EC	100+42	2	3	2	2	3	2	恢复	2	1	恢复	恢复	恢复
	7：55% Calaris＋4%玉农乐 SC	100+50	2	2	3	2	1	3	1	恢复	1	恢复	恢复	恢复
	8：4%玉农乐 SC	100	1	2	2	1	2	2	恢复	1	1	恢复	恢复	恢复
玉米四叶期	1：55%CalarisSC＋0.3%助剂	80	0	0	0	0	0	0	0	0	0	0	0	0
	2：55% Calaris SC＋0.3%助剂	100	0	0	0	0	0	0	0	0	0	0	0	0
	3：55% Calaris SC＋0.3%助剂	120	0	0	0	0	0	0	0	0	0	0	0	0
	4：55% Calaris SC＋0.3%助剂	160	1	1	1	1	1	1	恢复	恢复	恢复	恢复	恢复	恢复
	5：55% Calaris＋4%玉农乐 SC	100＋50	1	1	0	1	1	0	恢复	恢复	0	恢复	恢复	0
	6：4%玉农乐 SC	100	1	0	0	1	0	0	恢复	0	0	恢复	0	0

续表

施药期	处理设计	g ml/亩	I	II	III	I	II	III	I	II	III	I	II	III
玉米六叶期	1：55%CalarisSC＋0.3%助剂	80	0	0	0	药害定5级:0级生长正常；1级叶片出现黄化斑点,黄化斑占整株20%以下；2级中等药害，黄化斑占整株20～50%,能恢复，不影响产量；3级中等偏重药害,黄化斑占整株50～70%,能恢复,对产量有一定影响;4级药害较重，黄化斑占整株70%以上,难以恢复，减产；5级药害严重，叶片干枯,不能恢复，明显减产								
	2：55% Calaris SC＋0.3%助剂	100	0	0	0									
	3：55% Calaris SC＋0.3%助剂	120	0	0	0									
	4：55% Calaris SC＋0.3%助剂	160	0	0	0									
	5：55% Calaris＋4%玉农乐SC	100＋50	0	0	0									
	6：4%玉农乐SC	100	0	0	0									
3次重复	7：ck		0	0	0									

附表4 试验期间气象资料

日　期	6月下旬	7月上旬	7月中旬	7月下旬	8月上旬	8月中旬
旬平均气温（℃）	26.0	24.1	23.0	29.1	24.0	20.8
旬降水量（㎜）	38.7	51.9	73.2	0.0	39.6	30.2

70%彪虎在雀麦不同生育期茎叶处理防效试验

车晋滇　袁志强　贾峰勇

（北京市植物保护站，北京　100029）

摘要：在雀麦（*Bromus japonicus* Thunb.）不同生育期，分别用 70%彪虎水分散粒剂 2～5g/667m^2，用药量对水 40kg/667m^2，进行茎叶喷雾处理。试验结果表明：70%彪虎不同使用剂量对小麦安全，除草效果好。70%彪虎水分散粒剂 3～4g/667m^2，在秋季雀麦 3 叶期喷药，防除和增产效果最好；春季返青期效果次之；其他时期喷药效果明显低于上述时期。

关键词：雀麦；彪虎；防效

Control effect of EVEREST (Flucarbazone-NA) 70% WDG on Japanese brome (Bromus japonicus Thunb.) of different growth stages

Che Jindian, Yuan Zhiqiang, Jia Fengyong

(*Beijing Plant Protection Station, Xicheng District, Beijing,* 100029)

Abstract：EVEREST 70% WDG is applied to the stems and leaves of Japanese brome in different growth stages at a dose of between 2g and 5g every 667m^2 diluted in 40 kilograms of water. Results show that all the dose rates above are safe for wheat and effective in controlling Japanese brome. Treatment of 3-leave-stage Japanese brome with EVEREST 70% WDG at a dose rate of 3-4g/667m^2 in autumn can get the best control effect, and a higher yield of wheat. Treatment in spring can get weaker effect and much weaker effect at other times.

Keywords：Japanese brome; Flucarbazone-NA; control effect

2009 年秋季和 2010 年春季分别在顺义区马坡镇衙门村试验基地进行了雀麦不同时期除草剂茎叶处理药效试验，现报道如下。

1　材料与方法

1.1　供试材料

70%彪虎水分散粒剂（氟唑磺隆），英文通用名称 flucarbazone-Na，爱利思达生物化学品北美有限公司产品。3%世玛油悬剂（甲基二磺隆），英文通用名称 mesosulfuron-methyl，拜耳作物科学公司产品。雀麦种子，由北京市房山区植保植检站提供。

1.2　试验设计

秋季雀麦 3 叶期试验区：设 70%彪虎 2g/667m^2、70%彪虎 3g/667m^2、70%彪虎 4g/667m^2、3%世玛 35ml/667m^2、对照（喷清水），共 5 个处理，每个处理重复 3 次，共计 15 个小区，每小区面积 10m^2，大区组排列。

秋季雀麦 3～4 分蘖期试验区：设 70%彪虎 2g/667m^2、70%彪虎 3g/667m^2、70%彪虎 4g/667m^2、3%世玛 35ml/667m^2、对照（喷清水），共 5 个处理，每个处理重复 3 次，共计 15 个小区，每小区面积 10m^2，大区组排列。

春季雀麦返青期试验区：设 70%彪虎 2g/667m^2、70%彪虎 3g/667m^2、70%彪虎 4g/667m^2、70%彪虎 4.5g/667m^2、3%世玛 35ml/667m^2、3%世玛 40ml/667m^2、对照（喷清水），共 7 个处理，每个处理重复 3 次，共计 21 个小区，每小区面积 10m^2，大区组排列。

春季雀麦起身期试验区：设 70%彪虎 3g/667m^2、70%彪虎 4g/667m^2、70%彪虎 4.5g/667m^2、70%彪虎 5g/667m^2、3%世玛 35ml/667m^2、3%世玛 40ml/667m^2、对照（喷清水），共 7 个处理，每个处理重复 3 次，共计 21 个小区，每小区面积 10m^2，大区组排列。

以上 4 个试验区共计 72 个小区。所有试验区均按设计要求用药量对水 30kg/667m^2，用手压喷雾器进行茎叶喷雾。

1.3　试验地概况

试验地设在北京市顺义区马坡镇衙门村试验基地进行。前茬作物为玉米。土壤为黄壤土，肥力中等，灌溉条件好。雀麦种子采自房山区张坊镇小麦田中。平整土地后，采用人工均匀播撒雀麦种子在地表面,然后用耙子浅搂 2 次，使雀麦种子埋入土壤 2～3cm 深处。小麦播种期为 2009 年 9 月 25 日。秋季雀麦 3 叶期喷药时间为 10 月 13 日，天气晴，无风，白天最高温度 23.8℃，夜间最低温度 11.9℃。秋季雀麦 3～4 分蘖期喷药时间为 11 月 18 日，天气晴，无风，白天最高温度 4.9℃，夜间最低温度-6.2℃。春季雀麦返青期（春 2 叶）喷药时间为 2010 年 3 月 31 日，天气晴，无风，白天气温 16.1℃，夜间最低温度 7.7℃。春季雀麦起身期高度 15cm（春 4～5 叶）喷药时间为 2010 年 4 月 12 日，天气晴，微风，白天气温 10.2℃，夜间最低温度 5.5℃。

1.4 调查方法

每小区对角线 3 点取样，每点调查 0.11m^2，分别记录每点内的杂草活株数。4 个药剂处理，分别与喷药后 20 天进行小麦安全性调查。秋季雀麦 3 叶期喷药后 30 天、150 天、233 天进行株防效调查。秋季雀麦 3～4 分蘖期喷药后 30 天、130 天、215 天进行株防效调查。春季雀麦返青期（春 2 叶）喷药后 30 天、82 天进行株防效调查。春季雀麦 15cm（春 4 叶）喷药后 30 天、70 天进行株防效调查。所有处理区最后一次调查加测杂草鲜重防效调查。收获时每小区割取 1m^2 小麦带回室内进行小麦穗数、穗粒数（随机取 10 个穗）、千粒重、产量测定。

2 结果与分析

2.1 对小麦安全性

秋季施药后 20 天调查结果表明：70%彪虎不同剂量处理区对小麦安全。3%世玛不同剂量处理区均对小麦产生药害，其症状表现为小麦叶片明显黄化，药后 30 天观察小麦有少量死苗。春季药后 20 天调查结果表明：70%彪虎不同剂量处理区对小麦安全。3%世玛不同剂量处理区均对小麦叶片产生轻度黄化，药后 30 天观察小麦未见有死苗，药后 40 天左右症状消失。黄花的原因可能是春季低温所造成的现象。

2.2 除草效果

秋季雀麦 3 叶期；施药后 30 天、150 天、233 天株防效调查，70%彪虎不同剂量处理区的防效在 90.1%～98.2%，其防效明显高于其他不同生育期的处理。3%世玛 35ml/667m^2 的防效在 98.5%～95.4%，在所有雀麦不同生育期处理相同剂量中防效最高（表 1、表 2）。

秋季雀麦 3～4 分蘖期；施药后 30 天、130 天、215 天株防效调查，70%彪虎不同剂量处理区的防效总体偏低，防效在 72.8%～83.8%之间，最高的防效为 4g/667m^2 处理区。3%世玛 35ml/667m^2 的防效在 84.6%～84.8%，明显底于 3 叶期的防效，可能与低温有关。（见表 3、表 4）。

春季雀麦返青期；施药后 30 天、82 天株防效调查，除 70%彪虎 2g/667m^2 处理区的防效在 80%以下外，其他各处理区的防效均在 80.8%～90.8%。防效仅次于秋季雀麦 3 叶期。3%世玛 35ml/667m^2 和 40ml/667m^2 的最终防效近相同，在 92.6%～94.8%。其防效仅次于雀麦 3 叶期的防效（见表 5）。

春季雀麦起身期；施药后 30 天、70 天株防效调查，70%彪虎不同剂量处理区的防效总体偏低，主要与雀麦苗龄大有关。最终防效在 81.0%～82.2%之间的处理为 70%彪虎 4.5g/667m^2 和 5.0g/667m^2。在所有雀麦不同生育期药剂处理中排列最后。3%世玛 35ml/667m^2 和 40ml/667m^2 的最终防效在 83.6%～84.5%。其防效与秋季雀麦 3～4 分蘖期的效果相同（表 6）。

2.3 增产效果

秋季雀麦 3 叶期施药；70%彪虎所有处理区的增产作用明显高于雀麦其他生育期处理。药剂处理由低剂量到高剂量的增产率分别为 135.6%、152.9%、161.0%。3%世玛 35ml/667m^2 的增产率为 83.4%。增产率低的原因是 3%世玛对小麦产生药害，有部分死苗所致（表 2）。

秋季雀麦 3～4 分蘖期；70%彪虎所有处理区的增产作用明显底于秋季雀麦 3 叶期。

药剂处理由低剂量到高剂量的增产率分别为 78%、104.6%、123.2%。3%世玛 35ml/667m^2 的增产率为 73.3%。增产率低的原因也是药剂对小麦产生药害和部分死苗（见表 4）。

春季雀麦返青期施药；70%彪虎不同剂量处理的增产作用仅次于秋季雀麦 3 叶期。70%彪虎 2g/667m^2 的效果明显低于高剂量区。3%世玛 35ml/667m^2 和 40ml/667m^2 的增产率分别为 118.9%～115.0%。在雀麦其他不同生育期处理中最高。返青期施药对小麦较安全，基本无死苗现象，有利于产量提高（表 5）。

春季雀麦起身期施药；70%彪虎不同剂量处理的增产率在 70.8%～80.6%，在所有雀麦不同生育期处理中最低。原因主要是雀麦苗龄较大分蘖增多所致。3%世玛 35ml/667m^2 和 40ml/667m^2 的增产率分别为 81.4%～82.6%，与秋季雀麦 3 叶期施药的效果等同（表 6）。

表 1　秋季雀麦 3 叶期药剂茎叶处理防效调查

药剂处理 (ml.g/667m^2)	药后 30 天		药后 150 天	
	杂草(株/0.11m^2)	防效(%)	杂草(株/0.11m^2)	防效(%)
70%彪虎 2	11.9	93.3	12.9	93.0
70%彪虎 3	4.1	97.7	5.4	97.0
70%彪虎 4	3.2	98.2	3.3	98.2
3%世玛 35	2.6	98.5	0.8	99.5
对照	178.3	—	184.5	—

注：表中数据为 3 次重复的平均值。

表 2　秋季雀麦 3 叶期药剂茎叶处理防效调查

药剂处理 (ml.g/667m^2)	药后 233 天				产量 (g/m^2)	产量 (kg/667m^2)	增产 (kg/667m^2)	增产率 (%)
	杂草 (株/0.11m^2)	防效 (%)	杂草鲜重 (g/0.33m^2)	抑草率 (%)				
70%彪虎 2	18.1	90.1	64.3	86.8	409.8	273.3	157.3	135.6
70%彪虎 3	11.7	93.6	49.0	89.9	440.2	293.6	177.6	152.9
70%彪虎 4	9.9	94.6	44.6	90.8	454.2	302.9	186.9	161.0
3%世玛 35	8.3	95.4	36.0	92.6	319.1	212.8	96.8	83.4
对照	183.7	—	488.6	—	174.0	116.0	—	—

表 3　秋季雀麦 3～4 分蘖期药剂茎叶处理防效调查

药剂处理 (ml.g/667m^2)	药后 30 天		药后 130 天	
	杂草(株/0.11m^2)	防效(%)	杂草(株/0.11m^2)	防效(%)
70%彪虎 2	45.8	72.8	46.6	75.6
70%彪虎 3	39.5	76.5	37.8	80.2
70%彪虎 4	31.3	81.4	34.0	82.2
3%世玛 35	25.8	84.6	27.7	85.5
对照	168.6	—	191.7	—

表 4　秋季雀麦 3～4 分蘖期药剂茎叶处理防效调查

药剂处理 (ml.g/667m²)	药后 215 天				产量 (g/m²)	产量 (kg/667m²)	增产 (kg/667m²)	增产率 (%)
	杂草 (株 /0.11m²)	防效 (%)	杂草鲜重 (g/0.33m²)	抑草率 (%)				
70%彪虎 2	41.7	75.9	97.0	74.3	328.9	219.3	91.6	78.0
70%彪虎 3	32.2	81.4	65.0	82.8	378.0	252.1	128.9	104.6
70%彪虎 4	27.9	83.8	61.6	83.7	412.5	275.1	151.9	123.2
3%世玛 35	26.3	84.8	55.0	85.4	320.3	213.6	90.4	73.3
对照	173.2	—	378.3	—	184.8	123.2	—	—

表 5　春季雀麦返青期药剂茎叶处理防效调查

药剂处理 (ml.g/667m²)	药后 30 天		药后 82 天				产量 (g/m²)	产量 (kg/667 m²)	增产 (kg/667 m²)	增产率 (%)
	杂草 (株 /0.11m2)	防效 (%)	杂草 (株 /0.11m²)	防效 (%)	杂草鲜重 (g/0.33 m²)	抑草率 (%)				
70%彪虎 2	44.8	75.4	35.1	79.7	84.6	77.6	364.1	242.8	119.6	97.0
70%彪虎 3	35.0	80.8	24.6	85.7	67.0	82.2	438.1	292.2	169.0	137.0
70%彪虎 4	25.2	86.1	17.0	90.1	56.6	85.0	440.8	294.0	170.8	138.5
70%彪虎 4.5	23.2	87.2	15.9	90.8	53.6	85.8	445.1	296.8	173.6	140.9
3%世玛 35	20.5	88.8	12.7	92.6	37.3	90.1	404.7	269.9	146.7	118.9
3%世玛 40	15.8	91.3	8.9	94.8	29.0	92.3	387.2	264.9	141.7	115.0
对照	182.4	—	173.2	—	378.3	—	184.8	123.2	—	—

表 6　春季雀麦起身期药剂茎叶处理防效调查

药剂处理 (ml.g/667m²)	药后 30 天		药后 70 天				产量 (g/m²)	产量 kg/667m²	增产 （kg/ 667m²）	增产率 (%)
	杂草 (株 /0.11m²)	防效 (%)	杂草 (株 /0.11m²)	防效 (%)	杂草鲜重 (g/0.33m²)	抑草率 (%)				
70%彪虎 3	74.2	72.9	46.5	73.1	110.0	70.9	315.8	210.6	87.4	70.8
70%彪虎 4	69.6	74.6	38.1	78.0	93.3	75.3	321.3	214.3	91.1	73.8
70%彪虎 4.5	62.5	77.2	32.9	81.0	81.6	78.4	329.1	219.5	96.3	78.0
70%彪虎 5.0	60.8	77.8	30.8	82.2	72.0	80.9	333.8	222.6	99.4	80.6
3%世玛 35	63.4	76.8	28.4	83.6	67.6	82.1	335.4	223.7	100.5	81.4
3%世玛 40	52.8	80.7	26.8	84.5	65.6	82.6	337.6	225.1	101.9	82.6
对照	274.4	—	173.2	—	378.3	—	184.8	123.2	—	—

3 小结与讨论

70%彪虎水分散粒剂 3～4.5g/667m^2 在秋季雀麦 3～4 叶期或春季雀麦返青期进行茎叶喷雾处理，对小麦安全，除草效果和增产效果显著。3%世玛油悬剂不同剂量在秋季使用对小麦均产生药害，而在春季使用对小麦安全性明显提高，增产幅度也明显高于秋季药剂处理区。

参考文献

[1] 贺士元等，北京植物志下册[M].北京出版社，1992：1181-1182.
[2] 中国科学院植物研究所.杂草种子图说[M].科学出版社，1980：242.
[3] 李秉华等，防除雀麦除草剂的筛选及其对冬小麦安全性评价[J].杂草科学，2008（2）：58-59.
[4] 李耀光等，晋南麦田节节麦严重发生原因及防控措施[J].中国植保导刊，2009（12）：35-42.
[5] 魏有海等，青海省旱雀麦生物学特性及其发生危害与防除[J].中国植保导刊，2010（1）：30-32.

75%三氟啶磺隆钠盐水分散粒剂对甘蔗田香附子的防除效果

施楚新　杨彩

（先正达（中国）投资有限公司，上海　200120）

摘要：试验研究了新型超高效除草剂75%三氟啶磺隆钠盐水分散粒剂防除甘蔗田香附子的效果。试验结果表明：75%三氟啶磺隆钠盐水分散粒剂在使用剂量为有效成分11.25 g/hm^2、22.5 g/hm^2，施药后25天对香附子的防效分别达到了96.37%、97.02%。施药后25天，75%三氟啶磺隆钠盐水分散粒剂能控制香附子的侧芽的萌发达到85～87%，高于常规药剂处理的52.7%。75%三氟啶磺隆钠盐水分散粒剂11.25 g/hm^{2}对香附子新生芽的萌发有很好的抑制作用，相比空白对照新生芽的萌发数减少了97.2%。

关键词：英斧；甘蔗；除草剂；香附子；药效试验

75% Envoke WG on Control of Weed *Cyperus Rotundus* L. in Sugarcane Field

Chuxin Shi , Cai Yang

（*Syngenta(China) Investment Co.Ltd., Shanghai,* 200120）

Abstract: This paper researched the new ultra-efficient sugar cane herbicide Envoke's effect of controlling the *Cyperus rotundus* L.. The results showed that: Envoke in a dose of 11.25 g a.i./hm^2、22.5 g a.i./hm^2, 25 days after spraying the plants of *Cyperus rotundus* control effect of 96.37% and 97.02%. Envoke to control *Cyperus rotundus* in lateral bud germination reached 85-87% at 25DAA, much higher than the locoal treatment than 52.7%. Envoke on *Cyperus rotundus* germination of new buds have a good inhibitory effect, compared to the control of new buds 97.2% reduction in the number of germination.

Key words: Envoke ; Sugarcane ; Herbicide ; *Cyperus rotundus* L.; Efficacy trials

香附子，又叫回头青、三棱草，莎草科多年生草本，是旱地甘蔗春草为害最严重的杂草之一[1]。每年春夏季严重为害甘蔗，萌发早，繁殖快，通过地下茎营养繁殖（种子生存能力差），在高温高湿条件下生长速度最快，往往和其他杂草混生。香附子已成为世界十大恶性杂草，引起国内专家的高度重视。

目前很多除草剂有一定效果，但是一般除草剂只能除去地上部分，地下块茎仍然可以快萌发，人工除草劳动强度大，成本高，无法根除地下块茎，一周后又重新长出来新芽，继续为害，因此极难防治，而且香附子根深不容易人工铲除，所以不能有效控制香附子的严重为害[2, 3]。

75%三氟啶磺隆钠盐水分散粒剂（英斧）是新型超高效除草剂，为磺酰脲类除草剂，纯品为白色无味粉末，低毒。三氟啶磺隆钠盐主要用于防除阔叶杂草和莎草科杂草，对香附子有特效[4]。75%三氟啶磺隆钠盐水分散粒剂施药后可被杂草的根、茎、叶吸收，可在植物体内向下和向上传导，通过抑制乙酰乳酸合成酶（ALS）的活性，从而影响支链氨基酸（如：亮氨酸、异亮氨酸、缬氨酸等）的生物合成[5]。植物受害后表现为生长点坏死、叶脉失绿，植物生长受到严重抑制、矮化，最终全株枯死。对杂草和作物的选择性主要是由于降解代谢的差异，在甘蔗体内可以被迅速代谢为无活性物质，从而使作物植株免受伤害[6]。

75%三氟啶磺隆钠盐水分散粒剂对甘蔗田莎草科杂草香附子具有非常优异的防效，不仅可以杀死地上部分，还杀死地下块茎，降低块茎的再萌发能力，从而减少香附子基数。大大减少杂草再次萌发率，持效期较长，一次施药可控制整个生长季节[7]。本文对甘蔗田香附子专用除草剂进行初步试验，旨在为农民选择和使用提供参考。

1　材料与方法

1.1　试验地概况

试验在广东湛江遂溪杨柑艾占北流村开展。地块为常年种植甘蔗地块，土壤为沙壤土。

1.2 材料

1.2.1 供试药剂

75％三氟啶磺隆钠盐水分散粒剂，先正达（中国）投资有限公司；

30％2 甲 4 氯+敌草隆+莠去津可湿性粉剂，广西乐土生物科技有限公司；

56％2 甲 4 氯钠盐可溶性粉剂，抚顺农药厂；

38％阿特拉津悬浮剂，武汉市盛宝祥科技发展有限公司。

1.2.2 供试作物品种

甘蔗品种为台糖 16 号。

1.3 试验方法

1.3.1 试验时间 为新植甘蔗，施药时间为 2008 年 4 月 15 日。

1.3.2 试验处理 试验共设 5 个处理，各药剂有效成分用量如下：处理 1：75％三氟啶磺隆钠盐水分散粒剂有效成分 11.25 g/hm^2、处理 2：75％三氟啶磺隆钠盐水分散粒剂有效成分 22.5 g/hm^2、处理 3：30％2 甲 4 氯+敌草隆+莠去津可湿性粉剂有效成分 2700 g/hm^2、处理 4：56％2 甲 4 氯钠盐可溶性粉剂有效成分 1260 g/hm^2+38％阿特拉津悬浮剂有效成分 1140 g/hm^2、处理 5：空白对照。

1.3.3 施药方法 甘蔗出苗后，香附子出齐后 4～6 叶期，用扇形喷嘴，按照每亩 30kg 对甘蔗基部杂草茎叶喷雾，也称行间处理。

1.3.4 试验调查方法 试验调查方法为每处理调查 4 点，每点 0.25 m^2，共 1 m^2，分别调查药后 14 天、25 天和 38 天调查 1 m^2 的香附子株数、数茎块数及其目测防效。

2 结果与分析

2.1 不同处理对宿根甘蔗田香附子的防除效果

实验结果显示三氟啶磺隆钠盐对宿根甘蔗田香附子具有较好的防效，三氟啶磺隆钠盐喷施后10～15天田间见效，香附子叶色金黄，基部青色，心叶枯死，20～25天效果表现最理想。由表1可知，75％三氟啶磺隆钠盐水分散粒剂在使用剂量为11.25 g/hm^2、22.5 g/hm^2，施药后25天对香附子的株防效分别达到了96.37％、97.02％，显著高于对照药剂的30.57％和51.39％。

表 1 三氟啶磺隆钠盐除草剂对宿根甘蔗田香附子的株防效 25DAA

处理	香附子株数（株/m^2）				
	I	II	III	平均	防除效果％
75％三氟啶磺隆钠盐水分散粒剂11.25 g/hm^2	24.00	18.00	32.00	24.70	96.37
75％三氟啶磺隆钠盐水分散粒剂22.5 g/hm^2	21.00	14.00	26.00	20.30	97.02
30％2甲4氯+敌草隆+莠去津可湿性粉剂2700 g/hm^2	413.00	478.00	526.00	472.30	30.57
56％2甲4氯1260 g/hm^2+38％阿特拉津1140 g/hm^2	286.00	329.00	377.00	330.70	51.39
空白（对照）	615.00	697.00	729.00	680.30	

2.2 三氟啶磺隆钠盐能够有效降低其块茎的再萌发能力

三氟啶磺隆钠盐处理的药后25天调查香附子的球茎，发现地下根芽萎蔫变黑，茎块渐变褐黑、腐烂，而其他处理的地下根芽很新鲜，对球茎的发芽没有影响。由表2可以看出，三氟啶磺隆钠盐对香附子新生芽的萌发有很好的抑制作用，相比空白对照新生芽的萌发数减少了97.20％。

表2 三氟啶磺隆钠盐处理防除香附子根茎调查

调查项目	三氟啶磺隆钠盐处理	对照	增减％
株数	84.00	93.00	--
球茎	129.00	163.00	--
新生芽	3.00	110.00	-97.20％

注：每处理分别调查 2 点，每点 0.25 平方，共 0.5 平方。75％三氟啶磺隆钠盐处理为有效成分 11.25 g/hm^2。

使用三氟啶磺隆钠盐处理后，虽然也偶尔有侧芽发出，但是其影响、为害程度较没有用三氟啶磺隆钠盐的已经是明显降低。没有使用三氟啶磺隆钠盐的香附子侧芽大量萌发，生长成新植株。使用三氟啶磺隆钠盐后香附子的侧芽长势很弱。由表 3 可以看出，在使用三氟啶磺隆钠盐处理香附子 25 天后，相对空白处理能控制香附子的侧芽的萌发达到 85%～87%，远远高于比常规药剂处理的 52.70%。也就是说三氟啶磺隆钠盐处理的优势是能迅速除杀香附子二代繁殖根芽，根芽枯死腐烂。

表 3　三氟啶磺隆钠盐处理香附子次萌发调查

处理剂量	防治效果%	调查数量	次萌发数	次萌发率%	相对减少%
75%三氟啶磺隆钠盐水分散粒剂11.25 g/hm^2	90.00	56.00	5.00	8.90	85.90
75%三氟啶磺隆钠盐水分散粒剂22.5 g/hm^2	95.00	50.00	4.00	8.00	87.40
56%2甲4氯1260 g/hm^2+ 38%阿特拉津1140 g/hm^2	70.00	40.00	12.00	30.00	52.70
CK		52.00	33.00	63.50	0

3　结论与讨论

75%三氟啶磺隆钠盐水分散粒剂是一种选择性茎叶处理香附子特效除草剂，在正确使用下，田间茎叶效果 90%～95%，杀死地下根芽及块茎 85%左右，防控次萌发率 87%～85%。三氟啶磺隆钠盐不能封杀即将出土的香附子，但可以抑制其新根芽萌发，减少萌发量。

75%三氟啶磺隆钠盐水分散粒剂茎叶处理香附子使用倍数为 30000 倍，1g 对水 30L（一包两桶水），在香附子萌发 80%，6 叶左右生长旺盛期，叶面均匀喷雾，亩喷液量建议 2～3 桶水，可根据香附子发生面积、覆盖密度、生长量适当增减喷液量，保证完全覆盖，湿润即可。75%三氟啶磺隆钠盐水分散粒剂不能封杀即将出土的香附子，但可以抑制其新根芽萌发，减少萌发量。

防除香附子，只能单用 75%三氟啶磺隆钠盐水分散粒剂，不能混用洗衣粉、不能混用蔗田除草剂，特别是含有 2 甲 4 氯的除草剂。75%三氟啶磺隆钠盐水分散粒剂专用于甘蔗，不能擅自用于其他作物；75%三氟啶磺隆钠盐水分散粒剂只能用于旱地糖蔗，水田甘蔗、果蔗不能使用；套种、间种甘蔗，不能使用；夏繁、秋繁种苗甘蔗地不能使用。

参考文献

[1]覃建林，龙丽萍，梁卫忠等. 13 种除草剂对甘蔗田恶性杂草香附子的防除效果试验及评价[J]. 广西农业科学. 2005. 36（6）：359-362.
[2]张玫，关赤波. 广东甘蔗化学除草配套技术[J]. 甘蔗糖业，1994，（5）：18-23.
[3]许耀辉. 中国蔗园化学除草体系[J]. 甘蔗糖业. 1993，（3）：22-25.
[4]马艳，彭军，马小燕等.75%三氟吡磺隆钠盐WG对棉田香附子和凹头苋的防除效果[J].粮食安全与植保科技创新.
[5]张宗俭，崔东亮，马宏娟. 用于棉花和甘蔗田的新型磺酰脲类苗后除草剂—三氟吮磺隆[J]. 农药，2002. 41（5）：40-41.
[6]吴进龙，单炜力，李友顺等. 三氟吮磺隆钠盐水分散粒剂高效液相色谱分析方法研究[J].农药科学与管理，2007.28（5）：9-12.
[7]杨光. 蔗田香附子英斧来治理[J]. 科技植保技术. 2008.

Rimfire max 及世玛对冬小麦田恶性禾本科杂草的防除效果和安全性比较试验

邓先才[1,2] 周小刚[1] 李忆[3] 由振国[4] 陈庆华[1]
郑仕军[5] 唐裕智[5] 张建军[5] 朱建义[1*]

（1.四川省农业科学院植物保护研究所，成都 610066；2.四川省射洪县沱牌镇农业服务中心，射洪 629200；3.四川民族学院，康定 626001；4. 拜耳作物科学公司，北京 100022；5. 四川省青神县植保站，青神 612460）

摘要： Rimfire Max 可防除早熟禾、棒头草、看麦娘、碎米荠；世玛可防除早熟禾、棒头草、看麦娘，对碎米荠等阔叶杂草防效不如 Rimfire Max。对冬小麦安全性较好。

关键词： Rimfire max；世玛；冬小麦；防效；安全性

为比较 Rimfire max 和世玛对冬小麦田早熟禾、雀麦、节节麦、多花黑麦草等恶性禾本科杂草的防效和安全性，为新产品开发提供依据，于 2009～2010 年在四川进行了试验。

1 材料与方法

1.1 供试药剂

（1）Rimfire max （AE F130060 1，9 WG + AE 0298618 4，76 + AE F107892 14，28，德国拜耳作物科学公司）

（2）世玛（甲基二磺隆）30g/L油悬浮剂（AE F130060 01 OD12 A5，德国拜耳作物科学公司）

（3）Biopower （助剂，世玛自带，当地自购）

（4）优先（啶磺草胺）7.5%水分散粒剂（Priority 7.5WG， pyroxsulam 7.5WG，美国陶氏）

（5）大能50EC（唑啉草酯＋炔草酸，ponoxaden&clodinafop，先正达）

（6）麦极15%可湿性粉剂（Topik 30%WP，clodinafop 30%EC，先正达）

（7）GY-H Max （助剂，拜耳提供）

1.2 防除对象

冬小麦田早熟禾（*Poa annua* L.）。

1.3 试验处理

表 1 Rimfire max 及世玛对冬小麦田恶性禾本科杂草的防除试验处理

	处理		制剂用量 g (ml) /hm^2
A	对照 （清水）	CK （UTD）	0
B	Rimfire Max + Biopower	Rimfire Max + Biopower	240+1125
C	Rimfire Max + Biopower	Rimfire Max + Biopower	375+1125
D	Rimfire Max + Biopower	Rimfire Max + Biopower	480+1125
E	Rimfire Max + GY-H Max	Rimfire Max + GY-H Max	240+1125
F	世玛 + GY-H Max	世玛 + GY-H Max	300+1125
G	世玛 + Biopower	Sigma + Biopower	300+1125
H	优先	Priority	150
I	大能	DaNeng	1200
J	麦极	Topik	450

1.4 施药及调查

小区面积 20 m^2，重复 3 次，随机区组排列。2009 年 12 月 25 日施药，公顷用药液 400 L。

分别于药后 15 天、40 天、90 天、110 天目测作物药害率及总草目测防效；药后 90

天调查杂草株防效和鲜重防效。防效调查每小区 3 点取样，每点 0.25m^2。收获时测产。防效经反正弦转换后用 DMRT 法检验其差异性。

1.5 试验地情况

试验设在四川省眉山市东坡区永寿镇铁象村四社，小麦品种绵阳 28；土壤为岷江冲积沙壤土，PH 值 5.8，有机质含量 2%。施药时早熟禾 2～5 叶期，其他杂草 3～5 叶期，禾本科杂草以早熟禾为主，田间覆盖度约 35%，另有少量棒头草、看麦娘；阔叶草主要有碎米荠、猪殃殃、扬子毛茛、黄鹌菜等。

2 结果与分析

2.1 作物安全性目测

药后 15 天，Rimfire Max 加助剂 Biopower 及世玛加助剂 GY-H Max 和 Biopower 处理有轻微药害，表现为叶片颜色较对照淡，株高稍矮，植株基部稍膨大、呈亮白色。药后 40 天、90 天、110 天调查中，未发现试验药剂对冬小麦的不良影响（见表 2）。

表 2 Rimfire max 及世玛对冬小麦田恶性禾本科杂草的防除试验作物药害考察

处理	作物药害率%			
	药后 15 天	药后 40 天	药后 90 天	药后 110 天
A	0.00	0.00	0.00	0.00
B	0.33	0.00	0.00	0.00
C	0.67	0.00	0.00	0.00
D	1.00	0.00	0.00	0.00
E	0.33	0.00	0.00	0.00
F	0.33	0.00	0.00	0.00
G	0.33	0.00	0.00	0.00
H	0.00	0.00	0.00	0.00
I	5.00	0.00	0.00	0.00
J	0.00	0.00	0.00	0.00

2.2 总杂草防效目测

药后 15 天： Rimfire Max+Biopower 为 30.00%～36.67%，Rimfire Max+GY-H Max 为 26.67%，世玛+GY-H Max 和 Biopower 为 33.33%、23.33%，优先、大能、麦极基本无防效。

药后 40 天： Rimfire Max 加助剂 Biopower 为 71.67%～86.67%，Rimfire Max+GY-H Max+为 60.00%，世玛+GY-H Max 和 Biopower+为 48.33%、58.33%，优先、大能、麦极防效较差。

药后 90 天： Rimfire Max+Biopower 为 91.00%～97.00%，Rimfire Max+GY-H Max 为 83.33%，世玛+GY-H Max 和 Biopower 为 83.33%、86.00%，优先为 50.00%。

药后 110 天： Rimfire Max+Biopower 为 93.33%～97.00%，Rimfire Max+GY-H Max 为 86.67%，世玛+GY-H Max 和 Biopower 皆为 81.67%，优先为 36.67%（见表 3）。

表 3 Rimfire max 及世玛对冬小麦田恶性禾本科杂草的防除试验总杂草目测防效

处理	目测总草防效%			
	药后 15 天	药后 40 天	药后 90 天	药后 110 天
A	61.00	86.67	91.00	93.33
B	30.00	71.67	91.00	93.33
C	33.33	83.33	96.00	96.33
D	36.67	86.67	97.00	97.00
E	26.67	60.00	83.33	86.67
F	33.33	48.33	83.33	81.67
G	23.33	58.33	86.00	81.67
H	6.67	26.67	50.00	36.67
I	6.67	4.33	5.00	5.00
J	3.67	3.00	4.33	5.00

2.3 药后 90 天株防效

早熟禾：Rimfire Max+Biopower 为 94.23%～99.52%，Rimfire Max+GY-H Max 为 93.05%，世玛+GY-H Max 和 Biopower 为 97.77%、96.57%，优先为 74.79%，大能、麦极无防效。看麦娘、棒头草：Rimfire Max+Biopower 为 75.57%～97.92%，Rimfire Max+GY-H Max 为 82.01%，世玛+GY-H Max 和 Biopower+为 94.51%、95.56%，优先为 83.33%，大能、麦极皆为 100%。碎米荠：Rimfire Max+Biopower 为 84.30%～87.79%，Rimfire Max+GY-H Max 为 82.56%，世玛+GY-H Max 和 Biopower 防效为 83.14%、71.51%，优先为 84.30%。总杂草：Rimfire Max+Biopower 为 91.84%～98.34%，Rimfire Max+GY-H Max 为 90.94%，世玛+GY-H Max 和 Biopower+为 96.66%、94.67%，优先为 75.31%（见表 4）。

表 4 Rimfire max 及世玛对冬小麦田恶性禾本科杂草的防除试验药后 90 天株防效

处理	药后 90 天株防效%				
	早熟禾	看麦娘、棒头草	碎米荠	其阔	总草
A（株）	2638.00	176.00	57.33	20.33	2891.67
B	94.23	75.57	87.79	50.82	91.84
C	98.65	97.73	84.30	6.56	97.32
D	99.52	97.92	87.21	36.07	98.34
E	93.05	82.01	82.56	/	90.94
F	97.77	94.51	83.14	45.90	96.66
G	96.57	95.56	71.51	/	94.67
H	74.79	83.33	84.30	47.54	75.31
I	/	100.00	/	/	/
J	/	100.00	/	/	/

2.4 药后 90 天鲜重防效

早熟禾：Rimfire Max+Biopower 为 97.01%～99.89%，Rimfire Max+GY-H Max 为 96.51%，世玛+GY-H Max 和 Biopower+为 98.34%、98.24%，优先为 42.80%。看麦娘、棒头草：Rimfire Max+Biopower 为 89.57%～98.83%，Rimfire Max+GY-H Max 为 90.22%，世玛+GY-H Max 和 Biopower 为 98.19%、97.66%，优先为 86.17%，大能、麦极皆为 100%。碎米荠：Rimfire Max+Biopower 为 91.72%～95.68%，Rimfire Max+GY-H Max 为 80.22%，世玛+GY-H Max 和 Biopower 防效为 56.12%、65.47%，优先为 89.21%。总杂草：Rimfire Max+Biopower 为 92.76%～97.87%，Rimfire Max+GY-H Max 为 85.13%，世玛+GY-H Max 和 Biopower 为 92.04%，88.71%，优先为 51.09%（见表 5）。

表 5 Rimfire max 及世玛对冬小麦田恶性禾本科杂草的防除试验药后 90 天杂草鲜重防效

处理	药后 90 天鲜重防效(%)				
	早熟禾	看麦娘、棒头草	碎米荠	其阔	总草
A（g）	1203.33	426.67	92.67	112.00	1564.67
B	97.01 aA	89.57 c AB	91.72 abcABC	52.68	92.76 bcdBC
C	99.76 aA	99.25 aA	95.68 abAB	58.33	96.51abcABC
D	99.89aA	98.83 aA	94.42 abAB	77.83	97.87 abAB
E	96.51 aA	90.22 bcAB	80.22 bcdABC	/	85.13 dC
F	98.34 aA	98.19 abAB	56.12 dC	45.53	92.04 bcdBC
G	98.24 aA	97.66 abAB	65.47 cdBC	/	88.71 cdBC
H	42.80bB	86.17cB	89.21 abcABC	59.52	51.09eD
I	/	100.00	/	/	/
J	/	100.00	/	/	/

2.5 对产量的影响

对小麦千粒重的影响：各处理间的小麦千粒重差异不大（见表 6）。对亩产量的影响：空白对照为 329.30kg， Rimfire Max+Biopower 在 334.73～362.02kg 之间， Rimfire Max+GY-H Max 为 347.75kg， 世玛+GY-H Max 和 Biopower 为 340.31kg、 347.08kg，优先、大能、麦极为 335.53kg、 335.69kg、342.19kg。由此可见，各处理的产量较空白对照均有一定增产，但各处理的产量差异不显著（见表 7）。

表 6 Rimfire max 及世玛对冬小麦田禾本科杂草的防除试验测产结果

处理	除草剂	小麦千粒重（g）	小麦亩产量（kg）
A	对照 Ck （鲜重，g）	48.40	329.30 aA
B	Rimfire Max+Biopower	48.43	334.73 aA
C	Rimfire Max+Biopower	48.42	362.02 aA
D	Rimfire Max+Biopower	47.95	361.78 aA
E	Rimfire Max+GY-H Max	49.45	347.75 aA
F	世玛+GY-H Max	48.53	340.31 aA
G	世玛+Biopower	49.01	347.08 aA
H	优先	48.70	335.53 aA
I	大能	49.01	335.69 aA
J	麦极	49.28	342.19 aA

3 结论与讨论

3.1 速效性及持效性

Rimfire Max、 世玛、优先、大能、麦极均为内吸传导型除草剂， 速效性较差， 药后 40 天才有明显的防效，药后 90 天防效达到高峰，药后 110 天所有药剂的持效性均较好。

3.2 杀草谱及防效

Rimfire Max 可防除早熟禾、棒头草、看麦娘、碎米荠；对其阔（扬子毛茛、黄鹌菜、繁缕、猪殃殃）有一定防效，效果不理想；世玛可防除早熟禾、棒头草、看麦娘，对碎米荠等阔叶杂草防效不如 Rimfire Max；优先可防除棒头草、看麦娘、碎米荠，防效与 Rimfire Max 低剂量相当，对早熟禾有一定防效，不理想；大能、麦极对棒头草、看麦娘防效优秀，对早熟禾及阔叶杂草基本无防效。

3.3 安全性

在药后 15 天，Rimfire Max 加助剂 Biopower 处理及世玛加助剂 GY-H Max 和 Biopower 处理有轻微药害，药后 40 天及以后未观察到药害。

苯磺隆、唑草酮混用联合作用研究

刘亦学　张惟　于金萍　杨秀荣
（天津市植物保护研究所，天津 300112）

摘要：在试验条件下，采用盆栽试验方法对麦田常用除草剂苯磺隆和唑草酮进行了复配联合作用和最佳配比研究。结果表明：苯磺隆与唑草酮隆混用对一年生阔叶杂草反枝苋具有增效作用。二者混用降低了单剂各自的用药量，杀草优势互补、能够延缓长期使用单一药剂可能产生的抗性杂草问题、提高对杂草的防除效果、降低用药成本、减少环境压力。混用在苯磺隆：唑草酮 =（0.125～2）：1 的范围内选择配比效果较好。

关键词：苯磺隆；唑草酮；混用

苯磺隆为磺酰脲类高效茎叶处理除草剂，主要用于防除小麦田一、二年生阔叶杂草，药剂通过植物叶、茎、根吸收，迅速在植物体内传导，抑制乙酰乳酸合成酶的活性，阻碍缬氨酸与异亮氨酸生物合成，造成生长受抑制，植株在 1～3 周内死亡。唑草酮为卟啉原氧化酶抑制剂类茎叶处理除草剂，主要用于小麦、玉米等禾本科作物田防除一年生阔叶除草，杀草谱广，用量少、杀草速度快，对磺酰脲类有抗性的杂草有特效。两种药剂对后茬作物均安全，混用后杀草优势互补并能够降低单剂的各自用量，提高总体除草效果，混用理论上可行。本试验选用两个单剂均具有较好活性的阔叶杂草反枝苋进行试验测定，为混用开发及田间试验提供科学依据。

1　试验材料

1.1　供试靶标

反枝苋 *Amaranthus refroflexus* L. ，杂草种子为种子库保存，采收自天津市西青区农田。

1.2　培养条件：

加温温室、可控生物培养室。

1.3　仪器设备：

电子天平（感量 0.1mg、1mg）、定量喷雾塔、移液器、塑料花盆（截面积 80cm^2）等。

2　试验药剂

2.1　供试药剂

试验药剂为：（1）95.0%苯磺隆原药；（2）90.0%唑草酮原药。

2.2　其他试剂

丙酮、乙腈、二氯甲烷、甲醇、吐温 80 等。

2.3　试验药剂配制

用相应的溶剂及乳化剂将原药均配制成以下 10%的母液待测。

10%苯磺隆母液（用丙酮、二氯甲烷等溶剂将 95.0%苯磺隆原药溶解，用 0.1%中性乳化剂吐温 80 水溶液稀释配制而成）。10%唑草酮母液（用丙酮、乙腈等溶剂将 90.0%唑草酮原药溶解，用 0.1%中性乳化剂吐温 80 水溶液稀释配制而成）。

3　试验处理

3.1　剂量设计

药剂	剂量 g（a.i.）/hm^2
苯磺隆	0.675、1.25、2.5、5、10
唑草酮	1.25、2.5、5、10、20
苯磺隆+唑草酮	0.675+1.25、1.25+1.25、2.5+1.25、5+1.25、10+1.25、0.675+2.5、1.25+2.5、2.5+2.5、5+2.5、10+2.5、0.675+5、1.25+5、2.5+5、5+5、10+5、0.675+10、1.25+10、2.5+10、5+10、10+10、0.675+20、1.25+20、2.5+20、5+20、10+20

3.2 试验重复

按试验剂量设计每处理重复 4 次（4 盆）。

3.3 处理方式

杂草芽后早期茎叶喷雾处理（供试杂草 2～4 叶期）。

杂草播种时间 2009 年 3 月 16 日，施药时间 2009 年 4 月 9 日，试验施药一次。

按试验设计的用药量采用定量喷雾塔土表喷雾处理，工作压力 0.2MPa，喷液量为 750 kg/hm^2。

4 试验方法

室外采集壤土（pH 值 7.2，有机质含量 1.3%）晒干、粉碎，过筛备用。在塑料花盆中装入定量的过筛壤土，镇压、淋水。挑选成熟饱满的反枝苋种子播种，播后覆以厚 0.5cm 左右的表土，播种量为反枝苋种子 30 粒/盆左右，播种后置于温室中培养至杂草 3～5 叶期施药，施药时每盆保留生长一致的杂草各 15 株。

施药前按试验设计方法配制好母液后，采用“对半稀释法”，将 10%苯磺隆母液、10%唑草酮母液配制成 100 倍稀释液待测。

按设计剂量进行施药处理，施药后置于温室中培养。试验设空白对照，重复 4 次。

5 数据调查与统计方法

5.1 调查方法、调查时间和次数

于 4 月 24 日（施药后 15 天）分类调查各处理存活杂草鲜重。

5.2 数据统计分析

试验采用等效线法进行数据分析。根据药后 15 天各处理地上部分鲜重，计算各处理杂草鲜重抑制率，然后采用剂量对数—机率值进行杀草活性回归分析，分别求出苯磺隆、唑草酮及以苯磺隆、唑草酮为基准混用的 ED_{90} 值，并绘制 ED_{90} 的等效线。根据等效线图评价苯磺隆、唑草酮混用的联合作用方式及混用最佳配比范围。

$$\text{杂草鲜重抑制率}=\frac{\text{对照杂草鲜重}-\text{施药处 理杂草鲜重}}{\text{对照杂草鲜重}}\times 100$$

6 结果分析与讨论

6.1 苯磺隆与唑草酮及混用各个组合的 ED_{90} 值

根据调查数据，分别计算出苯磺隆和唑草酮各剂量、两个药剂混用后各个组合对反枝苋的实测防效，并采用剂量对数—机率值法计算出相应的 ED_{90} 值。

表 1 结果表明两个单剂及以两个单剂为基准混用各处理对反枝苋的鲜重抑制率均随着剂量的增加而提高。表 2 结果表明在苯磺隆定量的基础上，唑草酮对反枝苋鲜重抑制的 ED_{90} 值随苯磺隆剂量的提高而降低；同样表 3 结果表明在唑草酮定量的基础上，苯磺隆对反枝苋鲜重抑制的 ED_{90} 值随唑草酮剂量的提高而降低。

表 1 苯磺隆与唑草酮混用对反枝苋鲜重抑制率（%）

防效（%）		苯磺隆（g a.i./hm^2）					
		0	0.675	1.25	2.5	5	10
唑草酮（g a.i./hm^2）	0	0	7.53	19.35	36.34	54.41	79.57
	1.25	6.88	8.82	21.51	36.77	62.58	81.29
	2.5	23.01	26.24	45.59	56.34	72.90	86.02
	5	41.08	47.31	60.43	65.16	81.72	90.11
	10	64.30	71.61	73.55	78.06	88.60	92.69
	20	81.08	83.87	88.17	89.89	94.41	97.42

表 2 苯磺隆定量处理下唑草酮对反枝苋鲜重的 ED_{90} 值

苯磺隆（g a.i./hm^2）	回归方程（y=a+bx）	相关系数	ED_{90} 值
0	y=3.4376+1.9082x	0.9976	30.93
0.675	y=3.5560+1.9426x	0.9966	25.30
1.25	y=4.1623+1.5423x	0.9935	23.67
2.5	y=4.5695+1.2578x	0.9934	22.97
5	y=5.2073+1.0241x	0.9982	11.19
10	y=5.7869+0.7571x	0.9729	4.50

表 3 唑草酮定量处理下苯磺隆对杂草反枝苋鲜重的 ED_{90} 值

唑草酮（g a.i./hm^2）	回归方程（y=a+bx）	相关系数	ED_{90} 值
0	y=3.9041+1.8540x	0.9974	19.16
1.25	y=3.9756+1.8993x	0.9987	16.37
2.5	y=4.6545+1.3999x	0.9953	14.53
5	y=5.0982+1.1130x	0.9858	11.57
10	y=5.6085+0.7626x	0.9660	7.63
20	y=6.0874+0.7363x	0.9782	1.83

6.2 苯磺隆与唑草酮混用的等效线图

以苯磺隆的系列剂量为横坐标，唑草酮的系列剂量为纵坐标作图，在坐标系里分别标出相应处理的 ED_{90} 值点。连接坐标图上苯磺隆与唑草酮单剂的 ED_{90} 值点所得直线为两个药剂混用的相加效应线。再分别以苯磺隆和唑草酮为基准的混剂的各个处理 ED_{90} 值为坐标点，在坐标图中做 ED_{90} 值的趋势线即为其 ED_{90} 值等效线。

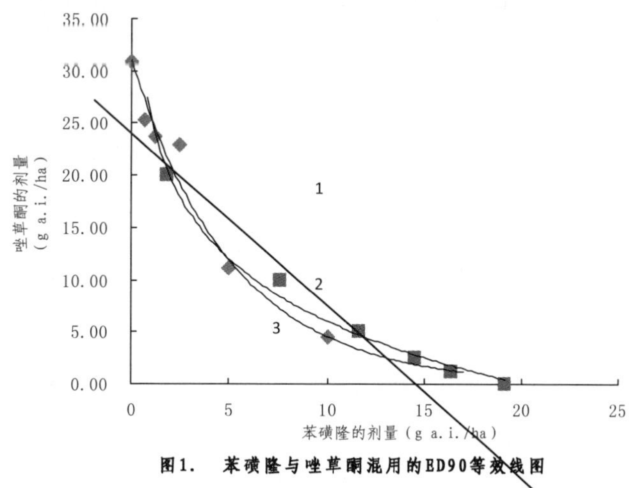

图1. 苯磺隆与唑草酮混用的ED90等效线图

注：1 为相加作用效应AB线；2为以苯磺隆为基准的ED90等效线；3为以唑草酮为基准的ED90等效线

在等效线图中可以看出：各混用组合的 ED_{90} 值均位于相加作用线的下方，且不论是以苯磺隆为基准的 ED_{90} 值等效线，还是以唑草酮为基准的 ED_{90} 值等效线均距相加效应线较远，说明这两个药剂在试验剂量范围内混用对反枝苋有较明显的增效作用。其混用范围以苯磺隆在（2.5～10）g/hm^2 的剂量下递增，与唑草酮在（20～5）g/hm^2 递减的范围内相互混用增效作用较大，即二者混以苯磺隆：唑草酮=（0.125～2）：1 的范围内选择配比效果较好。

6.3 结论

苯磺隆、唑草酮混用降低了单剂各自的用药量，杀草优势互补、能够延缓长期使用单一药剂可能产生的抗性杂草问题、提高对杂草的防除效果、降低用药成本、减少环境压力。本试验以反枝苋为试材采用等效线法评价两种药剂的联合作用方式，试验结果表明，试验剂量范围内混用对反枝苋具有明显的增效作用，二者混用在苯磺隆：唑草酮 =（0.125～2）：1 的范围内选择配比效果较好。

此结果为盆栽生测试验结果，在实际应用时可结合田间杂草实际发生情况综合考虑混剂对不同杂草的防效、两个单剂的杀草活性以及使用成本、制剂加工等因素在苯磺隆：唑草酮=（0.125～2）：1 的范围内选择混用配比。并应进一步进行田间试验，以明确其在不同土壤条件、气候条件下的田间应用剂量及对田间不同靶标杂草的实际防效及其对作物的安全性。

杂草综合治理

玉米秸秆覆盖对棉花田杂草发生规律及籽棉产量的影响

樊翠芹 王贵启 李秉华 崔海燕

（河北省农林科学院粮油作物研究所，石家庄 050035）

摘要：研究了玉米秸秆覆盖和不覆盖对棉花田杂草发生规律及棉花生长和籽棉产量的影响。结果表明：两种方式棉花田杂草种类及消长规律基本一致，玉米秸秆覆盖的棉田杂草数量和鲜重比不覆盖降低 23%～44%；秸秆覆盖对棉花出苗及幼苗生长有一定影响，其株高和鲜重较低，但籽棉产量高于不覆盖的棉田，霜前花比率比不覆盖的低。

关键词：棉花；杂草；秸秆覆盖；籽棉产量

Effects of maize straw mulch on weeds and seed cotton yield in cotton

Fan Cuiqin, Wang Guiqi, Li Binghua, Cui Haiyang

(Institute of Cereal And Oil Crops, Hebei Academy of Agriculture And Forestry Sciences, Shijiazhuang 050035, *China)*

Abstract：Field experiment was conducted to study effects of maize straw mulch on weeds and seed cotton yield in cotton . The results showed that weed communities and their occurrence rule had little different between the treatment and untreated check. The plant number and fresh weight of weeds reduced 23%～44% in the treatments of maize stalk covering comparing with untreated check. The emergence percentage and growth of cotton seedling were suppressed by maize straw mulch. The seed cotton yield resulted from the maize stalk covering was higher than that in the no maize stalk covering in cotton.

Key words：cotton; weeds; straw mulch; seed cotton yield

棉花是我国主要经济作物。杂草是造成棉花产量损失的主要因素之一，据对世界各产棉国就杂草竞争对棉花生长及产量进行多方面的研究结果， 棉花早期受杂草竞争危害， 损失率可达 75%[1]。覆盖栽培在我国农业生产中的应用日益广泛，其中最有价值的是秸秆和地膜覆盖[2]，秸秆覆盖在改变土壤理化性质、调节土壤温度和改善水分状况等方面具有显著作用[3~6]；一些学者研究认为覆盖麦秸对玉米田杂草有一定的控制作用[7-10]，免耕覆盖玉米秸能降低小麦田杂草发生数量[11]；多数研究结果表明，秸秆覆盖具有增产作用[12-14]，但有些研究者认为冷凉地区秸秆覆盖会减产[15]，覆盖降低冬春季节土壤温度从而影响作物生长[16-17]，刘冬青等研究表明秸秆覆盖能增加土壤养分含量，特别是速效钾含量，在棉花生长后期，提高叶面积指数，延长叶片功能期，提高棉株的光合能力从而防止棉花早衰，增加铃重，提高棉花产量[18]。而关于棉花田秸秆覆盖对杂草发生规律的影响少见报道。本文研究了玉米秸秆覆盖棉田对杂草发生规律、棉花生长及籽棉产量的影响。

1 材料和方法

试验于 2008～2010 年在河北省粮油作物研究所堤上试验站进行，试验田土壤有机质含量 2.04%、全氮 0.122%、全磷 0.26%、碱解氮 104.6mg/kg、有效磷 46.82mg/kg、有效钾 97mg/kg，pH 值 7.8。棉花播期为 4 月 28 日，行距为 70cm，密度为 45000 株/hm^2。棉花播种后覆盖玉米秸秆，覆盖量 10^{4}kg/hm^2。

试验设玉米秸秆覆盖、不覆盖两种栽培方式，每种方式设 4 次重复，小区面积 22.4m^2。每小区定 9 个样点（样点面积 0.25m^2），对 3 个样点调查杂草数量，每次调查后拔除所有杂草；另 3 个样点，于 6 月 5 日取样，调查杂草数量及鲜重；其余 3 个样点，于 7 月 25 日取样，数杂草植株数，并称植株鲜重；分别于 6 月 6 日、7 月 26 日取样后对小区进行人工除草（样点内不除草）。棉花出苗后调查棉花出苗数，5 月 20 日和 6 月 12 日前后，结合棉花间苗、定苗，测棉花株高，并称其植株鲜重。分期收获霜前花和霜后花，晾干后称重测产。

2 结果分析

2.1 玉米秸秆覆盖棉田杂草发生规律

2.1.1 杂草发生的种类和数量

对每次调查结果按杂草种类对其数量分别进行累加，从图 1 看出，杂草种类有马唐、牛筋草、狗尾草、稗草、马齿苋、反枝苋、藜、铁苋菜、酸浆、龙葵及后期发生的荠菜、播娘蒿，棉田覆盖玉米秸秆和不覆盖的杂草种类基本相同。优势杂草主要有牛筋草、狗尾草、反枝苋和马齿苋，其次为马唐、藜、铁苋菜等杂草。覆盖玉米秸的棉田多种杂草数量明显比不覆盖的少，其中牛筋草的植株数降低 57%，狗尾草减少 72%，马齿苋降低 80%，反枝苋降低 68%，藜和铁苋菜的数量亦有所减少。其他杂草的数量，覆盖玉米秸和不覆盖的差异不大，这些杂草发生数量较少，对棉花影响较小。

荠菜和播娘蒿在春季及 9 月中旬以后有发生，对棉花生长发育影响很小。马齿苋在 7 月下旬至 8 月初出苗最多。其他杂草从棉花播种至 10 月中旬均有不同程度的发生。对棉花危害最严重的杂草是反枝苋；牛筋草、狗尾草，藜、马唐、龙葵、马齿苋等对棉花也有不同程度危害。

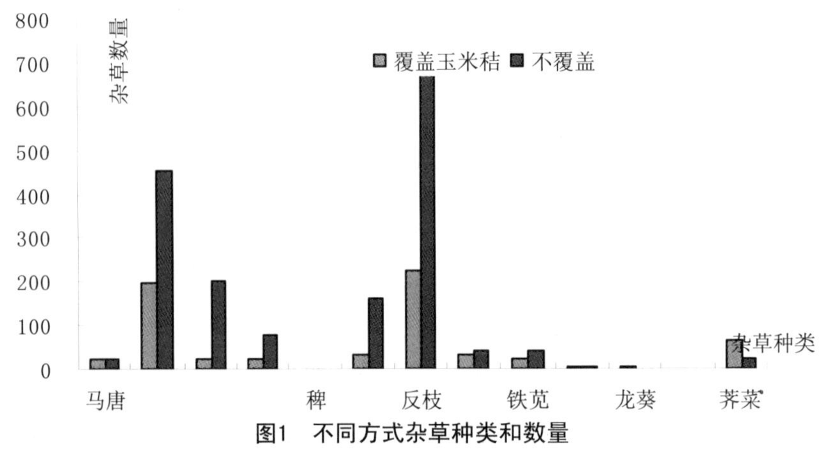

图1 不同方式杂草种类和数量

2.1.2 杂草消长规律

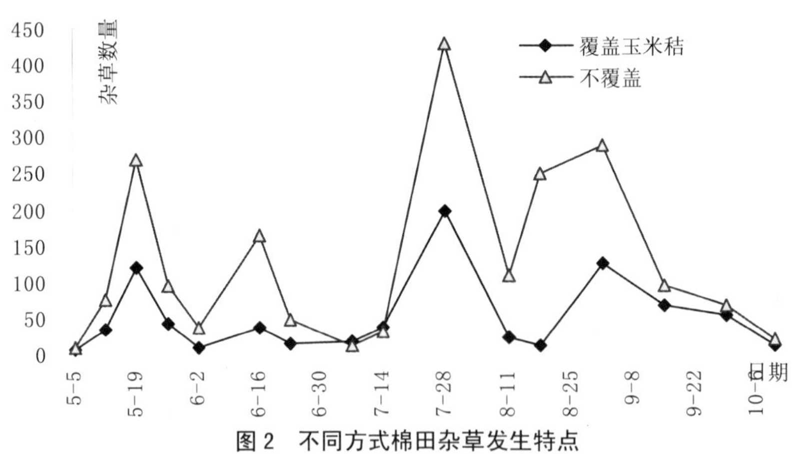

图 2 不同方式棉田杂草发生特点

棉花播种后，杂草随着棉花出苗而先后出苗，杂草第一个发生高峰期在 5 月 20 日前后，此时覆盖玉米秸的棉田杂草数量比不覆盖减少 55%左右；之后杂草发生数量逐渐减少，至 6 月初杂草发生量明显降低，但是秸秆覆盖的仍比不覆盖的少；到 6 月中旬左右杂草出现第二个发生高峰，不覆盖的杂草数量比覆盖的多 4.5 倍；在 6 月下旬至 7 月中旬，杂草发生量较少，两种栽培方式差异不大；杂草发生的第三个高峰在7月下旬，此时温度高，在降雨量充沛的年份杂草发生量大，秸秆覆盖的棉田杂草发生数量比不覆盖的降低54%左右；第四个杂草发生高峰期在8月下旬至9月初，秸秆覆盖的杂草数量依然比不覆盖的明显少，对于长势较好的棉田，此时棉花已封垄，杂草生长较慢，对棉花影响较小，但对于长势较差或早衰的棉田，杂草仍对棉花有一定影响；10月份以后仍有少量杂草出苗，但对棉花影响很小（图2）。

每小区有6个样点在取样之前杂草处于自然生长状态，由于杂草之间及与棉花之间相互竞争、相互抑制，对杂草数量和鲜重有一定影响。试验于6月5日第一次取样（取其中的3个样点），结果表明，秸秆覆盖的比不覆盖的杂草株数减少44%，鲜重降低40%；于7月25日第二次取样（取另外3个样点），从表1看出，棉田覆盖玉米秸比不覆盖的杂草数量和鲜重均明显降低，覆盖玉米秸的杂草数量比不覆盖减少40%左右，鲜重降低23%左右。

表1 不同方式杂草植株数量和鲜重

处理	6月5日		7月25日	
	株数/（株·m^2）	鲜重/（g·m^2）	株数/（株·m^2）	鲜重/（g·m^2）
玉米秸秆覆盖	185	917	129	16626.2
不覆盖	330	1524.7	216	21500.5

2.2 玉米秸秆覆盖对棉花的影响

2.2.1 玉米秸秆覆盖对棉花出苗和幼苗生长的影响

棉花出齐苗后，调查出苗数，从表2看出，棉田覆盖玉米秸对棉花出苗有影响，其出苗数比不覆盖的减少25%左右。5月20日间苗时，玉米秸覆盖的棉苗株高比不覆盖的降低1cm/株，鲜重降低1.2g/株；6月12日定苗时，玉米秸覆盖的比不覆盖的株高低4.4cm/株，单株鲜重低4.3g/株（表2）。棉花作为春播作物，温度是影响其幼苗期生长的主要因素，由于棉田覆盖玉米秸后，地温降低、湿度增大，使得棉苗生长较不覆盖的慢。

表2 不同方式棉花幼苗的株高和鲜重

处理	出苗数	5月20日		6月12日	
	株/小区	株高/（cm）	鲜重/（g·株）	株高（cm）	鲜重（g·株）
玉米秸秆覆盖	281	7.6	1.8	21.6	12.1
不覆盖	378	8.6	3.0	26.0	16.4

2.1.2 玉米秸秆覆盖对籽棉产量的影响

尽管棉田覆盖玉米秸影响棉花幼苗生长，但是覆盖玉米秸能降低杂草发生植株数量和鲜重，棉花霜前花、霜后花及籽棉总产量均是玉米秸秆覆盖的比不覆盖的高，而霜前花比率则是不覆盖的比覆盖的高（表3）。

表3 不同方式籽棉产量及霜前花比率

耕作方式	霜前花	霜后花	小区合计产量	霜前花比率	产量
	(g/小区)	(g/小区)	(g/小区)	(%)	(kg/hm^2)
玉米秸秆覆盖	3118.3	887.3	4005.6	77.8	1788.3
不覆盖	3026.9	669.7	3696.6	81.9	1650.4

3 讨论与结论

玉米秸秆覆盖和不覆盖的棉田杂草种类基本相同，秸秆覆盖降低牛筋草、狗尾草、反枝苋、马齿苋等棉田优势杂草的发生数量。两种方式杂草消长规律基本一致，均有4次发生高峰，分别在5月中下旬、6月中旬、7月下旬和8月下旬至9月初。杂草消长规律和杂草发生数量与气候和土壤湿度有一定关系，棉花播种后，在土壤湿度较大，温度较高的情况下，5月中下旬杂草发生数量大，并且在不覆盖棉田杂草数量明显比秸秆覆盖的多，反之，杂草发生量下降，玉米秸秆覆盖的杂草数量与不覆盖的差异减少。可能秸秆覆盖具有一定保墒作用，有利于杂草的出苗。7 月下旬是杂草发生的第三个高峰期，此时正值夏季高温季节，也是雨季，有利于杂草的发生出苗，如遇干旱，杂草发生数量会明显减少。8 月下旬至 9 月初是杂草发生的第四个高峰期，杂草数量与土壤湿度有关。杂草发生的四个高峰期对应棉花的苗期、蕾期、盛花期和铃期，棉花苗期和蕾期杂草对棉花生育影响很大，如果此时不进行除草，无论秸秆覆盖还是不覆盖，棉花几乎没有产量；盛花期以后棉花封垄，使得杂草的发生和生长受到一定影响，对棉花生长和蕾铃发育影响减小，但是棉花长势较弱或出现早衰的棉田，后期发生的杂草对棉花生长和籽棉产量仍有一定影响。

棉田覆盖玉米秸对棉花出苗有一定影响，可能是由于覆盖玉米秸的地温降低，加之玉米秸秆的屏障作用等造成的。玉米秸秆覆盖的棉花幼苗的株高和鲜重均低于不覆盖的，棉花幼苗期温度是影响其生长的主要因素，覆盖玉米秸后，地温降低、湿度增大，棉苗生长受到一定影响。玉米秸秆覆盖比不覆盖的籽棉产量增加，可能是玉米秸秆覆盖的棉田，尽管幼苗生长受到一定抑制，但其田间杂草数量较少，加之棉花为无限生长植物，其生育期长，从现蕾开始既进入营养生长和生殖生长并进阶段，自身具有一定的调控能力，因此在其他条件相同的情况下秸秆覆盖比不覆盖的产量高。

玉米秸秆覆盖棉田宜在上茬为玉米、下茬种植棉花的地块实施，玉米秸秆覆盖应结合化学除草和机械除草等措施来防除杂草。有关秸秆覆盖对棉花生育的影响有待进一步研究。

参考文献

[1] 刘毓湘.当代世界棉业[M]. 北京: 中国农业出版社， 1995，7: 140-142.

[2] 高亚军，李生秀. 旱地秸秆覆盖条件下作物减产的原因及作用机制分析[J]. 农业工程学报，2005，21(7): 15-19.

[3] 陈奇恩. 中国塑料膜覆盖农业[J]. 中国工程科学， 2002，4(4): 12-17.

[4] 王甲辰，刘学军，张福锁， 等. 不同覆盖物对旱作水稻生长与产量的影响[J]. 生态学报，2002，22(6): 922-930.

[5] 赵聚宝，梅旭荣，薛军红. 秸秆覆盖对旱地作物水分利用效率的影响[J]. 中国农业科学，1996，29(2): 59-66.

[6] 董志勇，钱炳法. 棉田秸秆覆盖研究[J]. 浙江工业大学学报， 2003， 31(1): 12-15.

[7] 马永清. 不同玉米品种对麦秸覆盖引起的生化他感作用的差异分析[J]. 生态农业研究，1993，(4): 13-17.

[8] 李香菊，王贵启，李秉华，等. 麦秸覆盖与除草剂相结合对免耕玉米田杂草的控制效果研究[J].华北农学报， 2003， 18(院庆专辑): 99-102.

[9] 郭宪， 金玉美， 连海明， 等. 麦秸覆盖对杂草萌发及玉米产量的影响[J]. 安徽农业科学，2007，35(9): 2584， 2596.

[10] 樊翠芹，王贵启，李秉华，等. 不同耕作方式对玉米田杂草发生规律及产量的影响[J]. 中国农学通报， 2009， 25(10): 207-211.

[11] 樊翠芹，王贵启，李秉华，等. 保护性耕作对小麦田杂草发生规律及小麦农艺性状的影响[J].河北农业科学， 2010， 14(8): 101-103.

[12] 刘振钰，王翠萍，路海燕，等. 旱地玉米整秸秆不同覆盖形式的增产效应[J]. 山西农业科学，2000，28(3): 20-22.

[13] 刘素媛，舒乔生，邹桂霞，等. 辽西半干旱区整秸半覆盖技术及增产效应研究[J]. 中国水土保持，2000，(8): 33-35.

[14] 谢文. 玉米作物秸秆覆盖试验示范研究[J]. 耕作与栽培， 2001，(2): 9-10.

[15] 曹国番. 半干旱冷凉区微型种植方法、覆盖材料和补灌时期研究[J]. 干旱地区农业研究，1998，16(2): 13-18.

[16] 李茂松，王一鸣，周凌希. 不同覆盖材料对春玉米田间土壤水热状况和生长发育及产量的影响[J]. 水土保持研究， 1995，2(1):18-22.

[17] 韩忠. 地膜和秸秆二元覆盖技术的原理和实践[J]. 陕西农业大学学报，1997，17(3): 245-249.

[18] 刘冬青，辛淑荣，张世贵. 不同覆盖方式对旱地棉田土壤环境及棉花产量的影响[J]. 干旱地区农业研究，2003，21(2): 18-21.

小麦－玉米两熟农田除草剂安全高效技术研究与应用

李香菊[1] 王贵启[2] 张宏军[3] 王秀[4] 崔海兰[1] 梁双波[2]

（1. 中国农业科学院植物保护研究所，北京 100193；2. 河北省农林科学院粮油作物研究所，石家庄 050031；3. 农业部农药检定所，北京 100026；4. 国家农业信息化工程技术研究中心，北京 100089）

摘要：本文是对河北省科技进步一等奖"小麦－玉米两熟农田除草剂安全高效技术研究与应用"的技术总结。本成果针对小麦—玉米两熟农田除草剂使用不合理，导致污染环境、引起药害、诱发杂草抗药性等影响我国粮食安全及环境安全的问题立题研究，以替代高风险除草剂和研制减量施药技术为切入点，通过"优选除草剂品种，优化施药条件、优配农艺措施、研制智能化施药机械和建立药效早期诊断方法"等关键技术的系统研究，构建小麦-玉米两熟农田除草剂安全高效技术体系。

本成果在明确两熟农田杂草群系及优势种特征的基础上，利用分子生物学手段甄别抗药性杂草，发现了麦田抗药性播娘蒿的基因突变位点；针对优势和抗药性杂草筛选"对靶"除草剂，优选出 10 个药剂，组配 5 个安全高效组合物，其中小麦田专利配方苯磺隆·2,4-D 替代苯磺隆单用防除麦田抗药性杂草，药量降低 75%～91.7%；玉米田专利配方烟嘧磺隆·特丁津替代莠去津在玉米田应用，杜绝了当茬作物的飘移药害及后茬作物的残留为害。采用图像识别及信息处理技术，研发了对杂草识别率超过 99.5%的智能化"探测式"喷雾机，可对除草剂定向、实时、变量喷施，与常规施药机械相比，除草剂用量降低 25.1%～55.3%。基于荧光感应原理，建立了植物荧光值为指标的药效早期诊断技术，在光合作用抑制型除草剂药后 2～3 天即可判断杂草是否最终死亡，提高了药效诊断的时效性，保障了除草剂减量后的效果。本成果构建的"以除草剂减量为核心，以精准施用低风险药剂为主体，以杂草叶龄、温湿度优化等为施药条件，配合秸秆覆盖生态控草、辅以改进的喷雾机械和药效早期诊断"的技术体系，在生产上应用结果表明，除草剂用量降低 24%～40%，作物增产 6%～8%，实现了小麦－玉米两熟农田化学除草的安全高效。专家鉴定：在同类研究中达国际先进水平。2010 年 12 月获河北省科技进步一等奖。

关键词： 两熟农田；除草剂；混配；抗药性；生态控草；"探测式"喷雾器；早期诊断

1 研究目的意义

杂草是农田四大重要有害生物之一。在现有防治水平下，我国农田每年因杂草为害造成的直接经济损失高达 900 多亿元。由于除草剂的快速、高效、低成本，化学除草已成为现代农业杂草控制的主要手段。进入本世纪以来，我国化学除草面积增长了 3.3 倍，达 7000 万 hm^2，其中小麦、玉米田化学除草面积率 75%～95%。

在除草剂大面积应用过程中，由于药剂品种单一、使用技术落后，使其污染周边生境、造成作物药害、诱发杂草抗性等问题日渐凸现。小麦－玉米两熟农田突出表现在小麦田苯磺隆和玉米田莠去津两个当家药剂。苯磺隆在我国使用 15 年以上，年应用面积 1750 万 hm^2。由于其作用位点单一，诱发的杂草抗性发展迅速。在全国 21 个省（市）的近 200 个取样点采集到的杂草播娘蒿，有 33.7%对其产生了不同程度抗性，部分麦田抗性播娘蒿已成为优势种。河北省发现了 GR_{50} 比普通敏感生物型高 1400 倍的抗性群体，导致苯磺隆为当家品种的化学控草体系失效，小麦减产 15%以上。莠去津"影响人体生理功能、诱导畸变和癌变"在美国早有报道。我国玉米田莠去津已连续使用 30 年以上，年应用面积近 3000 万 hm^2，由于其易淋溶且降解缓慢，已造成面源污染。淮河流域、洋河流域及北京地区等多个水体监测点检测到莠去津成分，残留量达 0.67～81.3μg/L，开始影响蝌蚪、小球藻的生长发育。我国每年发生除草剂药害面积 330 万 hm^2，在河北省小麦－玉米两熟区，苯磺隆和莠去津造成的作物药害占 26.5%。苯磺隆抑制下茬花生、豆类生长，莠去津对邻近阔叶作物和下茬小麦生育有不同程度影响，上述除草剂药害造成后茬作物减产 5%～47%。药害影响粮食安全，也带来多起农民上访事件。因此，生产上迫切需要研发小麦－玉米两熟农田安全高效化学除草技术。

2 研究方法与技术思路

针对小麦—玉米两熟农田除草剂苯磺隆和莠去津大量使用污染环境、引起药害、诱发杂草抗药性现状，以替代上述高风险除草剂品种和研制药剂减量施用技术为切入点，利用“优选除草剂品种，优化施药条件、优配农艺措施、研制高性能施药机械和建立药效早期诊断方法”五项关键技术，解决两熟农田除草剂使用带来的突出问题，实现除草剂应用的安全、高效。

以两熟农田杂草优势种群为研究对象，采用分子生物学与生物测定相结合的手段，甄别抗药性杂草；以优势杂草和抗药性杂草为“靶标”，应用多指标模糊综合评判的方法，筛选除草剂新品种；以上述药剂为基础，依据“不同作用原理、杀草谱和残效期互补”的药剂混用原则，选配安全高效除草剂配方；通过室内模拟及田间试验，研究除草剂配方发挥最大功效的环境条件。将植物萃取技术、色谱分析技术与大田试验相结合，探明生态措施控草机理及其辅助除草剂减量的效果；利用光谱反射原理、采用图像识别及信息处理技术，研制“探测式”精准施药机械；基于荧光感应理论，开发植物光合诊断仪对除草剂药效的早期诊断技术。最终，将上述各单项技术有机整合，构建小麦-玉米两熟农田除草剂安全、高效技术体系提供生产应用。

3 研究结果

3.1 高风险除草剂替代及新药剂优选研究

依据不同作用方式及杀草谱互补、药效与残效期兼顾的原则，以小麦-玉米两熟农田优势杂草和抗药性杂草为“靶标”，利用混用和助剂增效技术，减少高风险除草剂用量，同时从新商品化的药剂中筛选安全高效除草剂品种，优选出了替代除草剂新产品。

通过对河北、河南、山东、北京129个县（市）、1290个样点、11610个样方的生态踏勘，采用聚类分析方法，摸清了华北地区小麦田以播娘蒿、荠菜、麦瓶草、藜和节节麦、雀麦为优势种组成的杂草群系及玉米田以马唐、反枝苋、稗、马齿苋、藜、牛筋草、狗尾草、铁苋菜、刺儿菜和田旋花为优势种组成的杂草群系。结合室内生测，建立了35种常见杂草生物学特性的数据库，包括种子、幼苗及成株特征、生育期、繁殖能力及不同生育阶段对环境要求等参数。在此基础上，采用分子生物学手段，研究杂草对除草剂耐受性，创建了杂草对常用除草剂敏感性数据库，确定小麦田播娘蒿和玉米田马唐为抗药性杂草，明确了基因突变是上述杂草产生抗药性的原因，而有效防除抗药性生物型必须更换除草剂品种。本研究不仅丰富了杂草抗药性研究的理论，在指导杂草防控的实践中也起到了较大作用。

以上述优势杂草和抗药性杂草为主攻“靶标”，通过室内实验和田间小区试验同步联合选择方法，对小麦、玉米田除草剂品种进行初步鉴定；采用模糊综合评判的理论，对供试的 48 种除草剂进行多指标综合评价，以综合指标值判别药剂优劣。据此，从已有除草剂产品中选出 10 个优良药剂，配制 66 个混用组合，通过联合作用及选择性指数测定，得出 5 个高效安全除草剂组合物。其中，专利配方苯磺隆·2,4-D 复配除草组合物在防除抗药性播娘蒿时，苯磺隆施药量比单用降低 75%～91.7%；烟嘧磺隆·特丁津复配除草组合物与烟嘧磺隆和特丁津单用相比，施用量分别降低 28.6%和 33.3%，除草效果提高 4.3%和 35.9%。上述除草组合物替代苯磺隆和莠去津降低了除草剂用量，提高了对作物的安全性，小麦和玉米分别增产 7.4%和 15.0%。

3.2 施药条件与除草剂药效药害的关系研究

应用除草剂－杂草－环境互作理论，采用室内模拟试验及室外田间试验相结合的方法，通过正交试验设计，研究施药时环境因素与筛选出的替代除草剂药效的关系，摸清除草剂药效发挥的最佳条件，实现了优化施药条件下喷雾的药效最大化。

重点研究了 8 种杂草叶龄、3 个大气温度、5 个空气相对湿度、5 种土壤含水量和 2 个施药时期与除草剂药效的关系，建立了药效与杂草种类、叶龄、施药时期、用药温湿度及土壤特性等参数的关系模型。分析得出：上述因子中以杂草叶龄与除草剂用量关系最密切。明确了小麦田苯磺隆·2,4－D 的最佳施药条件为冬前小麦分蘖期，杂草 2～4 叶龄，施药温度 10℃以上，空气相对湿度 45%以上，土壤含水率 22.5%以上，施药后 24 小时无雨；玉米田烟嘧磺隆·特丁津最佳施药条件为玉米 5 叶期前，杂草 1～4 叶龄，施药温度 25℃以上，空气相对湿度 55%以上，土壤含水率 30%以上，施药后 24 小时无雨，防除马唐、牛筋草、稗、狗尾草、反枝苋、马齿苋为优势种组成的杂草群落时使用；烟嘧磺隆·硝磺草酮最佳施药条件为玉米 5 叶期前，杂草 1～4 叶龄，施药温度 25℃以上，空气相对湿度 55%以上，土壤含水率 22.5%以上，施药时添加 GYmax 0.30%，用于防除马唐、稗、反枝苋、藜、蓼、苘麻、刺儿菜、田旋花为优势种组成的杂草群落。

在明确药效的基础上，就上述药剂对当茬作物及后茬作物的安全性进行了研究，明确了小麦冬前分蘖期施用苯磺隆 15g/hm^2 和 2,4-D 540 g /hm^2 对小麦安全和玉米 5 叶期前施用烟嘧磺隆 60 g/hm^2、特丁津 800 g/hm^2 或硝磺草酮 105 g/hm^2 对玉米安全，上述剂量范围之下两药剂混用对作物生育无影响，无后茬残留药害。据此总结出的"低叶龄、早用药、加助剂、以杂草种群结构选择施药配方，施药前看天气预报"的用药技术规程，可操作性强，易为我国农民掌握，在生产应用中取得较好的效果。研究发布了行业标准"除草剂对作物的安全性试验—土壤喷雾法"、"除草剂对作物的安全性试验—茎叶喷雾法"和"除草剂对后茬作物影响的试验方法"，为除草剂安全高效应用提供了技术规范。

3.3 生态控草辅助降低除草剂用量的研究

针对两熟农田中"为害玉米的杂草在小麦生育后期出苗"这一周年杂草发生特点，应用植物竞争及化感作用抑制杂草的理论，采用上茬小麦等行距种植、低水肥及保护性耕作麦田适当增加播种量，下茬玉米播种前麦秸残体覆盖、玉米与豆类作物轮种等控制两熟农田周年杂草的措施，辅助了除草剂减量施用的效果。

通过植物萃取及色谱分析，结合生物测定，研究了小麦残体的控草效应。从化学生态学角度揭示了麦秸对玉米田杂草马唐的控制主要是由于其分泌的有机酸抑制马唐种子萌发和早期生长，从而基本探明了麦秸控草机理这一困扰科学界的问题。在生产上两熟农田杂草控制的实践中，采用 4500kg/hm^2 麦秸覆盖－玉米精量播种－苗后减量定向喷施选择性除草剂烟嘧磺隆的控草规程，仅需施用除草剂常量的 3/4，对玉米田杂草的生物量抑制率可达 90%以上，施用除草剂常量的 1/2，对杂草的生物量抑制效果仍为 80%以上。

研究了增加小麦密度辅助除草剂减量施用的效应。在低水肥田块及保护性耕作麦田适当增加播种量至 225.0kg/hm^2 并采用等行距种植，由于小麦对杂草的竞争及化感作用，麦收前出苗的杂草密度和叶龄比稀植麦田明显降低，后茬玉米田仅喷施烟嘧磺隆·特丁津即可达 95.3%防效，而稀播麦田杂草叶龄较大，需要增施除草剂草甘膦苗前除草才能保证 95%以上效果。

3.4 改进喷雾机械，提高杂草对除草剂利用率的研究

利用光谱反射原理、采用图像识别及信息处理技术，超前研制智能化"探测式"喷雾机，实现除草剂定向、变量、实时喷施；同时，对现有喷雾机械在喷雾压力、雾滴均匀性等指标方面进行改造，为减量施药提供高效、精准器械。

依据杂草在红外和近红外光照射下，对照射光谱发生反射这一特性，采用传感器接收这些发射光，通过计算机识别和分析处理去除田间土壤信息，从而准确识别出杂草的位置和覆盖率，据此进行除草剂适量、定位、实时喷施，而对没有杂草的区域（裸露土壤）则不喷施除草剂。基于上述思路，经 6 年研制及调试，解决了实时、定量喷施及喷雾不均、雾化不匀等技术关键，设计并研制出了智能化"探测式"喷雾机。将杂草识别控制系统通过三点悬挂机构悬挂在拖拉机后部，在驾驶台安装控制装置并和拖拉机 12V 电源连接，即可进行除草作业。

该机改传统的均匀喷施为依据杂草在田间的镶嵌分布探测式定向喷施，II 档（2.73km/h）杂草识别率超过 99.5%。在田间杂草密度 30～200 株/m^2 时，灭草率达到 90%以上的除草剂用量比常规喷雾机降低 25.1%～55.3%。

考虑到我国农民目前的经济承受能力，在智能化"探测式"喷雾机研制的同时，也对现有背负式喷雾器进行了升级改造。针对目前喷雾器压力不稳及药剂跑冒滴漏的弊病，采用配备恒压阀和 110-03 Teejet 扇形喷头的高性能喷雾器替代传统喷雾器，使防效 90%以上的喷液量由 450L /hm^2 降低到 375L/ hm^2，除草剂施用效率提高 12.5%。

3.5 除草剂药效早期诊断技术研究

基于荧光感应理论，通过施药剂量与“靶标”植物光合效率及生物量抑制率三者的关系研究，形成植物荧光信号－除草剂效果早期诊断模式，替代传统、滞后的人工目测判别，使减量施药后能够实时判断药效，以便快速采取补救措施，为除草剂减量增效提供保障。

针对目前人工目测判别除草剂药效准确性差、滞后于植物体内生理反应和不利于实施早期补救措施的缺点，采用室内生物测定和田间试验相结合的手段，研究靠植物光合诊断仪对除草剂药效进行快速判别的技术。在室内条件下，通过施药后不同时间检测杂草荧光信号，结合杂草防效几率值和药剂剂量对数值的线性模拟，探究施药剂量-荧光信号（PPM 值）-杂草鲜重 90%抑制率（ED_{90}）之间的联系。

根据我国两熟农田优势杂草种类、作物种植情况和施药技术，将上述指标进行改进和标准化，建立了小麦、玉米田以荧光值为指标的优势杂草药效早期诊断技术，并将该技术拓展到作物药害的早期判别。利用这一技术，在施药后 2～3 天内，通过 PPM 值检测就可判断杂草是否最终死亡，并同时判别作物是否受到伤害和减产。该技术较常规目测方法在“药后 10～25 天判断杂草死亡”提高了时效性，为光合抑制型除草剂减量施用后药效判别和杂草低叶龄及时采取补救措施提供了技术支撑。

通过上述研究，构建了“以除草剂减量为核心，以精准施用低风险药剂为主体，以杂草叶龄、温湿度优化为施药条件，配合秸秆覆盖生态控草、辅以改进的喷雾机械和药效早期诊断”的小麦—玉米两熟农田除草剂安全高效技术体系，该体系技术要点为：（1）根据“靶标”优选药剂；（2）适时施药添加助剂；（3）农艺措施辅助减量；（4）改进喷雾机械；（5）药效快速判别。实践证明，该体系技术先进、可操作性强、适合中国国情、易为农民接受。

3.6 实施效果

3.6.1 低风险除草剂保障了生态安全

以特丁津和硝磺草酮替代莠去津，降低了环境风险，水生生物风险系数由 195 降至 90 以下，药剂土壤残效期降至 60 天以下，小麦无残留为害；苯磺隆·2,4-D 除草，药剂土壤残留量降至 0.1ppb 以下，后茬花生、豆类生育正常。

3.6.2 高效用药技术降低了除草剂用量

苯磺隆·2，4－D 组合物防治麦田抗性杂草播娘蒿比苯磺隆单用剂量降低 75％以上；烟嘧磺隆·特丁津组合物在玉米田应用比其单用剂量减低 28.6%和 33.3%；在小麦—玉米两熟农田的杂草治理中，采用上述配方辅以生态控草及改进喷雾机械等综合技术措施，农田除草效果 90%以上，除草剂总用量降低了 24％～40％。

3.6.3 安全施药措施促进了作物增产

降低施药剂量、早用药拉长与后茬作物种植间隔期及作物药害快速诊断与补救等关键技术，确保高效除草的同时，当茬及后茬作物生长不受伤害，实现了作物全年增产 6%～8%。

3.6.4 高新技术应用提升了研究水平

利用光谱反射原理，采用图像识别及信息处理技术，设计喷雾控制系统，提高了喷雾精准性；基于荧光感应原理，建立除草剂效果早期诊断技术，提高了判断时效性；采用分子生物学手段研究杂草抗性遗传基础，提高了甄别的准确性。

3.6.5 注重基础研究创新了控草理论

从分子水平揭示了杂草播娘蒿对除草剂苯磺隆抗药性的遗传基础；从化学生态学角度探明了麦秸控草的化学机制，为两熟农田杂草控制提供理论依据。

项目组充分发挥各参加单位在研究和推广方面的优势，采取试验、示范、推广同步进行的手段，加速了成果的物化。从 2006 年开始，本技术体系在河北、河南、山东、北京 4 省（市）的 40 个示范点进行田间试验和示范。到 2009 年底，小麦－玉米两熟农田除草剂安全高效技术体系在上述省（市）大面积应用，三年累计推广面积 383.00 万

hm^2，使两熟农田除草剂用量降低 24％～40％，小麦平均增产 175.1kg/hm^2，玉米平均增产 179.55kg/hm^2，取得直接经济效益 12.86 亿元。科研投资收益率 34.11，科技投资收益率 7.85。

4 致谢

本研究得到了国家“十五”攻关课题（2004BA509B07）、“十一五”科技支撑课题（2006BAD08A09），河北省自然科学基金课题（396311）、国家自然科学基金课题（30571230）及中荷合作课题（ORET01/32）的资助，主要参加单位为河北省农林科学院粮油作物研究所、中国农业科学院植物保护研究所、农业部农药检定所、国家农业信息化工程技术研究中心、山东省农药检定所、河北省农药检定所、北京市农药检定所、黑龙江省农药检定所、河南省农药检定所等单位，主要参加人员有梁双波、李香菊、叶纪明、王秀、王贵启、崔海兰、张宏军、马伟、樊翠芹、魏守辉、张佳、金岩、杨殿贤，陈亿兵，金焕贵，高黎力，杨卫东，闫振岭，武丽芬，李秉华，王晓菊等。

添加助剂对不同除草剂防除节节麦的增效作用

牛宏波　李香菊[*]　崔海兰　曹洪玉

(中国农业科学院植物保护研究所，北京 100193)

摘要：采用室内生物测定方法，研究了不同助剂对除草剂阔世玛、Rimfire Max和GF1274防除节节麦的效果。试验结果表明：助剂Biopower和Breakthrough对上述三种除草剂均有增效作用，其增效程度因除草剂及助剂种类而异。上述药剂推荐剂量下添加助剂后，对1叶期节节麦的防效均能达到90%，比同等剂量不添加助剂的处理防效分别提高64.40%、32.94%和8.23%。这种增效作用在防除3～5叶龄节节麦时较防除1叶龄节节麦明显。

关键词：除草剂；节节麦；助剂

The control efficacy of three herbicides with adjuvants on *Aegilops tauschii* Coss.

NIU Hongbo, LI Xiangju, CUI Hailan, CAO Hongyu

(Institute of Plant Protection, CAAS, Beijing, 100193*, China)*

Abstract: Control efficacy of Sigma Broad, Rimfire Max and GF1274 with adjuvants on *Aegilops tauschii* Coss. was studied in greenhouse bioassay. The results showed that the adjuvants Biopower and Breakthrough, increased the control efficacy of the three herbicides on *A. tauschii* when applied at 1, 3 and 5 leaf stages of the weed. Biopower provided the best effect when added in the spraying solution at the rate of 0.27% when Sigma Broad and Rimfire Max were applied at the recommended rates, increasing weed control efficacy by 64.40% and 32.94% respectively. Breakthrough increased weed control efficacy of GF1274 by 8.23% at the rate of 0.05% of the spraying solution. All of the three herbicides with the adjuvants gave better weed control on *A. tauschii* applied at 3 and 5 leaf stage than applied at 1 leaf stages of the weed.

Key words: herbicide; *Aegilops tauschii* Coss; adjuvant

节节麦（*Aegilops tauschii* Coss）属禾本科山羊草属，为一年生或越年生草本植物。20世纪50年代开始，在陕西、山西、河南、新疆等偶见节节麦零星发生的报道，但在麦田发生程度轻，不造成减产。20世纪80年代后期，节节麦发生面积迅速增加，在内蒙古、河北、山东、河南、山西、陕西、江苏和重庆等省（市）麦田均发现节节麦生长[1]。到2010年，该杂草广泛分布于我国小麦主产区，发生面积近3000万亩。

节节麦具有分蘖多、适应性广、繁殖系数大和抗逆性强等特点，在麦田具有较强的竞争性，造成小麦减产。据陕西省岐山县调查，该县节节麦发生区较无草区小麦减产39.5%～57.5%[2]。至目前为止，我国尚无有效防除节节麦的除草剂品种。

阔世玛（Sigma Broad）和Rimfire Max是德国拜耳作物科学公司研制的新型小麦苗后选择性除草剂，前者为甲基二磺隆（mesosulfuron-methyl）与甲基碘磺隆钠盐（iodosulfuron-methyl sodium）的复配制剂[3]，后者是苯丙磺隆（Propoxycarbazone-sodium）和甲磺胺磺隆（mesosulfuron-methyl）的复配制剂。GF1274有效成分为甲氧磺草胺（Pyroxsulam）属于磺酰胺类除草剂，是美国陶氏益农公司生产的防除麦田杂草的新除草剂。上述药剂杀草谱广，除草效果好，对麦田茵草、日本看麦娘及部分阔叶杂草防效理想[4-7]，但其对节节麦的防效研究少有报道。

以往研究表明，助剂可改善喷雾性能、增加药剂湿润性、渗透性、展布性，从而提高除草效果。对阔世玛添加助剂Biopower的研究也发现，该助剂可显著提高阔世玛对杂草的防效。

本研究以节节麦为试材，选择上述3种麦田除草剂，对其添加助剂Biopower和Breakthrough的增效作用进行研究，为生产上有效应用上述药剂提供数据支撑。

作者简介：牛宏波，1986年生，在读硕士，从事杂草生态与防除研究，E-mail:niuhongpo@126.com

*通讯作者：李香菊，研究员，从事杂草生态与防除研究，E-mail:xjli@ippcaas.cn

1 材料与方法

1.1 试验材料

1.1.1 供试药剂

3.6%阔世玛水分散粒剂、10.17%Rimfire Max 水分散粒剂均由德国拜耳作物科学公司提供，7.5%GF1274 水分散粒剂由美国陶氏益农公司提供。

1.1.2 供试杂草及培养方法

将通过休眠的节节麦种子，播于装有 1000 g 土壤的直径 15 cm 的塑料花盆中，加水使土壤含水量达 30%左右。置光照培养室培养，培养条件为光照 10h/14h（D/N），光强 10000～15000 lx，培养温度 10～20℃，相对湿度 55%～65%，节节麦出苗后间苗每盆留 10 株。

1.2 试验方法

待节节麦分别长至 1 叶期、3 叶期和 5 叶期时，采用茎叶喷雾法喷施除草剂。喷雾器械为 ASS-III行走型喷雾塔（国家信息化工程技术研究中心研制，扇形 8002 喷头，喷雾压力 2.75kPa，喷液量为 412.5 L/hm^2）。

施药剂量分别为：3.6%阔世玛 WDG 375 g/hm^2（商品量，下同）、450 g/hm^2；10.17%Rimfire Max WDG 225 g/hm^2、262.5 g/hm^2、300 g/hm^2；7.5%GF1274 WDG 225 g/hm^2、375 g/hm^2。阔世玛和 Rimfire Max 添加助剂 Biopower，加量为喷液量的 0.27%；GF1274 添加助剂 Breakthrough，加量为喷液量的 0.05%，各药剂分别设同等剂量不加助剂对照及不用药空白对照，每处理设 3 次重复。用药后目测观察节节麦对供试药剂的反应。施药后 30 天调查节节麦地上部生物量，计算供试药剂对节节麦的鲜重抑制率（%）。计算方法如下：

$$\text{鲜重抑制率}(\%)=\frac{\text{对照杂草鲜重}-\text{施药处理杂草鲜重}}{\text{对照杂草鲜重}}\times 100$$

试验数据使用统计分析软件 SPSS 进行方差分析。

2 结果与分析

2.1 三种除草剂对节节麦的防效

将不添加助剂时，阔世玛、Rimfire Max 和 GF1274 对节节麦的鲜重防效列于表 1。由此看出，在供试剂量下，上述 3 种药剂对节节麦鲜重防效均不足 90%。药剂对节节麦防效与节节麦叶龄关系密切，表现随着叶龄增加防效降低。不添加助剂，阔世玛和 Rimfire Max 在节节麦各叶龄用药对其的防效均不理想，在供试处理剂量中，仅 Rimfire Max 300 g/hm^2 对 1 叶期节节麦的鲜重防效达到 60.94%，其余各处理的防效均低于 50%。GF1274 对 1 叶期节节麦防效理想，处理后 7 天节节麦生长明显受到抑制，叶片沿叶脉方向黄化，叶片不伸展，处理后 30 天鲜重抑制率接近 90%，随施药量增加对节节麦防效提高，但两个供试剂量之间在统计学上无显著差异（P=0.05）。节节麦 3 叶期和 5 叶期喷施 GF1274，防效显著下降，尤其是 5 叶期用药对节节麦鲜重防效低于 20%。

表 1 三种除草剂对不同叶龄节节麦的鲜重防效

处理(商品量/hm^2)	1 叶期		3 叶期		5 叶期	
	鲜重(g)	鲜重防效(%)	鲜重(g)	鲜重防效(%)	鲜重(g)	鲜重防效(%)
7.5%GF1274 225g	2.912	88.70a	19.116	34.94ab	31.196	13.83ab
7.5%GF1274 375g	2.606	89.88a	14.123	51.93a	28.926	20.10ab
3.6%阔世玛 375g	16.593	35.60b	19.488	33.67ab	30.043	17.01ab
3.6%阔世玛 450g	13.623	47.12b	18.914	35.63ab	28.106	22.37ab
10.17%Rimfire Max 225g	13.414	47.93b	24.091	18.01b	34.684	4.29b
10.17%Rimfire Max 262.5g	13.287	48.43b	22.790	22.43b	25.949	28.32a
10.17%Rimfire Max 450g	10.063	60.94b	21.491	26.86b	24.904	31.21a
空白对照	25.763		29.382		36.202	

注：表中同列数据后含相同字母表示差异显著性未达 P=0.05 水平。下同。

2.2 添加助剂对节节麦的效果

三种除草剂添加助剂后，对节节麦防效均有提高。其中，Biopower 对阔世玛和 Rimfire Max 的增效作用好于 Breakthrough 对 GF1274 的增效作用。喷施添加助剂 Biopower 的阔世玛后 4 天，1 叶期节节麦叶片黄化，用药后 7 天，3 叶期、5 叶期节节麦的生长明显受到抑制，这比不添加助剂的处理药效反应明显提前。与不加助剂相比，Biopower 使阔世玛和 Rimfire Max 对 1 叶期节节麦防效分别提高 52.88%～64.40%和 18.25%～32.94%，而防除相同叶龄节节麦时 Breakthrough 仅使 GF1274 防效提高 3.17%～8.23%。其原因可能与助剂的特性有关，也可能是 GF1274 不添加助剂时对节节麦防效也接近 90%，而另外两个药剂不添加助剂对节节麦防效相对较低。

从对不同叶龄节节麦的防效来看，阔世玛 375 g/hm^2 对 5 叶期节节麦防效为 90.30%，该药两个供试剂量下对其他叶龄节节麦防效均达 100%（表 2）。Rimfire Max 添加助剂 Biopower 对 1 叶期节节麦的防效较好，但对 3 叶期和 5 叶期节节麦的防效不理想。GF1274 添加助剂 Breakthrough 对各叶龄节节麦的防效均有显著提高，但其在节节麦 3 叶及 5 叶期使用防效不佳。

表 2　添加助剂后三种除草剂对不同叶龄节节麦的鲜重防效

处理 (商品量/公顷)	1 叶期		3 叶期		5 叶期	
	鲜重 （g）	鲜重 防效 （%）	鲜重 （g）	鲜重 防效 （%）	鲜重 （g）	鲜重 防效 （%）
7.5%GF1274 225g+225g[1]	2.094	91.87ab	14.454	50.81c	26.333	27.26cd
7.5%GF1274 375g+225g[1]	0.659	97.44a	9.291	68.38b	22.619	37.52bc
3.6%阔世玛 375g+1200g[2]	0.000	100.00a	0.00	100.00a	5.356	90.30a
3.6%阔世玛 450g+1200g[2]	0.000	100.00a	0.00	100.00a	0.000	100.00a
10.17%Rimfire Max 225g+1200g[2]	8.713	66.18c	18.951	35.50d	28.900	20.17d
10.17%Rimfire Max 262.5g+1200g[2]	4.829	81.26b	12.573	57.21bc	25.315	30.07cd
10.17%Rimfire Max 450g+1200g[2]	1.576	93.88ab	10.714	63.54bc	19.223	46.90b
空白对照	25.763		29.382		36.202	

注：[1] 助剂 Breakthrough，[2] 助剂 Biopower。

3　结论与讨论

本试验结果表明，助剂 Biopower 和 Breakthrough 对阔世玛、Rimfire Max 和 GF1274 三种除草剂均有增效作用，其增效程度因除草剂及助剂种类而异。上述药剂推荐剂量下添加助剂后，对 1 叶期节节麦的防效均能达到 90%，比同等剂量不添加助剂的处理防效明显提高。这种增效作用在防除 3～5 叶龄节节麦时较防除 1 叶龄节节麦明显。尤其是 Biopower 明显提高了阔世玛对 3～5 叶龄节节麦的防效。其增效机理有待进一步研究。

以往研究表明，除草剂对杂草的防效与杂草叶龄关系密切。本试验得出节节麦生育期对除草剂的防治效果影响很大，这与之前人们对阔世玛的研究结果有相似之处[8,9]。随着节节麦叶龄的增加其防除难度增大，也为田间试验中掌握适宜化学防除时机提供了参考。

在田间生产条件下，麦田化学防除效果除了与药剂特性、助剂种类、杂草叶龄及用药条件有关以外，小麦播种密度、品种株高等均影响着山羊草属杂草与小麦的竞争力[10,11]，从而也影响着除草剂的效果。因此，选用适宜的小麦品种、播种时间、种植密度结合助剂增效及适宜施药时期，将在节节麦治理中起到较大作用。

参考文献

[1] 张朝贤，李香菊，黄红娟，魏守辉. 警惕麦田恶性杂草节节麦蔓延危害[J]. 植物保学报，2007，34（1）：103-106.

[2] 刘斌侠，付泓，段乖利. 岐山县节节麦对小麦影响加重原因分析及防治对策[J]. 中国农技推广，2007，（1）：45-46

[3] 黄建明，练招法，吴常君，等. 3.6%阔世玛水分散粒剂早春防除小麦田杂草应用技术[J]. 上海农业科技，2007（5）：138-139.
[4] 李宜慰，邓渊玉，沈纪东，等. 甲氧磺草胺防除小麦田茼草研究初报[J]. 杂草科学，2007（1）：52-54.
[5] 刘联洪. 不同剂量 3.6％阔世玛水分散粒剂防除冬小麦田杂草的效果[J]. 安徽农学通报， 2008，14（23）：183-184.
[6] 何春正，万宝兵，吉文柱. 阔世玛春后防除麦田杂草的效果及对小麦的安全性. 杂草科学，2008（4）：61-62.
[7] 贺俊，吴敏，周益民. 7.5%优先（啶磺草胺）WG 除草剂防效及应用技术研究[J]. 上海农业科技，2009（5）：156-158.
[8] 黄慧超，李莉，周益民，等. 防除小麦田恶性杂草的高效、安全除草剂筛选试验及应用技术[J]. 杂草科学，2009（1）：50-52.
[9] 李秉华，王贵启，苏立军，等. 防治节节麦的除草剂筛选研究[J]. 河北农业科学，2007，11（1）：46-48.
[10] Joseph PY, Frank LY. Winter wheat competition against jointed goatgrass (*Aegilops cylindrica*) as influenced by wheat plant height, seeding rate, and seed size [J]. Weed Science, 2004, 52(6):996-1001.
[11] Brady FK, Drew JL, Phillip WS, et al. Wheat plant density influences jointed goatgrass (*Aegilops cylindrica*) competitiveness [J]. Weed Technology, 2002, 16(1):102-108.

黑龙江省马铃薯田杂草发生防除及除草剂使用概述

黄元炬

(黑龙江省农业科学院植物保护研究所，哈尔滨 150086)

我国是马铃薯生产大国，马铃薯的种植面积、年产量均居世界前列。其中黑龙江省是我国马铃薯的主产区，具有纬度高，气候冷凉，土质肥沃，种薯退化慢的独特地理优势，非常适合马铃薯生长的特点。因此，近年来马铃薯成为我省比较具有优势的产业，也是种植业的主要产业之一，种植面积不断攀升，但生产上病、虫、草、鼠害的大量发生严重制约了马铃薯的产量与品质，这里仅就杂草的发生与防除及长残留除草剂对马铃薯的药害概述。

1 我省马铃薯田发生的主要杂草

稗草（*Echinochloa crusgali* (Linn.) Beauv.）、野黍（*Eriochloa villosa* (Thunb.) Kunth）、狗尾草（*Setaria viridis* (Linn.) Beauv.）、金狗尾草（*Setaria glauca* (Linn.) Beauv.）、马唐（*Digitaria sanguinalis* (Linn.) Scop.）、反枝苋（*Amaranthus retroflexus* Linn.）、藜（*Chenopodium album* Linn.）、苍耳（*Xanthium sibiricum Patrin ex* Widder）、龙葵（*Solanum nigrum* Linn.）、苘麻（*Abutilon theophrasti* Medicus）、本氏蓼（*Polygonum bungeanum* Turcz.）、香薷（*Elsholtzia ciliata* (Thunb.) Hyland.）、问荆（*Equisetum arvense*）、小花鬼针草（*Bidens parviflora* Willd.）、鸭跖草（*Commelina communis* Linn.）、卷茎蓼（*Fallopia convolvula* (L.) A. Love）、繁缕（*Stellaria media* (Linn.)Cyr.）、铁苋菜（*Acalypha australis* Linn.）、苣荬菜（*Sonchus arvensis* Linn.）等，不同地区略有差异，东部及南部地区一年生杂草居多，西部及北部部分地区部分多年生难防杂草相对较多。

2 杂草的防除

2.1 农艺措施

2.1.1 合理轮作

由于杂草种子在土壤表层发生量大危害大，通过轮作改变土壤层的耕作制度，把杂草种子深埋在土壤深层抑制其萌发出苗，同时还可降低伴生性杂草的密度，改变田间优势杂草群落，促进田间杂草种群数量降低。

2.1.2 机械防除

耕翻：由于部分地区多年生杂草泛滥，土壤通过多次耕翻后，苣荬菜等多年生难防杂草翻埋在地下，使杂草逐渐减少或长势衰退，从而使其生长受到抑制，达到除草目的。耙地：播种前采用旋转锄或圆盘耙、锯齿耙进行交叉作业一遍，也可可防除部分出土杂草。中耕培土：中耕培土不仅可除草，还有深松、贮水、培土保墒等作用。如果前期进行了化学除草处理且处理效果好可中耕 2 次,否则应增加次数。

2.2 化学除草

化学除草用工少， 降低劳动强度，防除效果好， 是防除田间杂草迅速有效的措施。使用化学除草剂要重视除草剂的品种和经济效益、社会效益、生态效益，合理地使用农药。

2.2.1 土壤处理

把药剂喷洒于土壤表层或通过混土把药剂拌入土壤中一定深度，建立起一个封闭的药土层，以杀死萌发的杂草。这类药剂通过杂草的根、芽鞘或胚轴等部位进入植物体内发生毒杀作用。根据处理时期的不同，可分为播前混土处理和播后苗前土壤处理。

2.2.1.1 播前混土处理

马铃薯种植前将土壤处理除草剂喷洒于土壤表面，立即用圆盘耙或旋转锄交叉耙地，将药剂均匀混拌于 5～7 cm 的土层中，然后耢平、镇压、起垅、播种。这种施药方法适用于易挥发和易光解的土壤处理除草剂，如氟乐灵等。

2.2.1.2 播后苗前土壤处理

马铃薯种植后出苗前将土壤处理除草剂均匀喷洒于土壤表面，多数土壤处理除草剂采用这种施用方法，适用于通过根或幼芽吸收的除草剂。如都尔、赛克津、施田补等。

2.2.2 茎叶处理

茎叶处理除草剂是在马铃薯出苗后喷洒于杂草和作物植株茎叶上的一类除草剂，利用杂草茎叶吸收和传导来消灭杂草。

3 马铃薯田常用除草剂及使用技术

常用土壤处理除草剂主要有氟乐灵、都尔（异丙甲草胺）、金都尔（精异丙甲草胺）、禾耐斯（乙草胺）、赛克津（嗪草酮）、广灭灵（异恶草松）、施田补（二甲戊灵）等。茎叶处理除草剂主要有拿扑净（烯禾啶）、精禾草克（精喹禾灵）、精稳杀得（精吡氟禾草灵）、高效盖草能（高效氟吡甲禾灵）等。

3.1 氟乐灵 可防除稗草、野燕麦、狗尾草、金狗尾草、藜等一年生禾本科和小粒种子的阔叶杂草。马铃薯种植之前施用，根据土壤不同有机质含量用量在 792～1080 g a.i./hm^2。氟乐灵易挥发光解，喷药后2h内要将其均匀混入5～7cm土层中。

3.2 嗪草酮 苗前用可防除反枝苋、荠、藜、马唐、铁苋菜、香薷、苣荬菜、鸭跖草、苘麻、卷茎蓼等。在马铃薯种植后出苗前施药，根据不同土壤有机质含量用量在 262.5～525 g a.i./hm^2。马铃薯出苗到苗高10 cm期间施药，用量420～703.5 g a.i./hm^2。

3.3 异丙甲草胺、精异丙甲草胺 防除稗草、狗尾草、野黍、藜、苋菜等一年生禾本科和小粒种子的阔叶杂草。在马铃薯种植后出苗前使用，播后随即施药。用量 1080～2484 g a.i./hm^2。土壤质地疏松、有机质含量低时用低药量；土壤质地黏重、有机质含量高时用高药量。

3.4 异噁草松 防除稗草、狗尾草、龙葵、藜、香薷等一年生禾本科和阔叶杂草，对刺儿菜、苣荬菜等多年生杂草也有一定的抑制作用。在马铃薯种植后出苗前使用，用量360～480 g a.i./hm^2；可与异丙甲草胺混用以增强除草效果。

3.5 二甲戊灵 防除稗草、狗尾草、野黍、藜、反枝苋等一年生禾本科和阔叶杂草。在马铃薯种植后出苗前使用，播后随即施药。用量1320～1980 g a.i./hm^2。

3.6 烯禾啶 防除稗草、狗尾草、金狗尾草、野黍等禾本科杂草。在马铃薯苗后，禾本科杂草 2～7 叶期使用。防除一年生禾本科杂草，根据杂草不同叶龄用量在 125～250 g a.i./hm^2；防除多年生禾本科杂草，用量375～625 g a.i./hm^2。

3.7 精喹禾灵 防除稗草、狗尾草、金狗尾草、野黍等禾本科杂草。在马铃薯苗后，禾本科杂草3～5叶期使用。防治一年生禾本科杂草，用量在37.5～45 g a.i./hm^2；防除多年生禾本科杂草，用量75～100 g a.i./hm^2。

3.8 精吡氟禾草灵 防除稗草、狗尾草、金狗尾草、野黍等禾本科杂草。在马铃薯苗后，禾本科杂草3～5叶期使用。防除一年生禾本科杂草，用量在75～150 g a.i./hm^2；防除芦苇用180～300 g a.i./hm^2。

3.9 高效氟吡甲禾灵 防除稗草、狗尾草、金狗尾草、野黍等禾本科杂草。在马铃薯苗后，禾本科杂草 3～5 叶期使用。防除一年生禾本科杂草，用量在40.5～56.7 g a.i./hm^2；防除多年生禾本科杂草，用量在64.8～97.2 g a.i./hm^2。

综上所述，虽然各项除草措施都有一定效果，特别是化学除草，但不能盲目地实施，应根据草情，利用经济阈值原理，组合各项防除措施，达到不同条件下适宜的除草措施组合。立足于预防为主，轮作为基础，化学防治为核心，配合其他行之有效的除草措施，以制定长期与短期的防治策略，最大限度地消灭杂草，获得最佳的经济效益。

4 长残留除草剂残留药害问题

由于马铃薯面积的不断扩大，因轮作而产生的前茬除草剂药害问题近年来呈上升趋势，这里仅就部分长残留除草剂对马铃薯的残留药害略述。长残留除草剂对后茬马铃薯药害与上季长残留除草剂的施用剂量，土壤有机质含量、pH 值、土壤墒情及气温等条件关系密切，部分除草剂使用后长达 36～40 个月不可种植马铃薯，为合理轮作带来极大危害，因此对部分大豆、玉米田后茬种植马铃薯的地块一定明确上茬除草剂的使用品种与施用剂量，避免出现后茬药害带来损失。

使用过下列除草剂的地块，下茬一般不宜种植马铃薯：咪唑乙烟酸、氯嘧磺隆、莠去津、烟嘧磺隆、唑嘧磺草胺、氟磺胺草醚、甲磺隆、西玛津、绿磺隆、二氯喹啉酸。

荚膜黄芪叶片光合特性及叶绿素荧光参数对除草剂骠马的响应

宋宁　郭平毅*　原向阳　张红刚　闫晗　吕苗苗

（山西农业大学农学院作物化学调控与化学除草实验室，太谷　030801）

摘要:为揭示荚膜黄芪叶片光合作用及叶绿素荧光参数对骠马（6.9%精噁唑禾草灵水乳剂）的动态响应规律，通过盆栽试验，喷施不同浓度骠马 1 天、3 天、7 天、10 天、15 天后，研究了黄芪叶片光合速率（Pn）、气孔导度（Gs）、蒸腾速率（Tr）、胞间 CO_2浓度（Ci）、PSⅡ潜在活性（Fm/Fo）、PSⅡ最大光合效率（Fv/Fm）、光化学淬灭系数（qP）、实际光合量子产量（ΦPSⅡ）和光合电子传递效率（ETR）的动态变化。结果表明，随骠马浓度的增大，黄芪叶片的 Pn、Gs、Tr、Fv/Fo、Fv/Fm、qP、ΦPSⅡ和 ETR 均下降，Ci 和 Fo 升高；Pn、Gs、Tr、Ci、Fv/Fo、Fv/Fm、Fo、qP、ΦPSⅡ和 ETR 随时间的推延均有不同程度恢复。推荐浓度（750 ml/hm2）的 1/2、1 倍和 2 倍处理，光合及叶绿素荧光指标均与对照差异不显著，而高浓度（推荐浓度的 4 和 6 倍）处理与对照差异显著。说明 1500 ml/hm^2 以下处理的骠马对黄芪较为安全，高浓度骠马造成 Pn 下降的主要原因是 PSⅡ光反应中心受损，光化学效率降低，电子传递受阻等非气孔因素。

关键词:荚膜黄芪；骠马；光合特性；叶绿素荧光

Effects of Fenoxaprop-p-ethyl on Photosynthesis and Chlorophyll Fluorescence Characteristics in leaves of Astragalus membranaceus(Fisch.)Bge

SONG Ning, GUO Pingyi,YUAN Xiangyang, ZHANG Honggang,YAN Han, LV Miaomiao

(Laboratory of crop chemical regulation and chemical weed control, Agronomy College, Shanxi Agricultural University, Taigu 030801, Shanxi)

Abstract：The effect of fenoxaprop-p-ethyl on photosynthesis and chlorophyll fluorescenc in Astragalus membranaceus(Fisch.)Bge was investigated 1d, 3d, 7d, 10d, 15d after fenoxaprop-p-ethyl applying through the pot experiment. The values of net photosynthetic rate(Pn), tomatal conductance (Gs), transpiration rate(Tr), intercellular CO2 concentration (Ci), minimal fluorescence (Fo), potential photochemical efficiency(Fm/Fo), photochemical maximum efficiency of PSⅡ(Fv/Fm), photochemical quenching coefficient (qP), actual photochemical efficiency of PSⅡ(ΦPSⅡ) and the electron transport rate (ETR) were measured. The results show that, Pn,Gs and Tr was decreased, Ci was increased slightly , Fv / Fo, Fv / Fm, qP, ΦPSⅡ and ETR were decreased with the dosage increasing except Fo; Pn, Gs, Tr, Ci, Fv / Fo, Fv / Fm, Fo, qP、ΦPSⅡand ETR have different levels of recovery with the time postpone. The effects of fenoxaprop-p-ethyl on photosynthesis and chlorophyll fluorescence were significantly in 4 and 6 times the recommended concentration, but the 1 / 2, 1 and 2 times were not. Pn was decreased caused by the RC of PSⅡ damaged, photochemical efficiency reduced, electron transfer blocked and other non-stomatal factors.

Key words ： Astragalus membranaceus(Fisch.)Bge; Fenoxaprop p ethyl; photosynthesis; chlorophyll fluorescence

黄芪为豆科黄芪属（*Astraagalus* Linn.）是我国常用滋补中药材[1]，而荚膜黄芪[*Astragalus membranaceus* （Fisch.）Bge]是人工栽培的主要品种之一。由于以黄芪为主的新药研发不断取得突破，使黄芪的用量急剧增加，野生黄芪已远远不能满足市场需求[2]。随着黄芪种植规模的不断扩大，解决安全的化学除草问题迫在眉睫。金晓华等[3]研究表明 25%灭草松水剂处理对黄芪生长没有显著影响，24%g 阔乐乳油的处理均表现出严重药害，药后 3 天叶片黄化、脱落，5 天以后死苗率达 98%。孙立晨等[4] 研究表明咪草烟对黄芪安全，而氯嘧磺隆有严重药害，田间黄芪均不能正常生长；恶草酮处理后的出苗株数和株高与对照差异均达极显著水平；异恶草酮极显著地降低了黄芪的出苗率，但

基金项目：山西省重点留学项目（201004）和山西省科技攻关项目（20100321103）

作者简介：宋宁（1986-），男，内蒙古集宁人，蒙古族，硕士，研究方向为作物化学调控与化学除草。
Tel：13834837512；Email：songningshuai@163.com

通讯作者：郭平毅（1956-），男，山西寿阳人，教授，博士，研究方向为作物化学调控与化学除草。
Tel：0354-6286938；Email：pyguo126@126.com

不影响已出苗黄芪的株高。目前，黄芪的化学除草研究仅停留在对其出苗率和株高等农艺性状的影响上，没有深入研究除草剂对黄芪生理特性的影响。骠马（6.9%精噁唑禾草灵水乳剂）是一个高效、安全、内吸传导型的优良麦田除草剂，可防除小麦田中常见的禾本科杂草而对小麦无不良影响[5,6]。但目前生产中骠马能否在黄芪田安全应用仍不能确定。光合作用是植物赖以生存的基础，叶绿素荧光与光合作用的反应过程紧密相关，是研究光合作用的有效探针[7,8]。因此，本文深入系统地研究喷施骠马后，荚膜黄芪叶片光合特性和叶绿素荧光参数的动态变化，为骠马在黄芪田的安全应用提供理论依据。

1 材料与方法

1.1 试验设计

本试验于 2010 年 5 月至 8 月在山西农业大学农作站进行盆栽试验。采用荚膜黄芪作为试验材料，栽种在长×高为 23cm×23cm 的营养钵中，内装沙壤土。试验土壤基本性状为：有机质 23.94 g/kg，碱解氮 11.51 mg/kg，速效磷 19.00 mg/kg，速效钾 280.02 mg/kg，pH 值=8。当黄芪株高达 9～12cm（出苗约 40 天）时，选择长势相近的 6 盆黄芪作为一个处理，喷施不同浓度的 6.9%骠马乳油（德国拜尔公司生产）。喷施方法：选择晴朗无风的天气，在上午 9：00 时，把盆栽放在在 6.67m^{2}的小区内，均匀喷施 500ml 药液。

表 1 试验中除草剂骠马的浓度

处理	CK	T1	T2	T3	T4	T5
浓度	0ml/hm^2	375ml/hm^2	750 ml/hm^2	1500 ml/hm^2	3000 ml/hm^2	4500 ml/hm^2
推荐浓度倍数	0	1/2	1	2	4	6

1.2 测定方法

1.2.1 叶绿素荧光参数的测定

叶绿素荧光参数的测定采用利用德国便携式调制荧光仪（PAM-2500 WALZ），在喷药后的 1 天，3 天，7 天，10 天，15 天在上午 9:00～10:30，选择黄芪第二复叶或是第三复叶（从上向下）测定叶绿素荧光参数。选择长势相近的 3 个植株的叶位相同的叶片作为测量叶片。经暗适应 20min 后打开饱和脉冲，即可获得初始荧光（Fo）和最大荧光（Fm），然后将植株光适应 30min 后，再将荧光仪的 PAR 调整到 700μmol/m^2·s^2，实际光合量子产量（ΦPSⅡ），光合电子传递效率（ETR）均由仪器自动给出。每个浓度水平 3 次重复。参照 Genty 和 Oxborough[9,10]等的方法计算荧光指标公式如下：Fv＝Fm－Fo；Fv/Fm＝（Fm－Fo)/Fm；Fv/Fo＝（Fm－Fo) /Fo ；qP＝（Fm-F）/(Fm－Fo’)；Fo’＝1/（1/Fo－1/Fm＋1/Fm’）。

1.2.2 叶片光合速率的测定

光合指标的测量使用 CID-340 光合仪进行测量，与测量荧光指标相同的时间和叶片上测量净光和速率（Pn）、气孔导度（Gs）、蒸腾速率（Tr）和胞间 CO_2浓度（Ci），每个浓度水平 3 次重复。

各生理指标数据的统计分析均采用统计分析软件 SAS 8.0 处理分析，图表采用 Excel 2003 进行处理。

2 结果与分析

2.1 骠马对黄芪光合特性的影响

由图 1-A 得知，Pn 随骠马浓度的增大而逐渐减小，随时间的推延整体略呈“U”型变化；T4 和 T5 处理的 Pn 始终低于对照，且差异达显著水平。在整个处理期间，黄芪叶片的 Ci、Gs 和 Tr 都随时间的延长呈先升高后降低趋势，在第 3 天均达到最大值。从 1 天到 15 天的 T4 和 T5 处理 Ci 基本高于 CK；除第 3 天之外 Gs 和 Tr 各处理均是低于 CK，在 T4 和 T5 处理的降幅最明显，差异达到显著水平。

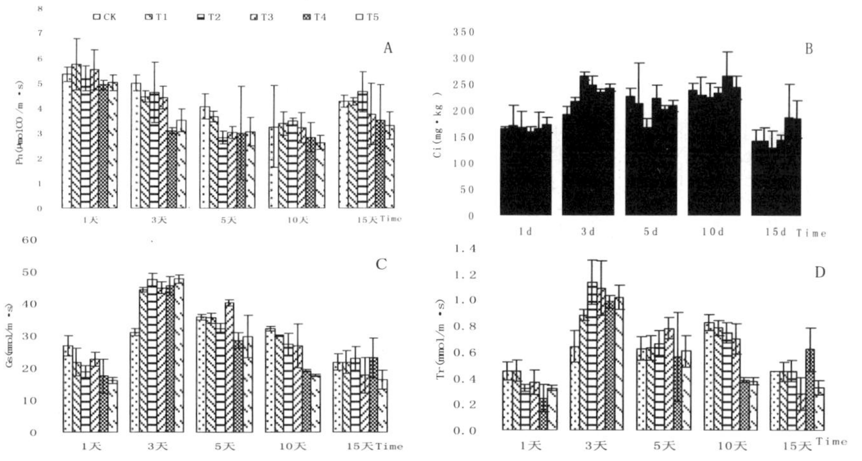

图 1 黄芪光合特性对不同浓度骠马的响应

2.2 骠马对黄芪叶绿素荧光参数的影响

2.2.1 骠马对黄芪叶片的PSⅡ的潜在活性（Fv/Fo）和PSⅡ最大光合效率（Fv/Fm）的影响

Fv/Fo代表PSⅡ的潜在活性，Fv/Fm是PSⅡ最大光能转换效率[11]。图2-A表明，Fv/Fo随骠马浓度的增加而明显下降；T5处理的Fv/Fo最低，且在第3天时降幅最为明显。但是随后T5与CK之间的差距缩小，由3 天降低32.2缩小到10天的8.6%，说明黄芪的PSⅡ潜在活性有所恢复。图2-B表明，Fv/Fm随浓度的增大而下降，但除了T5处理在第3天和T4处理在第5 天与CK差异达显著水平外，其他处理均未达显著水平。Fv/Fm在15 天时有明显的恢复，与Fm/Fo的变化规律相似。

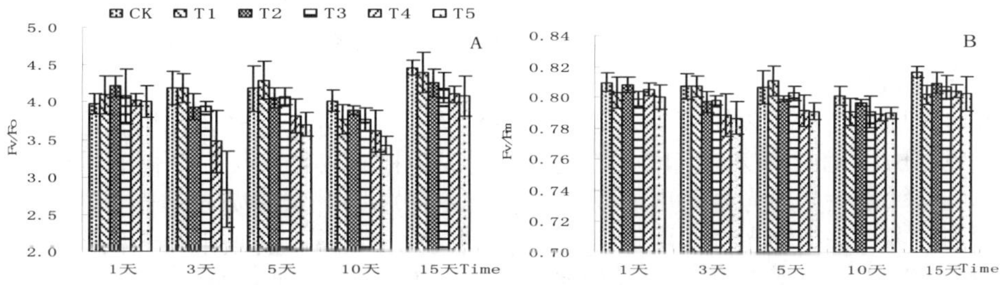

图 2 黄芪叶片 Fm/Fo 与 Fv/Fm 对不同浓度骠马的响应

2.2.2 骠马对黄芪的初始荧光（Fo）和光化学淬灭（qP）的影响

Fo 是初始荧光，也称基础荧光，是经过充分暗适应后，PSⅡ反应中心处于完全开放的荧光产量[8]。qP 反映了 PSⅡ原初电子受体 Q_A 的还原状态[12]，它由 Q_A 重新氧化形成。从图 3-A 可知，喷施骠马后，黄芪叶片的 Fo 在第 5 天到第 10 天均高于 CK，T5 处理在第 3 天显著升高。如图 3-B 所示，黄芪叶片的 qP 随骠马浓度的增大而减小，T5 处理的 qP 值均最低。说明高浓度骠马对黄芪的 Q_A 氧化数量有所降低，即 PSⅡ的电子受体 Q_A 还原状态数目减少，且与 CK 差异达到显著水平。

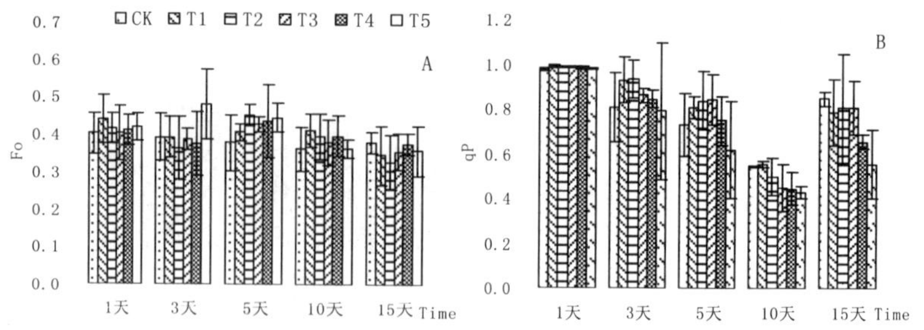

图 3 黄芪叶片的Fo和qP对不同浓度骠马的响应

2.2.3 骠马对黄芪的实际光合量子产量（ΦPSⅡ）和光合电子传递效率（ETR）的影响

ΦPSⅡ反映PSⅡ反应中心在有部分关闭的情况下的实际原初光能捕获效率。ETR是反应实际光强条件下的表观电子传递速率[12]。ETR随骠马浓度的增加而降低，T5处理的值最低，表明随着骠马浓度的升高，电子传递受阻碍程度加大，且T5处理的阻碍最大。ΦPSⅡ的变化趋势与ETR相似，T4和T5处理的ΦPSⅡ值在1～10天期间明显低于对照，且达显著水平；第10天时，5个处理均与对照差异达到显著水平。

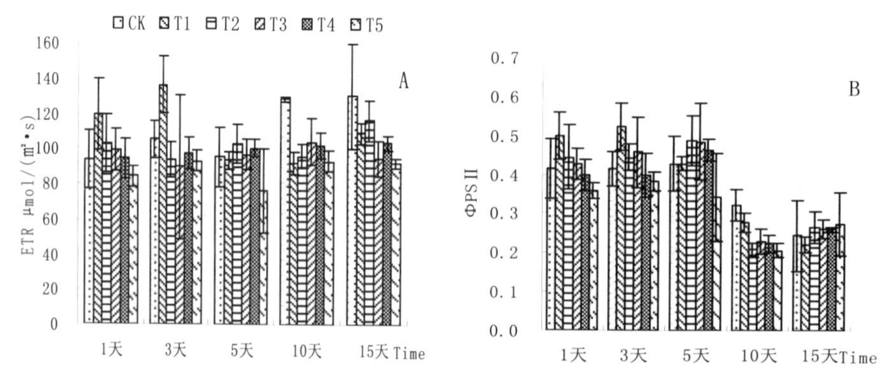

图 4 黄芪叶片的 ΦPSⅡ和 ETR 对不同浓度骠马的响应

3 结论和讨论

光合作用是植物赖以生存的基础。植物在受到逆境胁迫后光合作用直接或是间接的受到影响，所以检测植物在逆境下的光合作用成为检测植物生长安全性的重要手段[13]。植物体的叶绿素荧光与光合作用的反应过程紧密相关， 叶绿素荧光是光合作用的探针，能够探测许多有关植物光合作用的信息， 特别是完整植株在胁迫下光合机构的功能和环境胁迫的影响[14]。本研究中，黄芪喷施骠马后，T4和T5处理的Pn明显低于CK；Gs和Tr随时间的推移先上升后逐渐恢复；T4和T5处理的Ci高于CK。Pn下降有着不同的限制因子，根据Farquhar等[15]观点，当Gs与Ci 同时下降时，Pn下降主要是由气孔限制因素引起的；如果Pn的降低伴随着Ci的升高，则光合作用的主要限制因素是非气孔因素。本试验结果表明，在喷施骠马后黄芪叶片的Pn降低，而Ci明显升高， 说明Pn下降的主要原因是非气孔限制。在T4和T5的骠马对黄芪光合作用能力明显下降，且在15天内没有恢复，是否在更长时间能恢复还有待于下一步试验的检验。

叶绿素荧光参数有助于探明光合机构受逆境胁迫伤害的部位和程度[16]。Fo与色素含量及PSⅡ的受损状况有关，色素含量降低，Fo降低；PSⅡ受到损伤，Fo明显升高[17]。Fv/Fo反映的是PSⅡ潜在的光化学活性，与有活性的PSⅡ反应中心数量呈正比[18]；而Fv/Fm降低的同时伴随着Fo上升，表明光系统Ⅱ遭受破坏[19]。本试验中，骠马处理后黄芪叶片的Fo升高，Fv/Fo，Fv/Fm和ΦPSⅡ降低，T1、T2和T3处理与CK的差异没有达到显著水平；虽然从形态观察上看T4和T5（高浓度）处理与CK无明显变化，但Fv/Fo，Fv/Fm和ΦPSⅡ与CK差异显著，说明骠马对黄芪叶片的PSⅡ反应中心造成严重破坏，光化学效率降低。

光化学淬灭系数（qP）是对 PSⅡ原初电子受体 Q_A 氧化态的一种量度，代表 PSⅡ反应中心的开放比例，反映了 PSⅡ天线色素捕获的光能转化为化学能的效率[20]。qP 越大，Q_A^-重新氧化形成 Q_A^+数量就越大，即 PSⅡ的电子传递活性越大[17]。在骠马处理后的第 3 天开始，qP 开始有明显变化；T4 和 T5 处理的下降幅度较大，说明 PSⅡ反应中心开放部分比例减少，Q_A 重新氧化的数量减少，但是最低值与对照没有达到显著差异。光合电子传递速率（ETR=0.5×光系统Ⅱ的相对量子产量×PAR× 0.84μmol/(m^2·s)[9]下降表示 PSⅡ电子传递受阻，并且 T4 和 T5 处理的值最低。qP、ETR 和 ΦPSⅡ均在第 10 天整体上有明显下降，这可能是与当时天气（阴天）有关。

本研究表明，黄芪叶片的光合能力和原初反应能力随骠马浓度的增加而下降，随时间的推延而有所恢复。在 375 ml/hm^2、750 ml/hm^2 和 1500 ml/hm^2 不同浓度处理下，黄芪叶片的光合作用和荧光特性没有明显变化。在 3000 ml/hm^2 和 4500 ml/hm^2 处理下，黄芪叶片的光合能力下降的主要原因是光反应中心受到损伤、PSⅡ活性降低、电子传递受阻、光合量子捕获能力下降等非气孔因素。在生产实践中要控制浓度，避免浓度过高。

参考文献

[1] 中华人民共和国卫生部药典委员会．中华人民共和国药典[M]．广东科技出版社，化学工业出版社，1995：271.

[2] 李思峰，李军超，张跃进，等. 陕西中药材GAP栽培技术[M]．北京:科学出版社，2004: 151

[3] 金晓华，丁建云，杨建国，张光伟，王德清.应用25％灭草松水剂防除黄芪苗期双子叶杂草[J].植物保护，2002，28(4):53-54.

[4] 孙立晨，董世臣，黄立坤，何娟.几种除草剂在豆科作物田除草效果及安全性测定[J].大豆科学，2009，28(5):931-934.

[5] 王 华，薛怀清，郭晓东. 6.9%精噁唑禾草灵水乳剂（骠马）对核桃苗、枣树生理生化影响的研究[J]. 农药科学与管理， 2005，26(8):21-24.

[6] 宋小玲，朱云枝， 李儒海，等. 麦极与骠马对麦田主要禾本科杂草的室内药效比较研究[J]. 江苏农业科学，2006，6：190-194.

[7] 云 非，刘国顺，史志宏，宋晶. 光氮互作对光合作用及叶绿素荧光特性的影响[J].中国农业科学，2010，43（5）:932-941.

[8] 王可玢，许春辉，赵福洪等. 水分胁迫对小麦旗叶某些体内叶绿素a荧光参数的影响[J].生物物理学报，1997，13(2):273-278.

[9] Genty B., Briantais J M., Baker N R.. The relationship between thequantum yields of photosynthetic electron transport and photochemical quenching of chlorophyll fluorescence[J]. Biochimica etBiophysica Acta, 1989, 990: 87-92.

[10] Oxborough K., et al. Using chlorophyll a fluorescence imaging to monitor photosynthetic performance. In Papageorgiou GC and Govindjee (eds) Chlorophyll a Fluorescence: A Signature of Photosynthesis. Advances in Photosynthesis and Respiration [M]. Springer, Dordrecht, 2004, 19: 409-428.

[11] 吴雪霞，陈建林，查丁石. 低温胁迫对茄子幼苗叶片叶绿素荧光特性和能量耗散的影响[J].植物营养与肥料学报，2009，15(1):164-169.

[12] Krause G H., Weis E. In Lichtenthaler,H K ed.Applications of Chlorophyll Fluorescence in Photosynthesis Research. stress physiology,Hydrobinlogy and Remote Sensing[M]. Dordrecht : Kluwer Academic Publishers pp 1988,129-142.

[13] 匡廷云. 作物光能利用效率与调控（photosynthetic efficiency of crops and its regulations）[M].济南：山东科学技术出版社，2004:116-117.

[14] Kooten O., Snel J F H.. The use of chlorophyll fluorescence nomenclature in plant stress physiology[J]. Photosynthesis Research, 1990, 25(3): 147-150.

[15] Farquhar D G., Sharkey T D. Stomatal conductance and photosynthesis[C]. Annual Review of Plant Nutrient,1998, 21:1681-1692.

[16] Van Kooten O., Snel J F H. The use of chlorophyll fluorescence nomenclature in plant stress physiology [J].Photosyn Res. 1990,25;147-150.

[17] 张国斌， 郁继华，许耀照， 钟新榕. 低温弱光对辣椒幼苗叶绿素a荧光参数的影响[J]. 甘肃农业大学学报，2004，12(6):615-617.

[18] 张守仁. 叶绿素荧光动力学参数的意义及讨论[J]. 植物学通报， 1999，16(4):444-448.

[19] 徐凯，郭延平，张上隆. 草莓叶片光合作用对强光的响应及其机理研究[J].应用生态学报，2005，16(1):73-78.

植物光合作用测定法预测大豆田使用灭草松的防效和安全性

李秉华 王贵启
（河北省农林科学院粮油作物研究所，石家庄 050035）

摘要：应用植物光合测定法对光合作用抑制剂灭草松在大豆田的防效和安全性进行预测，反枝苋和马齿苋药后 2 天测定的 PPM 值均小于 10，药后 20 天测定的鲜重防效均大于 90%，PPM 与鲜重防效具有显著的相关性，可以使用药后 2 天的 PPM 值对防效进行预测；大豆药后 2 天测定的 PPM 值大于 50.5，测产结果表明苯达松对大豆产量没有显著影响，但药后 2 天的 PPM 值与产量相关性较低，不能明确地对大豆产量进行预测。

关键词：大豆；灭草松；植物光合作用测定法；预测

Prognosticate effect and security of bentazone in soybean by plant photosynthetic meter method

Li Bing-hua, Wang Gui-qi
(Institute of Cereal and Oil Crops, Hebei Academy of Agriculture and Forestry Science, Shijiazhuang 050035)

Abstract：Prognosticate the effect and security of bentazone in soybean by plant photosynthetic meter method. The PPM value of *Amaranthus retroflexus* and *Portulaca oleracea* measured 2d after treatment below 10 and the biomass effect beyond 90% after 20 d. There has significant relationship between PPM value and biomass reduction and 2 d PPM value could predicate the biomass effect of the two weed species. The PPM value of soybean measured 2d after treatment above 50.5 and the yield was not significantly affected. However the regression between PPM and soybean yield was low and could not predict the yield clearly.

Key words： soybean; bentazone; plant photosynthetic meter method; prognosticate

除草剂使用后受到植物本身、环境因素和用药技术的影响，药后短期内对杂草的防除效果往往并不能确定。如何在用药后较短的时间内预测除草剂在将来的防除效果，对指导除草剂的使用有重要意义。

使用植物光合测定仪（Plant Photosynthesis Mete，PPM）对使用光合作用抑制型除草剂后杂草叶片的荧光量变化来预测防除效果，最快在用药后 2 天即可进行准确判断[1]。喷施光合作用抑制剂后植物的光合作用受到抑制，植物光合测定仪可以检测植物光合作用过程中所激发的荧光信号的强弱，其测定值被称为 PPM 值，通过研究 PPM 值与防除效果或作物安全性之间的关系，在药后较短的时间内来预测使用光合作用抑制剂后的防除效果或安全性。目前可利用植物光合测定仪来预测防除效果的除草剂有联吡啶类、苯基氨基甲酸盐、哒嗪酮类、三嗪类、三唑酮类、嘧啶类、酰胺类、脲类、腈类、苯基噻二唑类中的部分品种[1]。另外可以利用 PPM 值来预测除草剂对杂草的 ED_{90}，从而确定除草剂的最小致死剂量（Minimum Lethal Herbicide Dosage，MLHD）[2,3]，从而有效降低环境污染和成本。本文对光合作用抑制剂灭草松在大豆田的防效和安全性预测进行了研究，旨在为该技术的应用提供帮助。

1 材料和方法

1.1 试验地基本情况

试验设于河北省农林科学院粮油作物研究所堤上实验站。试验地前茬休闲，翻耕整地后于 2008 年 6 月 20 日播种大豆，品种为“冀豆 15”，穴播，每穴 5 粒种子；行距 50 cm，株距 25 cm，1 片复叶时定苗，每穴留苗 3 株。土质为中壤，土壤有机质含量 2.12 %、碱解氮 105.07 mg/kg、有效磷 63.57 mg/kg、有效钾 220.0 mg/kg，土壤 pH 值 7.9。

1.2 试验设计和方法

每小区面积 20 m^2。播种后第 19 天用药，处理序号和用药剂量见表 1，用水量均为 675 kg/hm^2，灭草松设 4 个剂量梯度，另设空白对照和人工除草处理，共 6 个处理，田间小区随机区组排列，每处理重复 4 次。

表 1 田间处理表

处理序号	处理	剂量(g a.i./hm^2)
1	480g/L 灭草松 AS	360
2	480g/L 灭草松 AS	540
3	480g/L 灭草松 AS	720
4	480g/L 灭草松 AS	1080
5	空白对照	0
6	人工除草	0

药后 2 天使用植物光合测定仪（由荷兰遥感公司提供）测定反枝苋、马齿苋和大豆最上部完全展开的叶片的 PPM 值，每种杂草每重复各测量 8 株；用药后 20 天每重复各测量 1 m^2 双子叶杂草地上部鲜重；收获时对大豆测产。

1.3 数据处理和统计分析

灭草松对杂草的鲜重防效采用公式：

$$杂草鲜重防效=\frac{处理区杂草鲜重}{空白对照区杂草鲜重}\times 100\%$$

计算后。使用 SPSS 19 进行数据统计分析。

2 结果与分析

2.1 PPM 测量结果

药后 2 天大豆的 PPM 值 360 g/hm^2 处理与空白对照差异不显著，其他各用药处理的 PPM 值均显著低于空白对照（表 2），按照表 3 对灭草松的安全性进行预测，灭草松在用药剂量范围内对大豆比较安全，药害程度属轻微以下。

各用药处理的反枝苋和马齿苋药后 2 天的 PPM 值与空白对照差异显著，均低于 10，按照表 2 对防除效果进行预测，灭草松在剂量范围内对这两种杂草防效大于 99%，有显著的防除效果。

表 2 药后 2 天 PPM 值测量结果

处理序号	大豆	反枝苋	马齿苋
1	67.3±1.1ab	8.2±1.2b	7.1±0.8b
2	58.6±4.7bc	9.5±3.9b	7.1±2.3b
3	51.9±5.9c	8.8±3.3b	6.3±1.0b
4	50.5±4.6c	8.4±3.0c	4.6±0.5b
5	75.5±2.7a	72.6±1.0a	68.4±2.5a

注：显著性分析采用 Duncan's 新复极差法，同列中含有相同子母表示在 P=0.05 水平差异不显著，下表同。

2.2 灭草松对大豆产量的影响和对杂草的鲜重防效

灭草松 540 g/hm^2、720 g/hm^2 和 1080 g/hm^2 对大豆叶片药后 2 天的 PPM 值影响显著，但 PPM 值仍在 50 以上，属轻微药害；后期大豆长相、长势基本正常，测产结果表明用药处理的产量随灭草松剂量增加有降低的趋势，但在用药剂量范围内与人工除草处理差异不显著（表 3）。空白对照处理由于受到杂草的影响，产量显著低于人工除草和用药处理。灭草松各用药处理对反枝苋的防除效果在 92.7%～99.5%。各用药处理对马齿苋 20 天的鲜重防除效果均大于 99.8%，与药后 2 天的 PPM 值预测结果一致。

表 3 灭草松对大豆产量（kg/h m^2）的影响和杂草鲜重防效（%）

处理	大豆	反枝苋	马齿苋
1	3159.2±18.6a	92.7±2.1b	100.0±0.0a
2	3143.5±26.8a	92.9±0.5b	100.0±0.0a
3	3047.1±32.6a	97.1±1.3ab	99.8±0.3a
4	3037.9±28.4a	99.5±0.2a	100.0±0.0a
5	2378.0±36.4b	—	—
6	3172.7±12.0a	—	—

2.3 灭草松药后 2 天 PPM 值与杂草防效和大豆安全性的相关性

灭草松用药后 2 天测定的 PPM 值，与大豆产量的回归方程的决定系数是 0.7387，说明两者间的相关性较低；与反枝苋和马齿苋药后 20 天测定的鲜重防效的回归方程的决定系数分别是 0.9958 和 0.9987，说明药后 2 天测定的 PPM 值与药后 20 天的鲜重防效两者间具有显著的相关性。

表 4 灭草松药后 2 天 PPM 与杂草防效和大豆产量的相关性

项目	回归方程	决定系数（R^2）
大豆产量-PPM	$y = 9.2333x + 2574.1$	0.7387
反枝苋鲜重防效-PPM	$y = -1.4964x + 108.61$	0.9958
马齿苋鲜重防效-PPM	$y = -1.6074x + 109.99$	0.9987

3 讨论

药后 2 天测定的 PPM 值可准确预测灭草松对马齿苋和反枝苋的 20 天防效，两者具有显著的相关性，可以使用药后 2 天测定的 PPM 值对其鲜重防效进行准确预测，马齿苋和反枝苋的药后 20 天鲜重防效均在 90%以上，也说明马齿苋和反枝苋对灭草松非常敏感；对于灭草松敏感性较低的大豆，药后 2 天测定的 PPM 值与大豆产量结果间的相关性较低，可能是由于药后大豆虽然有一定药害现象，但后期大豆可以逐渐恢复，另外由于大豆产量形成的时间较长，因此灭草松药后 2 天测定的大豆 PPM 值无法对大豆产量进行准确预测。

参考文献

[1] 张宏军，刘学，叶纪明．除草剂最低致死剂量（MLHD）使用新技术概述[J]．农药科学与管理，2004，25（12）：16-21.

[2] 张宏军，刘学，陶传江，等．植物光合作用测定法确定灭草松和特丁津混用的最低致死剂量[J]．农药学学报，2006，8（01）：36-40.

[3] 王贵启，李香菊，崔海兰，等．PPM 法确定异丙隆对几种冬小麦田主要杂草的最低致死剂量[J]．华北农学报，2008，23（增刊）：274-277.

除草剂药害的早期诊断

王建平　王贵启　崔海燕　樊翠芹　李秉华　许贤

（河北省农林科学院粮油作物研究所，石家庄 050035）

摘要：2009 年，在温室内用植物光合作用测定法研究了硝磺草酮和灭草松对玉米药害的早期诊断。以浚单 20 为试材，在玉米 2.5 叶期，以 0 g a.i./hm^2、37.5 g a.i./hm^2、75 g a.i./hm^2、150 g a.i./hm^2、300 g a.i./hm^2、600 g a.i./hm^2 的剂量喷施硝磺草酮，以 0 g a.i./hm^2、360 g a.i./hm^2、720 g a.i./hm^2、1440 g a.i./hm^2、2880 g a.i./hm^2、5760 g a.i./hm^2 的剂量喷施灭草松，在施药后 0～6 d 连续测玉米 PPM 值。试验结果表明，在用药后 3 天硝磺草酮 150 g a.i./hm^2 以上处理玉米心叶稍发黄，随剂量的增加症状越明显；而玉米的光合作用在用药后 1 天就明显的受到抑制，随着用药量的增加，玉米的 PPM 值显著下降，药后 3 天达到最低，以后恢复，药后 6 天，PPM 值恢复正常。灭草松不同剂量处理的玉米无明显药害症状，但玉米的植物光合作用在用药后 1 天明显受到抑制，随着用药量的增加，玉米的 PPM 值显著下降，药后 1 天达到最低，以后恢复，药后 5 天，PPM 值恢复正常。经回归分析，硝磺草酮和灭草松施药后玉米的 PPM 值和药后 14 天玉米的鲜重抑制率密切相关，其 R^2 在 0.87 以上，这表明用药后早期的 PPM 值可以对除草剂所造成玉米的药害进行早期诊断。

关键词：玉米；硝磺草酮；灭草松；安全性

Early diagnosis of herbicide injury

Wang Jianping, Wang Guiqi, Cui Haiyan, Fan Cuiqin, Li Binghua, Xu Xian

(*Institute of Food and Oil Crops, Hebei Academy of Agriculture and Forestry Sciences, Shijiazhuang*)

Abstract: In 2009, early diagnosis of injury to the corn mesotrione and bentazone were studied by determination of plants photosynthesis in the greenhouse. PPM value of Xundan 20 at the 2.5-leaf stage were measured successively for 0-6 d after application of mesotrione at 0 g a.i./hm^2, 37.5 g a.i./hm^2, 75 g a.i./hm^2, 150 g a.i./hm^2, 300 g a.i./hm^2, 600 g ai/hm^2 dose and bentazone at 0 g a.i./hm^2, 360 g a.i./hm^2, 720 g a.i./hm^2, 1440 g a.i./hm^2, 2880 g a.i./hm^2, 5760 g ai/hm^2 dose. The results showed that corn leaf turned slightly yellow 3 days after treatment with 150g ai/hm^{2}mesotrione and became more obviously with the dose increased. The photosynthesis of corn on the day after the treatment were significantly inhibited with the dosage increasing and the value of corn PPM value decreased significantly, reaching the lowest after 3 days and recovering back to normal after six days. Treated with different bentazone doses, corn had no significant injury symptoms, but the plant photosynthesis in 1 day after treatment was significantly inhibited, with the dosage increased, corn PPM value significantly decreased 1 day after treatment and reached the lowest, recovering back to normal after 5 days. Based on the regression analysis, mesotrione and bentazone PPM value after application is closely related to the 14d's corn fresh weight inhibition rate and the R^2 is above 0.87. This suggests that PPM value can be used to diagnosis herbicides injury after treatment of corn.

Key words: *Zea mays*; mesotrione; bentazone; safety

玉米是河北省的主要粮食作物，常年播种面积 200 万 hm^2 左右[1]。在玉米田中使用化学除草剂，具有省工、省力、高效的优点。但由于受人力，气候等因素的影响，使用除草剂发生药害情况也不断增加，一般受害轻的地块减产 10%左右，受害严重的地块减产 50%，甚至绝产[2]。

硝磺草酮属于光合抑制内吸导型除草剂，在玉米田可作为芽前和苗后处理，可有效防除主要的阔叶杂草和一些禾本科杂草；灭草松属于光合抑制触杀型除草剂，在玉米田做苗后茎叶处理，可有效防除绝大部分阔叶杂草。除草剂或多或少都会对"目标"作物产生一定影响，够诱导植物产生一系列组织解剖、生理与生物化学以及形态变化。但组织解剖与生物化学反应是植物组织内部的变化，在田间无法查看与鉴别[3~5]。

对药害进行早期诊断，在没有明显的可见药害症状之前投入补救措施，就可以使作物少减产。目前，有关研究报道较少。已有高广谱遥感技术、PPM 对药害程度进行检测等[5~7]。本研究选取了玉米田两种不同类型的除草剂，以植物光合测定仪为仪器来检测作物在喷施除草剂后对作物的中毒状态。

1　材料与方法

1.1　试验材料

玉米品种为浚单 20，从市场购买。供试除草剂为硝磺草酮（100 g/L SC），河南省济源白实业有限公司生产；灭草松（480 g/L AS），德国巴斯夫公司生产。

1.2 试验条件

试验在温室内进行。白天 28～30℃，夜间 20～22℃，相对湿度 60%～85%。

1.3 试验方法

采用盆栽法。用直径为 13 cm、高度为 10 cm 的盆钵，试验土壤定量装至盆钵的 3/5 处，采用盆钵底部渗灌方式，使土壤完全湿润，将预处理的玉米种子均匀点播于土壤表面，盖土 3 cm。在温室内玉米培养到 2.5 叶期时，置喷雾塔内喷药（ASS-1 型农药喷洒系统，XR8003 扇形喷头，喷雾压力 0.3 MPa，喷药量 400 L/hm^2）。

1.4 试验设计

100 g/L 硝磺草酮 SC 的施药量分别为 37.5 g a.i./hm^2、75 g a.i./hm^2、150 g a.i./hm^2、300 g a.i./hm^2、600 g a.i./hm^2；480g/L 灭草松 AS 的施药量分别为 360 g a.i./hm^2、720 g a.i./hm^2、1440 g a.i./hm^2、2880 g a.i./hm^2、5760 g a.i./hm^2。设清水对照，每处理重复 5 次。

1.5 调查内容及方法

用药后 0～6 天，用植物光合测定仪（荷兰 EARS 公司生产）测量玉米的 PPM 值，同时目测玉米的药害情况，药后 14 天调查玉米地上部鲜重。将调查数据用 DPS 进行统计分析。

2 结果与分析

2.1 目测结果

施药后 1 天、2 天，硝磺草酮和灭草松不同剂量处理的玉米无异常表现，施药后 3 天，硝磺草酮 150 g a.i./hm^2 以上处理玉米心叶稍发黄，随剂量的增加症状越明显，灭草松不同剂量处理的玉米无异常表现。

2.2 硝磺草酮和灭草松施药后玉米 PPM 值的变化

硝磺草酮处理过的玉米 PPM 值从第 1 天开始降低，到施药后第 3 天降到最低点，以 300 g a.i./hm^2、600 g a.i./hm^2 处理玉米 PPM 值降低较多，PPM 值为 50～65，而清水对照处理玉米的 PPM 值在 75～80；从第 4 天逐渐开始恢复，到施药后第 6 天，低剂量处理玉米的 PPM 值恢复正常，高剂量处理稍偏低（图 1）。

灭草松处理过的玉米 PPM 值第 1 天就降到最低点，以 2880 g a.i./hm^2、5760 g a.i./hm^2 处理玉米 PPM 值降低最多，PPM 值为 65～70，以后逐渐恢复，到施药后第 5 天不同剂量处理玉米的 PPM 基本恢复正常（图 2）。

2.3 玉米 PPM 值和玉米鲜重抑制率的关系

硝磺草酮处理，玉米的光合作用在用药后 1 天就明显的受到抑制，随着用药量的增加，玉米的 PPM 值显著下降，药后 3 天达到最低，以后恢复，药后 6 天，PPM 值恢复正常。灭草松处理，在用药后 1 天明显受到抑制，随着用药量的增加，玉米的 PPM 值显著下降，药后 1 天达到最低，以后恢复，药后 5 天，PPM 值恢复正常。经回归分析，硝磺草酮和灭草松施药后玉米的 PPM 值和药后 14 天玉米的鲜重抑制率密切相关，R^2 均在 0.87 以上（表 1）。这表明可以根据用药后早期玉米的 PPM 值预测硝磺草酮和灭草松对玉米的影响程度。

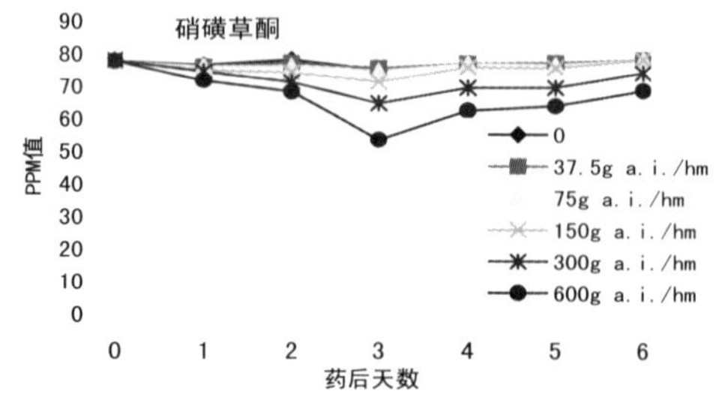

图 1 灭草松施药后玉米 PPM 值的变化

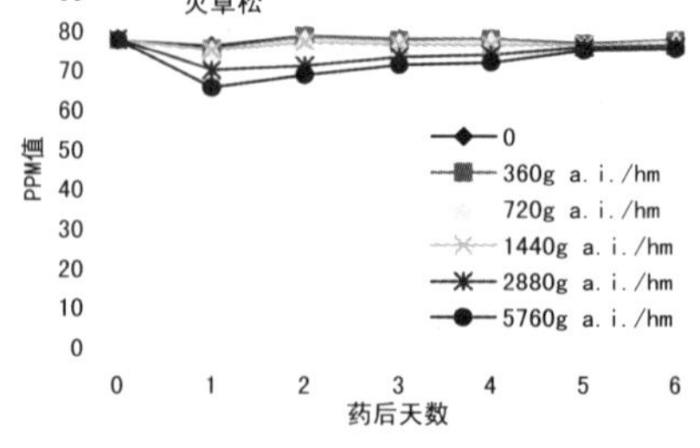

图 2 硝磺草酮施药后玉米 PPM 值的变化

表 1 施药后不同药剂的 PPM 值与施药后 14 天玉米鲜重抑制率的相关性

施药后天数	硝磺草酮		灭草松	
	PPM 值和鲜重抑制率的关系公式	R^2	PPM 值和鲜重抑制率的关系公式	R^2
1 天	$Y=-4.5719x+351.36$	0.97	$Y=-2.0358x+156.94$	0.98
2 天	$Y=-2.1405x+167.78$	0.97	$Y=-1.9334x+154.35$	0.94
3 天	$Y=-0.9297x+73.551$	0.93	$Y=-3.1728x+248.51$	0.97
4 天	$Y=-1.3235x+105.91$	0.89	$Y=-3.3782x+265.1$	0.96
5 天	$Y=-1.433x+114.6$	0.93	$Y=-11.988x+921.36$	0.95
6 天	$Y=-1.7684x+144.45$	0.91	$Y=-8.8015x+684.52$	0.87

3 讨论

PPM 值可以预测硝磺草酮和灭草松对玉米的光合作用抑制程度。尽管硝磺草酮和灭草松分别属于内吸传导型和触杀型除草剂，但是施药后 1～3 天都能准确的预测其对玉米的抑制程度，即可以用 PPM 值来对这两种不同类型的除草剂所造成玉米的药害进行早期诊断。

参考文献

［1］赵国顺，陈素省，宋丽娜．新型玉米除草剂的防效与评价研究[J]．华北农学报，2006，21（增刊）：203-205.

［2］周振龙．玉米田除草剂药害发生原因及防治措施[J].农业科技与装备，2009，(05）.

［3］王险峰，关成宏，等，关于除草剂田间药效试验安全性评价方法问题的讨论[J]．农药，2004，43，（01）7-9.

［4］张玉聚，孙化田，张德胜，王文夕，潘同霞，李菊梅．除草剂药害症状的诊断[J]．农药，2001，40，（10）44-46.

［5］李香菊，杨殿贤，赵郁强，李咏军．除草剂对作物产生药害的原因及治理对策[J]．农药科学与管理，2007，25（03）：39-44.

［6］王贵启，李香菊，崔海兰，刘学，李秉华．PPM 法确定异丙隆对几种冬小麦田主要杂草的最低致死剂量[J]．华北农学报. 2008，23（增刊）：274-277.

该不该在大豆田禁用异噁草松？

王险峰

（黑龙江省农垦植保协会，哈尔滨 150036）

在黑龙江省垦区异噁草松除草剂因有残留问题，在有的分局、农场下令在大豆田禁用异噁草松，该不该禁用异噁草松？禁用以后大豆难治杂草如何防治？

异噁草松自 1986～1989 年试验示范，1990 年推广使用已历经 21 年，使用技术成熟，具有杀草谱宽，除草效果好，施药时期长，可混性好，对大豆安全，对环境安全等优点，是当前防治难治杂草无药可替代的优良除草剂。

1 使用异噁草松存在问题

目前生产上主要问题是用量过大，喷雾机械不标准，不按使用技术规范调整和作业，药效不好盲目加大用药量，导致对后茬残留药害严重，飘移为害不严重，但影响形象。常见问题如下：

1.1 异噁草松残留问题

异噁草松在土壤中被土壤胶体强烈吸附，移动性小，主要通过微生物降解与挥发作用而消失，在 pH 值为 5.6～6.5，随着 pH 值上升，降解速度加快；在沙壤土中比黏壤土降解速度快；由于土壤质地与有机质含量不同，半衰期存在着差异，一般为 28 ～84 天。残留时间和温度水分及用量也有关系，高温，多湿降解速度快，反之则慢，用药量低残留时间短，用药量高。在垦区异噁草松残留时间长，残留问题已经做了 6 年试验，结论如下：（1）48%异噁草松用量大于 1000 ml/hm^2，残留问题严重。48%异噁草松用量大于 1000 ml/hm^2，种马铃薯、甜菜、高粱需间隔 9 个月，种玉米需间隔 12 个月，种小麦、大麦、亚麻、谷子、向日葵、苜蓿、洋葱、茄子、白菜、萝卜、胡萝卜、卷心菜需间隔 16 个月，第二年可种作物有大豆、水稻、菜豆、烟草、南瓜、西瓜、辣椒等。（2）48%异噁草松用量小于 1000 ml/hm^2 以下，后茬作物安全。48%异噁草松用 1000 ml/hm^2 以下，对后茬作物安全；下茬种植小麦、大麦、甜菜、亚麻、南瓜、马铃薯、油菜、水稻、玉米、西瓜、甜瓜、向日葵、苜蓿、高粱、谷子、烟草、月见草、万寿菊、水飞蓟、中草药（如干草、五味子、龙胆紫等），蔬菜（白菜、菜豆、豌豆、辣椒、黄瓜、马铃薯、番茄、茄子、洋葱、白菜、萝卜、胡萝卜、卷心菜）等安全无害。

1.2 飘移问题值得注意

常见异噁草松飘移药害，异噁草松挥发性较强，雾滴或蒸气飘移可能导致某些植物叶片变白或变黄，山中或林带杨树、松树较抗药，柳树、桦树、五味子等敏感，轻者 20 ～30 天后可恢复正常生长；重者生长点死亡、落叶、落花、落果、死苗、绝产，其中五味子最敏感。雾滴近距离飘移，蒸气可远距离飘移，特别是靠近江河、湖泊、水库、灌溉水田、山区小气候、在低温条件下，冷空气侵入，飘移可达几千米。影响产量严重的为五味子。

田间飘移为触杀性药害，一般不影响作物生长和产量。飘移可使小麦叶受害，茎叶处理仅有触杀作用，不向下传导，拔节前小麦心叶不受害，受害小麦叶片黄色、白色、紫色，重者干枯，不影响生长，10 天后新叶长出，看不到药害症状，受药害轻的对后期生长有促进作用，小穗少，穗整齐，增产。比较重的药害对产量影响甚微。

1.3 残留药害预防与解救

1.3.1 预防药害

经多年研究，选用功能性植物营养剂可以平衡营养，平衡植物酶代谢平衡，诱导抗逆，有效预防药害，如选用碧护、甲壳素类产品（禾生素、禾甲安等）、植物微生态制剂益护等，采用拌种、浸种、苗床灌根，苗后早期喷雾等方法。拌种可与种衣剂混用，有增效作用，增加抗病抗虫作用，并能预防药害，还能解决化学药剂抗性问题。

1.3.2 解救药害

发生残留药害同样选用功能性植物营养剂可以平衡营养，平衡植物酶代谢平衡，诱导抗逆，有效预防药害，如选用碧护、甲壳素类产品（禾生素、禾甲安等）、植物微生态制剂益护等，采用苗床灌根，苗后喷雾等方法。可与杀虫剂、杀菌剂等混用，喷药时最好加酿造醋，每亩用 100 ml，有利于吸收和传导、增效、增产增收。参看《绿色农业植保技术》与《2011 年绿色农业植保实用技术手册》。

1.4 如何解救药害？

1.4.1 水稻苗床

每 100 m^2 碧护 5 ～10 g。最佳混配见效快：碧护 3～5g+禾生素 30～50ml 或益护 200 ml 加水 1～2 L 喷雾。

1.4.2 大豆、玉米、水稻、马铃薯、亚麻、红小豆、芸豆、蔬菜、果树等

发现药害后，用碧护 45～60 g/hm^2（或 50000 倍液）喷雾；混用碧护 30 g/hm^2+禾生素 450～600 ml+益护 300 ml（或 5000 倍液+500 倍液+500 倍液）喷雾，既解救药害，促进生长，又广谱抗病、抗虫。果树用碧护 120～150 g/hm^2（或 50000 倍液）喷雾；混用碧护 90～150 g/hm^2+禾生素 750～900 ml+益护 600 ml（或 5000 倍液+500 倍液+500 倍液）喷雾。

施药时加入喷液量 0.5%～1%的植物油型喷雾助剂可明显增加药效，适宜施药条件下降低 30%～50%用药量；高温干旱时降低 20%～30%用药量。

2 异噁草松与同类除草剂防治难治杂草药效分析

大豆田由于多年不合理使用除草剂，耕作、轮作等引起杂草群落发生变化，杂草是种类减少，难治杂草数量增加，如鸭跖草、刺儿菜、大刺儿菜、问荆、苣荬菜、龙葵、苘麻、苍耳等，特别是鸭跖草、刺儿菜（大刺儿菜）、苣荬菜等成为大豆主产区优势种群，占杂草发生总量的 90%以上，为害严重，防治困难，俗称“三菜”。

能防治难治杂草的除草剂有异噁草松、氟磺胺草醚、灭草松、唑嘧磺草胺、氯酯磺草胺等。

2.1 杀草谱比较

鸭跖草：异噁草松、氟磺胺草醚、灭草松、唑嘧磺草胺、氯酯磺草胺、嗪草酮、噻吩磺隆、三氟羧草醚、乳氟禾草灵、克莠灵、丙炔氟草胺等；三氟羧草醚、乳氟禾草灵、克莠灵等施药时期有问题，需要大豆 2 片复叶期施药，此时大多数鸭跖草已超过 3 叶期，防治效果受影响。

问荆：异噁草松、氟磺胺草醚有效。

苣荬菜、刺儿菜、大蓟（大刺儿菜）：异噁草松、氟磺胺草醚、灭草松、氯酯磺草胺、嗪草酮、噻吩磺隆、克莠灵等有效。嗪草酮需用高药量，对大豆不安全。噻吩磺隆只能苗前使用，有效期短，仅有 10 天左右的约效，并且需用高药量。

这些除草剂对刺儿、大蓟（大刺儿菜、问荆都是抑制作用，都不彻底，需要与农艺措施等配合使用）。相比较异噁草松是防治难治杂草，特别是“三菜”必不可少的除草剂见表 1 。

2.2 对安全性比较

大豆苗前安全性最好的是异噁草松，其次是噻吩磺隆、唑嘧磺草胺、氯酯磺草胺，丙炔氟草胺，最差的是嗪草酮。大豆苗后安全性最好的是灭草松、异噁草松，从大豆出苗到大豆三片复叶期均可使用；其次为氯酯磺草胺、克莠灵、三氟羧草醚、乳氟禾草灵。

2.3 防治难治杂草主要除草剂残留问题

大豆田防治难治杂草主要除草剂异噁草松、氟磺胺草醚、灭草松、唑嘧磺草胺、氯酯磺草胺等，除灭草松外，都有残留问题（表 2 , 表 3 ）。

表 1 除草剂杀草谱比较

除 草 剂	用药量 g（ml）/hm^2			杂草	苘麻	大蓟	刺儿菜	苣荬菜
异噁草松 48%	800～1000	+++	++	+++	+++	++	++	++
嗪草酮 70%	500～600	+++	++	++	++	-	+	+
灭草松 48%	2500～3000	++	+++	+++	+	+++	+++	+++
三氟羧草醚 21.4%	1000～1500	+++	++	++	+	-	-	-
氟磺胺草醚 25%	1000～1500	+++	++	+++	+	++	++	++
噻吩磺隆 75%	15～25	+++	+++	+++	-	++	++	+++
克莠灵 44%	2000	+++	+++	+++	-	++	++	++
乳氟禾草灵 24%	400～500	+++	+++	+++	-	+	++	+
丙炔氟草酸 50%	120～180	+++	+++	+++	-	+	+	+
唑嘧磺草胺 80%	75	+++	++	+++	-	+	+	+++
氯酯磺草胺 84%	45～54		+++	+++	-	++	++	+

注：+++药效好，95%以上；++药效较好，90%～95%；+有一定药效，80%～90%；-无效，80%以下。

表 2 长残效除草剂施药后种植作物需间隔时间（月）

除草剂	用药(g, ai./hm2)	大豆	玉米	春小麦	大麦	水稻	甜菜	油菜	亚麻	高粱	谷子	向日葵	马铃薯
异噁草松	＜700	0	9	＜12	＜12	0	9	0	9	9	12	＜12	9
	＞700	0	12	16	16	0	9	0	16	9	16	16	9
唑嘧磺草胺	48～60	0	0	0	0	6	26	26	26	12		18	12
氯酯磺草胺	38～45	0	9	3	3	9	30	30	30	9	30	30	30
氟磺胺草醚	250	0	12	4	4	12	12	12	12	18	18	18	18
	375	0	24	4	4	12	24	24	18	24	24	24	24
灭草松	1440	0	0	0	0	0	0	0	0	0	0	0	0

表 3 长残效除草剂施药后种植作物需间隔时间（月）

除草剂	用药(g, ai./hm2)	烟草	苜蓿	番茄	洋葱	南瓜	西瓜	辣椒	茄子	白菜	萝卜	胡萝卜	卷心菜	黄瓜
异噁草松	＜700	0	＜12	＜12	＜12	0	0	0	＜12	＜12	＜12	＜12	＜12	0
	＞700	0	16	16	16	0	0	0	16	16	16	16	16	0
唑嘧磺草胺	48～60	18	0	26	26	26	26	26	26	26	26	26	26	26
氯酯磺草胺	38～45	30	9	30	30	30	30	30	30	30	30	30	30	30
氟磺胺草醚	250	12	18	12	12	12	12	30	30	30	30	30	30	30
	375	12	18	18	18	18	18	18	18	18	18	18	18	18
灭草松	1440	0	0	0	0	0	0	0	0	0	0	0	0	0

2.4 可否用其他除草剂替代异噁草松？

2.4.1 药效与残留比较

大豆田防治难治杂草主要除草剂异噁草松、氟磺胺草醚、灭草松、唑嘧磺草胺、氯酯磺草胺等，灭草松没有残留问题，对问荆无效，其他 4 种均有残留问题，都需要降低用量混用，没有十全十美的除草剂。

禁用异噁草松后，大豆苗后防治难治杂草可考虑选用氟磺胺草醚+氯酯磺草胺、氟磺胺草醚+灭草松，氯酯磺草胺+灭草松混配，其中氟磺胺草醚+酯磺草胺、氯酯磺草胺+灭草松成本高，一般不选用，只有氟磺胺草醚+灭草松混配，对问荆药效远不如异噁草松+氟磺胺草醚完美，对问荆、刺儿菜、苣荬菜、鸭跖草均有效，而且成本低，并有土壤残留控草效果。氟磺胺草醚+酯磺草胺、氯酯磺草胺+灭草松对问荆的药效也不如异噁草松+氟磺胺草醚。

2.4.2 可混性比较

大豆苗前异噁草松可与乙草胺、异丙甲草胺、异丙草胺、甲草胺、嗪草酮、唑嘧磺草胺、噻吩磺隆、丙炔氟草胺、2,4-滴异辛酯等混用，能提高对大豆安全性。

大豆苗后异噁草松可与烯禾啶、精噁唑禾草灵、高效氟吡甲禾灵、精喹禾灵、精吡氟禾草灵、烯草酮、喹禾糠酯、氟磺胺草醚、灭草松、乳氟禾草灵、三氟羧草醚等混用。灭草松、乳氟禾草灵、三氟羧草醚等与烯禾啶、精喹禾灵等混用均有拮抗作用，加入异噁草松就可以混用。

异噁草松带大豆苗前、苗后与其他除草剂混用能效、能加安全性，其他除草剂无法与之相比，不可代替。

2.5 禁用异噁草松后防治“三菜”选用混配除草剂的问题

2.5.1 大豆苗前

禁用异噁草松后，大豆苗前多选用乙草胺与+唑嘧磺草胺+噻吩磺隆（或丙炔氟草胺、嗪草酮、2, 4-滴）混用。

乙草胺+唑嘧磺草胺+噻吩磺隆（或丙炔氟草胺、嗪草酮、2, 4-滴）等混用要降低唑嘧磺草胺用药量，如不降低唑嘧磺草胺用量，对问荆、刺儿菜、苣荬菜药效也不如异噁草松+唑嘧磺草胺的效果，而且残留问题依然严重。

其中乙草胺+唑嘧磺草胺+噻吩磺隆，噻吩磺隆有效期短，仅对出苗期的阔叶杂草有效，大豆出苗后阔叶杂草药效明显差。

乙草胺+唑嘧磺草胺+丙炔氟草胺混用，能解决鸭跖草问题，对问荆、刺儿菜、苣荬菜药效也不如异噁草松+唑嘧磺草胺的效果。使用过程中大豆播后应在 3 天内施药，要浅混土或垄上培土 2 cm，否则出苗后如遇大雨将造成严重药害。

乙草胺+唑嘧磺草胺+嗪草酮是能解决鸭跖草问题，对问荆、刺儿菜、苣荬菜药效也不如异噁草松+唑嘧磺草胺的效果。大豆安全性差，在低温，高湿条件下药害严重。

乙草胺+唑嘧磺草胺+2,4-滴异辛酯或丁酯，早春温度低，多年生杂草如问荆、刺儿菜、苣荬菜对 2,4-滴的吸收传导性差，仅对地上有效，对地下根茎无效，并且在土壤中降解快，有效期仅有 10 天左右， 此配方对后期阔叶杂草控制差，对问荆、刺儿菜、苣荬菜药效也不如异噁草松+唑嘧磺草胺的效果。在低温高湿条件下对大豆较严重的药害。

2.5.2 大豆苗后

禁用异噁草松后，大豆苗后防治难治杂草可考虑选用氟磺胺草醚+氯酯磺草胺、氟磺胺草醚+灭草松，氯酯磺草胺+灭草松混配，其中氟磺胺草醚+氯酯磺草胺、氯酯磺草胺+灭草松成本高，一般不选用，只有氟磺胺草醚+灭草松混配，对问荆药效远不如异噁草松+氟磺胺草醚完美，对问荆、刺儿菜、苣荬菜、鸭跖草均有效，而且成本低，并有土壤残留控草效果。

氟磺胺草醚+酯磺草胺、氯酯磺草胺+灭草松对问荆的药效也不如异噁草松+氟磺胺草醚。

3 改进技术，降低用药量解决异噁草松残留问题

3.1 降低用量与其他除草剂混用

异噁草松与其他除草剂有良好的可混性好，大豆苗前与唑嘧磺草胺、噻吩磺隆、异丙甲草胺、异丙草胺、乙草胺、甲草胺等混用；大豆苗后与灭草松、氟磺胺草醚、烯草酮、烯禾啶、精喹禾灵、高效氟吡甲禾灵、精吡氟禾草灵、精噁唑禾草灵、喹禾糠酯等混用，不拮抗，不影响药效和不增加药害。混用剂量 48%异噁草松用量 1000 ml/hm^2 以下，最好 3 种药剂混用。苗前 48%异噁草松用量 750 ～1000 ml/hm^2+异丙甲草胺（或乙草胺、异丙草胺、甲草胺）+唑嘧磺草胺（或噻吩磺隆、2, 4-滴等）。苗后 48%异噁草松用量 750～800 ml/hm^2+灭草松（或氟磺胺草醚、氯酯磺草胺等）+烯草酮（或烯禾啶、精喹禾灵、高效氟吡甲禾灵、精吡氟禾草灵、精噁唑禾草灵、喹禾糠酯等）。

3.2 重视农艺措施

3.2.1 合理耕作

采用翻松耙茬、深浅交替的耕作措施，2～3 年深翻一次，将多年生杂草地下根茎切碎，经晾晒，可消灭 70%杂草，下茬使用除草剂防治效果好。

播前整地可将已出土和已萌发未出土的杂草消灭。苗前除草剂要求整地要平细，地表不能有大土块及植物残株，通过整地将作物和杂草秸秆粉碎，有利于苗前除草剂的均匀分布和与土壤接触，提高除草效果。

机械中耕与除草剂配合，减少苗前除草剂损失，保水有利于除草剂药效发挥。苗后除草剂施后要及时中耕培土，增加药效及抑制后期杂草发生为害。用传统有效的机械灭草措施，如多年生杂草为害严重的地块要深耕深翻；使用除草后及时中耕灭草等。

3.2.2 合理和轮作

合理轮作有利于防治伴生性杂草；轮换使用除草剂，如小麦、玉米田用除草剂重点消灭阔叶杂草，大豆、油菜、甜菜、亚麻田等用除草剂重点消灭禾本科杂草，并能避免长期使用同类除草剂产生抗性问题。

3.2.3 调整播期

调整播期是控制杂草为害的有利措施，如早整地，诱使杂草出苗，用机械灭草后适期播。适期播种和深度适宜，北方不要因覆盖地膜、种子拌种衣剂等措施而早播，播种过早常遇低温，作物生长发育缓慢，代谢除草剂能力弱，药害加重。

3.3 推广“两降一加”农药喷洒新技术

3.3.1 降低喷液量

3.3.1.1 喷洒雾滴要合适　适宜喷洒雾滴直径 25～400μm，喷洒内吸性农药雾滴密度 30～40 个/cm^2，喷洒触杀性农药雾滴密度 50～70 个/cm^2；喷洒苗前除草剂适宜的雾滴直径 300～400μm，雾滴密度 30～40 个/cm^2。

3.3.1.2 规范喷液量　喷杆喷雾机喷洒苗前除草剂喷液量为 180～200 L/hm^2；喷洒苗后除草剂喷液量为 100～150 L/hm^2。

3.3.1.3 喷嘴、过滤器、压力、行走速度的选择　喷杆喷雾机喷洒苗前除草剂选选用 11002、11003 型扇形喷，配 50 筛目过滤器，压力 2～3 个大气压；喷洒苗后除草剂选用 80015 型扇形喷，配 100 筛目过滤器，压力 3～4 个大气压（大马力自走喷雾机选用 11002 型扇形喷嘴，配 50 筛目过滤器，压力 4～5 个大气压，车速 10～16 km/h。

3.3.2 降低用药量

3.3.2.1 适宜气象条件　喷洒苗后除草剂时加入喷液量 0.5%植物油型喷雾助剂，在适宜气象条件下（适宜气象条件是温度 13～27℃，空气相对湿度大于 65%，风速小于 4 m/s；一般晴天上午 8 点以前，下午 18 点以后，夜间无露水时喷洒作业效果最好），在施药时药箱加入植物油型喷雾助剂条件下可降低 30%～50%用药量；在高温干旱或防治难治杂草时加入喷液量 1%植物油型喷雾助剂，可降低 20%～30%用药量。喷洒苗前除草剂时加入喷液量 0.3%～0.5%植物油型喷雾助剂，可减少飘移挥发损失，药效稳定。

3.3.2.2 加植物油型喷雾助剂　自 1995 年以来，黑龙江省农垦总局植保站对美国 AGSCO

公司生产的快得 7（Quard 7）、澳大利亚 Organic Crop Protectants 公司生产的信德宝（Synertrol ）、Victorian chemical 公司生产的黑森（Hasten）及国内新研制的药笑宝等植物油型喷雾助剂的使用技术进行了系统研究，在适宜气象条件下这四大类喷雾助剂均有明显增效作用；在高温干旱不适宜气象条件下液体肥料、矿物油型、非离子型表面活性剂等均无增效作用，只有植物油型喷雾助剂有明显的增效作用，抗高温干旱，药效稳定。

3.4 重视植保机械标准化和规范使用

3.4.1 搞好喷杆喷雾机关键部件的配置与更新

喷嘴、防风喷嘴、过滤器、快装喷头体、雾滴均匀度测试仪、GPS 导航仪、袖珍电子气象仪、恒压器、液泵等是影响喷雾机喷洒质量的关键部件，属于加工精密，低资易耗品，应重视与更新。喷嘴、过滤器、快装喷头体国内生产质量差，不标准，达不到基本农艺要求，应迅速淘汰，选用进口部件。喷洒苗前喷嘴选用如 TeeJet11003、11004、11006 型扇形喷嘴，配 50 筛目柱式滤器；喷洒喷洒苗后除草剂 TeeJet80015 型扇形喷嘴，配 100 筛目柱式滤网（大型自走喷杆喷雾机选用 11002 性扇形喷嘴，配 50 筛目柱式滤器），喷嘴和滤网材质要求用耐腐蚀、寿命 400 h 以上。在我国北方地区施药季节经常出现刮风天气，为减少喷药时的飘移挥发损失，应推广使用 AIXR 防风喷嘴。

泵最好选隔膜泵或离心泵，压力可调，流量 80 L 以上，耐腐蚀，封闭严密，不滴漏。为便于测试喷杆喷雾机的喷雾质量，每个农场或乡镇配一台雾滴均匀度测试仪（TeeJet pattern check）。

GPS 导航仪是新技术，可解决喷杆喷雾在田间作业中直线行走，提高作业质量，避免重喷漏喷，取消插旗打堑，省工省时，提高效率。

3.4.2 大力推广喷杆喷雾机使用技术规范

大力推广喷杆喷雾机使用技术规范，像交通管理部门管理汽车一样，对喷杆喷雾机使用者进行喷杆喷雾机使用技术规范系统的培训，经过严格考核发证。

3.4.2.1 喷杆喷雾机在喷洒除草剂前要进行正确调整，正确调整步骤是安装后整机检查喷头喷杆的安装与调整，喷杆的安装要与地面平行，喷嘴一般距地面高度 40～60 cm，喷嘴安装需要注意：喷头喷雾扇面与喷杆片偏转 5°～10°。单喷头喷液量测定，各喷嘴的喷液量误差超过±5%。喷液量调整：根据喷洒除草剂的种类，选择喷液量；选择适当的压力；选择拖拉机适当车速；施药前除了要计算拖拉机行走速度外，还要实测和校核拖拉机行走速度。

3.4.2.2 田间喷雾作业 喷雾机调整好后，需要准确计算每药箱加药量 要严格进行药剂配制，药箱加药时，要先在药箱中加入一半清水；配制母液；将配制好的母液加入药箱，顺序是先加入可湿性粉剂母液，再加入乳油母液或加入配制好的混合母液；加入喷雾助剂，药箱加满水后搅拌均匀开始喷雾作业。

特别注意药剂配置一定在地头进行，避免药剂滴漏或泼洒，造成药害。

3.4.2.3 喷药作业 作业前要丈量好土地，做好田间设计 地头要留枕地线，待全田喷完再横喷地头。田间一定要打堑插旗，拖拉机要带划印器。如用 GPS 导航不用打堑插旗，拉机带划印器。喷洒时应先给动力，然后打开送液开关喷洒，停车时应先关闭送液开关，后切断动力。在地头回转过程中，动力输出轴始终应旋转，以保持喷雾液体的搅拌，但送液开关须为关闭状态。驾驶员要注意观察喷杆是否与地面平行等。

甘蔗田除草剂的模糊综合评判

傅 杨[1] 刘 萍[1] 杨子林[2] 吴中香[1]

(1.云南省昆明市植保植检站，昆明 650032；2.云南省临沧市植保植检站，临沧 677000)

摘要：经除草剂田间药效试验，采用模糊综合评判方法，对除草剂优劣排序，有利于应用于甘蔗生产中。结果表明：25 种除草剂产品中，莠灭净、敌草隆单剂及其混配剂 9 个产品除草综合表现评价为优良，乙·莠、异丙·莠混配剂及西玛津、草甘膦、乙氧氟草醚、莠去津、百草枯单剂等 7 个产品除草综合表现评价为中等，其他产品除草综合表现评价较差。

关键词：甘蔗田；除草剂；评价

STUDY ON THE METHOD OF FUZZY INTEGRATED EVALUATION TO HERBICIDE IN SUGARCANE FIELD

Fu Yang[1] Liu Ping[1] Yang Zhiling[2] Wu Zhongxiang[1]

(1.*Kunming Plant Protection and Quarantion Station, Kunming 650032, Yunnan Province, China;*
2. *Lincang Plant Protection and Quarantion Station, Lincang 677000 , Yunnan Province, China*)

Abstract: To sort the good and inferior herbicide and make the technology project to apply in the sugarcane production by field experiment on herbicide effect and adopting fuzzy integrated evaluation method.The following results are indicated: Using 25 kinds of herbicides by experimenting in preventing and killing of weeds, the results indicated that 9 of them got the best effect, that are single and mixed- Ametryne and dinron; 7 of them accepted common effect, that are metolachlor+MCPA-Na+ Atrazine, Metolachlor-atrazine, Acetocnor-cotrazine and Simazine , Atrazine, geyphosate, oxyfluorfen, paraquat are effective; and others are not very good.

Key word： Sugarcane fields; herbicide; fuzzy evaluation

应用推广的除草剂除了注重除草效果以外，还要考虑化除成本、安全性、持效期、适用期、操作难易程度等，以诸多项目逐一评价选择除草剂，往往顾此失彼不利于生产。采用模糊综合评判方法对多种除草剂的多种因素一次性进行综合评价[1]，可以为生产应用推广提供准确、直观的科学依据。甘蔗是云南省重要的经济作物之一，蔗糖产业经济还是少数民族地区的主要经济来源，种植面积仅次于广西壮族自治区，位居全国第二[2]，但甘蔗生产长期以来一直处于落后水平，杂草危害是其中的主要原因[3]，科学评价甘蔗田除草剂，对全面推行科学的化学除草技术具有促进作用。

1 材料与方法

1.1 试验材料

作物：供试作物为云南省主要种植的甘蔗品种，由云南省各甘蔗种植区甘蔗推广站和试验站种植提供。

田间主要杂草：各试验田块具有代表杂草种群的主要杂草，包括一年生、多年生的禾草、莎草和阔叶草。

试验田：2005～2010 年在云南省 8 个县选择 135 块甘蔗田开展化学除草田间试验 320 组，常规栽培管理甘蔗。

供试药剂：供试药剂为目前有一定应用面积的 8 种单剂除草剂和混配剂中的 25 种代表品种：2 甲 4 氯钠、百草枯、麦草畏、乙草胺、异丙甲草胺、敌草隆、敌草隆（进口)、西玛津、莠去津、莠灭净(进口)、莠灭净、二甲戊乐灵、草甘膦异丙胺盐、唑嘧磺草胺、乙氧氟草醚、氯氟吡氧乙酸、甲咪唑烟酸、莠灭·2 甲、2 甲·敌、乙·莠、异丙·莠、异丙·2 甲·莠、敌·2 甲·莠、2 甲·莠·莠灭、乙氧·莠灭。

1.2 试验方法

1.2.1 田间试验

按照国标 GB/T17980.49—2000《除草剂防治甘蔗田杂草田间药效试验准则》进行[4]。

1.2.2 除草剂效果分析评价方法

1.2.2.1 试验结果数据统计分析 邓肯氏新复极差（DMRT）法[5]。

1.2.1.2 除草剂评价

采用模糊数学集合论（L.A.Zadenh1965）方法和理论[5]，确定因素集及评语集，制作除草剂综合评价系统，对试验结果进行分析。

因素集及评语集的确定：以除草效果、杀草谱、化除成本、药害程度、持效期和适用时期为评价因素，因素的评价分为优、良、一般、差 4 个级别，分别建立因素及评语。

因素集 U={除草效果 杀草谱 化除成本 药害程度 持效期 适用期}

评语集 V={优 良 一般 差}

评定依据及评定标准见表 1。

除草效果：施药后 30 天、60 天调查田间除草效果（%），并分成 4 个等级。1 级，除草效果 90%以上；2 级，除草效果 80%～89%；3 级；除草效果 60%～79%，4 级，除草效果 60%以下。

成本：按除草剂现行出厂价（2004 年价）计算，并分成以下等级：1 级，60 元/hm^2；2 级，60～70 元/hm^2；3 级，70～80 元/hm^2；4 级，80 元/hm^2 以上。

药害程度：以用药后 30 天调查的数值为依据，分成 4 级。0 级，甘蔗无药害；1 级，个别植株轻微局部药害（少于 70%）,不影响产量；2 级，中等药害，但能恢复，不影响产量；3 级，全株药害，药害较重和严重，难以或不能恢复，造成减产至绝产[6]。

持效期：按施药后 60 天目测结果，分成 4 个等级，1 级，田间基本无杂草，2 级，有少量杂草，盖度 10%以下，3 级，盖度 10%～30%；4 级，盖度 30%以下。

杀草谱：施药后 30 天、60 天进行调查，田间对杂草种群的主要杂草种类防除效果分为 4 个等级。1 级，杀草种类 90%以上；2 级，杀草种类 80%～89%；3 级，杀草种类 60%～79%；4 级，杀草种类 60%以下。

适用期：甘蔗芽前到甘蔗拔节期，杀草芽前至成株期限内，对药剂适用期长短划分为 4 个等级。1 级，甘蔗芽前至甘蔗拔节期,杂草芽前至成株期均可施用；2 级，甘蔗苗后至甘蔗拔节期，杂草苗期到成株期可施用；3 级，甘蔗苗后，杂草芽前施用；4 级，甘蔗芽前和杂草芽前施用。可以定出评定标准。

表 1 除草剂优劣评定标准

项目	优	良	中等	差
除草效果	1 级	2 级	3 级	4 级
杀草谱	1 级	2 级	3 级	4 级
化除成本	1 级	2 级	3 级	4 级
药害程度	0 级	1 级	2 级	3 级
持效期	1 级	2 级	3 级	4 级
适用期	1 级	2 级	3 级	4 级

总除草效果：总除草效果反映某一药剂配方对杂草群体的控制能力，获得最佳除草效果是化学除草的主要目的，也是决定某一除草剂取舍的重要因素。

杀草谱：反映某一除草剂对杂草种类的防除作用，是蔗田杂草种类群体应用选择的依据。

化除成本：限于农业条件，各地农田都有一个可以被用户接受的除草成本水平。有的除草剂虽然效果好，但终因价格昂贵而不能采纳，然而在某些情况下，如恶性杂草和难除杂草大发生，较高的投入足以补偿因草害造成的损失，这时价格便可以被接受。

药害程度：在除草剂达到高活性，能基本控制杂草的情况下，往往对轻度的、可以恢复的药害现象能够容忍，但却不能忽视。

持效期：甘蔗田草害造成化物减产损失的关键时期是在甘蔗生育期的 108%～49%，如药效短于 40 天，便会影响对全生育期季节杂草的控制，可能会需要施药二次，加大施药量和经济投入，但药效期太长亦无太大的实际意义。

适用期：为农事操作提供较长时间的施用期，有利于实际灵活掌握用药时间，便于操作。

因此，在权项分配时，总除草效果应完以最高值，而后 5 点所占权项要适中，即：除草效果 0.5，杀草谱 0.1，化除成本 0.1，药害程度 0.1，持效期 0.1，适用期 0.1。用下式表示：A=（0.5 0.1 0.1 0.1 0.1 0.1）。

应用“模糊集合论”（L.A.Zadenh），根据试验结果，按照上述制定的评定标准及各因素在评语中出现的频率，分别建立（除草效果 杀草谱 化除成本 药害程度 持效期 适用期）的单因素评价矩阵，再建立模糊综合评判矩阵，组成各自的 Ri（I=1，2，3……25），其中 I 代表除草剂商品序号。用已知模糊综合评判矩阵 Ri 及权 A，建立模糊集 Bi=A·Ri，然后对 Bi 进行归一化处理,得出综合评判结果。

2 结果与分析

2.1 建立模糊综合评判矩阵

按照上述规定的评定标准及各因素在评语集中出现的频率，分别建立除草效果、化除成本、药害程度、药效期的单因素评价矩阵，以此为根据组成各配方的模糊综合评判矩阵 Ri（I=1，2，3……6），其中 i 代表药剂序号。

以下各药剂矩阵对应指标：

指标	权重
除草效果	0.5
杀草谱	0.1
化除成本	0.1
药害程度	0.1
持效期	0.1
适用期	0.1

R_1=（2甲4氯钠）

优	良	一般	差
0	0.7	0	0
1	0	0	
1	0	0	0
1	0	0	0
0.8	0.2	0	0
0	1	0	0

R_2=（麦草畏）

优	良	一般	差
3	0.4	0.3	0
0	0.2	0.8	0
0	0	0	1
1	0	0	0
0.6	0.4	0	0
0	1	0	0

R_3=（百草枯）

优	良	一般	差
0.9	0.1	0	0
0.8	0.2	0	0
0	1	0	0
0	0	1	0
0	0	0.2	0.8
0	1	1	0

R_4=（乙草胺）

优	良	一般	差
0.3	0.4	0.2	0
0.4	0.4	0.2	0
1	0	0	0
1	0	0	0
0.6	0.4	0	0
0	0	1	0

R_5=（异丙甲草胺）

优	良	一般	差
0.4	0.3	0.2	0.1
0.2	0.3	0.4	0.1
0	1	0	0
1	0	0	0
0.4	0.6	0	0
0	0	1	0

R_6=（敌草隆）

优	良	一般	差
0.9	0.1	0	0
0.9	0.1	0	0
0	0	1	0
0	0.8	0.2	0
0.6	0.4	0	0
1	0	0	0

R_7=（敌草隆（进口））

优	良	一般	差
0.9	0.1	0	0
0.9	0.1	0	0
0	0	0	0
0	1	0	0
1	0	0	0
1	0	0	0

R_8=（西玛津）

优	良	一般	差
0.6	0.3	0.1	0
0.7	0.3	0	0
0	0	1	0
1	0	0	0
0.8	0.2	0	0
0	0	0	0

R_9=（莠去津）

优	良	一般	差
0.4	0.2	0.3	0.1
0.4	0.4	0.2	0
1	0	0	0
1	0	0	0
0.6	0.2	0.2	0
0	0	1	0

R_{10}=（莠灭净（进口））

优	良	一般	差
0.9	0.1	0	0
0.9	0.1	0	0
0	0	0	1
1	0	0	0
0.9	0.1	0	0
1	0	1	0

R_{11}=（莠灭净）

优	良	一般	差
0.9	0.1	0	0
0.9	0.1	0	0
0	1	0	
1	0	0	0
0.8	0.2	0	0
1	0	1	0

R_{12}=（二甲戊乐灵）

优	良	一般	差
0.2	0.5	0.3	0
0.4	0.3	0.2	0
0	0	1	1
1	0	0	0
0.6	0.4	0	0
1	0	1	0

R_{13}=（草甘膦异丙胺盐）

优	良	一般	差
1	0	0	0
0.9	0.1	0	0
1	0	0	0
0	0.2	0.2	0.6
0	0	0.4	0.6
0	0	1	0

R_{14}=（唑嘧磺草胺）

优	良	一般	差
0.4	0.4	0.2	0
0	0.2	0.8	0
0	0	0	1
1	0	0	0
0.1	0.4	0.5	0
0	1	0	0

R_{15}=（乙氧氟草醚）

优	良	一般	差
0.6	0.4	0	0
0.6	0.1	0	0
0	0	1	0
0	0	0	0
0.4	0.6	0	0
0	1	1	0

R_{16}=（氯氟吡氧乙酸）

优	良	一般	差
0.3	0.2	0.2	0
0	0.6	0.2	0
0.2	0	0	1
0	0	0	0
1	0	1	0
0	0	0	0

R_{17}=（甲咪唑烟酸）

优	良	一般	差
0.4	0.4	0.3	0
0.2	0.4	0.4	0
0	0	0	1
1	0	0	0
0	0	1	0
0	0	1	0

R_{18}=（莠灭·2甲）

优	良	一般	差
0.9	0.1	0	0
0.9	0.1	0	0
0	1	0	0
1	0	0	0
1	0	0	0
1	0	0	0

R_{19}=（2 甲·敌）

优	良	一般	差
0.9	0.1	0	0
0.9	0.1	0	0
0	1	0	1
1	0	0	0
1	0	0	0
1	0	1	0

R_{20}=（乙·莠）

优	良	一般	差
0.8	0.2	0	0
0.8	0.2	0	0
0	1	0	0
1	0	0	0
0.7	0.3	0	0
0	0	1	0

R_{21}=（异丙·莠）

优	良	一般	差
0.8	0.2	0	0
0.8	0.2	0	0
0	0	1	0
1	0	0	0
0.7	0.3	0	0
0	0	1	0

R_{22}=（异丙·2甲·莠）

优	良	一般	差
0.9	0.1	0	0
0.8	0.2	0	0
0	0	1	0
1	0	0	0
0	1	0	0
0	0	1	0

$$R_{23}=\text{（敌·2甲·莠）}\quad \begin{matrix} \text{优} & \text{良} & \text{一般} & \text{差} \\ \end{matrix}\left\{\begin{matrix} 0.9 & 0.1 & 0 & 0 \\ 0.9 & 0.1 & 0 & 0 \\ 0 & 1 & 0 & 0 \\ 1 & 0 & 0 & 0 \\ 1 & 0 & 0 & 0 \\ 1 & 0 & 1 & 0 \end{matrix}\right\}$$

$$R_{24}=\text{（乙氧·莠灭）}\quad \begin{matrix} \text{优} & \text{良} & \text{一般} & \text{差} \\ \end{matrix}\left\{\begin{matrix} 0.8 & 0.2 & 0 & 0 \\ 0.9 & 0.1 & 0 & 0 \\ 0 & 0 & 1 & 0 \\ 1 & 0 & 0 & 0 \\ 0.8 & 0.2 & 0 & 0 \\ 1 & 0 & 1 & 1 \end{matrix}\right\}$$

$$R_{25}=\text{（2甲·莠·莠灭）}\quad \begin{matrix} \text{优} & \text{良} & \text{一般} & \text{差} \\ \end{matrix}\left\{\begin{matrix} 0.9 & 0.1 & 0 & 0 \\ 0.9 & 0.1 & 0 & 0 \\ 0 & 1 & 0 & 0 \\ 1 & 0 & 0 & 0 \\ 1 & 0 & 0 & 0 \\ 1 & 0 & 0 & 0 \end{matrix}\right\}$$

用已知模糊综合评判矩阵 R_i 及权 $\underset{\sim}{A}$，建立模糊集 $\underset{\sim}{B_i}=A\cdot R_i$，然后对 $\underset{\sim}{B_i}$ 进行归一化处理，得出评判结果（表 2）。

表 2 综合评判结果

药剂	优	良	一般	差	评价	D_i
2 甲 4 氯钠	0.43	0.57	0.1	0	一般	43
麦草畏	0.31	0.34	0.23	0.1	较差	33.5
百草枯	0.48	0.22	0.22	0.08	一般	50
乙草胺	0.45	0.28	0.22	0.05	一般	46.25
异丙甲草胺	0.36	0.35	0.24	0.14	较差	39.5
敌草隆	0.7	0.18	0.22	0	优	70
敌草隆（进口）	0.71	0.19	0	0.1	优	73.5
西玛津	0.55	0.2	0.15	0	一般	55
莠去津	0.5	0.16	0.19	0.05	一般	51.25
莠灭净（进口）	0.83	0.07	0	0.1	优	85.5
莠灭净	0.82	0.08	0.2	0	优	82
二甲戊乐灵	0.3	0.32	0.17	0.1	较差	32.5
草甘膦异丙胺盐	0.49	0.11	0.14	0.16	一般	53
唑嘧磺草胺	0.31	0.36	0.23	0.2	较差	36
乙氧氟草醚	0.5	0.38	0.2	0	一般	50
氯氟吡氧乙酸	0.37	0.41	0.22	0.1	较差	39.5
甲咪唑烟酸	0.32	0.24	0.39	0.1	较差	34.5
莠灭·2 甲	0.84	0.06	0.1	0	优	84
2 甲·敌	0.84	0.06	0.1	0	优	84
乙·莠	0.65	0.25	0	0	良	65
异丙·莠	0.65	0.15	0.2	0	良	65
异丙·2 甲·莠	0.48	0.52	0	0	良	63
敌·2 甲·莠	0.84	0.26	0	0	优	84
乙氧·莠灭	0.77	0.13	0.1	1	优	77
2 甲·莠·莠灭	0.84	0.26	0	0	优	84

计算各配方的综合指标值，用评价向量的分量形成权重，以表现各药剂综合性优劣程度，对各评语得分进行加权平均，得出总分 Di（综合指标值）。设评语集的 4 个模糊子集对综合表现的比率为 G={100，75，50，25}，如果给“优”打分 100，则“良”对应 75，“一般”对应 50，“差”对应 5。那么 $\underset{\sim}{Di}=\underset{\sim}{Bi}\cdot G$。Di 越大，药剂的综合表现越好。

综上所述，评判结果为：25 种除草剂产品中，莠灭净、敌草隆单剂及其混配剂 9 个产品除草综合指标值≥75（优），综合表现评价为优良；乙·莠、异丙·莠、异丙·2 甲·莠混配剂及西玛津、草甘膦、乙氧氟草醚、莠去津、百草枯单剂等 7 个产品除草综合指标值50～75（良—中）综合表现评价为中等；其他产品除草综合指标值≤50（差），综合表现评价较差。

3 讨论

采用模糊综合评判的方法，可以利用长期、大量的田间试验数据结果对甘蔗田除草剂的综合情况进行定量评价，结论较全面、客观。数据材料较少时，应当注意主观分配各因素权重会引起的误差，药剂残留和毒性对后茬和施药人员、环境的风险和安全性，以待后期解决，在模糊综合评判中选择的评判指标要以生产发展趋势和实际情况进行调整。

参考文献

[1] 李香菊. 除草剂优劣的综合评价．中国植物保护学会杂草分会，编.第五次中国杂草科学学术会议论文集[C]. 昆明：1994，109-114．

[2] 袁方．云南制糖产业可持续发展对策的探讨.易盛信息网，2004．

[3] 惠肇祥，傅杨．云南省甘蔗地杂草种类与化学除草技术．台湾国立中兴大学，编.跨世纪海峡两岸植病研讨会文集[C]，1999，64-72．

[4] 国家质量技术监督局．中华人民共和国国家标准 农药田间药效试验准则（一）［M］．北京：中国标准出版社，2000，213-217．

[5] 荣延昭．农业试验与统计分析[M]. 北京：中国农业出版社，1993.

[6] 陈铁保，黄春艳，王宗，等.除草剂药害诊断及防治[M]．北京：化学工业出版社，2002：1-235．

广西蔗区阔叶丰花草的化学防除技术

马永林　覃建林　马跃锋　郭成林

（广西壮族自治区农业科学院植物保护研究所，南宁 530007）

摘要：近年来，在广西部分蔗区发现阔叶丰花草大量蔓延，造成甘蔗产量和品质下降。笔者在蔗田阔叶丰花草发生严重的地块，用68%的2甲4氯·敌草隆·莠灭净可湿性粉剂做了田间药效试验，现将结果报道如下，为大家提供参考依据。

关键词：广西；蔗区；阔叶丰花草；68%2甲4氯·敌草隆·莠灭净可湿性粉剂；防除技术；

Spermacoce latifolia Aubl. Chemical Control Techniques in Cane-planting area of Guangxi

MA Yonglin, Qin Jianlin, MA Yuefeng , GUO Chenglin

(Plant Protection Institute; Guangxi Academy of Agricultural Sciences; Nanning; Guangxi 530007; China)

Abstract: In recent years, the Spread of Spermacoce latifolia Aubl was found in some parts of Cane-planting area of Guangxi, which caused the drop of sugarcane output and quality. Using the 68%, MCPA.Diuron.Ametryne WP, The author did the field efficacy trials in some sugarcane plots of Serious Spermacoce latifolia Aubl. Now the results are reported as follows for you to make reference.

Key words: Guangxi；Cane-planting area；*Spermacoce latifolia* Aubl.；68%,MCPA.Diuron.Ametryne WP；Chemical Control Techniques

甘蔗作为一种世界性的经济作物被许多国家和地区所栽培，而甘蔗地有害生物则是严重影响甘蔗生长的一类重大生物因素。我国甘蔗主要分布在北纬24°以南的热带、亚热带地区，包括广东、台湾、广西、福建、四川、云南、江西、贵州、湖南、浙江和湖北11个省、自治区[1]。广西是全国甘蔗主产区，其2007年种植面积占到全国种植面积的61.4%，总产量占到全国甘蔗总产量的64.4%[2]，2010年糖料蔗种植面积和食糖产量均占全国总量的一半以上，而蔗田杂草对甘蔗生长影响大，如果不防除或防除不及时，甘蔗产量将受到严重影响[3]，一般减产20%～30%，严重的减产50%以上[4]。

近年来在广西部分甘蔗田发生一种新的杂草，被当地广大农民称之为“日本草”，其发生面积逐年扩大，与一种名为“粗叶耳草”极为相似，而一度不为人们所重视。后经实地调查了解和查阅相关资料，结果表明此杂草原产于南美洲热带地区，现已入侵并广泛分布于广东、广西、海南、香港、台湾、福建南部、浙江温岭一带和云南西南部[5,6]。

阔叶丰花草（*Spermacoce latifolia* Aubl.）为茜草科（Rubiaceae）蔓生草本植物；茎和枝均为明显的四棱柱形，棱上具狭翅；叶椭圆形或卵状长圆形，顶端锐尖或钝，基部阔楔形而下延；侧脉每边5～6条；叶柄长4～10 mm；托叶膜质被粗毛，顶部有数条刺毛；花丛生于托叶鞘内，无梗；花冠漏斗形，浅紫色，长约3～6 mm，里面基部具1个毛环，顶部4裂，花柱长5～7 mm，2个柱头；蒴果椭圆形，长约3 mm，成熟时从顶部纵裂至基部；种子近椭圆形，长约2 mm，干后浅褐色或黑褐色；花果期5～7月[7]。目前对阔叶丰花草的研究只局限于生长特性、分布现状、危害状况、入侵群落物种组成及其土壤种子库季节动态等方面[8~12]，而对其在甘蔗田中的化学除草技术未见报道。本文在广西扶绥县岜盆农业示范园阔叶丰花草严重发生的甘蔗地做了化学除草试验，为及时有效地防除甘蔗地阔叶丰花草的蔓延提供一定的依据。

1　材料与方法

1.1　供试对象

甘蔗田阔叶丰花草，施药时大部分杂草株高3～8 cm。

1.2　供试药剂

68% 2甲4氯·敌草隆·莠灭净可湿性粉剂，南昌赣丰化工农药有限公司生产；56%2

甲 4 氯可溶粉剂，黑龙江省佳木斯黑龙农药化工有限公司生产；50%敌草隆可湿性粉剂，苏州华源农用生物化学有限公司生产；80%莠灭净可湿性粉剂，以色列阿甘化学公司生产。

1.3 供试作物

甘蔗品种：桂糖 9769，为广西目前种植的当家品种之一。

1.4 试验设计

试验于 2009 年 4～5 月进行，地点设在广西扶绥县岜盆农业示范园，药剂均按有效成分计量。68% 2 甲 4 氯·敌草隆·莠灭净 WP 1020 g a.i./hm^2、1479 g a.i./hm^2、1938 g a.i./hm^2、2958 g a.i./hm^2，56% 2 甲 4 氯 SP 840 g a.i./hm^2，50% 敌草隆 WP 1500 g a.i./hm^2，80% 莠灭净 WP 1560 g a.i./hm^2。空白对照和人工除草各 1 个，共 9 个处理，每处理 4 次重复，36 个小区，小区面积 30m^2，小区间有保护行，小区随机区组排列，每公顷对水 750L。

1.5 施药时间和方法

2009 年 4 月 27 日喷雾法施药，器械为利农“Jacto-HD400”型背负式手动喷雾器。

1.6 施药时的气象条件

施药当天平均气温 25℃，最低气温 21℃，湿度 56%～60%，微风，多云天气，无降雨。

1.7 调查时间及方法

药后 15 天，调查处理的残存杂草株防效；药后 30 天， 调查处理杂草株防效和鲜重的防效。调查方法是每小区随机取 4 点，每点取 0.25 m^2 杂草调查。

1.8 试验结果统计方法

$$防效（\%）=\frac{对照区杂草株防效或鲜重防效-处理区杂草株防效或鲜重防效}{对照区杂草株数或鲜重}\times 100$$

$$抑制率（\%）=\frac{人工除草区甘蔗株高-药剂或人工处理区甘蔗株高}{人工处理区甘蔗株高}\times 100$$

采用 DMRT 法对结果进行统计分析。

2 结果与分析

2.1 不同除草剂对阔叶丰花草的防治效果

从表 1 看出，药后 15 天，有效成分 68% 2 甲 4 氯·敌草隆·莠灭净 WP 的防效 2958＞1938＞1479＞1020；防效均高于 56% 2 甲 4 氯 SP、50% 敌草隆 WP、80% 莠灭净 WP 和人工除草的防效；从 30 天的株防效和鲜重防效综合来看，防除甘蔗田阔叶丰花草用 68% 2 甲 4 氯·敌草隆·莠灭净 WP 的效果优于其他药剂处理的防效和人工除草的防效。从综合经济效益和防治效果看，在阔叶丰花草 3～8cm 时，用 68% 2 甲 4 氯·敌草隆·莠灭净 WP 1479 a.i./hm^2、1938ga.i./hm^2 较理想。

2.2 药后 30 天不同除草剂对甘蔗株高的影响

从甘蔗安全性来看药后 8 ～15 天，68% 2 甲 4 氯·敌草隆·莠灭净 WP 1938 g a.i./hm^2、2958 g a.i./hm^2 对甘蔗叶出现轻微的药害，30 天后药害消失，不影响甘蔗的高度，各个药剂处理抑制率和人工除草的抑制率均无显著的差异（如表 2）。

3 结论与讨论

本试验通过对甘蔗田入侵性杂草阔叶丰花草的防除，初步了解到 68%2 甲 4 氯·敌草隆·莠灭净 WP 的防效均优于 56% 2 甲 4 氯 SP，50% 敌草隆 WP，80% 莠灭净 WP 和人工除草的防效；68% 2 甲 4 氯·敌草隆·莠灭净 WP 在广西防除的适宜剂量为 1479 g a.i./hm^2、1938 g a.i./hm^2，不能随意加大剂量，否则对甘蔗容易产生药害，本试验只对广西扶绥县甘蔗田中的阔叶花草做了初步的田间试验，还有待于进一步地去探索最理想的防除模式。

表 1 不同除草剂对阔叶丰花草的防治效果

药剂处理（g a.i./hm^2）	药后 15 天		药后 30 天			
	株数	防效（%）	株数	防效（%）	鲜重	防效（%）
68% 2 甲 4 氯·敌草隆·莠灭净 WP 1020	21.8	85.3 bcBC	16.5	87.2 dC	30.6	97.0 abABC
68% 2 甲 4 氯·敌草隆·莠灭净 WP 1479	6.3	95.7 aA	12.3	90.5 cBC	24.6	97.6 aABC
68% 2 甲 4 氯·敌草隆·莠灭净 WP 1938	3.0	98.0 aA	7.5	94.2 bAB	14.8	98.6 aAB
68% 2 甲 4 氯·敌草隆·莠灭净 WP 2958	2.3	98.5 aA	2.8	97.8 aA	11.2	98.9 aA
56% 2 甲 4 氯 SP 840	38.7	73.9 dD	40.8	68.4 fE	76.5	92.6 cD
50% 敌草隆 WP 1500	22.6	84.7 bcBC	27.3	78.8 eD	58.6	94.3 bcBCD
80% 莠灭净 WP 1560	26.3	82.2 cC	31.4	75.7 eD	62.5	93.9 bcCD
人工除草	17.3	88.3 bB	38.6	70.1 fE	73.3	92.9 cD
CK	148.0	-	129.0	-	1027.6	-

注：上表中的防效（%）为各重复平均值。试验结果采用邓肯氏新复极差（DMRT）法进行分析，

表 2 药后 30 天不同除草剂对甘蔗株高的影响

药剂处理（ga.i./hm^2）	株高(cm)	抑制率（%）	差异显著性	
			5%	1%
68% 2 甲 4 氯·敌草隆·莠灭净 WP 1020	20.2	-1.5	a	A
68% 2 甲 4 氯·敌草隆·莠灭净 WP 1479	22.6	-13.5	a	A
68% 2 甲 4 氯·敌草隆·莠灭净 WP 1938	20.3	-1.9	a	A
68% 2 甲 4 氯·敌草隆·莠灭净 WP 2958	20.0	-0.5	a	A
56% 2 甲 4 氯 SP 840	19.8	0.7	a	A
50% 敌草隆 WP 1500	22.2	-11.6	a	A
80% 莠灭净 WP 1560	19.2	3.6	a	A
人工除草	19.9	-	-	A
CK	19.1	4.2	a	A

经过几年的观察，阔叶丰花草主要在夏秋季节危害农作物，具有惊人的繁殖速度，其幼苗一旦长出即迅速生长，并很快形成很大的种群，对作物尤其是作物的幼苗造成很大的危害。阔叶丰花草在甘蔗地发生时，若不及时控制种群密度很快会在群落中占有绝对的比例，从而大量地与甘蔗争光、争肥、争水、争生存空间，使甘蔗长势日渐衰弱，同时释放出毒素抑制甘蔗的生长，导致产量和品种严重下降。

据不完全统计[13]，阔叶丰花草正以很快的速度在农田蔓延，现在已成为华南地区常见有害生物而入侵茶园、桑园、果园、咖啡园、橡胶园以及花生、甘蔗、中草药、蔬菜等旱作物地，给当地的农业生产造成了巨大的损失。

参考文献

[1] 柳琪．经济类作物收获机械现状及发展趋势[J]．农业机械，2009，48：33-35.
[2] 刘海清．我国甘蔗产业现状与发展趋势[J]．中国热带农业，2009（01）：8-9.
[3] 李华英，贾雄兵，劳恒，等.75%三氟啶磺隆钠盐水分散粒剂防除甘蔗田杂草的效果[J]．杂草科学，2009，（03）：42-44.
[4] 张殿京，陈仁霖．农田杂草防除大全[M]．上海:上海科学技术文献出版社，1991，491-531.
[5] 唐赛春，吕仕洪，何成新等．广西的外来入侵植物[J]．广西植物，2008，28（06）：775-779.
[6] 杨子林．滇西南蔗区新有害生物一阔叶丰花草[J]．中国糖料，2009（04）：41-43.
[7] 中国科学院中国植物志编辑委员会．中国植物志[M]．北京:科学出版社，1999，71（02）：207.

[8] 李振宇，解焱．中国外来入侵种[M]．北京:中国林业出版社，2002：11.
[9] 邢福武．阔叶丰花草[M]．//李振宇，解焱.中国外来入侵种．北京：中国林业出版社，2002：153.
[10] 洪思思，缪崇崇，方本基，等.浙江省阔叶丰花草入侵群落物种多样性、生态位及种间联结研究[J]．武汉植物学研究，2008，26（05）：501-508.
[11] 郑思思，戴玲，林培，等．阔叶丰花草入侵群落物种组成及其土壤种子库季节动态[J].浙江大学学报（农业与生命科学版），2009，35（06）:677-685
[12] 严岳鸿，邢福武，黄向旭，等.深圳的外来植物[J].广西植物，2004，（03）.
[13] 高末，丁炳扬，罗清应，等．阔叶丰花草—浙江茜草科新归化种［J］．植物研究，2006，26（05）：520-521.

除草剂二氯喹啉酸污染及其降解菌筛选方法研究进展

罗坤[1] 柏连阳[1,2] 李欣[1] 陈颖曦[1] 周小毛[1] 刘祥英[1]

(1.湖南农业大学农药研究所，长沙 410128;
2.湖南人文科技学院，娄底 417000)

摘要：除草剂二氯喹啉酸，主要用于稻田防除稗草，其中土壤污染严重影响到后茬农作物的生产。本文对除草剂二氯喹啉酸污染及土壤微生物修复等方面作简要概述。

关键词：二氯喹啉酸；降解菌；筛选

The herbicides quinclorac pollution and its degradation bacterium screening research progress

Luo Kun[1], Bai Lianyang[1,2 *], Li Xin[1],Chen Yingxi[1], Zhou Xiaomao[1], Liu Xiangying[1]

(1 .*Pesticide Research Institide of Hunan Agricultural University, Changsha,* 410128, *China*;
2. *Hunan Institute of Humanities,Science and Tschnology, Loudi* 417000,*China*)

Abstract: The herbicides quinclorac was mainly applied for control *Echinochloa crusgalli* in the rice fields. acidsoil pollution control, including the serious influence to successive crop. In this paper, the herbicide quinclorac pollution and soil microbial remediation was briefly introduced.

Key words: herbicides; quinclorac; degrading microorganisms; screening

随着农业的发展，化学除草具有省工、省力、节省成本等优势，作为保障农业丰收的重要手段，在农业生产中发挥着非常重要的作用，广泛应用于各种农作物生产当中。除草剂的使用量占农药总量的 70%，在各类农药中居第一位。然而，人们长期不科学地使用剧毒、高残留、难降解的除草剂，不仅对作物产生毒害，也造成了土壤、地下水、大气等的环境污染问题。除草剂二氯喹啉酸，主要用于稻田防除稗草，其中土壤污染严重影响到后茬农作物的生产[1]。鉴于除草剂二氯喹啉酸残留的持久性、使用的普遍性和污染的严重性，土壤农药污染修复成为必须解决的重大问题，引起了众多科研工作者的高度关注[2,3]。本文拟对除草剂二氯喹啉酸污染及土壤微生物修复等方面作简要概述。

1 二氯喹啉酸介绍

1.1 二氯喹啉酸的作用机理及市场运用

二氯喹啉酸是防除水稻田稗草的特效选择性除草剂[4,5]。二氯喹啉酸化学名称为 3,7-二氯-8-喹啉羧酸，德国巴斯夫公司 1984 年开发上市的有机环状除草剂，通用英文名 quinclorac，分子式:$C_{10}H_5Cl_2NO_2$，分子量：242.1Da，其他名称快杀稗、杀稗净、克稗星。二氯喹啉酸能被萌发的种子、根、茎及叶部迅速吸收，并迅速向茎和顶端传导，Koo，S.J.等[6]研究得出二氯喹啉酸的作用位点位于细胞壁的生物合成中，在禾本科植物中起到细胞壁合成抑制剂的作用。而 Grssmann，K.等[7]则发现二氯喹啉酸的残留毒性毒植物体的生物乙烯的生物合成有关，认为二氯喹啉酸对 ACC 合成酶反应合成乙烯中产生的氰化物的副产物产生刺激作用，是导致植物中毒的主要原因。主要用于稻田防稗草。也可防治雨久花，田菁、水芹、鸭舌草、皂角。

水稻是我国目前的第一大粮食作物及第一大农作物。全国水稻的种植面积约 5 亿亩左右，占粮食作物总播种面积的 30%以上。稻谷年均产量约 2 亿 t，占全国粮食总产量的 40%以上。据统计，杂草为害发生面积占我国稻田面积 2 亿多亩，可以导致约占种植面积的 45%受到为害，据不完全统计我国受杂草为害而减产的水稻达到了 1 000 万 t，损失率占水稻总产量的 5%左右。随之我国生产模式的变化，农村劳动力大量向城市转移，人工除草慢慢减少，化学除草日益被农民接受，我国除草剂需求量日益的加大，同时也产生了一系列的问题。二氯喹啉酸是激素型喹啉羧酸类除草剂，二氯喹啉酸因为药效好，着二氯喹啉酸的使用量持续增大，二氯喹啉酸也逐渐成为了各大农药生产厂家农药登记的热点品种。在我国水稻上登记的二氯喹啉酸产品到达了 150 多个[8]。目前，国内生产二氯喹啉酸的原药厂家已有近 10 余家。制剂、复配厂家多达了 60 余家。据统计，二氯喹啉酸原药产量 4000 t/年，生产需求产量约 2500 t/年，内需使用量为 2000 t/年左右，每年可以有 500 t 左右的出口[9]。在我国现有约 5 亿亩水稻田中，有大约 1 亿左右的水稻田受到稗草的威胁。据研究证实，水稻田每平方米只要有稗草 1 株，就能导致水稻减产高达 51%。二氯喹啉酸单剂以及二氯喹啉酸与杀草丹、灭草松、苄嘧磺隆、敌稗的复配制剂对防除恶性阔叶杂草和稗草效果较好。随着杂草的变异和抗药性的逐年增强，二氯喹啉酸被很多厂家进行了研究升级。出现了两类二氯喹啉酸的产品，最终赢得了市场与农户的喜爱，一个产品是二氯喹啉酸钠盐的制剂，它的主要优点为使二氯喹啉酸药剂见效期大大缩减，由原来的 10 天左右减少到现在的 2～3 天；另外一个是二氯喹啉酸泡腾片剂，它主要从技术和使用上极大地降低了施药的复杂性和用工成本，它可以使二氯喹啉酸药剂的有效成分不但能触杀已露出水面的标靶杂草，还可以封杀未露出水面的杂草。施药前后可以不用排干稻田中的水，施药后 2～3 天也不用再复水，对水资源相对紧缺的东北和华北市场，还有着节约了水资源的优点[10]。

1.2 二氯喹啉酸的残留药害

二氯喹啉酸在土壤中残留量较大，对后茬易产生药害[11]。李晶新等[12]研究表明当二氯喹啉酸的浓度为 0.05mg/L、0.25mg/L、1.25 mg/L 时，对烟草种子发芽势有抑制作用明显，并且活力指数、发芽指数比较于对照有明显降低，差异显著。当二氯喹啉酸的质量浓度为 0.25mg/L、1.25mg/L 时，二氯喹啉酸对烟草幼苗的鲜质量、干质量有较大的抑制，鲜质量、干质量与对照相比，抑制达显著或极显著水平。经 0.01mg/L、0.05mg/L、0.25mg/L、1.25 mg/L 的二氯喹啉酸处理，烟苗中可溶性蛋白质含量，分别下降了 0.6%、4.3%、5.5%、7.2%，证明植株中的蛋白质合成受到抑制，可导致烟草生长缓慢[13]。且二氯喹啉酸本身显酸性，在酸性土壤中降解时间缓慢，容易使后茬敏感作物造成严重药害，在水稻与烟草轮作地区，可造成烟草生长畸形[14, 15]，也可对蚕豆、苜蓿、黄瓜等造成一定毒害。

2 土壤微生物降解机理

2.1 酶的降解作用

酶的降解作用依据其对二氯喹啉酸作用可分为以下三种。

（1）伴随性代谢。即微生物不能利用农药本身作为其生长发育的碳源和能源，微生物的生长主要受环境中其他营养元素的控制。农药之所以能被微生物所降解，是因为农药可以被广谱性酶（如水解酶、氧化酶等）降解，或是被在微生物中出现比率很高的特异性酶降解，尽管这类酶与农药分子没有特异的相关性。

（2）类似物诱导代谢，又称共代谢。微生物由于环境基质中存在与农药结构相似的化合物，相似的化合物诱导产生某种适应性，能部分降解农药分子，使其发生化学结构的改变。这种诱导的微生物或酶开始不识别基质化合物分子与农药之间的差别，不能从这一反应过程中获取生长的能源和碳源。自然环境中由于各种有机物质的存在，且环境中有毒化合物的浓度较低不构成选择压力，使得自然条件下能彻底矿化这类化合物的微生物只占降解性微生物种群的 10%左右，而采用共代谢降解方式的微生物可能在有毒化合物的生物修复中具有更大的贡献。

（3）分解代谢。即农药或部分农药易被微生物利用作为其生长的能源和碳源，或者农药分子结构不易被微生物利用，但微生物能通过一些适应性的改变，诱导出某些特异性酶系来分解农药分子。

2.2 非酶解作用

微生物的产物能够促进光化学反应，微生物产物能作为光敏体，把能量转移给农药分子。微生物的产物还可作为载体或电子接受体（化合物的反应基如 H^+和 OH^-），这些都是光化学反应所需的，某些微生物形成的产物能与农药起反应。微生物活动可使环境

分子。微生物的产物还可作为载体或电子接受体（化合物的反应基如 H^+和 OH^-），这些都是光化学反应所需的，某些微生物形成的产物能与农药起反应。微生物活动可使环境pH 值发生变化而引起农药接触或产生某种辅助因子或化学物质参与农药的转化。

3　二氯喹啉酸降解菌的筛选方法

利用传统可培养的方法筛选农药降解菌，一般是从土壤、水体或污泥等污染环境中直接分离筛选或经富集培养。对于长期受到药物胁迫的样品，采用直接分离筛选的方法，而其他样品则需要经过富集培养或诱变。筛选方法主要有：液体富集培养法、土壤环流法、连续流动培养法[16]。这些方法主要流程是采集二氯喹啉酸胁迫的土壤，采用二氯喹啉酸作为恒化器培养中的生长限制底物，通过平板反复划线分离和液相检测等方法筛选出可以降解二氯喹啉酸的微生物菌株或诱发出有降解能力的突变菌株[17]。

4　讨论

利用微生物修复除草剂污染技术具有处理率高、修复彻底、费用低廉等优点，但它还是一项尚不十分成熟的技术[18]。微生物类制剂的应用都面临一个共同的问题，即田间降解效果。将降解微生物经人工培养后再释放到自然生态环境中，其所面临的生存条件远比实验室条件下苛刻、复杂，其能否在土壤等环境中存活并保持活力直接影响别人工接种的效果并受到许多因素的影响。一般来说，将细菌接种到自然土壤后，其数量会迅速下降，甚至接种的微生物甚至从环境中消失，而很少观察到其增长。造成这种现象的主要原因可能是由于土壤中营养物质的缺乏和对土壤环境的不适应。一般情况下，直接从田间采集样品，这样筛选获得的降解菌较适宜与田间土壤环境。近年来，随着生物技术的进步，基因克隆、发酵工程等领域研究的深入，把有降解活性的微生物改造成适合田间生长、降解活性高的菌株的研究将成为热门。

这些长期受二氯喹啉酸危害的土壤、水体或污泥等环境样品中的微生物数量很多，其中 99%的微生物不能培养[19]，用传统可培养的方法筛选获得的降解菌比较少，能表达产生降解活性物质的基因也少。近年来，微生物宏基因组技术广泛应用到农业、工业、医学等领域，环境微生物宏基因组技术能绕过培养的局限[20]，充分挖掘样品中未可培养的微生物资源也将成为成分挖掘样品中有降解活性的微生物资源的可靠方法。

参考文献

[1] 苏少泉．滕春红;稻田除草剂的新发展．世界农药[J] , 2010， 32(03):1-6.

[2] 桑丽雅．二氯喹啉酸、苄嘧磺隆及其复配制剂的微生物毒理和降解研究[D]．浙江大学， 2007.

[3] 李子木．洋葱伯克氏菌 WZI 对二氯哇啉酸胁迫的应激反应及其降解机制的研究[D]．浙江大学，2008.

[4] Berghaus RB, Wuerzer．The mode mction of the new experimental herbicide quinclorac[C]．(BAS 514 H)．Proceedings of the 11th Asian-Pacific Weed Society Conference, 1987：81-87.

[5] Koo SJ, Neal.JC， DiTomaso J.M． Mechanism of action and selectivity of quinclorc inzhe grass root[J]．Pesticide biochemistry and physiology, 1997, 57(1): 44-53.

[6] Grossmann K., Kwiatkowski J.. Evidence for a causative role of eyanide,derived from ethylene biosynthesis,in the herbieidal mode of action of quinelorac in barnyard grass[J]. Pestieide bioehemistry and physiology, 1995, 51: 150-160.

[7] Grossmann K., kwiatkowdki J. The mechanism of quinelorac selcetivity in grass [J]. Pestieide bioehemistry and physiology, 2000, 66(2): 83-91.

[8] 宋稳成，余苹中．二氯喹啉酸的生态毒理学研究进展[J]．农药科学与管理，2006，25(09)：13-17.

[9] 过戌吉．二氯喹啉酸酸除草剂产品登记动态概况[J]．山东农药信息，2006，(03)：23-24.

[10] 夏炜，新型二氯喹啉酸水稻田化学防除技术及研究推广[J]．农药研究与应，2009，11(06)：18-20.

[11] 陈泽鹏，王静，万树青，等．烟区土壤残留二氯喹啉酸的消解动态[J]．农药，2007，46(07)：479-483.

[12] 李晶新，韩锦峰，刘华山．二氯喹啉酸对烤烟种子萌发及幼苗生长的影响[J]．河南农业科学，2010，(02)：37-39.

[13] 陈泽鹏，王静，万树青，等．二氯喹啉酸在烟草水培液中的消解动态及对烟苗生长的影响[J]．广州农业科学，2007，59(12)：59-61.

[14] 陈泽鹏，王静，万树青，等．广东部分地区烟叶畸形生长的原因及治理研究[J]．中国烟草科学，

2004，10(03)：34-37.
[15] 王广元，关成宏，王险峰. 几种除草剂对后茬作物的影响[J]. 现代化农业，1999，(03)：12.
[16] 卢桂宁，陶雪琴，党志，等. 农药降解菌及其基因工程研究进展[J]. 矿物岩石地球化学通报，2005，24(03)：258-263.
[17] 吕镇梅. 除草剂二氯喹啉酸对水稻田土壤微生态的影响及其降解特性研究[D]. 浙江大学，2004.
[18] 左涛，刘华山，韩锦峰，等. 二氯喹啉酸胁迫下降解菌对烤烟叶片中活性氧及保护酶的影响[J]. 河南农业科学，2010，12：36-38.
[19] Handelsman, J., *et al*.. Molecular biological access to the chemistry of unknown soil microbes: a new frontier for natural products. Chemistry & biology, 1998. 5(10): 245-249.
[20] Ginolhac, A., *et al*.. Phylogenetic analysis of polyketide synthase I domains from soil metagenomic libraries allows selection of promising clones. Applied and Environmental Microbiology, 2004. 70(9): 5522.

南方亚麻田杂草防除技术研究进展

邬腊梅[1] 柏连阳[1,2*] 周小毛[2]

（1. 湖南人文科技学院，娄底 417000；2. 湖南农业大学，长沙 410128）

摘要：本文介绍了南方亚麻田杂草防除的现状以及采用的新技术，概括了南方亚麻田杂草防除过程中存在的问题及解决措施，并探讨了麻田除草今后的发展趋势。

关键词：南方亚麻；杂草防除技术

Research on weed control technology in south flax field

Wu Lamei[1], Bai Lianyang[1,2*], Zhou Xiaomao[2]

(1. *Hunan Institute of Humanities, Science and Technology, Loudi,* 417000; 2. *Hunan Agricultural University, Changsha,* 410128)

Abstract：This paper introduced the present situation of weed control and the new technology in south flax field, than summarized the problems existenced in weed control and the measurement to solve these problems. Last, discussed the trend of weed control in south flax field.

Key words：south flax; weed control techniques

亚麻是世界上第三大经济作物，遍布世界 20 多个国家和地区[7]。我国引种栽培亚麻已有 100 多年的历史，种植范围主要集中在黑龙江省。自 20 世纪 90 年代以来，我国亚麻生产以黑龙江为中心开始逐步向外扩展，继江苏常熟、浙江舟山、安徽铜陵、江西瑞昌、广东深圳、湖南岳阳等地的亚麻纺织厂建成投产之后，云南西畴、四川阿坝、湖南祁阳建成了我国南方第一批亚麻原料生产基地[2]。这些南方省（区）的大中型纺织企业对亚麻纺探索，为南方亚麻的种植提供了极大的市场。但亚麻前期杂草种类多，密度大，危害严重，是制约亚麻产量和质量提高的一大障碍，同时，这些杂草又是亚麻病虫害的中间寄主，助长亚麻病虫害的发生。根据笔者所在研究团队的调查，南方亚麻田杂草主要有包括苋科、石竹科、藜科、旋花科、景天科、十字花科、豆科、柳叶菜科、车前科、蓼科、玄参科、茄科、菊科、莎草科、禾本科等在内的 21 个科 74 余种。

1 南方亚麻田杂草防除现状

自 20 世纪 90 年代中期亚麻由我国北方扩展到南方以来，南方利用冬闲田种植亚麻的面积逐渐扩大。由于南方杂草种类与北方不同，亚麻田杂草的防治药剂与方法也不一致。目前，南方亚麻田杂草的防治药剂主要有酰胺类和磺酰脲类。酰胺类除草剂如乙草胺、异丙甲草胺(都尔)、丁草胺等为芽前除草剂，该类除草剂的特点是大多数品种都是土壤处理剂，主要在作物播种前或播后芽前施药，用于防治一年生杂草幼芽；用于土壤处理的品种在土壤中的持效期较短，一般为 1～3 个月；酰胺类除草剂是防治一年生禾本科杂草的特效药，对阔叶杂草的防效较差。亚麻对乙草胺非常敏感，该除草剂能抑制亚麻种子的萌发与幼苗生长，对亚麻的产量与质量影响较大。董国堃[3]等人的研究结果表明：72%都尔（异丙甲草胺）乳油用量 130 ml/亩，在亚麻播后苗前封土处理，其鲜重防效达 84.7%；而乙草胺对亚麻的出苗有明显抑制作用，在混用条件下，乙草胺也会抑制亚麻的出苗和生长，但抑制作用明显较单独使用时弱，且对后期生长无明显影响[4]。磺酰脲类除草剂如氯磺隆、烟嘧磺隆等为长效性除草剂，该类除草剂的特点是活性极高，属“超高效”农药品种；选择性强，杀草谱广，每个品种均有相应的适用作物和杀草谱，对作物高度安全，对杂草高效。在土壤中的残效期比较长，可能对后茬作物产生药害。绿磺隆对亚麻安全，对后茬作物造成严重的残留药害，如对玉米、甜菜、马铃薯、番茄、圆葱、甜瓜、西瓜、辣椒、茄子、白菜、萝卜、胡萝卜、卷心菜、甘蓝、黄瓜等

基金项目：现代农业产业技术体系建设岗位科学家项目(麻类)“杂草防控”(编号：CARS-19-E12)

作者简介：邬腊梅(1983-)，女，硕士，研究实习员，主要从事农药的降解和除草剂研究。

Email：wlmlamei@126.com

通信作者：柏连阳,教授,博士生导师,主要从事植物保护技术研究

的残留药害已造成了大面积损失[5,6]。

2　南方亚麻田杂草防除新技术

南方亚麻大多是零星种植，通过精耕细作、苗间喷洒除草剂、结合后期人工拔大草，一般都能收到理想的灭草效果。由于麻田至今尚没有较理想的封闭除草药剂，所以茎叶处理仍是亚麻化学灭草的主要方法[7]。

2.1　高效、低毒、低残留除草剂品种的选择与应用

8.8%精喹禾灵 EC、20%烯禾啶 EC、120g/L 烯草酮 EC、96%（精）异丙甲草胺 EC 等除草剂品种能有效防治亚麻田的大多数禾本科一年生杂草，一次施药可消灭麻田 95%以上禾本科杂草；56%二甲四氯钠 WP、40%苄嘧磺隆 WP 等对麻田的阔叶杂草防治效果优良，但不可因阔叶草丛生而任意加大二甲四氯与苄嘧磺隆的用量，不然易对麻苗造成药害。且低温天气影响二甲四氯钠药效的发挥，易对麻苗产生药害，这也是该药剂在东北等亚麻主产区不宜使用的原因。

2.2 除草剂的混用与复配使用

除草剂的混用与复配使用是杂草综合治理中的重要措施之一，通过除草剂的混用可以扩大除草谱、提高除草效果、延长施药适期、降低药害、减少残留活性、延缓除草剂抗药性的发生与发展，是提高除草剂应用水平的一项重要措施。笔者及所在团队于 2009～2011 年在湖南娄底地区所进行的南方亚麻田杂草防治试验结果表明[8]：金都乐和 2 甲 4 氯钠混用，杀草谱具有很好的互补性，一次施药能有效防除亚麻田绝大部分一年生杂草。金都乐和高效盖草能、乙草胺和烯草酮混用，虽然两种混用的除草剂杀草谱相近,但混用能避免单用乙草胺带来的药害，也能避免单用金都乐用量大、成本较高等问题。这几种除草剂的混用在试验剂量下亚麻出苗正常，生长期内无明显药害症状。收获期株高与人工除草处理无明显差别，单株鲜重及小区产量与人工除草无规律性差别，试验条件下对亚麻安全。

3　存在的问题与解决对策

3.1　目前亚麻田化学除草中存在的主要问题有如下几个方面：

3.1.1 存在的问题

（1）施药时间把握不准　茎叶处理多数喷药偏早，灭草效果不理想，且易因亚麻苗小而造成药害；喷药过迟，草大抗药，灭草不彻底。

（2）喷药不均匀　特别是人工背负式喷雾器作业，重喷、漏喷现象严重，重喷易造成药害，漏喷则易导致局部草荒。

（3）盲目加大除草剂用量　特别是经验不足者在麻田杂草较多时任意加大二甲四氯钠的使用剂量。

（4）在亚麻快速生长期遭“掐脖旱”，开花后又降雨的年份，麻苗停止生长而后期萌发的杂草疯长，加大了收获亚麻的劳动强度。

针对以上问题，经实践，我们总结出一整套南方亚麻田化学除草技术，在娄底、长沙等地小范围试验收到了很好的防治效果：

3.1.2 解决措施

（1）选择好施药时期，进行茎叶喷雾　茎叶处理应选择麻苗高 10～15cm，禾本科杂草 3～5 片叶，阔叶草 2～4 片叶，杂草基本出齐时抓紧喷除草剂。此期草小，药效高，且对麻苗不良影响小。湖南省一般在 2 月中下旬施药，此时麻田杂草为 1～4 片叶，且出苗整齐。此外，也要视亚麻苗情施药，应在亚麻进入快速生长期前喷完药，否则麻苗覆盖杂草会降低药效。不同地区大体在出苗后 1 个月左右施药灭草效果较好。

（2）科学选择除草剂种类与用量　在正常气候条件下，湖南麻区每亩施 56%的二甲四氯钠 WP 54 g，可防除 80%左右麻田阔叶杂草，96%异丙甲草胺 EC 70 ml / 亩可消灭 85%以上禾本科杂草。如牛繁缕、棒头草等恶性杂草严重为害亚麻生长时，可间隔 7～10 天重复施等量除草剂。在实际操作中，根据杂草群落、数量选用相应除草剂。如麻田

中仅有禾本科杂草则只需施异丙甲草胺、精喹禾灵等，既高效又经济；牛繁缕、碎米荠较多的亚麻田，喷施二甲四氯钠；苍耳较多时则用苯达松或绿磺隆防除。

（3）除草剂的混用与复配　据实践经验，在杂草密集混生的麻田，为实现一次施药控制杂草，可将异丙甲草胺与二甲四氯钠、烯草酮与二甲四氯钠进行二元混用，或将拿扑净、二甲四氯、绿磺隆进行三元混用，可有效防除亚麻田中的大多数阔叶杂草与禾本科杂草。在药液中加入少量尿素(3～5 kg/hm^2)，不但可提高药效，还有助于培育壮苗。

（4）示范推广封闭灭草，辅助茎叶喷雾　经我们试验，亚麻播前或播后苗前采用96%异丙甲草胺 EC 60 ml/亩封闭处理，可彻底杀灭禾本科杂草，同时抑制部分阔叶杂草，如牛繁缕、皱叶酸模等。在杂草基数较大的田块种植亚麻，若经封闭处理后仍有较多阔叶杂草，可根据杂草发生情况，叶面喷施二甲四氯钠、苯达松等除草剂，加水不宜过多，采用高压小雾滴喷雾，切勿重喷、漏喷。

（5）化学除草与常规农业操作技术相结合　在实际操作中，还应将化学灭草和传统农业除草技术相结合，如合理轮作，通过前茬作物勤铲勤趟，减少上茬留下的草籽，为种亚麻选“净茬”；定期深翻可消灭狗牙根、问荆等深根杂草，还可深埋地表部分杂草种子；早春提前耙地消灭萌发的草芽等都有利于减少麻田杂草的发生数量。因地制宜将上述耕作栽培技术和科学的化学灭草技术相结合，就能实现亚麻田间无杂草及优质高产的种植目标。

4　展望

近年来，随着国内外亚麻市场好转，纤维亚麻已经由黑龙江省发展到全国十几个省区，辽宁、河北、四川、甘肃、内蒙古、宁夏、新疆等地也都引种建厂。湖南、云南、广东一些地区利用冬闲稻田试种亚麻成功，纤维品质好，使我国纤维亚麻种植面积、纺锭数跃居世界第 2 位[9]。随着南方亚麻种植面积的不断扩大，麻田杂草防控技术也在不断完善。在今后的麻田除草技术中，混用与复配施用取代单剂、综合防控技术取代单一的化学防控将是未来麻田杂草防控的发展趋势。

参考文献

[1] 吕江南，胡镇修．我国南方亚麻开发的几点思考[J]．农牧产品开发，1999，7：34-35.

[2] 杨彦程．农业测土配方施肥工作实务全书[M]．长春：银声音像出版社，2005

[3] 董国堃，何道根，潘晓飚．几种除草剂南方亚麻田杂防治效果的试验研究[J]．农药，2002，41(1)：34-35.

[4] 邬腊梅，孟桂元，柏连阳等．防除南方亚麻田杂草的除草剂筛选[J]．农药科学与管理，2011，32(3)：47-49.

[5] 刘根书，李海燕．亚麻田新型除草剂-立清使用技术[J]．现代农业化，2006，（2）:14.

[6] 杨学．亚麻田常用除草剂特点与使用[J]．黑龙江农业科学，2009(5)：80-81.

[7] 张福修，宋宪友，杨学等．亚麻田杂草综合防除技术[J]．黑龙江农业科学，2002，(4)：52-53.

[8] 邬腊梅，孟桂元，刘祥英等．几种除草剂混用对亚麻田杂草的防除效果[J]．杂草科学，2010(3)：42-44.

[9] 杨荣斌，李筱静，谭淑玲．浅谈亚麻产业发展概况与前景[J]．现代农业科学，2009，16(4)：266-267.

咪唑乙烟酸药害对大豆生长发育及产量的影响

黄春艳 王宇 黄元炬 朴德万

（黑龙江省农业科学院植物保护研究所，哈尔滨 150086）

摘要：采用田间小区试验，施用不同剂量的咪唑乙烟酸创造出不同程度的药害，研究不同药害级别对大豆生长发育和产量的影响。结果表明，随着咪唑乙烟酸剂量的增加药害程度也随之加重。咪唑乙烟酸剂量越高药害级别也越高，对大豆生长发育和产量的影响也越大。大豆的株高、株鲜重、叶片数、株荚数、株粒数和产量等性状均随药害级别的增高而降低。1 级药害影响最小，5 级药害影响最大。咪唑乙烟酸药害级别与大豆产量损失率之间呈正相关，多项式回归方程为 $y = 0.9295x^2 - 0.3577x - 1.0450$，$R^2 = 0.9974$。咪唑乙烟酸药害 2 级（正常用量的 2 倍）以下时，大豆平均产量损失率在 5.7%以下。咪唑乙烟酸药害 3～5 级，大豆产量损失率逐渐提高，8 倍量药害达到 5 级，平均产量损失率 29.8%（19.9%～39.7%）。

关键词：咪唑乙烟酸；药害；大豆；产量；回归方程

Influence of Imazethapyr injury on soybean growth and yield

Huang Chunyan, Wang Yu, Huang Yuanju, Piao Dewan

(*Institute of Plant Protection*，*Heilongjiang Academy of Agricultural Sciences*，*Harbin*，*Heilongjiang* 150086)

Abstract: By using the plot trial method, different doses of imazethapyr were application in the field to create different degrees of injury. Study on the influence of different injury levels to soybean growth and yield. The results showed that the degree of injury increased with the increasing doses of imazethapyr. The higher of Imazethapyr dose the more injury level and the greater improvement on soybean growth and yield. The Characters of soybean plant height，plant fresh weight, leaf numbers，pod number strains, strains of grains，soybean yield and other traits is decreased with the soybean injury levels increased. The one level injury is minimal impact and five greatest impact injury. Imazethapyr injury level and soybean yield loss was positively related to polynomial regression equation $y = 0.9295x^2 - 0.3577x - 1.0450$，$R^2 = 0.9974$. Imazethapyr injury two (2 times the normal amount) is lower, the average soybean yield loss in 6%. Imazethapyr injury 3-5 level, a gradual increase in soybean yield loss，eight times the amount of injury to 5, the average yield loss of 29.8% (19.9%~39.7%)

Key words: imazethapyr; injury; soybean; production; regression equation

咪唑乙烟酸（imazethapyr）是德国巴斯夫公司（原美国氰胺公司）20世纪80年代初研制开发的咪唑啉酮类大豆田专用除草剂。该类除草剂以其除草活性高、用量低、杀草谱宽而深受农民的欢迎， 曾经作为黑龙江省大豆田的重要除草剂品种广泛使用，但因为其土壤活性高，土壤中有少量残留即可能对后茬敏感作物造成药害[1~3]，因此该药剂的使用近年来受到了一定的限制，但在大豆连作区仍作为主要除草剂品种使用，在中国农药信息网上可以查询到咪唑乙烟酸的原药、制剂及混配制剂的登记信息[4]。

本研究的目的是通过田间小区试验，明确咪唑乙烟酸不同剂量造成的不同程度药害对大豆生长发育和产量的影响，探讨药害级别与大豆产量损失之间的关系，初步建立咪唑乙烟酸药害与大豆产量损失回归方程，为生产中咪唑乙烟酸的安全使用提供理论和技术依据。

1 材料和方法

1.1 试验基本情况

试验于2005～2006年在黑龙江省农业科学院植物保护研究所试验地进行（哈尔滨）。试验地土壤为黑土，中等质地，有机质含量2.84%，pH值6.84。前茬作物玉米，秋季玉米收获后翻耙起垅，垅距70 cm。除草剂5%咪唑乙烟酸水剂为德国巴斯夫公司产品。试验作物大豆，品种黑农38。精选无病虫、籽粒饱满的种子，人工点播，垄上单行，株距7cm，每穴2粒，不间苗，种植密度为40.8万株/hm^2。

试验共设6个处理，4次重复，24个小区（表1）。采用田间小区试验，小区面积6.3 m^2（垅长3 m×3垅×0.7 m），随机排列。于大豆2片真叶至1片复叶期施药，使用小区专用背负压缩式喷雾器，喷幅2 m，4 个扇形喷嘴，工作压力4 kg/cm^2，喷液量300 L/hm^2。

表 1　咪唑乙烟酸药害对大豆生长发育及产量的影响试验设计

序号	试验药剂	有效成分量（g/hm^2）	用量倍数
1	空白对照	0	0
2	5%咪唑乙烟酸水剂	75	正常量
3	5%咪唑乙烟酸水剂	150	2 倍量
4	5%咪唑乙烟酸水剂	300	4 倍量
5	5%咪唑乙烟酸水剂	450	6 倍量
6	5%咪唑乙烟酸水剂	600	8 倍量

1.2　调查项目

（1）施药后连续观察大豆的药害反应，记录药害出现的时间和恢复时间，药害发展过程和恢复程度。

（2）出现药害后，在不同剂量处理区内选择不同药害程度的单株，每个药害级别选择 15 株，定株、编号、挂牌。药害严重程度根据“生长抑制型药害 0～5 级评估标准”确定。

（3）分别于大豆 2～3 叶期、5～6 叶期、12～14 叶期，每处理取 10 株调查大豆的株高（生长期量到最高叶）、株鲜重和叶片数。

（4）大豆成熟期，取挂牌单株 10 株，调查株高（成熟期量到生长点）、株荚数、株粒数和百粒重，同时每小区取 2 m^2 单独收获脱粒，测定每处理的小区产量。

1.3　药害评估标准

根据生长抑制型除草剂的作用特点，参考杨峰山（2001）“除草剂药害对大豆生长发育及产量的影响研究结果”[5]，制定了生长抑制型药害的 0-5 级评估标准（表 2）。

表 2　生长抑制型药害评估标准

级别	症状描述
0 级	无药害，植株生长正常
1 级	可忽略的药害，微见变色、变形，几乎未见生长抑制或有轻微生长抑制，7 天内可恢复正常生长
2 级	植株明显变色、变形，生长明显受抑制，7～20 天恢复正常生长。
3 级	受害植株严重褪绿、变形，生长抑制持续时间长，需 20 天以上恢复，但不能恢复到正常生长状态
4 级	受害植株严重褪绿、变形，生长持续受抑制，不能恢复正常生长
5 级	受害植株严重褪绿、变形，生长持续严重受抑制，不能恢复生长，部分植株死亡

2　结果与分析

通过施用不同剂量的咪唑乙烟酸，创造出不同程度的大豆药害，药害程度随咪唑乙烟酸剂量的增加而增高。咪唑乙烟酸药害对大豆的生长发育和产量性状有不同程度的影响。

2.1　咪唑乙烟酸药害对大豆株高的影响

分别于大豆生长期的不同阶段和大豆收获时测量大豆植株的株高。结果表明，自大豆苗期到成株期，随咪唑乙烟酸剂量的增高株高逐渐降低，直到大豆收获期，各施药处理的大豆株高与不施药对照处理仍有一定的差异，8 倍剂量大豆药害最重，株高也最矮（图 1）。

2.2　咪唑乙烟酸药害对大豆株鲜重的影响

在大豆生长期进行了 3 次调查，结果表明，从苗期到成株期，大豆的单株鲜重随咪唑乙烟酸剂量的增高而逐渐降低，直到大豆成株期，各施药处理大豆株鲜重与不施药对照处理仍有差异，但在大豆成株期调查时，咪唑乙烟酸正常量和 2 倍量大豆株鲜重却高于不施药对照，6 倍和 8 倍剂量大豆药害最重，株鲜重也最低（图 2）。

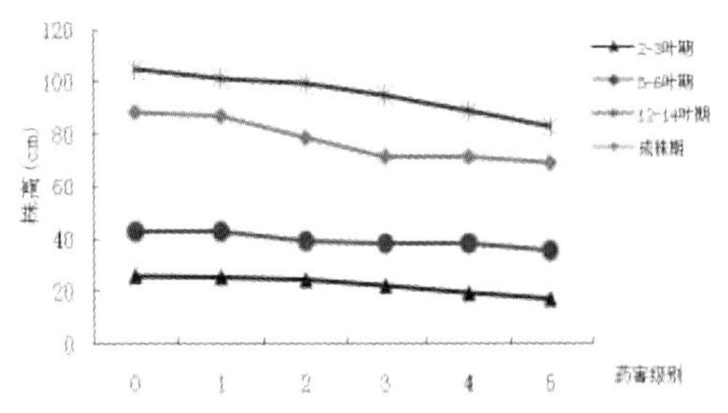

图 1 咪唑乙烟酸药害对大豆株高的影响

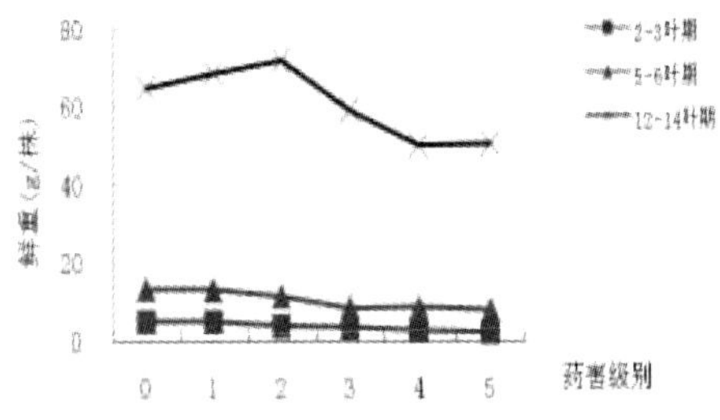

图 2 咪唑乙烟酸药害对大豆株鲜重的影响

2.3 咪唑乙烟酸药害对大豆叶片数的影响

大豆生育期间 3 次调查单株叶片数，结果表明，自大豆苗期到成株期，大豆单株叶片数随咪唑乙烟酸剂量的增高而逐渐减少，直到大豆成株期，各施药处理大豆单株叶片数与不施药对照处理仍有差异，但在大豆成株期调查时，咪唑乙烟酸 2 倍量大豆单株叶片数却高于不施药对照，6 倍和 8 倍剂量大豆药害最重，单株叶片数也最少（图 3）。

2.4 咪唑乙烟酸药害对大豆产量因子的影响

大豆收获时单株收获调查大豆成株的株高、株荚数、株粒数和百粒重，同时每小区收获 2 m^2 测产。结果表明，大豆成株的株高、株荚数、株粒数、百粒重及产量等性状均随咪唑乙烟酸剂量的增高而逐渐降低，8 倍剂量大豆药害最重，各项数值均最低。即药害越重对大豆的生长发育影响越大，直到大豆成熟期，药害严重的处理也没能恢复正常生长（图 4）。

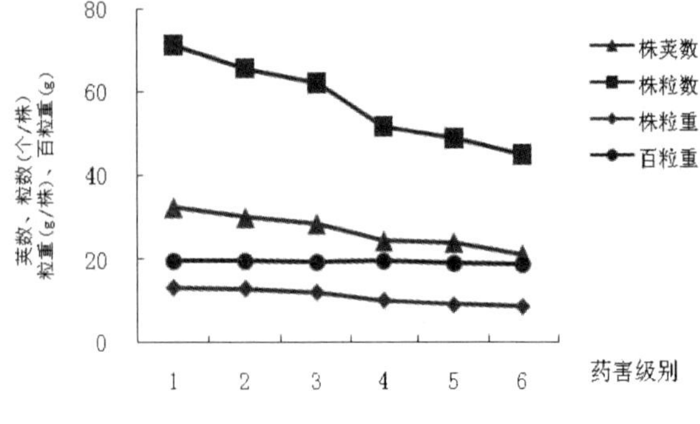

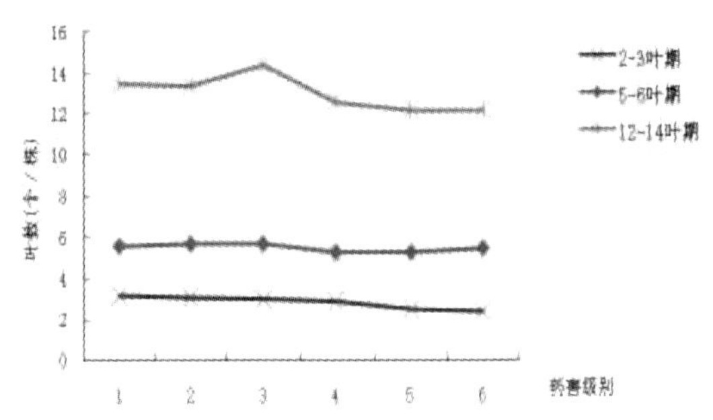

图 3 咪唑乙烟酸药害对大豆叶片数的影响

图 4 咪唑乙烟酸药害对大豆成株期的影响

2.5 咪唑乙烟酸药害对大豆产量的影响

从表 3 和图 5 中可以看到，大豆产量年度间变化较大，但总的趋势是一致的，大豆产量随着咪唑乙烟酸剂量的增高、药害程度的增加而降低。正常量 75 g/hm^2 处理（1 级药害），大豆产量与不施药对照非常接近；用量达到 4 倍（3 级药害）时，大豆产量明显下降，8 倍量药害达到 5 级，大豆产量最低。1～5 级药害平均减产率为 1.4%～29.8%，最低减产率为 0.6%，最高减产率为 39.7%（表 3，图 5）。

2.6 咪唑乙烟酸药害与大豆产量损失的回归方程

以咪唑乙烟酸药害级别为自变量（x），大豆产量减产率为因变量（Y），对试验所得的咪唑乙烟酸药害不同级别与大豆产量损失率之间的相关数据（平均值），分别采用线性、对数和多项式进行回归分析。结果表明，咪唑乙烟酸药害级别与大豆产量损失率之间呈正相关，相关系数分别为 $r_{线性}$=0.9752、$r_{对数}$=0.8881、$r_{多项式}$=0.9987。比较 3 个相关系数，多项式的相关系数最高，曲线拟合最好，其回归方程为 $y = 0.9295x^2 - 0.3577x - 1.0450$，$R^2 = 0.9974$（图 6）。

图 6 结果表明，咪唑乙烟酸药害 2 级（正常用量的 2 倍）以下时，大豆平均产量损失率在 5.7%以下。咪唑乙烟酸药害 3～5 级，大豆产量损失率逐渐提高，8 倍量药害达到 5 级，平均产量损失率 29.8%（19.9%～39.7%）。一般情况下，生产上咪唑乙烟酸的用量是达不到这种程度的，所以，生产上咪唑乙烟酸的用量即使增加 1 倍，会产生轻微的药害，不会造成严重的产量损失。

表 3 咪唑乙烟酸药害对大豆产量的影响

试验处理	有效成分量 (g/hm^2)	药害级别	2005 年产量 (kg/hm^2)	2006 年产量 (kg/hm^2)	平均产量 (kg/hm^2)	2005 年减产率(%)	2006 年减产率(%)	平均减产率(%)
空白对照	0	0	2266.0	2593.5	2429.8	0	0	0.0
咪唑乙烟酸	75	1	2252.5	2538.4	2395.5	0.6	2.1	1.4
咪唑乙烟酸	150	2	2248.8	2317.6	2283.2	0.8	10.6	5.7
咪唑乙烟酸	300	3	2194.6	2004.9	2099.8	3.2	22.7	13.0
咪唑乙烟酸	450	4	2069.0	1729.0	1899.0	8.7	33.3	21.0
咪唑乙烟酸	600	5	1815.3	1563.5	1689.4	19.9	39.7	29.8

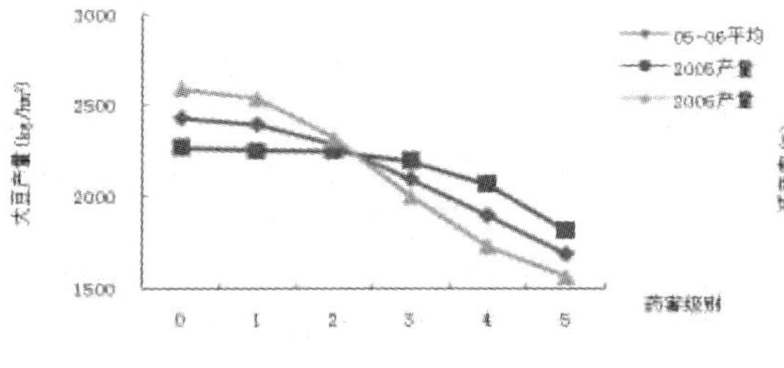

图 5 咪唑乙烟酸药害对大豆产量的影响

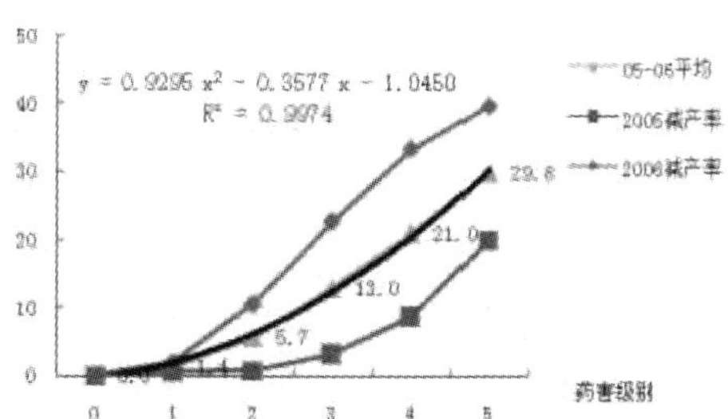

图 6 咪唑乙烟酸药害与大豆产量损失的关系

3 讨论

除草剂药害定量分级尚无国家标准，本文对生长抑制型除草剂咪唑乙烟酸的药害分级也是初步的，尚未达到定量分级的标准。本试验设计咪唑乙烟酸用量从 1 倍至 8 倍，创造出 1~5 级药害。药害达到 5 级时，因为大豆的生长受到严重的抑制，且出现了部分死苗，产量损失达 19.9%～39.7%，平均为 29.8%。生产中推荐咪唑乙烟酸有效成分用量为 75 g/hm^2（1 级药害），即使用到加倍量（2 级药害），大豆的产量损失也只有 0.8%～10.6%，平均为 5.7%。

参考张朝贤等（1997）建立的杂草密度与作物产量损失的预测模型[6]，建立了咪唑乙烟酸药害级别与大豆产量损失率间关系的多项式回归方程，可以根据这个方程预测咪唑乙烟酸药害对大豆的产量损失率，从而在药害发生早期预测大豆的产量损失情况，依此对咪唑乙烟酸药害做出正确的防治决策，以减轻咪唑乙烟酸的药害损失。该回归方程对其他类型的生长抑制型除草剂药害的产量损失预测具有一定的参考价值。

参考文献

[1] 苏少泉，宋顺祖．中国农田杂草化学防治[M]．北京：中国农业出版社，1996：183-187.
[2] 王险峰．进口农药应用手册[M]．北京：中国农业出版社，2000：429-435.
[3] 李尧，大豆田普施特应用技术研究[D]．黑龙江哈尔滨：东北农业大学，2003.
[4] 中国农药信息网. 通过有效成分查询产品：咪唑乙烟酸.
[5] 杨峰山．除草剂药害对大豆生长发育及产量的影响用[D]．黑龙江哈尔滨：东北农业大学，2001.
[6] 张朝贤，胡祥恩，钱益新．杂草密度与作物产量损失的预测模型[J]．植物保护，1997，23(2)：6-10.

昆明 7 号、9 号水稻旱育秧除草试验

周 俊　王新生　段琼芬

（云南省楚雄州植保植检站，楚雄 675000）

摘要：为了进一步筛选与旱育秧配套使用的除草剂和使用技术，2010 年引进云师大昆明 7 号、9 号水稻旱育秧除草剂进行田间药效试验，现将其试验结果报道如下。

关键词：昆明 7 号、9 号；水稻旱育秧；防治效果

1　材料与方法

1.1　试验材料

昆明 7 号 WP（云师大提供）、昆明 9 号 WP（云师大提供）。

1.2　试验处理

①昆明 7 号 WP85 g /亩播后苗前土壤喷雾处理 1 次。②昆明 9 号 WP115 g/亩苗期茎叶喷雾处理 1 次。③昆明 7 号 WP85 g/亩播后苗前土壤喷雾处理 1 次，昆明 9 号 WP115 g/亩杂草出齐时茎叶喷雾处理 1 次，共施药两次。④空白对照

1.3　试验方法

1.3.1　试验基本情况

试验安排在楚雄市东瓜镇平山村，选择砂质壤土蔬菜 1 块供试。试验按同田大区试验方式进行，不设重复，4 个大区面积相等，为 3.5m×1.5m=5.25 m^2。田间划区后，播入一定量当季蔬菜地杂草种子（马唐、旱稗、辣子草、凹头苋、荠、藜等）。3 月 31 日浸泡水稻种（品种为楚粳 29 号）。4 月 2 日催芽播种，盖粪，盖土，浇透水后，①、③处理喷药，最后各区盖膜。试验施药按 60 L/亩用水量计算。盖膜 15 天揭膜，揭膜后按时浇水，4 月 22 日田间杂草 2～3 叶期，秧苗亦 2～3 叶时，②、③两个处理施药（喷雾用水量仍按 60 L/亩计算）。

1.3.2　药效及秧苗素质调查

5 月 6 日（②、③处理药后 15 天），进行试验药效调查并拨取一定量秧苗考察秧苗素质。药效调查采用各区 5 点取样法，每区 1 尺 2 竹框套查分草种杂草株数及点内秧苗数，以计算除草效果并考察成秧率。各区秧苗按每点抽样 10 株（每区 50 株）考察秧苗地上部株高、地下部根长及单苗茎基宽。考察成秧率及秧苗素质在于检验各药剂处理对秧苗的影响。

2　结果与分析

2.1　除草效果

表 1　不同处理除草效果

处理编号	处理	禾本科杂草		阔叶杂草		混合杂草重（g）	秧苗数（株/尺²）
		株数	防效（%）	株数	防效（%）		
①	昆明 7 号 85 g/亩播后苗前施药 1 次	0	100	0	100	0	531
②	昆明 9 号 115 g/亩苗期施药 1 次	0	100	0	100	0	482
③	昆明 7 号播后苗前、昆明 9 号苗期各施药 1 次	0	100	0	100	0	474
④	空白对照	32.2	/	10.4	/	22.2	524

注：表内数据为每区 5 点平均值。

表 2　不同处理秧苗素质考察结果

处理编号	处理	株高（cm）	根长（cm）	茎基宽（cm）	全株总重（g）
①	昆明 7 号 85 g/亩播后苗前施药 1 次	11.4	3.9	0.24	1.4
②	昆明 9 号 115 g/亩苗期施药 1 次	12.8	3.3	0.21	1.3
③	昆明 7 号播后苗前、昆明 9 号苗期各施药 1 次	11.2	2.9	0.25	1.2
④	空白对照	12.6	3.4	0.24	1.5

注：表内数据为每区 3 点 50 株秧苗平均值。

不同处理除草效果（表 1）表明：昆明 7 号 85 g/亩于播后苗前施药 1 次（①处理），药后 34 天调查，防除禾本科、阔叶类杂草效果均达 100%；昆明 9 号 115 g/亩于杂草苗期施药 1 次（②处理），防除禾本科、阔叶类杂草效果亦达 100%；昆明 7 号 85 g/亩播后苗前施药 1 次再于杂草出齐时昆明 9 号苗期喷雾施药 1 次（③处理），防除禾本科、阔叶类杂草效果仍为 100%。

2.2 对水稻秧苗的影响

由表 2 不同处理秧苗素质考察结果和表 1 内各处理成秧率调查结果可知：昆明 7 号播后苗前施药处理（①处理）和昆明 9 号苗期施药处理（②处理）对水稻秧苗均无药害影响，表现为成秧率和各秧苗素质性状与空白对照区基本一致。而昆明 7 号播后苗前、昆明 9 号苗期各施药 1 次处理（③处理），成秧率和各处理秧苗素质性状较空白对照区略有差别，表现在成秧率及各秧苗性状数据略为偏低，说明药剂对水稻秧苗生长有轻度药害影响。

3　小结与讨论

昆明 7 号、昆明 9 号分别使用于水稻旱育秧播后苗前和苗期，对秧田杂草均具有杀草谱广、药效显著、对秧苗安全、施药方便等优异特点，是水稻旱育秧化除的良好除草剂品种，建议可作为首选药剂进行示范应用。

昆明 7 号、昆明 9 号可分别选择于水稻旱育秧的播后苗前和苗期使用，其药剂使用量推荐为昆明 7 号 75～100 g/亩，昆明 9 号 100～130 g/亩。

昆明 7 号、昆明 9 号可分别选择使用于水稻旱育秧的播后苗前和苗期，其除草效果及对秧苗的安全性均有充分保证，已不必进行两种药剂的轮流施用，且两种药剂轮流施用对水稻秧苗正常生长还存在一定影响。

农田杂草的资源化控制

沈健英
(上海交通大学农业与生物学院，上海 200240)

摘要： 自 1945 年以来，除草剂对农业发展作出了重大贡献，但与此同时，其带来的负面效应也引起了广泛关注，如农田杂草群落的恶性演替杂草的抗药性及非靶标生物的毒性效应增强．农田系统中生物多样性与农民的收益日益减少，生态日趋恶化，公众的健康问题备受关注等。可否改变理念，由“杀草”转变为“收获杂草”，以将其资源化利用作为一种控草方式，如药用、食用、饲用、观赏资源等，这将对农民增收，保护生态有重要意义，也是农田控草的一条新的途径，值得进一步深入研究与探讨。
关键词： 农田杂草；资源化控制

Resource control of weeds

Shen Jianying
(Shanghai Jiaotong University Sshool of agriculture and blology, Shanghai 200240*)*

Abstract： Since the end of World War II in 1945, the herbicide application has been a tremendous contributor to the world agriculture. However, it has also produced many undesirable side effect, such as a reduction in profit margins, increases in herbicide resistant weed and pesticide residues in the environment, loss of non-target plants, many health concerns, and significant reduction in bio-diversity of the countryside. Yet few alternatives are presently available to change the reliance on the chemical control of weed in intensive arable management systems. Harvesting weeds is important to develop a less herbicide dependent weed control strategy. Many common rice fields' weeds may be developed as valuable resources (such as medicinal herbs, feed animals, ornamental plant, new vegetable resources, and so on. A weed management program taking advantages of weeds' potential as valuable resources will not only be a new weed control method and also a way to improve farming profitability.
Key words： weed; control; valuable resources

除草剂是现代科技的产物，它具有先进、快速、经济有效等特点，但过分单一依赖反而会走向事物反面。如农田杂草群落的恶性演替，呈现由一年生易除杂草群落逐渐向多年生恶性杂草及耐药性杂草群落方向发展，除草剂对农田非靶标生物的毒性效应增强，农田系统中生物多样性与农民的收益日益减少，生态日趋恶化，公众的健康问题备受关注等。

除草剂的各种负面效应已引起国内外专家高度重视。人们在对现在的防除体系反思和高度重视的同时，寻求更有效的解决途径已迫在眉睫。事实上农田杂草作为植物，它既是危害作物高产的主要因素，但同时也是丰富的植物资源，具有多种效益，可作为肥料、饲料、药用、观赏使用及净化水质及水质污染的指示植物资源等，若合理开发，充分利用，可获得巨大效益且可兼收防除之效，对维护环境生态具有重要的意义。

如据调查统计，上海主要水生杂草、湿生杂草有 53 种，分属 24 科，其中记载有药用功用的有 35 种，占 66.04%，有食用植物资源有 11 种，占 20.75%，饲用植物资源 23 种，占 43.39%，具有净化污水功能有 2 种，占 3.77%，可作绿肥有 2 种，占 3.77%，具观赏水草资源的有 5 种，占 9.43%，其他具有农药、染药以及芳香油资源的有 6 种（见表 1）。除此之外，还可作纤维、染料以及净化污水等环保、工业植物资源及种质资源，如我国常见田野草本植物资源如表 2 所示。

若能将农田杂草作为资源开发，不仅可以获得巨大的经济效益，社会效益和环境，而且为农田杂草的防除开辟了一条新的途径。

表 1　稻田主要水生、湿生杂草的效用表

科名	属名	功效
水蕨科 *Parkeriaceae*	水蕨 *Cetatopteris thalictroides*	(1) 药用：《本草纲目》载称：气味甘、苦、寒、无毒。主治腹中痞积，淡煮食，一、二日即下恶物，忌杂食一月 (2) 食用：《吕氏春秋》云：菜之美者，有去梦之萱 (3) 观赏
蘋科 *Marsileaceae*	四叶萍 *Marsilea quadrifolia*	(1) 药用：《本草纲目》载称：气味甘、苦、寒、无毒。主治暴热，下水气，利小便；捣涂热疮，捣汁饮，治蛇咬伤毒入腹内；栝楼等分为末，人乳和为丸，止消渴；食之已劳 (2)食用：《本草纲目》：可糁蒸为茹，又可苦酒淹就酒。《吕氏春秋》：菜之美者有昆仑，宜择生于水中者食之
槐叶萍科 *Salviniaceae*	槐叶萍 *Salvinia natans*	(1)全草药用，清热利湿，治虚劳发热，湿疹，外敷治丹毒，疔疮和烫伤 (2)可作饲料、鱼饵料和绿肥
满江红科 *Axollaceae*	满江红 *Axolla imbricata*	(1)药用：李时珍云：主痈疽入膏手，能发汁，利尿，祛风湿，治顽癣 (2)可作饲料和有机肥，与固氮蓝藻共生可固氮肥田 (3)收集晒干，渗杂于木屑中以熏杀蚊虫
毛茛科 *Ranunculaceae*	扬子毛茛 *Ranunculus sicboldii* 石龙芮 *Ranunculus sceleratus*	叶供药用，治蛇咬伤和症疾 用于散淤化结，治淋巴结核等，为有毒植物
金鱼藻科 *Ceratophyllaceae*	金鱼藻 *tophnum demersum*	(1)全草药用，有治吐血之效 (2)饲料和鱼饵料
伞形科 *Vunberlliferac*	水芹 *Oenanthe japonica*	全草入药，有清热解毒，利尿，止备和降压之效
蓼科 *Polygonaceae*	水蓼 *Polygonum hydropiper* 酸模叶蓼 *Polygonum lapathifolium*	全草药用，有消肿，解毒，利尿，止痢之效 茎叶制农药及曲药，幼嫩茎叶作饲料，种子可榨油
苋科 *Amaranthaceae*	空心莲子草 *Alternanthera philoxeroides*	(1)全草药用，有清热利尿，凉血解毒之效 (2)饲料
柳叶菜科 *Onagraceae*	丁香蓼 *Ludwigia prostrata*	全草药用，有清热利尿之功，疗效显著，也可作观赏
菊科 *Compositae*	鳢肠 *Eclipta prostrate*	全草入药，气味甘酸平无毒，主治血痢，针炙疮发，洪血不止者傅之立已；汁涂眉发，生建而繁；乌发，益肾阻；止备化脓，通小肠，鲜草洗净，沸水浸泡，饮其汁，干晶水煎5min即可
半边莲科 *Llbeliaceae*	半边莲 *Lobelia chinensis*	全草药用，有凉血解毒，利尿消肿之效，治晚期血吸虫病，肝硬化腹水，肝炎，胃炎水肿，毒蛇咬伤，狂犬病等
玄参科 *Scrophulariaceal*	陌上菜 *Lindernia procumbven*	可作观赏
水鳖科 *Hydrocharitaceae*	苦草 *Vallisneria spiralis*	(1) 全草药用，可治妇女白带 (2) 养鱼饵料
泽泻科 *Alismataceae*	矮慈姑 *Sagittaria pygmaea*	(1)全草可作猪、鸭、鹅的饲料 (2)可作观赏

续表

科名	属名	功效
眼子菜科 *Potovnageton*	菹草 *Potamogeton crispns*	(1) 药用：李时珍的《本草纲目》载称：气味甘，大寒，滑，无毒，主治去暴热热痢，止渴，则捣叶报之，患热肿毒并丹毒者，可切捣敷之，厚三分，干时换之，其效无比 (2) 食用：在《陆玑诗疏》、《本草纲目》记载：和米蒸粥，油盐调食，人饥可以当谷食，采其叶和嫩茎，洗净，煮沸片刻，取出切碎，油盐调食，其味佳美
	眼子菜 *Potovnageton distinctus*	(1) 草食性和杂食性鱼类的食料 (2) 可作观赏
雨久花科 *Pontederiaceae*	鸭舌草 *Monochiria vaginalis*	(1) 全草药用，有清热解毒，定喘，消肿之效 (2) 良好的饲料
浮萍科 *Lemnaceae*	浮萍 *Lemna minor*	(1) 全草入药，发汗利尿，治感冒发烧无汗，斑疹不适，水肿，小便不利，皮肤湿热等 (2) 饲料和鱼饵料
莎草科 *Cyperaceae*	短叶水蜈蚣 *Kyllinga brevifolia*	全草药用，有疏风，解毒，消肿，止痛之效
	荸荠 *Eleocharis Auberosa*	(1) 药用：开胃，解毒，消宿食，健肠胃 (2) 食用：生食，熟食或提淀粉
	异形莎草 *Cyperus difformis*	饲料，全株可造低级编草篮
	水莎草 *Scirpus yagara*	饲料 块茎药用，有破瘀血，消积聚等效
	萤蔺 *Scirpus juncoides*	饲料 全草入药，有清热解毒，凉血利尿，止咳明目之效 全株可造低级编草篮
	扁秆藨草 *Scirpus planiculmis*	饲料，全株可造低级编草篮
	碎米莎草 *Cyperus iria*	饲料，全株可造低级编草篮
禾本科 *Gramineae*	双穗雀稗 *Paspalum paspaeoides*	保土固堤和饲料
	菰 *Zizania cadueiflora*	(1) 根状茎和肥嫩的茎可作药，治心脏病等或利尿剂 (2) 茭白内成熟的黑粉病菌孢子可作黑色化妆品原料 (3) 秆叶可作饲料
	禾卑草 *Echinochloa crusgall*	牛，马，驴，羊等的饲料
	千金子 *Leptochloa chinersis*	全草可作饲料
千屈菜科 *Lythraceae*	水苋菜 *Ammannia baceifera*	可供观赏
	节节菜 *Rotala indica*	(1) 全株可作饲料 (2) 观赏

表 2　常见田野草本植物资源

植物名称	拉丁名	资源利用
大红蓼	*Polygonum orientale* L.	野菜
马齿苋	*Portulaca oleracea* L.	野菜、中草药
荠菜	*Capsella bursa-pastoris* Medic.	野菜、饮料、饲用、中草药
地肤	*Kochia scoparia* Schrad.	野菜、中草药、能源
仙人掌	*Opuntia dillenii* Haw.	野菜、中草药
马兰	*Kalimeris indica* L.	野菜、饮料、中草药
蒲公英	*Taraxacum mongolicum* Hand.	野菜、饮料、中草药、观赏
野苋	*Amaranthus lividus* L.	野菜、中草药
委陵菜	*Potentilla chinensis* Ser.	野菜
鼠曲	*Gnaphalium affine* D. Don.	野菜、中草药、观赏
酢浆草	*Oxalis corniculata* L.	野菜、中草药
水芹	*Oenanthe javanica* DC.	野菜、中草药
扁蓄	*Polygonum aviculare* L.	野菜、中草药
水蓼	*Polygonum hydropiper* L.	野菜、中草药、农药
打碗花	*Calystegia hederaca* Wall.	野菜、饮料、中草药
车前	*Plantago asiatica* L.	野菜、饮料、中草药
小根蒜	*Allum macrostemon* Bgl.	野菜、中草药
鸭舌草	*Monochoria vaginalis* Presl. ex Kunth	野菜、中草药、观赏
藜	*Chenopodium album* L.	野菜、饲用、中草药
刺儿菜	*Cephalonoplos segetum* Kitag.	野菜、中草药、观赏
紫苏	*Perilla frutescens* Britt. var. acuta Kudo	野菜
蔊菜	*Rorippa indica* L.	野菜、中草药
飞廉	*Carduus crispus* L.	野菜、中草药
鸭跖草	*Commelina communis* L.	野菜、蛋白质、中草药、观赏
白茅	*Perotis indica* L.	野菜、中草药
酸模叶蓼	*Polygonum lapathifolium* L.	野菜、中草药
水葫芦	*Eichhornia crassipes* (Mart.) Solms.	野菜、饮料、中草药、环境修复
苦苣菜	*Sonchus oleraceus* Linn.	野菜、中草药
薄荷	*Mentha haplocalyx* Brig.	野菜、饮料、能源
紫菀	*Aster tataricus* L.	野菜、观赏
繁缕	*Stellaria media* (L.)Cyr	野菜、饲用、中草药
艾蒿	*Artemisia argyi* Levl. Et Vant.	野菜、能源
白三叶	*Trifolium repens* L.	野菜、水土保护
龙葵	*Solanum nigrum* L.	野菜
泥胡菜	*Hemistepta lyrata* Bunge.	野菜
苣荬菜	*Herba Sonchi* Brachyoti	野菜、中草药
天胡荽	*Herba Hydrocotylis* L.	野菜、观赏、中草药
龙葵	*Solanum nigrum* L.	饮料
酸浆	*Physalis alkekengi* Linn.	饮料
猪毛菜	*Salsola collina* Pall.	蛋白质
鼠尾粟	*Sporobolus virginicus*(L.)Kunth	蛋白质
角果碱蓬	*Suaeda corniculata* (C.A.Mey) Bge.	蛋白质
滨藜	*Atriplex patens* (Litv.) Iljin.	蛋白质
榆钱菠菜	*Atriplex hortensis* Golosk	蛋白质
碱地肤	*Kochia scoparia* (L.)Schrad	蛋白质
黑翅地肤	*Kochia melanoptera* Bge.	蛋白质

续表

植物名称	拉丁名	资源利用
灰绿藜	*Chenopodium glaucum* L.	蛋白质
细齿草木樨	*Melilotus dentatus* (Waldsf.et Kitag) Pers.	蛋白质
芡实	*Euryale ferox* Salisb.	淀粉
凉粉草	*Mesona chinensis* Benth.	淀粉
魔芋	*Amorphophallus rivieri* Durieu	淀粉
马唐	*Digitaria sanguinalis* (L.)Scop	淀粉
南川百合	*Lilium rosthornii* Diels	淀粉
野黍	*Eriochloa villosa* (Thunb.) Kunth	淀粉
棕叶狗尾草	*Setaria palmifolia* (koen.) Stapf	淀粉
薏苡	*Coix lacroyma-jobi* L. var. ma-yuen (Roman.) Stapf	淀粉
尾稃草	*Brachiaria reptans* L.	淀粉
羊蹄	*Rumex*. *japonicus* Heutt.	淀粉、能源
野慈姑	*Sagittaria trifolia* L.	淀粉、观赏
黑麦草属	*Lolium* L.	饲用
山羊草属	*Aegilops* L.	饲用
狗尾草属	*Setaria* Beauv.	饲用
白茅属	*Imperata* Cyr.	饲用
看麦娘属	*Alopecurus* L.	饲用
梯牧草属	*Phleum* L.	饲用
虎尾草属	*Chloris* Swartz.	饲用
狗牙根属	*Cynodon* Rich.	饲用
千金子属	*Leptochloa* Beauv.	饲用
马唐属	*Digitaria* Hall.	饲用
燕麦属	*Avena* L.	饲用
芦苇属	*Phragmites* Trin.	饲用
雀麦属	*Bromus* L.	饲用
早熟禾属	*Poa* L.	饲用
碱茅属	*Puccinellia* parlatore	饲用
画眉草属	*Eragrostis* Beau.	饲用
茅香属	*Hierochloe* R. Br.	饲用
茼草属	*Beckmannia* Host	饲用
金须茅属	*Chrysopogon* Trin.	饲用
稷属	*Panicum* L.	饲用
稗属	*Echinochloa* Beauv.	饲用
雀稗属	*Paspalum* L.	饲用
大巢菜	*Vicia sativa L.*	饲用
紫菀	*Aster tataricus* L.	中草药
陌上菜	*Lindernia procumbens* (Krock.) Borbas	中草药
荻	*Miscanthus sacchariflorus* (Maxim.) Benth. Et Hook. F	中草药
黄花蒿	*Artemisia annua* L.	农药
蛇床子	*Cnidium monnieri* L.	农药
地肤	*Kochia scoparia* L.	农药
泽漆	*Euphorbia helioscopia* L.	农药
苍耳	*Xanthium sibiricum* P.	农药
眼子菜	*Potamogeton distinctus* A. Bennet.	观赏
节节菜	*Rotala indica* (willd.)Koehne.	观赏
萤蔺	*Scirpus juncoides* Roxb.	观赏
早熟禾	*poa annua* L.	观赏

续表

植物名称	拉丁名	资源利用
波斯婆婆纳	*Veronica persica* L.	观赏
佛座草	*Lamium amplexicaule* L.	观赏
小飞蓬	*Conyza Canadensis* L.	观赏
毛茛	*Ranunculus japonicus* Thunb.	观赏
泽泻	*Alisma orientale* L.	观赏
大漂	*Pistia stratiotes* L.	观赏
矮慈姑	*Sagittaria pygmaea* Miq.	观赏
通泉草	*Mazus pumilus* (Burm. f.) Steenis	观赏
马蹄金	*Dichondra repens* L.	观赏
斑地锦	*Euphorbia maculata* Linn.	观赏
红花酢浆草	*Oxalis corymbosa* DC.	观赏
紫花地丁	*Viola chinensis*	观赏
碱蓬	*Suaeda glauca Bge.*	环境修复、抗逆性
浮萍	*Herba Spirodelae* L.	环境修复
水藻	Algae	环境修复
苦草	*Vallisneria* L.	环境修复
田菁	*Sesbania cannabina* L.	环境修复
大米草	*Spartina anglica* Hubb.	水土保护
芦苇	*Phragmites communis* (L.) Trin.	水土保护
荻	*Triarrhena sacchariflora* (Maxim.) Nakai	水土保护
狗牙根	*Cynodon dactylon* (Linn.) Pers.	水土保护
紫云英	*Astragalus sinicus* L.	水土保护
龙须草	*Poa sphondylodes* Trin.	纤维植物
小叶章	*Deyeuxia angustifolia* (Kom.) Y.L.	纤维植物
芒	*Miscanthus sinensis* Anderss.	纤维植物
小花鬼针草	*Bldens parvlflora* Willd.	能源
菱	*Trapa bispinosa* Roxb.	能源、淀粉
何首乌	*Polygonum multiflorum* Thunb.	能源
大刺儿菜	*Cirsium japonicum* DC.	能源
酸模	*Rumex acetosa* L.	能源
紫罗兰	*Matthiola incana* L.	香料
茴香	*Foeniculum vulgare* L.	香料
熏衣草	*lavandula pedunculata* L.	香料
丁香罗勒	*Ocimum Basilicum* L.	香料
广藿香	*Pogostemon cablin*(Blanco)Benth	香料
缬草	*Valerianaofficinalis* Linn.	香料
香根草	*Vetiveria zizanioides* （Linn.) Nash	香料
铃兰	*Convallaria majalis* L.	香料
香根鸢尾	*Iris pallid* L.	香料
菘蓝	*Isatis indigotica* Fortune	色素
玫瑰茄	*Hibiseus sabdariffa* L.	色素
紫草	*Lithospermum erythrorhizon* L.	色素
辣椒	*Capsicum annuum* Linn	色素
茜草	*Rubia cordifolia* L.	色素
大金鸡菊	*Coreopsis lanceolata* L.	色素
红花	*Flos Carthami* L.	色素
姜黄	*Rhizoma Curcumae* Longae	色素
金发草	*Pogonatherum paniceum* (Lam.) Hack.	抗逆性

续表

植物名称	拉丁名	资源利用
丛毛羊胡子草	*Eriophrum comosum*	抗逆性
疣粒野生稻	*Oryza meyeriana* Nees et Arn. ex Hook.	种质资源
鹅观草	*Roegneria kamoji* Ohwi	种质资源
野燕麦	*Avena fatua* L.	种质资源
光高粱	*Sorghum nitidum* (Vahl) Pers.	种质资源
狗尾草	*Setaria viridis* (L.) Beauv.	种质资源
金荞麦	*Rhizoma Fagopyri* Cymosi	种质资源

参考文献

[1] E. P. 奥德姆．生态学基础[M]．北京：人民教育出版社，1981，33-36.

[2] 艾尔·敏德尔．药草保健经典[M]．内蒙古：内蒙古人民出版社，1999.

[3] 安德森．改善环境的经济动力[M]．北京：中国展望出版社，1989：21-23.

[4] 陈大夫．环境与资源经济学[M]．北京：经济科学出版社，2001.

[5] 戴宝合．野生植物资源学[M]．北京：中国农业出版社，2003.

[6] 谷树忠．农业自然资源可持续利用[M]．北京：中国农业出版社，1999.

[7] 兰德尔．资源经济学[M]．北京：商务印书馆，1989：60-156.

[8] 李金昌，仲伟志．资源产业论[M]．北京：中国环境科学出版社，1990.

[9] 刘秀珍，巩天奎，张素瑛．农业自然资源[M]．北京：中国科学技术出版社，2006.

[10] 皮广洁．农业资源利用与管理[M]．北京：中国林业出版社，2000.

[11] 沈德中．污染环境与生物修复[M]．北京：化学工业出版社， 2001.

[12] 汪安佑，雷涯邻，沙景华．资源环境经济学[M]．北京：地质出版社，2005.

[13] 王振宇，刘荣，赵鑫．植物资源学[M]．北京：中国科学出版社，2007.

[14] 杨春澍．药用植物学[M]．贵阳：贵州科学技术出版社，1994.

[15] 杨毅，野菜资源及其开发利用[M]．武汉：武汉大学出版社，2000.

[16] 伊·普里高津．从混沌到有序[M]．上海：上海译文出版社，1987，182-183.

[17] 余柳青，浙江省稻田杂草群落及其演替[J]． 杂草科学，1993（4）：21-23.

[18] 赵建成，生物资源学[M]．北京：科学出版社，2000.

[19] 靳京，吴绍洪，戴尔阜．农业资源利用效率评价方法及其比较[J]．资源科学，2005，1：146-152.

[20] 李时珍．本草纲目[M]．第 1-6 卷.

[21] 唐洪元，中国农田杂草[M]．上海：上海科技出版社，1991，10-23.

[22] 聂绍荃．黑龙江植物资源志[M]．哈尔滨：东北林业大学出版社，2003.

[23] 王宗训．中国资源植物利用手册[M]．北京：中国科学技术出版社，1989.

[24] 董世林．植物资源学[M]．哈尔滨：东北林业大学出版社，1994.

[25] 何明勋．资源植物学[M]．上海：华东师范大学出版社，1996.

[26] 中国科学院《中国植物志》编写委员会．中国植物志[M]．北京：科学出版社，1995.

[27] 《全国中草药汇编》编写组．全国中草药汇编(下册)[M]．北京：人民卫生出版社，1978.

太湖流域枇杷果园杂草的发生与防治

邱学林

（江苏省太湖常绿果树技术推广中心，苏州 215107）

摘要：杂草危害是影响枇杷生长和生产的重大问题。对太湖洞庭山地区枇杷果园杂草发生危害调查，共发现有杂草 29 科 100 余种。其中禾本科杂草从普遍性和发生量均居首位，其次是菊科、蓼科、苋科、莎草科杂草，藜科、旋花科、马齿苋科、鸭跖草科以及茜草科和石竹科杂草也发生较重。提出对枇杷果园草害管理应从"封、杀、拔"三个方面入手控制草害。

关键词：枇杷果园；杂草；防治

太湖流域是枇杷栽培的北缘地区，栽培历史悠久。虽然作为小果品其规模仍在较低水平徘徊，但随着其经济效益不断显现，近年来枇杷种植面积及产量不断上升。目前，流域内枇杷种植面积为 900 hm^2，总产量约为 3000t 左右。在新老枇杷果园中，无孔不入的杂草危害也成为枇杷生产的重大问题，如何控制杂草的危害与干扰更是枇杷生产者的一大烦恼。大量研究资料表明，在果园杂草防除中首选化学除草剂是草甘膦和克芜踪制剂[1~5]。然而，这类除草剂用药技术要求较高。作者在对太湖洞庭山地区枇杷苗圃杂草危害考察的基础上，进行了初步的杂草防除试验，并就枇杷园杂草防治策略进行探讨。

1　枇杷果园常见杂草

对太湖洞庭山地区枇杷果园杂草调查，发现杂草有 29 科 100 余种。常见杂草禾本科有茵草、看麦娘、早熟禾、棒头草、鹅观草、狗牙根、马唐、牛筋草、白茅、画眉草、硬质早熟禾、芦苇、旱稗、狗尾草、金狗尾草、千金子等；菊科有黄花蒿、大籽蒿、小飞蓬、一年蓬、蒲公英、野生马兰、泥胡菜、鬼针草、野艾蒿、艾蒿、山苦荬、山莴苣、狼巴草、续断菊、鳢肠、苦荬菜、苣荬菜、苍耳、大刺儿菜、黄鹌菜、鼠麴草、野塘蒿、飞廉等；蓼科有酸模叶蓼、刺蓼、酸模、杠板归、卷茎蓼、红蓼、尼泊尔蓼、萹蓄等；苋科有空心莲子草、反枝苋、凹头苋、刺苋、皱果苋、青葙等；石竹科有繁缕、牛繁缕、蚤缀、族生卷耳等；莎草科有异型莎草、香附子、碎米莎草、萤蔺等；旋花科有打碗花、田旋花、牵牛花等；十字花科有荠菜、碎米荠、印度蔊菜、独行菜、播娘蒿、风花菜、诸葛菜等；唇形科有宝盖草、夏至草等；豆科有大巢草、小苜蓿、紫花苜蓿等；大戟科有泽漆、地锦、铁苋菜等；伞形科有野胡萝卜、破子草等；藜科有藜、灰绿藜、小藜等；以及茜草科猪殃殃、葡萄科乌敛莓、酢浆草科酢浆草、马齿苋科马齿苋、鸭跖草科鸭跖草、牻牛儿苗科老鹳草、蔷薇科蛇莓、车前科车前草、茄科龙葵、天南星科半夏、景天科垂盆草、毛茛科毛茛、大麻科葎草、锦葵科苘麻、紫草科附地菜、玄参科婆婆纳等。

2　枇杷果园杂草发生危害特点

2.1　杂草发生时期和类型

以春夏发生型杂草为主，秋冬发生型杂草为次。秋冬和早春发生的杂草种类相对较少、寿命和危害期较短，主要以禾草类如早熟禾、看麦娘、茵草、鹅观草等和阔叶类的荠菜、猪殃殃、牛繁缕、宝盖草、蒲公英、老鹳草、藜、小飞蓬等为主。主要发生时间在 11 月至翌年 3 月份。晚春和夏季发生的杂草数量大，生长茂盛，寿命和危害期也较长。自 3 月底至 10 月都可发生。禾草类如马唐、牛筋草、稗草、狗尾草、千金子等；莎草类如碎米莎草、香附子等；阔叶类杂草有酸模叶蓼、柳叶刺蓼、反枝苋、刺苋、空心莲子草、龙葵、车前、黄花蒿、打碗花、牵牛花、铁苋菜、一年蓬、鳢肠、鬼针草、鸭跖草等。由于夏季温度较高，往往随着降雨后各种杂草便大量发生，为害相当严重；，是防治的重点。防除关键时期在 3 月底 4 月初和 7～8 月份。这两个时期杂草处于发生高峰

第一作者：邱学林，男，研究员，植保工作者，Tel：0512-66282976，E-mail:qiuxuelin1960@163.com

基金项目：农业部公益性行业（农业）科研专项，项目编号：201003073

期和种子成熟前，防除后不但有助于果树正常生长，而且可以使杂草结籽大量减少，为来年杂草的控制与防除提供了有利条件。

2.2 杂草种群结构

从杂草种类看，禾本科杂草、菊科杂草发生种类多数量大。尤其是禾本科杂草的发生数量平均占总草量 60%以上，成为果园的优势杂草种群。莎草科、石竹科、蓼科、苋科杂草虽发生种类不多，但数量仍然很大。而且单株生长量和覆盖度大，生命力强，生长迅速，危害时间长。从杂草群落构成看，冬春季构成危害的杂草群落主要是以看麦娘、茵草、早熟禾等为主的禾本科杂草与牛繁缕、猪殃殃、荠菜、大巢菜、宝盖草、蒲公英、老鹳草等构成复合群落。夏秋季构成危害的杂草群落则是以马唐、稗草、狗尾草、千金子、牛筋草、狗牙根等禾草与莎草类如碎米莎草、香附子等和阔叶类的如酸模叶蓼、柳叶刺蓼、反枝苋、刺苋、空心莲子草、龙葵、打碗花、牵牛花、铁苋菜、小飞蓬、鸭跖草等构成复合群落。

2.3 杂草危害特点

据伦志磊等（2006）研究表明[1]，杂草对果树的危害主要表现在与果树争肥争水、为果树害虫提供有利的越冬场所、影响果园光照和田间操作等。邱化义等(2006)研究表明[2]，一年生的双子叶杂草密度为 100～200 株/m^{2}时，每年每公顷杂草要吸收 N 60～139.5 kg、P 19.5～30 kg、K 99～139.5 kg；若每平方米果园中有藜、鸭趾草、稗草（800～1000）株，当这些杂草进入开花结果期，就要从土壤中吸收相当于 30000～45000 kg/hm^{2}肥料的养分。另外，枇杷属于浅根系果树，大量杂草根系对果园上层土壤水分的吸收，遇到干旱时期常引起枇杷因缺水而导致植株萎蔫，甚至落叶。

3 枇杷果园杂草的防除

伦志磊等对果园杂草的 4 种常见地面式管理（清耕法、覆盖法、生草法、免耕化学除草法）及利弊做了较为系统的分析[1]，认为现行的杂草防除方法各有其利弊，并对果树及果园土壤产生一定的影响，因此果树生产中应该形成一种综合的杂草治理体系对杂草进行有效的管理控制。从保障枇杷树正常生长和果园杂草发生危害特点考虑，笔者认为对枇杷果园草害管理应从"封、杀、拔"三个方面入手控制草害。

3.1 苗前封闭

"封"即为采用土壤处理除草剂如氟乐灵、金都尔、施田补、乙草胺等在杂草出苗前进行土壤封闭处理。这类除草剂属内吸传导型选择性芽前除草剂。对禾本科和部分小粒种子的阔叶杂草有效，持效期较长。如果田间水分适宜，杂草幼芽未出土即被杀死。经对上述几种除草剂常量对水直接叶面喷雾枇杷一年生苗和地表或拌药土撒施地表试验观察，枇杷苗未表现明显药害症状。进一步田间试验（见表 2）表明：几种土壤处理除草剂无论是药土撒施还是喷雾处理，均可基本控制杂草危害，除草效果可达 70%～80%，对枇杷也表现安全。

3.2 苗后杀除

"杀"即为采用防除禾本科杂草叶面处理除草剂如高效吡氟氯草灵、烯草酮、拿捕净、精奎禾灵、吡氟禾草灵、精噁唑禾草灵、喹禾糠酯等在禾本科杂草出苗后的幼苗期按推荐量对水茎叶喷雾处理，以杀除出苗杂草。这类除草剂选择性强，仅对禾本科杂草有效，除草效果可达 85%～95%以上，对阔叶杂草无效，对枇杷安全。在枇杷树株行间也可采用灭生性除草剂克芜踪或草甘膦定向喷雾，在喷雾时应在喷头上加保护罩以防药液接触到枇杷叶片。除草效果可达到 90%以上。

3.3 拔除大草

"拔"即为根据枇杷生长管理需要和田间草害情况，对树盘下发生的杂草或采取"封"、"杀"措施后残余的杂草采取人工或机械拔除清理的措施。拔除的杂草还可还田覆盖树盘腐烂肥土，有利于改良果园土壤环境，提高土壤肥力[6-7]。值得一提的是，一些有经验的果园管理者在盛夏高温时期，适当留存部分低矮杂草在枇杷果园起到覆盖地面作用，以防止土壤水分过量蒸发。

表 2　除草剂药土撒施和对水喷雾土壤封闭处理除草效果

处理		药土撒施土壤封闭		对水喷雾土壤封闭	
药剂	$ml/667m^2$	株效%	鲜重效%	株效%	鲜重效%
96%金都尔	60	61.4	71.9	62.0	74
	100	61.0	53.7	58.2	76
	150	63.9	66.3	82.1	80
50%乙草胺	150	68.3	88.5	86.4	84.5
	200	82.7	92.8	77.7	77.3
	250	49.4	94.7	91.8	89.8
48%氟乐灵	150	70.7	78.1	83.2	81.6
	200	94.0	90.4	81.0	81.3
	250	86.3	86.6	80.4	82.2
33%施田补	150	77.9	74.1	83.2	80.9
	200	67.5	78.1	56.5	68.8
	250	87.6	88.8	90.8	88.5
50%异丙隆	100	57.0	76.2	66.9	68.4
	150	63.5	76.2	26.6	51.3
	200	71.1	78.3	81.0	78.3
空白对照	0	（249）	（374）	（184）	（304）

注：3 月 10 日施药处理，60 天时调查除草效果。对照行为 $0.25m^2$ 杂草株数或鲜重。

参考文献

[1]　伦志磊，张德安等．果园杂草的防除及其对果园的综合效应[J]．山东林业科技，2006，（1）：77-79.

[2]　邱化义，刘加廷等．涡阳县果园草害及其综合防除技术[J]．安徽农学通报，2006，12（4）：135.

[3]　郭怡卿，赵国晶，李向东，许胡兰.云南果园杂草的危害与防除策略[J]．云南农业科技，1994，(4)：7-9.

[4]　费艳云．果园除草剂克无踪和草甘膦的合理使用[J]．西北园艺，2007，（10）：34.

[5]　姚和金，金宗来等．三种除草剂对浙西南柑橘园优势杂草防效[J]．农药，2008，47（12）：920-923.

[6]　马丰蕾，贾克功．果园杂草的栽培学分类研究[J]．中国农业科技导报，2007，9(2)：134-138.

[7]　刘莉．果园杂草的合理利用．西北园艺[J]，2008，（6）：54.

[8]　中国农业部农药检定所、日本植物调节剂研究协会编集[M]．中国杂草原色图鉴，2000，2.

云南宾川县葡萄果园恶性杂草发生现状与防治建议

季佳丽

（云南省宾川县植保植检站，云南 671600）

摘要：简述宾川县葡萄果园恶性杂草发生现状及存在问题，并提出防治建议，以期为控制葡萄果园恶性杂草发生提供参考。

关键词：葡萄果园；恶性杂草；发生现状；防治建议；宾川县

宾川县地处金沙江南岸干热河谷地区，属中亚热带冬干夏湿低纬高原季风气候区，素有“天然温室”之称。主要特点是光照充足，热量丰富，干旱少雨，立体气候明显。年平均气温 17.9℃。年总积温最高为 6852.3℃，大于等于 10℃有效积温 5954℃，日照时数 2719.4 h，无霜期 288.2 天，年平均降水量 559.4 mm，6～10 月降水量占全年降水量的 96.1%。冬春干暖、夏秋凉湿，春温高，秋冷迟，且雨热同季，干湿分明，有利于农作物和经济林木的生长，特别适合葡萄的生长。宾川县常年种植葡萄 5333 hm^2，分布在山地、坝子不同地域。近年来，随着葡萄种植产业的发展，恶性杂草种类越来越多，发生范围越来越广，为害为害程度日益严重，大大影响了葡萄的产量和品质，对葡萄生产构成严重威胁。

1　葡萄果园杂草发生现状

1.1　杂草发生面积与防治

据调查，葡萄果园杂草每年累计发生面积为 16900 hm^2，年化学除草面积累计达 17300 hm^2。

1.2 主要杂草及分布

1.2.1 禾本科杂草

主要有马唐、虎尾草和牛筋草，发生面积分别为 3333 hm^2、1333 hm^2 和 667 hm^2，主要分布在宾居镇、州城镇、金牛镇、力角镇、大营镇、鸡足山镇、乔甸镇、平川镇的葡萄产区。

1.2.2 菊科杂草

主要有三叶鬼针草和辣子草，发生面积分别为 333 hm^2 和 400 hm^2，在全县葡萄产区都有不同程度的发生。

1.2.3 莎草科杂草

以香附子最常见，全县共发生 1333 hm^2，在葡萄产区都有不同程度的发生。

1.2.4 其他阔叶杂草

其他阔叶杂草主要有鸭跖草、灰条菜、马齿苋及水花生，发生面积分别为 2667hm^2、2667 hm^2、3500 hm^2 和 667 hm^2，主要分布在宾居镇、州城镇、金牛镇、力角镇、大营镇、鸡足山镇、乔甸镇、平川镇的葡萄产区。

1.3　葡萄果园杂草的发生特点及为害性

1.3.1 发生特点

由于受气候条件和耕作模式的影响，葡萄果园杂草发生较为严重。杂草生长速度快，发生量大，不仅园内有一年生和多年生杂草，而且路边、沟边、宅旁荒地杂草密度也较大，这些杂草对果树的为害都十分严重。一年生、多年生杂草可分为春草和夏草。春草发生早，植株矮小，5～6 月份已成熟、结实、枯死；夏草在夏季生长快，植株高大，消耗水分、养分多，为害性大，主要以种子进行有性繁殖。这类杂草利用人工中耕和化学除草来控制相对较为容易。而多年生杂草是二年以上完成生活史，特点是除以种子有性繁殖外，大部分是以无性繁殖为主，多用地下茎越冬，为恶性杂草，人工难以防除，对除草剂有较强的抗性，需选择针对性强的除草剂方可控制，如香附子等杂草。

1.3.2 杂草的为害

葡萄果园杂草的为害性主要表现在以下几个方面：一是杂草能与葡萄果树争夺土壤中的水分和养分。特别是在干旱年份，杂草能消耗大量的水分和养分，对果树的威胁更大，可导致幼龄果树因严重缺水缺营养而枯死。二是杂草能诱发多种葡萄病虫害。如蚜虫、红蜘蛛是以禾本科杂草为越冬寄主；一些杂草是地老虎成虫的产卵场所。葡萄果园杂草丛生，有些果园红蜘蛛发生重，造成果树叶子严重枯萎。三是杂草丛生会加大葡萄生产成本和增加果园农事操作难度，特别是一些多年生的恶性杂草，如香附子等杂草，人工难以防除，用机械防除难度大，成本高。

2 存在问题

2.1 植物检疫难度大

随着宾川县农业生产的繁荣和发展，县内外农产品贸易量大幅度增加，农产品流通渠道增多，葡萄种苗流通频繁，危险性病虫草害的传播蔓延机率也相应提高，作为保障农业生产安全，促进农产品贸易的农业植物检疫事业，也将面临着新的挑战：一是检疫性有害杂草传入的风险更大；二是检疫性有害杂草控制更难，植物检疫难度加大。

2.2 化学除草问题多

2.2.1 滥用除草剂

部分农户在生产中不了解杂草的属性而滥用农药的现象比较普遍，一发现杂草就用百草枯（克芜踪）防治。长期使用单一化学除草剂，导致葡萄果园杂草种类[1]群落发生变化，恶性杂草种类越来越多，发生范围越来越广，为害程度日益严重。

2.2.2 施药时机不准确

喷药时机欠佳主要表现为：一是用药不及时，不见杂草不用药；二是不按指标用药，见草就打药。

2.2.3 用药不对

选药不对路，如有的农户使用乙草胺或莠去津防治已开花的杂草，造成费药且无效。

2.2.4 喷药质量差

打药时怕费力、图省事，药液喷洒不到位、不均匀，使喷出的药液不能均匀接触叶片。

2.2.5 施药不看天

不考虑气象条件就施用除草剂，盲目用药不看天气、时间，不顾田间温度、湿度、风力等条件，降低了防治效果，甚至发生药害。

2.2.6 农药混合不当

不清楚农药的特性与功能，盲目混配，导致药效降低或发生药害。如石硫合剂与草甘膦异丙胺盐混用，会降低草甘膦异丙胺盐的药效。

2.2.7 忽视农业综合防治

多年来，化学除草以其投入少，见效快，效果好，省时省力的特点，而越来越被广大农民所接受。但也应当在实际生产中注意趋利避害，加强与人工防除、替代种植等防治措施的综合运用。

3 防治建议

3.1 做好植物检疫和旱地作物种子检验

凡进行种子调运、引种、供种的单位和企业，都必须进行植物检疫和种子检验，确认无葡萄果园恶性杂草和检疫性病虫害后，才能调入进行种植，从源头上杜绝恶性杂草种子传播。农户自留种苗及相互串换的种苗，要做好精选去杂工作，剔除混杂在种苗中的杂草种子，减少杂草种源，确保葡萄种苗质量。

3.2 加强农业防治

一是进行土壤深翻深耕。在夏秋作物播种前进行土壤深翻深耕，深度在 30 cm 以上，把大部分杂草种子深埋于土中，降低其出苗率，进而减轻其为害。二是加大人工拔除力度。除坚持冬春人工中耕锄草外，必须加杂草生长中后期人工拔除杂草的力度，拔除时间越早越好。拔除的杂草一定要带出田外，晒干后进行集中烧毁，不得随意丢弃在地头、地垄、渠边、路旁。同时一定要清除田边、渠边、路边的杂草，减少其传播扩散。三是春季拔除后作为牲畜饲料的杂草，饲喂前要经过充分粉碎加工，使杂草草籽失去活力后，才能让牲畜食用。牲畜粪便需经充分堆沤发酵腐熟后，再作为有机肥施入葡萄果园。

3.3 用好化学防治

生产实践中较好的模式是 4 月上中旬结合清理葡萄果园进行一次人工或机械除草；4 月下至 5 月上旬进行土壤处理，主要消灭一年生杂草出土；5 月下旬至 10 月进入雨季要及时做 1～3 次茎叶处理，以多年生杂草为主要防除对象；秋末冬初进行耕翻，主要防治深根多年生杂草的地下根茎，反复数年即可控制果园草害。

3.3.1 土壤处理

选用特效长的除草剂，一次土壤处理可持效 20～30 天。土壤处理时间要掌握在杂草萌发前，一般是早春或雨季来临之前，清理果园后做土壤封闭，一般用 40%莠去津，每亩用量 350～400 g。为扩大杀草谱，可与其他除草剂混用，如 40%莠去津，每亩 150 g 加 25%敌草隆 200 g；80%伏草隆每亩 100 g 加 40%莠去津 150 g，也可用 48%氟乐灵每亩用 200～250 g，施用后浅混土或 25%敌草隆每亩用 250～300 g 等。按每亩用量对水 25 kg 均匀喷撒或加入 15 kg 潮细土拌匀后均匀撒施毒土，土壤封闭后，注意不要破坏土层。

3.3.2 生育期处理

在土壤封闭的基础上，果树生育期中，如又出现杂草为害，多选用灭生除草剂如草甘膦异丙胺盐（草甘膦）、百草枯（克芜踪）等。

草甘膦异丙胺盐为内吸传导型广谱高效的除草剂，剂型多为 41%水剂，施用量每亩 183～365 ml，对多年生杂草发生较重的果园，可用到 500 ml，能达到根除效果。各地经验证明，在草甘膦异丙胺盐对水稀释后，药液中加入水量 0.1%～0.2%的中性洗衣粉或表面活性剂，能明显提高其展着性。同时还可以按草甘膦异丙胺盐剂量的 1/2 加入硫酸铵或氯化铵喷施，有利提高药剂的内渗性，增强药效。对多年生恶性杂草第一次喷药后 30 天再用一次，效果较好。为了保证葡萄果树不受药害，在施药时应与树干保持一定距离，幼龄果树用药时应在树冠范围之外，避免土表分布的幼根受害。

百草枯一般为 20%水剂，是速效、触杀型的灭生性除草剂。对植株没有内吸作用，土壤中无残留。对一年生杂草出土后 3～4 片叶时用药效果最好，每亩施药量为 150～200 ml，对多年生杂草只能使着药部位受害，不能渗透木栓化的皮层，故对多年生杂草的地下根、茎及土壤内潜藏的杂草种子，防效较差，施药后地上部分迅速死亡，杂草容易发生再生现象。在用百草枯后 15 天如有杂草抽生时，可用一次草甘膦异丙胺盐根除效果较好。

3.3.3 果、粮、菜间作果园化学除草

幼树葡萄园如间作其他作物期间，应用化除技术时，原则上应针对间作的作物种类选择品种。如果园间作花生、大豆、瓜类等作物时，在苗期可选用 20%虎威，每亩用 75ml 对单、双子叶杂草有良好效果，或用 35%稳杀得每亩用量 75 ml，也可采用虎威、稳杀得、拿扑净、盖草能、禾草克等有选择的混用。在葡萄果园中，间作韭菜等百合科蔬菜时，可用 33%除草能每 667 m² 100～150 ml，在韭菜播种后出苗前处理土壤，或用 50%扑草净 100 g 处理土壤均可。

参考文献

[1] 马奇祥，赵永谦．农田杂草识别与防除原色图谱[M]．北京：金盾出版社，2009，1.
[2] 陈树文，苏少范．农田杂草识别与防除新技术[M]．北京：中国农业出版社，2007，12.

加强杂草稻防除工作，确保水稻生产安全

梁帝允

（全国农业技术推广服务中心，北京 100125）

摘要：随着直播稻和稻麦免耕、耕技术的推广，杂草稻在我国的危害越来越大，已严重影响水稻产量和稻米质量。防控杂草稻的发生危害，采用高纯度的种子，从源头上防止杂草稻蔓延和侵入危害；及时清理收割机等农机上携带的杂草稻种子，防止杂草稻的传播；翻耕、诱杀以及手工拔除，轮作、直播改移栽水稻栽培方式；使用化学除草剂防除等综合防除技术。

关键词：杂草稻；发生；防除

杂草稻是一种在水稻田不断自生并自然繁衍危害水稻生产的具有杂草特性的水稻，早熟、易落粒，具有较强生物竞争性，与栽培稻竞争光、水分和营养，是水田中仅次于稗草、千金子的第三大恶性杂草。杂草稻分布较广，在大部分种植水稻的地区如北美洲、南美洲、南欧、非洲和亚洲都有发生和报道[1]。近年来，在我国江苏、上海、湖南、广东、宁夏、辽宁等省（区、市）一些稻区，杂草稻发生越来越重，严重影响水稻产量和质量，威胁着我国水稻生产和粮食安全。

1 发生危害状况

1.1 杂草稻发生现状

1.1 1 发生范围广

据调查，黑龙江、吉林、辽宁、内蒙古、河北、山东、江苏、上海、安徽、浙江、湖北、湖南、江西、广东、广西、海南、河南、云南、四川、贵州、重庆、陕西、甘肃、新疆和宁夏 25 省（自治区、直辖市）均有不同程度的杂草稻发生[2~6]。尤以辽宁、宁夏、江苏中南部以及广东湛江地区发生危害严重。杂草稻危害最为严重的是直播稻田，但是，在东北稻区一些移栽稻田也有严重发生。据估计，全国杂草稻发生面积在 333.33 万 hm^2 以上。如江苏省 2009 年杂草稻发生面积 20 万 hm^2，约占直播稻面积的 25%。广东省雷州市 1990 年发现直播稻田发生杂草稻，1995～1999 年在该市南兴镇、松竹镇、杨家镇等南渡河岸边沿线大面积发生，面积达 8000 hm^2，一般减产 20%～30%，严重的达 70%～80%，甚至失收。到 2010 年该市发生危害面积 18566.67 hm^2，占水稻种植面积的 29.31%（表 1）。

表 1 2010 年杂草稻在广东雷州发生情况

发生比率（%）	发生面积（hm^2）	占发生面积比率（%）
≤5	10133.33	54.58
5.1～10	4800	25.85
10.1～20	2066.67	11.13
20.1～30	866.67	4.67
30.1～40	533.33	2.87
＞40	166.67	0.9

注：水稻种植面积 63333.33 hm^2，杂草稻发生总面积 18566.67 hm^2。

1.1.2 发生程度重

杂草稻在套播、直播、免耕连作时间长的稻田发生严重。据江苏省调查，不同栽培方式的稻田，以麦套稻田发生最重、旱直播田次之，水直播再次；机插秧、抛秧田零星发生，人工移栽稻田发生较少。如孙敬东等[7]的调查结果表明，在麦套稻、直播稻、抛栽稻、移栽稻 4 种方式下，杂草稻田块平均发生率麦套稻＞直播稻＞抛栽稻＞移栽稻。连作时间长的比连作时间短的稻田发生重（表 2、表 3）。

调查结果还显示，高砂土稻区杂草稻发生率最高，为 29.9%，沿江地区的杂草稻发生率次之,为 13.5%，里下河地区杂草稻发生最轻,为 9.3%。

1.1.3 发生类型多

杂草稻的发生类型因地区、种植结构的不同而存在多样性。根据米质大致可分为籼型、粳型和籼粳混杂型杂草稻。东北地区为代表的北方地区则以粳型杂草稻为主。籼型

杂草稻主要发生于南方，如广东省等。江苏省的情况最为复杂，既有籼型又有粳型杂草稻。

表 2 不同栽培方式的稻田杂草稻发生情况（2005，江苏，泰州）

栽培方式	田块平均发生率（%）
麦套稻	59.8
直播稻	34.5
抛栽稻	5.6
移栽稻	2.2

表 3 栽培方式与种植年限对杂草稻发生率的影响（2005，江苏，泰州）

栽培方式	1 年	2 年	3 年
麦套稻	33	62.5	76.5
直播稻	22.9	32.5	42.5
抛栽稻	3.6	2.9	2.3
移栽稻	2.9	1.4	1.3

1.2 危害情况

1. 2 .1 水稻严重减产

杂草稻与水稻争光、争水、争肥，严重威胁水稻生产，造成水稻减产 10%～50%，平均 20%左右，严重发生田块减产 60%～80%，甚至绝收。据估计，全国超过 333 万 hm^2 稻田遭受杂草稻危害，造成的水稻损失约 34 亿 kg。广东省雷州市的调查结果表明，杂草稻密度为 19％的水稻田减产 14.35％，杂草稻密度为 27％的水稻田减产 17.13％，杂草稻密度为 49％的水稻田减产 47.11％，杂草稻密度为 55％的水稻田减产 64.24％。2009 年上海市农业科学院生态环保所研究结果显示：杂草稻密度为 20 株/m^2，水稻减产 27.04％；杂草稻密度为 80 株/m^2，水稻减产 52.87％；杂草稻密度为 200 株/m^2，水稻减产 94.19％。

1.2.2 水稻品质下降

杂草稻粒细长、米碎，大多为红色，杂草稻混杂后的稻米品质降低，影响稻米质量，降低稻谷的市场价格。如江苏省种植水稻大多为粳稻品种，混入籼型杂草稻后，严重影响加工后稻米品质。2007 年，江苏省宝应县部分米厂和粮站拒收混有杂草稻的稻谷，高邮市混有杂草稻（红米稻）的稻谷仅卖 0.6 元/500 g，一般都是饲料加工厂收购用以加工饲料。

1.2.3 影响社会和谐

由于对杂草稻认识上的不足，农民常误以为是水稻种子混杂，从而怪罪于种子公司，引起民事纠纷。近年来农民认为供种部门的稻种有质量问题而索赔、投诉的事件常有发生，既影响种子公司的生产和经营，又在一定程度上影响社会和谐和新农村的建设。

2 防控策略与措施

2.1 高度重视

随着直播稻等水稻简化栽培技术的推广，杂草稻将进一步传播蔓延，如果不予以高度重视，采取切实可行的防范措施，杂草稻将会在适生区泛滥成灾，对我国水稻安全生产和粮食安全造成严重影响。必须引起高度重视，采取有效措施，严防严控，阻断其传播蔓延，遏制其危害和发展势头，确保我国粮食安全和农民增收。

2.2 提高认识

各级农业部门应加大宣传培训力度，提高基层农技人员和农民对杂草稻危害性的认识水平和识别杂草稻的能力。对未发生区，要提高农民的防范意识，杜绝从发生区调种，严防其随种子传播；对新发生区，要提高农民风险意识，使其掌握早期识别技术，将杂草稻及早控制在点片、局部地区，防止其危害蔓延；对重发区，要提高农民的防控意识，采取有效措施，阻断其传播蔓延，控制其危害。

2.3 综合防除

2.3.1 阻断传播途径，减轻或遏制严重危害趋势

（1）精选种子，严把种子关。建立调种用种标准，禁止种子供应机构和农民将杂草稻发生田块所收获的水稻作为翌年留种使用。严格禁止从杂草稻发生危害区调出稻种，凡进行引种、调种，都必须经植物检疫部门检疫。对重灾区坚决止住农民自留种子，实行统一供应无杂草稻的水稻良种。

（2）严重发生区禁用跨区联合收割机，实施单独收割或人工收割。或者在转移收割机时，严格认真清洗机械。

（3）清洁水源。在灌溉水系上游加设滤网，收集杂草稻种子，避免或减轻对下游稻田的危害。

2.3.2 深耕和轮作换茬

耕翻使杂草稻种子埋到下层,不利于其发芽出苗，对上年杂草稻发生严重的直播稻田，如要继续采用直播，应先耕翻后再播种；对于杂草稻特别严重的田块，应改种旱粮作物或其他经济作物。

2.3.3 科学调整播栽方式

对杂草稻发生较重的套、直播稻田以及采用套、直播稻栽培方式两年以上已有杂草稻发生的田块，应由套、直播方式改为抛栽稻、移栽稻或机插稻等栽培方式，在移(抛)栽后建立水层，控制杂草稻的发生。

2.3.4 及时拔出杂草稻

3 叶期左右，杂草稻秧苗形状与常规粳稻已有明显的差别，表现为植株偏高、出叶快、叶片较长、叶色偏淡，长势好于粳稻秧苗，此时应及时人工拔除田间杂草稻，尽可能做到“拔早、拔小、拔了”,以便尽早给常规稻创造一个较好的生长环境,减少杂草稻造成的损失。

2.3 5 使用化学除草剂进行防除

使用丙草胺（扫弗特）对水直播稻田的杂草稻防除效果较好，应掌握在稻种有根有芽状态下，在水稻播种后当天施药。但是，随使用时期和田水管理状况效果差异明显，在旱直播条件下防除效果差。

2.4 加强研究

为有效遏制杂草稻扩展蔓延和猖獗危害势头，确保我国水稻生产安全和粮食安全，应加强杂草稻发生危害规律及其防控关键技术的研究，争取在短期内提出切实可行的防控措施，提高防控水平。

（1）开展杂草稻发生和危害情况的调查。制订统一的调查标准、识别方法，进行普查，明确杂草稻发生与分布区域，以及危害程度等，为杂草稻防控工作提供依据。

（2）开展杂草稻生物学和生态学研究。开展发生分布规律、生物多样性、杂草稻生物型分类、杂草稻起源、种群动态、与水稻的相互竞争、田间持续性等生物学和生态学方面的研究。

（3）开展杂草稻预防和控制关键技术的研究。通过比较研究不同杂草稻与水稻品种的种子和幼苗差异，探索和发展基于形态、分子和免疫的快速鉴定的方法，为制定将危害控制发生前的策略提供技术支撑。研究探索以农业与生态防除为主、以化学防除为辅、适合不同地区的杂草稻防除技术体系。示范、筛选选择性好、防除效果好的化学除草剂，供生产上大面积使用。

参考文献

[1]James C. Delouche, Nilda R.Burgos, David R.Gealy, et al. Weedy rices-origin, biology and control[M]. Rome: FAO Plant Production and Protection Paper 188. 2007

[2]许聪，吴万春．海南岛杂草稻的生态考察和鉴定[J]．中国水稻科学，1994，10(4)：247-249.

[3]马殿荣，陈温福，徐正进，等．辽宁省杂草稻的发生及其控制措施[J]．中国农学通报，2005，21(8)：358-360.

[4]马国兰，刘都才，刘雪源．杂草稻的发生及其控制措施[J]．杂草科学，2008(1)：12-15.
[5]马殿荣，陈温福．徐正进，等．辽宁省杂草稻的初步考察[J]．辽宁农业科学，2005(6)：22-24.
[6]袁晓丹，刘亮，曹凤秋，等．杂草稻的研究现状与展望[J]．中国野生植物资源，2006，25(3)：5-7.
[7]孙敬东，肖跃成，黄秀芳，等．中粳稻田杂草稻发生特点及控制技术初探[J].杂草科学，2005(2)：21-23.
[8]潘学彪，陈宗祥，左示敏，等．江苏省杂草稻成因及防控策略[J]．江苏农业科学，2007(4)：52-54.
[9]徐世林，陈德辉，李群，等．稻田杂草稻发生规律及控制技术探讨[J]．作物研究，2007(1)：16-17.

云南省主要粮食作物杂草发生及防治概述

窦秦川[1] 傅 杨[*8]

(1. 云南省植保植检站，650034；2. 云南省昆明市植保植检站，650032)

摘要：本文总结介绍了云南省主要粮食作物农田杂草发生为害、防治等情况，并就粮食作物农田杂草治理面临的问题和对策进行了讨论。

关键词：粮食作物；杂草发生与防治；概述

Summary of Weed Occurrence and Control in Farmland of Major Food Crops in Yunnan，China

Dou Qinchuan[1] Fu yang[2*]

(1. Yunnan Plant Protection & Quarantine Station, 650034;

2. *Kunming Plant Protection & Quarantine Station,* 650032)

Abstract： This study give a summary of the weed occurrence and control situation of major food crops in Yunnan province, and discuss with the faced problems and countermeasures of weed control in Yunnan, China.

Key words： food crops; weed occurrence and control; summary

1 云南省主要粮食作物农田杂草发生概况

云南省属山区省份，山区面积占总面积 84%，自然地理复杂，气候呈高原立体气候，形成立体农业的模式，海拔最高 6740 m（梅里雪山），最低 76 m(河口县)，全省光、热、水、土等农业资源变化明显，造成了杂草发生的多样性和复杂性，全省约有杂草 49 科， 150 种[1]。据全省 16 州（市）2008～2010 年调查统计，我省四大主要粮食作物（水稻、小麦、玉米、马铃薯）杂草年均发生 126.53 万 hm^2，年均防治 102.53 万 hm^2，年均杂草防治挽回粮食损失 281652 t， 实际损失 917644 t。据部分地区的抽样调查，平均造成损失约为 2%～15%，水稻田杂草常见的有稗草、异型沙草、眼子菜、鸭舌草、泽泻、野慈姑、牛毛毡等。麦田杂草常见的有看麦娘、日本看麦娘、棒头草、早熟禾、野燕麦、牛繁缕、小藜、茼草、野燕麦、猪殃殃等。玉米地杂草常见的有马唐、旱稗、牛膝菊、胜红蓟、苦荞麦等。马铃薯田杂草常见的有看麦娘、繁缕、早熟禾、狗尾草、马唐、稗草、苋、藜、婆婆纳、藜、蓼、马齿苋、苦荬菜、狗尾草等。近年来杂草种类变化不明显，但杂草优势种群演替明显，成为了杂草防治工作中的一个难题[2]。

2 云南省主要粮食作物农田杂草防治情况

我省粮食作物农田杂草防治以化学防除为主，水稻本田常用化学除草剂有 10%苄磺隆，20%优草净，10%扑草尽等；抛秧田及小苗移栽田常用 53%抛秧星，50%稗草阔净，30%扫弗特等进行防治。麦田杂草防治常用 5%甲磺隆、25%异丙隆、25%绿麦隆，20%克芜踪等进行防治。玉米地杂草常用化学除草剂有阿宝混剂（30%莠去津 SC+25%宝成 DF)，50%都阿合剂 SC，40%乙莠水 SC，72%都尔 EC，40%莠去津等进行防治。马铃薯田杂草防治常用 25%绿麦隆可湿性粉剂，24%果尔乳油等进行防治。近 3 年来各地植保部门统计，云南省除草剂使用中以百草枯、草甘膦、丁草胺，乙草胺，扑草净等五类最多，占总使用量（含商品量和折百量）的 90%以上。云南省近 3 年 4 种主要粮食作物杂草发生及防治面积，主要除草剂使用情况见表 1。

第一作者：窦秦川，（1964-）男，高级农艺师，从事植保技术与推广工作，
E-mail:douqch888@yahoo.com.cn.

通讯作者：傅杨，（1964-）,E-mail: fuyangkm@yahoo.com.cn.

表 1 2008～2010 年云南省 4 种主要粮食作物杂草发生及防治面积及主要除草剂使用商品量情况

（公顷，%，吨，云南省植保植检站）

年份	发生面积（hm^2）	防治面积（hm^2）	防治效果(%)	主要除草剂使用商品量				
				百草枯（t）	草甘膦（t）	丁草胺（t）	乙草胺（t）	扑草净（t）
2008	1176528	1102876	76.32	637	327.5	175.69	89	73.81
2009	1342116	1237910	82.65	270.8	350.9	203.41	57.66	32.65
2010	1277320	1076992	83.01	295.6	320.4	187.63	36.8	67.3
合计	3795964	3417778	80.66	1203.4	998.8	566.73	183.46	173.76

3 云南省粮食作物农田杂草防治面临的主要问题和对策

（1）对主要粮食作物的主要优势杂草缺乏系统调查，各地多采用“见草就打药”的盲目用药行为，致使防治效果不佳，多用滥用农药，为害农业生态环境，如何加强杂草普查，掌握杂草发生为害规律，减少除草剂过量使用，杂草抗药性应对方法[3]是我省粮食作物杂草防治面临的主要任务。

（2）我省对除草剂的应用风险评估严重不足、农民的使用技术多依靠农药经销商推荐，达不到科学防治的水平，如何建立以农业措施、生物防治措施、生态措施、物理措施、推广应用及其与化学防治措施的有机结合的杂草综合治理的技术体系[4]是我省下一步粮食作物农田杂草防治的工作重点。以解决我省“年年防治，年年发生”的被动局面。

（3）应加强关注外来杂草的入侵：我省与多个国家接壤，是容易遭受外来生物侵入、扩散和为害的敏感区域。如薇甘菊（*Mikania miorantha*），加拿大一枝黄花（*Solidago canadensis*），弯穗草（*Dinebra retroflex* ），耳草（*Borreria laevis*），黄香附（*Cyperus esculentus*）等 10 余种杂草已有侵入为害，传入方式主要有引种传入；自然扩散传入，夹带传入三种方式。如何加强边境口岸检疫，避免新增杂草入侵为害也是我省杂草防治的一项重点工作。

（4）我省杂草防治推广体系还面临技术人员不足，相关技术、经费支持较少的实际情况。

（5）各级行政部门应加强技术人员培训、物资配套支持，以确保粮食生产安全，和农业的可持续发展。

参考文献

[1]窦秦川，高兴华．云南省杂草发生及防治综述[J]．云南农业，2010，(7)：37.

[2]强胜，我国杂草学研究现状及其发展策略[J]．植物保护，2010，36(4)：1-5.

[3]张朝贤．我国农田杂草发生概况及防除对策[C]．2006 中国科协年会论文集，北京：中国农业科技出版社．2006，113-118.

[4]张泽溥． 我国农田杂草治理技术的发展[J]．植物保护，2004，30(2)：28-33.

[5]余柳青，郭怡卿，殷富有等．云南省水稻生产与杂草防治[J]．中国稻米，2009，(6)：70-73.

浅议昆明干热河谷区石榴果园杂草综合治理技术措施

李兵[1] 李常英[1] 徐冬惠[1] 赵平[1] 陈静[2]

（1. 云南省昆明市东川区植保植检站，昆明 654100；

2. 云南省昆明市东川区铜都镇农科站，昆明 654100）

摘要：本文以昆明市东川区干热河谷区为例，简述了石榴果园的杂草种类及其发生特点，并根据东川石榴果园杂草综合治理的试验示范经验，提出石榴果园杂草综合治理技术措施，以期为干热河谷区果园杂草综合治理提供参考。

关键词：干热河谷区；石榴果园杂草；综合治理技术措施；东川区

杂草[1]是农业生产的大敌。据联合国粮食组织（FAO）统计，全世界每年因农田杂草危害带来的损失约达 201 亿美元。我国每年因杂草危害而造成的损失约 10%[2]。地处昆明市北部的东川区干热河谷区是一个独特的亚热带生态类型区,年平均气温 20.2℃，极端最高气温 40.9℃，年平均降水量 691 mm，蒸发量 3752 mm，为降水量的 5 倍多；石榴果园杂草种类繁多、结构复杂,对石榴果树生产影响较大。为有效管理石榴果园杂草，东川区植保植检站课题组从 2007～2010 年开展了石榴果园杂草危害调查及综合治理试验示范课题，提出东川区干热河谷区石榴果园杂草综合治理技术措施，并取得较好成效。

1 石榴果园杂草发生情况

1.1 石榴果园的杂草种类

据课题组调查，干热河谷区石榴果园杂草分属 34 科 155 种。种类主要有：紫茎泽兰（*Eupatorium coelestinum* L.）[3]、狗尾草[*Setaria viridis* （L.） Beauv.]、狗牙根[*Cynodon dactylon*(L.)Pers.]、马唐[*Digitaria adscendens*（H.B.K）Henrard]、飞扬草（*Euphorbia hirta* L）、小飞蓬（*Conyzacanadnsis*（L.）Cronq.）、胜红蓟（*eratum conyzoides* L）、三叶鬼针草（*Bidens pilosa* L.）、酢浆草（*Oxalis corniculata* L.）、辣子草（*Galinsoga parviflora* Cav.）、反枝苋（*Amaranthus retroflexus* L.）、龙葵（*Solanum nigrum* L.）、香附子（*Cyperus rotundus* L.）、酸模叶蓼（*Polygonum lapathifolium* L.）、荩草（*Arthraxon hispidus* （Thunb.）Makio）等，其中突出的恶性杂草有紫茎泽兰、胜红蓟、狗牙根、香附子、荩草、狗牙根等。

1.2 石榴果园杂草发生特点

1.2.1 杂草发生的主要群落

主要杂草群落有：①马唐+狗尾草+飞扬草+辣子草；②胜红蓟+飞扬草+辣子草；③狗牙根+香附子+酢浆草；④紫茎泽兰等。

1.2.2 影响杂草发生的主因

石榴果园杂草的发生，与果园的土壤质地、土壤湿度、通风、光照等条件有很大的关系。一般地势较高、土壤贫瘠的果园，以禾本科杂草发生较多；而地势较低，土壤湿度较大，荫蔽度大，则阔叶草发生相对多；春季雨水少，果园禾本科杂草的发生相对多；夏秋季则阔叶杂草发生较多；初建石榴果园果树小，通风、光照较好，杂草发生相对多，3～5 年后果树长大，树下杂草发生相对少。

1.2.3 杂草的三种发生型

将调查结果综合分析，可把石榴果园杂草分为三种类型：一是春季发生型，主要是以种子萌发的杂草，2～3 月份开始萌发出苗；灌溉条件好或早春有雨水，杂草发生较早而且危害中等。阔叶草和禾草均有发生。二是夏季发生型，在温度升高并降透雨后开始萌发，7～8 月份达高峰期，8～9 月份开始开花结实后地上部分枯死，禾草和阔叶草发生量都很大，危害最为严重。三是秋季发生型：以阔叶草为主，9～10 月份开始萌发生长，11～12 月份达高峰期，12 月份至翌年 2 月份开花结实后植株枯死。

2　杂草综合治理技术措施

2.1 加强植物检疫

严把对外检疫关。对于区外引进的石榴种苗必须严格经过检疫。目前果树苗木调运频繁，种苗检疫工作十分重要。外来种源可能带有许多杂草种子，有些在东川区没有分布，有些则属于检疫性杂草，如假高粱，豚草，毒麦等，是世界性恶性杂草。这些杂草一旦传入，将会造成严重危害，防除极为困难。因此，严格检疫制度，加强种子检疫工作，是防止危险性杂草及其他有害生物传入危害的重要保障。

2.2　春季种豆控草

2.2.1 选择大豆品种

2 月份人工除草后及时播种大豆，品种可选用“古 1005”（又名 G1005），其主要特性是在东川区表现为株高一般为 40～50 cm，圆形叶，紫花，灰毛，分枝 2～3 个，三粒荚数居多，粒椭圆形，种皮黄褐色，脐黄白色，百粒重 26g，抗病、抗倒、抗食心虫。控杂草能力较强，并且产量较高，每 666.7 m²可产青毛豆 400 kg 以上。

2.2.2 适时播种

于 2 月上中旬适时播种，主要用穴播方式，每穴播种 4～6 粒，出苗后留 2～3 株，净种每 666.7 m²播种量 8～10 kg，高的可达 14～18 kg。播种深度看土壤土质，土壤疏松播种深些，土壤紧密播种浅些，土壤墒情好的宜浅，水分不足的稍深。

2.2.3 施肥管理

播种期可适宜追加过磷酸钙作为底肥，每亩施 20～40 kg，在苗期、开花期、结荚期可看苗期施肥，看土质施肥。一般每亩施尿素 3~kg，若土壤肥力强，幼苗生长健壮则不必追氮肥。

2.2.4 病虫害防治

大豆的主要病虫害有大豆灰斑病、食心虫、豆荚螟等。灰斑病可用 70％甲基托布津，亩用 60～100 g，或用多菌灵 100 g 防治。食心虫，在结荚期当食心虫高峰出现时，喷洒 2.5％敌杀死，亩用量 20～40 ml。豆荚螟是大豆生育后期的主要害虫，可用速灭杀丁、敌杀死等防治。

2.2.5 适时收获

于 5 月上中旬适时收获菜用大豆（青毛豆），完成种豆控草工作。

2.3　夏季化学除草

2.3.1 化除与人工除草结合

5 月上中旬收获大豆，可顺便人工除草 1 次。5 月中下旬进入雨季，气温较高，杂草生长十分旺盛，是全年杂草防除的重点，为了高效地防除杂草，可采用人工除草和化学除草相结合的办法。即 5 月中下旬，可结合果园内中耕肥水管理采取人工除草 1 次，对杂草的抑制时间在 10～15 天。

2.3.2 除草剂的选择

除草剂的选择，多使用灭生性除草剂如草甘膦异丙铵盐或百草枯类除草剂。草甘膦异丙铵盐，是内吸性除草剂，通过杂草叶片吸收传导，可导致杂草根系烂掉。使用该类除草剂后，杂草 4～7 天死亡，而药剂仅需 8～10 h 就会被土壤降解失效，对石榴果树无影响。百草枯类除草剂，是触杀性除草剂，光照强烈时使用后 2 h 即开始见效，在杂草幼嫩的时候使用，杂草受灼伤 2～3 天后死亡。光照是决定除草效果好坏的关键条件。

2.3.3 主要化除技术

在 6 月上旬化除时，应视杂草种类不同而使用不同的除草剂。若以一年生杂草为主的果园可用 20％克芜踪水剂（百草枯）每亩用 300 ml 对水 48 kg，进行防除；若以多年生为主的杂草果园除草，可用农达 41％水剂（草甘膦异丙胺盐）每亩用 200 ml 对水 48 kg 喷雾防治。均匀喷洒杂草叶片，以喷雾至杂草叶片湿润为宜，除草后的持效期较长。使用克无踪可作抢时施药，施药后 2 h 无雨，可保证药效；使用草甘膦、农达，要求施药后 1 天无雨，才能保证药效。

2.4 秋季种绿肥控草

入秋后雨水逐步减少，气温开始逐步下降，果园的杂草较多，很快进入开花、结籽期。特别是多年生杂草，如狗牙根等杂草的块茎生长量大，叶片面积小，对药液的吸收量少，化学除草效果就会降低。但杂草生长仍然很快，此时先人工除草 1 次后，于 9 月中旬撒播绿肥——光叶紫花苕（Vicia villosa Roth var.glabresens Koch）以抑制杂草生长，每亩播种量为 3～4 kg,至次年 2 月上旬，收割绿肥作饲草或沤肥，再点播大豆而进入下一轮控制杂草的循环周期。

2.5 养禽防治杂草

在有条件的石榴果园可因地制宜地放养家兔、鸡等，也可有效地控制杂草的生长。每亩可放养兔或鸡 20～30 只即可控制大部分杂草。

2.6 及时补栽控草

在石榴果树生长的时期内，由于各种各样的原因会造成局部石榴果树的死亡。如果不及时补栽石榴苗，杂草就会萌发，生长，最终影响周围石榴果树的生长。因此，及时补栽石榴苗对预防杂草的发生很重要。

参考资料

[1] 黄华，郭水良，强胜．中国境内外来杂草的特点危害及其综合治理对策[J]．农业环境科学学报．2003，24（22）：509-512．

[2] 周小刚，等．四川省杂草危害情况及治理建议[C]．植物保护科技创新与发展——中国植物保护学会学术年会论文集：2008，205-206.

[3] 李孙荣，等．中国农田杂草图册[M]．1989：101.

防除甘孜州青稞田杂草除草剂筛选试验

周小刚[1] 朱建义[1] 雷高[2] 罗孝贵[2] 杨刚[3] 徐翔[4]
陈庆华[1] 郑勇生[1] 李超[1]

（1. 四川省农业科学院植物保护研究所，成都 610066；2. 四川省甘孜州农科所，康定 626000；3. 四川省甘孜州农业局植物检疫站，康定 626000；4. 四川省农业厅植物保护站，成都 610041）

摘要： 结果表明，甘孜州青稞田杂草可用 75%苯磺隆 DF+200 g/L 氯氟吡氧乙酸 EC（22.5～30 g+750～900 ml，公顷制剂用量，下同）与 69 g/L 精噁唑禾草灵 EW 900 ml 或 5%唑啉草酯 EC 900 ml 混用，也可用 200 g/L 氯氟吡氧乙酸 EC+72%2，4-D 丁酯 EC（900ml+750 ml）或 5.8%双氟磺草胺+唑嘧磺草胺 SC（150 ml）或 6.25%甲基碘磺隆钠盐+酰嘧磺隆 WDG（30 g），在青稞 3～5 叶期，杂草 2～5 叶期喷雾施用，后间隔 3～7 天施用 69 g/L 精噁唑禾草灵 EW 900 ml 或 5%唑啉草酯 EC 900 ml。

关键词： 青稞田；杂草；除草剂；防除

Herbicide Screening Test on Weed Control in Hulless Barley Fields of Ganzi

Zhou Xiaogang[1], Zhu Jianyi[1], Chen Qinghua[1],Luo Xiaogui[2],Lei Gao[2]

（*1. Insititute of Plant Protection, Sichuan Academy of Agricultural Sciences, Chengdu 610066; 2 Ganzi Insititute of Agriuiltural Sciences, Kangding 626000*）

Abstract: The results indicate that weeds in Hulless Barley fields of Ganzi can be sprayed with 75 %ercent tribenuron DF +200 g/L fluroxypyr EC 22.5～750mlnd 69g/L fenoxaprop-P-ethyl EW 60ml or 5 percent pinoxaden EC 60 ml，also can be sprayed with 200 g/L fluroxypyr EC + 72 percent 2,4-D butyrate EC (60 ml+50 ml) or 5.8 percent florasulam+flumetsulam SC （10 ml） or 6.25 percent sodium metsulfuron-methyl+amidosulfuron WDG (20 g) ，when Hulless Barley grow to three-leaf to five-leaf stage and weeds grow to two-leaf to five-leaf stage. After 3～7 days 69 g/L fenoxaprop-P-ethyl EW 60ml or 5% pinoxaden EC 60 ml is sprayed.

Key words: Hulless Barley fields; weed; herbicide; control

甘孜州由于长期受自然环境和粗放耕作的影响，杂草发生量大，杂草危害十分严重。通过 20 世纪 90 年代中后期大力推广农田化除，一般性杂草防除已取得明显的效果，草荒现象也得到一定程度的遏制。但是大爪草、野燕麦、猪殃殃等恶性杂草在青稞田的危害仍十分严重，并造成大量减产[1-3]。本文针对甘孜州青稞田中杂草发生现状，以青稞田中恶性杂草为对象，对防除青稞田杂草的除草剂进行了筛选，为甘孜州青稞田杂草的防控提供参考。

1 材料与方法

1.1 试验地点

四川省甘孜州道孚县八美镇。

1.2 试验药剂

（1）75%苯磺隆 DF（tribenuron，巨星，美国杜邦公司）

（2）20%氯氟吡氧乙酸乳油（fluroxypyr，使它隆，美国陶氏益农公司）

（3）72% 2，4-D 丁酯乳油（2,4-D butyate，河北省万全农药厂）

（4）58 g/L（双氟磺草胺+唑嘧磺草胺）悬浮剂（florasulam+flumetsulam，麦喜，美国陶氏益农公司）

（5）6.25%（甲基碘磺隆钠盐+酰嘧磺隆）水分散粒剂（sodium metsulfuron-methyl+amidosulfuron，使阔得，拜耳作物科学公司）

（6）80%唑嘧磺草胺水分散粒剂（flumetsulam，阔草清，美国陶氏益农公司）

（7）500g/L 草除灵悬浮剂（benzolin，高特克，拜耳作物科学公司）

（8）42.5（氯氟吡氧乙酸+二甲四氯）EC (fluroxypyr+MCPA，腾净，利尔化学股份有限公司)

（9）70.5%（二甲四氯+唑草酮）干悬浮剂（MCPA+carbazone，哈利，苏州富美实植物保护剂有限公司）

（10）69 g/L 精噁唑禾草灵 EW（fenoxaprop-P-ethyl，大彪马，拜耳作物科学公司）

（11）5%唑啉草酯 EC （pinoxaden，爱秀，先正达公司）

1.3 试验设计

表 1 试验处理及用量

编号	处 理	公顷 用 量 (制剂量)	
A	75%苯磺隆DF	30g	
B	75%苯磺隆DF+200 g/L氯氟吡氧乙酸EC	22.5 g+750 ml	
C	200g/L氯氟吡氧乙酸EC	900 ml	另加69g/L精噁唑禾草灵EW 900ml
D	200 g/L氯氟吡氧乙酸EC+72%2.4-D丁酯EC	900 ml+750 ml	
E	72%2.4-D丁酯EC	750 ml	
F	5.8%双氟磺草胺+唑嘧磺草胺SC	150 ml	
G	6.25%甲基碘磺隆钠盐+酰嘧磺隆WDG	300 g	
H	80%唑嘧磺草胺WDG+200 g/L氯氟吡氧乙酸EC	30 g+750 ml	另加5%唑啉草酯EC 900 ml
I	500 g/L草除灵SC+72%2.4-D丁酯EC	450 ml+750 ml	
J	42.5氯氟吡氧乙酸+二甲四氯EC	750 ml	
K	70.5%二甲四氯+唑草酮DF	600 g	
L	69 g/L 精噁唑禾草灵 EW	900 ml	另加500g/L草除灵SC 450 ml
M	5%唑啉草酯EC	900 ml	
CK	空白对照		

1.4 施药和调查

2010 年 5 月 24 日施药，青稞 5～7 叶期。每处理重复 4 次,小区面积 20 m^2 ,随机区组排列。药后 15 天目测防效及安全性；药后 37 天调查株防效；药后 93 天调查株防效及鲜重防效；收获测产。苗期施药前，调查杂草基数；取样调查时，每小区对角线取 3 点，每点 0.25 m^2。

施药时，杂草大多 3～6 叶期。试验青稞田的杂草为阔叶杂草及禾本科杂草如野燕麦、马唐，阔叶杂草主要有大爪草、猪殃殃、密花香薷、尼泊尔蓼、藜等，另有少量堇菜、遏蓝菜、繁缕等。

2 结果分析

2.1 各处理药后 37 天株防效

药后 15 天目测结果：各药剂处理对阔叶杂草防效为 50%～90%，对野燕麦的防效为 30%～50%；含有 69 g/L 精噁唑禾草灵 EW 的药剂处理区青稞叶片有少量褪绿药斑，其余药剂处理区青稞生长正常，未见药害。

对野燕麦、马唐的防效各处理除 E 处理、I 处理、K 处理防效低于 90%外，其余处理均在 97%以上；对猪殃殃的防效较差的有 A 处理、E 处理、M 处理，其余处理防效均在 87%以上；对密花香薷防效优良的处理有 A 处理、B 处理、D 处理，防效在 90%以上；对尼泊尔蓼的防效优良的处理有 A 处理、B 处理、F 处理、H 处理，防效在 90%以上；对大爪草的防效优良的处理有 A 处理、B 处理、F 处理、G 处理、H 处理、K 处理，防效在 93%以上；对藜防效优良的处理有 A 处理、B 处理、D 处理、E 处理、I 处理、J 处理、K 处理，防效在 88%以上；从总体防效上看，A 处理、B 处理、D 处理、F 处理、G 处理、H 处理防效均在 85%以上，防效最好的是 B 处理，达 95.22%（表 2）。

2.2 各处理药后 93 天株防效

对野燕麦的防效除 D 处理、E 处理、G 处理、I 处理、K 处理防效在 80%以下外，其余处理防效均在 93%以上；对猪殃殃的防效优良的处理有 C 处理、D 处理、F 处理、G 处理、H 处理、J 处理，防效均在 94%以上；对密花香薷防效优良的处理有 D 处理、E 处理、I 处理、J 处理，防效在 88%以上；对尼泊尔蓼的防效优良的处理有 B 处理、F 处理、G 处理，防效在 86%以上；对大爪草的防效优良的处理有 A 处理、B 处理、F 处理、G 处理、K 处理，防效在 95%以上；对藜防效优良的处理有 A 处理、B 处理、D 处理、E 处理、I 处理、J 处理、K 处理，防效为 100%；对总阔叶杂草防效上看，A 处理、B 处理、G 处理防效较好，均在 70%以上，其余处理防效低于 70%；从总体防效上看，A 处理、B 处理防效最好（见表 3）。

2.3 各处理药后 93 天鲜重防效

对野燕麦的防效除 D 处理、G 处理、I 处理、K 处理防效在 92%以下外，其余处理防效均在 94%以上；对猪殃殃的防效优良的处理有 C 处理、F 处理、G 处理、H 处理，防效均在 90%以上；对密花香薷防效优良的处理有 D 处理、E 处理、I 处理、J 处理，防效在 93%以上；对尼泊尔蓼的防效优良的处理有 B 处理、F 处理、G 处理，防效在 85%以上；对大爪草的防效优良的处理有 A 处理、B 处理、F 处理、G 处理、K 处理，防效在 96%以上；对藜防效优良的处理有 A 处理、B 处理、D 处理、E 处理、I 处理、J 处理、K 处理，防效为 100%；对总阔叶杂草防效上看，A 处理、B 处理、D 处理、G 处理防效较好，均在 70%以上，其余处理防效低于 70%；从总体防效上看，仍以 A 处理、B 处理、D 处理、G 处理防效最好，均在 80%以上（表 4）。

2.4 测产结果

各药剂处理除 J 处理稍有减产外，其余药剂处理青稞产量均比空白对照有所增加，以 A 处理、B 处理、F 处理、G 处理的增产幅度较大（表 5）。

表 2 甘孜州青稞田除草试验药后 37 天株防效结果（八美 2010.06.30）

处理	野燕麦	马唐	猪殃殃	密花香薷	尼泊尔蓼	大爪草	藜	其他阔叶	总阔草	总禾草	总杂草
CK(株)	65.33	59.67	30.33	54.00	109.67	101.33	15.00	25.33	335.67	125.00	460.67
A（%）	98.98	98.88	39.56	90.74	91.19	100.00	88.89	63.16	86.89	98.93	90.16
B（%）	100.00	98.88	90.11	90.74	94.83	100.00	95.56	72.37	93.64	99.47	95.22
C（%）	100.00	100.00	98.90	87.04	65.35	77.30	68.89	75.00	76.37	100.00	82.78
D（%）	99.49	100.00	97.80	98.77	88.15	71.71	91.11	13.16	80.24	99.73	85.53
E（%）	71.43	100.00	50.55	74.69	84.50	40.46	91.11	-31.58	58.09	85.07	65.41
F（%）	99.49	98.32	89.01	75.31	90.58	98.68	80.00	17.11	84.41	98.93	88.35
G（%）	98.47	96.65	97.80	63.58	84.80	93.75	62.22	44.74	81.23	97.60	85.67
H（%）	96.43	100.00	91.21	79.01	93.31	99.34	55.56	18.42	85.30	98.13	88.78
I（%）	87.76	100.00	85.71	85.19	79.33	63.49	91.11	19.74	72.10	93.60	77.93
J（%）	100.00	100.00	100.00	84.57	77.51	78.62	100.00	28.95	78.35	100.00	84.23
K（%）	78.57	92.18	87.91	66.67	82.37	99.34	100.00	22.37	81.73	85.07	82.63
L（%）	97.96	100.00	94.51	66.05	40.43	62.83	73.33	39.47	57.60	98.93	68.81
M（%）	100.00	99.44	78.02	64.20	29.79	54.28	64.44	7.89	46.97	99.73	61.29

表3 甘孜州青稞田除草试验药后93天株防效结果（八美2010.08.25）

处理号	野燕麦	马唐	猪殃殃	密花香薷	尼泊尔蓼	大爪草	藜	其他阔叶	总阔草	总禾草	总杂草
CK(株)	80.33	36.33	23.67	28.67	61.33	83.67	16.33	36.67	250.33	116.67	367.00
A（%）	98.34	60.55	45.07	59.30	75.00	100.00	100.00	5.45	70.17	86.57	75.39
B（%）	98.34	78.90	50.70	55.81	86.96	100.00	100.00	12.73	74.30	92.29	80.02
C（%）	93.78	100.00	100.00	50.00	30.43	77.29	57.14	41.82	58.32	95.71	70.21
D（%）	73.44	100.00	95.77	100.00	53.26	86.85	100.00	-17.27	66.58	81.71	71.39
E（%）	88.38	100.00	47.89	100.00	36.41	19.52	100.00	-28.18	33.82	92.00	52.32
F（%）	99.17	83.49	94.37	40.70	86.96	95.22	81.63	-41.82	65.91	94.29	74.93
G（%）	71.78	28.44	94.37	33.72	94.02	99.60	93.88	30.91	79.76	58.29	72.93
H（%）	97.10	46.79	98.59	86.05	65.22	77.69	73.47	-57.27	57.52	81.43	65.12
I（%）	56.43	33.03	64.79	88.37	22.28	64.14	100.00	-60.00	40.88	49.14	43.51
J（%）	100.00	100.00	94.37	88.37	19.02	59.76	100.00	-38.18	44.61	100.00	62.22
K（%）	80.08	88.99	80.28	86.05	48.91	99.20	100.00	-87.27	56.32	82.86	64.76
L（%）	97.51	100.00	66.20	67.44	-14.67	71.71	75.51	24.55	42.88	98.29	60.49
M（%）	96.68	100.00	74.65	51.16	-20.11	66.53	71.43	0.00	34.89	97.71	54.86

表 4 甘孜州青稞田除草试验药后 93 天鲜重防效结果（八美 2010.08.25）

处理号	野燕麦	马唐	猪殃殃	密花香薷	尼泊尔蓼	大爪草	藜	其他阔叶	总阔草	总禾草	总杂草
CK(g)	453.33	37.33	41.00	208.33	148.00	168.33	203.67	124.00	893.33	490.67	1384.00
A（%）	98.60	69.64	24.39	76.80	75.68	100.00	100.00	-5.91	72.39	96.40	80.90
B（%）	98.68	75.00	23.58	74.72	85.14	100.00	100.00	3.49	74.74	96.88	82.59
C（%）	94.04	100.00	100.00	57.60	16.22	81.58	70.21	8.06	53.21	94.50	67.85
D（%）	88.90	100.00	75.61	100.00	84.01	86.93	100.00	5.11	80.60	89.74	83.84
E（%）	97.35	100.00	2.44	100.00	39.19	4.36	100.00	29.30	57.61	97.55	71.77
F（%）	99.26	52.68	90.24	46.40	84.68	96.63	90.51	-23.92	64.51	95.72	75.58
G（%）	85.44	50.00	91.87	77.92	95.05	99.80	97.22	43.82	85.19	82.74	84.32
H（%）	97.43	69.64	94.31	89.60	54.28	82.18	88.71	-39.25	64.48	95.31	75.41
I（%）	70.74	52.68	33.33	96.64	18.24	76.24	100.00	16.13	66.49	69.36	67.51
J（%）	100.00	100.00	83.74	93.76	-1.35	69.31	100.00	-25.54	57.80	100.00	72.76
K（%）	91.76	85.71	65.85	84.00	23.65	99.01	97.55	9.41	68.73	91.30	76.73
L（%）	97.79	100.00	44.72	63.20	-90.99	78.61	78.56	37.37	39.63	97.96	60.31
M（%）	96.99	100.00	52.85	40.96	-80.18	52.48	70.05	35.48	29.48	97.21	53.49

表 5 甘孜州青稞田除草试验测产结果（八美 2010.08.25）

处理号	千粒重(g)	差异显著性	增重率 %	公顷产量(kg)	差异显著性	增产率 %
CK	45.77	a A	-	4316.88	de D	-
A	46.13	a A	0.80	5350.27	ab A	23.94
B	45.77	a A	0.00	5456.94	a A	26.41
C	45.80	a A	0.07	4650.23	cd BCD	7.72
D	45.57	a A	-0.44	4423.55	de CD	2.47
E	45.67	a A	-0.22	4600.23	cd CD	6.56
F	46.50	a A	1.60	5176.93	ab AB	19.92
G	45.47	a A	-0.66	5166.93	ab AB	19.69
H	45.70	a A	-0.15	4733.57	cd BCD	9.65
I	45.73	a A	-0.07	4550.23	de CD	5.41
J	44.97	a A	-1.75	4166.88	e D	-3.47
K	44.90	a A	-1.89	4376.89	de D	1.39
L	46.03	a A	0.58	5000.25	bc ABC	15.83
M	45.80	a A	0.07	4466.89	de CD	3.47

3 结论与讨论

精噁唑禾草灵、唑啉草酯对野燕麦防效优秀，对青稞安全；但与 2,4-D 丁酯、二甲四氯混用，防效明显降低，证实了苯氧羧酸类除草剂与芳氧基苯氧丙酸类除草剂混用会明显降低对野燕麦等禾本科杂草的防效[4]；此外与甲基碘磺隆钠盐+酰嘧磺隆混用防效也明显降低，这也与文献中记载某些磺酰脲类除草剂和精噁唑禾草灵混用会降低对禾本科杂草的防效吻合[5]，这说明在实际应用时，上述除草剂最好不要和精噁唑禾草灵、唑啉草酯混用，应间隔 3～7 天分别施用。

田间试验及普查表明，青稞田禾本科杂草与阔叶杂草混生严重，且主要杂草种类较多，均需要防除，可用 75%苯磺隆 DF+200 g/L 氯氟吡氧乙酸 EC（22.5～30g+750～900 g/L）与 69 g/L 精噁唑禾草灵 EW 900 ml 或 5%唑啉草酯 EC 900ml 混用（公顷制剂量），在青稞 3～5 叶期，杂草 2～5 叶期喷雾施用，也可用 200 g/L 氯氟吡氧乙酸 EC+72%2.4-D 丁酯 EC（900 ml+750 ml）或 5.8%双氟磺草胺+唑嘧磺草胺 SC（150 ml）或 6.25%甲基碘磺隆钠盐+酰嘧磺隆 WDG（300 g）在青稞 3～5 叶期,杂草 2～5 叶期喷雾施用（公顷制剂量），后间隔 3～7 天施用 69 g/L 精噁唑禾草灵 EW 900 ml 或 5%唑啉草酯 EC 900 ml（公顷制剂量）。

参考文献

[1]刘廷辉，冯继林，唐雅蓉．甘孜州青稞生产现状、问题及应对策略[J].大麦科学，2003(03)：10-12.

[2]徐云，林莉．不同除草剂防除青稞地杂草药效试验[J]．农药，2002(05)：36-37.

[3]梅红，李鹏尧，高毅等．青稞地杂草防除试验初步研究[J]．大麦与谷类科学，2006(03):33-35.

[4]张玉聚，陈国参．除草剂混用原理与应用技术[M]．北京：中国农业科技出版社，1999:235-237.

[5]张玉聚，陈国参．除草剂混用原理与应用技术[M]．北京：中国农业科技出版社，1999:170-172.

黑龙江省西北部地区向日葵田杂草调查初报

王 宇　黄春艳　朴德万　黄元炬

（黑龙江省农业科学院植物保护研究所，哈尔滨 150086）

摘要：采用倒置“W”9 点取样法，对黑龙江省西北部地区向日葵田杂草进行调查。结果表明，该地区向日葵田杂草有 20 科 51 种，其中阔叶杂草 41 种占 80.4%，禾本科 7 种占 13.7%，其他 3 种（鸭跖草科、列当科、木贼科各 1 种）占 5.9%。一年生杂草 31 种占 60.8%，一年生或越年生杂草 6 种占 11.7%，多年生杂草 14 种占 27.5%。出现频率 50%以上的杂草 9 种，分别为稗草、反枝苋、藜、本氏蓼、苍耳、狗尾草、水棘针、金狗尾草、苣荬菜，这 9 种杂草可视为黑龙江省西北部地区向日葵田的主要优势杂草。

关键词：向日葵田；杂草调查；倒置“W”9 点取样法

Preliminary Report on Weed Survey in Sunflower Field in North-West Region of Heilongjiang Province

Wang yu　Huang chuiyan　Piao dewan　Huang yuanju

(*Plant Protection Institute of Heilongjiang Academy of Agri. Sci., Harbin* 150086)

Abstract: Sunflower field weed survey was conducted using an inverted W-pattern with 9 sampling points in the north-west region of Heilongjiang province. The result showed 51 weed species recorded in sunflower fields. There are 41 broad-leaved weed species accounted for 80.4%, 7 the grass family for 13.7%, 3 others for 5.9% among 51 weed species. 31 species of annual weeds in 60.8%, 6 species of annual or biennial weeds in 11.7%, 14 species of perennial weeds accounted for 27.5%. Appear frequency of 9 weeds were over 50%, they are Barnyard grass (*Echinochloa crus-galli*), Redroot Pigweed (*Amaranthus retroflexus*), Goosefoot(*Chenopodium album*), Willowleaf Knotweed (*Polygonum bungeanum*), Siberia Cocklebur (*Xanthium strumarium*), Major Bristlegrass (*Setaria viridis*), Skyblue Amethystea (*Amethystea caerulea*), Gold Setaria (*Setaria glauca*), Field Sowthistle Herb (*Sonchus brachyotus*). This 9 weed species were important weeds in sunflower field in the area.

Key words: sunflower field; weed survey; inverted W-pattern with 9 sampling points

向日葵是黑龙江省重要的经济作物之一，主要种植区域分为东西两部分，西北部地区齐齐哈尔市富裕、依安、讷河、甘南、龙江等县（市）向日葵面积比较大。向日葵田杂草没有进行过详细的调查研究，杂草种类、分布和危害情况尚不清楚。为制定切实可行的向日葵田杂草综合治理技术，解决向日葵生产中的杂草危害问题，掌握向日葵田杂草发生的现状是十分必要的。本文报道了黑龙江省西北部地区向日葵田杂草的调查结果。

1　调查方法和地点

1.1　倒置“W”9 点取样法

调查者到达选定地块后，沿地边向前走 70 步（纵向），向右转后向地里走 24 步（横向），开始倒置“W”9 点的第 1 点取样（图 1）。第 1 点调查结束后，向纵深前方走 70 步，再向右转后向地里横向走 24 步，开始第 2 点取样。依此方向采取第 3 点，第 3 点取样结束后，向相反方向走 70 步后，再向右转走 24 步。以同样的方法完成 9 点取样后，到另一选定地块取样（可根据地块大小，相应调整向前向右的步数，尽可能使样方在田间均匀分布）。样方面积为 0.25 m^2（50 cm×50 cm）。取样时计数样方框内的杂草种类、各种杂草的株数和平均高度，记载于杂草调查表中，杂草的株数以杂草茎秆数表示[1~3]。

1.2　调查地点

2009 年在黑龙江省西北部地区齐齐哈尔市、绥化市所属的向日葵主要种植区，调查了 7 个县（市），32 个样地（表 1），初步掌握了该地区向日葵田杂草的发生和分布情况。

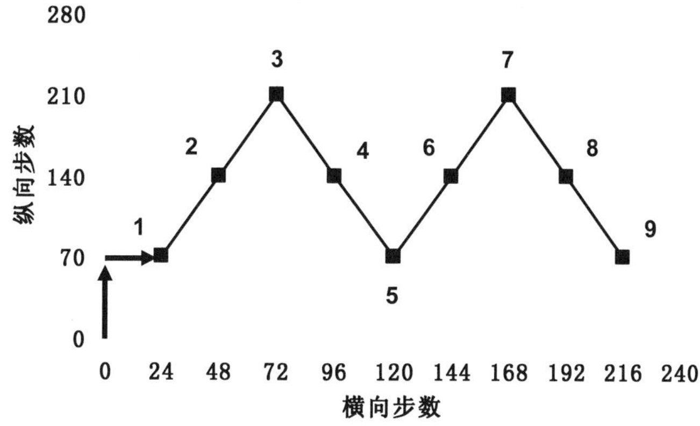

图 1 倒置“W”9 点取样法图示

表 1 向日葵田杂草调查地点

地区	地点	样地数(个)	地区	地点	样地数(个)
齐齐哈尔市	富裕县	2	绥化市	龙江县	6
	依安县	6		齐市碾子山	1
	讷河市	9		青岗	1
	甘南县	7			

2　调查结果

2.1 黑龙江省西北部地区向日葵田杂草种类和出现频率

在调查的 7 个县（市），32 个样地中，向日葵田杂草有 20 科 51 种。其中阔叶杂草 41 种占 80.4%，禾本科 7 种占 13.7%，其他 3 种（鸭跖草科、列当科、木贼科各 1 种）占 5.9%。一年生杂草 31 种占 60.8%，二年生或越年生杂草 6 种占 11.7%，多年生杂草 14 种占 27.5%。

在 51 种杂草中，菊科杂草 10 种，占 19.6%；禾本科和蓼科各 7 种，各占 13.7%；藜科 4 种，占 7.8%；锦葵科、唇形科、旋花科各 3 种，各占 5.9%；大戟科 2 种，占 3.9%；车前草科、马齿苋科、牻牛儿苗科、木贼科、蔷薇科、茄科、十字花科、苋科、鸭跖草科、豆科、列当科、毛茛科各 1 种，各占 1.96%。在 51 种杂草中，出现频率最高的是稗草和反枝苋，在调查的 32 个样地中均有分布；其次是藜，31/32；再次是本氏蓼 30/32、苍耳 25/32、狗尾草 24/32、水棘针 23/32、金狗尾草 22/32、苣荬菜 18/32，以上 9 种杂草在超过 50%的调查样地中出现（表 2）。

2.2　黑龙江省西北部地区向日葵田主要优势杂草种类

在调查到的向日葵田 51 种杂草中，出现频率最高的是稗草和反枝苋，在 32 个样地中均有分布,出现频率为 100%；其次是藜，出现频率为 96.7%；再次是本氏蓼 93.8%，苍耳 78.1%、狗尾草 75.0%，水棘针 71.9%，金狗尾草 68.8%，苣荬菜 56.3%。以上 9 种杂草在调查样地中的出现频率均超过 50%，表明这 9 种杂草是黑龙江省西北部地区向日葵田的主要优势杂草（表 3）。

3　结论与讨论

对黑龙江省西北部地区向日葵田杂草的初步调查结果表明，可以侵入向日葵田的杂草有 20 科 51 种，在 20 科杂草中，菊科杂草所占比例最高，禾本科和蓼科次之。虽然杂草种类较多，但优势杂草种类相对较少，出现频率 50%以上的主要优势杂草只有 9 种，按在调查样田中出现频率由高到低的次序排列，分别为稗草、反枝苋、藜、本氏蓼、苍耳、狗尾草、水棘针、金狗尾草、苣荬菜，可视为此地区向日葵田的主要危害杂草。

表 2 黑龙江省西北部地区向日葵田杂草种类和出现频率

序号	杂草种类	拉丁学名	所属科	生物学特征	调查点出现频率 (x/7)	调查样地出现频率 (x/32)
1	稗草	*Echinochloa crus-galli* (L.) Beauv.	禾本科	一年生	7	32
2	本氏蓼	*Polygonum bungeanum* Turcz.	蓼科	一年生	7	30
3	扁蓄	*Polygonum aviculare* L.	蓼科	一年生	3	5
4	苍耳	*Xanthium strumarium* L.	菊科	一年生	7	25
5	车前	*Plantago asiatica* L.	车前草科	多年生	1	1
6	刺儿菜	*Cirsium segetum* Bunge	菊科	多年生	6	15
7	大籽蒿	*Artemisia sieversiana* Willd	菊科	一年生或越年生	3	4
8	冬葵	*Malva crispa* Linn.	锦葵科	一年生	2	3
9	反枝苋	*Amaranthus retroflexus* Linn.	苋科	一年生	7	32
10	风花菜	*Rorippa palustris* (Loyss.)Bess.	十字花科	一年生或越年生	1	1
11	小花鬼针草	*Bidens parviflora* Willd.	菊科	一年生	1	1
12	画眉草	*Eragrostis pilosa* (L.)Beauv.	禾本科	一年生	2	2
13	黄花蒿	*Artemisia annua* L.	菊科	一年生	1	1
14	金狗尾草	*Setaria glauca* (L.)Beauv.	禾本科	一年生	6	22
15	苣荬菜	*Sonchus brachyotus* DC.	菊科	多年生	6	18
16	卷茎蓼	*Polygonum convolvulus* L.	蓼科	一年生	3	10
17	苦荬菜	*Ixeris denticulate* (Houtt.) Stobb.	菊科	多年生	2	4
18	藜	*Chenopodium album* Linn.	藜科	一年生	7	31
19	龙葵	*Solanum nigrum* L.	茄科	一年生	4	7
20	狗尾草	*Setaria viridis* (L.)Beauv.	禾本科	一年生	7	24
21	马齿苋	*Portulaca oleracea* Linn.	马齿苋科	一年生	4	12
22	马唐	*Digitaria sanguinalis* (Linn.) Scop.	禾本科	一年生	4	9
23	苘麻	*Abutilon theophrasti* Medic.	锦葵科	一年生	3	4
24	水棘针	*Amethystea caerulea* Linn.	唇形科	一年生	7	23
25	酸模叶蓼	*Polygonum lapathifolium* L.	蓼科	一年生	2	4
26	铁苋菜	*Acalypha australis* L.	大戟科	一年生	3	5
27	委菱菜	*Potentilla chinensis* Ser.	蔷薇科	多年生	1	1
28	问荆	*Equisetum arvense* Linn.	木贼科	多年生	4	9
29	香薷	*Elsholtzia ciliata* (Thunb.) Hyland.	唇形科	多年生	5	9
30	小飞蓬	*Comnyza canadensis* (L.)Cronq.	菊科	一年生或越年生	1	1
31	鸭跖草	*Commelina communis* L.	鸭跖草科	一年生	2	8
32	野老鹳草	*Geranium carolinianum* L.	牻牛儿苗科	一年生或越年生	1	1
33	野黍	*Eriochloa villosa* (Thunb.) Kunth	禾本科	一年生	3	5
34	野西瓜苗	*Hibiscus trionum* L.	锦葵科	一年生	4	11

续表

序号	杂草种类	拉丁学名	所属科	生物学特征	调查点出现频率(x/7)	调查样地出现频率(x/32)
35	益母草	*Leonurus heterophyllus* Sweet	唇形科	一年生或越年生	1	1
36	皱叶酸模	*Rumex crispus* L.	蓼科	多年生	2	2
37	猪毛蒿	*Artemisia scoparia* Waldst. et Kit.	菊科	一年生或越年生	4	7
38	扁茎黄芪	*Astragalus complanatus* R.Br.	豆科	多年生	1	1
39	草地风毛菊	*Saussurea amara*(L.)DC.	菊科	多年生	2	6
40	叉分蓼	*Polygonum divaricatum* L.	蓼科	一年生	2	4
41	刺藜	*Chenopodium aristatum* L.	藜科	一年生	5	11
42	打碗花	*Calystegia hederacea* Wall.	旋花科	多年生	4	5
43	三裂叶薯	*Ipomoea triloba* L.	旋花科	多年生	3	10
44	地锦	*Euphorbia humifusa* Willd.	大戟科	一年生	1	1
45	虎尾草	*Chloris virgata* Swartz.	禾本科	一年生	3	5
46	灰绿藜	*Chenopodium glaucum* L.	藜科	一年生	1	1
47	列当	*Orobanche coerulescens* Steph.	列当科	二年或多年生	5	14
48	棉团铁线莲	*Clematis hexapetala* Pall.	毛茛科	一年生	1	1
49	田旋花	*Convolvulus arvensis* L.	旋花科	多年生	2	4
50	小藜	*Chenopodium serotinum* L.	藜科	一年生	1	1
51	野荞麦	*Fagopyrum gracilipes*(Hemsl)Dammer.	蓼科	一年生	2	3

表 3 黑龙江省向日葵田主要杂草种类和分布

序号	杂草种类	调查点出现频率(%)	调查样地出现频率(%)	序号	杂草种类	调查点出现频率(%)	调查样地出现频率(%)
1	稗草	100	100	7	水棘针	100	71.9
2	反枝苋	100	100	8	金狗尾草	85.7	68.8
3	藜	100	96.7	9	苣荬菜	85.7	56.3
4	本氏蓼	100	93.8	10	刺儿菜	85.7	46.9
5	苍耳	100	78.1	11	列当	71.4	43.8
6	狗尾草	100	75.0	12	马齿苋	57.1	37.5

参考文献

[1]张朝贤，胡祥恩，钱益新，等.江汉平原麦田杂草调查[J].植物保护，1998，24(03)：14-16.

[2]黄春艳，陈铁保，王 宇，等.黑龙江省北部大豆田杂草调查[J].大豆科学，2000，19(04)：341-345.

[3]王宇，黄春艳，朱玉芹，等.黑龙江省北部小麦田杂草调查[J].黑龙江农业科学，2000，(02)：12-13，16.

[4]李扬汉.中国杂草志[M].北京：中国农业出版社，1998.

第二部分
英 文 论 文

Evaluation of an indigenous isolate of *Phoma herbarum* (SYAU-06) for use as a mycoherbicide against *Commelina communis*

Ji Mingshan, Gu Zumin

(*College of Plant Protection, Shenyang Agricultural University, Shenyang, P. R. China*)

Abstract: Plant pathogenic fungi isolated from Commelina leaves collected from Benxi area is identified as *Phoma herbarum* through morphological and molecular method. Under the same inoculum concentration, the infection ability of mycelium on Commelina was the strongest, followed by conidia. Chlamydospore was the weakest. For successfully controlling Commelina by *Phoma herbarum* SYAU-06 strain, the mycelium inoculum concentration should be more than 10^7 mf • ml^{-1}, incubation time between 7~9d, and host plant before 3 leaf stage. Host range tests showed that only the leaves of maize and sorghum were slightly injured among 18 crops in 7 families. Within the tested 27 species of weeds in 14 families, dayflower was high sensitive, amaranth and pigweed slight sensitive. According to the virulence and security, *Phoma herbarum* SYAU-06 strain is potential mycoherbicide.

Key words: mycoherbicide; *Phoma herbarum*; *Commelina communis*; weed; biocontrol

1 Introduction

Commelina communis is a prevalent and important weed, it poses a serious threat to various crops including soybean, corn. Thus, a technique to manage this weed is needed, so as to maintain ecological integrity. Widely adopted conventional methods like manual remove and chemical control have many limitations. Manal control with hands wasted time and vigour and was uneconomical due to resprouting capacity. Although chemical control methods are practiced, they have their own limitations, such as environmental pollution, resistance to the herbicide. There is considerable current interest in the use of plant pathogenic microbes as agents for the biological control weeds[1~4]. Most weed diseases caused by fungi, which have the potential to be developed as mycoherbicides[5,6]. Their use could lead to reduction in use of chemical herbicides.

The purpose of this work was to isolate fungi with high virulence and good biocontrol potential from diseased leaves of *Commelina communis*, evaluate its host specificity, compare the virulence of mycelial fragments with condial inoculum and chlamydospore inoculum, and to quantify the weed suppressive ability of inoculum in different enviromental condition.

2 Materials and methods

2.1 Pathogen isolation

Diseased leaf collected from Shenyang, Fushun, Dandong and Haicheng of Liaoning Province. Sections of diseased leaf tissue were surface sterilized in 75% ethanol for 30s, then in 15% sodium hypochlorite(v/v) for 3min, at last rinsed with sterile distilled water for three times. About 5mm pieces from lesions center were cut down and pycnidia were smashed in order to release conidia before placing spore suspensions in plastic petri dishes containing potato dextrose agar (PDA). The cultures were placed at 25℃in incubator for 5d. Different character colony were selected to bioassay their virulence against *Commelina communis*. Seven fungi were isolated and all isolates produced some disease symptoms on *Commelina communis*. One isolate(SYAU-06) identified as *Phoma herbarum* had higher pathogenicity than the other isolat and was satety to most of crops in the field. Based on these observations, *Phoma herbarum* (SYAU-06) was selected to evaluate its potential for *Commelina communis* as a mycoherbicide.

2.2 Inoculum production

Inoculum production procedures were the same in all experiments unless stated otherwise. Mycelia from storage vials were transferred to a potato dextrose agar (PDA) medium and incubated in the dark at 25℃. Agar disks were obtained by cutting 7.5 mm diameter disks from the actively growing margin of 5-day-old cultures with the aid of a metal cork borer. Mycelial suspensions were prepared by inoculating 5 mycelial disks into 250 ml Erlenmeyer flasks containing 100 ml of potato dextrose broth (PDB) and the cultures were grown on a snaker adjusted to 150rpm for 7days at room temperature (25℃). After this period, the mycelia mass was aseptically macerated at high speed in a surface-disinfested blender. The mycelial suspension was adjusted to the desired conentration with PDB.

2.3 Plant preparation

Seeds used in the experiments were collected from field in autumn, dried in the shade, buried in the sand and kept outside in winter until use. Experimental plants were produced by pregerminating the seeds and transferring them to 200 pots containing sterile soil in a green house. The were three plants in every pot. In all experiments, except for the host growth stage experiment, 3-4 leaf stage plants were used.

2.4 Inoculation and incubation

Inoculation and incubation procedures were the same for all experiments. Plants were sprayed with manually operated pump sprayers from a distance of approximately 20 cm until runoff occurred. Plants were placed immediately after inoculation into a plastic chambers (80cm×80cm×100cm) that maintained continuous leaf wetness via humidifier. The growth room was maintained at (26±2)℃,with a 70% relative humidity and a 14h photoperiod.

2.5 Influence of inoculum type on disease severity

Mycelial suspensions was prepared as described previously and the mycelial concentration was adjusted to 1.03×10^7 mf·ml^{-1}、1.03×10^8 mf·ml^{-1} and 1.03×10^9mf·ml^{-1}. Pycnidia was harvested from sporulating 7-day-old cultures grown in petri dished containing corn powder agar by adding 10ml sterile distilled water. Condia was released after smashing pycnidia. Spores were dislodged using a surface disinfested microspatula and filtered through several layers of autoclaved cheesecloth. Spore concentrations were estimated with the aid of a hemacytometer and adjusted to 1.03×10^7 spores·ml^{-1}、1.03×10^8 spores·ml^{-1} and 1.03×10^9spores·ml^{-1}. Chlamydospore inoculum was produced using a medium containing 0.5% w/v maize stover and 20% v/v of wheated-based stillage. Five mycelium disks was inoculated into 250ml Erlenmeyer flasks with 100ml the medium and incubated on a rotary shaker at 100rpm and room temperature (25℃) for 15days. The content of each flask was blended for 45s using a blender to detach chlamydospores from mycelial fragments. The fungal biomass was centrifuged at a speed of 4000g for 4min, the liquid supernatant was removed, and the pellet was resuspended in deionized water to obtain the densities of 1.03×10^7 spores·ml^{-1}、1.03×10^8 spores·ml^{-1} and 1.03×10^9 chlamydospores·ml^{-1}. Each treatment and the corresponding control were replicated fivel times, each with 12 plants per replicate.

2.6 Influence of inoculum concentration on desease severity

The concentration of mycelial suspensions was adjusted to 1.0×10^3 mf·ml^{-1}, 10^4 mf·ml^{-1}, 10^5 mf·ml^{-1}, 10^6 mf·ml^{-1}, 10^7 mf·ml^{-1} or 10^8 mf·ml^{-1} with PDB respetively. Each suspension was applied to three replicate plants and incubated as described previously.The experiment was set with five replicates and repeated.

2.7 Influence of inoculum culture time on desease severity

Mycelial cultures, grown in flasks with PDB, were prepared as described previously and incubated for 3 d, 6 d, 9 d, 12 d, 18 d or 24d. In all instances, mycelia of different ages were inoculated simultaneously onto five replicate plants and incubated as described above.

2.8 Influence of host growth stage on desease severity

Plants were sown and grown in a greenhouse as described above according to a planting schedule that provided plants at different stages of growth for experimental purposes. 1, 2, 3, 4, 5 or 6 leaf stage plants were evaluated. In all instances, five replicate plants of each stage were inoculated stimultaneously.

2.9 Host range

Irrespective of potential damage on target weed, the safety of non-target cultivated and wild plants must be ensured prior of use *Phoma herbarum* (SYAU-06) as mycoherbicide and therefore the host range study of the promising mycoherbicide of the weed was conducted. Forty-five plant species in 21families including weeds, crops and vegetables were screened in host range studies. Seeds were either sown directly into pot, or pregerminated and the seedings transplanted into the greenhouse. Plants of all species with two or three pair leaves were inoculated with mycelial suspensions containing 3.85×105mf·mL^{-1}. Inoculum was applied with an aerosol sprayer until the foliage was fully wetted. After inoculation plants were placed in dew chambers for 24h, then moved to greenhouse. Groups of control plants were sprayed PDB only. Seven days after inoculation all 12 plants of each experimental unit, both living and dead, were excised at the soil line, and dried for dry-weight determinations.

2.10 Disease assessment

At 7 days after inoculation, the leaves of each plant sprayed with mycelial suspension were counted and visually rated individually for disease symptoms using a 0-4 scale(0=no disease; 1=0%～25%; 2=26%～50%; 3=51%～75%; 4>75% of leaf surface with necrosis). The total necrotic leaf area was calculated as a percentage using the formula $(1\times n_1+2\times n_2+3\times n_3+4\times n_4/N)$ where n_χ is the number of leaves with raating χ and N is the total number of leaves treated.

3 Resultus

3.1 Isolation of pathogens

SYAU-06 strain isolated from the disesed Commelina leaves, back on receipt of the leaves of Commelina can cause disease, and it can re-isolated from the diseased leaves, that is Commelina pathogenic fungi. PDA medium is felt-like aerial hyphae, reddish-brown, a large number of chlamydospores in the hyphae or short chain, dark brown, oval, oblong or down rod, and spore body 40～69μm × 13～17μm. PDA is not easy to produce spores, forming conidiospore in hyphae after inducing, most of conidiospore spherical, flat with a diameter of 85～170μm, height 60μm-130μm, with the orifice, spurted conidiospore from orifice after contacting with water, cylindrical, middle process reduced , both ends of the circle, each with a small oil globules, and the size of 8～17μm × 3～5μm.The characteristics identified as: Fungi Imperfecti, Sphaeropsidales, Sphaeropsicaceae, *Phoma herbarum*.

3.2 The pathogenicity of different types inoculum on Commelina

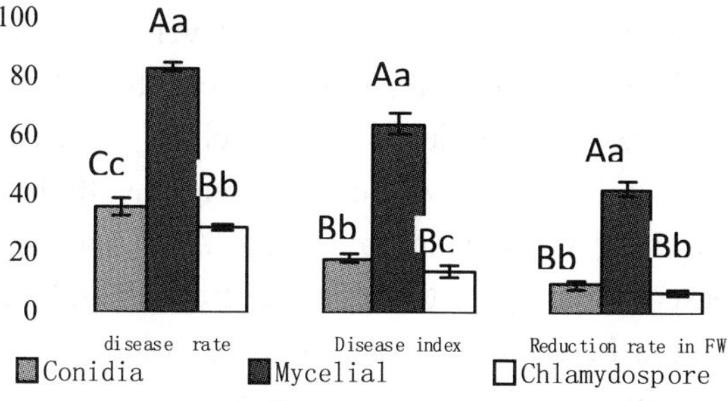

Fig.1 Effect of inoculum type on the infection potential of *P. herbarum*

From the bar, the Mycelium infect Commelina is most strongly, followed by conidia, and the weakest infectivity is chlamydospore. Evaluating from three indicators, infected leaves rate, disease index, fresh weight inhibition rate, the pathogenic effect of Mycelium were significantly higher than the conidia and chlamydospores, it is also observed that incidence time early , short latency , soaking spots appeared at the 2～3d, and conidia and chlamydospore inoculation disease appear after inoculation 4-5d in testing process . Conidia pathogenicity on Commelina from the view of the incidence and the degree of the disease is significantly higher than the chlamydospore ($P<0.05$), but the influence of Commelina fresh weight were not significant as chlamydospores.

3.3 Commelina virulence determination of different concentration Mycelium

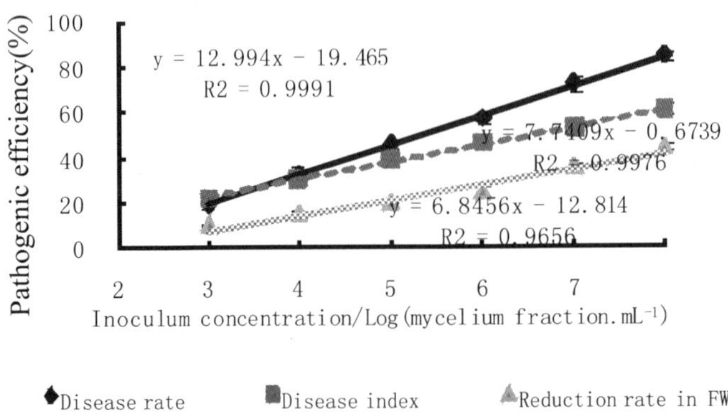

Fig.2 Effect of inoculum concentration on the infection potential of *P. herbarum*

Pathogenicity which *Phoma herbarum* on dayflower , Mycelium concentration of 10^3-10^6 mf · ml^{-1}, was significant positive correlation ($P<0.05$). Morbidity and degree of disease increased with inoculum concentration. Infected leaves rate, disease index and inhibition rate of fresh weight are linearly correlated with logarithm of Mycelium concentration. When Mycelium concentration of 10^7 mf · ml^{-1}, incidence caused by the strain infection Commelina is up to 70%, inhibition rate of fresh weight is more than 35%, significantly higher than other concentrations ($P<0.05$). When Mycelium concentration is less than 10^4 mf · ml^{-1}, the incidence of Commelina disease is about 30%, inhibition rate of fresh weight is about 10% ,and dayflower growth was less affected. The results show that controlling Commelina hazards by *Phoma herbarum* , vaccination concentration of Mycelium is higher than 10^7 mf · ml^{-1}.

3.4 athogenicity effect of Mycelium of different incubation time on Commelina

From Figure 3, mycelia of different incubation time, *Phoma herbarum* infectivity on Dayflower is different. The Mycelium of 3d has not been fully developed, pathogenicity on the Commelina is slight and less than 50% with plant fresh weight reduction of only 19.67%. with the Mycelium incubation time increasing, virulence of Mycelium increases in the same concentration. In the ninth day, the virulence of Mycelium is strongest with the incidence rate of nearly 80%, and inhibition rate of fresh weight is up to 40.58%. After that the incubation time continued to increase, but decreased virulence of Mycelium decreased, and when it is cultured 24d virulence that is to a minimum. Late the decline of hyphal virulence may be due to the aging Mycelium, Mycelium autolysis. When *Phoma herbarum* is used for controlling Commelina the effect of biocontrol culture time on pathogenicity should be thought, too long or too short is not helpful to the infection of biocontrol strains. From the view of time and economic, *Phoma herbarum* is controlled between 7 and 9d,which is better.

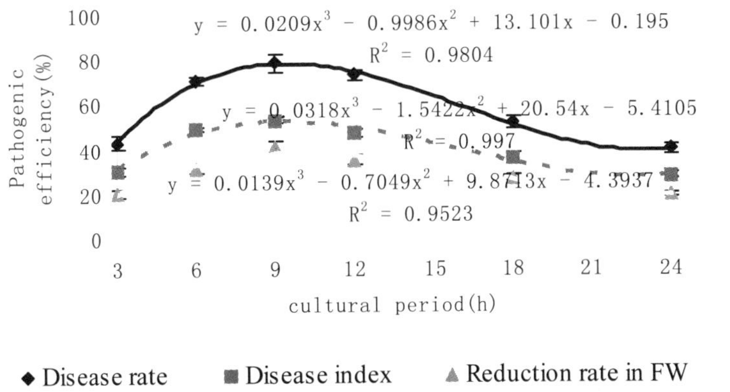

Fig.3 Effect of cultural period on the infection potential of *P. herbarum*

3.5 Commelina different developmental stages influence on the virulence of strains

Sensitivity of Commelina of Different leaf age is different ,from the general rule of the virulence of biocontrol strain were negatively correlated with leaf age, and the virulence of different leaf age has significant differences.The Commelina of 1 leaf age and 2 leaf age is most sensitive, with a high incidence of 80% ,fresh weight reduction of more than 50%. The incidence of a disease on the Commelina of 3 leave age and 4 leave age was about 70%. After age 6, the sensitivity of Commelina is lower with incidence of less than 40%, plant fresh weight of less than 20%. Therefore, selecting the application *Phoma herbarumc* before the 3 leaf age stage to control Commelina, can achieve the desired effect and minimize the harm of weeds.

3.6 Host Range

Tested in 14 families, 27 species weeds, Commelina is highly sensitive to *Phoma herbarum*, multiple lesions appear on leaves, lesion size gradually expanded later, and the whole plant leaves withered. In addition, Amaranthus retroflexus L. and amaranth of Amarantaceae and pigweed of Chenopodiaceae is slight sensitive. A little small spots appeared on inoculated leaves, not continued to expand, and plants do not die later, and compared to the control, plant fresh weight decreased slightly. Other weeds did not appear any damage response in the trial (Table 1).

Phoma herbarum is a specific and high selectivity fungal .of strong, and plant pathogenic fungi. Tested in 18 species, 7 crops and vegetables, two varieties of corn (Iron Dan 20, Liaodan 129) and sorghum is slightly sensitive to the strain, a little brown spots formed in vaccination of the Mycelium, the spot size is not outward expansion, and the leaves did not wilt at last , which shows the Phoma herbarum ,SYAU-06 Strains on maize and sorghum leaves has a slight injury response. Corn (Dan Yu 90), soybean, rice, wheat, peanuts, cabbage, rape, cabbage, pepper, cucumber, melon, watermelon, tomatoes, eggplant, beans, spinach and carrots have no any reaction to this strain (Table 2)

Table1 The sensitivity of the weeds tested to *Phoma herbarum*

Family	Species	security	Mortality (%)	Dry-weight reduction (%)
Plantaginaceae plantaginaceae	*Plantago asiatica L.*	-	0	0
Chenopodiaceae Chenopodiaceae	*Chenopodium album L.*	+	0	6.3
Commelinaceae Commelinaceae	*Commelina communis L.* *Commelina communis*	+++	93.7	46.7
Caryophyllaceae Caryophyllaceae	*Malachium aquaticum(L.)Fries*	-	0	0
Amaranthaceae	*Amaranthus retroflexus L.*	+	0	11.7
	Amaranthus lividus L.	+	0	9.3
Cruciferae	*Capsella bursa-pastoris(L) Meddic*	-	0	0
	Descurainia Sophia(L.)Schur	-	0	0
	Lepidium apetalum Willd	-	0	0
Gramineae	*Digitaria sanguinalis (L.) Scop*	-	0	0
	E.crusgalli var.mitis(Pursh)Peterm	-	0	0
	Setaria viridis (L.) Beauv	-	0	0
	Cynodon dactylon (L.) Pers	-	0	0
	Chloris virgata Swartz	-	0	0
	Eleusine indica （L.） Gaertn	-	0	0
	Poa annual L.	-	0	0
Malvaceae	*Abution theophrasti Medic*	-	0	0
	Malva rotundifolia L.	-	0	0
Portulacaceae	*Portulaca oleracea L.*	-	0	0
Polygonaceae	*Polygonum lapathifolium L.*	-	0	0
	Polygonum aviculare L	-	0	0
Compositae	*Xanthium sibiricum Patrin*	-	0	0
	Ambrosia trifida L.	-	0	0
	Bidens tripartite L.	-	0	0
Euphorbiaceae Euphorbiaceae	*Acalypha australis L.*	-	0	0
Convolvulaceae	*Calystegia hederacea Wall. Ex Roxb*	-	0	0
Cannabinaceae Cannabinaceae	*Humulus scandens(Lour.) Meer*	-	0	0

Table2. The sensitivity of the crops tested to *Phoma herbarum*

Family	Species	Security	Mortality (%)	Dry-weight reduction (%)
Cruciferae	*Brassica oleracea* L	-	0	0
	Brassica campestris L	-	0	0
	Brassica pekinensis (Lour.) Rupr.	-	0	0
Gramineae	*Zea mays* L.			
	Tiedan 20	+	0	17.3
	Liaodan 129	+	0	16.7
	Danyu 90	-	0	0
	Sorghumvulgare pers			
	Tieza 11	+	0	10.0
	Liaoza 10	+	0	12.3
	Oryza sativa L.			
	Jifeng 10	-	0	0
	Shennong 606	-	0	0
	Liaoyou 4418	-	0	0
	Triticum aestivum L.			
	Liaochun 10	-	0	0
Cucurbitaceae	*Cucumis sativus* L.	-	0	0
	Cucumis melo L.	-	0	0
	Citrullus lanatus L.	-	0	0
Solanaceae	*Capsicum annuum* L.	-	0	0
	Lycopersicon esculentum L.	-	0	0
	Solanum melongena L.	-	0	0
Leguminosae	*Glycine max*(L.) Merr			
	Liaodou.10	-	0	0
	Liaoshou 2	-	0	0
	Jinong 17	-	0	0
	Tiefeng 33	-	0	0
	Arachis hypogaea L.	-	0	0
	Phaseolus vulgaris L.	-	0	0
Umbelliferae	Daucus carota L. var. sativa Hoffm.	-	0	0
Chenopodiaceae	Spinacia oleracea L	-	0	0

4 Discussion

Phoma herbarum is a widespread plant pathogens and has the ability of degrading plants, isolated from 35 hosts, soil, excrements and slops. There was no report on *Phoma herbarum* as an biological control agent for *Commelina communis,* but *Phoma herbarum* isolated from Ontario of Canada was evaluated as a potential biological control agent for dandelion[7,8,9], spraying with spore and mycelium suspensions increased the disease severity. We found the *Phoma herbarum* isolated from leaves of *Commelina communis* caused a morbidity of 97.33%, have reached the standards of candidated bioherbicide strain on pathogenicity.

High safety is another standard of isolating candidated bioherbicide strain[10,11]. Including 18 crops and 27 weeds were used to detect host range of *Phoma herbarum,* it is safe to all crops except seeding maize, caused small but no-diffused brown spots, no effects during maize growing. There was no effect on application of *Phoma herbarum* as bioherbicide, because it is not actual to call for the isolated pathogen absolutely concentrated to one weed. According to pathogenicity and safety, *Phoma herbarum* was a potential strain of bioherbicide.

The effects of weeds control were directly related to the type of inoculant, concentration and incubation time[12,13]. Abuelgasim Elzein (2004) had reported pathogenicity and stability of storage of chlamydospore of *Fusarium oxysporum* were higher than conidiospore and mycelium. Mycelium of *Phoma herbarum* increased disease severity of dandelion compared to conidiospore. We had a study on infestation of mycelium, conidiospore and chlamydospore of *Phoma herbarum* SYAU-06 to *Commelina communis*. Be similar with Silke Neumann, our results show that decrease of fresh weight and pathogenicity of mycelium to *Commelina communis* were significantly higher than conidiospore and chlamydospore. Boyette reported that spore was superior to other parts of fungi at stability, activity, infestation and life, fungal herbicides developed now were all spore dusting powder, such as college used to control Common Aeschynomene Herb in rice and soybean field, because these strains had characters of high pathogenicity, great quantity of sporulation, isolation of spore and sporont easier, pure spore powder easy collection[14]. The pathogenicity of *Phoma herbarum* conidiospore was weak, and it is not easy to propagate in the conventional medium, not only less sporulation and more aerial mycelium than others medium, but also more spores in the mycelium is difficult to separate. By using a series of methods, such as protoplast fusion, or fitness of pathogens associated with changes in physical or chemical mutagenesis techniques can significantly improve the sporulation. However, the pathogenic problem of conidia could not overcome by these methods. Therefore, it is best to use the mycelia as inoculum for large-scale fermentation on the field controlling.

The incidence of disease and the disease index is affected by the inoculation concentration of mycelium. The disease can not pandemic under lower inoculum concentration[15].The results showed that inoculum concentration of mycelium reach at least 10^7 $mf{\cdot}ml^{-1}$ the disease may be controlled successfully in the study. Mycelium incubation time affects mycelial development, thereby affects the infestation of mycelium on plants, too long or short incubation time make against pathogenicity of mycelium. After incubation for 7-9 h, pathogenicity of mycelium to *Commelina communis* increased highest, so incubation time is very important, more attentions must pay to control incubation time in order to incubate strong, vigorous growing mycelium.

References

[1] Altman J and Neat S. 1990.Herbicide pathogen interactions and mycoherbicides as alternative strategies for weed control. In: HoaglandR E (ed).Micobes and Micobial Products as Herbicides ACS Symp. Ser.439. American Chemical Society, Washington, D .C, 240-259.

[2] Saxena S, Pandey AK. 2001. Microbial metabolites as ecofriendly agrochemicals for the next millenium. Appl Microbiol Biotechnol, 55:395–403.

[3] Amsellen Z B, Cohen B A and Gressel J. 2002. Engineering hyper virulence in a mycoherbicidal fungus for efficient weed control. Nature Biotechnology, 20:1035-1039.

[4] Pandey AK, Singh J, Shrivastava GM, Rajak RC. 2003. Fungi as herbicides:Current status and future prospects. In: Trivedi PC (ed), Plant Protection: A Biological Approach, Jaipur, India, Avishkar Publishers and Distributors, 305–339.

[5] Gupta V P, Kumar V, Mishra R K, et al. 2002. Puccinia romagnoliana Marie&Sacc-a potential bioherbicide agent for biocontrol of purple nutsedge (*Cyperus rotundus* L.) in mulberry. Journal of Phytopathology, 150 (4-5):263-270.

[6] Nedand J, Dutton L C, Greaves M P, et al. 2001. Biological control of *Chenopodium album* L. in Europe. BioControl, 46 (2):175-196.

[7] Neumann Brebaum, S. 1998. Development of an inundative biological control strategy for *Taraxacum officinale* Weber in turf. Ph.D.thesis, University of Guelph, Guelph,Ont.

[8] Neumann Brebaum, S. and Boland, G.J.1999.Influence of selected adjuvants on disease severity by *Phoma herbarum* on *Taraxacum officinale*. Weed Technol. 13:675-679

[9] Neumann Brebaum, S.. and Boland, G.J.1999. First report of *Phoma herbarum* and Phoma exigua as pathogens of dandelion in Southern Ontario, Plant Dis,83:200

[10] Gupta R, et al. 2000. Biological control of weeds with plant pathogens. In: Upadhyay R K, Mukerji K

G, Chamela B P. Biocontrol potential and its exploitation insustainable agriculture. New York: Kluwer Academic Plenum Publishers, 199-205.

[11] Charudattan R, et al. 2000. Biological control of weeds using plant pathogens: accomplishments and limitations. Crop Protection, 19: 691-695.

[12] Silke Neumann and Greg J. Boland.2002. Influence of host and pathogen variables on the efficacy of *Phoma herbarum*, a potential biological control agent of *Taraxacum officinale*. Can. J. Bot, 80(4): 425–429

[13] Kadir J B, Charudatan R .and Berger R D. 2000. Effects of epidemiological factors on levels of disease caused by *Dactyiaria higginsfi* on *Cyperus rotundus*, Weed Science, 48: 61 -68.

[14] Boyette,C.D.,P.C.QuimbyJr.,W.J.ConnickJr.,et al.1991.Progress in the production, formulation, and application of mycoherbicides. In:Tebeest,D.O.ed. Microbial Control of Weeds. NewYork and London: Chapmanand Hall, 209-222.

[15] Makowski, R.M.D.1993.Effect of inoculum concentration, temperature, dew period and plant growth stage on disease of round-leaved mallow and velvetleaf by *Colletotrichum gloeosporiodes* f.sp. malvae. Phytopathology,83:1229-1234

Chlorophyll fluorescence imaging assays for monitoring the responses of new herbicide ZJ0273 in two oilseed *Brassica* species with different susceptibilities

Jin Zonglai [a, b], Huang Changrong [a], Tian Tian [a], Zhang Fan [a], Wang Bing [a], Zhou Weijun [a, *]

([a] *Institute of Crop Science, Zhejiang University, Hangzhou* 310029, *China;*
[b] *Agricultural Station, Wenzhou Municipal Agricultural Bureau, Wenzhou* 325005, *China*
(email: wjzhou@zju.edu.cn)

Abstract: For eradicating weeds in the crop field, a new herbicide propyl 4-(2-(4,6-dimethoxypyrimidin-2-yloxy)benzylamino)benzoate (ZJ0273) is becoming popular in the rapeseed field in China. In order to developing a resistance/phytotoxicity monitoring tests for *in field* monitoring of growth status and phytotoxicity of this herbicide on oilseed rape crop, two leading commercial cultivars of oilseed rape viz. *Brassica rapa* cv. Xiaoyoucai and *B. napus* cv. ZS 758 were tested. Various concentrations of ZJ0273 (0mg/L, 100mg/L, 500 and 1000 mg/L were foliar applied at 3rd leaf stage of rapeseed plants. Imaging pulse-amplitude-modulated chlorophyll fluorometer (Imaging PAM) is being used to monitor the herbicide ZJ0273 resistance and phytotoxicity on oilseed rape. Measurements were carried out at 1, 3, 5 and 7 days after herbicidal treatment. The results revealed that maximum quantum yield (Fv/Fm), non-photochemical quenching (NPQ), electron transport rate (ETR) and photochemical utilization [Y(II)] inhibition were significantly increased with herbicide application increasing, while photochemical quenching (qP), NPQ, Y(II) and regulated heat dissipation [Y(NPQ)] were significantly decreased with herbicide application and increase in leaf age. However, the resistant *B. napus* species started to recover after 5 days. The growth response depicts the stunted plant growth especially at 1000 mg/L for both *Brassica* species. After being treated with 500mg/L and 1000 mg/L ZJ0273 (especially the latter), *B. rapa* seedlings were stunted severely at 5 days after the treatment, where the plants were not growing any more. The same typical symptom was also found in *B. napus* under 1000 mg/L ZJ0273 stress but not at 500 mg/L. Moreover, the concentration-inhibiting curves of Y(II) and ETR suggested that 500 mg/L was a safer dose for *B. napus*. Chlorophyll fluorescence images of two rape species after 5 days treatment showed that the herbicide phytotoxicity was most severe in the 3rd leaf at high concentrations (500mg/L, 1000 mg/L in *B. rapa*). In contrast, different leaf age samples of *B. napus* did not reveal any visible variation for the Fv/Fm under various concentrations of ZJ0273.

Key words: Electron transport rate, Non-photochemical quenching, Oilseed rape, Photochemical utilization, Propyl 4-(2-(4,6-dimethoxypyrimidin-2-yloxy)benzylamino)benzoate

Introduction

As an important source of edible oil, oilseed rape had to endure a heavy damage by weeds with 15.8%～50 % loss of yield. In order to control the weed, a large number of weed management strategies for crucifer crops were studied and discussed all over the world [1]. Recently, chemical control has gained more popularity in the large-scale agricultural production systems due to its effectiveness [2]. A novel herbicide propyl 4-(2-(4,6-dimethoxypyrimidin-2-yloxy)benzylamino)benzoate (ZJ0273) is developed to be used in rapeseed field in China [3～5]. It provides effective weed control and allows growers to have more choices to control grasses and broadleaf weeds in oilseed rape fields.

However, frequent herbicide application in the crop fields contributes to pollution in large areas (primarily through runoff) on one hand and on the other poses severe consequences for non-target plants. As herbicides bring changes in chlorophyll fluorescence parameters; therefore, measurement of chlorophyll fluorescence is considered as an effective method for quickly evaluating the response of applied herbicides [6].

A recently developed innovative bioassay, viz., imaging pulse-amplitude-modulated chlorophyll fluorometer (imaging PAM) is being used to assess the pollution intensity via growth of the plant and applied as an effect detector. To our knowledge, fluorescence imaging is largely used in aquatic environment so far. However, no information regarding the new herbicide ZJ0273 phytotoxicity on oilseed rape has been reported to date. In this investigation, we used the Imaging-PAM as an effective monitoring method in short-term to bioassay with respect to susceptibility and resistance of the two rapeseed species i.e., *B. rapa* and *B. napus*. We also studied the excitation flux affected by the herbicide ZJ0273 stress and illustrated the differential response of *B. rapa* and *B. napus*, by assessing Fv/Fm (maximum photosystem II quantum yield), NPQ (non-photochemical quenching), qP (photochemical quenching), RLCs (rapid light curves), Y(II) (effective photosystem II quantum yield), Y(NPQ) (quantum yield of regulated energy dissipation in PSII) and Y (NO) (quantum yield of non-regulated energy dissipation in PSII). These results would be useful for the *in field* monitoring of growth status and herbicide effect on oilseed rape crop, and also for the sorting of resistant and susceptible crop species.

Materials and Methods

Two leading commercial cultivars of oilseed rape viz. *Brassica napus* cv. ZS 758 (resistant type) and *B. rapa* cv. Xiaoyoucai (susceptible type) [7] were grown in the field of silt-loam soil at the Zhejiang University farm, Hangzhou, China. Various concentrations of ZJ0273 (0mg/L, 100mg/L, 500mg/L and 1000 mg/L were foliar applied at 3rd leaf stage of rapeseed plants. Imaging pulse-amplitude-modulated chlorophyll fluorometer (Imaging PAM) is being used to monitor the herbicide ZJ0273 resistance and phytotoxicity on oilseed rape. Measurements were carried out at 1, 3, 5 and 7 days after herbicidal treatment. All sample leaves were collected from the 2nd fully functional leaf and placed in a shallow Petri dish (90 mm) with a thin film of water. However, for leaf-age dependent changes analysis, whole plants were harvested 5 days after spray. All measurements were performed on the adaxial surface of the leaves.

Results and Discussion

ZJ0273 dosage-inhibiting curves of Fv/Fm and NPQ: After day one, herbicide treatments significantly declined Fv/Fm and NPQ in *B. rapa* except 100 mg/L herbicide (ZJ0273), compared to that of the control. It is worth mentioning that herbicide inhibited the NPQ more seriously in *B. napus* than *B. rapa*. After day three, both parameters continued to decline gradually in *B. rapa* and *B. napus* with the dose increasing of ZJ0273. After day five, Fv/Fm and NPQ inhibition were lessened in *B. napus*, but more serious in *B. rapa* at higher herbicide dosage. One week after the herbicidal treatment, Fv/Fm showed similar results as that of 5 days after spray. Both species showed recovery regarding NPQ. The above results showed that the dosage-inhibiting curves of Fv/Fm and NPQ can be used as the biomarkers for rapid herbicide phytotoxicity assessment, especially for NPQ, which could be taken as an index of herbicide phytotoxicity detector [8].

ZJ0273 dosage-inhibiting effect on Y(II) and ETR: The changes of herbicide dosage-inhibiting effect on Y(II) and (ETR) in *B. napus* showed a slight negative impact on photosystem II of resistant species like *B. napus*. Contrary to *B. napus*, a severe negative effect of herbicide ZJ0273 on Y(II) and ETR was detected in *B. rapa*, and a sharp increase was detected in inhibitive affect on Y(II) and ETR with the increasing of herbicide dose. It shows that the changes of herbicide dosage-inhibition effect on Y(II) and ETR are more expeditious to monitor the crops' herbicide phytoxicity and to distinguish the crops on the basis of susceptibility /tolerance without any damage to the plant. Riethmuller-Haage *et al.* [9] reported that measurement of the quantum efficiency for electron transport appeared to be an early detection method to assess the phytotoxicity of metsulfuron (ALS-inhibiting herbicide).

Excitation energy flux and light curves in PS II: Excitation energy fluxes described by the quantum yields Y(II), Y(NPQ) and Y(NO), were allowed to assess the excitation energy flux at PS II, which add up to unity [10]. Three fluxes recorded after five days of herbicide ZJ0273 application with various concentrations. Apparently *B. rapa* showed more susceptible than *B. napus*. Decreases of Y(II) and Y(NPQ) were equalled by an increase of Y(NO) in *B. rapa*; however, the reduction of Y(II) was not detectable in *B. napus*, whereas Y(NPQ) decreased somewhat with a slight increase of Y(NO) in *B. napus*, which reflected inhibition of photosynthesis. The RLCs data exhibited typical saturation kinetics and also revealed inter-specific differences in the photosynthetic electron transport capacity between *B. rapa* and *B. napus* during exposure to increasing light levels. It shows that herbicide ZJ0273 at the rate of 500 mg/L exhibited a significant photo-inhibition in *B. rapa*, whereas it seems to be safer for *B. napus*, when compared with that of control on α value. At 1000 mg/L ZJ0273, ETR showed negative response at the higher photosynthetic photon flux density (>80 μmol quanta $m^{-2} s^{-1}$) in both species.

Leaf age-dependent changes in chlorophyll fluorescence parameters: Photosynthesis is variable in different spatial location of a leaf, and this heterogeneity was affected by light, temperature, humidity surrounding the leaf, and also influenced by the absorption, metabolizing ability and the transport of the herbicide [11]. In order to find the optimum age of leaf for chlorophyll fluorescence detecting, leaf age-depended changes of chlorophyll fluorescence imaging were produced and analysed at an irradiance of 335 μmol quanta $m^{-2} s^{-1}$ after five days of treatment. These changes revealed that NPQ of these two rape species showed strong gradients along with increasing leaf age and herbicide concentrations. In *B. rapa* changes observed were more drastic at higher concentrations (500mg/L, 1000 mg/L as compared to *B. napus*. These results also suggested that the 2nd fully expanded leaf could reflect herbicide phytotoxicity of the rape species with more accuracy, because of the heterogeneity and senescence of the top, 3rd and 4th leaves.

Conclusion

Results with herbicide ZJ0273 showed that 100 mg/L ZJ0273 concentration seemed to be safe for PSII of both the cultivars, and even 500 mg/L ZJ0273 was safe to some extent for *B. napus*. Based on these results, we can deduce that Fv/Fm, NPQ, Y(II) and ETR inhibiting curves could be used as key indices for establishing the resistance monitoring tests as well as herbicide phytotoxicity detector.

Acknowledgements

This work was supported by National Natural Science Foundation of China (30871652, 31000678, 31071698), Industry Technology System of Rapeseed in China (nycytx-005), and Special Program for Doctoral Discipline of Ministry of Education (20090101110102). Experiment was performed in Agricultural Experiment Station, Zhejiang University.

References:

[1] Subrahmaniyan, K., P. Kalaiselvan, T.N. Balasubramanian, and W.J. Zhou, Soil properties and yield of groundnut associated with herbicides, plant geometry and plastic mulch. Commun. Soil Sci. Plant Anal. 2007: 39, 1206-1234.

[2] Qasem, J.R., Weed control in cauliflower (*Brassica oleracea* var. Botrytis) with herbicides. Crop Prot. 2007: 26, 1013-1020.

[3] Liu, F., F. Zhang, Z.L. Jin Y., He, H. Fang, Q.F. Ye, and W.J. Zhou, Determination of acetolactate synthase activity and protein content of oilseed rape (*Brassica napus* L.) leaves using visible/near-infrared spectroscopy. Anal. Chim. Acta 2008: 629, 56-65.

[4] Zhang, W.F., F. Zhang, R. Raziuddin, H.J. Gong, Z.M. Yang, L. Lu, Q.F. Ye, and W.J. Zhou, 2008: Effects of 5-aminolevulinic acid on oilseed rape seedling growth under herbicide toxicity stress. J. Plant Growth Regul. 27, 159-169.

[5] Zhang, F., Z.L. Jin, M.S. Naeem, Z.I. Ahmed, H.J. Gong, L. Lu, Q.F. Ye, and W.J. Zhou, Spatial and temporal changes in acetolactate synthase activity as affected by new herbicide ZJ0273 in rapeseed, barley and water chickweed. Pestic. Biochem. Physiol. 2009: 95, 63-71.

[6] Merkel, U., G.W. Rathke, C. Schuster, K. Warnstorff, and W. Diepenbrock, Use of glufosinate-ammonium to control cruciferous weed species in glufosinate-resistant winter oilseed rape. Field Crops Res. 2004: 85, 237-249.

[7] Jin, Z.L., F. Zhang, Z.I. Ahmed, M. Rasheed, M.S. Naeem, Q.F. Ye, and W.J. Zhou, Differential morphological and physiological responses of two oilseed *Brassica* species to a new herbicide ZJ0273 used in rapeseed fields. Pestic. Biochem. Physiol. 2010: 98, 1-8.

[8] Frankart, C., Y.P. Eullaffro, and G. Vernet, Comparative effects of four herbicides on non-photochemical fluorescence quenching in *Lemna minor*. Environ. Exp. Bot. 2003: 49, 159-168.

[9] Riethmuller-Haage, I., L. Bastiaans, M.J. Kropff, J. Harbinson, and C. Kempenaar, Can photosynthesis-related parameters be used to establish the activity of acetolactate synthase-inhibiting herbicides on weeds? Weed Sci. 2006: 54, 974-982.
[10] Kramer, D.M., G. Johnson, O. Kiirats, and G.E. Edwards, New fluorescence parameters for the determination of QA redox state and excitation energy fluxes. Photosynth. Res. 2004: 79, 209-218.
[11] Enríquez, S., M. Merino, and R. Iglesias-Prieto, Variations in the photosynthetic performance along the leaves of the tropical seagrass *Thalassia testudinum*. Mar. Biol. 2002: 140, 891-900.

Potential distribution of Tausch's goatgrass (*Aegilops tauschii* Coss.) in China

Fang Feng, Wei Shouhui, Huang Hongjuan, Liu Weiwei, Zhang Chaoxian*

(*Key Laboratory of Weed and Rodent Biology and Management，CAAS, Institute of Plant Protection, Chinese Academy of Agricultural Sciences, Beijing 100193,China*)

Abstract: [Objective]Tausch's goatgrass (*Aegilops tauschii* Coss.) is a worst grass weed worldwide. Predicting the potential geographical distribution of Tausch's goatgrass is important for effectively controlling its spread and ensuring winter wheat harvest. [Method] In this study, Maxent model was employed to predict the potential distribution of Tausch's goatgrass in China. [Results] In China the suitable areas for Tausch's goatgrass are mainly distributed in Henan, Hebei, Shandong, Jiangsu and Anhui provinces, southwestern Shanxi, Guanzhong Plain, the central and southern Ningxia, southeastern Gansu, and northern Hubei. [Conclusion] The distribution area of Tausch's goatgrass in China is mainly distributed in 30°～45°north latitude, covering mainly the winter wheat areas.

Key words: *Aegilops tauschii*Coss.; Maxent; potential distribution

Tausch's goatgrass (*Aegilops tauschii* Coss.) is an annual invasive worst weed that infest winter wheat in the region of the Yellow River in China[1,2]. Tausch's goatgrass is native to Eastern Europe, Western Asia[3]. Before 2000, There were few reports on Tausch's goatgrass as a weed in farm land in China. In recent years, with the seeds of free trade, introduction, transfer species, and herbicide using, weed communities succession is taking place in winter wheat fields. Tausch's goatgrass became one of the most important worst weeds in winter wheat fields in China, the outbreak area is expanding rapidly. In recent years, Tausch's goatgrass plagued winter wheat field in part area of Hebei, northern Henan, southwestern Shanxi, Shaanxi and some areas of Shandong provinces, infested 330000 hm^2, reduced wheat yield and quality. Tausch's goatgrass brought serious harm to China's wheat production, caused huge economic losses, and also posed a threat to national food security[4].

Maximum entropy model (Maxent) was primarily written by Steven Phillips, Miro Dudik and Rob Schapire, with support from AT&T Labs-Research, Princeton University, and the Center for Biodiversity and Conservation, American Museum of Natural History at 2006. Through the known distribution of species and environmental data to predict species of the probability distribution[5]. Its predictions for AUC (Areas Under Curve) analysis showed better than forecast models such as GARP, Climex and BIOCLIM, especially even species distribution data were incomplete, Maxent can also get satisfactory results[6]. Therefore, in this study we used Maxent software to predict the potential distribution of Tausch's goatgrass in China.

1 Materials and methods

1.1 Source Software

Maxent software (version 3.3.1 edition) used in this study download from the MAXENT Home page (http://www.cs.princeton.edu/~schapire/maxent/). GIS software using Arc/INFO v9.0, by Plant Protection Institute, Chinese Academy of Agricultural Sciences.

1.2 Environmental Data

Environment variable data: environmental data used in this study download from WORLDCLIM (http://www.worldclim.org/). Data spatial resolution is 5 min.

Map Data: 1∶400 million Chinese administrative division map download from the national

*通讯作者：张朝贤，研究员。E-mail：cxzhang@wssc.org.cn

作者简介：房锋（1982-），男，山东泰安人，在读博士研究生，研究方向为杂草生物生态学。E-mail：weedfang@163.com

基金项目：公益性行业(农业)科研专项(201103027)和国家"十一五"科技支撑项目(2006BAD08A09)

basic geographic information system (http://nfgis.nsdi.gov.cn/) as base map.

1.3 Data collection and processing

The distribution data of Tausch's goatgrass obtained from GBIF web site (http://www.gbif.org/), papers published in domestic and foreign, survey data collected by our laboratory researchers. According to Maxent software, the distribution data file "samples\bradypus.csv" contains the presence localities of *Aegilops tauschii* in .csv format.

1.4 Research Methods

The distribution data and environmental data of Tausch's goatgrass were imported into the "Samples" and "Enviromental layers" of Maxent. Type "25" in the "Random test percentage" button, that 25% of the distribution data randomly selected as test data, remaining as the training data. "Output format" is set to "Cumulative". Other parameters are the default values. Lastly press "Run" to run the software. Through the environment variable of Tausch's goatgrass, actual distribution points will be used to built prediction models in Maxent. According to the model, Maxent will calculate the suitable index of Tausch's goatgrass in rest of the world. Generate ASCII format raster layer analysis, import its results into GIS software (Arc/Info 9.0), and overlay 1:400 million Chinese map respectively.

The distribution area was divided into four risk levels: high-risk areas (>25), medium-risk area (5 to 25), low-risk area (0.01 to 5) and basically does not occur (0~ 0.01).

2 Results and analysis

The prediction outcome of Maxent indicates that potential distribution of Tausch's goatgrass is consistent with the winter wheat growing areas in China (Fig 2). High risk distribution areas of Tausch's goatgrass have: Henan, Hebei, Shandong, Shaanxi, Ningxia, Gansu provinces some area of Tianjin and Beijing, southwestern Shanxi, northern Hubei, Jiangsu and Anhui provinces, Yi-li River valley of Xinjiang. Moderate risk areas is further expand, mainly distributed in Jiangsu, Anhui, Hubei, Guizhou provinces, Chongqing and Shanghai. Liaoning Peninsula, east of Sichuan, part area of Jiangxi, Inner Mongolia, Gansu, Qinghai, Xinjiang and Tibet provinces or autonomous region. The potential distribution range of Tausch's goatgrass is very large, covering almost all of the winter wheat areas and some of spring wheat areas.

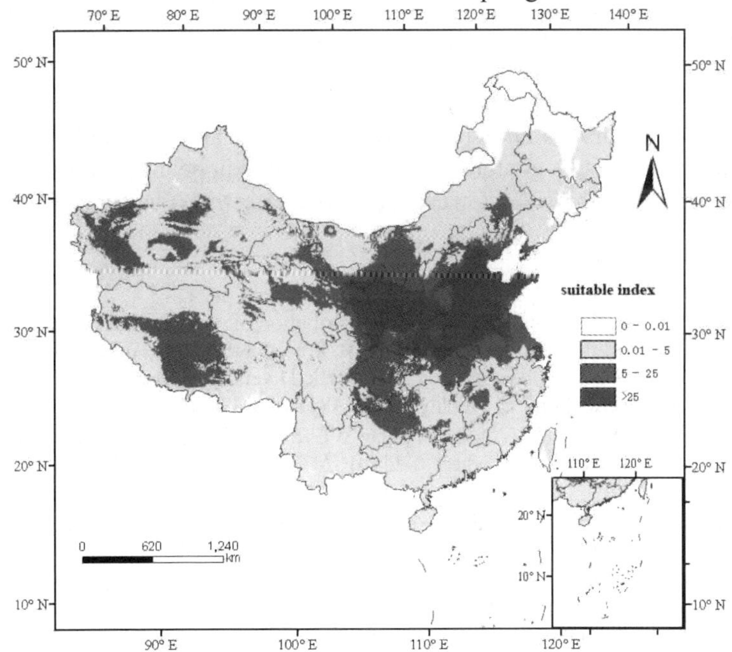

Fig. 1 Potential distribution of Tausch's goatgrass in China predicted by Maxent

3 Conclusion and discussion

The "25" we entered for "random test percentage" told the program to randomly set aside 25% of the sample records for testing. This allows the program to do some simple statistical analysis. It plots (testing and training) omission against threshold, and predicted area against threshold, as well as the receiver operating curve shown as figure 3. The area under the ROC curve (AUC) is shown here, and if test data are available, the standard error of the AUC on the test data is given later on in the web page.Generally use the AUC value to represent the reliability of model predictions. AUC is 0.5～0.7 low diagnostic value, 0.7～0.9 moderate diagnostic value, the higher diagnostic value greater than 0.9. The AUC value of this study was 0.986, indicating that prediction in this paper is reliable.

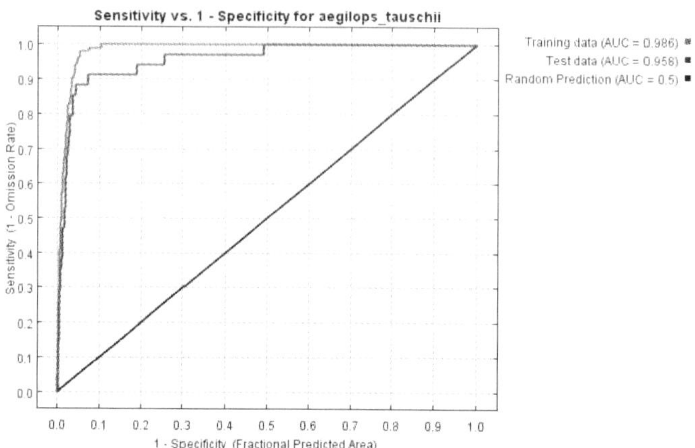

Fig. 2 Maxent model ROC and AUC values

Wheat is an important food crop in national food security, and play an important role in people's lives. After 2000, more and more Tausch's goatgrass was reported as a worst weed, and was spreading rapidly inChina. It brought serious damage to China's wheat production, causd huge economic losses, but also became a threat to national food security[4].In southern Hebei Province, Tausch's goatgrass caused yield losses of winter wheat by 10%～25% in 2005[7].

In this study, Tausch's goatgrass potential distribution in China predicted by Maxent, and results showed that the main potential distribution in 30°~45° north latitude. According to our survey and some reports, Tausch's goatgrass in China mainly distributed in central and southern Hebei, northern Henan, Linfen and Yuncheng of Shanxi province, some areas of Shannxi and Shandong provinces, not yet fully plagued winter wheat areas in China.

We have done some surveys and studies on bio-ecological, epidemiological and effectively control methods of Tausch's goatgrass from 2007. We hope more and more departments, persons pay attention to this worst weed and take effective measures to block it's spread immediately.

References

[1] Agriculture Pests Information System. http://www.agripests.cn/index.asp.

[2] Yen, C., Yang. J.L., Liu.X. D. and Li, L. R. , The distribution of *Aegilops tauschii* Coss. In China and with reference to the origin of the Chinese common wheat. Proc of 6th. Intern. Wheat Genet. Symp, pp, 58-88.

[3] Kong Lingrang, Dong Yuchen. Advances on the Genetic Diversity of *Aegilops tauschii* (Coss.) Schmal[J]. Journal of Shandong Agricultural University, 1999, 30(4): 464-470.

[4] ZHANG Chaoxian LI Xiangju HUANG Hongjuan WEI Shouhui. Alert and prevention of the spreading of *Aegilops tauschii*, a worst weed in wheat field [J]. ACTA PHYTOPHYLACICA SINICA. 2007, 34(1): 103-106.

[5] Phillips SJ, Anderson RP, Schapire RE. Maximum entropy modeling of species geographic distributions[J]. Ecological Modelling. 2006, 190: 231-259.

[6] Wang Yunsheng, Xie Bingyan, Wan Fanghao, et al. Application of ROC curve analysis in evaluating the performance of alien species' potential distribution models. Biodiversity Science. 2007, 15(4): 365-372.

[7] Duan Meisheng, Yang Kuanlin, Li Xiangju, Wang Guiqi. Studies on Characteristi c of *Aegilops Squarrosa* Occurrence and Integrated Control Approaches in Winter Wheat in the South of Hebei Province. Journal of Hebei Agricultural Sciences, 2005, 9(1): 72-74.

The dynamics of shikimate accumulation and chlorophyll relative content in *Calystegia hederacea* Wall. following glyphosate application

Chen Jingchao[1], Zhang Chaoxian[1], Wei Shouhui[1], Huang Hongjuan[1*], Zhang Yang[2]

(1. *Institute of Plant Protection, Key Laboratory of Weed and Rodent Biology and Management, Chinese Academy of Agricultural Sciences, Beijing* 100193, *China;* 2. *College of Plant Protection, Shandong Agricultural University, Tai'an* 271018, *Shandong Province, China*)

Abstract: To clear the dynamics of shikimate accumulation and chlorophyll relative content in *C. hederacea* Wall. with two growth stage after glyphosate application. Shikimate accumulation and chlorophyll relative content was determined by spectrophotometric assay and the SPAD-502 readings, respectively. Shikimate accumulation levels keep declining at the dose of 410 g a.i./ha. The SPAD values declined to 42 then decreased to the control levels. The amount of shikimate accumulation in the elder plants decreased to 2145.3 μg/g at 4 days then declined to 907.1μg/g after 1640 g a.i./ha glyphosate application and the SPAD values declined to 38.3 then increased slightly. The amount of shikimate accumulation in the young plants keep increasing to 2258.2μg/g at this dosage while the relative chlorophyll content in the leaves of young plants keep declining after treatment which the SPAD values was 29.4 at 7 days after treatment, it is 0.56 fold lower than the control levels. All the shikimate and chlorophyll can reflect the sensitive of *C. hederacea* to the glyphosate. This result can use for developing the methods to investigative the grass that are naturally resistant to glyphosate.

Keywords: Glyphosate; Shikimate; Chlorophyll; *Calystegia hederacea* Wall.

Introduction

Calystegia hederacea Wall. is a herbaceous vine. It is a common weed in cultivated especially in orchard in China. This weed can wind the wheat, cotton and soybeans to inhibit the growing of those crops[1].

Glyphosate is a broad-spectrum, non-selective herbicide for post-emergence control of annual and perennial broadleaf grass and sedge weeds[2]. The use of glyphosate has increased in cropping situations because of its limited or no soil activity, safety and the introduction of glyphosate-resistant crop varieties[3].

Glyphosate works by blocking the enzyme 5-enolpyruvylshikimate-3-phosphate synthase (EPSPS,EC 2.5.1.19), stopping biosynthesis of the aromatic amino acids tryptophan, tyrosine, and phenylalanine, led to high levels of shikimate accumulate in susceptible species[4-7]. Glyphosate could inhibit the photosynthesis, the net photosynthesis and leaf stomatal conductance affected by glyphosate shortly after its application, this affect could last 7 days[8-9].

The increasing use of glyphosate for weed control in GR crops has led to the findings of naturally resistant weed biotypes to glyphosate. DeGennaro and Weller reported the naturally resistant weed *Convolvulus arvensis* L. in 1984[10]. At least 15 weed species were founded tolerance to glyphosate[11]. In the long term the continuous use of glyphosate will result in shift in the weed spectrum toward more tolerant species. This is a problem to the area of planting of glyphosate-tolerant crops.

作者简介：陈景超（1985-），男，山东人，硕士研究生，E-mail: jingchao2ban@163.com

*通讯作者：黄红娟（1977-），女，陕西人，博士，副研究员，主要研究方向为杂草生物学与治理。

Tel：010-62815937，E-mail: hjhuang@wssc.org.cn

基金项目：转基因生物新品种培育重大专项（2009ZX08012-025B）.

Shikimate is a good biomarker of glyphosate activity in plants for the chemically stability, accumulate quickly before the visible effect, rapid and accurate assay by an HPLC assay or a spectrophotometric assay[12].

Plants finally exert full visible effect such as chlorosis, necrosis, plant stunting, and so on, though needed several days after glyphosate application. This features indicated chlorophyll concentration might be useful in predicting later herbicidal efficacy. The chlorophyll meter is a simple, portable diagnostic tool that measures the relative chlorophyll concentration of leaves. The meter makes instantaneous readings based on two wavelengths (650 nm and 940 nm, measuring area=6 mm^2)[13].

Liu Yan[14] has reported that the *C. hederacea* in China was tolerance to the glphosate in 2008. To provide necessary data for the sensitivity of *C. hederacea* to glyphosate resistant weed, this research determined the dynamics of shikimate accumulation and chlorophyll relative content in *C. hederacea* with different growth stages which were planted in field by a spectrophotometric assay and the SPAD-502 readings, respectively.

1 Materials and methods

1.1 Herbicide application

Field studies were conducted at Lang Fang city, Hebei province, China. The soil types were a clay soil with 8 PH. No residual herbicide has been applied to the location of experiment. The plot size was 4 m wide by 8 m long. All plots were separated from adjoining plots by 2 m to minimize the drift situation. Each treatment was replicated four times in a randomized complete block design experiment. Each plot planted individual species. To collect the different growth plants, the old species planted 16 days before the young plants.

An isopropylamine salt formulation of glyphosate (Roundup Custom®) was applied at 0 g a.i./ha, 410 g a.i./ha and 1640 g a.i./ha in 450 L/ha of water carrier with a air-pressurized belt sprayer.

1.2 Sample collection

Two different growth stage plants of *C. hederacea* were sampled at 1, 2, 3, 4, 5, 6 and 7 days after glyphosate treatment. Tissue samples from three plants which were collected by clipping above the soil surface were recorded the growth stage, height, then pooled and immediately placing the sample into a plastic bag and then inside a cooler containing ice packs. The plant material was either stored at −80℃.

1.3 SPAD readings and shikimate concentration determination

The relatively chlorophyll content was detected by the probe of portable chlorophyll meter (SPAD-502, Minolta, Japan) in the middle area of the leaves. The mean of six readings was obtained from the second to third leaf from the apex of grass before the plants clipped to determinate the shikimate concentration.

The frozen plant tissue was finely ground in liquid nitrogen by mortar and pestle. After grinding, the tissue was weighted quickly about 0.5 g (depending upon the amount of shikimate present in the extract) into 2 ml screw-cap polypropylene centrifuge tubes and 1 ml 0.25M HCL was added. The extract was centrifuged at 25000 g for 15 min at 4℃. The 0.2 ml supernatant was collected to a 10-ml screw-cap polypropylene centrifuge tubes for the shikimate assay.

Shikimate was determined according to the method of Gaitonde and Gordon[15]. The 0.2 ml supernatant was mix with 2 ml 1% solution of periodic acid to oxidize shikimate at 25℃. After 3 h, the sample was mixed 2 ml 1 N NaOH, then 1.2 ml of 0.1 M glycine was added. The optical density at 380 nm was measured immediately after thoroughly mixed.

A shikimate standard curve was developed by adding known amounts of shikimate to the tubes. The shikimate was diluted range from 10 $\mu g\ ml^{-1}$ to 250 10 $\mu g\ ml^{-1}$ by the 0.25 M HCL.

1.4 Statistical analysis

The shikimate and chlorophyll data were analysis of variance using SPSS 13.0 (SPSS, Chicago, USA). Duncan's multiple range test was used to assess the effects of days after application, application rate, and all possible interaction.

2.1 Shikimate concentrations after glyphosate application

The shikimate accumulation in the two growth stage control plants was not significantly different which was range from 115.2 μg/g to 138.5 μg/g (Fig 1).

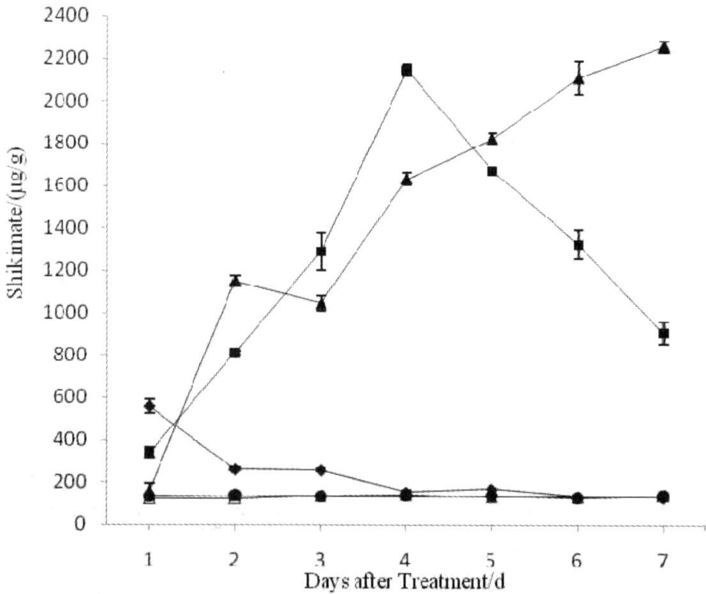

Fig. 1 Shikiate accumulation in *C. hederacea* after treated with glyphosate.

—◆— elder plants treated with glyphosate of 410 g a.i/hm^2; —■— elder plants treated with glyphosate of 1640 g a.i/hm^2; —▲— young plants treated with glyphosate of 1640 g a.i/hm^2; —●— the elder control plants ; —△— the young control plants ;

Error bars in different figures show standard deviation of the means. Where error bars are not visible, they are obscured by the data symbols.

The shikimate concentration decreased from 556.7μg/g to the control levels after application at the dosage of 410 g a.i./ha. The shikimate accumulation levels in elder plants increased from 1 to 4 days then decreased to 907.1 μg/g, while the shikimate accumulation levels in the young plants increased from 1 to 7 days. The highest amount of shikimate in the elder and young plants was 2145.3 μg/g at 4 DAT(days after treatment), 2258.2 μg/g at 7DAT, respectively, it is 16.1 and 16.6 folder than the control levels, respectively.

The levels of shilimate accumulate can reflect the sensitively of *C. hederacea* to glyphosate. The *C. hederacea* show chlorotic at the elder leaves, but the plants was alived during the survey times. And the shikimate accumulation in the elder plants decreased to the untreated levles. Those indicated the *C. hederacea* was naturally resistant glyphosate.

2.2 The relative chlorophyll content in the leave after glyphosate application

The SPAD values of all the elder and young plants was decreased significantly after application at the dosage of 1640 g a.i./ha. The SPAD values in the leaves of young plants decreased from 1 to 7 DAT. The lowest values was 29.4, it is 0.56 times than the untreated plants. The reading in the elder plants decreased from 1 to 5 DAT, then increased slightly. The SPAD values at the 5 DAT was 38.3.

The SPAD values in the young plants decreased from 1 to 4 DAT, but increased from 5 to 7 DAT to the control levels. The SPAD value was 42 at 4 DAT, it is 0.86 fold compared to the untreated plants.

The SPAD value in the leaves of elder plants was increased slightly at the dosage of 1640 g a.i./ha, while the shikimate accumulation in the plants was decrease rapidly after 4 DAT. This indicated that the shikimate was more sensitive to the glyphosate than the chlorophyll.

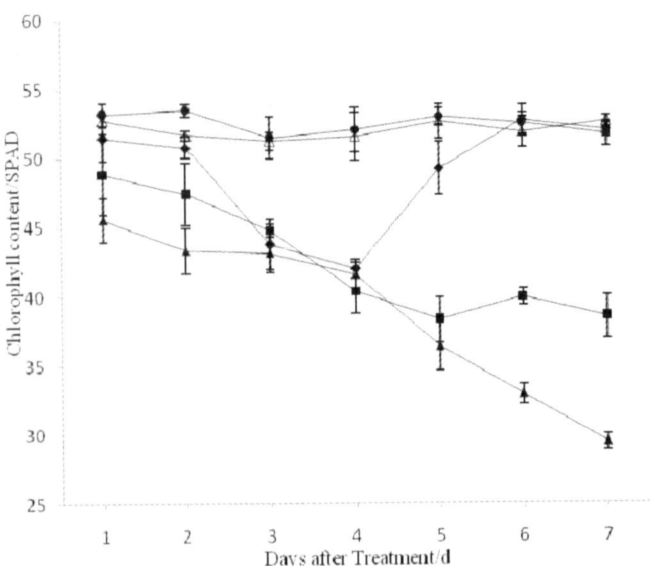

Fig. 2 The chlorophyll content in leaves of *C. hederacea* after treated with glyphosate

—◆— elder plants treated with glyphosate of 410 g a.i/hm^2; —■— elder plants treated with glyphosate of 1640 g a.i/hm^2; —▲— young plants treated with glyphosate of 1640 g a.i/hm^2; —●— the elder control plants ; —△— the young control plants ;

Error bars in different figures show standard deviation of the means. Where error bars are not visible, they are obscured by the data symbols.

3 Conclusions

Glyphosate can inhibit the content of the chlorophyll in the leaves of *C. hederacea.* All the shikimate and chlorophyll can reflect the sensitively of *C. hederacea* to the glyphosate. The data of the shikimate accumulation and SPAD values indicated that the *C. hederacea* was naturally resistant glyphosate.

References

[1]Zhang Z. P., Development of chemical weed control and integrated weed management in China[J]. Weed Biology Management, 2003, (3): 197-203.

[2]Woodburn A. T., Glyphosate: production, pricing and use worldwide[J]. Pest Management Science, 2000, 56: 309-312.

[3]Baldwin F., An extension perspective on heribicide resistant crops[J]. Weed science society American Abstract, 1996, 36: 93.

[4]Siehl D. L., Inhibitors of EPSP synthase, glutamine synthetase and histidine synthesis, in herbicide activity: toxicology, biochemistry and molecular biology[M]. Amsterdam : IOS Press, 1997, 37-67.

[5]Bresnahan G. A., Manthey F. A., Howatt K. A., *et al.*, Glyphosate applied preharvest induces shikimic acid accumu-lation in hard red spring wheat (Triticum aestivum)[J]. Journal of Agricultural and Food Chemistry, 2003, 51: 4004-4007.

[6]Koger C. H., Henry W. B., Shaner D. L., Shikimate accumulation in conventional corn and soybean as affected by sublethal rates of glyphosate[C]. Proceeding South Weed Science Society, 2004, 57: 334.

[7]Pline W. A., Wilcut J. W., Duke, S. O., *et al.*, Tolerance and accumulation of shikimic acid in response to glyphosate applications in glyphosate resistant and non-glyphosate resistant cotton[J]. Journal of Agricultural and Food Chemistry, 2002, 50: 506-512.

[8]Shaner D. L., Lyon J. L., Stomatal cycling in *Phaseolus vulgaris* L, in response to glyphosate[J]. Plant Science Letters, 1979, 15: 83-87.

[9]Munoz R. A., Gonzaieas M. C., Becerril J. M., *et al.*, Effects of glyphosate [N-(phosphono-methyl)glycine] on photosynthetic pigments, stomatal response and photosynthetic electron transport in *Medicago sativa* and *Trifolium pratense*[J]. Physiologia Plantarum, 1986, 66: 63-68.

[10]DeGenaro, F. P., Weller, S. C., Differential susceptibility of field bindweed (*Convolvulus arvensis*) biotypes to glyphosate[J]. Weed Science, 1984, 32: 472-476.

[11]Dale L. S. The impact of glyphosate-tolerant crops on the use of other herbicides and on resistance

management[J]．Pest Management Science, 2000, 56：320-326.
[12]Mueller T. C., Ellis A. T., Beeler J. E., *et al.*, Shikimate accumulation in nine weedly species following glyphosate application[J]．Weed Research, 2008, 48：455-460.
[13]Netto A. T., Campostrini E., Oliveira J. G., *et al.*, Photosynthetic pigments, nitrogen, chlorophyll a fluorescence and SPAD-502 readings in coffee leaves[J]．Scientia Horticulturae, 2005, 104：199-209.
[14]Liu Y., Cui H. L., Huang H. J., *et al.*, The dynamics of shikimate accumulation in *Convolvulus a rvensis* L. and *Calystegia hederacea* Wall. following glyphosate application[J]．Weed Science(China), 2008,（2）：10-12.
[15]Gaitonde M. K., Gordon M. W., A microchemical method for the detection and determination of shikimic acid[J]．Journal of Biological Chemistry, 1958, 230：1043-1050.